jinhak **blacklabel**

수학 I

1등급을 위한 **명품 수학**

Tomorrow
better than today

환경을 사랑하는 '**JINHAK**'
진학사 '**blacklabel**' 시리즈는 친환경용지로 만듭니다.

블랙라벨 수학 I

저자

이문호 하나고등학교	황인중 대원외국어고등학교	김원중 강남대성학원	조보관 강남대성학원	김성은 블랙박스수학과학전문학원

검토한 선배님

강진선 서울대 경제학부	김용빈 영남대 의예과	박승연 연세대 시스템생물학과	백승윤 고려대 통계학과	은정민 서울대 수리과학부
권휘재 서울대 전기정보공학부	김제욱 고려대 신소재공학부	박정원 서울대 경영학과	윤수현 인제대 의예과	이승은 연세대 응용통계학과

기획·검토에 도움을 주신 선생님

강대웅 오송길벗학원	김태경 Be수학학원	서경도 서경도수학교습소	이세복 일타수학학원	정윤교 정윤교MathMaster
강예슬 광교수학의품격	김태균 대전동신과학고	서동욱 FM최강수학학원	이소연 Apex수학대치	정은주 서초엠학원
강옥수 수학의온도	김필래 진주여고	서동원 수학의중심학원	이소연 수학의봄학원	정재봉 정재봉수학학원
강준혁 QED수학전문학원	김하빈 모아수학전문학원	서원준 잠실비투비수학학원	이수동 부천E&T수학전문학원	정재호 온풀이수학학원
강호철 울산제일고	김한빛 한빛수학학원	서유니 우방수학	이수복 매쓰메카수학학원	정중연 신정송현학원
경지현 탑이지수학학원	김현 강남인강	서정택 카이로스학원	이수연 온풀이수학학원	정지택 한영고
구남용 블루오션아카데미	김현호 정윤교Mathmaster	서한서 필즈수학학원	이승철 광주차수학창조학원	정진경 구주이배수학학원
구본수 더하이츠	김혜진 SM학원	선철 일신학원	이용환 유성고	정진희 정쌤영어수학
권대중 대중수학학원	김효석 쓰담수학학원대구용산점	손미진 로드맵수학전문학원	이재욱 보문고	정태규 가우스수학전문학원
권오운 천안페르마학원	남승현 배정고	손일형 둔산손일형수학	이재하 중일고	정혜진 수학을담다
권오철 파스칼학원	남영준 아르베수학전문학원	손정택 소명여고	이재훈 해동고	정효석 최상위하다학원
권형필 정석수리학원	남현욱 이츠매쓰학원	손주희 김천이루다수학	이재희 경기고	조문완 청라매쓰홀릭수학학원
기미나 기쌤수학	류상훈 류샘수학전문학원	송민주 엠앤에스에듀케이션	이정은 에듀픽학원	조민호 광안리더스학원
김건우 더매쓰수학학원	류세정 피톤치드수학학원	송인석 송인석수학학원	이주희 바른수학	조병수 브니엘고
김경호 천안페이지수학학원	마윤심 소래고	신성호 신성호수학공화국	이준열 동산고	조용남 조선생수학전문학원
김근영 수학공방	문상경 엠투수학	안찬홍 한맥학원	이준우 대아고	조용호 참수학전문학원
김나리 이투스수학학원수원영통점	문용식 유레카수학학원영통점	양귀재 양선생수학전문학원	이진영 루트수학	조진호 모아수학전문학원
김도균 탑클래스학원	문원철 열린문수학	양대승 재능학원	이창환 위더스학원	조창식 광교시작과한샘수학
김도연 이강학원	문재웅 성북메가스터디	어성웅 SG장안청운학원	이춘우 전주서신셀파수학	주진돈 메가스터디
김도영 천안페이지수학학원	박갑근 참쉬운수학학원	어수임 멘토아카데미	이태섭 아이에스티교육학원	지광근 신도림로드맵수학학원
김동식 성남고	박기석 천지명장학원	엄성문 양산에이블수학전문학원	이태형 가토수학과학학원	지은오 부산브니엘예술고
김미영 하이스트금천	박도솔 도솔샘수학	엄유빈 대치유빈쌤수학	이효정 부산고	지정경 분당가인아카데미
김민성 MS민성수학	박동민 울산동지수학과학전문학원	엄지원 더매쓰수학학원	임걸 온스터디학원	채수경 미래와창조학원
김범두 보인고	박동수 헤세드입시학원경산점	엄태호 대전대신고	임노길 윤석수학	채희성 이투스수학신영통학원
김봉수 범어이투스수학학원	박모아 모아수학전문학원	여희정 로그매쓰	임양옥 강남최선생수학학원	천유석 동아고
김선형 유성여고	박미옥 목포폴리아학원	오선교 모아수학전문학원	임재영 모아수학전문학원	최다혜 싹수학학원
김성수 설월여고	박민서 효명중	오재홍 오르고수학학원	임혜민 싸인매쓰수학학원	최명수 우성고
김성용 영천이리풀수학	박상권 수와식수학전문학원	오창범 오후의수학전문학원	장성호 KoreaNo.I학원	최시재 강안교육재수전문학원
김성태 김성태수학학원	박상보 와이앤답학원	오창환 대전제일학원	장성훈 미목수학	최연진 한민고
김세진 일정수학전문학원	박상철 박하수학	우준섭 예문여고	장정수 천안페르마수학학원	최원필 마이엠수학학원
김세호 모아수학전문학원	박서정 엠앤에스에듀케이션	원관섭 원쌤수학	장종민 열정수학연구소	최일두 크라운학원
김양진 강한대치학원	박수연 과학과수학을담다학원	유주오 대치새움학원	전무빈 원프로교육학원	최젬마 일산가좌고
김엘리 혜윰수학	박신태 멘사박신태수학학원	윤석규 호수돈여고	전병기 인천외고	최준영 오송고
김영재 분당서울수학학원	박연지 위너스에듀	윤석주 윤석주수학전문학원	전병호 시매쓰충주학원	최형기 국제고
김영준 청솔수학	박우용 이룸스터디학원	윤소라 텀블학원	전영 전영수학학원	한병희 플라즈마학원
김영태 제일학원	박유하 서일고	윤인영 삼성동브레인수학학원	전종태 의정부엠수학학원	한지연 로드맵수학전문학원
김용배 보문고	박인희 대전둔산한림학원	윤지영 윤쓰매쓰	정경연 정경연수학학원	함영호 함영호이과전문수학클럽
김용인 송탄제일중	박정호 경북원수학	윤태욱 모아수학전문학원	정규수 수찬학원	허성일 나교수수학학원
김용찬 경기고	박준현 G1230 수학호매실캠퍼스	이가람 가람수학	정다운 수학의품격학원	홍성주 굿매쓰수학학원
김용희 일산대진고	박진규 성일중	이경덕 수딴's수학학원	정다희 광주공감스터디학원	황가영 루나수학
김정곤 모아수학전문학원	박태흥 서초CMS에듀	이근수 프린키피아수학학원	정대철 정샘수학	황삼철 멘토수학학원
김종훈 벤엘수학	박현철 시그마식스수학학원	이기만 화곡고	정민호 스테듀입시학원	황성필 안동퇴계학원
김주성 양영학원	박호준 한영고	이상민 전주이셈수학학원	정병불 뽀수학학원	황종인 상일고
김진국 에듀메카학원	배정제 이화수학	이석규 지족고	정상혁 연향입시학원	
김진완 성일올림학원	배태익 스키마아카데미수학교실	이석현 대치새움학원	정소연 전주정선생수학전문학원	
김진혁 동양고	백은화 백수학	이성환 하이스트	정연배 보문고	

2판3쇄 2023년 9월 15일 **펴낸이** 신원근 **펴낸곳** ㈜진학사 블랙라벨부 **기획편집** 윤하나 유효정 홍다솔 **디자인** 이지영 **마케팅** 조양원 박세라

주소 서울시 종로구 경희궁길 34 **학습 문의** booksupport@jinhak.com **영업 문의** 02 734 7999 **팩스** 02 722 2537 **출판 등록** 제300-2001-202호

● 잘못 만들어진 책은 구입처에서 교환해 드립니다. ● 이 책에 실린 모든 내용에 대한 권리는 ㈜진학사에 있으므로 무단으로 전재하거나, 복제, 배포할 수 없습니다. www.jinhak.com

이 책의 동영상 강의 사이트 강남구청 인터넷수능방송 / 메가스터디 / 온리원 / 자연계에듀

수학 I

BLACKLABEL

1등급을 위한 명품 수학　블랙라벨

Contents
& Structure

1 1등급 만들기
단계별 학습 프로젝트
(모든 단원에 동일하게 적용됩니다.)

1단계 이해

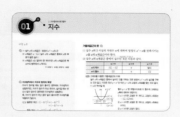

교과서 핵심 개념 + 비법 노트
문제해결의 기본은 이해와 암기

- 알맹이만 쏙쏙! 개념으로 문제를 잡자! 알짜 개념 정리
- 비교를 거부한다! 도식화·구조화된 쌤들의 비법 노트

2단계 실전 85점 달성

출제율 100% 우수 기출 대표 문제
각 개념별로 엄선한 기출 대표 유형으로 기본실력 다지기

- 이것만은 꼭! 기본적으로 85점은 확보해 주는 우수 기출 대표 문제
- 어려운 문제만 틀리지는 않는다! 문제 해결력을 다져주는 필수 문제

3단계 종합응용 95점 달성

1등급을 위한 최고의 변별력 문제
수학적 감각, 논리적 사고력 강화

- 외고 & 과고 & 강남 8학군의 변별력 있는 신경향 예상 문제
- 1등급의 발목을 잡는 다양한 HOT 유형 & 서술형 문제

4단계 심화발전 100점 달성

1등급을 넘어서는 종합 사고력 문제
종합적인 사고력 키우기 & 실생활·통합적 문제 해결력 강화

- 응용력을 길러 주는 종합 사고력 문제 & 논술형 서술형 문제
- 1등급을 가르는 변별력 있는 고난도 문제로 1등급 목표 달성

5단계 수능완성 100점 달성

이것이 수능
이것이 수능이다! 수능감각 키우기!

- 수능 출제 경향을 꿰뚫는 대표 기출 유형 분석
- 교육청·평가원·수능 문제로 내신 고득점 달성 및 수능 실력 쌓기

1등급 만들기 단계별 학습 프로젝트

이 책 의
해설 구성

진짜 1등급 문제집을 완성해주는 입체적인 해설

단계별 해결 전략

난도가 높은 어려운 문제에 대해서는 논리적 사고 과정의 흐름인 단계별 해결 전략을 제시하였다. 단순히 정답을 풀이하는 것이 아니라, 어떤 방식, 어떤 과정을 거쳐 정답이 도출되는가를 파악하여 수학적인 사고력을 키울 수 있도록 하였다.

다양한 다른 풀이

해설을 보는 것만으로도 문제 해결 방안이 바로 이해될 수 있도록 하였다. 더 쉽고, 빠르게 풀 수 있는 다양한 다른 풀이의 학습을 통해 수학적 사고력을 키워 실전에서 더 높은 점수를 받을 수 있도록 하였다.

블랙라벨 특강

풀이의 단계가 넘어가는 이유를 알기 쉽게 표기한 풀이 첨삭과 필수 개념, 오답 피하기, 해결 실마리, 참고 등의 블랙라벨 특강을 통해 해설에 추가적으로 필요할 만한 팁을 삽입하였다.

서울대 선배들의 강추 문제
& 1등급 비법 노하우

서울대 선배들이 강추하는 Best 블랙라벨 문제와 선배들의 1등급 비법 노하우! 블랙라벨 문제 중의 최고의 블랙라벨 문제! 타문제집과의 비교를 거부하는 최고의 질을 자랑하는 진짜 1등급 문제를 표시하였다. 최고의 문제와 선배들의 1등급 비법 노하우를 통해 스스로 향상된 실력을 확인해 보도록 한다.

진짜 1등급을 만들어주는 블랙라벨 활용법

01

단계별로 학습하자.
완벽히 내 것으로 소화하지 못했다면
될 때까지 보고 또 보자.

❶ 문제집의 단계를 따라가면서 학습한다.
❷ 각 단계를 학습한 뒤 Speed Check로 채점하고 틀린 문제에 표시한다.
❸ 채점 후 모르는 문제는 정답과 해설을 보면서 다시 한번 풀어본다.

활용 Tip

One	확실히 아는 문제는 (O) 표기 / 다시 한번 풀어 보아야 할 문제는 (△) 표기 / 틀린 문제는 (×) 표기
Two	두 번째 풀 때는 (△)와 (×) 표기의 문제만 풀기
Three	틀린 문제는 반드시 오답노트를 만들고 꼭 다시 풀기

02

정답과 해설은 가능한 멀리하고,
틀린 문제는 또 틀린다는 징크스를 깨자.

❶ 문제 풀이 전에는 절대로 해설을 보지 않고 혼자 힘으로 푼다.
❷ 모르거나 틀린 문제는 해설을 보면서 해결 단계를 전략적으로 사고하는 습관을 기른다.
❸ 모르거나 틀린 문제는 꼭 오답노트를 만들고, 반드시 내 것으로 만든다.

03

학습 목표에 따라 전략적, 효율적인 공부를 하자.

기본 실력을 쌓고 싶을 때 시험이 코앞일 때	1등급에 도전하고 싶을 때 어려운 문제만 풀고 싶을 때	1등급을 완성하고 싶을 때 수능형·논술형에 대비하고 싶을 때
문제 해결의 기본은 이해와 암기	수학적 감각, 논리적 사고력 강화 통합형 문제 해결력 강화	수학적 감각, 논리적 사고력 강화 통합형·실전 문제 해결력 강화
1단계 교과 핵심 개념+비법 노트 **2단계** 출제율 100% 우수 기출 대표 문제	**3단계** 1등급을 위한 최고의 변별력 문제 **4단계** 1등급을 넘어서는 종합 사고력 문제	**3단계** 1등급을 위한 최고의 변별력 문제 **4단계** 1등급을 넘어서는 종합 사고력 문제 **5단계** 이것이 수능

◉ 시험 보기 전에는 반드시 오답노트의 문제들을 다시 확인하고 풀어본다.

Healing

시도 | Time to Act

> Don't judge each day by the harvest you reap but by the seeds that you plant.
> 거둔 열매가 아닌 뿌린 씨앗으로 오늘 하루를 판단하라.
> – Robert Louis Stevenson (로버트 루이스 스티븐슨) –

과정이란 성공과 실패를 판단하는 중요한 판단 기준입니다.
오늘 하루 동안 비옥한 토양을 만들면 내일은 좋은 씨앗을 뿌릴 수 있고,
일 년 뒤엔 풍성한 곡물을 수확할 수 있습니다.
오늘을 어떻게 보내야 할지 고민하는 일이,
내일의 성공을 만드는 씨앗이 됩니다.

I

지수함수와 로그함수

blacklabel

01 지수

비법 노트

A (1) 실수 a의 n제곱근 : 방정식 $x^n=a$의 근

(2) n제곱근 a : $\sqrt[n]{a}$ (실수 a의 n제곱근 중에서 a와 부호가 같은 실수)

(3) n제곱근 a는 많아야 한 개이지만 a의 n제곱근은 복소수의 범위에서 n개이다.

▶ STEP 1 | 01번, STEP 2 | 02번

B 지수법칙에서 지수의 범위의 확장

지수가 정수일 때는 밑이 음수인 경우에도 지수법칙이 성립하지만, 지수가 정수가 아닌 유리수, 실수일 때는 반드시 밑이 양수인 경우에만 지수법칙이 성립한다.

즉, 지수가 정수가 아닌 경우 밑이 음수이면 지수법칙을 적용하지 않는다.

예 잘못된 계산 : $\{(-3)^2\}^{\frac{1}{2}}=(-3)^{2\times\frac{1}{2}}$
$=(-3)^1=-3$

옳은 계산 : $\{(-3)^2\}^{\frac{1}{2}}=9^{\frac{1}{2}}=3^{2\times\frac{1}{2}}=3$

▶ STEP 1 | 08번

C 거듭제곱근의 대소 관계

분수 지수를 이용하여 나타내었을 때, 밑을 같게 할 수 없으면 지수를 같게 하여 밑을 비교한다.

(i) 거듭제곱근 꼴은 분수 지수 꼴로 고친다.

(ii) 분수 지수의 분모의 최소공배수를 이용하여 통분한다.

(iii) 지수를 같게 하여 밑이 큰 쪽이 크다고 결정한다.

참고 밑을 같게 할 수 있을 때는

(1) $0<$ (밑) <1 ⇨ 지수가 작은 쪽이 큰 수

(2) (밑) >1 ⇨ 지수가 큰 쪽이 큰 수

▶ STEP 1 | 03번, STEP 2 | 05번, 07번

1등급 비법

D 지수법칙의 활용 (지수의 변형)

(1) 조건 $a^{2x}=k$가 주어지면 $\dfrac{a^x-a^{-x}}{a^x+a^{-x}}$의 분모, 분자에 각각 a^x을 곱한다. ▶ STEP 2 | 21번

(2) 조건 $a^x=b^y=c^z$이 주어지면 주어진 식의 값을 k로 놓고 a, b, c를 k에 대한 식으로 나타낸다.

$a^x=b^y=c^z=k \Rightarrow a=k^{\frac{1}{x}}, b=k^{\frac{1}{y}}, c=k^{\frac{1}{z}}$

▶ STEP 2 | 23번, 26번, 27번

(3) 조건 $a^x=b^y$이 주어지면 지수법칙 $(a^m)^n=a^{mn}$을 이용하여 양변을 적절히 변형한다.

$a^x=b^y \Rightarrow a=b^{\frac{y}{x}}, b=a^{\frac{x}{y}}, a^{\frac{1}{y}}=b^{\frac{1}{x}}$ ▶ STEP 2 | 22번

(4) $a^x=p$, $a^y=q$에서 $x\pm y$의 값을 구하려면 주어진 두 식을 곱하거나 나눈다.

$a^{x+y}=a^x\times a^y=pq, a^{x-y}=a^x\div a^y=\dfrac{p}{q}$

▶ STEP 2 | 24번

거듭제곱근의 뜻 **A**

(1) 실수 a와 2 이상의 자연수 n에 대하여 방정식 $x^n=a$를 만족시키는 x를 a의 n제곱근이라 한다.
　　　　　　　　　　　　　　　↖ n제곱하여 a가 되는 수

(2) 실수 a의 n제곱근 중에서 실수인 것은 다음과 같다.

	$a>0$	$a=0$	$a<0$
n이 짝수	$\sqrt[n]{a}, -\sqrt[n]{a}$	0	없다.
n이 홀수	$\sqrt[n]{a}$	0	$\sqrt[n]{a}$

참고 그래프를 이용한 거듭제곱근의 이해

실수 a의 n제곱근 중에서 실수인 것을 구하는 것은 방정식 $x^n=a$의 실근을 구하는 것과 같고, 이것은 곡선 $y=x^n$과 직선 $y=a$의 교점의 x좌표를 찾는 것과 같다.

(1) n이 짝수일 때,

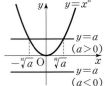

함수 $y=x^n$은 우함수이므로 이 함수의 그래프는 y축에 대하여 대칭이다.

① $a>0$이면 교점은 두 개이고, 교점의 x좌표는 $-\sqrt[n]{a}, \sqrt[n]{a}$이다.

② $a=0$이면 교점은 한 개이고, 교점의 x좌표는 0이다.

③ $a<0$이면 교점이 없다.

(2) n이 홀수일 때,

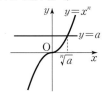

함수 $y=x^n$은 기함수이므로 이 함수의 그래프는 원점에 대하여 대칭이다.

이때 a의 값에 관계없이 교점은 한 개이고, 교점의 x좌표는 $\sqrt[n]{a}$이다.

거듭제곱근의 성질

$a>0, b>0$이고 m, n이 2 이상의 자연수일 때,

(1) $(\sqrt[n]{a})^n=a$

(2) $\sqrt[n]{a}\sqrt[n]{b}=\sqrt[n]{ab}$

(3) $\dfrac{\sqrt[n]{a}}{\sqrt[n]{b}}=\sqrt[n]{\dfrac{a}{b}}$

(4) $(\sqrt[n]{a})^m=\sqrt[n]{a^m}$

(5) $\sqrt[m]{\sqrt[n]{a}}=\sqrt[mn]{a}=\sqrt[n]{\sqrt[m]{a}}$

(6) $\sqrt[np]{a^{mp}}=\sqrt[n]{a^m}$ (단, p는 자연수)

지수의 확장

　　　↱ $a=0$일 때 a^0은 정의하지 않는다. 즉, $0^0=1$이라 하지 않는다.

(1) $a\neq0$이고 n이 자연수일 때,

　　　　　　　↱ $(a^n\times a^0=a^{n+0}=a^n \Rightarrow a^0=1)$ 또는 $(a^n\div a^n=a^{n-n}=a^0 \Rightarrow a^0=1)$

$a^0=1, a^{-n}=\dfrac{1}{a^n}$ ↲ $(a^n\times a^{-n}=a^{n-n}=a^0=1 \Rightarrow a^{-n}=\frac{1}{a^n})$ 또는 $(1\div a^n=a^0\div a^n=a^{0-n}=a^{-n} \Rightarrow a^{-n}=\frac{1}{a^n})$

(2) $a>0$이고 m은 정수, n은 2 이상의 자연수일 때,

$a^{\frac{1}{n}}=\sqrt[n]{a}, a^{\frac{m}{n}}=\sqrt[n]{a^m}, a^{-\frac{m}{n}}=\dfrac{1}{a^{\frac{m}{n}}}=\dfrac{1}{\sqrt[n]{a^m}}$

　　↳ 지수가 $\frac{m}{n}$일 때도 지수법칙 $(a^m)^n=a^{mn}$이 성립한다고 가정하면

$(a^{\frac{m}{n}})^n=a^{\frac{m}{n}\times n}=a^m \Rightarrow a^{\frac{m}{n}}=\sqrt[n]{a^m}$

지수법칙 **B**

$a>0, b>0$이고 m, n이 유리수일 때,

(1) $a^ma^n=a^{m+n}$

(2) $a^m\div a^n=a^{m-n}$

(3) $(a^m)^n=a^{mn}$

(4) $(ab)^n=a^nb^n$

(5) $\left(\dfrac{a}{b}\right)^n=\dfrac{a^n}{b^n}$

참고 지수법칙은 지수의 범위를 실수로 확장하여도 성립한다.

01 거듭제곱근의 뜻

보기에서 옳은 것만을 있는 대로 고른 것은?

• 보기 •

ㄱ. $(-2)^4$의 네제곱근은 ± 2이다.
ㄴ. $a < 0$일 때, $(\sqrt[3]{-a})^3 = a$이다.
ㄷ. n이 홀수일 때, -3의 n제곱근 중에서 실수인 것은 $-\sqrt[n]{3}$이다.

① ㄱ   ② ㄴ   ③ ㄷ
④ ㄱ, ㄷ   ⑤ ㄴ, ㄷ

02 거듭제곱근의 개수

n이 자연수일 때, 집합 A_n을
$$A_n = \{x \,|\, x^n = 99 - n,\ x\text{는 실수}\}$$
라 하자. 집합 A_n의 원소의 개수를 $f(n)$이라 할 때, $f(2) - f(3) + f(4) - \cdots + f(200)$의 값을 구하시오.

03 거듭제곱근의 대소 관계

세 수 $A = \sqrt[3]{3}$, $B = \sqrt[4]{5}$, $C = \sqrt{\sqrt[3]{12}}$의 대소 관계로 옳은 것은?

① $A < B < C$ ② $B < A < C$
③ $B < C < A$ ④ $C < A < B$
⑤ $C < B < A$

04 거듭제곱근의 성질

보기에서 옳은 것만을 있는 대로 고른 것은?
(단, $a > 0$, $a \neq 1$)

• 보기 •

ㄱ. $\dfrac{\sqrt{a}}{\sqrt[4]{a}} = \sqrt[4]{a}$ ㄴ. $(\sqrt[3]{a})^4 = \sqrt[12]{a}$

ㄷ. $\sqrt[3]{a^2\sqrt{a}} = \sqrt[6]{a^5}$

① ㄱ   ② ㄴ   ③ ㄱ, ㄷ
④ ㄴ, ㄷ   ⑤ ㄱ, ㄴ, ㄷ

05 거듭제곱근의 계산

이차방정식 $x^2 - 3\sqrt[3]{2}x + \sqrt[3]{32} = 0$의 두 근을 α, β라 할 때, $\alpha^3 + \beta^3$의 값은?

① 36   ② $3\sqrt[6]{2}$ ③ $\sqrt[3]{16}$
④ $\sqrt[3]{2}$ ⑤ 18

06 지수법칙 – 지수가 정수일 때

$\dfrac{2^{-2} + 1 + 2^2 + 2^4 + \cdots + 2^{100}}{2^2 + 1 + 2^{-2} + 2^{-4} + \cdots + 2^{-100}} = (\sqrt{2})^n$일 때, 정수 n의 값은?

① -196 ② -98 ③ 49
④ 98   ⑤ 196

07 지수법칙 – 자연수가 될 조건

2 이상의 자연수 n에 대하여 $(\sqrt{3^n})^{\frac{1}{2}}$과 $\sqrt[n]{3^{100}}$이 모두 자연수가 되도록 하는 모든 n의 값의 합을 구하시오. [2018년 교육청]

08 지수법칙 – 지수가 유리수일 때

다음 계산 과정에서 처음으로 등호가 성립하지 **않는** 곳은?
$$32 = 2^5 = (\sqrt{4})^5 = 4^{\frac{5}{2}} = \{(-2)^2\}^{\frac{5}{2}} = (-2)^5 = -32$$
            ①   ②   ③   ④   ⑤

09 지수법칙 – 지수가 실수일 때

$x=3+2\sqrt{2}$, $y=3-2\sqrt{2}$일 때, 방정식
$$\sqrt[x]{a}\sqrt[y]{a}-3\sqrt{a^x a^y}+2=0$$
을 만족시키는 양수 a의 값은? (단, $a \neq 1$)

① $\sqrt[6]{2}$ ② $\sqrt[4]{2}$ ③ $\sqrt[3]{2}$

④ $\sqrt{2}$ ⑤ 2

10 지수법칙 – 곱셈공식(1)

양수 a에 대하여 $a^{\frac{1}{2}}-a^{-\frac{1}{2}}=3$일 때, $\dfrac{a^{\frac{3}{2}}-a^{-\frac{3}{2}}+9}{a+a^{-1}+4}$의 값을 구하시오.

11 지수법칙 – 곱셈공식(2)

자연수 n에 대하여 $x=\dfrac{3^n-3^{-n}}{2}$일 때, $\sqrt[2n]{x+\sqrt{1+x^2}}$의 값은?

① $\dfrac{1}{2}$ ② $\dfrac{\sqrt{3}}{3}$ ③ $\sqrt{3}$

④ 3 ⑤ 5

12 $a^x=b$의 조건이 주어질 때 식의 값

두 실수 a, b에 대하여
$$5^{2a+b}=32,\ 5^{a-b}=2$$
일 때, $4^{\frac{a+b}{ab}}$의 값을 구하시오. [2017년 교육청]

13 $a^x=b^y$의 조건이 주어질 때 식의 값

두 실수 a, b에 대하여 $3^a=24^b=2$가 성립할 때, $\dfrac{1}{a}-\dfrac{1}{b}$의 값은?

① -3 ② $-\dfrac{5}{2}$ ③ -2

④ $-\dfrac{3}{2}$ ⑤ -1

14 지수법칙의 도형에의 활용

그림의 정육면체의 부피는 2^7이고, 색칠한 정삼각형의 넓이는 $\sqrt{3}\times 2^{\frac{q}{p}}$일 때, $p+q$의 값을 구하시오.
(단, p, q는 서로소인 자연수이다.)

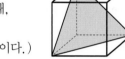

15 지수법칙의 실생활에의 활용

방사성 동위원소의 반감기가 t년이고, 현재의 양이 $T_0(\mathrm{g})$이면 현재로부터 n년 후의 방사성 동위원소의 양 $T_n(\mathrm{g})$은
$$T_n=T_0\left(\frac{1}{2}\right)^{\frac{n}{t}}$$
으로 주어진다. 방사성 동위원소 라듐의 반감기는 1620년이고, 현재의 양이 50 g일 때, 1000년 후의 라듐의 양은 1405년 후의 라듐의 양의 몇 배인가?

① $\sqrt[6]{2}$배   ② $\sqrt[4]{2}$배   ③ 2배

④ $2\sqrt[6]{2}$배   ⑤ $2\sqrt[4]{2}$배

대표
01   **유형❶ 거듭제곱근의 뜻**

2 이상의 자연수 n과 실수 a에 대하여 a의 n제곱근 중에서 실수인 것의 개수를 $f(n, a)$로 정의할 때, **보기**에서 옳은 것만을 있는 대로 고른 것은?

• 보기 •
ㄱ. n이 홀수일 때, $f(n, a)=f(n, -a)$
ㄴ. $f(2n-1, 2n)+f(2n, 2n-1)=3$
ㄷ. $f(2, 2)+f(3, 3)+f(4, 4)+\cdots+f(100, 100)$
    $=149$

① ㄱ   ② ㄱ, ㄴ   ③ ㄱ, ㄷ
④ ㄴ, ㄷ   ⑤ ㄱ, ㄴ, ㄷ

02

실수 x에 대하여 함수 $f(x)$를
$f(x)=$(등식 $t^4=x^2-4$를 만족시키는
　　　　　　　　서로 다른 실수 t의 개수)
로 정의하자. 함수 $y=f(x)$의 그래프는?

①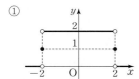

②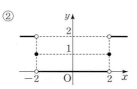

③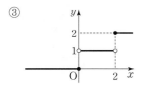

④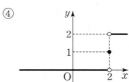

⑤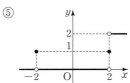

03

2 이상의 자연수 n에 대하여 $(n^2-14n+40)^5$의 n제곱근 중에서 실수인 것의 개수를 $f(n)$이라 할 때, $f(2)+f(3)+f(4)+\cdots+f(100)$의 값을 구하시오.

대표
04   **유형❷ 거듭제곱근의 성질**

$2 \le n \le 10$인 자연수 n과 정수 a가 다음 조건을 만족시킬 때, 모든 순서쌍 (n, a)의 개수를 구하시오.

(가) $\sqrt[n+1]{a}>0$
(나) $\sqrt[n]{(-2)^n} \times \sqrt[n+3]{(n-a)^{n+3}}=(-1)^n \times 6$

05

두 집합 A, B가 다음 조건을 만족시킬 때, $A \cap B$와 같은 집합은?

$A=\{x \mid x^2-(\sqrt{2}+\sqrt[4]{6})x+\sqrt{2} \times \sqrt[4]{6}<0\}$
$B=\{x \mid x^2-(\sqrt[3]{3}+\sqrt[6]{11})x+\sqrt[3]{3} \times \sqrt[6]{11}<0\}$

① $\varnothing$ ② A
③ B ④ $\{x \mid \sqrt[3]{3}<x<\sqrt[4]{6}\}$
⑤ $\{x \mid \sqrt{2}<x<\sqrt[6]{11}\}$

06   〔신유형〕

두 함수 $f_n(x)=x^n$, $g_n(x)=\sqrt[n]{x}$에 대하여 **보기**에서 옳은 것만을 있는 대로 고른 것은? (단, n은 2 이상의 자연수이다.)

• 보기 •
ㄱ. a가 실수일 때, $(g_4 \circ f_4)(a)=a$
ㄴ. $a>0$일 때, $(g_m \circ g_n)(a)=g_{mn}(a)$
　　　　　　　　(단, m은 2 이상의 자연수)
ㄷ. $a<0$일 때, $(g_n \circ f_n)(a)+(g_{n+1} \circ f_{n+1})(a)=0$

① ㄱ   ② ㄴ   ③ ㄱ, ㄴ
④ ㄴ, ㄷ   ⑤ ㄱ, ㄴ, ㄷ

07

모든 자연수 n에 대하여 $f(n)=[\sqrt[3]{n}]$이라 할 때,
$f(1)+f(2)+f(3)+\cdots+f(a)=180$
을 만족시키는 자연수 a의 값을 구하시오.
　　　　　　(단, $[x]$는 x보다 크지 않은 최대의 정수이다.)

08

$0<y<1<x$이고 $\sqrt[3]{x}\sqrt{y}=1$일 때, **보기**에서 옳은 것만을 있는 대로 고른 것은?

• 보기 •

ㄱ. $x^2y^3=1$ 　　　　　 ㄴ. $x^3y^2>1$

ㄷ. $\sqrt{x}\sqrt[3]{y^4}>1$

① ㄱ 　　　　 ② ㄴ 　　　　 ③ ㄱ, ㄴ

④ ㄴ, ㄷ 　　　 ⑤ ㄱ, ㄴ, ㄷ

대표 09 유형❸ 지수의 확장과 지수법칙

자연수 a, b에 대하여 두 수 $\sqrt[3]{\dfrac{5^b}{7^{a+1}}}$ 과 $\sqrt[5]{\dfrac{5^{b+1}}{7^a}}$ 이 모두 유리수일 때, $a+b$의 최솟값은?

① 10 　　　　 ② 12 　　　　 ③ 14

④ 16 　　　　 ⑤ 18

10

두 자연수 m, n에 대하여 $x=3^m5^n$일 때, 등식

$$\sqrt{\dfrac{x}{5}}\times\sqrt[3]{\dfrac{x}{9}}=3\times5^2$$

이 성립한다. 이때 $m+n$의 값을 구하시오.

11

양수 a에 대하여

$$\dfrac{1}{a^{-10}+1}+\dfrac{1}{a^{-9}+1}+\cdots+\dfrac{1}{a^{-1}+1}+\dfrac{1}{a^0+1}$$
$$+\dfrac{1}{a^1+1}+\cdots+\dfrac{1}{a^9+1}+\dfrac{1}{a^{10}+1}$$

의 값을 구하시오.

12

0이 아닌 두 정수 a, b에 대하여

$$\left(-a\times\dfrac{1}{b}\right)^{-1}\times\left(\dfrac{1}{a}\times b^{-1}\right)^{-2}=216$$

일 때, 모든 순서쌍 (a, b)의 개수는?

① 2 　　　　 ② 4 　　　　 ③ 6

④ 8 　　　　 ⑤ 10

13

$|n|\leq20$인 정수 n에 대하여 $\sqrt[8]{56\sqrt[4]{14^{n+3}}}$ 이 어떤 유리수의 네제곱근이 되도록 하는 n의 개수는?

① 3 　　　　 ② 5 　　　　 ③ 7

④ 9 　　　　 ⑤ 11

14

그림과 같이 두 점 $\left(\dfrac{5}{2}, 0\right)$, $(0, 5)$를 지나는 직선 l이 있다. 직선 l 위를 움직이는 한 점 $P(a, b)$에 대하여 9^a+3^b의 최솟값을 m이라 할 때, m^2의 값을 구하시오.

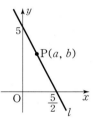

15

직선 $y=-x+6$ 위의 점 (a, b)에 대하여

$$2^a=4+2^b,\ 2^b=4+2^{-p}$$

을 만족시킬 때, $2^{2+p}+2^{2-p}$의 값을 구하시오.

(단, p는 실수이다.)

16

함수 $f(x)=\sqrt{2x}$에 대하여
$$f(x)=f^1(x),$$
$$f^{n+1}(x)=(f\circ f^n)(x)\ (단,\ n은\ 자연수)$$
라 할 때, **보기**에서 옳은 것만을 있는 대로 고른 것은?

┌─ 보기 ●─────────────────────────┐
│ ㄱ. $f^2(1)=2^{\frac{3}{4}}$ ㄴ. $f^3(2)=2$ │
│ ㄷ. $f^n(1)f^n(4)=f(2)$ │
└──────────────────────────────┘

① ㄱ   ② ㄱ, ㄴ   ③ ㄱ, ㄷ
④ ㄴ, ㄷ   ⑤ ㄱ, ㄴ, ㄷ

17 [1등급]

2 이상의 서로 다른 자연수 m, $n(m<n)$에 대하여 $\sqrt[m]{a}$ 와 $\sqrt[n]{a}$가 모두 자연수가 되도록 하는 300 이하의 세 자리의 자연수 a가 존재할 때, 순서쌍 (m, n)의 개수를 구하시오.

18 유형❹ 곱셈공식과 지수법칙

$x^{\frac{1}{2}}=e^{\frac{1}{2}}-e^{-\frac{1}{2}}\ (e>1)$일 때, $\dfrac{x+2+\sqrt{x^2+4x}}{x+2-\sqrt{x^2+4x}}$의 값은?

① e^2 ② $e\sqrt{e}$ ③ e
④ $\dfrac{1}{e}$ ⑤ $\dfrac{1}{e^2}$

19

$a>1$이고 $\sqrt[3]{a}-\dfrac{1}{\sqrt[3]{a}}=b$일 때, $b^3+3b=3$을 만족시킨다. $a^2+\dfrac{1}{a^2}$의 값을 구하시오.

20 유형❺ 지수법칙을 이용한 식의 계산

$40^a=2$, $40^b=5$인 실수 a, b에 대하여 $8^{\frac{2(1-a-b)}{1-b}}$의 값은?

① 4   ② 8   ③ 16
④ 32   ⑤ 64

21 [서술형]

$2^{2x}=3$인 실수 x에 대하여 $\dfrac{2^{3x}+2^{-3x}}{2^x+2^{-x}}+\dfrac{2^x-2^{-5x}}{2^{-x}+2^{-3x}}$의 값을 A라 할 때, $2A$의 값을 구하시오.

22

세 실수 a, b, c에 대하여 $3^a=4^b=5^c$이고 $ac=2$일 때, 4^{ab+bc}의 값을 구하시오. [2017년 교육청]

23

두 양수 a, b에 대하여 $3^a=5^b$, $2ab-a-b=0$일 때, $\left(\dfrac{1}{27}\right)^a\times5^b$의 값을 구하시오.

24

$3^a=6$, $3^b=24$를 만족시키는 실수 a, b에 대하여 이차방정식 $x^2+(2-a-b)x+a-b=0$의 두 근을 α, β라 할 때, $\dfrac{1}{\alpha}+\dfrac{1}{\beta}$의 값을 구하시오.

25

실수 x, y에 대하여
$$\frac{2^x}{1+2^{x-y}}+\frac{2^y}{1+2^{-x+y}}=\frac{1}{2}$$
일 때, $2^{-x}+2^{-y}$의 값을 구하시오.

26

세 양수 x, y, z와 1이 아닌 세 양수 a, b, c가 다음 조건을 만족시킨다.

| (가) $2y=x+z$ | (나) $a^{\frac{1}{x}}=b^{\frac{1}{y}}=c^{\frac{1}{z}}$ |

$\dfrac{3a+5c}{2b}$의 최솟값은?

① $2\sqrt{3}$ ② $\sqrt{15}$ ③ 4
④ $3\sqrt{2}$ ⑤ $2\sqrt{5}$

27

$x>0$, $y>0$, $z>0$이고 $2^x=3^y=6^z$일 때, **보기**에서 옳은 것만을 있는 대로 고른 것은?

보기
ㄱ. $z<y<x$
ㄴ. $\dfrac{1}{x}+\dfrac{1}{y}=1$이면 $z=1$이다.
ㄷ. $x=p$, $z=p^2$이면 $y=\dfrac{p^2}{1-p}$이다. (단, $p\neq1$)

① ㄱ   ② ㄴ   ③ ㄱ, ㄴ
④ ㄱ, ㄷ   ⑤ ㄱ, ㄴ, ㄷ

유형⑥ 지수법칙의 실생활에의 활용

반지름의 길이가 r인 원형 도선에 세기가 I인 전류가 흐를 때, 원형 도선의 중심에서 수직 거리 x만큼 떨어진 지점에서의 자기장의 세기를 B라 하면 다음과 같은 관계식이 성립한다고 한다.
$$B=\frac{kIr^2}{2(x^2+r^2)^{\frac{3}{2}}}$$ (단, k는 상수이다.)

전류의 세기가 I_0 ($I_0>0$)으로 일정할 때, 반지름의 길이가 r_1인 원형 도선의 중심에서 수직 거리 x_1만큼 떨어진 지점에서의 자기장의 세기를 B_1, 반지름의 길이가 $3r_1$인 원형 도선의 중심에서 수직 거리 $3x_1$만큼 떨어진 지점에서의 자기장의 세기를 B_2라 하자. $\dfrac{B_2}{B_1}$의 값은? (단, 전류의 세기의 단위는 A, 자기장의 세기의 단위는 T, 길이와 거리의 단위는 m이다.) [2019년 교육청]

① $\dfrac{1}{6}$ ② $\dfrac{1}{4}$ ③ $\dfrac{1}{3}$
④ $\dfrac{5}{12}$ ⑤ $\dfrac{1}{2}$

29

빈출

단원자 이상기체의 단열 과정에서 단열 팽창 전 온도와 부피를 각각 T_i, V_i라 하고 단열 팽창 후 온도와 부피를 각각 T_f, V_f라 하자. 단열 팽창 전과 단열 팽창 후의 온도와 부피 사이에는 다음과 같은 관계식이 성립한다고 한다.
$$T_iV_i^{\gamma-1}=T_fV_f^{\gamma-1}$$
(단, 기체몰 열용량의 비 $\gamma=\dfrac{5}{3}$이고, 온도의 단위는 K, 부피의 단위는 m^3이다.)
단열 팽창 전 온도가 480(K)이고 부피가 5(m^3)인 단원자 이상기체가 있다. 이 기체가 단열 팽창하여 기체의 온도가 270(K)가 되었을 때, 기체의 부피(m^3)는?

① $\dfrac{308}{27}$ ② $\dfrac{311}{27}$ ③ $\dfrac{314}{27}$
④ $\dfrac{317}{27}$ ⑤ $\dfrac{320}{27}$

01

세 수 $\sqrt{\dfrac{n}{2}}$, $\sqrt[3]{\dfrac{n}{3}}$, $\sqrt[5]{\dfrac{n}{5}}$ 이 자연수가 되도록 하는 자연수 n의 최솟값이 $2^p \times 3^q \times 5^r$ (p, q, r는 자연수) 꼴로 나타내어질 때, $2p-q+r$의 값을 구하시오.

02

1이 아닌 세 양수 a, b, c와 1이 아닌 두 자연수 m, n이 다음 조건을 만족시킨다. 모든 순서쌍 (m, n)의 개수는?

[2020년 교육청]

> (가) $\sqrt[3]{a}$는 b의 m제곱근이다.
> (나) $\sqrt{b}$는 c의 n제곱근이다.
> (다) c는 a^{12}의 네제곱근이다.

① 4   ② 7   ③ 10
④ 13   ⑤ 16

03

$2x = 9^{10} - \dfrac{1}{9^{10}}$일 때, $\sqrt[n]{x+\sqrt{1+x^2}}$의 값이 정수가 되기 위한 자연수 n의 개수를 구하시오. (단, $n \geq 2$)

04

그림과 같이 한 변의 길이가 90인 정사각형을 네 개의 직사각형으로 나누고, 각각의 넓이를 A, B, C, D라 하면

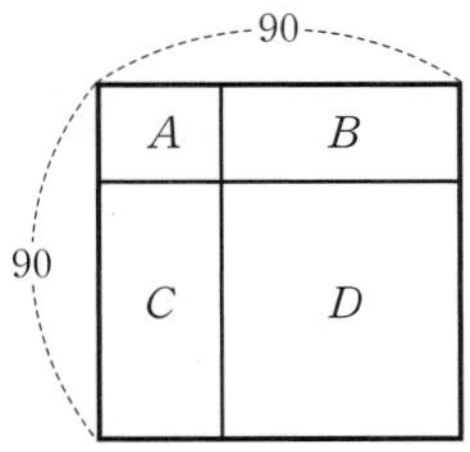

$A = 2^a 3^b$,
$B = 2^{a-1} 3^{b+1}$,
$C = 2^{2a-1} 3^b$,
$D = 2^{a+1} 3^{b+1}$

이다. 이때 A의 값을 구하시오. (단, a, b는 정수이다.)

05

$x = 4^{\frac{4}{5}}$일 때,

$$[x+1] + [x^{-2}+2] + \left[\frac{1}{3}x + \frac{1}{3}x^{-1}\right]$$

의 값을 구하시오.

(단, $[x]$는 x보다 크지 않은 최대의 정수이다.)

06

두 집합 $A = \{n, n+1\}$, $B = \{-25, -5, 5, 25\}$에 대하여 집합 X를

$$X = \{x \,|\, x^a = b, \ a \in A, \ b \in B, \ x \text{는 실수}\}$$

라 한다. 집합 X의 원소 중에서 양수인 모든 원소의 곱이 5보다 작을 때, 집합 A의 모든 원소의 합의 최솟값을 구하시오. (단, n은 자연수이다.)

07

연속하는 두 자연수 m, n에 대하여 $1 < m < n$이 성립할 때,

$$A = \sqrt{m\sqrt[3]{n}}, \ B = \sqrt[3]{n\sqrt{m}}, \ C = \sqrt{\sqrt{mn}}$$

에 대하여 $|A-B| + |B-C| + |C-A|$를 간단히 하면?

① $2(A-B)$ ② $2(A-C)$ ③ $2(B-A)$
④ $2(C-A)$ ⑤ $2(C-B)$

08

두 양수 a, b와 두 실수 x, y가 다음 조건을 만족시킨다.

> (가) $a^2 b^3 = 125$ (나) $a^{4x} = \dfrac{1}{(2b)^{5y}}$ (다) $\dfrac{1}{2x} - \dfrac{3}{5y} = 3$

$\dfrac{a^{2x} + a^{-2x}}{a^{2x} - a^{-2x}} = \dfrac{q}{p}$일 때, $p+q$의 값을 구하시오.

(단, p, q는 서로소인 자연수이다.)

유형 1 거듭제곱근의 뜻

출제경향 거듭제곱근의 뜻을 묻는 문제가 출제된다.

공략비법
실수 a의 n제곱근 중에서 실수인 것은 다음과 같다.

	$a>0$	$a=0$	$a<0$
n이 짝수	$\sqrt[n]{a}$, $-\sqrt[n]{a}$	0	없다.
n이 홀수	$\sqrt[n]{a}$	0	$\sqrt[n]{a}$

1 대표
• 2021학년도 6월 평가원 12번 | **3점**

자연수 n이 $2\leq n\leq 11$일 때, $-n^2+9n-18$의 n제곱근 중에서 음의 실수가 존재하도록 하는 모든 n의 값의 합은?

① 31   ② 33   ③ 35
④ 37   ⑤ 39

2 유사
• 2019년 3월 교육청 15번 | **4점**

자연수 n에 대하여 $n(n-4)$의 세제곱근 중 실수인 것의 개수를 $f(n)$이라 하고, $n(n-4)$의 네제곱근 중 실수인 것의 개수를 $g(n)$이라 하자. $f(n)>g(n)$을 만족시키는 모든 n의 값의 합은?

① 4   ② 5   ③ 6
④ 7   ⑤ 8

유형 2 지수법칙의 활용

출제경향 주어진 식이 자연수가 되는 조건을 묻는 문제가 출제된다.

공략비법
소수 a에 대하여 $a^{\frac{n}{m}}=$(자연수)이면 $n=mk$ (단, m, n, k는 자연수)

3 대표
• 2022학년도 사관학교 6번 | **3점**

$\sqrt[m]{64}\times\sqrt[n]{81}$의 값이 자연수가 되도록 하는 2 이상의 자연수 m, n의 모든 순서쌍 (m, n)의 개수는?

① 2   ② 4   ③ 6
④ 8   ⑤ 10

4 유사
• 2021년 7월 교육청 9번 | **4점**

2 이상의 두 자연수 a, n에 대하여 $(\sqrt[n]{a})^3$의 값이 자연수가 되도록 하는 n의 최댓값을 $f(a)$라 하자. $f(4)+f(27)$의 값은?

① 13   ② 14   ③ 15
④ 16   ⑤ 17

02 로그

비법 노트

로그의 정의 Ⓐ

$a>0$, $a\neq1$일 때, 임의의 양수 N에 대하여 $a^x=N$을 만족시키는 실수 x는 오직 하나만 존재하고, 이 실수 x를 $\log_a N$으로 나타낸다. 즉,

$$a^x=N \iff x=\log_a \underset{\text{밑}}{a}\overset{\text{진수}}{N}$$

이때 x를 a를 밑으로 하는 N의 로그라 하고, N을 $\log_a N$의 진수라한다.

로그의 성질과 밑의 변환 공식 Ⓑ Ⓒ

$a>0$, $a\neq1$, $b>0$, $b\neq1$, $c>0$, $M>0$, $N>0$일 때,

(1) $\log_a 1=0$, $\log_a a=1$

(2) $\log_a MN=\log_a M+\log_a N$

(3) $\log_a \dfrac{M}{N}=\log_a M-\log_a N$

(4) $\log_a M^k=k\log_a M$ (단, k는 실수)

(5) $\log_{a^m} M^n=\dfrac{n}{m}\log_a M$ (단, m, n은 실수, $m\neq0$)

(6) $\log_a M=\dfrac{\log_b M}{\log_b a}$

(7) $\log_a b=\dfrac{1}{\log_b a}$

(8) $a^{\log_a M}=M$, $a^{\log_b c}=c^{\log_b a}$

(9) $\log_a b\times\log_b a=1$

상용로그 Ⓓ

(1) 임의의 양수 N에 대하여 $\log_{10} N$과 같이 10을 밑으로 하는 로그를 상용로그라 하고, 보통 밑 10을 생략하여 $\log N$으로 나타낸다.

(2) 상용로그표를 이용하여 상용로그의 값을 구할 수 있다.

상용로그표는 상용로그의 값을 반올림하여 소수점 아래 넷째 자리까지 나타낸 표로 큰 수나 계산이 복잡한 식의 값을 구할 때 사용된다.

오른쪽 상용로그표에서 $\log 2.29$의 값은 2.2의 가로줄과 9의 세로줄이 만나는 곳의 수 0.3598이다. 즉,

$\log 2.29=0.3598$

수	0	1	⋯	8	9
1.0	.0000	.0043	⋯	.0334	.0374
1.1	.0414	.0453	⋯	.0719	.0755
⋮	⋮	⋮		⋮	⋮
2.0	.3010	.3032	⋯	.3181	.3201
2.1	.3222	.3243	⋯	.3385	.3404
2.2	.3424	.3444	⋯	.3579	.3598
2.3	.3617	.3636	⋯	.3766	.3784
⋮	⋮	⋮		⋮	⋮

(3) 임의의 양수 N에 대하여 상용로그는

$\log N=n+\alpha$

(n은 정수, $0\leq\alpha<1$)

로 나타낼 수 있고, n을 $\log N$의 정수 부분, α를 $\log N$의 소수 부분이라 한다.

① 정수 부분이 n자리인 수의 상용로그의 정수 부분은 $n-1$이다.

② 소수점 아래 n째 자리에서 처음으로 0이 아닌 숫자가 나타나는 수의 상용로그의 정수 부분은 $-n$이다.

③ 진수의 숫자의 배열이 같고 소수점의 위치만 다른 양수들의 상용로그의 소수 부분은 모두 같다.

Ⓐ 로그의 밑과 진수의 조건

(1) 밑이 1이 아닌 양수이어야 하는 이유

(밑)$<0 : \log_{-1} 3=x \iff (-1)^x=3$

(밑)$=0 : \log_0 3=x \iff 0^x=3$

(밑)$=1 : \log_1 3=x \iff 1^x=3$

위의 세 가지 경우를 만족시키는 실수 x는 존재하지 않는다.

(2) 진수가 양수이어야 하는 이유

(진수)$=0 : \log_2 0=x \iff 2^x=0$

(진수)$<0 : \log_2 (-4)=x \iff 2^x=-4$

위의 두 가지 경우를 만족시키는 실수 x는 존재하지 않는다.

따라서 $\log_a b$에서 $a>0$, $a\neq1$, $b>0$이어야 한다.

▶ STEP 1 | 01번, STEP 2 | 01번

Ⓑ 로그의 계산에서 다음에 유의한다.

(1) $\log_a (M+N)\neq\log_a M+\log_a N$

(2) $\dfrac{\log_a M}{\log_a N}\neq\log_a M-\log_a N$

(3) $\log_a M^k\neq(\log_a M)^k$

Ⓒ $a^{\log_b c}=c^{\log_b a}$의 증명

$a^{\log_b c}=x$로 놓고 양변에 밑이 b $(b>0, b\neq1)$인 로그를 취하면

$\log_b a^{\log_b c}=\log_b x$

위의 식의 좌변을 정리하면

$\log_b a^{\log_b c}=(\log_b c)(\log_b a)$

$\qquad\qquad=(\log_b a)(\log_b c)$

$\qquad\qquad=\log_b c^{\log_b a}$

$\log_b c^{\log_b a}=\log_b x$에서 양변의 로그의 밑이 b로 같으므로

$x=c^{\log_b a} \qquad\therefore a^{\log_b c}=c^{\log_b a}$

Ⓓ 상용로그의 정수 부분과 소수 부분의 활용

$A>0$, $B>0$일 때,

(1) $\log A$의 정수 부분이 n이다.

$\iff \log A=n+\alpha$ (단, $0\leq\alpha<1$)

$\iff n\leq\log A<n+1$

$\iff [\log A]=n$

$\iff A=a\times10^n$ (단, $1\leq a<10$)

$\iff 10^n\leq A<10^{n+1}$

(2) $\log A$와 $\log B$의 소수 부분이 같다.

$\iff \log A-\log B=$(정수)

$\iff \log A-[\log A]=\log B-[\log B]$

$\iff \dfrac{A}{B}=10^m$ (단, m은 정수)

$\iff A$와 B의 숫자 배열이 같다.

▶ STEP 2 | 16번, 20번

01　로그의 정의

보기에서 실수 a의 값에 관계없이 로그가 정의될 수 있는 것만을 있는 대로 고른 것은?

• 보기 •

ㄱ. $\log_{a^2-a+2}(a^2+1)$

ㄴ. $\log_{2|a|+1}(a^2+a+1)$

ㄷ. $\log_{a^2+2}(a^2-2a+1)$

① ㄱ　　　　② ㄱ, ㄴ　　　　③ ㄱ, ㄷ

④ ㄴ, ㄷ　　　⑤ ㄱ, ㄴ, ㄷ

02　로그의 성질

900의 모든 양의 약수를 크기가 작은 순서대로 모두 나열한 것을 a_1, a_2, a_3, $\cdots$, a_n이라 하자.

$\log_{30} a_1+\log_{30} a_2+\log_{30} a_3+\cdots+\log_{30} a_n$의 값을 구하시오.

03　로그의 성질을 이용한 대소 관계

1이 아닌 세 양수 x, y, z에 대하여 $x^3=y^4=z^5$이 성립할 때, 세 수

$$A=\log_x y,\ B=\log_y z,\ C=\log_z x$$

의 대소 관계는?

① $A<B<C$　　　　　② $A<C<B$

③ $B<A<C$　　　　　④ $B<C<A$

⑤ $C<B<A$

04　로그의 밑의 변환 공식

두 양수 a, b에 대하여 좌표평면 위의 두 점 $(2, \log_4 a)$, $(3, \log_2 b)$를 지나는 직선이 원점을 지날 때, $\log_a b$의 값은? (단, $a\neq1$) [2021학년도 평가원]

① $\dfrac{1}{4}$　　　　② $\dfrac{1}{2}$　　　　③ $\dfrac{3}{4}$

④ 1　　　　⑤ $\dfrac{5}{4}$

05　이차방정식에의 활용

1이 아닌 두 양수 a, b에 대하여 이차방정식 $x^2-2x-3=0$의 두 근이 $\log_2 a$, $\log_2 b$일 때, $\log_{a^2} 2+\log_b \sqrt{2}$의 값은?

① $-\dfrac{1}{3}$　　　　② $-\dfrac{1}{6}$　　　　③ $\dfrac{1}{6}$

④ $\dfrac{1}{3}$　　　　⑤ $\dfrac{1}{2}$

06　상용로그의 값

$\log_{15} A=30$, $\log_{45} B=15$인 두 자연수 A, B에 대하여 $n<\log\dfrac{B}{A}<n+1$을 만족시키는 정수 n의 값을 구하시오.

(단, $\log 2=0.3010$, $\log 3=0.4771$로 계산한다.)

07　상용로그의 정수 부분과 소수 부분

다음 조건을 만족시키는 모든 실수 x의 값의 곱은?

(단, $[x]$는 x보다 크지 않은 최대의 정수이다.)

㈎ $[\log x]=[\log 2020]$

㈏ $\log x-[\log x]=\log\dfrac{1}{x}-\left[\log\dfrac{1}{x}\right]$

① $10^{\frac{1}{2}}$　　　　② 10　　　　③ 10^3

④ $10^{\frac{7}{2}}$　　　　⑤ $10^{\frac{13}{2}}$

08　상용로그의 활용

어떤 약물을 사람의 정맥에 일정한 속도로 주입하기 시작한 지 t분 후 정맥에서의 약물 농도가 C(ng/mL)일 때, 다음 식이 성립한다고 한다.

$$\log(10-C)=1-kt$$

(단, $C<10$이고, k는 양의 상수이다.)

이 약물을 사람의 정맥에 일정한 속도로 주입하기 시작한 지 40분 후 정맥에서의 약물 농도는 4(ng/mL)이고, 주입하기 시작한 지 a분 후 정맥에서의 약물 농도가 6.4(ng/mL)일 때, a의 값을 구하시오.

대표
01 유형❶ 로그의 정의

모든 실수 x에 대하여 $\log_{3a-1}(ax^2+2ax+1-a)$가 정의되도록 하는 실수 a의 값의 범위는?

① $-\dfrac{1}{3} \le a < \dfrac{1}{2}$ ② $0 < a \le \dfrac{3}{4}$

③ $\dfrac{1}{4} < a < 1$ ④ $\dfrac{1}{3} < a < \dfrac{1}{2}$

⑤ $3 < a < 4$

02

$\log_{25}(a-b)=\log_9 a=\log_{15} b$를 만족시키는 두 양수 a, b에 대하여 $\dfrac{b}{a}$의 값은?

① $\dfrac{\sqrt{5}-1}{3}$ ② $\dfrac{\sqrt{5}-1}{2}$ ③ $\dfrac{\sqrt{2}+\sqrt{5}}{5}$

④ $\dfrac{\sqrt{2}+1}{4}$ ⑤ $\dfrac{\sqrt{2}+1}{3}$

03

$\log_2(-2x^2+ax+3)$의 값이 자연수가 되도록 하는 실수 x의 개수가 6일 때, 모든 자연수 a의 값의 합을 구하시오.

04 〔1등급〕

두 자연수 a, b에 대하여 집합
$$\{\log_a b \mid 100 < a < b < 1000\}$$
의 원소 중에서 유리수의 개수를 구하시오.

대표
05 유형❷ 로그의 성질과 밑의 변환 공식

집합 $A=\{(x, \log_2 x) \mid x>0$인 실수$\}$에 대하여 **보기**에서 옳은 것만을 있는 대로 고른 것은?

• 보기 •
ㄱ. $(a, b)\in A$이면 $(2a, b+1)\in A$
ㄴ. $(a, b)\in A$이면 $(a^k, kb)\in A$
ㄷ. $(a, b)\in A$, $(c, d)\in A$이면 $\left(\dfrac{\sqrt{a}}{c}, \dfrac{b}{2}-d\right)\in A$

① ㄱ   ② ㄱ, ㄴ   ③ ㄱ, ㄷ
④ ㄴ, ㄷ   ⑤ ㄱ, ㄴ, ㄷ

06

세 양수 a, b, c가 다음 조건을 만족시킬 때, $\log_3 a+\log_3 b-\log_3 c$의 값을 구하시오.

(가) $\log_3 a+\log_3 b+\log_3 c=66$
(나) $a^2=b^4=c^6$

07

삼각형 ABC의 세 변의 길이 a, b, c에 대하여
$$\log_{(a+b)} c+\log_{(a-b)} c=2\log_{(a+b)} c \times \log_{(a-b)} c$$
가 성립할 때, △ABC는 어떤 삼각형인가? (단, $c \ne 1$)

① $a=b$인 이등변삼각형
② $a=c$인 이등변삼각형
③ $b=c$인 이등변삼각형
④ ∠A=90°인 직각삼각형
⑤ ∠B=90°인 직각삼각형

08 〔빈출〕

두 양수 a, b에 대하여 이차방정식 $x^2-9x+\log_4 4a=0$의 두 근이 $\log_4 a$, $\log_4 4b$일 때, $\log_{4a} b+\dfrac{1}{\log_a 4b}$의 값을 구하시오. $\left(\text{단, } a \ne \dfrac{1}{4}, a \ne 1, b \ne \dfrac{1}{4}\right)$

09

등식 $2^a=5^b$을 만족시키는 양의 실수 a, b에 대하여 **보기**에서 옳은 것만을 있는 대로 고른 것은?

> **보기**
>
> ㄱ. $b=\dfrac{1}{2}$이면 $a=\log_4 5$이다.
>
> ㄴ. $2<\dfrac{a}{b}<3$
>
> ㄷ. $\dfrac{1}{a}+\dfrac{1}{b}$은 무리수이다.

① ㄱ   ② ㄷ   ③ ㄱ, ㄴ

④ ㄴ, ㄷ   ⑤ ㄱ, ㄴ, ㄷ

10

두 자연수 a, b $(a>b)$에 대하여 다음이 성립할 때, $a+b$의 최댓값과 최솟값의 합을 구하시오.

$$\log_{10}\left(1+\frac{1}{a}\right)+\log_{10}\left(1+\frac{1}{a+1}\right)+\cdots$$
$$+\log_{10}\left(1+\frac{1}{a+b-1}\right)=\log_{10}\frac{b}{6}$$

11

자연수 n에 대하여 $f(n)$이 다음과 같다.

$$f(n)=\begin{cases}\log_3 n & (n\text{이 홀수}) \\ \log_2 n & (n\text{이 짝수})\end{cases}$$

20 이하의 두 자연수 m, n에 대하여
$f(mn)=f(m)+f(n)$을 만족시키는 순서쌍 (m, n)의 개수는?

① 220   ② 230   ③ 240

④ 250   ⑤ 260

12

서술형

$k=1, 2, 3, \cdots$에 대하여 b_k가 0 또는 1이고

$$\log_5 2=\frac{b_1}{2}+\frac{b_2}{2^2}+\frac{b_3}{2^3}+\frac{b_4}{2^4}+\cdots$$

일 때, $b_1+b_2+b_3$의 값을 구하시오.

대표 13   유형❸ 상용로그

두 양수 a, b가 $a^5=10$, $b^8=10$을 만족시킨다. $N=a^7 b^9$이라 할 때, N의 값을 아래의 상용로그표를 이용하여 구하면?

수	0	1	2	3	4	5	···
3.2	.5051	.5065	.5079	.5092	.5105	.5119	···
3.3	.5185	.5198	.5211	.5224	.5237	.5250	···
3.4	.5315	.5328	.5340	.5353	.5366	.5378	···

① 321   ② 324   ③ 332

④ 335   ⑤ 343

14

$1<a<2$인 a에 대하여 $\sqrt{10^a}$을 4로 나누었을 때, 몫이 정수이고 나머지가 1이 되도록 하는 모든 a의 값의 합은?
(단, $\log 2=0.30$, $\log 3=0.48$로 계산한다.)

① 2.85   ② 3.14   ③ 3.32

④ 3.54   ⑤ 3.60

15

두 자연수 m, n이 다음 조건을 만족시킬 때, $m+n$의 값을 구하시오. (단, $\log 2=0.3010$, $\log 3=0.4771$로 계산한다.)

> (개) $1\le m<10$
>
> (내) $m\le\dfrac{3^{60}}{10^n}<m+1$

대표 16   유형❹ 로그의 정수 부분과 소수 부분

$20<m<n<300$인 두 자연수 m, n에 대하여
$$\log m-\log n=[\log m]-[\log n]$$
을 만족시키는 순서쌍 (m, n)의 개수는?
(단, $[x]$는 x보다 크지 않은 최대의 정수이다.)

① 9   ② 10   ③ 11

④ 12   ⑤ 13

17

1보다 큰 실수 x에 대하여 $\log x$의 정수 부분을 $f(x)$라 하고, 소수 부분을 $g(x)$라 할 때, **보기**에서 옳은 것만을 있는 대로 고른 것은?

> **보기**
>
> ㄱ. $f(1000)=f(20)+f(50)+1$
> ㄴ. $g(1000)=g(20)+g(50)-1$
> ㄷ. $g(x^2)=1-2g(x)$이면
> $f(x^4)=f(x^2)+2f(x)+1$이다.

① ㄱ   ② ㄱ, ㄴ   ③ ㄱ, ㄷ
④ ㄴ, ㄷ   ⑤ ㄱ, ㄴ, ㄷ

18

임의의 실수 x에 대하여
$$x=n+\alpha \ (\text{단, } n\text{은 정수, } 0\le\alpha<1)$$
일 때, n을 x의 정수 부분, α를 x의 소수 부분이라 하자. $\log_2 99$와 $\log_5 99$의 소수 부분을 각각 a, b라 할 때, $2^{p+a}5^{q+b}$이 40의 배수가 되도록 하는 두 자연수 p, q에 대하여 $p+q$의 최솟값을 구하시오.

19

신유형

2보다 큰 자연수 a와 자연수 N에 대하여
$$\log_a N=n+\alpha \ (\text{단, } n\text{은 정수, } 0\le\alpha<1)$$
일 때, $n-\alpha$의 최솟값을 $h(a)$로 정의하자. $h(3)\times h(4)\times h(5)\times \cdots \times h(2020)\times h(2021)=k$라 할 때, 2021^k의 값을 구하시오.

20

다음 조건을 만족시키는 두 양수 a, b에 대하여 모든 $\log \dfrac{a}{b}$의 값의 합은?

> ㈎ $ab=100$
> ㈏ $\log a$와 $\log b$의 소수 부분이 같다.
> ㈐ $-1<\log b<\log a<5$

① 2   ② 3   ③ 4
④ 5   ⑤ 6

21

어느 해상에서 태풍의 최대 풍속은 중심 기압에 따라 변한다. 태풍의 중심 기압이 $P(\text{hPa})$일 때 최대 풍속 $V(\text{m/초})$는 다음 식을 만족시킨다고 한다.
$$V=4.86(1010-P)^{0.5}$$
이 해상에서 태풍의 중심 기압이 900(hPa)과 960(hPa)일 때, 최대 풍속이 각각 $V_A(\text{m/초})$, $V_B(\text{m/초})$이었다. $\dfrac{V_A}{V_B}$의 값은? (단, $\log 1.1=0.0414$, $\log 1.472=0.1679$, $\log 1.483=0.1712$, $\log 2=0.3010$으로 계산한다.)

① 1.301   ② 1.414   ③ 1.472
④ 1.483   ⑤ 1.679

22

어떤 지역의 먼지농도에 따른 대기오염 정도는 여과지에 공기를 여과시켜 헤이즈계수를 계산하여 판별한다. 광화학적 밀도가 일정하도록 여과지 상의 빛을 분산시키는 고형물의 양을 헤이즈계수 H, 여과지 이동거리를 $L(\text{m})(L>0)$, 여과지를 통과하는 빛전달률을 $S(0<S<1)$라 할 때, 다음과 같은 관계식이 성립한다고 한다.
$$H=\frac{k}{L}\log\frac{1}{S} \ (\text{단, } k\text{는 양의 상수이다.})$$
두 지역 A, B의 대기오염 정도를 판별할 때, 각각의 헤이즈계수를 H_A, H_B, 여과지 이동거리를 L_A, L_B, 빛전달률을 S_A, S_B라 하자. $\sqrt{3}\,H_A=2H_B$, $L_A=2L_B$일 때, $S_A=(S_B)^p$을 만족시키는 실수 p의 값을 구하시오.

23

컴퓨터의 하드 디스크에 표시된 용량이 $n\,\text{GB}$이면 컴퓨터 운영체제가 인식하는 용량은 $n\times\left(\dfrac{1000}{1024}\right)^3\,\text{GB}$라 한다. 어느 컴퓨터에 500 GB로 표시된 하드 디스크를 연결하였을 때, 컴퓨터 운영체제가 인식하는 용량은 $k\,\text{GB}$이다. k의 값을 구하시오. (단, $\log 2=0.3010$, $\log 3=0.4771$, $\log 2.66=0.4249$, $\log 4.67=0.6690$으로 계산한다.)

01

두 집합

$$A=\left\{(x,\,y)\,\middle|\,\left(\frac{1}{2}\log 2\right)(\log_{\sqrt{2}} y)+\log x+\log 4=0\right\},$$
$$B=\{(x,\,y)\,|\,\sqrt{x}+\sqrt{y}=\sqrt{a}\,\}$$

에 대하여 $A\cap B\neq\varnothing$ 이 되도록 하는 양수 a의 최솟값을 구하시오.

02

2 이상의 자연수 x에 대하여

$$\log_x n\ (n은\ 1\leq n\leq 300인\ 자연수)$$

이 자연수인 n의 개수를 $A(x)$라 하자. 예를 들어, $A(2)=8$, $A(3)=5$이다. 집합 $P=\{2,\ 3,\ 4,\ 5,\ 6,\ 7,\ 8\}$의 공집합이 아닌 부분집합 X에 대하여 집합 X에서 집합 X로의 대응 f를

$$f(x)=A(x)\ (x\in X)$$

로 정의하면 어떤 대응 f는 함수가 된다. 함수 f가 일대일대응이 되도록 하는 집합 X의 개수를 구하시오. [2017년 교육청]

03

1보다 큰 두 수 A, B에 대하여

$$\log A=m+\alpha\ (m은\ 음이\ 아닌\ 정수,\ 0<\alpha<1),$$
$$\log B=n+\beta\ (n은\ 음이\ 아닌\ 정수,\ 0<\beta<1)$$

일 때, 두 점 P, Q를 P$(m,\,n)$, Q$(\alpha,\,\beta)$라 하자. 좌표평면 위의 제1사분면에서 점 P는 곡선 $y=\dfrac{16}{x}$ 위에 있고, 점 Q는 직선 $y=-x+1$ 위에 있을 때, AB의 최댓값과 최솟값의 곱이 10^k이다. 이때 실수 k의 값을 구하시오.

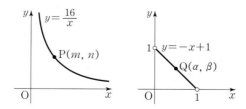

04

자연수 n에 대하여 1.26^{10n}의 최고 자리의 수를 $f(n)$이라 하자. 예를 들어, $1.26^{10}\fallingdotseq1.01\times10$, $1.26^{20}\fallingdotseq1.02\times10^2$이므로 $f(1)=1$, $f(2)=1$이다. $f(n)\geq2$를 만족시키는 자연수 n의 최솟값을 구하시오.

(단, $\log 1.26=0.1004$, $\log 2=0.3010$으로 계산한다.)

05

자연수 n에 대하여

$$[\log_2 1]+[\log_2 2]+[\log_2 3]+\cdots+[\log_2 n]$$
$$=2n+1$$

을 만족시키는 n의 값을 구하시오.

(단, $[x]$는 x보다 크지 않은 최대의 정수이다.)

06

양수 x에 대하여 $f(x)=\log x-[\log x]$라 할 때,

$$\log a=2f(a)+f(2a)$$

를 만족시키는 모든 양의 실수 a의 값의 곱이 $k\sqrt{10}$이다. 이때 자연수 k의 값을 구하시오.

07

다음 조건을 만족시키는 20 이하의 모든 자연수 n의 값의 합을 구하시오.

$\log_2(na-a^2)$과 $\log_2(nb-b^2)$은 같은 자연수이고 $0<b-a\leq\dfrac{n}{2}$인 두 실수 a, b가 존재한다.

정답과 해설 pp.30~31

유형 1 로그의 성질의 활용

출제경향 주어진 식의 값이 자연수가 되는 조건을 묻는 문제가 출제된다.

공략비법
다음에 주의하여 로그의 성질을 적용한다.
(1) $\log_a (M+N) \neq \log_a M + \log_a N$
(2) $\dfrac{\log_a M}{\log_a N} \neq \log_a M - \log_a N$
(3) $\log_a M^k \neq (\log_a M)^k$

1 대표
• 2019년 9월 교육청 17번 | 4점

2 이상의 자연수 n에 대하여 $\log_n 4 \times \log_2 9$의 값이 자연수가 되도록 하는 모든 n의 값의 합은?

① 93　　　　② 94　　　　③ 95
④ 96　　　　⑤ 97

2 유사
• 2021학년도 수능 27번 | 4점

$\log_4 2n^2 - \dfrac{1}{2}\log_2 \sqrt{n}$의 값이 40 이하의 자연수가 되도록 하는 자연수 n의 개수를 구하시오.

유형 2 로그와 집합

출제경향 집합과 로그가 동시에 이용된 다양한 문제가 출제된다.

공략비법
(i) 문제에서 제시하고 있는 조건 또는 예를 이해하기 위해 적절한 값을 대입한다.
(ii) 미지수에 작은 수부터 차례대로 대입하여 집합의 원소의 개수를 구한다.
(iii) 조건을 만족시키는 미지수를 구한다.

3 대표
• 2020년 6월 교육청 28번 | 4점

자연수 k에 대하여 두 집합
$$A = \{\sqrt{a} \,|\, a는 \text{ 자연수}, 1 \leq a \leq k\},$$
$$B = \{\log_{\sqrt{3}} b \,|\, b는 \text{ 자연수}, 1 \leq b \leq k\}$$
가 있다. 집합 C를
$$C = \{x \,|\, x \in A \cap B, x는 \text{ 자연수}\}$$
라 할 때, $n(C) = 3$이 되도록 하는 모든 자연수 k의 개수를 구하시오.

4 유사
• 2017년 11월 교육청 30번 | 4점

자연수 m에 대하여 집합 A_m을
$$A_m = \{ab \,|\, \log_2 a + \log_4 b는 \text{ 100 이하의 자연수},$$
$$a \,(1 \leq a \leq m)는 \text{ 자연수}, b = 2^k \,(k는 \text{ 정수})\}$$
라 하자. $n(A_m) = 205$가 되도록 하는 m의 최댓값을 구하시오.

● 지수와 로그에서 주의해야 할 계산

지금부터 제시하는 지수 또는 로그에 관한 6개의 성질은 조건을 이해하거나 계산을 하는 과정에서 자주 사용되므로 결과를 기억해 두면 도움이 된다.

특히, 밑과 진수의 범위에 관한 성질은 많이 헷갈릴 수 있으니 원리를 정확히 이해하도록 한다.

(1) 실수 a와 자연수 n에 대하여

$$\sqrt[n]{a^n}=\begin{cases} |a| & (n \text{은 짝수}) \\ a & (n \text{은 홀수}) \end{cases}, \ (\sqrt[n]{a})^n=a$$

위의 성질을 이용하여 $\sqrt[n]{a^n}+\sqrt[n]{(-a)^n}$의 값을 구하면 다음과 같다.

① n이 짝수일 때,

$a>0$이면 $\sqrt[n]{a^n}+\sqrt[n]{(-a)^n}=|a|+|-a|=a+a=2a$

$a\leq0$이면 $\sqrt[n]{a^n}+\sqrt[n]{(-a)^n}=|a|+|-a|=(-a)+(-a)=-2a$

② n이 홀수일 때,

$\sqrt[n]{a^n}+\sqrt[n]{(-a)^n}=a+(-a)=0$

(2) $\log_a b^n=\begin{cases} n\log_a |b| & (n \text{은 짝수}) \\ n\log_a b & (n \text{은 홀수}) \end{cases}$

이때 진수 b^n이 양수라는 조건에 유의해야 한다.

(3) $\log_a b$가 0보다 크기 위한 조건은 $a>1$, $b>1$ 또는 $0<a<1$, $0<b<1$

설명 $\log_a b>0$에서 우변을 밑이 a인 로그로 나타내면 $\log_a b>\log_a 1$

이때 $a>1$이면 $b>1$이고, $0<a<1$이면 $b<1$이다.

$\therefore a>1$, $b>1$ 또는 $0<a<1$, $0<b<1$ ($\because b$는 양수)

(4) $\log_a b$가 1보다 크기 위한 조건은 $1<a<b$ 또는 $0<b<a<1$

설명 $\log_a b>1$에서 우변을 밑이 a인 로그로 나타내면 $\log_a b>\log_a a$

이때 $a>1$이면 $b>a$이고, $0<a<1$이면 $b<a$이다.

$\therefore 1<a<b$ 또는 $0<b<a<1$ ($\because b$는 양수)

(5) $\log_a x\times\log_b y=\log_b x\times\log_a y$

과정 $\log_a x\times\log_b y=\dfrac{\log x}{\log a}\times\dfrac{\log y}{\log b}=\dfrac{\log x}{\log b}\times\dfrac{\log y}{\log a}=\log_b x\times\log_a y$

(6) (상용로그의 소수 부분의 합)$=1$

$\log A$와 $\log B$의 소수 부분의 합이 1인 경우 '$\log A+\log B=(\text{정수})$'로 풀이한다.

이때 중요한 것은 $\log A$, $\log B$ 모두 '(소수 부분)$\neq0$'이라는 사실이다.

만약, $\log A$와 $\log B$ 중 하나의 소수 부분이 0이면 나머지 한 수의 소수 부분은 1이라는 모순이 생긴다.

03

지수함수

지수함수 Ⓐ

a가 1이 아닌 양수일 때, 임의의 실수 x에 대하여 a^x의 값은 하나로 정해지므로 x에 a^x을 대응시키는 함수 $y=a^x$ $(a>0,\ a\neq1)$을 a를 밑으로 하는 지수함수라 한다.

지수함수 $y=a^x$ $(a>0,\ a\neq1)$의 성질 Ⓑ

(1) 정의역 : $\{x\,|\,x$는 모든 실수$\}$, 치역 : $\{y\,|\,y$는 $y>0$인 실수$\}$

(2) $a>1$일 때, x의 값이 증가하면 y의 값도 증가한다.

　　$0<a<1$일 때, x의 값이 증가하면 y의 값은 감소한다.

(3) 그래프는 점 $(0,\ 1)$을 지나고, x축 $(y=0)$을 점근선으로 갖는다.

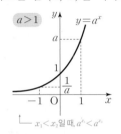
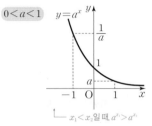

지수함수의 최대 · 최소 Ⓒ

정의역이 $\{x\,|\,m\leq x\leq n\}$일 때, 지수함수 $y=a^x$ $(a>0,\ a\neq1)$은

(1) $a>1$이면 $x=m$일 때 최솟값 a^m, $x=n$일 때 최댓값 a^n을 갖는다.

(2) $0<a<1$이면 $x=m$일 때 최댓값 a^m, $x=n$일 때 최솟값 a^n을 갖는다.

지수방정식의 풀이

(1) 항이 2개인 경우

① 밑을 같게 할 수 있을 때 ⇨ 지수를 비교하거나 밑을 1로 만드는 값을 찾는다. 즉, $a^{f(x)}=a^{g(x)} \Rightarrow f(x)=g(x)$ 또는 $a=1$

② 밑을 같게 할 수 없을 때 ⇨ 양변에 로그를 취하여 푼다. 즉, $a^{f(x)}=b^{g(x)} \Rightarrow f(x)\times\log a=g(x)\times\log b$

밑이 1일 때는 지수가 같지 않아도 등식이 성립한다.

③ 지수가 같을 때 ⇨ 밑을 비교하거나 지수를 0으로 만드는 값을 찾는다. 즉, $a^{f(x)}=b^{f(x)} \Rightarrow a=b$ 또는 $f(x)=0$

지수가 0일 때는 밑이 같지 않아도 등식이 성립한다.

(2) 항이 3개 이상인 경우

　a^x, a^{2x}, …의 항이 있을 때 ⇨ $a^x=t$ $(t>0)$로 치환하여 t에 대한 방정식을 푼다.

지수부등식의 풀이

(1) 항이 2개인 경우

① 밑을 같게 할 수 있을 때 ⇨ 지수를 비교한다.

　㉠ $a>1$인 경우 : $a^{f(x)}>a^{g(x)} \Rightarrow f(x)>g(x)$

　㉡ $0<a<1$인 경우 : $a^{f(x)}>a^{g(x)} \Rightarrow f(x)<g(x)$

② 밑을 같게 할 수 없을 때 ⇨ 양변에 로그를 취하여 푼다.

(2) 항이 3개 이상인 경우

　a^x, a^{2x}, …의 항이 있을 때 ⇨ $a^x=t$ $(t>0)$로 치환하여 t에 대한 부등식을 푼다.

비법 노트

Ⓐ **지수함수의 밑의 조건**

1이 아닌 양수라는 조건이 있는 이유는 a가 0 또는 1인 경우에는 x의 값에 관계없이 a^x이 항상 0, 1의 값을 갖기 때문이다. 또한, a가 음수인 경우에는 a^x이 정의되지 않는 경우도 생긴다. 예를 들어, $a=-1$인 경우 $(-1)^x$은 $x=\dfrac{1}{2}$일 때 정의되지 않는다.

중요

Ⓑ **지수함수 $y=a^x$ $(a>0,\ a\neq1)$의 그래프의 평행이동과 대칭이동**

x축의 방향으로 m만큼, y축의 방향으로 n만큼 평행이동	$y=a^x \Rightarrow y-n=a^{x-m}$ $\therefore y=a^{x-m}+n$
x축에 대하여 대칭이동	$y=a^x \Rightarrow -y=a^x$ $\therefore y=-a^x$
y축에 대하여 대칭이동	$y=a^x \Rightarrow y=a^{-x}$ $\therefore y=\left(\dfrac{1}{a}\right)^x$
원점에 대하여 대칭이동	$y=a^x \Rightarrow -y=a^{-x}$ $\therefore y=-\left(\dfrac{1}{a}\right)^x$
직선 $y=x$에 대하여 대칭이동	$y=a^x \Rightarrow x=a^y$ $\therefore y=\log_a x$

$y=a^x$과 $y=\log_a x$는 서로 역함수 관계

▶ STEP 2 | 05번

1등급 비법

Ⓒ **지수함수의 최대 · 최소**

함수의 최대 · 최소는 함수의 그래프의 증가 · 감소에 따라 어떤 x의 값에서 최대 · 최소가 되는지를 확인해야 한다. 또한, a^x 또는 a^x+a^{-x}을 치환할 때는 범위에 유의해야 한다.

(1) $a^x=t$로 치환하면 $a^{2x}=t^2$, $a^{-x}=\dfrac{1}{t}$이고 $t>0$이다.

(2) $a^x+a^{-x}=t$로 치환하면 $a^x>0$, $a^{-x}>0$이므로 산술평균과 기하평균의 관계에 의하여

$$a^x+a^{-x}\geq2\sqrt{a^x\times a^{-x}}$$

（단, 등호는 $x=0$일 때 성립）

$$=2$$

이므로 $t\geq2$이다.

01 지수함수의 성질과 그래프

함수 $f(x)=5^x$에 대하여 **보기**에서 옳은 것만을 있는 대로 고른 것은?

> **● 보기 ●**
> ㄱ. 임의의 두 실수 x_1, x_2에 대하여 $f(x_1)=f(x_2)$이면 $x_1=x_2$이다.
> ㄴ. $x_1<x_2$이면 $f(x_1)>f(x_2)$이다.
> ㄷ. 서로 다른 두 실수 x_1, x_2에 대하여 $f\left(\dfrac{x_1+x_2}{2}\right)<\dfrac{f(x_1)+f(x_2)}{2}$이다.

① ㄱ   ② ㄴ   ③ ㄱ, ㄷ
④ ㄴ, ㄷ   ⑤ ㄱ, ㄴ, ㄷ

02 지수함수의 함숫값

지수함수 $f(x)=a^x$의 그래프가 그림과 같다.
$f(b)=4$, $f(c)=10$일 때, $f\left(\dfrac{b+c}{2}\right)$의 값을 구하시오.

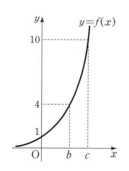

03 지수함수를 이용한 수의 대소 관계 – 밑이 같은 경우

$0<a<1$이고 n이 자연수일 때, 세 수
$$A=\sqrt[n+4]{a^{n+3}},\ B=\sqrt[n+3]{a^{n+2}},\ C=\sqrt[n+2]{a^{n+1}}$$
의 대소 관계를 바르게 나타낸 것은?

① $A<B<C$ ② $A<C<B$
③ $B<A<C$ ④ $B<C<A$
⑤ $C<A<B$

04 지수함수를 이용한 수의 대소 관계 – 지수가 같은 경우

그림은 네 개의 지수함수 $y=a^x$, $y=b^x$, $y=c^x$, $y=d^x$의 그래프를 나타낸 것이다. 네 실수 a, b, c, d에 대하여 $ab=1$, $cd=1$, $a>c>1$이 성립할 때, $y=a^x$, $y=b^x$, $y=c^x$, $y=d^x$의 그래프를 올바르게 짝지은 것은?

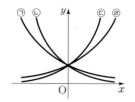

	$y=a^x$	$y=b^x$	$y=c^x$	$y=d^x$
①	㉠	㉡	㉢	㉣
②	㉠	㉡	㉣	㉢
③	㉢	㉡	㉣	㉠
④	㉢	㉣	㉡	㉠
⑤	㉣	㉢	㉠	㉡

05 지수함수의 그래프의 평행이동과 대칭이동

함수 $f(x)=-3^{2-5x}+k$의 그래프가 제2사분면을 지나지 않도록 하는 실수 k의 최댓값은?

① 1   ② 3   ③ 5
④ 7   ⑤ 9

06 지수함수의 그래프의 활용

함수 $y=k\times3^x\ (0<k<1)$의 그래프가 두 함수 $y=3^{-x}$, $y=-4\times3^x+8$의 그래프와 만나는 점을 각각 P, Q라 하자. 두 점 P, Q의 x좌표의 비가 $1:2$일 때, $35k$의 값은?
(단, 두 점 P, Q는 모두 제1사분면 위의 점이다.)

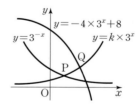

① 1   ② 6   ③ 10
④ 20   ⑤ 30

07 지수함수의 최대·최소 – 지수가 이차식인 경우

정의역이 $\{x\,|\,-2\le x\le3\}$인 함수 $y=2^{x^2}\times\left(\dfrac{1}{2}\right)^{2x-3}$의 최댓값과 최솟값의 곱이 2^k일 때, 자연수 k의 값을 구하시오.

08 지수함수의 최대·최소 – 산술·기하평균

그림과 같이 직선 $x=a$와 두 곡선 $y=2^{-x+3}+4$, $y=-2^{x-5}-3$의 교점을 각각 P, Q라 할 때, 선분 PQ를 대각선으로 하는 정사각형의 넓이의 최솟값은?

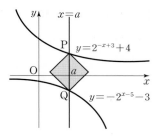

① 16   ② 32   ③ 48
④ 50   ⑤ 64

09 지수방정식

방정식 $(2x-1)^{x-3}=11^{x-3}$의 모든 근의 합은? $\left(\text{단, } x>\dfrac{1}{2}\right)$

① 3   ② 6   ③ 8
④ 9   ⑤ 10

10 치환을 이용한 지수방정식

$3^{2x}-3^{x+1}=-1$일 때, $\dfrac{3^{4x}+3^{-4x}+1}{3^{2x}+3^{-2x}+1}$의 값은?

① 3   ② 4   ③ 5
④ 6   ⑤ 7

11 지수방정식의 활용

x에 대한 방정식 $4^x=2^{x+1}+k$가 서로 다른 두 실근을 갖도록 하는 상수 k의 값의 범위가 $p<k<q$일 때, $p+q$의 값을 구하시오.

12 지수부등식

지수부등식 $(2^x-32)\left(\dfrac{1}{3^x}-27\right)>0$을 만족시키는 모든 정수 x의 개수는?

① 7   ② 8   ③ 9
④ 10   ⑤ 11

13 치환을 이용한 지수부등식

x에 대한 이차부등식 $x^2-2(2^a+1)x-3(2^a-5)>0$이 모든 실수 x에 대하여 성립할 때, 실수 a의 값의 범위를 구하시오.

14 지수방정식과 지수부등식

두 집합
$$A=\left\{x\,\middle|\,2^{x-2}=\dfrac{1}{2\sqrt{2}}\right\}, \ B=\{x\,|\,2^{x^2}<2^{ax}\}$$
에 대하여 $A\cap B\neq\varnothing$이기 위한 실수 a의 값의 범위를 구하시오.

15 지수함수의 실생활에의 활용

지진의 세기를 나타내는 수정머칼리진도가 x이고 km당 매설관 파괴 발생률을 n이라 하면 다음과 같은 관계식이 성립한다고 한다.
$$n=C_d C_g 10^{\frac{4}{5}(x-9)}$$
(단, C_d는 매설관의 지름에 따른 상수이고, C_g는 지반 조건에 따른 상수이다.)

C_g가 2인 어느 지역에 C_d가 $\dfrac{1}{4}$인 매설관이 묻혀 있다. 이 지역에 수정머칼리진도가 a인 지진이 일어났을 때, km당 매설관 파괴 발생률이 $\dfrac{1}{200}$이었다. a의 값은?

① 5   ② $\dfrac{11}{2}$ ③ 6
④ $\dfrac{13}{2}$ ⑤ 7

대표 01 유형❶ 지수함수의 성질과 그래프

부등식 $\frac{1}{3}<\left(\frac{1}{3}\right)^a<\left(\frac{1}{3}\right)^b<1$을 만족시키는 두 실수 a, b에 대하여 **보기**에서 옳은 것만을 있는 대로 고른 것은?

┌ **보기** ┐

ㄱ. 임의의 두 실수 x_1, x_2에 대하여 $a^{x_1}<a^{x_2}$이면 $x_1>x_2$ 이다.

ㄴ. $x>0$인 실수에 대하여 $a^x<b^x$이다.

ㄷ. $b^a<b^b<a^b$

① ㄱ   ② ㄱ, ㄴ   ③ ㄱ, ㄷ
④ ㄴ, ㄷ   ⑤ ㄱ, ㄴ, ㄷ

02

그림과 같이 두 곡선 $y=9^x$, $y=3^x$ 과 직선 $y=k$가 만나는 점을 각각 A, B, 두 곡선과 직선 $y=\frac{k}{3}$가 만나는 점을 각각 C, D라 하자. 두 점 A, B 사이의 거리가 2일 때, 두 점 C, D 사이의 거리를 구하시오. (단, $k>3$)

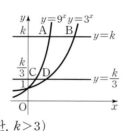

03

함수 $f(x)=a^x$ $(a>1)$에 대하여 **보기**에서 옳은 것만을 있는 대로 고른 것은?

┌ **보기** ┐

ㄱ. $2f(x)=15f(x+1)-f(x-1)$을 만족시키는 a의 값이 존재한다.

ㄴ. $f(x)+f(-x)\ge2$

ㄷ. $f(|x|)\ge\frac{1}{2}\{f(x)+f(-x)\}$

① ㄱ   ② ㄴ   ③ ㄱ, ㄴ
④ ㄴ, ㄷ   ⑤ ㄱ, ㄴ, ㄷ

대표 04 유형❷ 지수함수의 그래프의 평행이동과 대칭이동

두 곡선 $y=\left(\frac{2}{3}\right)^{x+1}$, $y=\left(\frac{3}{2}\right)^{1-x}+4$와 두 직선 $y=2x+3$, $y=2x+11$로 둘러싸인 도형의 넓이를 구하시오.

05 〔신유형〕

함수 $f(x)=a^x$ $(a>1)$의 그래프를 x축의 방향으로 평행이동하여 점 $(n, 8)$을 지나게 할 때, 이 그래프의 y절편을 b_n 이라 하자.

$$\log b_1+\log b_2+\log b_3+\log b_4+\log b_5=0$$

을 만족시키는 상수 a의 값을 구하시오.

06

함수 $y=-\left(\frac{1}{a}\right)^x$ $(a>0,\ a\ne1)$ 의 그래프가 그림과 같을 때, 함수 $y=\left(-\frac{1}{4}a^2+a+\frac{1}{4}\right)^{x-1}-5$의 그래프의 개형으로 알맞은 것은?

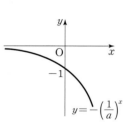

① 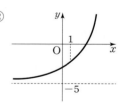   ②

③ 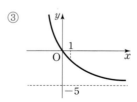   ④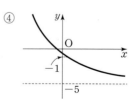

⑤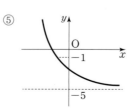

07

그림과 같이 곡선 $y=2^x$을 y축에 대하여 대칭이동한 후, x축의 방향으로 $\frac{1}{4}$만큼, y축의 방향으로 $\frac{1}{4}$만큼 평행이동한 곡선을 $y=f(x)$라 하자. 곡선 $y=f(x)$와 직선 $y=x+1$이 만나는 점 A와 점 B$(0,\ 1)$ 사이의 거리를 k라 할 때, $\frac{1}{k^2}$의 값을 구하시오. [2017년 교육청]

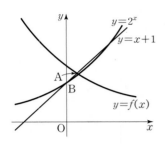

대표 08 유형❸ 지수함수의 그래프의 활용

두 함수 $f(x)=3^x$, $g(x)=\left(\frac{1}{2}\right)^x$의 그래프 위의 서로 다른 두 점 $(a,\ f(a))$, $(b,\ g(b))$를 지나는 직선 l에 대한 설명으로 **보기**에서 옳은 것만을 있는 대로 고른 것은?

• 보기 •
> ㄱ. $a>0$, $b<0$이면 직선 l의 y절편은 1보다 크다.
> ㄴ. $a>0$이고 직선 l이 y축과 평행할 때, $\frac{f(a)+g(b)}{2}>1$
> ㄷ. 직선 l이 x축과 평행할 때, $a+b<0$

① ㄱ　　　　　② ㄴ　　　　　③ ㄱ, ㄴ
④ ㄱ, ㄷ　　　　⑤ ㄱ, ㄴ, ㄷ

09

좌표평면 위의 두 곡선 $y=|9^x-3|$과 $y=2^{x+k}$이 만나는 서로 다른 두 점의 x좌표를 x_1, x_2 $(x_1<x_2)$라 할 때, $x_1<0$, $0<x_2<2$를 만족시키는 모든 자연수 k의 값의 합은?

① 8　　　　　② 9　　　　　③ 10
④ 11　　　　　⑤ 12

10

두 곡선 $y=3^x$, $y=\left(\frac{1}{3}\right)^{x-6}$과 y축으로 둘러싸인 영역을 A라 하자. 자연수 a, b에 대하여 영역 A의 내부에 속하는 점 $(a,\ b)$의 개수를 구하시오.

11

그림은 함수 $f(x)=2^x-1$의 그래프와 직선 $y=x$를 나타낸 것이다. 곡선 $y=f(x)$ 위에 임의로 두 점을 잡아 그 두 점의 x좌표를 각각 a, b $(0<a<b)$라 할 때, **보기**에서 옳은 것만을 있는 대로 고른 것은?

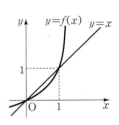

• 보기 •
> ㄱ. $0<a<1$이면 $f(a)<a$이다.
> ㄴ. $b-a<2^b-2^a$
> ㄷ. $b(2^a-1)<a(2^b-1)$

① ㄱ　　　　　② ㄱ, ㄴ　　　　　③ ㄱ, ㄷ
④ ㄴ, ㄷ　　　　⑤ ㄱ, ㄴ, ㄷ

12

함수 $f(x)=\begin{cases} 2^x & (x<3) \\ \left(\frac{1}{4}\right)^{x+a}-\left(\frac{1}{4}\right)^{3+a}+8 & (x\geq 3) \end{cases}$에 대하여

곡선 $y=f(x)$ 위의 점 중에서 y좌표가 정수인 점의 개수가 23일 때, 정수 a의 값은? [2021년 교육청]

① -7　　　　② -6　　　　③ -5
④ -4　　　　⑤ -3

13　　　　　　　　　　　신유형

두 곡선 $y=a^{x+2}$, $y=a^x+b$가 직선 $3x+y-4=0$과 각각 한 점에서 만나고, 이 두 점 사이의 거리가 실수 a의 값에 관계없이 $2\sqrt{10}$으로 일정할 때, 상수 b의 값을 구하시오.

(단, $a>0$, $b<0$)

대표 14 유형❹ 지수함수의 그래프와 도형

그림과 같이 함수 $y=2^x$의 그래프의 제1사분면 위의 점 $A(a, b)$에서 x축과 y축에 각각 평행한 직선을 그어 함수 $y=4^x$의 그래프와 만나는 점을 각각 B, C라 하자. 삼각형 ABC의 넓이가 42일 때, 자연수 a의 값을 구하시오.

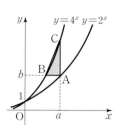

15

그림과 같이 함수 $y=\left(\dfrac{4}{3}\right)^x$의 그래프 위의 두 점을 각각 한 꼭짓점으로 하는 두 직사각형 A, B가 있다. 직사각형 A의 가로의 길이가 3일 때, 직사각형 A의 넓이가 직사각형 B의 넓이의 3배가 된다고 한다. 이때 직사각형 B의 가로의 길이를 구하시오. (단, 두 직사각형의 한 변은 x축 위에 놓여 있고, 한 꼭짓점을 공유한다.)

서술형

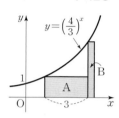

대표 16 유형❺ 지수함수의 최대·최소

정의역이 $\left\{x \,\middle|\, \log_3 \dfrac{1}{2} \leq x \leq 1\right\}$인 함수
$$y=9^x-2\times 3^{x+1}+7$$
의 최댓값을 M, 최솟값을 m이라 할 때, $M+m$의 값은?

① $-\dfrac{25}{4}$ ② $-\dfrac{9}{4}$ ③ -1

④ $\dfrac{9}{4}$ ⑤ $\dfrac{25}{4}$

17

정의역이 $\{x \,|\, -1 \leq x \leq a\}$인 함수 $y=2^{-|x-1|+1}$의 최댓값을 M, 최솟값을 m이라 하자. $M+m=\dfrac{33}{16}$을 만족시키는 모든 실수 a의 값의 합을 k라 할 때, 2^k의 값을 구하시오. (단, $a>-1$)

18

그림과 같이 두 곡선 $y=2-2^{x-1}$과 $y=\dfrac{2^x+2^{-x}}{2}$이 만나는 두 점 P, Q에서 x축에 내린 수선의 발을 각각 $A(a, 0)$, $B(b, 0)$이라 하자. 곡선 $y=2-2^{x-1}$ 위의 점 $C(t, 2-2^{t-1})$을 지나고 y축에 평행한 직선이 곡선 $y=\dfrac{2^x+2^{-x}}{2}$과 만나는 점을 D라 하자. 네 선분 AC, CB, BD, DA로 둘러싸인 도형의 넓이의 최댓값이 $k(b-a)$일 때, $70(k-1)^2$의 값을 구하시오. (단, $a<t<b$)

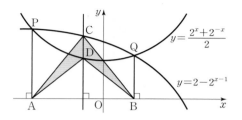

19

두 함수
$$f(x)=-2x^2+4x+3, \quad g(x)=a^x \ (a>0, \ a\neq 1)$$
이 있다. $-1 \leq x \leq 2$에서 두 함수 $y=f(g(x))$, $y=g(f(x))$의 최댓값이 같도록 하는 상수 a의 값을 α, β $(\alpha<\beta)$라 할 때, $\log_5 \dfrac{\beta}{\alpha}$의 값은?

1등급

① $-\dfrac{8}{15}$ ② $-\dfrac{2}{15}$ ③ $\dfrac{2}{15}$

④ $\dfrac{8}{15}$ ⑤ $\dfrac{14}{5}$

대표 20 유형❻ 지수방정식

방정식
$$9^x+9^{-x}+2a(3^x-3^{-x})+5=0$$
이 실근을 갖기 위한 양수 a의 최솟값을 m이라 할 때, m^2의 값을 구하시오.

21

방정식 $|2^{x+1}-5|=k+2$가 서로 다른 두 개의 실근을 갖도록 하는 모든 정수 k의 값의 합은?

① 1 ② 2 ③ 3
④ 4 ⑤ 5

22

빈출

연립방정식 $\begin{cases} 81^{2x}+81^{2y}=36 \\ 81^{x+y}=9\sqrt{3} \end{cases}$ 을 만족시키는 두 실수 x, y에 대하여 $xy=A$일 때, $64A$의 값을 구하시오.

23

방정식 $25^x-2(a+4)5^x-3a^2+24a=0$의 서로 다른 두 근이 모두 양수가 되도록 하는 모든 정수 a의 값의 합을 구하시오.

24 대표 ▸ 유형❼ 지수부등식

부등식 $\left(\dfrac{1}{2}\right)^{x-3}+\left(\dfrac{1}{4}\right)^{x-2}+2-k>0$이 모든 실수 x에 대하여 항상 성립하도록 하는 실수 k의 최댓값은?

① -1
② $-\dfrac{1}{2}$
③ 1

④ $\dfrac{3}{2}$
⑤ 2

25

두 집합
$$A=\{x\,|\,x^{2(x-2)^2}\le x^{5-x},\ x>0\},$$
$$B=\{x\,|\,x^2+ax+b\le 0\}$$
에 대하여 $A\cap B=A$를 만족시키는 상수 a, b의 값을 정할 때, $a+b$의 최댓값을 구하시오.

26

실수 전체의 집합에서 정의된 일대일함수 $f(x)$가 다음 조건을 만족시킬 때, **보기**에서 옳은 것만을 있는 대로 고른 것은?

> ㈎ $f(x)<f(y)$이면 $x<y$이다.
> ㈏ $f(x+y)=f(x)+f(y)$

• 보기 •
ㄱ. $f(0)=0$
ㄴ. $f(-x)=f(x)$
ㄷ. 부등식 $f(3\times 2^x)+f(15\times 2^x-4^x-32)>0$을 만족시키는 모든 정수 x의 값의 합은 5이다.

① ㄱ
② ㄱ, ㄴ
③ ㄱ, ㄷ
④ ㄴ, ㄷ
⑤ ㄱ, ㄴ, ㄷ

27 대표 ▸ 유형❽ 지수함수의 실생활에의 활용

농작물에 뿌리는 농약은 시간이 지남에 따라 분해가 되는데 처음 살포한 농약의 양 m과 살포한 지 x일이 지난 후 잔류 농약의 양 $P(x)$ 사이에는
$$P(x)=m\times\left(\dfrac{1}{3}\right)^{kx}\ \text{(단, }k\text{는 상수)}$$
인 관계가 성립한다고 한다. 일정량의 농약을 살포하고 9일이 지난 후 잔류 농약의 양을 조사하였더니 처음에 살포한 농약의 양의 $\dfrac{1}{2}$만큼 남아 있었다고 한다. 이때 일정량의 농약을 살포하고 잔류 농약의 양이 처음 살포한 농약의 양의 $\dfrac{1}{16}$ 이하가 되게 하려면 최소한 며칠이 지나야 하는지 구하시오.

28

어떤 물질의 부패지수 P와 일평균 습도 $H(\%)$, 일평균 기온 $t(℃)$ 사이에는 다음과 같은 관계식이 성립한다고 한다.
$$P=\dfrac{H-65}{10}\times 1.04^t$$
일평균 습도가 70 %, 일평균 기온이 10 ℃인 날에 이 물질의 부패지수를 P라 하자. 일평균 습도가 75 %, 일평균 기온이 x ℃인 날에 이 물질의 부패지수가 $4P$일 때, x의 값은?
(단, $1.04^{18}=2$로 계산한다.)

① 22
② 24
③ 26
④ 28
⑤ 30

01

1부터 5까지의 자연수가 하나씩 적힌 5장의 카드에서 한 번에 한 장씩 임의로 2장의 카드를 차례로 뽑았을 때, 각 카드에 적힌 수를 뽑힌 순서대로 a, b라 하자. 모든 실수 x에 대하여 부등식

$$3^{2x} \geq 2(a-2)3^x - b - 5$$

가 항상 성립하도록 하는 a, b의 순서쌍 (a, b)의 개수를 구하시오. (단, 한 번 뽑은 카드는 다시 되돌려 놓지 않는다.)

02

x에 대한 방정식 $4^x + 4^{-x} - k(2^x + 2^{-x}) + 11 = 0$의 근이 존재하지 않도록 하는 실수 k의 값의 범위를 구하시오.

03

$a > 1$인 실수 a에 대하여 좌표평면에 두 곡선 $y = a^x$, $y = |a^{-x-1} - 1|$이 있다. **보기**에서 옳은 것만을 있는 대로 고른 것은? [2022학년도 사관학교]

· 보기 ·

ㄱ. 곡선 $y = |a^{-x-1} - 1|$은 점 $(-1, 0)$을 지난다.

ㄴ. $a = 4$이면 두 곡선의 교점의 개수는 2이다.

ㄷ. $a > 4$이면 두 곡선의 모든 교점의 x좌표의 합은 -2보다 크다.

① ㄱ   ② ㄱ, ㄴ   ③ ㄱ, ㄷ

④ ㄴ, ㄷ   ⑤ ㄱ, ㄴ, ㄷ

04

함수 $f(x) = a^{-x^2 + 6x - 11}$ $(0 < x \leq a)$이 최댓값을 갖고, 최솟값을 갖지 않도록 하는 양수 a의 값의 범위가 $p < a < q$일 때, $20pq$의 값을 구하시오.

05

기울기가 2인 직선 l이 곡선 $y = 4^x$과 만나는 두 점을 각각 A$(a, 4^a)$, B$(b, 4^b)$이라 하고, 곡선 $y = 2^x + 1$과 만나는 두 점을 각각 C$(c, 2^c + 1)$, D$(d, 2^d + 1)$이라 하자. $\overline{BC} = \sqrt{5}$일 때, 직선 l과 x축 및 y축으로 둘러싸인 부분의 넓이를 구하시오. (단, $a < c < b < d$)

06

그림과 같이 두 곡선 $y = a^x$, $y = b^x$이 직선 $x = c$와 만나는 점을 각각 P, Q라 하고, 점 P를 지나고 x축에 평행한 직선이 곡선 $y = b^x$과 만나는 점을 R, 점 Q를 지나고 x축에 평행한 직선이 곡선 $y = a^x$과 만나는 점을 S라 하자. R(d, e), S(f, g)라 할 때, $df = eg = 16$이다. abc의 값을 구하시오. (단, $1 < a < b$이고, $c > 0$이다.)

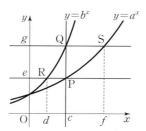

07

자연수 a, b에 대하여 곡선 $y = a^{x+1}$과 곡선 $y = b^x$이 직선 $x = t$ $(t \geq 1)$와 만나는 점을 각각 P, Q라 하자. 다음 조건을 만족시키는 a, b의 모든 순서쌍 (a, b)의 개수를 구하시오. 예를 들어, $a = 4$, $b = 5$는 다음 조건을 만족시킨다.

(가) $2 \leq a \leq 10$, $2 \leq b \leq 10$

(나) $t \geq 1$인 어떤 실수 t에 대하여 $\overline{PQ} \leq 10$이다.

유형 **1** **지수함수의 그래프와 함숫값**

출제경향 밑이 서로 다른 두 지수함수에서 함숫값이 같아지는 점에 대하여 묻는 문제가 출제된다.

공략비법
(1) 두 곡선 $y=a^x$과 $y=b^x$이 직선 $y=t$와 만나는 점의 x좌표는 각각 $\log_a t$, $\log_b t$이다.
(2) 두 곡선 $y=a^x$과 $y=b^x$이 직선 $x=t$와 만나는 점의 y좌표는 각각 a^t, b^t이다.

1 대표   • 2020년 6월 교육청 27번 | **4점**

그림과 같이 두 함수 $f(x)=\left(\dfrac{1}{2}\right)^{x-1}$, $g(x)=4^{x-1}$의 그래프와 직선 $y=k\ (k>2)$가 만나는 점을 각각 A, B라 하자. 점 C$(0, k)$에 대하여 $\overline{AC} : \overline{CB}=1 : 5$일 때, k^3의 값을 구하시오.

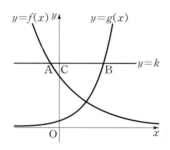

2 유사   • 2021년 10월 교육청 18번 | **3점**

그림과 같이 3 이상의 자연수 n에 대하여 두 곡선 $y=n^x$, $y=2^x$이 직선 $x=1$과 만나는 점을 각각 A, B라 하고, 두 곡선 $y=n^x$, $y=2^x$이 직선 $x=2$와 만나는 점을 각각 C, D라 하자. 사다리꼴 ABDC의 넓이가 18 이하가 되도록 하는 모든 자연수 n의 값의 합을 구하시오.

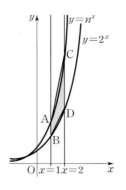

유형 **2** **지수함수의 그래프와 도형**

출제경향 지수함수의 그래프에서 도형의 길이 또는 넓이를 묻는 문제가 출제된다.

공략비법
(i) 두 지수함수의 그래프의 교점의 좌표를 구한다.
(ii) (i)에서 구한 좌표를 이용하여 도형의 길이 또는 넓이를 구한다.

3 대표   • 2020년 9월 교육청 18번 | **4점**

그림과 같이 2보다 큰 실수 t에 대하여 두 곡선 $y=2^x$과 $y=-\left(\dfrac{1}{2}\right)^x+t$가 만나는 점을 각각 A, B라 하고, 두 곡선 $y=2^x$, $y=-\left(\dfrac{1}{2}\right)^x+t$가 y축과 만나는 점을 각각 C, D라 하자. **보기**에서 옳은 것만을 있는 대로 고른 것은?   (단, O는 원점이다.)

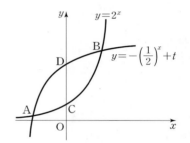

┌ 보기 ┐
ㄱ. $\overline{CD}=t-2$
ㄴ. $\overline{AC}=\overline{DB}$
ㄷ. 삼각형 ABD의 넓이는 삼각형 AOB의 넓이의 $\dfrac{t-2}{t}$ 배이다.

① ㄱ   ② ㄷ   ③ ㄱ, ㄴ
④ ㄱ, ㄷ   ⑤ ㄱ, ㄴ, ㄷ

04 로그함수

비법 노트

Ⓐ 로그함수 $f(x)=\log_a x\ (a>0,\ a\neq1)$가 갖는 성질에 대한 함수 표현들

임의의 양수 $x,\ y$에 대하여

(1) $f(xy)=f(x)+f(y)$

(2) $f\left(\dfrac{x}{y}\right)=f(x)-f(y)$

(3) $f(x^n)=nf(x)$ (단, n은 실수)

(4) $f\left(\dfrac{1}{x}\right)=-f(x)$

(5) $f(ax)=1+f(x)$

(6) $f(1)=0$

▶ STEP 2 | 01번

중요

Ⓑ 로그함수 $y=\log_a x\ (a>0,\ a\neq1)$의 그래프의 평행이동과 대칭이동

x축의 방향으로 m만큼, y축의 방향으로 n만큼 평행이동	$y=\log_a x$ $\Rightarrow y-n=\log_a (x-m)$ $\therefore y=\log_a (x-m)+n$
x축에 대하여 대칭이동	$y=\log_a x$ $\Rightarrow -y=\log_a x$ $\therefore y=-\log_a x$
y축에 대하여 대칭이동	$y=\log_a x$ $\Rightarrow y=\log_a (-x)$ $\therefore y=\log_a (-x)$
원점에 대하여 대칭이동	$y=\log_a x$ $\Rightarrow -y=\log_a (-x)$ $\therefore y=-\log_a (-x)$
직선 $y=x$에 대하여 대칭이동	$y=\log_a x \Rightarrow x=\log_a y$ $\therefore y=a^x$

Ⓒ 로그함수와 지수함수의 관계

지수함수 $y=a^x\ (a>0,\ a\neq1)$의 정의역은 실수 전체의 집합, 치역은 양의 실수 전체의 집합이고, 로그의 정의에 의하여

$$y=a^x \Longleftrightarrow x=\log_a y$$

가 성립하므로 x와 y를 서로 바꾸면

$$y=\log_a x\ (단, a>0,\ a\neq1)$$

따라서 지수함수 $y=a^x$의 역함수는 $y=\log_a x$이다.

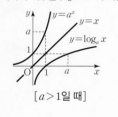

[$a>1$일 때]   [$0<a<1$일 때]

▶ STEP 3 | 02번, 04번

Ⓓ 밑과 진수의 조건 확인

로그방정식과 로그부등식을 풀 때는 밑과 진수의 조건을 반드시 확인해야 한다.

$y=\log_{g(x)} f(x)$에서

(1) 밑의 조건 : $g(x)>0,\ g(x)\neq1$

(2) 진수의 조건 : $f(x)>0$

▶ STEP 2 | 24번, 27번

로그함수 Ⓐ

$a>0,\ a\neq1$일 때, 지수함수 $y=a^x$의 역함수 $y=\log_a x$를 a를 밑으로 하는 로그함수라 한다.

로그함수 $y=\log_a x\ (a>0,\ a\neq1)$의 성질 Ⓑ Ⓒ

(1) 정의역 : $\{x\,|\,x는\ x>0인\ 실수\}$, 치역 : $\{y\,|\,y는\ 모든\ 실수\}$

(2) $a>1$일 때, x의 값이 증가하면 y의 값도 증가한다.
$0<a<1$일 때, x의 값이 증가하면 y의 값은 감소한다.

(3) 그래프는 두 점 $(1,\ 0)$, $(a,\ 1)$을 지나고, y축$(x=0)$을 점근선으로 갖는다.

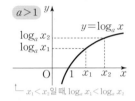
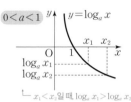

로그함수의 최대 · 최소

정의역이 $\{x\,|\,m\leq x\leq n\}$일 때, 로그함수 $y=\log_a x\ (a>0,\ a\neq1)$는

(1) $a>1$이면 $x=m$일 때 최솟값 $\log_a m$, $x=n$일 때 최댓값 $\log_a n$을 갖는다.

(2) $0<a<1$이면 $x=m$일 때 최댓값 $\log_a m$, $x=n$일 때 최솟값 $\log_a n$을 갖는다.

로그방정식의 풀이 Ⓓ

(1) $\log_a f(x)=b \Rightarrow f(x)=a^b$ (단, $f(x)>0$)

(2) 밑이 같을 때 ⇨ 진수를 비교한다.
$\log_a f(x)=\log_a g(x) \Rightarrow f(x)=g(x)$ (단, $f(x)>0,\ g(x)>0$)

(3) 진수가 같을 때 ⇨ 밑을 비교하거나 진수를 1로 만드는 값을 찾는다.
$\log_a f(x)=\log_b f(x) \Rightarrow a=b$ 또는 $f(x)=1$

(4) $\log_a f(x)$ 꼴이 반복될 때 ⇨ $\log_a f(x)=t$로 치환하여 t에 대한 방정식을 푼다. ← $(\log_a x)^2,\ \log_a x,\ \log_x a$가 포함된 방정식은 $\log_a x=t$로 치환하여 t의 값을 먼저 구한다.

(5) 지수에 로그가 있을 때 ⇨ 양변에 로그를 취하여 푼다.

로그부등식의 풀이 Ⓓ

(1) 밑이 같을 때 ⇨ 진수를 비교한다.
① $a>1$인 경우 : $\log_a f(x)>\log_a g(x) \Rightarrow f(x)>g(x)>0$
② $0<a<1$인 경우 : $\log_a f(x)>\log_a g(x) \Rightarrow 0<f(x)<g(x)$

(2) 밑이 다를 때 ⇨ 밑의 변환 공식을 이용하여 밑을 같게 하여 푼다.

(3) $\log_a f(x)$ 꼴이 반복될 때 ⇨ $\log_a f(x)=t$로 치환하여 t에 대한 부등식을 푼다.

(4) 지수에 로그가 있을 때 ⇨ 양변에 로그를 취하여 푼다.

01 로그함수의 성질과 그래프

함수 $f(x)=\log_5 x$이고 $a>0$, $b>0$일 때, **보기**에서 옳은 것만을 있는 대로 고른 것은?

• 보기 •

ㄱ. $\left\{f\left(\dfrac{a}{5}\right)\right\}^2=\left\{f\left(\dfrac{5}{a}\right)\right\}^2$

ㄴ. $f(a+1)-f(a)>f(a+2)-f(a+1)$

ㄷ. $f(a)<f(b)$이면 $f^{-1}(a)<f^{-1}(b)$이다.

① ㄱ　　　　　② ㄴ　　　　　③ ㄱ, ㄴ
④ ㄱ, ㄷ　　　　⑤ ㄱ, ㄴ, ㄷ

02 로그함수의 함숫값

두 함수 $y=\log_2 x$와 $y=x$의 그래프가 그림과 같을 때, $\log_2 \dfrac{bc}{d}$의 값을 구하시오.

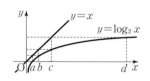

03 로그함수를 이용한 대소 관계

$1<a<b<a^a$일 때, 세 수
$$A=\log_a b, \ B=(\log_a b)^2, \ C=\log_a (\log_a b)$$
의 대소 관계를 바르게 나타낸 것은?

① $A<B<C$　　② $A<C<B$　　③ $B<C<A$
④ $C<A<B$　　⑤ $C<B<A$

04 로그함수의 그래프의 평행이동

다음 함수의 그래프 중 함수 $y=\log_{\frac{1}{8}} \dfrac{1}{x^3}$의 그래프를 평행이동하여 포개어지지 <u>않는</u> 것은?

① $y=\log_2 (x-7)$　　② $y=\log_2 2x+3$

③ $y=\log_{\sqrt{2}} \sqrt{3x-1}$　　④ $y=\log_{\frac{1}{2}} \dfrac{2}{x-1}$

⑤ $y=\log_8 x$

05 로그함수의 그래프의 평행이동과 대칭이동

함수 $y=\log_3 (x-1)$의 그래프를 y축의 방향으로 -2만큼 평행이동한 후, 다시 y축에 대하여 대칭이동하였더니 함수 $y=\log_3 (ax+b)$의 그래프가 되었다. 이때 상수 a, b에 대하여 $9(a+b)$의 값을 구하시오.

06 로그함수의 그래프의 활용

그림과 같이 각 변이 좌표축과 평행하고 넓이가 9인 정사각형 ABCD의 두 꼭짓점 A, D가 각각 함수 $y=\log_4 \dfrac{1}{x}$, $y=\log_2 x$의 그래프 위의 점일 때, 직선 AC의 y절편을 구하시오.

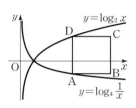

07 로그함수와 지수함수의 관계

그림과 같이 점 P(5, 5)를 지나고 x축에 평행한 직선이 두 곡선 $y=a^x$, $y=\log_a x$와 만나는 점을 각각 A, B라 하고, 점 P를 지나고 y축에 평행한 직선이 두 곡선과 만나는 점을 각각 C, D라 하자. 삼각형 APD의 넓이가 $\dfrac{9}{2}$일 때, 선분 BC의 길이는?

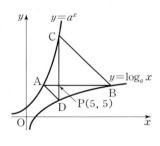

① $10\sqrt{5}-5\sqrt{2}$　　　　② $10\sqrt{10}-5\sqrt{2}$
③ $25\sqrt{2}-5\sqrt{10}$　　　　④ $25\sqrt{5}-10\sqrt{10}$
⑤ $25\sqrt{10}-5\sqrt{2}$

08 로그함수의 최대·최소

정의역이 $\{x|-2\le x\le 3\}$인 함수 $y=\log_5 (-x^2-2x+19)$의 최댓값을 M, 최솟값을 m이라 할 때, $M-m$의 값을 구하시오.

STEP 1

09 로그방정식 – 양변에 로그 취하기

$x>0$일 때, 방정식 $(5x)^{\log 5}=10x$의 근은?

① $x=\dfrac{1}{20}$ ② $x=\dfrac{1}{40}$ ③ $x=\dfrac{1}{50}$

④ $x=\dfrac{1}{80}$ ⑤ $x=\dfrac{1}{100}$

10 로그방정식 – 치환

x에 대한 방정식 $(\log 2x)(\log ax)=1$의 두 근을 α, β라 할 때, $\alpha\beta=3$을 만족시키는 상수 a에 대하여 $30a$의 값은?

① 2   ② 3   ③ 5

④ 6   ⑤ 15

11 로그연립방정식

연립방정식 $\begin{cases} \log_2 x+\log_3 y=5 \\ \log_3 x\times\log_2 y=6 \end{cases}$의 해를 $x=\alpha$, $y=\beta$라 할 때, $\beta-\alpha$의 최댓값을 구하시오.

12 로그방정식의 실생활에의 활용

주어진 채널을 통해 신뢰성 있게 전달할 수 있는 최대 정보량을 채널용량이라 한다. 채널용량을 C, 대역폭을 W, 신호전력을 S, 잡음전력을 N이라 하면 다음과 같은 관계식이 성립한다고 한다.

$$C=W\log_2\left(1+\dfrac{S}{N}\right)$$

대역폭이 15, 신호전력이 186, 잡음전력이 a인 채널용량이 75일 때, 상수 a의 값은? (단, 채널용량의 단위는 bps, 대역폭의 단위는 Hz, 신호전력과 잡음전력의 단위는 모두 Watt이다.) [2021년 교육청]

① 3   ② 4   ③ 5

④ 6   ⑤ 7

13 로그부등식 – $\log_a f(x)\leq 1$

부등식 $\log_4\{\log_3(x^2+1)\}\leq 1$을 만족시키는 정수 x의 개수를 구하시오.

14 로그부등식 – 치환

두 집합
$$A=\{x\,|\,2^{2x}-2^{x+1}-8<0\},$$
$$B=\{x\,|\,(\log_2 x)^2-a\log_2 x+b\leq 0\}$$
에 대하여 $A\cap B=\varnothing$, $A\cup B=\{x\,|\,x\leq 16\}$이 성립한다. 이때 ab의 값은? (단, a, b는 상수이다.)

① 12   ② 15   ③ 16

④ 20   ⑤ 24

15 이차부등식을 이용한 로그부등식

x에 대한 부등식
$$(1-\log_3 a)x^2+2(1-\log_3 a)x+\log_3 a>0$$
이 모든 실수 x에 대하여 성립할 때, 양수 a의 값의 범위는?

① $0<a<3$ ② $0<a\leq 3$ ③ $1<a<3$

④ $\sqrt{3}\leq a<3$ ⑤ $\sqrt{3}<a\leq 3$

16 로그부등식의 실생활에의 활용

어느 지역에 서식하는 어떤 동물의 개체 수에 대한 변화를 조사한 결과, 지금으로부터 t년 후에 이 동물의 개체 수를 N이라 하면 등식

$$\log N=k+t\log\dfrac{4}{5}\quad(단,\ k는\ 상수)$$

가 성립한다고 한다. 이 동물의 현재 개체 수가 5000일 때, 개체 수가 처음으로 1000보다 적어지는 때는 지금으로부터 n년 후이다. 자연수 n의 값은?

(단, $\log 2=0.3010$으로 계산한다.)

① 4   ② 6   ③ 8

④ 10   ⑤ 12

$0<a<1$일 때, 함수 $f(x)=\log_a x$에 대하여 **보기**에서 옳은 것만을 있는 대로 고른 것은? (단, $x>0$, $y>0$)

• 보기 •

ㄱ. $f\left(\dfrac{x}{a}\right)=f(x)-1$

ㄴ. $f(x)+f\left(\dfrac{1}{x}\right)=1$

ㄷ. $f\left(\dfrac{x+y}{2}\right)\leq\dfrac{f(x)+f(y)}{2}$

① ㄱ   ② ㄴ   ③ ㄱ, ㄴ
④ ㄱ, ㄷ   ⑤ ㄱ, ㄴ, ㄷ

02
서술형

함수 $y=\log(10-x^2)$의 정의역을 집합 A, 함수 $y=\log(\log x)$의 정의역을 집합 B라 할 때, 집합 $A\cap B$의 원소 중에서 정수의 개수를 구하시오.

03

$1<a<b$인 두 실수 a, b에 대하여 세 함수 $y=\log_a x$, $y=\log_b x$, $y=\log_{\frac{1}{a}} x$의 그래프와 직선 $x=k$가 만나는 점을 각각 P, Q, R라 하자. $\overline{PQ}:\overline{PR}=2:5$일 때, $\log_a b$의 값은? (단, $k>1$)

① $\dfrac{1}{5}$ ② $\dfrac{1}{3}$ ③ 3
④ 4 ⑤ 5

04

$0<a<b<c$일 때, **보기**에서 옳은 것만을 있는 대로 고른 것은? (단, $a\neq 1$, $b\neq 1$)

• 보기 •

ㄱ. $\log_a b<\log_a c$

ㄴ. $c=1$일 때, $\log_a b<\log_b a$

ㄷ. $(c-a)(\log b-a)<(b-a)(\log c-a)$

① ㄱ   ② ㄴ   ③ ㄷ
④ ㄴ, ㄷ   ⑤ ㄱ, ㄴ, ㄷ

곡선 $y=\log_2 x$를 y축에 대하여 대칭이동시킨 후, x축의 방향으로 1만큼 평행이동시킨 곡선을 $y=f(x)$라 하자.
점 A$(1, 0)$과 곡선 $y=f(x)$ 위의 점 B에 대하여 삼각형 OAB가 $\overline{OB}=\overline{AB}$인 이등변삼각형일 때, 삼각형 OAB의 넓이를 구하시오. (단, O는 원점이다.)

06

함수 $y=\log_3 x$의 그래프를 y축에 대하여 대칭이동한 곡선을 $y=f(x)$라 하자. 그림과 같이 직선 $y=mx\,(m<0)$와 두 함수 $y=\log_3 x$, $y=f(x)$의 그래프가 만나는 점을 각각 P, Q라 할 때, 선분 PQ를 $1:3$으로 내분하는 점이 원점이다. m^4의 값을 구하시오. (단, Q는 직선 $y=mx$와 곡선 $y=f(x)$의 교점 중에서 점 P에 가까운 점이다.)

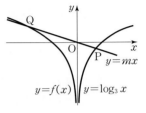

07
신유형

그림과 같이 기울기가 $\dfrac{4}{3}$인 직선이 함수 $y=\log_3(x+4)-5$의 그래프와 만나는 점을 A(x_1, y_1), B(x_2, y_2), 함수 $y=\log_3(3x-6)+2$의 그래프와 만나는 점을 C(x_3, y_3), D(x_4, y_4)라 하자. $\overline{AB}:\overline{BC}:\overline{CD}=1:3:1$일 때, x_1+x_3의 값은? (단, $x_1<0$이고, $x_1<x_2<x_3<x_4$이다.)

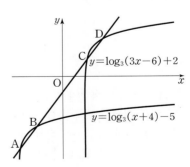

① $-\dfrac{17}{8}$ ② $-\dfrac{13}{8}$ ③ $-\dfrac{9}{8}$
④ $-\dfrac{5}{8}$ ⑤ $-\dfrac{1}{8}$

STEP 2

08 유형❸ 로그함수의 그래프의 활용

그림과 같이 함수 $y=\log_2(x-2)$의 그래프 위의 두 점 A, B에서 x축에 내린 수선의 발을 각각 A′, B′이라 하자. $\overline{AA'}=\overline{BB'}$이

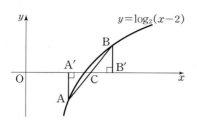

고, 선분 AB가 x축과 만나는 점이 $C\left(\dfrac{13}{4},\ 0\right)$일 때, 선분 A′B′의 길이를 구하시오. (단, 점 A의 y좌표는 음수이다.)

09

두 양수 a, b에 대하여 보기에서 옳은 것만을 있는 대로 고른 것은?

보기

ㄱ. $\log_2(a+2)>\log_3(a+3)$
ㄴ. $\log_2(a+1)>\log_3(a+2)$이면 $a>1$이다.
ㄷ. $\log_2(a+1)=\log_3(b+2)$이면 $a>b$이다.

① ㄱ 　② ㄱ, ㄴ 　③ ㄱ, ㄷ
④ ㄴ, ㄷ 　⑤ ㄱ, ㄴ, ㄷ

10 신유형

세 로그함수 $f(x)=\log_a x$, $g(x)=\log_b x$, $h(x)=\log_c x$에 대하여 곡선 $y=f(x)$, $y=g(x)$, $y=h(x)$ 위의 네 점 A$(3,\ g(3))$, B$(9,\ h(9))$, C$(9,\ g(9))$, D$(3,\ f(3))$을 꼭짓점으로 하는 직사각형 ABCD의 넓이는 24이다. 자연수 m, n에 대하여 $c^4=a^m b^n$이 성립할 때, $m+n$의 최댓값을 구하시오. (단, $1<a<b<c$)

11

x축 위의 한 점 A를 지나는 직선이 곡선 $y=\log_2 x^3$과 서로 다른 두 점 B, C에서 만난다. 두 점 B, C에서 x축에 내린 수선의 발을 각각 D, E라 하고, 두 직선 BD, CE가 곡선 $y=\log_2 x$와 만나는 점을 각각 F, G라 하자.
$\overline{AB}:\overline{BC}=1:2$이고 삼각형 ADB의 넓이가 $\dfrac{9}{2}$일 때, 사각형 FDEG의 넓이를 구하시오.
(단, 점 A의 x좌표는 0보다 작다.)

12

집합 $X=\{x\,|\,1\le x\le 9\}$에서 집합 $Y=\{y\,|\,0\le y\le 4\}$로의 함수 $f(x)$가 다음 조건을 만족시킨다.

㉮ $1\le x\le 3$일 때, $f(x)=\log_3 x$
㉯ $1\le x\le 7$인 모든 x에 대하여 $f(x+2)=f(x)+1$

함수 $f(x)$와 그 역함수 $g(x)$에 대하여 보기에서 옳은 것만을 있는 대로 고른 것은?

보기

ㄱ. $f(9)=4$ 　　ㄴ. $g(g(\log_3 6))=9$
ㄷ. 방정식 $2f(x)-x+1=0$을 만족시키는 실근의 개수는 5이다.

① ㄱ 　② ㄱ, ㄴ 　③ ㄱ, ㄷ
④ ㄴ, ㄷ 　⑤ ㄱ, ㄴ, ㄷ

13 유형❹ 로그함수와 지수함수의 관계

두 곡선 $y=3^x$, $y=\log_2 x$와 직선 $y=-x+5$가 만나는 점을 각각 $(a_1,\ b_1)$, $(a_2,\ b_2)$라 할 때, 보기에서 옳은 것만을 있는 대로 고른 것은?

보기

ㄱ. $a_1<b_2$ 　　ㄴ. $a_1 b_2<a_2 b_1$
ㄷ. $a_1^2+b_1^2>a_2^2+b_2^2$

① ㄱ 　② ㄴ 　③ ㄱ, ㄴ
④ ㄱ, ㄷ 　⑤ ㄱ, ㄴ, ㄷ

14

1보다 큰 실수 a에 대하여 함수 $f(x)=\log_a(x-1)-b$의 그래프와 $f(x)$의 역함수의 그래프는 서로 다른 두 점 A, B에서 만난다. 점 A를 지나고 y축에 평행한 직선과 점 B를 지나고 y축에 평행한 직선이 함수 $g(x)=a^{x+b}+2$의 그래프와 만나는 점을 각각 C, D라 하자. $\overline{AB}=4\sqrt{2}$일 때, 사각형 ABDC의 넓이는? (단, a, b는 상수이다.)

① 4 　② 5 　③ 6
④ 7 　⑤ 8

15

좌표평면에서 2 이상의 자연수 n에 대하여 두 곡선 $y=3^x-n$, $y=\log_3(x+n)$으로 둘러싸인 영역의 내부 또는 그 경계에 포함되고 x좌표와 y좌표가 모두 자연수인 점의 개수가 4가 되도록 하는 자연수 n의 개수를 구하시오.

[2017년 교육청]

16

그림과 같이 좌표평면 위의 네 점 A$(0,\ 1)$, B$(0,\ -1)$, C$(1,\ -1)$, D$(1,\ 1)$을 꼭짓점으로 하는 직사각형 ABCD가 있다. $0<b<1<a$인 두 실수 a, b에 대하여 함수 $y=\log_b x$ 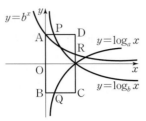 의 그래프가 변 AD와 만나는 점을 P, 함수 $y=\log_a x$의 그래프가 변 BC와 만나는 점을 Q, 함수 $y=b^x$의 그래프가 변 CD와 만나는 점을 R라 할 때, **보기**에서 옳은 것만을 있는 대로 고른 것은?

─ 보기 ─

ㄱ. $ab=1$이면 $\overline{AP}=\overline{BQ}$이다.

ㄴ. $ab<1$이면 $\overline{DR}>\overline{CQ}$이다.

ㄷ. $ab>1$이면 $\overline{OR}<\overline{OQ}$이다.

① ㄱ   ② ㄱ, ㄴ   ③ ㄱ, ㄷ

④ ㄴ, ㄷ   ⑤ ㄱ, ㄴ, ㄷ

대표
17   유형❺ 로그함수의 최대·최소

$\dfrac{1}{2}\le x\le 2$에서 정의된 함수 $f(x)=4x^{-4+\log_2 x}$의 최댓값을 M, 최솟값을 m이라 할 때, Mm의 값은?

① 16   ② 32   ③ 64

④ 96   ⑤ 128

18

1보다 큰 두 실수 x, y에 대하여 $\dfrac{\log_x 2+\log_y 2}{\log_{xy} 2}$의 최솟값은?

① 1   ② 2   ③ 3

④ 4   ⑤ 5

19

함수 $f(x)=\left(\log_a \dfrac{x}{10}\right)\left(\log_a \dfrac{x}{4}\right)$의 최솟값이 $-\dfrac{1}{16}$이 되도록 하는 모든 실수 a의 값의 곱을 구하시오.

(단, $a>0$, $a\ne 1$)

대표
20   유형❻ 로그방정식

x에 대한 방정식 $(\log_3 x)^2-\log_3 x^4+k=0$의 두 근이 $\dfrac{1}{3}$과 27 사이에 있을 때, 실수 k의 값의 범위는?

① $\dfrac{1}{4}<k\le\dfrac{1}{2}$ ② $1<k\le\dfrac{5}{2}$ ③ $2<k\le 3$

④ $3<k\le 4$ ⑤ $4<k\le\dfrac{11}{2}$

21   빈출

연립방정식

$$\begin{cases} \dfrac{2}{\log_x 4}+\dfrac{1}{\log_y 2}=3 \\ \log_2 3x+\log_{\sqrt{2}} y=\log_2 48 \end{cases}$$

의 해를 $x=\alpha$, $y=\beta$라 할 때, $\alpha^2+\beta^2$의 값은?

① 16   ② 18   ③ 20

④ 22   ⑤ 24

22

방정식 $(\log_2 x)^2-6a\log_2 x+a+1=0$을 만족시키는 두 근에 대하여 한 근이 다른 근의 제곱이 되도록 하는 모든 실수 a의 값의 합을 구하시오.

23

방정식 $3 \log_2 [x] = 2(x-1)$의 서로 다른 실근의 개수를 구하시오. (단, $[x]$는 x보다 크지 않은 최대의 정수이다.)

24 〔1등급〕

로그방정식 $\log_9 (2x^2-8) = \log_3 (x-a)$가 오직 하나의 실근을 갖기 위한 실수 a의 값의 범위는?

① $a \le -2$　　　② $-2 \le a < 2$　　　③ $-2 \le a \le 2$
④ $a > 2$　　　⑤ $a \ge 2$

대표 25 유형❼ 로그부등식

부등식 $\log_4 x^2 + \log_{\sqrt{x}} 8 \le 7$을 만족시키는 2 이상의 자연수 x의 개수를 구하시오.

26

$t > 1$인 임의의 실수 t에 대하여 부등식

　　$k \log_2 t < (\log_2 t)^2 - \log_2 t + 4$

가 성립하는 실수 k의 값의 범위를 구하시오.

27

이차방정식 $x^2 + x + k = 0$의 두 실근 α, β에 대하여

　　$\log_2 (\alpha+1) + \log_2 (\beta+1) < -3$

이 성립할 때, 실수 k의 값의 범위를 구하시오.

28

두 자연수 x, y에 대하여 로그부등식

　　$|\log_2 x - \log_2 5| + \log_2 y \le 2$

를 만족시키는 순서쌍 (x, y)의 개수는?

① 4　　　② 6　　　③ 10
④ 25　　　⑤ 31

대표 29 유형❽ 로그함수의 실생활에의 활용

별의 밝기를 나타내는 방법으로 절대 등급과 광도가 있다. 임의의 두 별 A, B에 대하여 별 A의 절대 등급과 광도를 각각 M_A, L_A라 하고, 별 B의 절대 등급과 광도를 각각 M_B, L_B라 하면 다음과 같은 관계식이 성립한다고 한다.

$$M_A - M_B = -2.5 \log \left(\frac{L_A}{L_B} \right)$$

(단, 광도의 단위는 W이다.)

절대 등급이 4.8인 별의 광도가 L일 때, 절대 등급이 1.3인 별의 광도는 kL이다. 상수 k의 값은? [2020년 교육청]

① $10^{\frac{11}{10}}$　　　② $10^{\frac{6}{5}}$　　　③ $10^{\frac{13}{10}}$
④ $10^{\frac{7}{5}}$　　　⑤ $10^{\frac{3}{2}}$

30

어느 대학은 학교 발전을 위하여 대학예산에서 시설투자비가 차지하는 비율을 증가시키기로 하였다. 2022년에 이 대학의 대학예산에서 시설투자비가 차지하는 비율은 4 %이다. 이후 대학예산의 증가율은 매년 12 %, 시설투자비의 증가율은 매년 20 %로 일정하다면 처음으로 대학예산에서 시설투자비가 차지하는 비율이 6 % 이상이 될 때는 2022년을 기준으로 몇 년 후인지 구하시오. (단, $\log 1.12 = 0.0492$, $\log 1.20 = 0.0792$, $\log 2 = 0.3010$, $\log 3 = 0.4771$로 계산한다.)

01

다음 조건을 만족시키는 두 실수 x, y에 대하여 x^2+3y^2의 값을 구하시오. (단, $x>y>0$)

> (가) $\log_2 (x^2-2xy+y^2)-\log_2 (x^2-3xy+y^2)=2$
> (나) $|\log_a x|=|\log_a y|$ (단, $a>0$, $a \neq 1$)

02

다음 등식을 만족시키는 세 양수 a, b, c가 있다.

$$\left(\frac{1}{3}\right)^a=2a, \qquad \left(\frac{1}{3}\right)^{2b}=b, \qquad \left(\frac{1}{2}\right)^{2c}=c$$

이때 세 양수 a, b, c의 대소 관계를 옳게 나타낸 것은?

① $a<b<c$ ② $a<c<b$ ③ $b<a<c$
④ $b<c<a$ ⑤ $c<a<b$

03

$f(x)=\log_2 x$라 할 때, $0<x<1$에서 방정식

$$\log_2 \left[\frac{f(x)}{[f(x)]}\right]=0$$

을 만족시키는 모든 x의 값을 큰 것부터 순서대로 나열한 것을 a_1, a_2, a_3, …이라 하자. 이때 a_{10}의 값을 구하시오.
(단, $[x]$는 x보다 크지 않은 최대의 정수이다.)

04

자연수 n에 대하여 함수 $y=f_n(x)$를 다음과 같이 정의한다.

$$f_n(x)=-|x-1|+\frac{n+4}{4} \ \left(단, \ 1-\frac{n}{4} \leq x \leq 1+\frac{n}{4}\right)$$

세 함수 $g(x)=\log_{\frac{1}{3}} x$, $h(x)=\log_{\frac{4}{3}} x$, $k(x)=\left(\frac{1}{2}\right)^x$의 그래프가 네 개의 함수 $y=f_1(x)$, $y=f_2(x)$, $y=f_3(x)$, $y=f_4(x)$의 그래프와 만나는 점의 개수를 각각 a, b, c라 할 때, $a+b+c$의 값을 구하시오.

05

좌표평면에서 자연수 n에 대하여 다음 조건을 만족시키는 정사각형의 개수를 a_n이라 하자.

> (가) 한 변의 길이가 n이고 네 꼭짓점의 x좌표와 y좌표가 모두 자연수이다.
> (나) 두 곡선 $y=\log_2 x$, $y=\log_{16} x$와 각각 서로 다른 두 점에서 만난다.

a_3+a_4의 값을 구하시오. [2018학년도 사관학교]

06

두 실수 a, b에 대하여 세 함수 $y=\log_a bx$, $y=a^x+b$, $y=x+2$의 그래프가 모두 서로 다른 두 점 P, Q에서 만날 때, ab의 값을 구하시오. (단, $a>0$, $a \neq 1$, $b \neq 0$)

07

그림과 같이 곡선 $y=2^x$이 두 곡선 $y=\log_{\frac{1}{2}} (x+1)$, $y=\log_{\frac{1}{2}} x$와 만나는 점을 각각 A, B라 하고, 곡선 $y=2^{x-1}$이 곡선 $y=\log_{\frac{1}{2}} x$와 만나는 점을 C라 하자. 세 점 A, B, C의 x좌표를 각각 a, b, c라 할 때, **보기**에서 옳은 것만을 있는 대로 고른 것은?

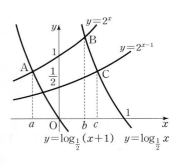

> • 보기 •
>
> ㄱ. $0<b<\frac{1}{2}$
>
> ㄴ. $\frac{\sqrt{2}}{2}<2^a<1$
>
> ㄷ. 점 C와 직선 $y=x$ 사이의 거리는 $\frac{\sqrt{2}}{4}$보다 작다.

① ㄱ   ② ㄱ, ㄴ   ③ ㄱ, ㄷ
④ ㄴ, ㄷ   ⑤ ㄱ, ㄴ, ㄷ

정답과 해설 pp.66~67

유형 1 **절댓값 기호를 포함한 로그함수의 그래프**

출제경향 절댓값 기호를 포함한 로그함수에서 함숫값이 같아지는 점에 대하여 묻는 문제가 출제된다.

공략비법
(i) 절댓값 기호 안의 식의 값을 0으로 하는 x의 값을 구한다.
(ii) (i)의 값을 기준으로 구간을 나눠 절댓값 기호를 없앤 함수의 식을 구한다.
(iii) 주어진 두 그래프의 교점의 x좌표를 구한다.

1 대표 ・2020년 4월 교육청 28번 | **4점**

그림과 같이 1보다 큰 실수 a에 대하여 곡선 $y=|\log_a x|$가 직선 $y=k\ (k>0)$와 만나는 두 점을 각각 A, B라 하고, 직선 $y=k$가 y축과 만나는 점을 C라 하자. $\overline{OC}=\overline{CA}=\overline{AB}$일 때, 곡선 $y=|\log_a x|$와 직선 $y=2\sqrt{2}$가 만나는 두 점 사이의 거리는 d이다. $20d$의 값을 구하시오.
(단, O는 원점이고, 점 A의 x좌표는 점 B의 x좌표보다 작다.)

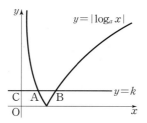

2 유사 ・2021년 10월 교육청 8번 | **3점**

2보다 큰 상수 k에 대하여 두 곡선 $y=|\log_2(-x+k)|$, $y=|\log_2 x|$가 만나는 세 점 P, Q, R의 x좌표를 각각 x_1, x_2, x_3이라 하자. $x_3-x_1=2\sqrt{3}$일 때, x_1+x_3의 값은?
(단, $x_1<x_2<x_3$)

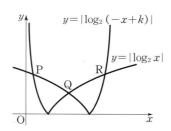

① $\dfrac{7}{2}$　　　② $\dfrac{15}{4}$　　　③ 4

④ $\dfrac{17}{4}$　　　⑤ $\dfrac{9}{2}$

유형 2 **로그함수와 지수함수의 관계**

출제경향 그래프의 대칭 관계 및 역함수의 성질을 이용한 문제들이 출제된다.

공략비법
역함수가 존재하는 함수 $f(x)$에 대하여
(1) $f(a)=b$이면 $f^{-1}(b)=a$이다.
(2) 함수 $y=f(x)$의 그래프와 그 역함수 $y=f^{-1}(x)$의 그래프는 직선 $y=x$에 대하여 대칭이다.
(3) 함수 $y=f(x)$의 그래프와 직선 $y=x$의 교점은 두 함수 $y=f(x)$와 $y=f^{-1}(x)$의 그래프의 교점이다.

3 대표 ・2020년 4월 교육청 20번 | **4점**

두 함수 $f(x)=2^x$, $g(x)=2^{x-2}$에 대하여 두 양수 a, $b\ (a<b)$가 다음 조건을 만족시킬 때, $a+b$의 값은?

㉮ 두 곡선 $y=f(x)$, $y=g(x)$와 두 직선 $y=a$, $y=b$로 둘러싸인 부분의 넓이가 6이다.
㉯ $g^{-1}(b)-f^{-1}(a)=\log_2 6$

① 15　　　② 16　　　③ 17
④ 18　　　⑤ 19

4 유사 ・2022학년도 9월 평가원 21번 | **4점**

$a>1$인 실수 a에 대하여 직선 $y=-x+4$가 두 곡선 $y=a^{x-1}$, $y=\log_a(x-1)$과 만나는 점을 각각 A, B라 하고, 곡선 $y=a^{x-1}$이 y축과 만나는 점을 C라 하자. $\overline{AB}=2\sqrt{2}$일 때, 삼각형 ABC의 넓이는 S이다. $50\times S$의 값을 구하시오.

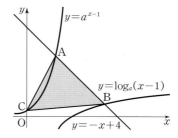

삼각함수

b l a c k l a b e l

05 삼각함수의 정의

비법 노트

1등급 비법

Ⓐ 두 동경의 위치 관계 (단, n은 정수)

일치	원점 대칭	x축 대칭
$\alpha-\beta=2n\pi$	$\alpha-\beta=2n\pi+\pi$	$\alpha+\beta=2n\pi$

y축 대칭	직선 $y=x$ 대칭	직선 $y=-x$ 대칭
$\alpha+\beta$ $=2n\pi+\pi$	$\alpha+\beta$ $=2n\pi+\dfrac{\pi}{2}$	$\alpha+\beta$ $=2n\pi+\dfrac{3}{2}\pi$

▶ STEP 1 | 02, 03번, STEP 2 | 01번

Ⓑ 특수각의 삼각비의 값

삼각비＼θ	0	$\dfrac{\pi}{6}$	$\dfrac{\pi}{4}$	$\dfrac{\pi}{3}$	$\dfrac{\pi}{2}$
$\sin\theta$	0	$\dfrac{1}{2}$	$\dfrac{\sqrt{2}}{2}$	$\dfrac{\sqrt{3}}{2}$	1
$\cos\theta$	1	$\dfrac{\sqrt{3}}{2}$	$\dfrac{\sqrt{2}}{2}$	$\dfrac{1}{2}$	0
$\tan\theta$	0	$\dfrac{1}{\sqrt{3}}$	1	$\sqrt{3}$	✕

▶ STEP 2 | 06, 07번

Ⓒ 삼각함수의 값의 부호

[$\sin\theta$의 부호]　[$\cos\theta$의 부호]　[$\tan\theta$의 부호]

▶ STEP 2 | 17번

중요

Ⓓ 삼각함수의 각의 변환

$\dfrac{n}{2}\pi\pm\theta$ (n은 정수)의 삼각함수에서

(ⅰ) θ를 예각으로 간주하고

(ⅱ) n이 짝수이면

$\quad\sin\rightarrow\sin,\ \cos\rightarrow\cos,\ \tan\rightarrow\tan$

$\quad n$이 홀수이면

$\quad\sin\rightarrow\cos,\ \cos\rightarrow\sin,\ \tan\rightarrow\dfrac{1}{\tan}$

로 삼각함수를 결정한 후

(ⅲ) 부호는 동경이 $\dfrac{n}{2}\pi\pm\theta$일 때의 처음에 주어진 삼각

함수의 부호로 결정한다. ▶ STEP 2 | 23, 24, 25, 26번

일반각과 호도법 Ⓐ

> 동경이 시초선을 기준으로 시계 반대 방향으로 회전하는 것을 양의 방향 ($+$), 시계 방향으로 회전하는 것을 음의 방향 ($-$) 이라 한다.

(1) **일반각** : 시초선 OX와 동경 OP가 나타내는 한 각의 크기를 $a°$라 할 때, 동경 OP가 나타내는 일반각 θ는

$$\theta=360°\times n+a°\ (단,\ n은\ 정수)$$

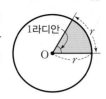

(2) **호도법** : 반지름의 길이가 r인 원에서 호의 길이가 r인 부채꼴의 중심각의 크기를 1라디안이라 하고, 이것을 단위로 하여 각의 크기를 나타내는 방법을 호도법이라 한다. 즉,

$$1라디안=\dfrac{180°}{\pi},\ 1°=\dfrac{\pi}{180}라디안$$

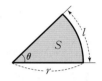

부채꼴의 호의 길이와 넓이

반지름의 길이가 r, 중심각의 크기가 θ(라디안)인 부채꼴의 호의 길이를 l, 넓이를 S라 하면

$$l=r\theta,\ S=\dfrac{1}{2}r^2\theta=\dfrac{1}{2}rl$$

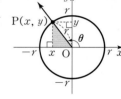

삼각함수의 정의 Ⓑ Ⓒ

오른쪽 그림과 같이 $\overline{OP}=r$인 점 $P(x,\ y)$에 대하여 동경 OP가 x축의 양의 방향과 이루는 각의 크기를 θ라 할 때

$$\sin\theta=\dfrac{y}{r},\ \cos\theta=\dfrac{x}{r},$$

$$\tan\theta=\dfrac{y}{x}\ (x\neq0)$$

참고 $\theta=\pi$이면 $P(-r,\ 0)$이므로

$\quad\sin\pi=0,\ \cos\pi=-1,\ \tan\pi=0$

$\quad\theta=2\pi$이면 $P(r,\ 0)$이므로 $\sin2\pi=0,\ \cos2\pi=1,\ \tan2\pi=0$

삼각함수 사이의 관계

(1) $\tan\theta=\dfrac{\sin\theta}{\cos\theta}$

(2) $\sin^2\theta+\cos^2\theta=1$ ← $\sin^2\theta=(\sin\theta)^2\neq\sin\theta^2$

삼각함수의 성질 Ⓓ

(1) $2n\pi+\theta$ (n은 정수)의 삼각함수

① $\sin(2n\pi+\theta)=\sin\theta$

② $\cos(2n\pi+\theta)=\cos\theta$

③ $\tan(2n\pi+\theta)=\tan\theta$

(2) $-\theta$의 삼각함수

① $\sin(-\theta)=-\sin\theta$

② $\cos(-\theta)=\cos\theta$

③ $\tan(-\theta)=-\tan\theta$

(3) $\pi\pm\theta$의 삼각함수(복부호 동순)

① $\sin(\pi\pm\theta)=\mp\sin\theta$

② $\cos(\pi\pm\theta)=-\cos\theta$

③ $\tan(\pi\pm\theta)=\pm\tan\theta$

(4) $\dfrac{\pi}{2}\pm\theta$의 삼각함수(복부호 동순)

① $\sin\left(\dfrac{\pi}{2}\pm\theta\right)=\cos\theta$

② $\cos\left(\dfrac{\pi}{2}\pm\theta\right)=\mp\sin\theta$

③ $\tan\left(\dfrac{\pi}{2}\pm\theta\right)=\mp\dfrac{1}{\tan\theta}$

출제율 100% 우수 기출 대표 문제

정답과 해설 pp.68~69

01 일반각과 호도법

보기에서 옳은 것만을 있는 대로 고른 것은?

> • 보기 •
>
> ㄱ. $225° = \dfrac{5}{4}\pi$
>
> ㄴ. $-1035°$는 제2사분면의 각이다.
>
> ㄷ. 1라디안은 호의 길이와 반지름의 길이가 같은 부채꼴의 중심각의 크기이다.

① ㄱ   ② ㄱ, ㄴ   ③ ㄱ, ㄷ

④ ㄴ, ㄷ   ⑤ ㄱ, ㄴ, ㄷ

02 두 동경의 위치 관계 – 일치

동경 OP가 나타내는 한 각의 크기가 40°이다. $-\dfrac{9}{2}\pi < \theta < \dfrac{15}{2}\pi$인 각 θ를 나타내는 동경이 동경 OP와 일치하도록 하는 θ의 개수를 구하시오.

03 두 동경의 위치 관계 – 대칭

각 2θ를 나타내는 동경과 각 5θ를 나타내는 동경이 x축에 대하여 대칭일 때, 모든 θ의 값의 합을 구하시오.

(단, $0 < \theta < \pi$)

04 부채꼴의 호의 길이

원 $(x-1)^2 + y^2 = 1$이 직선 $y = ax$에 의하여 잘려서 생긴 두 호의 길이의 비가 $1:2$일 때, 양수 a의 값은?

① $\dfrac{1}{3}$ ② $\dfrac{1}{2}$ ③ $\dfrac{\sqrt{3}}{3}$

④ $\dfrac{\sqrt{2}}{2}$ ⑤ 1

05 부채꼴의 넓이

그림과 같은 부채꼴 OAB에서 반지름의 길이 r를 10 % 늘이고, 중심각의 크기 θ를 20 % 줄이면 부채꼴의 넓이는 어떻게 변하는가?

① 1.6 % 늘어난다.   ② 1.6 % 줄어든다.

③ 3.2 % 늘어난다.   ④ 3.2 % 줄어든다.

⑤ 변화가 없다.

06 부채꼴의 호의 길이와 넓이의 활용

그림과 같이 윗면의 반지름의 길이가 1, 아랫면의 반지름의 길이가 2, 높이가 2인 원뿔대가 있다. 이 원뿔대의 옆면의 넓이를 구하시오.

07 삼각함수의 정의(1)

좌표평면에서 원점 O와 점 P(5, -12)에 대하여 동경 OP가 나타내는 각의 크기를 θ라 할 때, $\dfrac{1}{\sin\theta} + \dfrac{\cos\theta}{\sin\theta}$의 값은?

① $-\dfrac{3}{2}$ ② $-\dfrac{1}{2}$ ③ $\dfrac{1}{2}$

④ $\dfrac{3}{2}$ ⑤ $\dfrac{5}{2}$

08 삼각함수의 정의(2)

그림과 같이 반지름의 길이가 1인 원 위에 $\angle AOB = \theta$인 두 점 A, B가 있다. 점 A에서의 접선이 $\overline{OB}$의 연장선과 만나는 점을 P, 점 B에서 $\overline{OA}$에 내린 수선의 발을 Q라 할 때, $\overline{OQ} = 2\overline{AP} \times \overline{BQ}$이다. $\tan^2\theta$의 값을 구하시오.

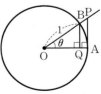

$\left(\text{단, } 0 < \theta < \dfrac{\pi}{2}\text{이고, 원의 중심은 O이다.}\right)$

09 삼각함수의 값의 부호

각 θ가 $\sin\theta\cos\theta>0$, $\cos\theta\tan\theta<0$을 만족시킬 때,
$|\sin\theta+\cos\theta|-\sqrt{\sin^2\theta}-|\cos\theta-\tan\theta|$를 간단히 하면?

① $\sin\theta$ ② $-\sin\theta$ ③ $\tan\theta$

④ $-\tan\theta$ ⑤ $\cos\theta$

10 삼각함수 사이의 관계 $-\dfrac{\sin\theta}{\cos\theta}=\tan\theta$

$\dfrac{\cos\theta+\sin\theta}{\cos\theta-\sin\theta}=\sqrt{3}$일 때, $\tan\theta$의 값은?

① $2-\sqrt{3}$ ② $2+\sqrt{3}$ ③ $3-\sqrt{3}$

④ $3+\sqrt{3}$ ⑤ $4-\sqrt{3}$

11 삼각함수 사이의 관계 $-\sin^2\theta+\cos^2\theta=1$

$\cos\theta=-\dfrac{\sqrt{5}}{5}$일 때, $\dfrac{1+\sin\theta}{1-\sin\theta}-\dfrac{1-\sin\theta}{1+\sin\theta}$의 값을 구하시오.

$\left(\text{단, } \dfrac{\pi}{2}<\theta<\pi\right)$

12 삼각함수의 정의와 관계

단위원 위의 점 $P(x,y)$에 대하여 동경 OP가 x축의 양의 방향과 이루는 각의 크기가 θ이고
$$\frac{y}{x}+\frac{x}{y}=-\frac{5}{2}$$
일 때, $\sin\theta-\cos\theta$의 값은?

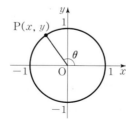

(단, $x<0$, $y>0$이다.)

① $\dfrac{1}{5}$ ② $\dfrac{\sqrt{5}}{5}$ ③ $\dfrac{2\sqrt{5}}{5}$

④ $\dfrac{3\sqrt{5}}{5}$ ⑤ $\dfrac{4\sqrt{5}}{5}$

13 삼각함수와 이차방정식

이차방정식 $x^2+2ax+4=0$의 두 실근이 $\dfrac{1}{\sin\theta}$, $\dfrac{1}{\cos\theta}$일 때, 상수 a의 값은? $\left(\text{단, } 0<\theta<\dfrac{\pi}{2}\right)$

① $-\sqrt{6}$ ② $-\sqrt{3}$ ③ $\sqrt{2}$

④ $\sqrt{3}$ ⑤ $\sqrt{6}$

14 삼각함수의 각의 변환(1)

$\sin\left(\dfrac{3}{2}\pi+\theta\right)\cos(2\pi+\theta)+\sin(\pi-\theta)\cos\left(\dfrac{\pi}{2}+\theta\right)$를 간단히 하면?

① -1 ② $\sin\theta$ ③ 0

④ $\cos\theta$ ⑤ 1

15 삼각함수의 각의 변환(2)

$\dfrac{\sin 75°-\cos 75°-\sin 15°+\cos 15°}{\sin 15°\tan 75°-\cos 75°}$의 값을 구하시오.

16 삼각함수의 각의 변환과 규칙성

그림과 같이 좌표평면 위의 단위원의 둘레를 10등분하는 각 점을 차례대로 P_1, P_2, P_3, $\cdots$, P_{10}이라 하자. $P_1(1,0)$, $\angle P_1OP_2=\theta$라 할 때,
$$\cos\theta+\cos 2\theta+\cos 3\theta+\cdots+\cos 9\theta$$
의 값은?

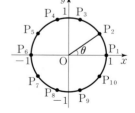

① 1 ② 0 ③ -1

④ -2 ⑤ -3

대표 **01** 유형❶ 일반각

각 θ를 나타내는 동경과 각 6θ를 나타내는 동경이 일직선 위에 있고 방향이 서로 반대일 때, θ의 값을 구하시오.

$$\left(\text{단, } \frac{\pi}{2}<\theta<\pi\right)$$

02

θ는 제1사분면의 각이고 $\dfrac{\theta}{2}$는 제3사분면의 각일 때, $\dfrac{\theta}{4}$는 제몇 사분면의 각인가?

① 제2사분면
② 제1사분면 또는 제3사분면
③ 제1사분면 또는 제4사분면
④ 제2사분면 또는 제3사분면
⑤ 제2사분면 또는 제4사분면

대표 **03** 유형❷ 부채꼴의 호의 길이와 넓이

그림과 같이 $\overline{\text{PA}}$, $\overline{\text{PB}}$는 각각 중심이 O인 원 C와 두 점 A, B에서 접한다. 원의 두 지름 AR, BQ를 그어 색칠한 두 부분의 넓이가 같도록 하는 $\angle$AOB의 크기를 2θ라 할 때, $\dfrac{2\tan\theta}{\theta}$의 값을 구하시오. (단, $0<2\theta<\pi$)

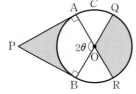

04

그림과 같이 중심각의 크기가 θ이고 반지름의 길이가 2인 부채꼴 PQR의 중심 P가 반지름의 길이가 3인 반원의 중심 O 위에 있다. 부채꼴 PQR가 반원의 둘레를 따라 미끄러지지 않고 회전하여 부채꼴 PQR의 중심 P가 반원의 둘레와 두 번째로 만나는 순간에 처음 자리로 되돌아 왔을 때, θ의 값은 $a\pi-b$이다. $24ab$의 값을 구하시오.

(단, a, b는 유리수이다.)

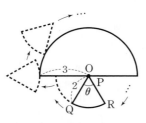

05

반지름의 길이가 각각 r_1, r_2이고 중심이 O인 두 개의 원이 중심 O를 지나는 두 반직선에 의해 그림과 같이 잘려져 있다. 색칠한 도형의 둘레의 길이가 20일 때, 색칠한 도형의 넓이의 최댓값을 구하시오.

06 빈출

반지름의 길이가 30인 구 위의 한 점 N에 길이가 5π인 실의 한 끝을 고정한다. 실을 팽팽하게 유지하면서 구의 표면을 따라 실의 나머지 한 끝을 한 바퀴 돌렸을 때, 구의 표면에 생기는 실 끝의 자취의 길이를 l이라 하자. $\dfrac{l}{\pi}$의 값을 구하시오.

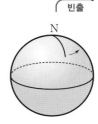

07

그림과 같이 반지름의 길이가 각각 1, $\sqrt{3}$인 두 원이 두 점에서 만나고 두 원의 교점에서 그은 각각의 접선이 서로 수직일 때, 색칠한 부분의 넓이는 $\dfrac{a}{6}\pi-\sqrt{b}$이다. $a+b$의 값을 구하시오. (단, a, b는 자연수이다.)

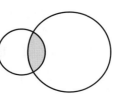

대표 **08** 유형❸ 삼각함수의 정의

그림과 같이 직각삼각형 ABC의 내접원의 중심을 O, $\angle$OBC=θ라 하자. 내접원의 반지름의 길이가 1일 때, 변 AC의 길이를 θ에 대한 식으로 바르게 나타낸 것은?

① $\dfrac{1}{1-\tan\theta}$
② $\dfrac{2}{1-\tan\theta}$
③ $\dfrac{\cos\theta}{1-\sin\theta}$
④ $\dfrac{2\cos\theta}{1-\sin\theta}$
⑤ $\dfrac{1-\tan\theta}{1+\tan\theta}$

09

직선 거리가 500 m인 A 지점과 B 지점을 연결하는 도로를 건설하려고 했지만, 경사도가 37°여서 우회도로가 필요하였다. 그래서 그림과 같이 12°인 경사도를 유지하는 도로를 건설하기로 결정하였다. A 지점에서 B 지점까지 이 우회도로의 거리는 약 몇 m인가?

(단, sin 12°=0.2, sin 37°=0.6으로 계산한다.)

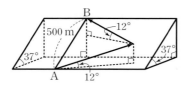

① 1400 m   ② 1500 m   ③ 1600 m

④ 1700 m   ⑤ 1800 m

10

그림과 같이 원점 O를 중심으로 하고 반지름의 길이가 1인 원 위의 점 A가 제2사분면에 있을 때 동경 OA가 나타내는 각의 크기를 θ라 하자.
점 $B(-1, 0)$을 지나는 직선 $x=-1$과 동경 OA가 만나는 점을 C, 점 A에서의 접선이 x축과 만나는 점을 D라 할 때, 다음 중 $\overline{AC}$, $\overline{CD}$, $\overline{BD}$ 및 $\overparen{AB}$로 둘러싸인 부분의 넓이와 항상 같은 것은? $\left(\text{단}, \dfrac{\pi}{2}<\theta<\pi\right)$

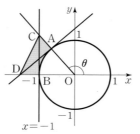

① $\dfrac{1}{2}\left(-\dfrac{\cos\theta}{\sin^2\theta}-\pi+\theta\right)$ ② $\dfrac{1}{2}\left(-\dfrac{\sin\theta}{\cos^2\theta}-\pi+\theta\right)$

③ $\dfrac{1}{2}\left(\dfrac{\cos^2\theta}{\sin\theta}-\theta\right)$ ④ $\dfrac{1}{2}\left(\dfrac{\sin\theta}{\cos^2\theta}-\pi+\theta\right)$

⑤ $\dfrac{1}{2}\left(\dfrac{\sin^2\theta}{\cos\theta}-\theta\right)$

11

그림과 같이 반원 O의 지름 AB를 $3:1$로 내분하는 점 C, 두 점 A, B가 아닌 반원의 호 위의 점 D에 대하여 $\dfrac{\tan(\angle ADC)}{\tan(\angle CAD)}$의 값을 구하시오.

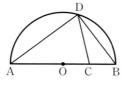

12

그림과 같이 중심이 $P(0, 1)$, 반지름의 길이가 1인 원이 있다. $\angle OPA=\theta$인 원 위의 점 A가 x축 위에 놓일 때까지 x축을 따라 화살표 방향으로 원을 굴렸을 때, 처음 원 위의 점 $B(0, 2)$가 이동한 점을 B′이라 하자. 다음 중 B′의 좌표를 θ를 이용하여 바르게 나타낸 것은? $\left(\text{단}, 0<\theta<\dfrac{\pi}{2}\right)$

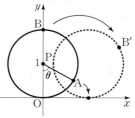

① $(\sin\theta, \cos\theta)$ ② $(1+\sin\theta, 1+\cos\theta)$

③ $(1+\sin\theta, \theta+\cos\theta)$ ④ $(\theta+\sin\theta, 1+\cos\theta)$

⑤ $(\theta+\sin\theta, \theta+\cos\theta)$

대표 13   유형❹ 삼각함수 사이의 관계

$\dfrac{\pi}{2}<\theta<\pi$인 θ에 대하여 $\sin^4\theta+\cos^4\theta=\dfrac{23}{32}$일 때, $\sin\theta-\cos\theta$의 값은? [2021년 교육청]

① $\dfrac{\sqrt{3}}{2}$ ② 1 ③ $\dfrac{\sqrt{5}}{2}$

④ $\dfrac{\sqrt{6}}{2}$ ⑤ $\dfrac{\sqrt{7}}{2}$

14

보기에서 항상 옳은 것만을 있는 대로 고른 것은?

보기

ㄱ. $\dfrac{\cos x}{\cos x+1}+\dfrac{\cos x}{\cos x-1}=-\dfrac{2}{\tan^2 x}$

ㄴ. $\dfrac{1+\cos x}{\sin x}+\dfrac{\sin x}{1+\cos x}=\dfrac{2}{\cos x}$

ㄷ. $\left(\tan x+\dfrac{1}{\cos x}\right)^2=\dfrac{1+\sin x}{1-\sin x}$

① ㄱ   ② ㄱ, ㄴ   ③ ㄱ, ㄷ

④ ㄴ, ㄷ   ⑤ ㄱ, ㄴ, ㄷ

15

신유형

방정식 $\log_{\cos x}\sqrt{\tan x}+\log_{\sin x}\tan x=0$을 만족시키는 $\tan x$의 값은? $\left(\text{단, }0<x<\dfrac{\pi}{2}\right)$

① $\dfrac{1}{3}$ ② $\dfrac{1}{2}$ ③ 1

④ 2 ⑤ 3

16

$0<x<1$인 모든 실수 x에 대하여 $f\left(\dfrac{x}{1-x}\right)=x$가 성립할 때, $f(\tan^2\theta)$를 간단히 하면? $\left(\text{단, }0<\theta<\dfrac{\pi}{4}\right)$

① $\sin^2\theta$ ② $\cos^2\theta$ ③ $\tan^2\theta$

④ $\dfrac{1}{\sin^2\theta}$ ⑤ $\dfrac{1}{\cos^2\theta}$

17

각 θ가 다음 조건을 만족시킬 때, $\sin\theta$의 값은?

> (가) 2θ는 제1사분면의 각이다.
> (나) x에 대한 이차방정식 $3x^2-2x\cos\theta+\sin^2\theta=0$이 음수인 중근을 갖는다.

① $-\dfrac{\sqrt{3}}{2}$ ② $-\dfrac{1}{2}$ ③ 0

④ $\dfrac{1}{2}$ ⑤ $\dfrac{\sqrt{3}}{2}$

18

그림과 같이 직각삼각형 ABC의 꼭짓점 C와 빗변 AB의 삼등분점 D, E 사이의 거리가 각각 $\sin x$, $\cos x$일 때, 선분 AB의 길이를 구하시오.

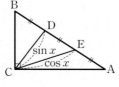

19

그림과 같이 가로, 세로의 길이가 각각 a, b인 직사각형 OABC를 한쪽으로 기울여 $\angle AOC'=\theta$인 평행사변형 OAB'C'을 만들었다. $\overline{AC}^2-\overline{AC'}^2=12$일 때, 직사각형 OABC의 넓이는? $\left(\text{단, }0<\theta<\dfrac{\pi}{2}\right)$

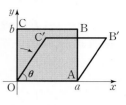

① $\dfrac{6}{\sin\theta}$ ② $\dfrac{6}{\cos\theta}$ ③ $\dfrac{6}{\tan\theta}$

④ $6\tan\theta$ ⑤ $12\sin\theta\cos\theta$

20

대표 유형❺ 삼각함수와 이차방정식

계수가 유리수인 x에 대한 이차방정식
$$x^2-\left(\tan\theta+\frac{1}{\tan\theta}\right)x+1=0$$
의 한 근이 $2-\sqrt{3}$일 때, $\sin^4\theta+\cos^4\theta$의 값을 구하시오. $\left(\text{단, }0<\theta<\dfrac{\pi}{4}\right)$

21

이차방정식 $kx^2-(k+2)x+(k+1)=0$의 두 근이 $\sin\theta$, $\cos\theta$일 때, 모든 θ의 값의 합을 구하시오. (단, $0<\theta<2\pi$이고, k는 상수이다.)

22

서술형

이차방정식 $x^2-6x\sin\theta+1=0$과 사차방정식 $x^4+2x^3-x^2+2x+1=0$이 공통근을 가질 때, $\cos\theta$의 값을 구하시오. $\left(\text{단, }\pi<\theta<\dfrac{3}{2}\pi\right)$

대표
23 유형❻ 삼각함수의 각의 변환

$0<A<\pi$, $0<B<\pi$인 서로 다른 두 각 A, B에 대하여 $\sin A=\sin B$를 만족시킬 때, **보기**에서 옳은 것만을 있는 대로 고른 것은?

• 보기 •

ㄱ. $\sin \dfrac{A+B}{2}=1$

ㄴ. $\sin \dfrac{A}{2}-\cos \dfrac{B}{2}=0$

ㄷ. $\tan A+\tan B=0$

① ㄱ   ② ㄴ   ③ ㄱ, ㄴ
④ ㄴ, ㄷ   ⑤ ㄱ, ㄴ, ㄷ

24

직선 $3x+4y+3=0$이 x축의 양의 방향과 이루는 각의 크기를 θ $(0<\theta<\pi)$라 하면

$$\cos (\pi+\theta)+\frac{1}{\sin (\pi-\theta)}+\tan \left(\frac{\pi}{2}+\theta\right)=\frac{q}{p}$$

일 때, $p+q$의 값을 구하시오.

(단, p, q는 서로소인 자연수이다.)

25

그림과 같이 선분 AB를 지름으로 하는 반원 위의 한 점 P에 대하여 $\angle PAB=\alpha$, $\angle PBA=\beta$, $\overline{AP}=4$, $\overline{BP}=3$이다.

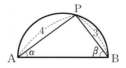

$\sin (5\alpha+4\beta) \cos (3\alpha+4\beta)=\dfrac{q}{p}$일 때, $p+q$의 값을 구하시오. (단, p, q는 서로소인 자연수이다.)

26

$\tan \theta=\sqrt{\dfrac{1-x}{x}}$ $(0<x<1)$일 때,

$$\dfrac{\sin^2 \theta}{x+\sin \left(\dfrac{\pi}{2}+\theta\right)}+\dfrac{\sin^2 \theta}{x+\sin \left(\dfrac{3}{2}\pi+\theta\right)}$$의 값은?

① -2 ② -1 ③ 0
④ 1 ⑤ 2

대표
27 유형❼ 삼각함수의 각의 변환과 규칙성

보기에서 옳은 것만을 있는 대로 고른 것은?

• 보기 •

ㄱ. $\sin^2 2°+\sin^2 4°+\sin^2 6°+\cdots$
                            $+\sin^2 88°+\sin^2 90°=23$

ㄴ. $\cos^2 1°+\cos^2 2°+\cos^2 3°+\cdots+\cos^2 90°=45$

ㄷ. $\tan 1°\times \tan 2°\times \tan 3°\times \cdots \times \tan 89°=1$

① ㄱ   ② ㄱ, ㄴ   ③ ㄱ, ㄷ
④ ㄴ, ㄷ   ⑤ ㄱ, ㄴ, ㄷ

28

다음 식의 값을 구하시오.

$$\left(\frac{1}{\sin^2 1°}+\frac{1}{\sin^2 2°}+\frac{1}{\sin^2 3°}+\cdots+\frac{1}{\sin^2 23°}\right)$$
$$-(\tan^2 67°+\tan^2 68°+\tan^2 69°+\cdots+\tan^2 89°)$$

29

원 $x^2+y^2=1$에 내접하는 정96각형의 각 꼭짓점의 좌표를 (a_1, b_1), (a_2, b_2), $\cdots$, (a_{96}, b_{96})이라 할 때, $a_1^2+a_2^2+a_3^2+\cdots+a_{96}^2$의 값을 구하시오.

30 ⸢1등급⸥

그림과 같이 반지름의 길이가 r인 원 위를 움직이는 점 P에 대하여 동경 OP는 시초선 OX에서 출발하여 한 번에 $\dfrac{5}{18}\pi$만큼 회전한다.

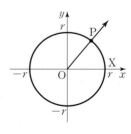

k번 회전한 후 동경 OP가 나타내는 각의 크기를 θ_k, 동경 OP가 처음으로 다시 시초선으로 돌아올 때까지 이동한 횟수를 N이라 하자. X$(r, 0)$일 때,

$$N+\sin \theta_1+\sin \theta_2+\sin \theta_3+\cdots+\sin \theta_N$$

의 값을 구하시오. (단, N은 자연수이다.)

01

실수 x에 대하여 $\sin x + \cos x = -1$일 때,
$\sin^{2023} x + \cos^{2023} x$의 값을 구하시오.

02

좌표평면 위를 움직이는 어느 물체의 시각 t에서의 위치
(x, y)가 $x = 2 + 2\cos t$, $y = 6 + 2\sin t$로 주어져 있다. 이
물체가 원점에서 가장 멀리 떨어져 있을 때와 가장 가까이
있을 때의 두 거리의 차를 구하시오.

03

그림과 같이 지름의 길이가 16인 구
모양의 지구본 위에서 점 A의 위치
는 동경 $145°$, 남위 $60°$이고, 점 B
의 위치는 서경 $170°$, 남위 $60°$이
다. 남위 $60°$를 따라 점 A에서 점
B까지 가는 최단 거리를 구하시오.
(단, O는 구의 중심이다.)

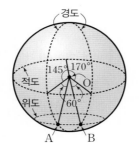

04

그림과 같이 선분 OA를 반지름으로 하는 사분원의 호 AB
를 $(2n+1)$등분하는 점을 점 A에 가까운 것부터 차례대로
$P_1, P_2, P_3, \cdots, P_{2n}$이라 하자. 점 $P_1, P_2, P_3, \cdots, P_{2n}$에서
반지름 OA에 내린 수선의 발을 각각 $Q_1, Q_2, Q_3, \cdots, Q_{2n}$
이라 하면
$$\overline{P_1Q_1}^2 + \overline{P_2Q_2}^2 + \overline{P_3Q_3}^2 + \cdots + \overline{P_{2n}Q_{2n}}^2 = 624$$
이다. 부채꼴 OP_nP_{n+1}의 넓이를 $S(n)$이라 할 때, $\dfrac{S(n)}{\pi}$의
값이 자연수가 되도록 하는 선분 OA의 길이의 최솟값을 구
하시오. (단, n은 자연수이다.)

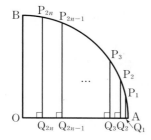

05

3 이상의 자연수 n에 대하여
원 $(x-n)^2 + (y-n)^2 = 2$
위의 점 P_n에서 원
$x^2 + y^2 = 2$에 그은 접선의 접
점을 A라 하자.
$\sin(\angle AP_nO)$의 최댓값과
최솟값의 곱을 $f(n)$이라 할

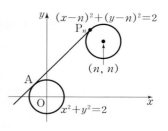

때, $f(3) + f(4) + f(5) + \cdots + f(10) = \dfrac{q}{p}$이다. $p+q$의
값을 구하시오.
(단, O는 원점이고 p, q는 서로소인 자연수이다.)

06

길이가 20인 $\overline{AB}$를 지름으로 하는
원 O 위를 움직이는 두 점 P, Q가
있다. 두 선분 OP, OQ는 각각 두
선분 OA, OB에서 동시에 출발하
여 점 O를 중심으로 시계 방향으로

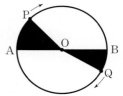

회전한다. 한 바퀴를 도는 데 선분 OP는 30초, 선분 OQ는
60초가 걸리고, 원의 내부는 처음에는 흰색이지만 두 선분
OP, OQ가 회전하면서 지나간 부분은 흰색은 검은색으로,
검은색은 흰색으로 바뀐다. 두 선분 OP, OQ가 출발한 지
1000초 후, 검은색 부분의 넓이를 구하시오.

07

그림과 같이 선분 AB를 지름으로
하는 원 위에 $\angle ABC = \theta$가 되도록
점 C를 잡는다. 점 C를 지나고 선
분 AB와 평행한 직선이 원과 만나
는 점을 D, 선분 AD와 선분 BC의

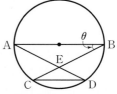

교점을 E라 하면 삼각형 ECD의 넓이는 삼각형 EBA의 넓
이의 $\dfrac{1}{9}$배이다. 이때 $\cos\theta$의 값을 구하시오.
$$\left(\text{단, } 0 < \theta < \dfrac{\pi}{4}\right)$$

유형 1 부채꼴의 호의 길이의 넓이

출제경향 호도법을 이용하여 부채꼴의 호의 길이와 넓이를 구하는 문제가 출제된다.

공략비법

(1) 1라디안$=\dfrac{180°}{\pi}$, $1°=\dfrac{\pi}{180}$ 라디안

(2) 부채꼴의 호의 길이와 넓이

반지름의 길이가 r, 중심각의 크기가 θ인 부채꼴의 호의 길이를 l, 넓이를 S라 하면

① $l=r\theta$ ② $S=\dfrac{1}{2}r^2\theta=\dfrac{1}{2}rl$

---

1 대표 • 2019년 6월 교육청 17번 | 4점

그림과 같이 반지름의 길이가 4 이고 중심각의 크기가 $\dfrac{\pi}{6}$인 부채꼴 OAB가 있다. 선분 OA 위의 점 P에 대하여 선분 PA 를 지름으로 하고 선분 OB에 접하는 반원을 C라 할 때, 부채꼴 OAB의 넓이를 S_1, 반원 C의 넓이를 S_2라 하자. S_1-S_2의 값은?

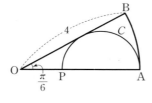

① $\dfrac{\pi}{9}$ ② $\dfrac{2}{9}\pi$ ③ $\dfrac{\pi}{3}$

④ $\dfrac{4}{9}\pi$ ⑤ $\dfrac{5}{9}\pi$

---

2 유사 • 2021년 3월 교육청 11번 | 4점

그림과 같이 두 점 O, O′을 각각 중심으로 하고 반지름의 길이가 3 인 두 원 O, O'이 한 평면 위에 있다. 두 원 O, O'이 만나는 점을 각각 A, B라 할 때, $\angle AOB=\dfrac{5}{6}\pi$ 이다. 원 O의 외부와 원 O'의 내부의 공통부분의 넓이를 S_1, 마름모 AOBO′의 넓이를 S_2라 할 때, S_1-S_2의 값은?

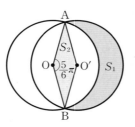

① $\dfrac{5}{4}\pi$ ② $\dfrac{4}{3}\pi$ ③ $\dfrac{17}{12}\pi$

④ $\dfrac{3}{2}\pi$ ⑤ $\dfrac{19}{12}\pi$

유형 2 삼각함수의 각의 변환

출제경향 일반각에 대한 삼각함수의 성질을 이용하여 계산하는 문제가 출제된다.

공략비법

$\dfrac{n}{2}\pi\pm\theta$ (n은 정수)의 삼각함수에서

(i) θ를 예각으로 간주하고

(ii) n이 짝수이면

$\sin\to\sin,\ \cos\to\cos,\ \tan\to\tan$

n이 홀수이면

$\sin\to\cos,\ \cos\to\sin,\ \tan\to\dfrac{1}{\tan}$

로 삼각함수를 결정한 후

(iii) 부호는 동경이 $\dfrac{n}{2}\pi\pm\theta$일 때의 처음에 주어진 삼각함수의 값의 부호로 결정한다.

---

3 대표 • 2021년 11월 교육청 10번 | 3점

좌표평면 위의 점 $P(4, -3)$에 대하여 동경 OP가 나타내는 각의 크기를 θ라 할 때, $\sin\left(\dfrac{\pi}{2}+\theta\right)-\sin\theta$의 값은?

(단, O는 원점이고, x축의 양의 방향을 시초선으로 한다.)

① -1 ② $-\dfrac{2}{5}$ ③ $\dfrac{1}{5}$

④ $\dfrac{4}{5}$ ⑤ $\dfrac{7}{5}$

---

4 유사 • 2020년 3월 교육청 26번 | 4점

좌표평면에서 제1사분면에 점 P가 있다. 점 P를 직선 $y=x$ 에 대하여 대칭이동한 점을 Q라 하고, 점 Q를 원점에 대하여 대칭이동한 점을 R라 할 때, 세 동경 OP, OQ, OR가 나타내는 각을 각각 α, β, γ라 하자. $\sin\alpha=\dfrac{1}{3}$일 때, $9(\sin^2\beta+\tan^2\gamma)$의 값을 구하시오.

(단, O는 원점이고, 시초선은 x축의 양의 방향이다.)

06

Ⅱ. 삼각함수

삼각함수의 그래프

주기함수 Ⓐ

일반적으로 함수 $f(x)$의 정의역에 속하는 모든 실수 x에 대하여 $f(x+p)=f(x)$를 만족시키는 0이 아닌 상수 p가 존재할 때, $f(x)$를 주기함수라 하고, 상수 p의 값 중에서 최소인 양수를 함수 $f(x)$의 주기라 한다.

$$\cdots=f(-2p)=f(-p)=f(0)=f(p)=f(2p)=\cdots,$$
$$\cdots=f\left(-\frac{3}{2}p\right)=f\left(-\frac{p}{2}\right)=f\left(\frac{p}{2}\right)=f\left(\frac{3}{2}p\right)=\cdots$$

삼각함수의 성질 Ⓑ

	$y=\sin x$	$y=\cos x$	$y=\tan x$
그래프의 개형			
정의역	실수 전체의 집합	실수 전체의 집합	$x\neq n\pi+\frac{\pi}{2}$ (n은 정수) 인 모든 실수의 집합
치역	$\{y\|-1\leq y\leq 1\}$	$\{y\|-1\leq y\leq 1\}$	실수 전체의 집합
그래프의 성질	$\sin(-x)=-\sin x$ 즉, 원점에 대하여 대칭 (기함수)	$\cos(-x)=\cos x$ 즉, y축에 대하여 대칭 (우함수)	$\tan(-x)=-\tan x$ 즉, 원점에 대하여 대칭 (기함수) 그래프의 점근선은 직선 $x=n\pi+\frac{\pi}{2}$ (n은 정수)
주기	2π	2π	π

삼각함수의 최댓값, 최솟값과 주기 Ⓒ Ⓓ

— x축의 방향으로 평행이동 결정
— y축의 방향으로 평행이동 결정

삼각함수	최댓값	최솟값	주기
$y=a\sin(bx+c)+d$	$\|a\|+d$	$-\|a\|+d$	$\frac{2\pi}{\|b\|}$
$y=a\cos(bx+c)+d$	$\|a\|+d$	$-\|a\|+d$	$\frac{2\pi}{\|b\|}$
$y=a\tan(bx+c)+d$	없다.	없다.	$\frac{\pi}{\|b\|}$

— 주기 결정
— 최댓값, 최솟값 결정

삼각방정식과 삼각부등식의 풀이

	삼각방정식	삼각부등식
정의	각의 크기가 미지수인 삼각함수를 포함한 방정식	각의 크기가 미지수인 삼각함수를 포함한 부등식
풀이 방법	(ⅰ) 주어진 방정식을 $\sin x=a$ (또는 $\cos x=a$, $\tan x=a$) 꼴로 고친다. (ⅱ) 함수 $y=\sin x$ (또는 $y=\cos x$, $y=\tan x$)의 그래프와 직선 $y=a$의 교점의 x좌표를 구한다.	(ⅰ) 주어진 부등식을 $\sin x>a$ (또는 $\cos x>a$, $\tan x>a$) 꼴로 고친다. (ⅱ) 함수 $y=\sin x$ (또는 $y=\cos x$, $y=\tan x$)의 그래프와 직선 $y=a$의 교점의 x좌표를 이용하여 부등식을 만족시키는 x의 값의 범위를 구한다.

비법 노트

Ⓐ 상수 p에 대하여
$$f(x-p)=f(x+p)$$
$$\Longleftrightarrow f(x)=f(x+2p)$$
$$f(p-x)=f(p+x)$$
$$\Longleftrightarrow \text{그래프가 직선 } x=p \text{에 대하여 대칭인 함수}$$

▶ STEP 2 | 02, 04번

Ⓑ 함수 $y=\sin x$의 그래프와 함수 $y=\cos x$의 그래프 사이의 관계
$$y=\cos x$$
$$=\sin\left(x+\frac{\pi}{2}\right)=\sin\left\{x-\left(-\frac{\pi}{2}\right)\right\}$$
즉, 함수 $y=\cos x$의 그래프는 함수 $y=\sin x$의 그래프를 x축의 방향으로 $-\frac{\pi}{2}$만큼 평행이동한 것과 같다.

▶ STEP 2 | 05번

Ⓒ (1) 두 함수 $y=\sin x$, $y=2\sin x$의 그래프의 비교

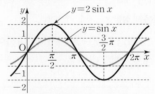

주기의 변화 없이 함숫값이 2배씩 커진다.
⇨ ① $a>0$일 때,
　함수 $y=af(x)$의 그래프는 함수 $y=f(x)$의 그래프를 y축의 방향으로 a배한 것과 같다.
② $a<0$일 때,
　함수 $y=af(x)$의 그래프는 함수 $y=f(x)$의 그래프를 x축에 대하여 대칭이동한 후, y축의 방향으로 $|a|$배한 것과 같다.

(2) 두 함수 $y=\sin x$, $y=\sin 2x$의 그래프의 비교

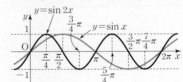

최댓값, 최솟값의 변화 없이 주기가 $\frac{1}{2}$배가 된다.
⇨ ① $b>0$일 때,
　함수 $y=f(bx)$의 그래프는 함수 $y=f(x)$의 그래프를 x축의 방향으로 $\frac{1}{b}$배한 것과 같다.
② $b<0$일 때,
　함수 $y=f(bx)$의 그래프는 함수 $y=f(x)$의 그래프를 y축에 대하여 대칭이동한 후, x축의 방향으로 $\frac{1}{|b|}$배한 것과 같다.

Ⓓ 삼각함수의 최댓값과 최솟값 구하기
주어진 식이 이차식인 경우 한 종류의 삼각함수로 나타낸 후, $\sin x$ (또는 $\cos x$, $\tan x$)를 한 문자로 치환하여 치환한 문자의 범위에서 그래프를 그려 최댓값과 최솟값을 구한다.

▶ STEP 1 | 06번, STEP 2 | 13번, 15번

01 삼각함수의 주기

다음 중 모든 실수 x에 대하여 $f(x)=f(x+\sqrt{2})$를 만족시키는 함수는?

① $f(x)=\sin\dfrac{\pi}{2}x$

② $f(x)=\cos\left(\dfrac{\sqrt{3}}{2}\pi x-2\right)$

③ $f(x)=\tan\left(x+\dfrac{\pi}{3}\right)$

④ $f(x)=\cos\left(\dfrac{\sqrt{2}}{2}\pi x+4\pi\right)$

⑤ $f(x)=\sin\sqrt{2}\pi x$

02 삼각함수의 성질

함수 $y=-2\cos(3x-\pi)+1$에 대하여 **보기**에서 옳은 것만을 있는 대로 고른 것은?

┌─ 보기 ─────────────────────────┐

ㄱ. 최댓값은 3, 최솟값은 -1이다.

ㄴ. 그래프는 함수 $y=-2\cos 3x$의 그래프를 x축의 방향으로 $\dfrac{\pi}{6}$만큼, y축의 방향으로 1만큼 평행이동한 것이다.

ㄷ. 그래프는 함수 $y=-2\cos(3x+\pi)+1$의 그래프와 일치한다.

└────────────────────────────┘

① ㄱ   ② ㄱ, ㄴ   ③ ㄱ, ㄷ

④ ㄴ, ㄷ   ⑤ ㄱ, ㄴ, ㄷ

03 미정계수의 결정 – 조건

함수 $f(x)=a\sin\dfrac{x}{2b}+c$의 최솟값은 -1, 주기는 4π이다. $f\left(\dfrac{\pi}{3}\right)=\dfrac{11}{4}$일 때, 상수 a, b, c에 대하여 $a+b+c$의 값을 구하시오. (단, $a>0$, $b>0$)

04 미정계수의 결정 – 그래프

그림은 함수 $y=a\cos(bx-c\pi)+d$의 그래프이다. 네 상수 a, b, c, d에 대하여 $abcd$의 값을 구하시오.

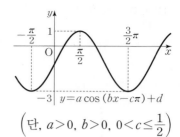

$$\left(\text{단, }a>0,\ b>0,\ 0<c\le\dfrac{1}{2}\right)$$

05 삼각함수의 그래프와 도형

그림에서 점 A는 곡선 $y=a\sin ax$와 x축의 교점 중에서 원점 O와 가장 가까운 거리에 있는 점이고, 점 B는 이 곡선 위의 점이다. 점 A의 x좌표가 양수이고 $\triangle OAB$가 정삼각형일 때, 상수 a에 대하여 a^2의 값을 구하시오.

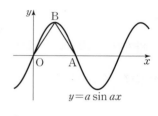

$$(\text{단, }a>0)$$

06 삼각함수의 최대·최소 – 이차식 꼴

함수

$$y=\cos^2\left(x-\dfrac{3}{2}\pi\right)-3\cos^2(\pi-x)-4\sin(x+2\pi)$$

의 최댓값과 최솟값의 합을 구하시오. (단, $0\le x<2\pi$)

07 삼각함수의 최대·최소 – 유리식 꼴

함수 $y=\dfrac{3\sin x+4}{\sin x+4}$의 최댓값과 최솟값의 합이 $\dfrac{n}{m}$일 때, $m+n$의 값은? (단, m, n은 서로소인 자연수이다.)

① 35   ② 37   ③ 39

④ 41   ⑤ 43

08 삼각방정식의 근

그림과 같이 함수 $y=\tan\left(2x+\dfrac{\pi}{2}\right)$의 그래프가 직선
$y=\sqrt{3}$과 만나는 한 점을 A$(a,\ \sqrt{3})$, x축과 만나는 한 점을
B$(b,\ 0)$이라 할 때, $a+b$의 값을 구하시오.

$$\left(\text{단, } 0<a<\frac{\pi}{2},\ \frac{\pi}{2}<b<\pi\right)$$

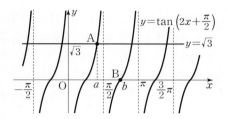

09 삼각방정식 - 대칭성

방정식 $\sin 2x=\dfrac{2}{3}\ (0<x<2\pi)$는 서로 다른 네 실근을 갖
는다. 이 네 실근의 합을 θ라 할 때, $\sin\dfrac{\theta}{6}$의 값은?

① $-\dfrac{1}{2}$ 　　② 0 　　③ 1

④ $\dfrac{\sqrt{2}}{2}$ 　　⑤ $\dfrac{\sqrt{3}}{2}$

10 삼각방정식의 실근의 개수

방정식 $\sin \pi x=\dfrac{4}{15}x$의 서로 다른 실근의 개수는?

① 5 　　② 6 　　③ 7

④ 8 　　⑤ 9

11 삼각방정식이 실근을 가질 조건

방정식 $\cos^2 x+2a\sin x=a^2$이 실근을 가질 때, 실수 a의
값의 범위는?

① $-3\leq a\leq 1$ 　② $-3<a\leq 2$ 　③ $-3\leq a<2$

④ $-2\leq a\leq 2$ 　⑤ $-2<a\leq 3$

12 삼각방정식의 활용

x에 대한 이차방정식 $2x^2-4x\cos\theta-3\sin\theta=0$이 중근을
갖도록 하는 모든 θ에 대하여
$\sin\left(\theta+\dfrac{\pi}{3}\right)+\cos\left(\theta+\dfrac{\pi}{3}\right)$의 값의 합을 구하시오.

$$(\text{단, } 0\leq\theta\leq 2\pi)$$

13 삼각부등식의 해

부등식 $\log_4(1+\sin x)-\log_2\cos x>\dfrac{1}{2}$의 해가

$\alpha<x<\beta$일 때, $\dfrac{\beta}{\alpha}$의 값은? (단, $0\leq x<2\pi$)

① 1 　　② 2 　　③ 3

④ 4 　　⑤ 5

14 삼각부등식이 항상 성립할 조건

모든 실수 θ에 대하여 부등식
$$\cos^2\theta-3\cos\theta-a+5\geq 0$$
이 항상 성립하도록 하는 정수 a의 최댓값은?

① 11 　　② 9 　　③ 7

④ 5 　　⑤ 3

15 삼각부등식의 활용

x에 대한 이차방정식 $2x^2-4x\cos^2\theta+1=0$의 두 실근 중
한 근은 1보다 크고 다른 한 근은 1보다 작을 때, θ의 값의
범위는 $\alpha<\theta<\beta$이다. $\beta-\alpha$의 값은? $\left(\text{단, } -\dfrac{\pi}{2}<\theta<\dfrac{\pi}{2}\right)$

① $\dfrac{\pi}{6}$ 　　② $\dfrac{\pi}{3}$ 　　③ $\dfrac{\pi}{2}$

④ $\dfrac{2}{3}\pi$ 　　⑤ $\dfrac{5}{6}\pi$

대표
01 유형❶ 삼각함수의 주기

세 함수
$$y=|\sin 2x|, \; y=|\tan x|, \; y=\cos|x|$$
의 주기를 각각 a, b, c라 할 때, a, b, c의 대소 관계는?

① $a<b<c$　　　② $a<b=c$　　　③ $a=c<b$

④ $c<b<a$　　　⑤ $c<b=a$

02

함수 $f(x)=\sqrt{1+\cos x}+\sqrt{1-\cos x}$의 주기를 p라 할 때, $\sin\left(\pi+\dfrac{p}{3}\right)$의 값을 구하시오.

대표
03 유형❷ 삼각함수의 그래프

그림은 두 함수 $y=\tan x$와 $y=a\sin bx$의 그래프이다. 두 함수의 그래프가 점 $\left(\dfrac{\pi}{3}, \, c\right)$에서 만날 때, 세 상수 a, b, c에 대하여 abc의 값을 구하시오.

(단, $a>0$, $b>0$)

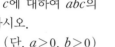

04

보기에서 각 함수의 정의역의 임의의 실수 x에 대하여
$$f(-x)=f(x), \; f(x+1)=f(-x+1)$$
을 만족시키는 함수만을 있는 대로 고른 것은?

┌─ 보기 ─────────────────────
│ ㄱ. $f(x)=\cos\pi\left(x-\dfrac{1}{2}\right)$
│ ㄴ. $f(x)=\left|\tan\dfrac{\pi}{2}x\right|$
│ ㄷ. $f(x)=\sin\pi\left(x+\dfrac{1}{2}\right)$
└──────────────────────────

① ㄱ　　　② ㄴ　　　③ ㄱ, ㄴ

④ ㄴ, ㄷ　　　⑤ ㄱ, ㄴ, ㄷ

05

양수 a에 대하여 집합 $\left\{x \mid -\dfrac{a}{2}<x\le a, \; x\ne\dfrac{a}{2}\right\}$에서 정의된 함수 $f(x)=\tan\dfrac{\pi x}{a}$가 있다. 그림과 같이 함수 $y=f(x)$의 그래프 위의 세 점 O, A, B를 지나는 직선이 있다. 점 A를 지나고 x축에 평행한 직선이 함수 $y=f(x)$의 그래프와 만나는 점 중 A가 아닌 점을 C라 하자. 삼각형 ABC가 정삼각형일 때, 삼각형 ABC의 넓이는?

(단, O는 원점이다.) [2022학년도 수능]

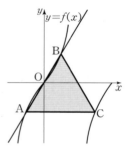

① $\dfrac{3\sqrt{3}}{2}$　　　② $\dfrac{17\sqrt{3}}{12}$　　　③ $\dfrac{4\sqrt{3}}{3}$

④ $\dfrac{5\sqrt{3}}{4}$　　　⑤ $\dfrac{7\sqrt{3}}{6}$

06

함수 $f(x)=[2\sin x-1]$ $(0\le x\le\pi)$에 대하여 **보기**에서 옳은 것만을 있는 대로 고른 것은?

(단, $[x]$는 x보다 크지 않은 최대의 정수이다.)

┌─ 보기 ─────────────────────
│ ㄱ. 치역의 원소는 3개이다.
│ ㄴ. $f\left(\dfrac{\pi}{2}+x\right)=f\left(\dfrac{\pi}{2}-x\right)$
│ ㄷ. 함수 $y=f(x)$의 그래프 위의 서로 다른 세 점으로 만
│ 　들 수 있는 삼각형의 넓이의 최댓값은 π이다.
└──────────────────────────

① ㄱ　　　② ㄱ, ㄴ　　　③ ㄱ, ㄷ

④ ㄴ, ㄷ　　　⑤ ㄱ, ㄴ, ㄷ

07

두 삼각함수 $f(x)=\alpha_1 \sin (\beta_1 x - \gamma_1)$ $(\alpha_1 > 0,\ \beta_1 > 0)$, $g(x)=\alpha_2 \cos (\beta_2 x - \gamma_2)$ $(\alpha_2 > 0,\ \beta_2 > 0)$의 그래프가 그림과 같을 때, **보기**에서 옳은 것만을 있는 대로 고른 것은?

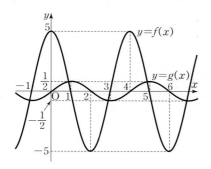

• 보기 •

ㄱ. 함수 $h(x)=f(x)-g(x)$의 주기는 8이다.

ㄴ. $f(x)=a \cos bx$ (a, b는 상수)인 a, b가 존재한다.

ㄷ. $a > 0$, $9 < b < 13$일 때, $f(x)=ag(x-b)$를 만족시키는 두 자연수 a, b의 합 $a+b$의 값은 20이다.

① ㄱ   ② ㄴ   ③ ㄱ, ㄴ

④ ㄱ, ㄷ   ⑤ ㄴ, ㄷ

08

함수 $f(\theta)=\sqrt{1+2\sin \theta \cos \theta}+\sqrt{1-2\sin \theta \cos \theta}$의 그래프는? (단, $0 \leq \theta \leq \pi$)

①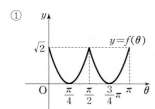

②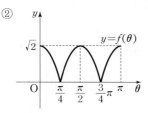

③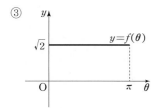

④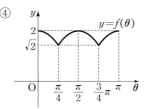

⑤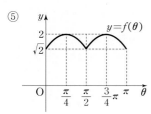

09

$0 < \alpha < \pi$, $0 < \beta < \pi$일 때, **보기**에서 옳은 것만을 있는 대로 고른 것은?

• 보기 •

ㄱ. $\alpha+\beta=\dfrac{\pi}{4}$이면 $\sin \alpha < \cos \beta$이다.

ㄴ. $\beta-\alpha=\dfrac{\pi}{2}$이면 $\sin \alpha > \cos \beta$이다.

ㄷ. $\alpha+\beta=\pi$이면 $\cos \alpha > \cos \beta$이다.

① ㄱ   ② ㄱ, ㄴ   ③ ㄱ, ㄷ

④ ㄴ, ㄷ   ⑤ ㄱ, ㄴ, ㄷ

대표 10   유형❸ 삼각함수를 포함한 식의 최대·최소

함수 $y=-\left|\sin 2x - \dfrac{1}{2}\right|+\dfrac{5}{2}$의 최댓값과 최솟값을 각각 M, m이라 할 때, $2Mm$의 값을 구하시오.

11

$0 \leq \theta \leq 2\pi$에서 함수 $y=\dfrac{4+k \sin \theta}{2+\sin \theta}$의 최댓값과 최솟값의 합이 5일 때, 상수 k의 값은? (단, $k < 2$)

① -1 ② $-\dfrac{1}{2}$ ③ 0

④ $\dfrac{1}{2}$ ⑤ 1

12

두 함수 $f(x)=2(x-1)^2+\sqrt{x}\sqrt{2-x}+k$, $g(x)=1-\cos x$에 대하여 함수 $(f \circ g)(x)$의 최솟값은 $\dfrac{31}{16}$이고, 최댓값은 M이다. 이때 $k+M$의 값을 구하시오.

(단, k는 상수이다.)

13

빈출

함수 $y=\sin^2 x+2a\cos x-1$의 최댓값이 5일 때, 모든 실수 a의 값의 곱을 구하시오. (단, $0\leq x\leq 2\pi$)

14

두 양수 a, b에 대하여 $a^2+b^2=4ab\cos\theta$일 때,
$2\sin^2\theta+\cos\theta$의 최댓값은? $\left(단, 0\leq\theta<\dfrac{\pi}{2}\right)$

① $\dfrac{3}{2}$ ② $\dfrac{7}{4}$ ③ 2

④ $\dfrac{9}{4}$ ⑤ $\dfrac{5}{2}$

15

함수 $f(x)=\dfrac{2}{\cos^2\left(x+\dfrac{\pi}{12}\right)}-\dfrac{4\cos\left(\dfrac{5}{12}\pi-x\right)}{\sin\left(x+\dfrac{7}{12}\pi\right)}+3$은

$x=a$일 때 최댓값 M, $x=b$일 때 최솟값 m을 갖는다. 이때, 네 실수 a, b, M, m에 대하여 $|(a-b)(M+m)|$의 값을 구하시오. $\left(단, -\dfrac{\pi}{3}\leq x\leq\dfrac{\pi}{4}\right)$

대표
16
유형④ 삼각방정식

연립방정식 $\begin{cases}\sqrt{2}\sin x=\sin y\\2\cos x+\cos y=1\end{cases}$의 해를 $x=a$, $y=b$라 할 때, 두 실수 a, b의 합 $a+b$의 값은?

(단, $0\leq x<2\pi$, $0\leq y<2\pi$)

① 0 ② π ③ 2π

④ $\dfrac{5}{2}\pi$ ⑤ $\dfrac{7}{2}\pi$

17

함수 $f(x)=\sin kx$ $(x\geq 0)$에 대하여 방정식 $f(x)=\dfrac{3}{4}$의 근을 작은 값부터 차례대로 나열하면 x_1, x_2, x_3, …이라 한다. 이때 $f(x_1+x_2+x_3)$의 값은? (단, k는 양의 실수이다.)

① -1 ② $-\dfrac{7}{8}$ ③ $-\dfrac{3}{4}$

④ 0 ⑤ $\dfrac{3}{4}$

18

$0\leq x\leq 6$에서 방정식 $|2\sin\pi x-1|=\dfrac{1}{4}x$의 서로 다른 실근의 개수를 구하시오.

19

$0\leq x\leq 4\pi$에서 방정식 $\sin^{2023}x-\cos^{2024}x=1$의 모든 실근의 합은?

① π ② 2π ③ 3π

④ 4π ⑤ 5π

20

$0\leq x\leq\pi$일 때, x에 대한 방정식 $\left[\cos x+\dfrac{1}{2}\right]=x-k$의 정수해가 존재하도록 하는 모든 상수 k의 값의 합은?

(단, $[x]$는 x보다 크지 않은 최대의 정수이다.)

① 1 ② 2 ③ 5

④ 7 ⑤ 8

21

x에 대한 방정식 $2\cos^2 x-2\sin x+2a-3=0$이 서로 다른 두 실근을 가질 때, 상수 a의 값 또는 그 범위를 구하시오. (단, $0\leq x<2\pi$)

22 신유형

$-2\pi\leq x\leq 2\pi$에서 정의된 두 함수 $f(x)=\sin kx+2$, $g(x)=3\cos 12x$에 대하여 다음 조건을 만족시키는 자연수 k의 개수는? [2021학년도 평가원]

> 실수 a가 두 곡선 $y=f(x)$, $y=g(x)$의 교점의 y좌표이면 $\{x\,|\,f(x)=a\}\subset\{x\,|\,g(x)=a\}$이다.

① 3   ② 4   ③ 5
④ 6   ⑤ 7

23 1등급

$0\leq\alpha\leq\pi$, $0\leq\beta\leq\pi$에서
$$\sin(\pi\sin\alpha)+\cos(\pi\cos\beta)=2$$일 때,
$\sin(\alpha+\beta)+\cos(\alpha+\beta)$의 최솟값을 구하시오.

대표
24 유형**⑤** 삼각부등식

$0\leq x<2\pi$에서 연립부등식
$$\begin{cases}\sin x\leq\cos x\\ 2\sin^2 x-5\cos x+1\geq 0\end{cases}$$
의 해를 $\alpha\leq x\leq\beta$라 할 때, $\alpha+\beta$의 값을 구하시오.

25

함수 $f(x)=x^2-2x\cos\theta+\sin^2\theta$의 그래프의 꼭짓점과 원점 사이의 거리가 1 이하가 되도록 하는 θ의 값으로 가능하지 **않은** 것은? (단, $0\leq\theta\leq 2\pi$)

① $\dfrac{\pi}{4}$ ② $\dfrac{7}{12}\pi$ ③ $\dfrac{11}{12}\pi$

④ $\dfrac{5}{4}\pi$ ⑤ $\dfrac{3}{2}\pi$

26 서술형

$0<x\leq 2\pi$일 때, 부등식
$$\sin\left|\frac{\pi}{2}\cos 2x\right|\geq\cos\left|\frac{\pi}{2}\cos 2x\right|$$를 만족시키는 서로 다른 모든 자연수 x의 값의 합을 구하시오.

27

$0\leq x<2\pi$일 때, 부등식
$$2\cos^2\left(x-\frac{\pi}{3}\right)-\cos\left(x+\frac{\pi}{6}\right)-1\geq 0$$
의 해는 $\alpha\leq x\leq\beta$이다. 이때 $\dfrac{\beta}{\alpha}$의 값을 구하시오.

28

두 실수 a, b $(a\geq b)$에 대하여
$$\min(a,\ b)=b,\quad \max(a,\ b)=a$$
로 정의할 때, $\dfrac{\pi}{4}\leq\theta\leq\dfrac{\pi}{2}$에서 방정식
$$\min(\sin\theta,\ \cos\theta)+\max(\cos\theta,\ 1-\cos\theta)=1$$
을 만족시키는 θ의 최솟값을 α, 최댓값을 β라 하자. $\beta-\alpha$의 값을 구하시오.

01

자전거를 타고 가는 사람이 일정한 속력으로 페달을 돌리고 있다. 자전거의 페달이 그리는 원의 반지름의 길이는 30 cm이고, 페달이 최저점을 지날 때 지면으로부터의 높이는 10 cm라 한다. 이 자전거의 페달이 한 바퀴 도는 데 2초가 걸린다면 이 페달이 최저점을 지난 후 x초 후의 지면으로부터의 페달의 높이 $f(x)$ cm를 x에 대한 식으로 나타내면 $f(x)=a \sin b\left(x-\dfrac{1}{2}\right)+c$이다. 이때 상수 a, b, c의 값을 구하시오. (단, $a>0$, $b>0$)

02

$0 \leq x \leq 2\pi$, $0 \leq y \leq 2\pi$일 때, 부등식 $\sin x \cos y \geq 0$을 만족시키는 점 (x, y)가 나타내는 영역의 넓이를 구하시오.

03

$-2\pi \leq x \leq 2\pi$에서 함수 $f(x)=|2 \sin (x+2|x|)+1|$의 그래프와 직선 $y=1$이 만나는 점들의 x좌표를 각각 x_1, x_2, x_3, $\cdots$, x_n이라 할 때, $\dfrac{n}{\pi}(x_1+x_2+x_3+\cdots+x_n)$의 값을 구하시오. (단, n은 자연수이다.)

04

함수 $y=\dfrac{\sin x+2}{\cos x-1}$의 최댓값을 구하시오.

05

$0 \leq t < \dfrac{5}{12}\pi$일 때, 좌표평면 위의 세 점 $A\left(-\dfrac{1}{2}, 0\right)$, $B(2, 0)$, $C\left(\sin\left(2t-\dfrac{\pi}{3}\right), \cos\left(2t-\dfrac{\pi}{3}\right)\right)$를 꼭짓점으로 하는 삼각형 ABC의 넓이가 $\dfrac{5\sqrt{2}}{8}$ 이상이 되도록 하는 t의 값의 범위가 $\alpha \leq t \leq \beta$이다. 이때 $\sin(\beta-\alpha)$의 값을 구하시오.

06

$0 \leq x \leq \pi$에서 x에 대한 방정식 $\cos^2 x+a \sin x-b=0$이 서로 다른 세 실근을 가질 때, 점 (a, b)의 자취를 좌표평면 위에 나타낸 것은?

①

②

③

④

⑤

07

$0 \leq x < 100$에서 정의된 함수 $y=f(x)$가 $0<k<1$인 실수 k와 $1 \leq n \leq 25$인 자연수 n에 대하여

$$f(x)=\begin{cases} 2k^{2n-1} \sin \dfrac{\pi}{2}x & (4n-4 \leq x < 4n-2) \\ -2k^{2n} \sin \dfrac{\pi}{2}x & (4n-2 \leq x < 4n) \end{cases}$$

이다. $f(t)$의 값이 정수가 되도록 하는 t의 개수를 $g(k)$라 하자. $g(a)=85$일 때, $\log_a \dfrac{1}{2}$의 값을 구하시오.

유형 1 삼각함수의 그래프와 도형

출제경향 삼각함수의 최댓값, 최솟값, 주기를 활용하여 삼각함수의 그래프에서 도형의 넓이가 주어졌을 때 미지수의 값을 구하는 문제가 출제된다.

공략비법

(1) 삼각함수의 주기

삼각함수	주기
$y=\sin bx$	$\dfrac{2\pi}{\lvert b\rvert}$
$y=\cos bx$	
$y=\tan bx$	$\dfrac{\pi}{\lvert b\rvert}$

(2) 삼각함수의 최댓값과 최솟값

삼각함수	최댓값과 최솟값
$y=a\sin(bx+c)+d$	최댓값 : $\lvert a\rvert+d$
$y=a\cos(bx+c)+d$	최솟값 : $-\lvert a\rvert+d$
$y=a\tan(bx+c)+d$	없음

1 대표 · 2022학년도 9월 평가원 10번 | 4점

두 양수 a, b에 대하여 곡선 $y=a\sin b\pi x\left(0\le x\le\dfrac{3}{b}\right)$가 직선 $y=a$와 만나는 서로 다른 두 점을 A, B라 하자. 삼각형 OAB의 넓이가 5이고 직선 OA의 기울기와 직선 OB의 기울기의 곱이 $\dfrac{5}{4}$일 때, $a+b$의 값은? (단, O는 원점이다.)

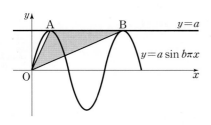

① 1 　　② 2 　　③ 3
④ 4 　　⑤ 5

유형 2 삼각방정식

출제경향 삼각함수를 포함한 방정식을 정리하여 $\sin ax=k$, $\cos ax=k$ 꼴로 나타낸 후, 삼각함수의 그래프를 그리고 그래프의 성질을 이용하여 방정식의 해 또는 실근의 개수를 구하는 문제가 출제된다.

공략비법

(i) 주어진 방정식을 $\sin x=k$ (또는 $\cos x=k$ 또는 $\tan x=k$) 꼴로 나타낸다.
(ii) 함수 $y=\sin x$ (또는 $y=\cos x$ 또는 $y=\tan x$)의 그래프와 직선 $y=k$를 그린다.
(iii) 주어진 범위에서 삼각함수의 그래프와 직선의 교점을 찾아 방정식의 실근의 개수 또는 해를 구한다.

2 대표 · 2021학년도 경찰대 21번 | 3점

자연수 n에 대하여 $0\le x\le2\pi$에서 방정식 $\lvert\sin nx\rvert=\dfrac{2}{3}$의 서로 다른 실근의 개수를 a_n, 서로 다른 모든 실근의 합을 b_n이라 할 때, $a_5b_6=k\pi$이다. 자연수 k의 값을 구하시오.

3 유사 · 2021년 10월 교육청 11번 | 4점

$0\le x\le2\pi$에서 정의된 함수 $f(x)$는
$$f(x)=\begin{cases}\sin x & \left(0\le x\le\dfrac{k}{6}\pi\right)\\ 2\sin\left(\dfrac{k}{6}\pi\right)-\sin x & \left(\dfrac{k}{6}\pi<x\le2\pi\right)\end{cases}$$
이다. 곡선 $y=f(x)$와 직선 $y=\sin\left(\dfrac{k}{6}\pi\right)$의 교점의 개수를 a_k라 할 때, $a_1+a_2+a_3+a_4+a_5$의 값은?

① 6 　　② 7 　　③ 8
④ 9 　　⑤ 10

07 · 사인법칙과 코사인법칙

비법 노트

A **사인법칙을 이용하는 경우**

(1) 한 변의 길이와 두 각의 크기가 주어질 때, 다른 변의 길이를 구하는 경우

(2) 두 변의 길이와 그 끼인각이 아닌 한 각의 크기가 주어질 때, 다른 각의 크기를 구하는 경우

중요

B **코사인법칙을 이용하는 경우**

(1) 두 변의 길이와 그 끼인각의 크기가 주어질 때, 나머지 한 변의 길이를 구하는 경우

(2) 세 변의 길이가 주어질 때, 세 각의 크기를 구하는 경우

1등급 비법

C **외접원과 내접원을 이용한 삼각형의 넓이**

(1) 외접원의 반지름의 길이 R를 알 때,

$$S=\frac{abc}{4R}=2R^2 \sin A \sin B \sin C$$

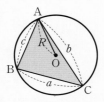

증명 사인법칙에 의하여 $\sin A=\frac{a}{2R}$이므로

$$S=\frac{1}{2}bc \sin A=\frac{1}{2}bc \times \frac{a}{2R}=\frac{abc}{4R}$$

또한, 사인법칙의 변형에 의하여

$b=2R \sin B$, $c=2R \sin C$이므로

$$S=\frac{1}{2}bc \sin A$$

$$=\frac{1}{2} \times 2R \sin B \times 2R \sin C \times \sin A$$

$$=2R^2 \sin A \sin B \sin C \quad \blacktriangleright \text{STEP 2} \mid \text{22번}$$

(2) 내접원의 반지름의 길이 r를 알 때,

$$S=\frac{1}{2}r(a+b+c)$$

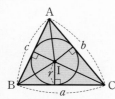

증명 △ABC의 내심을 I 라 하면

$$\triangle ABC=\triangle IBC+\triangle ICA+\triangle IAB$$

$$=\frac{1}{2}ar+\frac{1}{2}br+\frac{1}{2}cr$$

$$=\frac{1}{2}r(a+b+c) \quad \blacktriangleright \text{STEP 2} \mid \text{26번}$$

사인법칙 **A**

(1) 삼각형 ABC의 외접원의 반지름의 길이를 R라 하면

$$\frac{a}{\sin A}=\frac{b}{\sin B}=\frac{c}{\sin C}=2R$$

(2) 사인법칙의 변형

① $a:b:c=\sin A:\sin B:\sin C$

② $\sin A=\frac{a}{2R}$, $\sin B=\frac{b}{2R}$, $\sin C=\frac{c}{2R}$

⇨ 각의 관계식을 변의 길이 사이의 관계식으로 나타낼 때 이용

③ $a=2R \sin A$, $b=2R \sin B$, $c=2R \sin C$

⇨ 변의 길이 사이의 관계식을 각의 관계식으로 나타낼 때 이용

코사인법칙 **B**

(1) $a^2=b^2+c^2-2bc \cos A$

$b^2=c^2+a^2-2ca \cos B$

$c^2=a^2+b^2-2ab \cos C$

(2) 코사인법칙의 변형

$$\cos A=\frac{b^2+c^2-a^2}{2bc}, \cos B=\frac{c^2+a^2-b^2}{2ca}, \cos C=\frac{a^2+b^2-c^2}{2ab}$$

삼각형의 넓이 **C**

삼각형 ABC의 넓이를 S라 하면

(1) 두 변의 길이와 그 끼인각의 크기를 알 때,

$$\Rightarrow S=\frac{1}{2}ab \sin C=\frac{1}{2}bc \sin A=\frac{1}{2}ca \sin B$$

(2) 세 변의 길이를 알 때, (헤론의 공식)

$$\Rightarrow S=\sqrt{s(s-a)(s-b)(s-c)} \left(\text{단, } s=\frac{a+b+c}{2}\right)$$

사각형의 넓이

(1) 이웃하는 두 변의 길이가 a, b이고, 그 끼인각의 크기가 θ인 평행사변형 ABCD의 넓이 S는

$$S=ab \sin \theta \ {\scriptstyle\leftarrow \square ABCD=2\triangle ABC}$$
$${\scriptstyle =2 \times \frac{1}{2}ab \sin \theta}$$
$${\scriptstyle =ab \sin \theta}$$

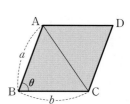

(2) 두 대각선의 길이가 x, y이고, 두 대각선이 이루는 각의 크기가 θ인 사각형 ABCD의 넓이 S는

$$S=\frac{1}{2}xy \sin \theta \ {\scriptstyle\leftarrow \square ABCD=\frac{1}{2}\square PQRS}$$
$${\scriptstyle =\frac{1}{2} \times xy \sin \theta}$$
$${\scriptstyle =\frac{1}{2}xy \sin \theta}$$

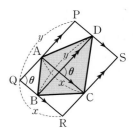

01 사인법칙

그림과 같이 원에 내접하는 사각형 ABCD에 대하여 ∠ADB=40°, ∠ABD=50°, ∠CBD=70°이고 $\overline{BD}=20\sqrt{3}$일 때, 선분 AC의 길이를 구하시오.

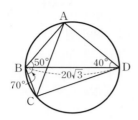

02 사인법칙과 비례식

삼각형 ABC에서
$$6\sin A = 2\sqrt{3}\sin B = 3\sin C$$
가 성립할 때, ∠A의 크기는?

① 120° ② 90° ③ 60°
④ 45°   ⑤ 30°

03 사인법칙의 활용

그림과 같이 두 지점 B, C가 강을 사이에 두고 있다. 선착장 A에서 두 지점 B, C를 바라본 각은 60°이고, 지점 B에서 선착장 A와 지점 C를 바라본 각은 75°이다. 선착장 A와 지점 B 사이의 거리가 $4\sqrt{6}$ km일 때, 두 지점 B와 C 사이의 거리는?

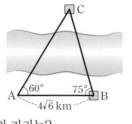

① 6 km ② 7 km ③ 8 km
④ 9 km ⑤ 12 km

04 코사인법칙

그림과 같은 △ABC에서 $\overline{AB}=6$, $\overline{AC}=4$, $\overline{BC}=5\sqrt{3}$이다. ∠A의 이등분선이 선분 BC와 만나는 점을 D라 할 때, 선분 AD의 길이는?

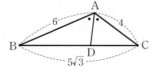

① $\sqrt{10}$ ② 3 ③ $2\sqrt{2}$
④ $\sqrt{7}$ ⑤ $\sqrt{6}$

05 코사인법칙의 활용

그림과 같은 세 지점 A, B, C로부터 같은 거리에 있는 지점에 학교를 세우려고 한다. $\overline{AB}=4$ km, $\overline{AC}=2$ km, ∠BAC=60°일 때, 지점 C와 학교를 세우려는 지점 사이의 거리는 몇 km인가?

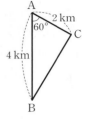

① $\sqrt{2}$ km ② $\dfrac{3}{2}$ km
③ $\sqrt{3}$ km ④ 2 km
⑤ $\sqrt{5}$ km

06 삼각형의 모양

$2\sin A\cos B = \sin C$가 성립하는 △ABC는 어떤 삼각형인가?

① ∠A=$\dfrac{\pi}{2}$인 직각삼각형
② ∠C=$\dfrac{\pi}{2}$인 직각삼각형
③ $a=b$인 이등변삼각형
④ $a=c$인 이등변삼각형
⑤ 정삼각형

07 삼각형의 넓이

그림과 같은 □ABCD에서 $\overline{AB}=7$, $\overline{BC}=4$, $\overline{CD}=3$, $\overline{DA}=4$, ∠C=90°일 때, △ABD의 넓이를 구하시오.

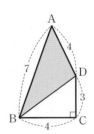

08 사각형의 넓이

그림과 같이 $\overline{AB}=3$, $\overline{AD}=3$, $\overline{BC}=1$, ∠ABC=120°인 사각형 ABCD가 원에 내접할 때, 사각형 ABCD의 넓이를 구하시오.

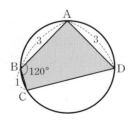

대표
01 유형❶ 사인법칙

그림과 같이 원 O에 내접하는 네 삼각형 ABC, ABD, ABE, ABF가 있다. $\overline{BD}=2\overline{BC}$, $\overline{BE}=3\overline{BC}$, $\overline{BF}=4\overline{BC}$이고, $\sin(\angle CAB)=\dfrac{1}{5}$

일 때,

$\sin(\angle DAB)+\sin(\angle EAB)+\sin(\angle FAB)$의 값은?

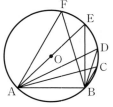

① $\dfrac{6}{5}$ ② $\dfrac{7}{5}$ ③ $\dfrac{8}{5}$

④ $\dfrac{9}{5}$ ⑤ 2

02 ⌐빈출

삼각형 ABC에서 $(b+c):(c+a):(a+b)=5:6:7$일 때, $\dfrac{\sin^3 A+\sin^3 B+\sin^3 C}{\sin A \sin B \sin C}$의 값을 구하시오.

03

그림과 같은 △ABC에서 $\overline{AB}=4\sqrt{3}$, $\angle A=75°$, $\angle B=45°$이다. 이때 $\overline{BC}$ 위를 움직이는 점 P에 대하여 △APC의 외접원의 지름의 최솟값은?

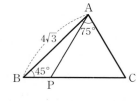

① $2\sqrt{2}$ ② $2\sqrt{3}$ ③ 4

④ $4\sqrt{2}$ ⑤ $4\sqrt{3}$

04

그림과 같이 중심이 O이고, 지름이 $\overline{BC}=8$인 원 밖의 점 A에 대하여 점 B에서 변 AC에 내린 수선의 발을 D, 원이 선분 AB와 만나는 점을 E라 하자. $\overline{DE}=4\sqrt{2}$, $\angle DEB=105°$일 때, 선분 AE의 길이를 구하시오.

(단, $0°<\angle ABC<90°$,

$0°<\angle ACB<90°$)

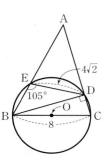

05

그림과 같이 원에 내접하고 한 변의 길이가 $2\sqrt{3}$인 정삼각형 ABC가 있다. 삼각형 ABC의 무게중심을 G, 점 B를 포함하지 않는 호 AC 위의 한 점을 P라 할 때, 선분 BP는 선분 AG의 중점을 지난다. 선분 PC를 한 변으로 하는 정삼각형 PCQ의 넓이가 $\dfrac{q}{p}\sqrt{3}$일 때, $p+q$의 값을 구하시오.

(단, p, q는 서로소인 자연수이다.)

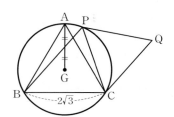

06

그림과 같이 $\overline{AB}=10$, $\overline{BC}=6$, $\overline{CA}=8$인 직각삼각형 ABC와 그 내부에 $\overline{AP}=6$인 점 P가 있다. 점 P에서 변 AB와 변 AC에 내린 수선의 발을 각각 Q, R라 할 때, 선분 QR의 길이는?

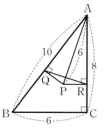

① $\dfrac{14}{5}$ ② 3 ③ $\dfrac{16}{5}$

④ $\dfrac{17}{5}$ ⑤ $\dfrac{18}{5}$

07

그림과 같이 좌표평면 위의 두 직선 $y=x$와 $y=-\frac{1}{2}x$가 이루는 예각의 크기를 θ라 할 때, $\sin \theta$의 값은?

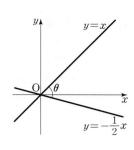

① $\frac{\sqrt{10}}{10}$ ② $\frac{\sqrt{5}}{5}$

③ $\frac{\sqrt{2}}{2}$ ④ $\frac{2\sqrt{5}}{5}$

⑤ $\frac{3\sqrt{10}}{10}$

08

그림과 같이 $\overline{AD}\,/\!/\,\overline{BC}$인 사다리꼴 ABCD에서 $\overline{AB}=6$, $\overline{BC}=9$, $\overline{CD}=8$, $\overline{DA}=3$일 때, 대각선 BD의 길이를 구하시오.

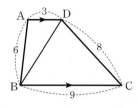

09

그림과 같은 직육면체 모양의 건물이 있다. 지면 위의 세 지점 A, B, C에서 이 건물의 한 꼭대기를 올려다 본 각의 크기가 각각 60°, 45°, 30°이고 $\overline{AB}=10\,m$, $\overline{BC}=20\,m$일 때, 이 건물의 높이를 구하시오. (단, 세 지점 A, B, C는 일직선 위에 있다.)

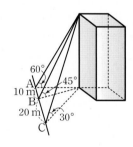

10

폭이 1 cm로 일정한 종이를 그림과 같이 접었을 때, $\angle DBC=\theta$라 하면 $\cos \theta=\frac{2}{3}$이다. 이때 겹쳐진 부분 △ABD의 넓이를 구하시오.

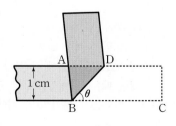

11

그림과 같이 $\overline{AB}=3$, $\overline{BC}=a$, $\overline{CA}=4$인 삼각형 ABC가 원에 내접하고 있다. 이 원의 반지름의 길이를 R라 할 때, **보기**에서 옳은 것만을 있는 대로 고른 것은?

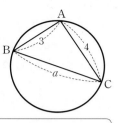

• 보기 •

ㄱ. $a=5$이면 $R=\frac{5}{2}$이다.

ㄴ. $R=4$이면 $a=8\sin A$이다.

ㄷ. $1<a\le\sqrt{13}$일 때, $\angle A$의 최댓값은 $\frac{\pi}{3}$이다.

① ㄱ   ② ㄷ   ③ ㄱ, ㄴ

④ ㄴ, ㄷ   ⑤ ㄱ, ㄴ, ㄷ

12

그림에서 선분 AB는 원 O의 지름이다. 선분 OB와 선분 OC가 이루는 각의 크기가 $\frac{\pi}{6}$이고, 점 D는 점 B에서 선분 OC에 내린 수선의 발이다. $\angle OAD=\theta$라 할 때, $\tan \theta$의 값은?

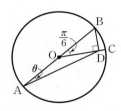

① $\frac{\sqrt{3}}{7}$ ② $\frac{2}{7}$ ③ $\frac{\sqrt{6}}{7}$

④ $\frac{2\sqrt{3}}{7}$ ⑤ $\frac{\sqrt{13}}{7}$

13

〔1등급〕

그림과 같은 직원뿔 모양의 산이 있다. A 지점을 출발하여 산을 한 바퀴 돌아 B 지점으로 가는 관광 열차의 궤도를 최단거리로 놓으면 이 궤도는 처음에는 오르막길이지만 나중에는 내리막길이 된다. 이 내리막길의 길이가 $\frac{a}{\sqrt{b}}$일 때, $a+b$의 값을 구하시오. (단, a, b는 서로소인 자연수이다.)

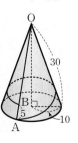

대표

14 유형❸ 삼각형의 모양

x에 대한 이차방정식

$$(\sin C + \cos A)x^2 + 2x\cos B - \sin C + \cos A = 0$$

이 중근을 가질 때, $\triangle ABC$는 어떤 삼각형인가?

① $a=b$인 이등변삼각형   ② $\angle A = \dfrac{\pi}{2}$인 직각삼각형

③ $b=c$인 이등변삼각형   ④ $\angle B = \dfrac{\pi}{2}$인 직각삼각형

⑤ 정삼각형

15

서술형

$\triangle ABC$에서

$$\cos A : \cos B = b : a$$

가 성립할 때, 이 삼각형은 어떤 삼각형인지 구하시오.

16

그림과 같이 원 O가 삼각형 PQR
의 변 QR와 점 R에서 접하고, 변
PQ와 점 S에서 만난다. 삼각형
ABC에 대하여
$\overline{PQ} = \cos A + \sin C$,
$\overline{PS} = 2\sin C$, $\overline{QR} = \cos B$일 때, $\triangle ABC$는 어떤 삼각형인가?

① $a=b$인 이등변삼각형   ② $\angle A = \dfrac{\pi}{2}$인 직각삼각형

③ $b=c$인 이등변삼각형   ④ $\angle B = \dfrac{\pi}{2}$인 직각삼각형

⑤ 정삼각형

17

다음 조건을 만족시키는 삼각형 ABC의 넓이를 구하시오.

> (가) $\overline{BC} = 5$
> (나) $\overline{CA} = \overline{BC}\cos C - \overline{AB}\cos A$
> (다) $\sin A = 2\sin\dfrac{A-B+C}{2}\sin C$

대표

18 유형❹ 삼각형의 넓이

그림과 같이 $\triangle ABC$가 반지름의 길이
가 1인 원 O에 내접하고 있다.

$$\overset{\frown}{AB} : \overset{\frown}{BC} : \overset{\frown}{CA} = 1 : 1 : 4$$

일 때, $\triangle ABC$의 넓이는?

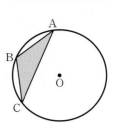

① $\dfrac{\sqrt{2}}{4}$ ② $\dfrac{\sqrt{2}}{3}$

③ $\dfrac{\sqrt{3}}{4}$ ④ $\dfrac{\sqrt{3}}{3}$

⑤ $\dfrac{\sqrt{6}}{2}$

19

그림과 같이 $\overline{AB} = 6$, $\overline{AC} = 4$
인 삼각형 ABC에서 $\overline{AB}$,
$\overline{AC}$를 빗변으로 하는 두 직각
이등변삼각형 ABP, ACQ를
만들었다. 삼각형 APQ의 넓이
가 4일 때, $\cos(\angle BAC)$의 값은?

(단, $0° < \angle BAC < 90°$)

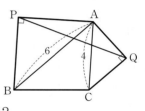

① $\dfrac{1}{2}$ ② $\dfrac{\sqrt{2}}{2}$ ③ $\dfrac{2}{3}$

④ $\dfrac{3}{4}$ ⑤ $\dfrac{4}{5}$

20

그림과 같이 $\overline{AB} = 4$, $\overline{AC} = 6$이고,
$\angle A = 60°$인 삼각형 ABC가 있다.
두 선분 AB, AC 위에 각각 점 P,
Q를 잡을 때, 삼각형 ABC의 넓이
가 이등분되는 선분 PQ의 길이의
최솟값을 구하시오.

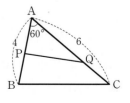

21

그림과 같이 중심각의 크기가 90°이고 반지름의 길이가 6인 부채꼴 OAB가 있다. 선분 OB의 중점을 C라 할 때, 호 AB 위를 움직이는 점 P에 대하여 각 OPC의 크기를 θ라 하자. $\cos\theta$의 값이 최소일 때, 삼각형 OPC의 넓이는?

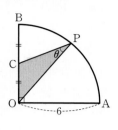

① $\dfrac{9}{2}$ ② $\dfrac{9\sqrt{2}}{2}$ ③ $\dfrac{9\sqrt{3}}{2}$

④ $5\sqrt{3}$ ⑤ 9

22

신유형

그림과 같이 반지름의 길이가 R인 원에 내접하는 삼각형 ABC가 있다. △ABC의 세 각의 이등분선이 외접원과 만나는 점을 각각 D, E, F라 할 때, 다음 중 삼각형 DEF의 넓이를 나타내는 것은?

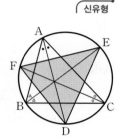

① $2R^2 \sin A \sin B \sin C$
② $R^2 \cos A \cos B \cos C$
③ $R^2 \sin A \sin B \sin C$
④ $2R^2 \sin \dfrac{A}{2} \sin \dfrac{B}{2} \sin \dfrac{C}{2}$
⑤ $2R^2 \cos \dfrac{A}{2} \cos \dfrac{B}{2} \cos \dfrac{C}{2}$

23

그림과 같이 $\overline{AB}=6$, $\overline{BC}=4$, $\overline{CA}=5$인 삼각형 ABC의 내부의 한 점 P에서 세 변 BC, CA, AB에 내린 수선의 발을 각각 D, E, F라 한다. $\overline{PD}=\sqrt{7}$, $\overline{PE}=\dfrac{\sqrt{7}}{2}$일 때, 삼각형 EFP의 넓이는 $\dfrac{q}{p}\sqrt{7}$이다. 이때 $p+q$의 값을 구하시오. (단, p, q는 서로소인 자연수이다.)

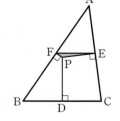

24

그림과 같이 원에 내접하고 넓이가 $4\sqrt{6}$인 사각형 ABCD가 있다.

$$\overline{AB}=1, \quad \overline{BC}=5, \quad \cos(\angle ABC)=-\dfrac{1}{5}$$

일 때, 사각형 ABCD의 둘레의 길이를 구하시오.

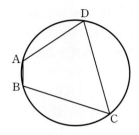

25

가로, 세로의 길이가 각각 6, 4인 직사각형 ABCD의 두 대각선이 이루는 각의 크기를 θ라 할 때, $\sin\theta=\dfrac{k}{13}$이다. 이때 상수 k의 값을 구하시오. $\left(단, 0<\theta<\dfrac{\pi}{2}\right)$

26

그림과 같이 $\overline{AB}=3$, $\overline{AD}=5$, $\angle A=120°$인 평행사변형 ABCD에서 두 꼭짓점 B, D를 잇는 대각선에 의하여 나누어진 각각의 영역에 접하는 원 모양을 오려내려고 한다. 오려내고 남은 영역의 넓이는?

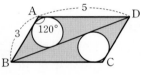

① $\dfrac{15}{4}-\dfrac{3}{4}\pi$ ② $\dfrac{15}{2}-\dfrac{3}{8}\pi$ ③ $\dfrac{15}{2}-\dfrac{3}{4}\pi$

④ $\dfrac{15\sqrt{3}}{2}-\dfrac{3}{4}\pi$ ⑤ $\dfrac{15\sqrt{3}}{2}-\dfrac{3}{2}\pi$

27

그림과 같이 중심각의 크기가 120°, 반지름의 길이가 4인 부채꼴 AOB가 있다. $\overline{OB}$의 중점을 C라 할 때, $\widehat{AB}$ 위를 움직이는 점 P에 대하여 사각형 AOCP의 넓이의 최댓값을 구하시오.

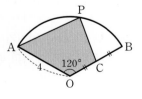

01

시속 25 km로 곧은 길을 달리는 자전거가 있다. 길 위의 지점 P에서 두 건물 A, B를 바라본 각의 크기가 각각 진행 방향의 왼쪽으로 15°, 진행 방향의 오른쪽으로 30°이었고, 1시간을 달린 후 지점 Q에서 같은 방법으로 각도를 측정하였더니 두 건물 A, B를 바라본 각의 크기는 각각 진행 방향의 왼쪽으로 45°, 오른쪽으로 60°이었다. 두 건물 A와 B 사이의 거리를 구하시오.

(단, $\sqrt{3}=1.7$, $\sqrt{10}=3.1$로 계산한다.)

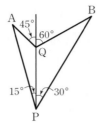

02

△ABC에서 $2\cos A \sin C = (k-1)\sin B$가 성립할 때, 이 삼각형이 직각삼각형이기 위한 모든 상수 k의 값의 합을 구하시오. (단, $\overline{AB} > \overline{CA}$이다.)

03

그림과 같이 삼각형 ABC의 무게중심 G에서 세 변 BC, CA, AB에 내린 수선의 발을 각각 D, E, F라 하자. $\overline{GD}=3$, $\overline{GE}=6$, $\overline{GF}=4$일 때, $\dfrac{\sin A \sin C}{\sin^2 B}$의 값을 구하시오.

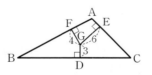

04

그림과 같은 사각형 ABCD에서 $\overline{AC}$, $\overline{BD}$의 교점을 O라 하자. 두 삼각형 OAB, OCD의 넓이가 각각 4, 9일 때, □ABCD의 넓이의 최솟값을 구하시오.

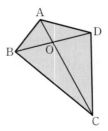

05

그림과 같이 밑면의 반지름의 길이가 3, 모선의 길이가 6인 직원뿔의 옆면 위의 두 점 A, B에서 밑면에 내린 수선의 발을 각각 A′, B′, 밑면의 중심을 O라 하면 $\overline{OA'}=1$, $\overline{OB'}=2$, $\angle A'OB' = \dfrac{\pi}{2}$이다. 직원뿔의 옆면을 따라 점 A에서 점 B까지 가는 최단 거리를 d라 할 때, $d^2 = p + q\sqrt{2}$이다. 이때 $p+q$의 값을 구하시오. (단, p, q는 유리수이다.)

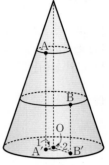

06

그림과 같이 원 O에 내접하는 삼각형 ABC가 있다. $\overline{AB}=3$, $\overline{AC}=1$, $\angle A = \dfrac{2}{3}\pi$이고, $\angle A$의 이등분선이 삼각형 ABC의 외접원과 만나는 점을 D, 점 D와 원 O의 중심 O를 지나는 직선이 원과 만나는 점을 E라 할 때, 선분 AE의 길이를 구하시오. (단, $\overline{AE} < \overline{AD}$이다.)

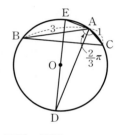

07

그림과 같이 중심이 원점 O이고 반지름의 길이가 4인 원 C_1의 내부에서 반지름의 길이가 1인 원 C_2를 C_1에 접하면서 미끄러지지 않게 굴린다. 점 A(4, 0)과 C_2의 중심 Q에 대하여 $\angle QOA = \theta$일 때, 점 A에서 출발한 원 C_2 위의 점 P의 좌표는 $(f(\theta), g(\theta))$가 된다고 한다. 함수 $h(\theta) = \{f(\theta)\}^2 + \{g(\theta)\}^2$일 때, $h\left(\dfrac{\pi}{3}\right)$의 값을 구하시오.

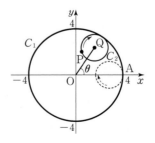

유형 1 사인법칙과 코사인법칙

출제경향 삼각형에서 변의 길이와 각의 크기 중에서 어느 한 가지를 구하고자 할 때, 사인법칙과 코사인법칙이 자주 활용된다. 특히, 삼각형의 외접원과의 관계를 이용하여 해결하는 문제가 자주 출제된다.

공략비법
(1) 사인법칙을 이용하는 경우
 ⇨ ① 삼각형의 마주 보는 변과 각, 삼각형의 외접원의 지름 중에서 어느 한 가지를 모를 때
   ② 두 쌍의 마주 보는 변과 각 중에서 어느 한 가지를 모를 때
(2) 코사인법칙을 이용하는 경우
 ⇨ 세 변의 길이와 한 끼인각의 크기 중에서 어느 한 가지를 모를 때

1 대표
• 2021년 7월 교육청 20번 | 4점

그림과 같이 선분 AB를 지름으로 하는 원 위의 점 C에 대하여 $\overline{BC}=12\sqrt{2}$, $\cos(\angle CAB)=\dfrac{1}{3}$이다. 선분 AB를 5 : 4로 내분하는 점을 D라 할 때, 삼각형 CAD의 외접원의 넓이는 S이다. $\dfrac{S}{\pi}$의 값을 구하시오.

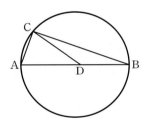

2 유사
• 2022학년도 9월 평가원 12번 | 4점

반지름의 길이가 $2\sqrt{7}$인 원에 내접하고 $\angle A=\dfrac{\pi}{3}$인 삼각형 ABC가 있다. 점 A를 포함하지 않는 호 BC 위의 점 D에 대하여 $\sin(\angle BCD)=\dfrac{2\sqrt{7}}{7}$일 때, $\overline{BD}+\overline{CD}$의 값은?

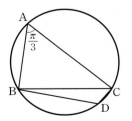

① $\dfrac{19}{2}$ ② 10 ③ $\dfrac{21}{2}$

④ 11 ⑤ $\dfrac{23}{2}$

유형 2 삼각형의 넓이

출제경향 사인법칙이나 코사인법칙을 이용하여 나머지 한 변의 길이나 각의 크기를 구하여 삼각형의 넓이를 구하는 문제가 출제된다. 또한, 다각형을 두 개 이상의 삼각형으로 나누어 넓이를 구하는 문제도 출제된다.

공략비법
(1) 삼각형의 두 변의 길이가 a, b이고 그 끼인각의 크기가 θ일 때,
 (삼각형의 넓이)$=\dfrac{1}{2}ab\sin\theta$
(2) 일반적인 다각형의 넓이는 다각형을 삼각형으로 적당히 나눈 후, 나눈 삼각형들의 넓이를 합하여 구한다.

3 대표
• 2020년 9월 교육청 16번 | 4점

그림과 같이 한 변의 길이가 1인 정삼각형 ABC에서 선분 AB의 연장선과 선분 AC의 연장선 위에 $\overline{AD}=\overline{CE}$가 되도록 두 점 D, E를 잡는다. $\overline{DE}=\sqrt{13}$일 때, 삼각형 BDE의 넓이는?

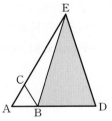

① $\sqrt{6}$ ② $2\sqrt{2}$ ③ $\sqrt{10}$
④ $2\sqrt{3}$ ⑤ $\sqrt{14}$

4 유사
• 2021년 9월 교육청 19번 | 4점

중심이 O이고 길이가 10인 선분 AB를 지름으로 하는 반원의 호 위에 점 P가 있다. 다음 그림과 같이 선분 PB의 연장선 위에 $\overline{PA}=\overline{PC}$인 점 C를 잡고, 선분 PO의 연장선 위에 $\overline{PA}=\overline{PD}$인 점 D를 잡는다. $\angle PAB=\theta$에 대하여 $4\sin\theta=3\cos\theta$일 때, 삼각형 ADC의 넓이는?

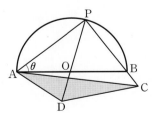

① $\dfrac{63}{5}$ ② $\dfrac{127}{10}$ ③ $\dfrac{64}{5}$
④ $\dfrac{129}{10}$ ⑤ 13

Healing

용기 | Be Brave

Resolve to edge in a little reading every day, if it is but a single sentence. If you
gain fifteen minutes a day, it will make itself felt at the end of the year.
한 문장이라도 매일 조금씩 읽기로 결심하라. 하루 15분씩 시간을 내면 연말에는 변화가 느껴질 것이다.
– Horace Mann (호러스 맨) –

"매일, 꾸준히"의 힘을 무시하는 사람들이 있습니다.

"그렇게 해서 언제 성공해? 사람이 배포가 커야지!"

이렇게 비아냥대죠.

하지만 매일 꾸준히 몰두한다는 것은 인내와 끈기를 요구하는 일입니다.

능력이, 환경이 부족하다고 불평하는 순간에도 시간은 흘러갑니다.

가장 완벽한 순간을 만들어 성공하겠다고 결심해서는 평생 성공하지 못할지도
모릅니다.

호러스 맨의 독서처럼 매일 꾸준하게 자기 자신의 꿈을 위해 투자하세요.

1년 뒤 당신은 전혀 다른 사람이 되어있을 겁니다.

수열

b l a c k l a b e l

III. 수열

등차수열과 등비수열

Ⓐ 수열의 의미

어떤 일정한 규칙에 따라 얻어지는 수들을 차례대로 나열한 것을 수열이라 한다. 수열은 자연수 전체의 집합 N을 정의역, 실수 전체의 집합 R를 공역으로 하는 함수이다.

1등급 비법

Ⓑ 등차수열의 항을 미지수로 놓기

(1) 세 수가 순서대로 등차수열을 이루면 이들 세 수를 a, $a+d$, $a+2d$ 또는 $p-d$, p, $p+d$와 같이 놓는다.
▶ STEP 1 | 06번

(2) 네 수가 순서대로 등차수열을 이루면 이들 네 수를 a, $a+d$, $a+2d$, $a+3d$ 또는 $p-3d$, $p-d$, $p+d$, $p+3d$와 같이 놓는다.

Ⓒ 조화수열

(1) 수열 $\{a_n\}$에서 각 항의 역수가 등차수열을 이룰 때, 수열 $\{a_n\}$을 조화수열이라 한다.

(2) 0이 아닌 세 수 a, b, c가 이 순서대로 조화수열을 이룰 때, b를 a와 c의 조화중항이라 한다.
이때 $\dfrac{2}{b}=\dfrac{1}{a}+\dfrac{1}{c}$, 즉 $b=\dfrac{2ac}{a+c}$가 성립한다.

Ⓓ 등차중항, 등비중항, 조화중항 사이의 관계

세 양수 a, b, c가 이 순서대로 각각 등차수열, 등비수열, 조화수열을 이룰 때, 두 양수 a, c의 등차중항, 등비중항, 조화중항인 b는 각각

$$\frac{a+c}{2}, \sqrt{ac}, \frac{2ac}{a+c}$$

이다. 이때 이 값을 순서대로 두 양수 a, c의 산술평균, 기하평균, 조화평균이라 하며

$$\frac{a+c}{2} \geq \sqrt{ac} \geq \frac{2ac}{a+c} \text{ (단, 등호는 } a=c \text{일 때 성립)}$$

가 항상 성립한다.

Ⓔ 원리합계

(1) 단리법과 복리법
원금 a원을 연이율 r로 n년 동안 예금할 때, n년 후의 원리합계
① 단리법 : $a(1+rn)$ (원)
② 복리법 : $a(1+r)^n$ (원)

(2) 할부, 대출과 같은 금융거래에 대한 문제는 끝나는 시점에서 모든 금전 관계의 원리합계가 서로 같아야 함을 이용한다.
▶ STEP 1 | 14번, STEP 2 | 31번

1등급 비법

Ⓕ 일정한 비율로 증가·감소하는 양

(1) 현재의 양이 A이고 전년에 비해 매년 r %씩 증가할 때, n년 후의 양 $\Rightarrow A\left(1+\dfrac{r}{100}\right)^n$

(2) 현재의 양이 A이고 전년에 비해 매년 r %씩 감소할 때, n년 후의 양 $\Rightarrow A\left(1-\dfrac{r}{100}\right)^n$

등차수열 Ⓑ

(1) 첫째항부터 차례대로 일정한 수를 더하여 만들어지는 수열을 등차수열이라 하고, 이때 더하는 일정한 수를 공차라 한다.

(2) 첫째항이 a, 공차가 d인 등차수열의 일반항 a_n은
$$a_n=a+(n-1)d \text{ (단, } n=1, 2, 3, \cdots)$$

(3) 세 수 a, b, c가 이 순서대로 등차수열을 이룰 때, b를 a와 c의 등차중항이라 한다. 이때 $2b=a+c$, 즉 $b=\dfrac{a+c}{2}$가 성립한다.

> ① $a_n=pn+q$ (p, q는 상수) 꼴이고, 이때 공차는 n의 계수, 즉 p이다.
> ② $d=a_{n+1}-a_n$ ③ $a_n=a_m+(n-m)d \Longleftrightarrow d=\dfrac{a_n-a_m}{n-m}$ (단, $m<n$)

등차수열의 합

첫째항이 a, 공차가 d, 제n항이 l인 등차수열의 첫째항부터 제n항까지의 합 S_n은 $S_n=\dfrac{n(a+l)}{2}=\dfrac{n\{2a+(n-1)d\}}{2}$

등비수열

> ① $a_n=k\times c^{pn+q}$ 꼴이고, 이때 공비는 c^p이다.
> ② $r=\dfrac{a_{n+1}}{a_n}$ ③ $\dfrac{a_n}{a_m}=k \Longleftrightarrow r=k^{\frac{1}{n-m}}$ (단, $m<n$)

(1) 첫째항부터 차례대로 일정한 수를 곱하여 만들어지는 수열을 등비수열이라 하고, 이때 곱하는 일정한 수를 공비라 한다.

(2) 첫째항이 a, 공비가 r ($r \neq 0$)인 등비수열의 일반항 a_n은
$$a_n=ar^{n-1} \text{ (단, } n=1, 2, 3, \cdots)$$

(3) 0이 아닌 세 수 a, b, c가 이 순서대로 등비수열을 이룰 때, b를 a와 c의 등비중항이라 한다. 이때 $b^2=ac$, 즉 $b=\pm\sqrt{ac}$가 성립한다.

등비수열의 합 Ⓔ

> $r>1$일 때는 $S_n=\dfrac{a(r^n-1)}{r-1}$, $r<1$일 때는 $S_n=\dfrac{a(1-r^n)}{1-r}$ 을 이용한다.

(1) 첫째항이 a, 공비가 r ($r \neq 0$)인 등비수열의 첫째항부터 제n항까지의 합 S_n은 $S_n=\begin{cases} \dfrac{a(1-r^n)}{1-r}=\dfrac{a(r^n-1)}{r-1} & (r \neq 1) \\ na & (r=1) \end{cases}$

(2) 원리합계 — 원금과 이자를 합한 금액
① 연이율 r, 1년마다의 복리로 매년 **초**에 a원씩 n년 동안 적립할 때, n년 후 연말의 원리합계 S_n은
$$S_n=a(1+r)^n+a(1+r)^{n-1}+\cdots+a(1+r)$$
$$=\frac{a(1+r)\{(1+r)^n-1\}}{r}(\text{원})$$

② 연이율 r, 1년마다의 복리로 매년 **말**에 a원씩 n년 동안 적립할 때, n년 후 연말의 원리합계 S_n은
$$S_n=a(1+r)^{n-1}+a(1+r)^{n-2}+\cdots+a$$
$$=\frac{a\{(1+r)^n-1\}}{r}(\text{원})$$

수열의 합과 일반항 사이의 관계

수열 $\{a_n\}$의 첫째항부터 제n항까지의 합을 S_n이라 하면
$$a_1=S_1, a_n=S_n-S_{n-1} \text{ (단, } n=2, 3, 4, \cdots)$$

참고 n에 대한 식 S_n으로부터 일반항 $a_n=f(n)$을 구할 때
① $S_0=0$이면 수열 $\{a_n\}$은 첫째항부터 $a_n=f(n)$이다.
② $S_0 \neq 0$이면 수열 $\{a_n\}$은 제2항부터 $a_n=f(n)$이다.

01 **수열의 항**

다음 수열은 3의 배수 또는 4의 배수를 작은 수부터 크기순으로 나열한 것이다. 이 수열의 제101항은?

$$3,\ 4,\ 6,\ 8,\ 9,\ 12,\ 15,\ 16,\ 18,\ \cdots$$

① 198   ② 200   ③ 201
④ 204   ⑤ 207

02 **등차수열의 공차**

서로 다른 두 수 x, y에 대하여 수열 x, a_1, a_2, a_3, y와 x, b_1, b_2, b_3, b_4, b_5, y가 모두 등차수열을 이룰 때, $\dfrac{a_2-a_1}{b_5-b_4}$의 값은?

① $\dfrac{2}{3}$ ② $\dfrac{5}{4}$ ③ $\dfrac{3}{2}$
④ $\dfrac{5}{3}$ ⑤ $\dfrac{7}{3}$

03 **등차수열의 일반항**

등차수열 $\{a_n\}$에서 $a_2+a_{10}=68$, $a_6+a_{15}=122$일 때, a_{40}의 값은?

① 226   ② 229   ③ 232
④ 235   ⑤ 238

04 **조건을 만족시키는 등차수열의 항**

공차가 5인 등차수열 $\{a_n\}$에 대하여 $a_{18}=28$일 때, $|a_n|$의 값이 최소가 되도록 하는 자연수 n의 값을 구하시오.

05 **등차중항**

자연수 n에 대하여 x에 대한 이차방정식
$$x^2-nx+4(n-4)=0$$
이 서로 다른 두 실근 α, β $(\alpha<\beta)$를 갖고, 세 수 1, α, β가 이 순서대로 등차수열을 이룰 때, n의 값은?

[2020학년도 평가원]

① 5   ② 8   ③ 11
④ 14   ⑤ 17

06 **등차수열을 이루는 수**

삼차방정식 $x^3-6x^2-4x+k=0$의 세 근이 등차수열을 이룰 때, 상수 k의 값은?

① 21   ② 22   ③ 23
④ 24   ⑤ 25

07 **등차수열의 합**

공차가 양수인 등차수열 $\{a_n\}$에 대하여
$$a_5+a_6+a_7=45,\ a_5a_7=221$$
일 때, $a_1+2a_2+a_3+2a_4+a_5+2a_6+\cdots+a_{29}+2a_{30}$의 값을 구하시오.

08 **등차수열의 합의 최대·최소**

제30항이 116, 제50항이 56인 등차수열 $\{a_n\}$에서 첫째항부터 제n항까지의 합을 S_n이라 할 때, S_n이 최대가 되는 n의 값은?

① 87   ② 83   ③ 75
④ 68   ⑤ 58

09 등비수열의 공비

등비수열 $\{a_n\}$에 대하여

$$\frac{a_{11}}{a_1}+\frac{a_{12}}{a_2}+\frac{a_{13}}{a_3}+\frac{a_{14}}{a_4}+\frac{a_{15}}{a_5}=20$$

일 때, $\dfrac{a_{40}}{a_{20}}$의 값은?

① 1　　　　② 2　　　　③ 4

④ 8　　　　⑤ 16

10 등비수열의 일반항

등비수열 $\{a_n\}$에 대하여 수열 $\{7a_n+a_{n+1}\}$이 첫째항이 18, 공비가 2인 등비수열일 때, a_2의 값은?

① 2　　　　② 4　　　　③ 8

④ 18　　　　⑤ 36

11 등차중항과 등비중항

서로 다른 세 실수 12, $x-4$, $y-3$은 이 순서대로 등차수열을 이루고, $10-3x$, $y+9$, 4는 이 순서대로 등비수열을 이룰 때, xy의 최댓값은?

① -33　　　　② -26　　　　③ -2

④ 26　　　　⑤ 33

12 등비수열을 이루는 수

그림과 같이 세 모서리의 길이가 a, b, c인 직육면체가 있다. a, b, c가 이 순서대로 등비수열을 이루고 이 직육면체의 겉넓이가 160, 모든 모서리의 길이의 총합이 80일 때, 부피는?

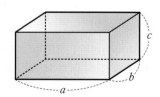

① 8　　　　② 27　　　　③ 64

④ 125　　　　⑤ 216

13 등비수열의 합

공비가 실수인 등비수열 $\{a_n\}$에 대하여

$$a_1+a_2+a_3=21, \quad a_2+a_4+a_6=126$$

일 때, $a_1+a_2+a_3+\cdots+a_k>3000$을 만족시키는 자연수 k의 최솟값을 구하시오.

14 등비수열의 합의 활용

수현이는 어느 은행의 적금 상품에 가입하여 2022년 1월 초부터 2025년 4월 초까지 매월 초에 일정한 금액을 적립한 후, 2025년 4월 말에 2211만 원을 지급받기로 하였다. 수현이가 매월 적립해야 하는 금액을 구하시오. (단, $1.005^{40}=1.22$, 월이율 0.5 %, 1개월마다의 복리로 계산한다.)

15 등차수열의 합과 일반항 사이의 관계

수열 $\{a_n\}$의 첫째항부터 제n항까지의 합 S_n이

$$S_n=n^2-2n+4$$

일 때, 보기에서 옳은 것만을 있는 대로 고른 것은?

┌─ 보기 ────────────────────
│ ㄱ. $a_2=1$
│ ㄴ. $a_3-a_1=a_4-a_2$
│ ㄷ. $a_n>100$을 만족시키는 자연수 n의 최솟값은 52이다.
└──────────────────────────

① ㄱ　　　　② ㄱ, ㄴ　　　　③ ㄱ, ㄷ

④ ㄴ, ㄷ　　　　⑤ ㄱ, ㄴ, ㄷ

16 등비수열의 합과 일반항 사이의 관계

수열 $\{a_n\}$의 첫째항부터 제n항까지의 합 S_n이

$$S_n=2^n-1$$

일 때, $a_1+a_5+a_9$의 값을 구하시오.

대표
01 **유형❶ 조건을 만족시키는 수열의 항**

수열 $\{a_n\}$은 2로도 3으로도 나누어떨어지지 않는 자연수를 작은 수부터 크기순으로 나열한 것이다. 예를 들어, $a_1=1$, $a_2=5$, $a_3=7$이다. 이때 a_{50}의 값은?

① 149   ② 151   ③ 155
④ 157   ⑤ 161

02

자연수 n에 대하여 n^2을 6으로 나눈 나머지를 a_n이라 할 때, $a_n=4$를 만족시키는 100 이하의 자연수 n의 개수를 구하시오.

03 **신유형**

1보다 큰 자연수 n을 곱하는 순서에 관계없이 두 자연수의 곱으로 표현하는 방법의 수를 a_n이라 하자. 예를 들어, $4=1\times4=2\times2$, $18=1\times18=2\times9=3\times6$이므로 $a_4=2$, $a_{18}=3$이다. **보기**에서 옳은 것만을 있는 대로 고른 것은?

• 보기 •

  ㄱ. $a_{72}+a_{81}=9$
  ㄴ. $a_n=3$인 자연수 n의 최솟값은 16이다.
  ㄷ. 두 자연수 m, n이 소수이면 $a_m+a_n=a_{mn}$이다.

① ㄱ   ② ㄴ   ③ ㄷ
④ ㄱ, ㄴ   ⑤ ㄱ, ㄷ

대표
04 **유형❷ 등차수열**

공차가 정수인 등차수열 $\{a_n\}$이 다음 조건을 만족시킬 때, a_{30}의 값을 구하시오.

  (가) $a_2+a_4+a_6=123$
  (나) $a_n>116$을 만족시키는 n의 최솟값은 17이다.

05 **서술형**

그림은 두 곡선 $y=x^2+ax+b$, $y=x^2$의 교점의 오른쪽 방향으로 두 곡선 사이에 y축에 평행한 선분을 일정한 간격으로 그은 것이다. 자연수 n에 대하여 그은 선분의 연장선과 x축의 교점의 x좌표를 왼쪽부터 차례대로 x_1, x_2, x_3, $\cdots$, x_n이라 하고, 그은 선분의 길이를 왼쪽부터 차례대로 l_1, l_2, l_3, $\cdots$, l_n이라 할 때, $x_1=-1$, $x_7=1$, $l_1=2$, $l_7=10$이다. ab의 값을 구하시오. (단, $a>0$이고, a, b는 상수이다.)

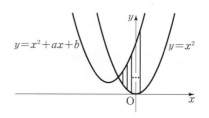

06

공차가 d $(d\neq0)$인 등차수열 $\{a_n\}$에 대하여 수열 $\{T_n\}$을
$$T_n=a_1-a_2+a_3-a_4+\cdots+(-1)^{n-1}a_n$$
$$(n=1, 2, 3, \cdots)$$
이라 할 때, **보기**에서 옳은 것만을 있는 대로 고른 것은?

• 보기 •

  ㄱ. $T_4=2d$ ㄴ. $T_5=a_3$
  ㄷ. 수열 $\{T_{2n}\}$은 등차수열이다.

① ㄱ   ② ㄴ   ③ ㄱ, ㄴ
④ ㄱ, ㄷ   ⑤ ㄴ, ㄷ

07

다음 조건을 만족시키는 두 수열 $\{a_n\}$, $\{b_n\}$에 대하여 $b_{40}=172$일 때, 자연수 a의 최솟값을 구하시오.

  (가) 수열 $\{a_n\}$은 첫째항이 a, 공차가 2인 등차수열이다.
  (나) 수열 $\{b_n\}$은 수열 $\{a_n\}$의 각 항에서 3의 배수를 제외시킨 것을 가장 작은 것부터 크기순으로 나열한 것이다.

08 유형❸ 등차중항

x에 대한 다항식 $x^2-ax+2a$를 $x+1$, $x-1$, $x-2$로 나눈 나머지를 각각 p, q, r라 하자. 세 수 p, q, r가 이 순서대로 등차수열을 이룰 때, 상수 a의 값은?

① -3 ② -2 ③ -1
④ 0 ⑤ 1

09

함수 $f(x)=\dfrac{1}{x}$에 대하여 두 실수 a, b는 다음 조건을 만족시킨다.

> ㈎ $ab>0$
> ㈏ $f(a)$, $f(2)$, $f(b)$는 이 순서대로 등차수열을 이룬다.

$a+25b$의 최솟값을 구하시오. [2017년 교육청]

10

그림과 같이 $\angle C=90°$이고, 빗변의 길이가 $3\sqrt{2}$인 직각삼각형 ABC가 있다. 꼭짓점 C에서 빗변 AB에 내린 수선의 발을 D라 하면 세 삼각형 ACD, CBD, ABC의 넓이가 이 순서대로 등차수열을 이룰 때, △ABC의 넓이는?

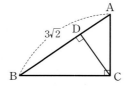

① 3 ② $3\sqrt{2}$ ③ $3\sqrt{3}$
④ $4\sqrt{2}$ ⑤ $5\sqrt{2}$

11 유형❹ 등차수열의 합

등차수열 $\{a_n\}$에 대하여 $a_3=-4$, $a_9=44$일 때, $|a_1|+|a_2|+|a_3|+\cdots+|a_{15}|$의 값을 구하시오.

12

첫째항이 30이고 공차가 $-d$인 등차수열 $\{a_n\}$에 대하여 등식
$$a_m+a_{m+1}+a_{m+2}+\cdots+a_{m+k}=0$$
을 만족시키는 두 자연수 m, k가 존재하도록 하는 자연수 d의 개수는?

① 11 ② 12 ③ 13
④ 14 ⑤ 15

13

등차수열 $\{a_n\}$에서
$$a_{11}+a_{21}=82, \quad a_{11}-a_{21}=6$$
일 때, 집합 $A=\{a_n \,|\, a_n$은 자연수$\}$의 모든 원소의 합을 구하시오.

14

첫째항이 34인 등차수열 $\{a_n\}$에 대하여 수열 $\{S_n\}$을
$$S_n=a_1+a_2+a_3+\cdots+a_n$$
이라 하자. $S_{17}=S_{18}$일 때, $|S_n|>S_{18}$을 만족시키는 자연수 n의 최솟값을 구하시오.

15

$n=1, 2, 3, \cdots, m$일 때, 등차수열 $\{a_n\}$이 다음 조건을 만족시킨다. a_1+a_m+m의 값은? (단, m은 자연수이다.)

> ㈎ 공차는 양수이다.
> ㈏ 홀수 번째 항들의 합은 90이다.
> ㈐ 짝수 번째 항들의 합은 72이다.

① 36 ② 45 ③ 54
④ 63 ⑤ 72

16

등차수열 $\{a_n\}$의 첫째항부터 제n항까지의 합을 S_n이라 할 때, $a_1>0$이고 $S_{14}=S_{28}$이다. **보기**에서 옳은 것만을 있는 대로 고른 것은?

• 보기 •

ㄱ. $a_{15}+a_{16}+a_{17}+\cdots+a_{28}=0$

ㄴ. $|a_{19}|=|a_{24}|$

ㄷ. $n=22$일 때, S_n은 최댓값을 갖는다.

① ㄱ ② ㄴ ③ ㄱ, ㄴ

④ ㄱ, ㄷ ⑤ ㄱ, ㄴ, ㄷ

대표 17 유형❺ 등비수열

세 수 a, b, c가 이 순서대로 등비수열을 이루고,
$$a+b+c=7,\ a^2+b^2+c^2=91$$
일 때, abc의 값은?

① -27 ② -8 ③ -2

④ 8 ⑤ 27

18

빈출

모든 항이 실수로 이루어진 등비수열 $\{a_n\}$에 대하여
$$a_1+a_3=12,\ a_1+a_3+a_5+a_7=15$$
일 때, $a_1a_2a_3a_4$의 값은?

① 2^9 ② 2^8 ③ 2^7

④ 2^6 ⑤ 2^5

19

모든 항이 양수이고 공비가 서로 같은 두 등비수열 $\{a_n\}$, $\{b_n\}$이 모든 자연수 n에 대하여
$$a_nb_n=\dfrac{(a_{n+1})^2+4(b_{n+1})^2}{5}$$
을 만족시킬 때, 공비의 최댓값은? [2021학년도 경찰대]

① $\dfrac{5\sqrt{5}}{2}$ ② $\dfrac{5}{2}$ ③ $\dfrac{\sqrt{5}}{2}$

④ $\sqrt{5}$ ⑤ 1

20

0보다 큰 다섯 개의 실수 a, b, c, d, e를 적당히 배열하여 공비가 1보다 큰 등비수열을 만들었다. a, b, c, d, e가 다음 조건을 만족시킬 때, c는 이 수열의 제n항이라 한다. 이때 자연수 n의 값은?

(가) $a<c$ (나) $\dfrac{d}{a}=\dfrac{e}{d}$

(다) $a=kd,\ b=\dfrac{e}{k}$ (단, k는 0이 아닌 상수)

① 1 ② 2 ③ 3

④ 4 ⑤ 5

대표 21 유형❻ 등비중항

공차가 0이 아닌 등차수열 $\{a_n\}$의 세 항 a_2, a_4, a_9가 이 순서대로 공비가 r인 등비수열을 이룰 때, $6r$의 값을 구하시오.

22

두 자연수 m과 n의 최대공약수를 p, 최소공배수를 q라 할 때, 이런 관계를 만족시키는 수를 [그림 1]과 같이 나타내기로 하자. [그림 2]는 [그림 1]의 관계를 만족시키도록 수를 연결하여 나타낸 것이다. 세 자연수 e, 12, f가 이 순서대로 등비수열을 이룰 때, $e+f$의 값을 구하시오.

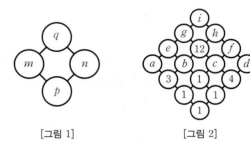

[그림 1] [그림 2]

23

양의 실수 x에 대하여 $x-[x]$, $[x]$, x가 이 순서대로 등비수열을 이룰 때, $x-[x]$의 값은?
(단, $[x]$는 x보다 크지 않은 최대의 정수이다.)

① $\dfrac{-1+\sqrt{2}}{2}$ ② $\dfrac{-1+\sqrt{3}}{2}$ ③ $\dfrac{1}{2}$

④ $\dfrac{-1+\sqrt{5}}{2}$ ⑤ $\dfrac{-1+\sqrt{6}}{2}$

24

서로 다른 세 양수 p, q, r에 대하여 이차방정식 $px^2+2qx+r=0$의 근에 대한 설명으로 **보기**에서 옳은 것만을 있는 대로 고른 것은?

• 보기 •

ㄱ. p^2, q^2, r^2이 이 순서대로 등차수열을 이루면 서로 다른 두 실근을 갖는다.

ㄴ. $\dfrac{1}{p}$, $\dfrac{1}{q}$, $\dfrac{1}{r}$이 이 순서대로 등비수열을 이루면 중근을 갖는다.

ㄷ. $\dfrac{1}{p}$, $\dfrac{1}{q}$, $\dfrac{1}{r}$이 이 순서대로 등차수열을 이루면 허근을 갖는다.

① ㄴ　　　　② ㄱ, ㄴ　　　　③ ㄱ, ㄷ
④ ㄴ, ㄷ　　　　⑤ ㄱ, ㄴ, ㄷ

대표 25 유형 ❼ 등비수열의 합

공비가 실수인 등비수열 $\{a_n\}$에 대하여
$$a_1+a_2+a_3+\cdots+a_{10}=50\sqrt{2},$$
$$a_{21}+a_{22}+a_{23}+\cdots+a_{30}=450\sqrt{2}$$
일 때, $a_{11}+a_{12}+a_{13}+\cdots+a_{20}$의 값을 구하시오.

26

등비수열 $\{a_n\}$에서 첫째항부터 제5항까지의 합이 $\dfrac{31}{2}$이고, 곱이 32일 때, $\dfrac{1}{a_1}+\dfrac{1}{a_2}+\dfrac{1}{a_3}+\dfrac{1}{a_4}+\dfrac{1}{a_5}$의 값은?

① $\dfrac{31}{4}$　　　　② $\dfrac{31}{8}$　　　　③ $\dfrac{31}{12}$
④ $\dfrac{8}{3}$　　　　⑤ $\dfrac{4}{31}$

27

함수 $f(x)=2+x+x^2+x^3+\cdots+x^{100}$에 대하여 합성함수 $(f\circ f)(x)$의 상수항이 2^k일 때, k의 값을 구하시오.

28

5와 15 사이에 n개의 수 a_1, a_2, a_3, $\cdots$, a_n을 넣어 만든 수열 5, a_1, a_2, a_3, $\cdots$, a_n, 15는 공비가 1이 아닌 등비수열을 이루고, n개의 수 b_1, b_2, b_3, $\cdots$, b_n을 넣어 만든 수열 5, b_1, b_2, b_3, $\cdots$, b_n, 15는 공차가 0이 아닌 등차수열을 이룬다.

$$\frac{\left(\dfrac{1}{a_1}+\dfrac{1}{a_2}+\dfrac{1}{a_3}+\cdots+\dfrac{1}{a_n}\right)(b_1+b_2+b_3+\cdots+b_n)}{a_1+a_2+a_3+\cdots+a_n}=6$$

을 만족시키는 자연수 n의 값을 구하시오.

대표 29 유형 ❽ 등비수열의 합의 활용

그림과 같이 한 변의 길이가 2인 정사각형 모양의 종이 ABCD에서 각 변의 중점을 각각 A_1, B_1, C_1, D_1이라 하고 $\overline{A_1B_1}$, $\overline{B_1C_1}$, $\overline{C_1D_1}$, $\overline{D_1A_1}$을 접는 선으로 하여 네 점 A, B, C, D가 한 점에서 만나도록 접은 모양을 S_1이라 하자.

S_1에서 정사각형 $A_1B_1C_1D_1$의 각 변의 중점을 각각 A_2, B_2, C_2, D_2라 하고 $\overline{A_2B_2}$, $\overline{B_2C_2}$, $\overline{C_2D_2}$, $\overline{D_2A_2}$를 접는 선으로 하여 네 점 A_1, B_1, C_1, D_1이 한 점에서 만나도록 접은 모양을 S_2라 하자.

이와 같은 과정을 계속하여 n번째 얻은 모양을 S_n이라 하고, S_n을 정사각형 모양의 종이 ABCD와 같도록 펼쳤을 때 접힌 모든 선들의 길이의 합을 l_n이라 하자. 예를 들어, $l_1=4\sqrt{2}$이다. l_5의 값은?

(단, 종이의 두께는 고려하지 않는다.)

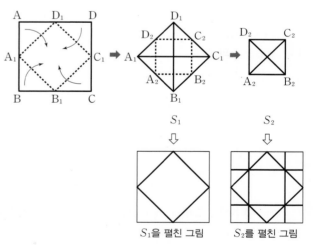

| S_1을 펼친 그림 | S_2를 펼친 그림 |

① $24+28\sqrt{2}$　　　② $28+28\sqrt{2}$　　　③ $28+32\sqrt{2}$
④ $32+32\sqrt{2}$　　　⑤ $36+32\sqrt{2}$

30

그림과 같이 길이가 100인 선분 AB 위의 점 A, P_1, P_2, P_3, …에 대하여 넓이가 각각 S, $2S$, 2^2S, …이고 지름이 각각 $\overline{AP_1}$, $\overline{P_1P_2}$, $\overline{P_2P_3}$, …인 반원을 서로 겹치지 않도록 순서대로 그린다. 첫 번째 반원의 반지름의 길이가 1일 때, 그릴 수 있는 완성된 반원의 최대 개수를 구하시오.

(단, $\sqrt{2}=1.414$로 계산한다.)

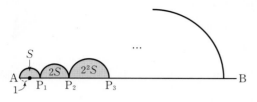

31

2021년부터 1월 1일에 400만 원을 적립하고 그 후 매년 1월 1일마다 전년도보다 5 %씩 증액하여 적립하기로 하였다. 연이율은 5 %이고 1년마다 복리로 계산할 때, 2030년 12월 31일의 적립금의 원리합계는?

(단, $1.05^{10}=1.6$으로 계산한다.)

① 6400만 원　　　　　② 6440만 원
③ 6480만 원　　　　　④ 6520만 원
⑤ 6560만 원

32 `1등급`

그림과 같이 두 직선 l, m에 동시에 접하는 원 C_1이 있다. 원 C_1의 중심을 지나고 두 직선 l, m에 동시에 접하면서 원 C_1보다 큰 원을 C_2라 하자. 이와 같은 과정을 계속하여 원 C_k의 중심을 지나고 두 직선 l, m에 동시에 접하면서 원 C_k보다 큰 원을 C_{k+1}이라 하자. 원 C_k의 넓이를 S_k라 할 때, $S_1=1$, $S_5=4$이다. 이때 $S_1+S_3+S_5+\cdots+S_{19}$의 값을 구하시오. (단, k는 자연수이다.)

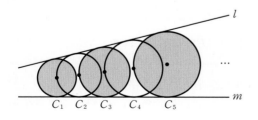

공차가 d_1인 등차수열 $\{a_n\}$과 공차가 d_2인 등차수열 $\{b_n\}$에 대하여 두 수열 $\{a_n\}$, $\{b_n\}$의 첫째항부터 제n항까지의 합을 각각 S_n, T_n이라 하면

$$S_n+T_n=\frac{9n^2-3n}{2}$$

일 때, **보기**에서 옳은 것만을 있는 대로 고른 것은?

> ● 보기 ●
>
> ㄱ. $a_1=b_1$이면 $a_1=2$
> ㄴ. $a_n=n+3$이면 $b_n=8n-9$
> ㄷ. $d_1+d_2=9$

① ㄱ　　　　② ㄴ　　　　③ ㄷ
④ ㄴ, ㄷ　　　　⑤ ㄱ, ㄴ, ㄷ

34 `빈출`

공비가 양수인 등비수열 $\{a_n\}$에 대하여

$$a_2+a_4+a_6+\cdots+a_{2n}=3\times2^n-3$$

일 때, $a_5+a_7+a_9+\cdots+a_{17}$의 값을 구하시오.

35

수열 $\{a_n\}$에 대하여 첫째항부터 제n항까지의 합을 S_n이라 하면

$$a_1=1,\ a_2=3,$$
$$(S_{n+1}-S_{n-1})^2=4a_na_{n+1}+4\ (n=2,\ 3,\ 4,\ \cdots)$$

일 때, a_{20}의 값을 구하시오. (단, $a_1<a_2<a_3<\cdots<a_n<\cdots$)

36

두 수열 $\{a_n\}$, $\{b_n\}$에 대하여 수열 $\{a_n\}$의 첫째항부터 제n항까지의 합을 S_n, 수열 $\{a_nb_n\}$의 첫째항부터 제n항까지의 합을 T_n이라 하면

$$S_n=n^2+1,\ T_n=\frac{n(4n^2+21n-1)}{6}+6$$

일 때, 수열 $\{a_n+b_n\}$의 첫째항부터 제10항까지의 합을 구하시오.

01

그림과 같이 반지름의 길이가 2인 원 위의 점 P와 P가 아닌 점 A_0에 대하여

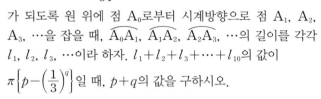

$$\angle A_0PA_1=\frac{\pi}{6},$$

$$\angle A_1PA_2=\frac{\pi}{18},$$

$$\angle A_2PA_3=\frac{\pi}{54}, \cdots$$

가 되도록 원 위에 점 A_0로부터 시계방향으로 점 A_1, A_2, A_3, $\cdots$을 잡을 때, $\widehat{A_0A_1}$, $\widehat{A_1A_2}$, $\widehat{A_2A_3}$, $\cdots$의 길이를 각각 l_1, l_2, l_3, $\cdots$이라 하자. $l_1+l_2+l_3+\cdots+l_{10}$의 값이 $\pi\left\{p-\left(\dfrac{1}{3}\right)^q\right\}$일 때, $p+q$의 값을 구하시오.

(단, p, q는 자연수이다.)

02

보기에서 옳은 것만을 있는 대로 고른 것은?

- 보기
ㄱ. 수열 $\{a_n\}$이 등비수열이면 수열 $\{a_{n+1}-a_n\}$도 등비수열이다.
ㄴ. 수열 $\{a_{n+1}+a_n\}$이 등차수열이면 수열 $\{a_n\}$도 등차수열이다.
ㄷ. 수열 $\{a_na_{n+1}\}$이 등비수열이면 수열 $\left\{\dfrac{1}{a_n}\right\}$도 등비수열이다. (단, $a_n\neq0$)

① ㄱ   ② ㄴ   ③ ㄱ, ㄴ
④ ㄱ, ㄷ   ⑤ ㄱ, ㄴ, ㄷ

03

수열 $\{a_n\}$의 첫째항부터 제n항까지의 합을 S_n이라 할 때, 다음 조건을 만족시킨다.

(가) 수열 $\{a_{2n}\}$은 공차가 4인 등차수열이다.
(나) 수열 $\{S_{2n}\}$은 공비가 2인 등비수열이다.

$a_2=1$, $a_{15}=99$일 때, a_1의 값을 구하시오.

04

그림과 같이 $\overline{AB}=20$인 평행사변형 ABCD가 있다. 이 도형을 대각선 BD를 접는 선으로 하여 접어서 생기는 삼각형 EBC의 넓이가 평행사변형 ABCD의 넓이의 $\dfrac{1}{5}$이고,

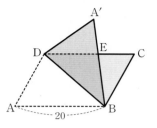

$\overline{CE}$, $\overline{EB}$, $\overline{BD}$의 길이가 이 순서대로 등비수열을 이룰 때, $\overline{AD}$의 길이를 구하시오.

05

x에 대한 삼차방정식

$$x^3-(ab+a+b)x^2+ab(a+b+1)x-(ab)^2=0$$

의 세 근 α, β, γ가 다음 조건을 만족시킬 때, 모든 ab의 값의 합을 구하시오. (단, a, b는 상수이다.)

(가) α, β, γ를 적절히 배열하여 등비수열을 만들 수 있다.
(나) α, β, γ를 적절히 배열하여 등차수열을 만들 수 있다.
(다) $\alpha\beta\gamma>0$, $|\alpha|+|\beta|+|\gamma|>|\alpha+\beta+\gamma|$

06

두 등차수열 $\{a_n\}$, $\{b_n\}$과 실수 전체의 집합의 두 부분집합

$$A=\{a_k\,|\,1\leq a_k\leq60,\ a_k\text{는 수열 }\{a_n\}\text{의 항}\},$$
$$B=\{b_k\,|\,1\leq b_k\leq60,\ b_k\text{는 수열 }\{b_n\}\text{의 항}\}$$

이 다음 조건을 만족시킨다.

(가) $a_1=1$, $a_{10}=55$
(나) $n(A\cap B)=n(A\cap B^C)=\dfrac{1}{2}\times n(A^C\cap B)$
(다) 집합 $A\cap B$의 모든 원소의 합은 125이다.

집합 B의 모든 원소의 합을 구하시오.

(단, 수열 $\{b_n\}$의 항은 유한개가 아니다.)

유형 1 등차수열과 등비수열

출제경향 등차수열과 등비수열이 모두 이용되는 문제가 출제된다.

공략비법
(1) 등차수열
  ① 첫째항이 a, 공차가 d인 등차수열 $\{a_n\}$의 일반항 a_n은
    $$a_n = a + (n-1)d \ (\text{단}, n=1, 2, 3, \cdots)$$
  ② 등차중항
    세 수 a, b, c가 이 순서대로 등차수열을 이룰 때,
    $$b = \frac{a+c}{2}$$
(2) 등비수열
  ① 첫째항이 a, 공비가 r인 등비수열 $\{a_n\}$의 일반항 a_n은
    $$a_n = ar^{n-1} \ (\text{단}, n=1, 2, 3, \cdots)$$
  ② 등비중항
    세 수 a, b, c가 이 순서대로 등비수열을 이룰 때,
    $$b = \pm\sqrt{ac}$$

1 대표 • 2019년 7월 교육청 17번 | 4점

공차가 자연수인 등차수열 $\{a_n\}$과 공비가 자연수인 등비수열 $\{b_n\}$이 $a_6 = b_6 = 9$이고, 다음 조건을 만족시킨다.

(가) $a_7 = b_7$
(나) $94 < a_{11} < 109$

$a_7 + b_8$의 값은?

① 96 ② 99 ③ 102
④ 105 ⑤ 108

2 유사 • 2021년 7월 교육청 21번 | 4점

공차가 d이고 모든 항이 자연수인 등차수열 $\{a_n\}$이 다음 조건을 만족시킨다.

(가) $a_1 \leq d$
(나) 어떤 자연수 k $(k \geq 3)$에 대하여 세 항 a_2, a_k, a_{3k-1}이 이 순서대로 등비수열을 이룬다.

$90 \leq a_{16} \leq 100$일 때, a_{20}의 값을 구하시오.

유형 2 수열의 합과 일반항 사이의 관계

출제경향 수열의 합과 일반항 사이의 관계를 이용하여 푸는 문제가 출제된다.

공략비법
수열 $\{a_n\}$의 첫째항부터 제n항까지의 합을 S_n이라 하면
$$a_1 = S_1, \ a_n = S_n - S_{n-1} \ (\text{단}, n=2, 3, 4, \cdots)$$

3 대표 • 2021학년도 9월 평가원 27번 | 4점

등비수열 $\{a_n\}$의 첫째항부터 제n항까지의 합을 S_n이라 하자. 모든 자연수 n에 대하여
$$S_{n+3} - S_n = 13 \times 3^{n-1}$$
일 때, a_4의 값을 구하시오.

4 유사 • 2017년 9월 교육청 28번 | 4점

등차수열 $\{a_n\}$의 첫째항부터 제n항까지의 합을 S_n이라 할 때, 수열 $\{a_n\}$과 S_n이 다음 조건을 만족시킨다.

(가) $S_k > S_{k+1}$을 만족시키는 가장 작은 자연수 k에 대하여 $S_k = 102$이다.
(나) $a_8 = -\frac{5}{4}a_5$이고 $a_5 a_6 a_7 < 0$이다.

a_2의 값을 구하시오.

09 수열의 합

비법 노트

Ⓐ 주의해야 할 ∑의 계산

(1) $\sum\limits_{k=1}^{n} a_k = \sum\limits_{l=1}^{n} a_l = \sum\limits_{i=1}^{n} a_i = \cdots$ ▶ STEP 2 | 06번

$\sum\limits_{k=1}^{n} a_k$에서 변수 k 대신에 다른 문자를 써도 무방하다.

(2) $\sum\limits_{k=1}^{n} a_k b_k \neq \sum\limits_{k=1}^{n} a_k \sum\limits_{k=1}^{n} b_k$

(3) $\sum\limits_{k=1}^{n} \dfrac{a_k}{b_k} \neq \dfrac{\sum\limits_{k=1}^{n} a_k}{\sum\limits_{k=1}^{n} b_k}$ $\left(\text{단, } b_k \neq 0, \ \sum\limits_{k=1}^{n} b_k \neq 0\right)$

(4) $\sum\limits_{k=1}^{n} a_k{}^2 \neq \left(\sum\limits_{k=1}^{n} a_k\right)^2$

(5) $\sum\limits_{k=1}^{n} n = n^2$

Ⓑ $\sum\limits_{k=1}^{n} k^2 = \dfrac{n(n+1)(2n+1)}{6}$의 증명

항등식 $(k+1)^3 - k^3 = 3k^2 + 3k + 1$의 k 대신에 1, 2, 3, $\cdots$, n을 차례대로 대입하여 변끼리 더하면

$2^3 - 1^3 = 3 \times 1^2 + 3 \times 1 + 1$

$3^3 - 2^3 = 3 \times 2^2 + 3 \times 2 + 1$

$4^3 - 3^3 = 3 \times 3^2 + 3 \times 3 + 1$

$\vdots$

$+)\ (n+1)^3 - n^3 = 3 \times n^2 + 3 \times n + 1$

$(n+1)^3 - 1^3 = 3\sum\limits_{k=1}^{n} k^2 + 3\sum\limits_{k=1}^{n} k + \sum\limits_{k=1}^{n} 1$

$3\sum\limits_{k=1}^{n} k^2 = (n+1)^3 - \dfrac{3n(n+1)}{2} - (n+1)$

$\qquad\qquad = \dfrac{n(n+1)(2n+1)}{2}$

$\therefore \sum\limits_{k=1}^{n} k^2 = \dfrac{n(n+1)(2n+1)}{6}$

중요

Ⓒ 특수한 꼴의 수열의 합

식이 소거되는 합의 형태로 변형하면 계산을 간단히 할 수 있는 꼴의 수열은 다음과 같다.

(1) a_k가 유리식이고, 분모가 두 개 이상의 일차식의 곱으로 되어 있는 경우

⇨ 부분분수 분해를 이용한다.

① $\dfrac{1}{k(k+a)} = \dfrac{1}{a}\left(\dfrac{1}{k} - \dfrac{1}{k+a}\right)$ (단, $a \neq 0$)

② $\dfrac{1}{(k+a)(k+b)}$

$\quad = \dfrac{1}{b-a}\left(\dfrac{1}{k+a} - \dfrac{1}{k+b}\right)$ (단, $a \neq b$)

▶ STEP 2 | 15번, 18번

③ $\dfrac{1}{k(k+1)(k+2)}$

$\quad = \dfrac{1}{2}\left\{\dfrac{1}{k(k+1)} - \dfrac{1}{(k+1)(k+2)}\right\}$

▶ STEP 3 | 04번

(2) a_k가 무리식의 형태로 되어 있는 경우

⇨ 분모의 유리화를 이용한다.

① $\dfrac{1}{\sqrt{k+1}+\sqrt{k}} = \sqrt{k+1} - \sqrt{k}$ ▶ STEP 1 | 05번

② $\dfrac{1}{\sqrt{k+a}+\sqrt{k}} = \dfrac{1}{a}(\sqrt{k+a} - \sqrt{k})$ (단, $a \neq 0$)

∑의 뜻과 기본 성질 Ⓐ

(1) 수열 $\{a_n\}$의 첫째항부터 제n항까지의 합을 합의 기호 $\sum$를 사용하여 다음과 같이 나타낸다.

$$a_1 + a_2 + a_3 + \cdots + a_n = \sum\limits_{k=1}^{n} a_k$$

→ 좌변의 끝항의 번호(제n항까지)

참고 $\sum\limits_{k=1}^{n} a_k = a_1 + \sum\limits_{k=2}^{n} a_k = \sum\limits_{k=1}^{l} a_k + \sum\limits_{k=l+1}^{n} a_k = \sum\limits_{k=1}^{n-1} a_k + a_n$ (단, $1 \le l < n$)

→ 좌변의 시작항의 번호(제1항부터)

(2) ∑의 기본 성질

① $\sum\limits_{k=1}^{n} (a_k + b_k) = \sum\limits_{k=1}^{n} a_k + \sum\limits_{k=1}^{n} b_k$

② $\sum\limits_{k=1}^{n} (a_k - b_k) = \sum\limits_{k=1}^{n} a_k - \sum\limits_{k=1}^{n} b_k$

③ $\sum\limits_{k=1}^{n} c a_k = c\sum\limits_{k=1}^{n} a_k$ (단, c는 상수)

④ $\sum\limits_{k=1}^{n} c = cn$ (단, c는 상수)

※ ∑의 기본 성질의 증명

①, ② $\sum\limits_{k=1}^{n} (a_k \pm b_k) = (a_1 \pm b_1) + (a_2 \pm b_2) + \cdots + (a_n \pm b_n)$
$= (a_1 + a_2 + \cdots + a_n) \pm (b_1 + b_2 + \cdots + b_n)$
$= \sum\limits_{k=1}^{n} a_k \pm \sum\limits_{k=1}^{n} b_k$ (복부호 동순)

③ $\sum\limits_{k=1}^{n} c a_k = c a_1 + c a_2 + \cdots + c a_n = c(a_1 + a_2 + \cdots + a_n) = c\sum\limits_{k=1}^{n} a_k$

④ $\sum\limits_{k=1}^{n} c = \underbrace{c + c + \cdots + c}_{n개} = cn$

참고 (1) $\sum\limits_{k=1}^{n} (p a_k \pm q b_k) = p\sum\limits_{k=1}^{n} a_k \pm q\sum\limits_{k=1}^{n} b_k$ (단, p, q는 상수, 복부호 동순)

(2) $\sum\limits_{i=1}^{n}\left(\sum\limits_{j=1}^{n} a_i b_j\right) = \sum\limits_{i=1}^{n}\left\{a_i\left(\sum\limits_{j=1}^{n} b_j\right)\right\}$

자연수의 거듭제곱의 합 Ⓑ

(1) $\sum\limits_{k=1}^{n} k = 1 + 2 + 3 + \cdots + n = \dfrac{n(n+1)}{2}$

주어진 수열의 합은 첫째항이 1, 공차가 1인 등차수열의 제1항부터 제n항까지의 합이므로 $S_n = \dfrac{n\{2 \times 1 + (n-1) \times 1\}}{2} = \dfrac{n(n+1)}{2}$

(2) $\sum\limits_{k=1}^{n} k^2 = 1^2 + 2^2 + 3^2 + \cdots + n^2 = \dfrac{n(n+1)(2n+1)}{6}$

(3) $\sum\limits_{k=1}^{n} k^3 = 1^3 + 2^3 + 3^3 + \cdots + n^3 = \left\{\dfrac{n(n+1)}{2}\right\}^2$

$1^3 + 2^3 + 3^3 = (1+2+3)^2$과 같이 활용할 수 있다.

참고 (1) $\sum\limits_{k=1}^{n-1} k = \dfrac{n(n-1)}{2}$ (2) $\sum\limits_{k=1}^{n-1} k^2 = \dfrac{n(n-1)(2n-1)}{6}$

(3) $\sum\limits_{k=1}^{n-1} k^3 = \left\{\dfrac{n(n-1)}{2}\right\}^2$

군수열

(1) 수열의 항을 몇 개씩 묶었을 때 각 묶음이 규칙성을 갖는 수열을 군수열이라 한다.

(2) 군수열에 대한 문제는 일반적으로 다음과 같이 해결한다.

(ⅰ) 수열의 각 항이 갖는 규칙성을 파악하여 군을 나눈다.

(ⅱ) 각 군의 첫째항 또는 끝항이 갖는 규칙성을 파악한다.

(ⅲ) 각 군의 항의 개수를 조사한다.

(ⅳ) 각 군의 규칙성을 파악한다.

참고 분수로 나타내어진 수열의 경우에는 분모 또는 분자가 같은 것끼리 군으로 묶거나 분모, 분자의 합이 같은 것끼리 군으로 묶는다.

01 Σ의 뜻과 기본 성질

수열 $\{a_n\}$에 대하여

$$\sum_{k=1}^{10}(a_k-1)^2=28,\ \sum_{k=1}^{10}a_k(a_k-1)=16$$

일 때, $\sum_{k=1}^{10}a_k^2$의 값은?

① 12　　　　　② 14　　　　　③ 16
④ 18　　　　　⑤ 20

02 자연수의 거듭제곱의 합

보기에서 옳은 것만을 있는 대로 고른 것은?

• 보기 •
> ㄱ. $\sum_{k=1}^{n}(2k-1)=n^2$
>
> ㄴ. $\left(\dfrac{n+1}{n}\right)^2+\left(\dfrac{n+2}{n}\right)^2+\left(\dfrac{n+3}{n}\right)^2+\cdots+\left(\dfrac{2n}{n}\right)^2$
> $=\dfrac{14n^2+9n+1}{6n}$
>
> ㄷ. $\sum_{k=1}^{n}\left(\sum_{l=1}^{k}l\right)=\dfrac{n(n+1)(n+2)}{6}$

① ㄱ　　　　　② ㄴ　　　　　③ ㄱ, ㄷ
④ ㄴ, ㄷ　　　　⑤ ㄱ, ㄴ, ㄷ

03 Σ로 나타낸 수열의 합과 일반항

등차수열 $\{a_n\}$에 대하여 $\sum_{k=1}^{n}a_{2k-1}=n^2+4n$일 때, a_{20}의 값을 구하시오.

04 부분분수 분해를 이용한 수열의 합

다음 식을 만족시키는 서로소인 두 자연수 $p,\ q$에 대하여 $p+q$의 값은?

$$\frac{1}{2\times5}+\frac{1}{5\times8}+\frac{1}{8\times11}+\cdots+\frac{1}{29\times32}=\frac{q}{p}$$

① 37　　　　　② 39　　　　　③ 41
④ 43　　　　　⑤ 45

05 분모의 유리화를 이용한 수열의 합

첫째항이 4이고 공차가 1인 등차수열 $\{a_n\}$에 대하여

$$\sum_{k=1}^{12}\frac{1}{\sqrt{a_{k+1}}+\sqrt{a_k}}$$

의 값을 구하시오.

06 새롭게 정의한 수열의 합

자연수 n에 대하여 두 함수 $f(n),\ g(n)$을
$$f(n)=(9^n \text{의 일의 자리의 수}),$$
$$g(n)=(8^n \text{의 일의 자리의 수})$$
로 정의할 때, 수열 $\{a_n\}$의 일반항 a_n을 $a_n=f(n)-g(n)$이라 하자. 이때 $\sum_{k=1}^{777}a_k$의 값을 구하시오.

07 Σ와 도형

한 변의 길이가 1인 정사각형이 있다. 그림과 같이 정사각형의 각 변을 변과 평행한 선분으로 이등분하는 과정을 1단계, 2단계, 3단계, …와 같이 한 다음 대각선에 있는 정사각형을 각각 색칠한다. 이때 각 단계별로 색칠된 정사각형의 개수를 a_n, 색칠된 영역의 넓이를 b_n이라 하자. 이와 같은 과정을 계속하였을 때, $\sum_{k=1}^{10}a_k(b_k+1)$의 값을 구하시오.

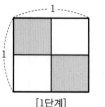 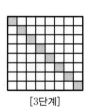

[1단계]　　　　[2단계]　　　　[3단계]

08 군수열

다음 수열에서 $\dfrac{4}{27}$는 몇 번째 항에서 처음으로 나타나는가?

$$\frac{1}{1},\ \frac{3}{3},\ \frac{2}{3},\ \frac{1}{3},\ \frac{5}{5},\ \frac{4}{5},\ \frac{3}{5},\ \frac{2}{5},\ \frac{1}{5},\ \frac{7}{7},\ \frac{6}{7},\ \cdots$$

① 169　　　　　② 173　　　　　③ 186
④ 193　　　　　⑤ 196

대표 01 유형❶ ∑의 뜻과 기본 성질

보기에서 옳은 것만을 있는 대로 고른 것은?

● 보기 ●

ㄱ. $\sum_{n=1}^{46} a_n = a_1 + \sum_{k=1}^{15} (a_{3k-1} + a_{3k} + a_{3k+1})$

ㄴ. $1 + 2 + 2^2 + \cdots + 2^n = \sum_{k=1}^{n} 2^k$

ㄷ. $\sum_{k=1}^{10} k^5 = \sum_{l=2}^{11} (l-1)^5$

① ㄱ   ② ㄴ   ③ ㄱ, ㄴ

④ ㄱ, ㄷ   ⑤ ㄴ, ㄷ

02

수열 $\{a_n\}$은 $a_1 = 1$이고, 모든 자연수 n에 대하여

$\sum_{k=1}^{n} (a_k - a_{k+1}) = -n^2 + n$을 만족시킨다. a_{11}의 값은?

[2021학년도 수능]

① 88   ② 91   ③ 94

④ 97   ⑤ 100

03

수열 $\{a_n\}$이 $\sum_{k=1}^{n} a_{2k-1} = cn^2 - 5n$, $\sum_{k=1}^{n} a_{2k} = n^2 + cn$을 만족시키고, $a_{10} = 11$일 때, $\sum_{k=1}^{10} a_k$의 값을 구하시오.

(단, c는 상수이다.)

대표 04 유형❷ 자연수의 거듭제곱의 합

x에 대한 이차방정식 $nx^2 - (2n^2 - n)x - (2-n) = 0$의 두 근의 합을 a_n, 두 근의 곱을 b_n이라 할 때, $\sum_{k=1}^{16} \left(a_k + \dfrac{1}{b_k - 1} \right)$의 값을 구하시오. (단, n은 자연수이다.)

05

$\sum_{k=1}^{10} \left(\sum_{j=1}^{5} jk \right) - \sum_{k=1}^{5} \left\{ \sum_{j=1}^{10} (j+k) \right\}$의 값을 구하시오.

06

$\sum_{t=1}^{10} \left\{ t^3 - \sum_{k=1}^{t} \dfrac{(k+1)^3}{k} - \sum_{n=2}^{t} \dfrac{(n-1)^3}{n} \right\}$의 값은?

① 255   ② 265   ③ 275

④ 285   ⑤ 295

07

$\sum_{k=1}^{30} \{ (-1)^k k^2 \}$의 값은?

① 445   ② 450   ③ 455

④ 460   ⑤ 465

08

방정식

$1 \times (2n-1) + 2 \times (2n-3) + 3 \times (2n-5) + \cdots + n \times 1 = 385$

를 만족시키는 자연수 n의 값을 구하시오.

09

$\displaystyle\sum_{k=1}^{10}k^2+\sum_{k=2}^{10}k^2+\sum_{k=3}^{10}k^2+\cdots+\sum_{k=10}^{10}k^2$의 값을 구하시오.

10

자연수 n에 대하여

$$\left|\left(n+\frac{1}{2}\right)^2-m\right|<\frac{1}{2}$$

을 만족시키는 자연수 m을 a_n이라 하자. $\displaystyle\sum_{k=1}^{5}a_k$의 값은?

① 65　　　　　② 70　　　　　③ 75

④ 80　　　　　⑤ 85

대표
11　　**유형③ ∑로 나타내는 수열의 합과 일반항**

수열 $\{a_n\}$에 대하여 $\displaystyle\sum_{k=1}^{n}a_k=n^3$일 때, $\displaystyle\sum_{k=1}^{100}a_{2k}$의 값을 99로 나눈 나머지는?

① 7　　　　　② 19　　　　　③ 37

④ 63　　　　　⑤ 87

12

$a_n\neq0$인 수열 $\{a_n\}$에 대하여

$$a_1=1,\ a_na_{n+1}-7=\sum_{k=1}^{n}a_k^{\ 2}$$

이다. 두 자연수 p, q에 대하여 $a_{11}=pa_8+qa_7$ 꼴로 바르게 나타낸 것은?

① $2a_8+3a_7$　　　② $3a_8+2a_7$　　　③ $3a_8+a_7$

④ $4a_8+3a_7$　　　⑤ $5a_8+4a_7$

13

자연수 n에 대하여 등식

$$\sum_{k=1}^{n}k^{2019}=a_{2020}n^{2020}+a_{2019}n^{2019}+a_{2018}n^{2018}+\cdots+a_0$$

이 항상 성립할 때, a_{2020}의 값을 구하시오.

14

모든 항이 양수인 수열 $\{a_n\}$의 첫째항부터 제n항까지의 합을 S_n이라 할 때,

$$S_n=4n^2+pn$$

이다. x에 대한 이차방정식 $a_kx^2-2a_{k+1}x+a_{k+2}=0$의 두 실근 중 큰 수를 b_k $(k=1,\ 2,\ 3,\ \cdots)$라 할 때,

$\displaystyle\sum_{k=1}^{8}\frac{1}{b_k-1}=86$이다. 실수 p에 대하여

$(p+4)\times b_1\times b_3\times b_5\times b_7\times b_9\times b_{11}$의 값을 구하시오.

대표
15　　**유형④ 부분분수 분해를 이용한 수열의 합**

수열 $\{a_n\}$의 첫째항부터 제n항까지의 합 S_n이

$S_n=n^2+6n$일 때, $\displaystyle\sum_{k=1}^{n}\frac{1}{a_ka_{k+1}}<\frac{7}{100}$을 만족시키는 자연수 n의 최댓값은?

① 167　　　　② 168　　　　③ 169

④ 170　　　　⑤ 171

16

자연수 n에 대하여 직선 $y=nx+a_n$과 곡선 $y=x^2-x+\frac{1}{4}$

이 접할 때, $\displaystyle\sum_{k=1}^{7}\frac{1}{|a_k|}=\frac{q}{p}$이다. $p+q$의 값을 구하시오.

(단, p, q는 서로소인 자연수이다.)

STEP 2

17

다음 그림과 같이 n이 3 이상의 자연수일 때, 네 점 $(n, 0)$, $\left(\frac{3}{2}n, 0\right)$, $\left(\frac{3}{2}n, \frac{n}{2}\right)$, $\left(n, \frac{n}{2}\right)$을 꼭짓점으로 하는 정사각형을 A_n이라 하자. 두 정사각형 A_n, A_{n+1}이 겹치는 부분 (색칠한 부분)의 넓이를 a_n이라 할 때, $\sum\limits_{n=3}^{10}\frac{1}{a_n}$의 값은?

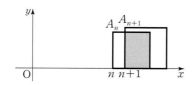

① $\frac{113}{45}$ ② $\frac{116}{45}$ ③ $\frac{118}{45}$

④ $\frac{121}{45}$ ⑤ $\frac{124}{45}$

18

$a_n \neq 0$인 등차수열 $\{a_n\}$에 대하여 $\sum\limits_{k=1}^{99}\frac{a_1 a_{100}}{a_k a_{k+1}}$의 값을 구하시오.

대표 19   유형❺ 분모의 유리화를 이용한 수열의 합

각 항이 $2\sqrt{1}+\sqrt{2}$, $3\sqrt{2}+2\sqrt{3}$, $4\sqrt{3}+3\sqrt{4}$, $\cdots$인 수열 $\{a_n\}$에 대하여
$$\frac{1}{a_1}+\frac{1}{a_2}+\frac{1}{a_3}+\cdots+\frac{1}{a_n}=\frac{10}{11}$$
을 만족시키는 자연수 n의 값을 구하시오.

20   빈출

수열 $\{a_n\}$의 일반항이 $a_n=\sqrt{2n}-\sqrt{2n-1}$일 때, $\sum\limits_{k=1}^{10}\left(a_k+\frac{1}{a_k}\right)^2$의 값을 구하시오.

21

양의 실수로 이루어진 수열 $\{a_n\}$이
$$a_1^2+a_2^2+a_3^2+\cdots+a_n^2=n^2$$
을 만족시킬 때, $\sum\limits_{k=1}^{40}\frac{1}{a_k+a_{k+1}}$의 값은?

① 2   ② 4   ③ 6
④ 8   ⑤ 10

대표 22   유형❻ 새롭게 정의한 수열의 합

자연수 n에 대하여 $\frac{n(n+1)}{2}$을 n으로 나눌 때의 나머지를 $f(n)$이라 하자. $\sum\limits_{k=1}^{30}f(k)$의 값을 구하시오.

23

방정식 $x^3-1=0$의 한 허근을 ω라 하자. 자연수 n에 대하여 ω^n의 실수부분을 $f(n)$으로 정의할 때, $\sum\limits_{k=1}^{100}f(k)$의 값은?

① 0   ② $-\frac{1}{2}$ ③ -2
④ -32 ⑤ $-\frac{65}{2}$

24   신유형

자연수 n에 대하여
$$xy+96=8x+12y+5^n$$
을 만족시키는 두 정수 x, y의 순서쌍 (x, y)의 개수를 a_n으로 정의할 때, $\sum\limits_{k=1}^{5}ka_{2k-1}$의 값을 구하시오.

25

두 자연수 N, n에 대하여 N을 n으로 나누었을 때, 몫과 나머지의 합이 n인 모든 자연수 N의 합을 a_n이라 하자. 예를 들어, 3으로 나누었을 때의 몫과 나머지의 합이 3인 자연수는 5, 7, 9이므로 $a_3 = 5+7+9 = 21$이다. $\dfrac{1}{11}\sum\limits_{k=1}^{10} a_k$의 값은?

(단, $N > n$)

① 150   ② 160   ③ 170

④ 180   ⑤ 190

26

자연수 n에 대하여 좌표평면 위의 두 점 $P_n(n, 3n)$, $Q_n(2n, 3n)$이 있다. 선분 P_nQ_n과 곡선 $y = \dfrac{1}{k}x^2$이 만나도록 하는 자연수 k의 개수를 a_n이라 할 때, $\sum\limits_{n=1}^{17} a_n$의 값은?

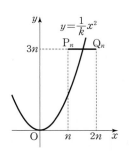

① 146   ② 150   ③ 154

④ 158   ⑤ 162

27

수열 $\{a_n\}$은 15와 서로소인 자연수를 작은 수부터 차례대로 모두 나열하여 만든 것이다. 예를 들면 $a_2 = 2$, $a_4 = 7$이다. $\sum\limits_{n=1}^{16} a_n$의 값은?

① 240   ② 280   ③ 320

④ 360   ⑤ 400

28

수열 $\{a_n\}$을 다음과 같이 정의하자.

> 집합 $A_n = \{x \mid (x-n)(x-2n+1) \leq 0\}$에 대하여 $25 \in A_n$이면 $a_n = 1$이고, $25 \notin A_n$이면 $a_n = -1$이다.

$\sum\limits_{k=1}^{m} a_k = -20$을 만족시키는 자연수 m의 값을 구하시오.

29   유형 ❼ 군수열

자연수 n과 $n+1$ 사이에 n개의 0이 들어 있는 수열
     1, 0, 2, 0, 0, 3, 0, 0, 0, 4, ⋯
가 있다. 이 수열에서 100번째로 나타나는 0은 제 몇 항인가?

① 114   ② 115   ③ 116

④ 117   ⑤ 118

30

다음과 같이 수를 배열할 때, 상자 안의 수를 모두 더한 값은?

2					
3	6				
4	8	12			
⋮	⋮	⋮			
10	20	30	⋯	90	
11	22	33	⋯	99	110

① 1845   ② 1865   ③ 1885

④ 1905   ⑤ 1925

31

수열
$$1, \ 1, \ \frac{1}{2}, \ 1, \ \frac{2}{3}, \ \frac{1}{3}, \ 1, \ \frac{3}{4}, \ \frac{2}{4}, \ \frac{1}{4}, \ \cdots$$
에서 처음으로 $\dfrac{1}{20}$보다 작아지는 항은 m번째 항이다. m의 값을 구하시오.

01

이차함수 $f(x)=\sum\limits_{k=1}^{100}\left\{x-\dfrac{1}{k(k+1)}\right\}^2$이 최솟값을 가질 때의 x의 값을 구하시오.

02

수열 $\{a_n\}$이
$$a_1=1,\ a_2=2,\ a_3=3,$$
$$a_n+a_{n+1}+a_{n+2}+a_{n+3}=8n+4\ (n=1,\ 2,\ 3,\ \cdots)$$
를 만족시킬 때, $\sum\limits_{k=0}^{20}(a_{4k+1}+a_{4k+2}+a_{4k+3})$의 값을 구하시오.

03

수열 $\{a_n\}$의 일반항은 $a_n=\log_2\sqrt{\dfrac{2(n+1)}{n+2}}$이다. $\sum\limits_{k=1}^{m}a_k$의 값이 100 이하의 자연수가 되도록 하는 모든 자연수 m의 값의 합은? [2021학년도 평가원]

① 150   ② 154   ③ 158

④ 162   ⑤ 166

04

2 이상의 자연수 n에 대하여 두 함수 $y=x^2$, $y=nx-1$의 그래프로 둘러싸인 영역의 내부 또는 경계에 포함되는 점 중에서 x좌표와 y좌표가 모두 자연수인 점의 개수를 a_n이라 할 때, $\sum\limits_{k=2}^{10}\dfrac{1}{a_k}$의 값을 구하시오.

05

양의 실수로 이루어진 수열 $\{a_n\}$이
$$a_1^{\ 3}+a_2^{\ 3}+a_3^{\ 3}+\cdots+a_n^{\ 3}=(a_1+a_2+a_3+\cdots+a_n)^2$$
을 만족시킬 때, a_{100}의 값을 구하시오.

06

모든 자연수 n에 대하여 부등식
$$0<\dfrac{1}{3}-\sum\limits_{k=1}^{n}\dfrac{a_k}{5^k}<\dfrac{1}{5^n}$$
이 성립하도록 자연수 $a_1,\ a_2,\ a_3,\ \cdots$의 값을 차례대로 정할 때, $a_{2020}+a_{2021}+a_{2022}$의 값을 구하시오.

07

수열 $\{a_n\}$이
$$a_n=\left[\dfrac{n^4+3n^3-129n^2+14n+35}{n+13}\right]$$
일 때, $\sum\limits_{n=1}^{15}a_n$의 값을 구하시오.

(단, $[x]$는 x보다 크지 않은 최대의 정수이다.)

08

집합 $U=\{x\,|\,x$는 30 이하의 자연수$\}$의 부분집합 $A=\{a_1,\ a_2,\ a_3,\ \cdots,\ a_{15}\}$가 다음 조건을 만족시킨다.

㈎ 집합 A의 임의의 두 원소 $a_i,\ a_j\ (i\neq j)$에 대하여
$$a_i+a_j\neq31$$
㈏ $\sum\limits_{i=1}^{15}a_i=264$

$\dfrac{1}{31}\sum\limits_{i=1}^{15}a_i^{\ 2}$의 값을 구하시오.

정답과 해설 pp.154~155

유형 1 새롭게 정의된 수열의 합

출제경향 특정한 규칙을 갖는 수열을 제시하여 그 규칙을 찾고 수열의 합을 구하는 문제들이 출제된다.

공략비법
새롭게 정의되거나 특정한 규칙을 갖는 수열 $\{a_n\}$은 직접 a_1, a_2, a_3, … 을 구해보거나 주어진 조건을 이용하여 반복되는 주기를 찾거나 특정한 규칙을 추측하여 일반항 a_n을 구하여 합을 구한다.

1 대표
• 2020년 4월 교육청 14번 | 4점

2 이상의 자연수 n에 대하여 $(n-5)$의 n제곱근 중 실수인 것의 개수를 $f(n)$이라 할 때, $\displaystyle\sum_{n=2}^{10} f(n)$의 값은?

① 8 ② 9 ③ 10
④ 11 ⑤ 12

2 유사
• 2020학년도 수능 17번 | 4점

자연수 n의 양의 약수의 개수를 $f(n)$이라 하고, 36의 모든 양의 약수를 a_1, a_2, a_3, …, a_9라 하자.

$\displaystyle\sum_{k=1}^{9} \{(-1)^{f(a_k)} \times \log a_k\}$의 값은?

① $\log 2 + \log 3$ ② $2\log 2 + \log 3$
③ $\log 2 + 2\log 3$ ④ $2\log 2 + 2\log 3$
⑤ $3\log 2 + 2\log 3$

유형 2 ∑와 도형

출제경향 주어진 도형의 길이 또는 넓이를 수열로 나타낸 후, 자연수의 거듭제곱의 합의 공식을 이용하여 수열의 합을 구하는 문제가 출제된다.

공략비법
(1) $\displaystyle\sum_{k=1}^{n} k = \frac{n(n+1)}{2}$
(2) $\displaystyle\sum_{k=1}^{n} k^2 = \frac{n(n+1)(2n+1)}{6}$
(3) $\displaystyle\sum_{k=1}^{n} k^3 = \left\{\frac{n(n+1)}{2}\right\}^2$

3 대표
• 2018년 4월 교육청 20번 | 4점

그림과 같이 자연수 n에 대하여 한 변의 길이가 $2n$인 정사각형 ABCD가 있고, 네 점 E, F, G, H가 각각 네 변 AB, BC, CD, DA 위에 있다. 선분 HF의 길이는 $\sqrt{4n^2+1}$이고 선분 HF와 선분 EG가 서로 수직일 때, 사각형 EFGH의 넓이를 S_n이라 하자. $\displaystyle\sum_{n=1}^{10} S_n$의 값은?

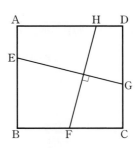

① 765 ② 770 ③ 775
④ 780 ⑤ 785

4 유사
• 2021학년도 사관학교 27번 | 4점

모든 자연수 n에 대하여 곡선 $y=\sqrt{x}$ 위의 점 $A_n(n^2, n)$과 곡선 $y=-x^2$ $(x\geq 0)$ 위의 점 B_n이 $\overline{OA_n}=\overline{OB_n}$을 만족시킨다. 삼각형 A_nOB_n의 넓이를 S_n이라 할 때, $\displaystyle\sum_{n=1}^{10} \frac{2S_n}{n^2}$의 값을 구하시오. (단, O는 원점이다.)

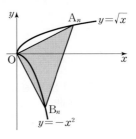

10

수학적 귀납법

비법 노트

Ⓐ 조화수열의 여러 가지 귀납적 정의

(1) 점화식 $a_{n+1}=\dfrac{2a_n a_{n+2}}{a_n+a_{n+2}}$에서 양변의 역수를 취하면

$$\dfrac{1}{a_{n+1}}=\dfrac{a_n+a_{n+2}}{2a_n a_{n+2}},\ \dfrac{2}{a_{n+1}}=\dfrac{a_n+a_{n+2}}{a_n a_{n+2}}$$

$$\therefore \dfrac{2}{a_{n+1}}=\dfrac{1}{a_n}+\dfrac{1}{a_{n+2}}$$

(2) 점화식 $2a_n a_{n+2}=a_{n+1}a_{n+2}+a_n a_{n+1}$에서 양변을
각각 $a_n a_{n+1}a_{n+2}$로 나누면

$$\dfrac{2}{a_{n+1}}=\dfrac{1}{a_n}+\dfrac{1}{a_{n+2}}$$

▶ STEP 2 | 02번

Ⓑ $a_{n+1}=a_n+f(n)$ 꼴의 점화식의 n 대신에 $1, 2, 3, \cdots$, $n-1$을 차례대로 대입하여 변끼리 더하면

$$a_2=a_1+f(1)$$
$$a_3=a_2+f(2)$$
$$a_4=a_3+f(3)$$
$$\vdots$$
$$+)\ a_n=a_{n-1}+f(n-1)$$
$$\overline{a_n=a_1+\{f(1)+f(2)+f(3)+\cdots+f(n-1)\}}$$
$$=a_1+\sum_{k=1}^{n-1}f(k)$$

▶ STEP 2 | 05번

Ⓒ $a_{n+1}=a_n f(n)$ 꼴의 점화식의 n 대신에 $1, 2, 3, \cdots$, $n-1$을 차례대로 대입하여 변끼리 곱하면

$$a_2=a_1 f(1)$$
$$a_3=a_2 f(2)$$
$$a_4=a_3 f(3)$$
$$\vdots$$
$$\times)\ a_n=a_{n-1}f(n-1)$$
$$\overline{a_n=a_1\times f(1)\times f(2)\times f(3)\times\cdots\times f(n-1)}$$

▶ STEP 1 | 05번

Ⓓ $a_{n+1}=pa_n+q\ (p\neq1,\ pq\neq0)$ 꼴의 점화식

⇨ $a_{n+1}-\alpha=p(a_n-\alpha)$ 꼴로 변형하면 수열
$\{a_n-\alpha\}$가 첫째항이 $a_1-\alpha$, 공비가 p인 등비수열
임을 이용한다.

▶ STEP 1 | 06번

Ⓔ 수학적 귀납법의 사용

(1) 유한개의 예를 사용하여 일반적인 성질을 증명할 수
는 없지만 수학적 귀납법을 사용하면 유한개의 예로
부터 발전시켜 무한개에 대하여 성립하는 일반적인
성질을 증명할 수 있다.

(2) 수학적 귀납법은 자연수와 관계없는 증명에서는 사
용할 수 없다.

수열의 귀납적 정의

수열 $\{a_n\}$을

$$\begin{cases} \text{첫째항 } a_1\text{의 값} \\ n\text{번째 항과 이웃하는 항들 사이의 관계식} \end{cases}$$

으로 정의하는 것을 수열 $\{a_n\}$의 귀납적 정의라 한다.

참고 수열의 귀납적 정의에서 n번째 항과 이웃하는 항들 사이의 관계식을 점화식이라 한다.

등차수열과 등비수열의 귀납적 정의 Ⓐ

수열 $\{a_n\}$에 대하여 $n=1, 2, 3, \cdots$일 때

(1) $a_{n+1}-a_n=d$ (일정)
    ⇨ 공차가 d인 등차수열

(2) $a_{n+1}\div a_n=r$ (일정)
    ⇨ 공비가 r인 등비수열

(3) $2a_{n+1}=a_n+a_{n+2}$ 또는 $a_{n+1}-a_n=a_{n+2}-a_{n+1}$
    ⇨ 등차수열

(4) $a_{n+1}^{\ 2}=a_n a_{n+2}$ 또는 $\dfrac{a_{n+1}}{a_n}=\dfrac{a_{n+2}}{a_{n+1}}$
    ⇨ 등비수열

참고 $\dfrac{1}{a_{n+1}}-\dfrac{1}{a_n}=d$ (일정) 또는 $\dfrac{2}{a_{n+1}}=\dfrac{1}{a_n}+\dfrac{1}{a_{n+2}}$ 또는 $\dfrac{1}{a_{n+1}}-\dfrac{1}{a_n}=\dfrac{1}{a_{n+2}}-\dfrac{1}{a_{n+1}}$
    ⇨ 조화수열
    └─ 수열 $\left\{\dfrac{1}{a_n}\right\}$은 등차수열

여러 가지 수열의 귀납적 정의 Ⓑ Ⓒ Ⓓ

(1) $a_{n+1}=a_n+f(n)$ 꼴
    ⇨ n 대신에 $1, 2, 3, \cdots$, $n-1$을 차례대로 대입한 후 변끼리 더한다.
    ⇨ $a_n=a_1+f(1)+f(2)+f(3)+\cdots+f(n-1)$
    $$=a_1+\sum_{k=1}^{n-1}f(k)$$

(2) $a_{n+1}=a_n f(n)$ 꼴
    ⇨ n 대신에 $1, 2, 3, \cdots$, $n-1$을 차례대로 대입한 후 변끼리 곱한다.
    ⇨ $a_n=a_1\times f(1)\times f(2)\times f(3)\times\cdots\times f(n-1)$

수학적 귀납법 Ⓔ

자연수 n에 대한 식 또는 명제 $p(n)$이 모든 자연수 n에 대하여 성립
함을 증명하기 위해서는 다음 (ⅰ), (ⅱ)를 보이면 된다.

(ⅰ) $n=1$일 때, 명제 $p(n)$이 성립한다.

(ⅱ) $n=k$일 때 명제 $p(n)$이 성립한다고 가정하면 $n=k+1$일 때도 명제
$p(n)$이 성립한다.

참고 명제 $p(n)$이 $n\geq m$ (m은 자연수)인 모든 자연수 n에 대하여 성립함을 증명하기
위해서는 다음 (ⅰ), (ⅱ)를 보이면 된다.
(ⅰ) $n=m$일 때, 명제 $p(n)$이 성립한다.
(ⅱ) $n=k$ ($k\geq m$)일 때 명제 $p(n)$이 성립한다고 가정하면 $n=k+1$일 때도 명제
$p(n)$이 성립한다.

01 등차수열의 귀납적 정의

수열 $\{a_n\}$이

$$a_1=28,\ a_3=22,\ 2a_{n+1}=a_n+a_{n+2}\ (n=1,\ 2,\ 3,\ \cdots)$$

로 정의될 때, **보기**에서 옳은 것만을 있는 대로 고른 것은?

┌ • 보기 • ─────────────────────────┐

ㄱ. $a_6=13$

ㄴ. $\displaystyle\sum_{k=1}^{n} a_k - \sum_{k=2}^{n} a_{k-1} = -3n+31$

ㄷ. 수열 $\{a_n\}$에서 처음으로 음수가 되는 항은 제10항이다.

└──────────────────────────────────┘

① ㄱ   ② ㄴ   ③ ㄱ, ㄴ

④ ㄴ, ㄷ   ⑤ ㄱ, ㄴ, ㄷ

02 등비수열의 귀납적 정의

모든 항이 양수인 수열 $\{a_n\}$이

$$\frac{a_{n+2}}{a_{n+1}} = \frac{a_{n+1}}{a_n}\ (n=1,\ 2,\ 3,\ \cdots)$$

로 정의된다. 수열 $\{a_n\}$의 첫째항부터 제n항까지의 합을 S_n이라 할 때, $S_4=90$, $S_8=1530$이다. 이때 S_{10}의 값은?

① 5430   ② 5862   ③ 6138

④ 6548   ⑤ 7120

03 조화수열의 귀납적 정의

수열 $\{a_n\}$이

$$a_1=1,\ a_{n+1}=\frac{a_n}{a_n+1}\ (n=1,\ 2,\ 3,\ \cdots)$$

을 만족시킬 때, $A=\displaystyle\sum_{k=1}^{9} a_k a_{k+1}$, $B=\displaystyle\sum_{k=1}^{9} \frac{1}{a_k a_{k+1}}$이라 하자. AB의 값을 구하시오.

04 $a_{n+1}=a_n+f(n)$ 꼴의 귀납적 정의

두 수열 $\{a_n\}$, $\{b_n\}$에 대하여

$$\begin{cases} a_1=2,\ a_n+b_n-a_{n+1}=0\ (n=1,\ 2,\ 3,\ \cdots) \\ b_1=3,\ b_{n+1}=b_n+4\ (n=1,\ 2,\ 3,\ \cdots) \end{cases}$$

일 때, a_{11}의 값은?

① 206   ② 208   ③ 210

④ 212   ⑤ 214

05 $a_{n+1}=a_n f(n)$ 꼴의 귀납적 정의

수열 $\{a_n\}$이

$$a_1=1,\ a_{n+1}=(2n-1)a_n\ (n=1,\ 2,\ 3,\ \cdots)$$

으로 정의될 때, $a_1+a_2+a_3+\cdots+a_{2020}$을 105로 나눈 나머지는?

① 1   ② 5   ③ 19

④ 20   ⑤ 99

06 $a_{n+1}=pa_n+q$ 꼴의 귀납적 정의

수열 $\{a_n\}$이

$$a_1=4,\ 2a_{n+1}=a_n+3\ (n=1,\ 2,\ 3,\ \cdots)$$

으로 정의될 때, $a_n > \dfrac{193}{64}$을 만족시키는 n의 최댓값은?

① 4   ② 5   ③ 6

④ 7   ⑤ 8

07 수학적 귀납법에 의한 증명

다음은 모든 자연수 n에 대하여 등식

$$1\times2+2\times3+\cdots+n(n+1)=\frac{n(n+1)(n+2)}{3}$$

가 성립함을 수학적 귀납법으로 증명한 것이다.

┌ • 증명 • ─────────────────────────┐

(ⅰ) $n=1$일 때, (좌변)=(우변)= [(가)] 이므로 성립한다.

(ⅱ) $n=k$일 때 성립한다고 가정하면

$$1\times2+2\times3+\cdots+k(k+1)=\frac{k(k+1)(k+2)}{3}$$

$$\cdots\cdots ㉠$$

㉠의 양변에 [(나)] 를 더하면

$$1\times2+2\times3+3\times4+\cdots+k(k+1)+[(나)]$$

$$=\frac{k(k+1)(k+2)}{3}+[(나)]=[(다)]$$

따라서 $n=k+1$일 때도 성립한다.

(ⅰ), (ⅱ)에서 모든 자연수 n에 대하여 주어진 등식이 성립한다.

└──────────────────────────────────┘

위의 증명에서 (가), (나), (다)에 알맞은 것을 써넣으시오.

대표 01 유형❶ 등차수열과 등비수열의 귀납적 정의

모든 항이 실수인 수열 $\{a_n\}$이
$$a_{n+1}{}^2+4a_n{}^2+(a_1-2)^2=4a_{n+1}a_n \ (n=1, 2, 3, \cdots)$$
으로 정의될 때, $\sum\limits_{k=1}^{m} a_k=510$을 만족시키는 자연수 m의 값을 구하시오.

02 ⌐빈출

모든 항이 양수인 수열 $\{a_n\}$이
$$a_1=2, \ a_2=1,$$
$$a_{n+1}a_n-2a_{n+2}a_n+a_{n+1}a_{n+2}=0 \ (n=1, 2, 3, \cdots)$$
으로 정의될 때, $\sum\limits_{k=1}^{20} \dfrac{1}{a_k}$의 값을 구하시오.

03

수열 $\{a_n\}$이
$$a_1=3, \ a_{n+1}=\dfrac{4a_n-2}{a_n+1} \ (n=1, 2, 3, \cdots)$$
로 정의될 때, **보기**에서 옳은 것만을 있는 대로 고른 것은?

┌ 보기 ┐
ㄱ. $a_3=\dfrac{16}{7}$

ㄴ. 수열 $\left\{\dfrac{a_n-2}{a_n-1}\right\}$는 등비수열이다.

ㄷ. $\sum\limits_{k=1}^{10} \dfrac{a_k-2}{a_k-1}=\dfrac{3}{2}\left\{1-\left(\dfrac{2}{3}\right)^{10}\right\}$
└─────┘

① ㄱ   ② ㄴ   ③ ㄱ, ㄴ
④ ㄱ, ㄷ   ⑤ ㄱ, ㄴ, ㄷ

04

공차와 각 항이 모두 0이 아닌 실수인 등차수열 $\{a_n\}$에 대하여 x에 대한 방정식
$$a_{n+2}x^2+2a_{n+1}x+a_n=0 \ (n=1, 2, 3, \cdots)$$
의 한 근을 b_n이라 하자. 이때 등차수열 $\left\{\dfrac{b_n}{b_n+1}\right\}$의 공차를 구하시오. (단, $b_n\ne-1$)

대표 05 유형❷ 여러 가지 수열의 귀납적 정의

수열 $\{a_n\}$이
$$a_1=2,$$
$$a_{n+1}=a_n+(-1)^n\times\dfrac{2n+1}{n(n+1)} \ (n=1, 2, 3, \cdots)$$
로 정의될 때, $a_{15}=\dfrac{q}{p}$이다. $p+q$의 값을 구하시오.
(단, p, q는 서로소인 자연수이다.)

06

수열 $\{a_n\}$이
$$a_1=1, \ pa_{n+1}=qa_n+r \ (n=1, 2, 3, \cdots)$$
를 만족시킬 때, **보기**에서 옳은 것만을 있는 대로 고른 것은?
(단, p, q는 0이 아닌 실수이다.)

┌ 보기 ┐
ㄱ. $r=0$이면 수열 $\{a_n\}$은 등차수열이다.

ㄴ. $p=q$일 때, $\sum\limits_{k=1}^{n} a_k=\dfrac{n(rn+2p-r)}{2p}$이다.

ㄷ. $p=q+r$이면 $a_n=1$이다.
└─────┘

① ㄱ   ② ㄴ   ③ ㄱ, ㄴ
④ ㄴ, ㄷ   ⑤ ㄱ, ㄴ, ㄷ

07

수열 $\{a_n\}$이
$$a_1=0, \ n^2a_{n+1}=(n+1)^2a_n+2n+1 \ (n=1, 2, 3, \cdots)$$
로 정의될 때, a_{25}의 값을 구하시오.

08

수열 $\{a_n\}$의 첫째항부터 제n항까지의 합을 S_n이라 하면
$$S_n=1-(n+1)a_n \ (n=1, 2, 3, \cdots)$$
일 때, $\sum\limits_{k=1}^{10} \dfrac{1}{a_k}$의 값은?

① 270   ② 275   ③ 280
④ 285   ⑤ 290

09

수열 $\{a_n\}$의 첫째항부터 제n항까지의 합 S_n에 대하여
$$a_1=1,\ na_n=(n-1)S_n\ (n=2,\ 3,\ 4,\ \cdots)$$
이 성립할 때, a_{20}의 값은?

① $19!$ ② $19\times19!$ ③ $20!$
④ $20\times20!$ ⑤ $21!$

10

신유형

$f(n)=n!$이고, 수열 $\{a_n\}$에 대하여
$$a_1=2,$$
$$\sum_{k=1}^{n}a_k-na_n=n\log n-\log f(n)\ (n=1,\ 2,\ 3,\ \cdots)$$
이 성립할 때, a_{20}의 값은?

① $\log 2$ ② $\log 5$ ③ $\log 20$
④ $\log 40$ ⑤ $\log 50$

11

1등급

수열 $\{a_n\}$의 첫째항부터 제n항까지의 합을 S_n이라 하면
$$a_1=4,$$
$$S_n=\frac{1}{n}(S_1+S_2+\cdots+S_{n-1})+3-a_n\ (n=2,\ 3,\ 4,\ \cdots)$$
일 때, a_{10}의 값은?

① $\dfrac{3}{10}-\dfrac{1}{5\times2^9}$ ② $\dfrac{3}{10}-\dfrac{1}{5\times2^8}$ ③ $\dfrac{3}{10}-\dfrac{1}{5\times2^7}$
④ $3+\dfrac{1}{9\times2^8}$ ⑤ $3+\dfrac{1}{9\times2^9}$

대표
12   유형❸ 수열의 귀납적 정의에서 규칙성 찾기

수열 $\{a_n\}$이
$$a_1=5,\ a_na_{n+1}=2a_n-1\ (n=1,\ 2,\ 3,\ \cdots)$$
로 정의될 때, $a_{20}=\dfrac{q}{p}$이다. $p+q$의 값을 구하시오.

(단, $p,\ q$는 서로소인 자연수이다.)

13

수열 $\{a_n\}$이
$$a_1=1,\ a_2=0,$$
$$a_{n+1}-a_n=(-1)^n(a_n-a_{n-1})\ (n=2,\ 3,\ 4,\ \cdots)$$
일 때, $\sum_{k=1}^{200}a_k$의 값을 구하시오.

14

두 수열 $\{a_n\}$, $\{b_n\}$에 대하여
$$a_1=b_1,\ a_{10}+b_{10}=30,$$
$$a_{n+1}+a_n=b_{n+1}-b_n\ (n=1,\ 2,\ 3,\ \cdots)$$
이 성립할 때, $a_1+a_2+a_3+\cdots+a_{10}$의 값은?

① 11 ② 12 ③ 13
④ 14 ⑤ 15

15

그림과 같이 음이 아닌 정수 n에 대하여 점 P_n을 다음 규칙에 따라 정한다.

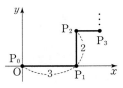

(가) $P_1(3,\ 0)$, $P_2(3,\ 2)$
(나) $\overline{P_nP_{n+1}}\perp\overline{P_{n+1}P_{n+2}}\ (n=0,\ 1,\ 2,\ \cdots)$
(다) $\overline{P_{n-1}P_n}\times\overline{P_{n+1}P_{n+2}}=\overline{P_nP_{n+1}}+1\ (n=1,\ 2,\ 3,\ \cdots)$

점 P_n의 좌표를 $(x_n,\ y_n)$이라 할 때, $x_{30}+y_{30}$의 값을 구하시오. (단, P_0은 원점 O이고, $x_{n+2}>x_n$, $y_{n+2}>y_n$이다.)

16

1등급

수열 $\{a_n\}$이
$$a_1=1,\ a_n+a_{n+1}=n^2\ (n=1,\ 2,\ 3,\ \cdots)$$
으로 정의될 때, **보기**에서 옳은 것만을 있는 대로 고른 것은?

● 보기 ●
ㄱ. $\sum_{n=1}^{19}a_n=1141$
ㄴ. $a_{20}-a_{19}=18$
ㄷ. $\sum_{n=1}^{15}(a_{2n}-a_{2n-1})=195$

① ㄱ   ② ㄴ   ③ ㄱ, ㄷ
④ ㄴ, ㄷ   ⑤ ㄱ, ㄴ, ㄷ

대표
17 유형❹ 수학적 귀납법에 의한 증명

다음은 모든 자연수 n에 대하여 부등식

$$\frac{1}{2} \times \frac{3}{4} \times \frac{5}{6} \times \cdots \times \frac{2n-1}{2n} \leq \frac{1}{\sqrt{3n+1}}$$

이 성립함을 수학적 귀납법으로 증명한 것이다.

● 증명 ●

(i) $n=1$일 때,

(좌변)$=\frac{1}{2}$, (우변)$=\frac{1}{\sqrt{4}}=\frac{1}{2}$이므로 주어진 부등식

이 성립한다.

(ii) $n=k$일 때 주어진 부등식이 성립한다고 가정하면

$$\frac{1}{2} \times \frac{3}{4} \times \frac{5}{6} \times \cdots \times \frac{2k-1}{2k} \leq \frac{1}{\boxed{(가)}}$$

위의 부등식의 양변에 $\dfrac{\boxed{(나)}}{2k+2}$을 곱하면

$$\frac{1}{2} \times \frac{3}{4} \times \frac{5}{6} \times \cdots \times \frac{2k-1}{2k} \times \frac{\boxed{(나)}}{2k+2}$$

$$\leq \frac{\boxed{(나)}}{(2k+2)\boxed{(가)}}$$

이때

$$\left\{ \frac{\boxed{(나)}}{(2k+2)\boxed{(가)}} \right\}^2 = \frac{(\boxed{(나)})^2}{(2k+1)^2(3k+4)+k}$$

$$< \frac{1}{\boxed{(다)}}$$

이므로 $\dfrac{\boxed{(나)}}{(2k+2)\boxed{(가)}} < \sqrt{\dfrac{1}{\boxed{(다)}}}$

따라서 $n=k+1$일 때도 주어진 부등식은 성립한다.

(i), (ii)에서 모든 자연수 n에 대하여 주어진 부등식이 성립한다.

위의 증명에서 (가), (나), (다)에 알맞은 것을 써넣으시오.

18

4 이상의 모든 자연수 n에 대하여 부등식

$$1 \times 2 \times 3 \times \cdots \times n > 2^n$$

이 성립함을 수학적 귀납법으로 증명하시오.

19

수열 $\{a_n\}$의 일반항은

$$a_n = (2^{2n}-1) \times 2^{n(n-1)} + (n-1) \times 2^{-n}$$

이다. 다음은 모든 자연수 n에 대하여

$$\sum_{k=1}^{n} a_k = 2^{n(n+1)} - (n+1) \times 2^{-n} \qquad \cdots\cdots (*)$$

임을 수학적 귀납법을 이용하여 증명한 것이다.

● 증명 ●

(i) $n=1$일 때, (좌변)$=3$, (우변)$=3$이므로

$(*)$이 성립한다.

(ii) $n=m$일 때, $(*)$이 성립한다고 가정하면

$$\sum_{k=1}^{m} a_k = 2^{m(m+1)} - (m+1) \times 2^{-m}$$

이다. $n=m+1$일 때,

$$\sum_{k=1}^{m+1} a_k = 2^{m(m+1)} - (m+1) \times 2^{-m}$$

$$+ (2^{2m+2}-1) \times \boxed{(가)} + m \times 2^{-m-1}$$

$$= \boxed{(가)} \times \boxed{(나)} - \frac{m+2}{2} \times 2^{-m}$$

$$= 2^{(m+1)(m+2)} - (m+2) \times 2^{-(m+1)}$$

이다. 따라서 $n=m+1$일 때도 $(*)$이 성립한다.

(i), (ii)에 의하여 모든 자연수 n에 대하여

$$\sum_{k=1}^{n} a_k = 2^{n(n+1)} - (n+1) \times 2^{-n}$$

이다.

위의 (가), (나)에 알맞은 식을 각각 $f(m)$, $g(m)$이라 할 때,

$\dfrac{g(7)}{f(3)}$의 값은? [2021학년도 평가원]

① 2 　　　　② 4 　　　　③ 8

④ 16 　　　　⑤ 32

20

수열 $\{a_n\}$이 $a_n = \sum\limits_{k=1}^{n} \dfrac{1}{k}$로 정의될 때, $n \geq 2$인 모든 자연수 n에 대하여 등식

$$n + a_1 + a_2 + \cdots + a_{n-1} = na_n$$

이 성립함을 수학적 귀납법으로 증명하시오.

01

임의의 바둑돌 n개를 흰 바둑돌이 이웃하지 않도록 한 줄로 나열하려고 한다. 예를 들어, ●을 검은 바둑돌, ○을 흰 바둑돌이라 할 때, ●●○●로 나열할 수 있지만 ○●○○로는 나열할 수 없다. 임의의 바둑돌 n개를 배열하는 방법의 수를 a_n이라 할 때, $a_{n+2}=pa_n+qa_{n+1}$이다. $p+q+a_7$의 값을 구하시오. (단, p, q는 상수이다.)

02

자연수 k에 대하여 다음 조건을 만족시키는 수열 $\{a_n\}$이 있다.

$a_1=0$이고, 모든 자연수 n에 대하여

$$a_{n+1}=\begin{cases} a_n+\dfrac{1}{k+1} & (a_n\leq 0) \\ a_n-\dfrac{1}{k} & (a_n>0) \end{cases}$$

이다.

$a_{22}=0$이 되도록 하는 모든 k의 값의 합은? [2023학년도 평가원]

① 12　　　　② 14　　　　③ 16

④ 18　　　　⑤ 20

03

자연수 n에 대하여 두 수열 $\{a_n\}$, $\{b_n\}$이

$a_1=2$, $b_n=(3n-2)a_{n+1}$,

$3n^2 a_n+(4a_n-b_n)n+a_n-b_n=0$

으로 정의될 때, **보기**에서 옳은 것만을 있는 대로 고른 것은?

• 보기 •

ㄱ. $a_5=25$

ㄴ. $2a_{n+1}=a_n+a_{n+2}$

ㄷ. $\displaystyle\sum_{k=1}^{10} a_k=290$

① ㄴ　　　　② ㄷ　　　　③ ㄱ, ㄴ

④ ㄱ, ㄷ　　　⑤ ㄴ, ㄷ

04

자연수 n에 대하여 모든 항이 양수인 수열 $\{a_n\}$이

$$\sum_{k=1}^{n} a_k=\frac{1}{2}\left(a_n+\frac{1}{a_n}\right)$$

을 만족시킬 때, $\displaystyle\sum_{k=1}^{100} a_k$의 값을 구하시오.

05

수열 $\{a_n\}$이 모든 자연수 n에 대하여

$$a_{n+1}=(-1)^n\times n-7a_n$$

을 만족시킨다. $a_1=a_{2021}+22$일 때, $\displaystyle\sum_{n=1}^{2020} a_n$의 값을 구하시오.

06

수열 $\{a_n\}$은 모든 자연수 n에 대하여

$$a_{n+2}=\begin{cases} 3a_n+a_{n+1} & (a_n\leq a_{n+1}) \\ a_n+a_{n+1} & (a_n>a_{n+1}) \end{cases}$$

을 만족시킨다. $a_3=3$, $a_6=37$이 되도록 하는 모든 a_1의 값의 합을 구하시오.

07

수열 $\{a_n\}$이

$a_1=7$, $a_{n+1}=2a_n+3^n$ ($n=1,\ 2,\ 3,\ \cdots$)

으로 정의될 때, a_{20}은 m자리의 자연수이다. m의 값을 구하시오. (단, $\log 2=0.30$, $\log 3=0.47$로 계산한다.)

유형 1 수열의 귀납적 정의

출제경향 귀납적으로 정의된 수열에 대한 문제는 출제 빈도가 높은 편이지만 공식을 이용해서 풀어야 하는 문제는 거의 출제되지 않는다.

공략비법 귀납적으로 정의된 수열
(1) 등차수열 또는 등비수열이 귀납적으로 정의되어 있을 때
  ⇨ 점화식의 형태로부터 등차수열 또는 등비수열임을 판단하고 일반항을 구한다.
(2) 등차수열, 등비수열이 아닌 수열이 귀납적으로 정의되어 있을 때
  ⇨ 주어진 점화식의 정의에 따라 각 항을 차례대로 나열하고 규칙을 찾는다.

1 대표
• 2019년 7월 교육청 26번 | 4점

첫째항이 2이고 모든 항이 양수인 수열 $\{a_n\}$이 있다. x에 대한 이차방정식 $a_n x^2 - a_{n+1} x + a_n = 0$이 모든 자연수 n에 대하여 중근을 가질 때, $\sum\limits_{k=1}^{8} a_k$의 값을 구하시오.

2 유사
• 2021년 7월 교육청 7번 | 3점

수열 $\{a_n\}$은 $a_1 = 10$이고, 모든 자연수 n에 대하여
$$a_{n+1} = \begin{cases} 5 - \dfrac{10}{a_n} & (a_n \text{이 정수인 경우}) \\ -2a_n + 3 & (a_n \text{이 정수가 아닌 경우}) \end{cases}$$
를 만족시킨다. $a_9 + a_{12}$의 값은?

① 5 ② 6 ③ 7
④ 8 ⑤ 9

유형 2 증명 과정의 빈칸 채우기

출제경향 수학적 귀납법을 이용한 증명 문제 또는 귀납적으로 정의된 수열의 일반항을 구하는 문제가 출제된다.

공략비법 증명 과정의 빈칸을 채우는 방법
(1) 수학적 귀납법을 이용하여 증명하기
  ⇨ 수학적 귀납법의 원리를 이용
(2) 수열의 일반항 a_n 구하기
  ⇨ 수열에 대한 공식 이용

3 대표
• 2022년 7월 교육청 12번 | 4점

첫째항이 2인 수열 $\{a_n\}$의 첫째항부터 제n항까지의 합을 S_n이라 하자. 다음은 모든 자연수 n에 대하여
$$\sum_{k=1}^{n} \frac{3S_k}{k+2} = S_n$$
이 성립할 때, a_{10}의 값을 구하는 과정이다.

$n \geq 2$인 모든 자연수 n에 대하여
$$a_n = S_n - S_{n-1}$$
$$= \sum_{k=1}^{n} \frac{3S_k}{k+2} - \sum_{k=1}^{n-1} \frac{3S_k}{k+2} = \frac{3S_n}{n+2}$$
이므로 $3S_n = (n+2) \times a_n \ (n \geq 2)$
이다.
$S_1 = a_1$에서 $3S_1 = 3a_1$이므로
$$3S_n = (n+2) \times a_n \ (n \geq 1)$$
이다.
$$3a_n = 3(S_n - S_{n-1})$$
$$= (n+2) \times a_n - (\boxed{\text{(가)}}) \times a_{n-1} \ (n \geq 2)$$
$$\frac{a_n}{a_{n-1}} = \boxed{\text{(나)}} \ (n \geq 2)$$
따라서
$$a_{10} = a_1 \times \frac{a_2}{a_1} \times \frac{a_3}{a_2} \times \frac{a_4}{a_3} \times \cdots \times \frac{a_9}{a_8} \frac{a_{10}}{a_9}$$
$$= \boxed{\text{(다)}}$$

위의 (가), (나)에 알맞은 식을 각각 $f(n)$, $g(n)$이라 하고, (다)에 알맞은 수를 p라 할 때, $\dfrac{f(p)}{g(p)}$의 값은?

① 109 ② 112 ③ 115
④ 118 ⑤ 121

OX로 개념을 적용하는
고등 국어 문제 기본서

더 THE 개념
블랙라벨

국어

국어 문학   국어 독서   국어 문법

개념은 빠짐없이! 설명은 분명하게!
연습은 충분하게! 내신과 수능까지!

B L A C K L A B E L

짧은 호흡, 다양한 도식과 예문으로	꼼꼼한 OX 문제, 충분한 드릴형 문제로	내신형 문제부터 수능 고난도까지
직관적인 **개념 학습**	**국어 개념** **완벽 훈련**	**내신 만점** **수능 만점**

개념부터 심화까지
1등급을 위한
고등 수학 기본서

더 THE 개념
블랙라벨

수학

고등 수학(상)
고등 수학(하)

수학 I
수학 II

확률과 통계
미적분

더 확장된 개념! 더 최신 트렌드!
더 어려운 문제! 더 친절한 해설!

B L A C K L A B E L

사고력을 키워 주고 문제해결에 필요한	예시와 증명으로 스스로 학습 가능한	트렌드를 분석하여 엄선한 필수 문제로
확 장 된 개 념	**자 세 한 설 명**	**최 신 기 출 문 제**

블랙라벨은 최고의 제품에만 허락되는 이름입니다

blacklabel

1등급을 위한 명품 수학 블랙라벨

정답과 해설

WHITE
label

서술형 문항의
원리를 푸는 열쇠

화 이 트 라 벨
| 서술형 문장완성북 | 서술형 핵심패턴북

마인드맵으로 쉽게
우선순위로 빠르게

링 크 랭 크
| 고등 VOCA | 수능 VOCA

정답과 해설

1등급을 위한 명품 수학

블랙라벨

Speed Check

I 지수함수와 로그함수

01. 지수

Step 1 우수 기출 대표 문제			pp.9~10
01 ③	02 −1	03 ①	04 ③
05 ⑤	06 ⑤	07 124	08 ④
09 ③	10 3	11 ③	12 125
13 ①	14 14	15 ②	

Step 2 최고의 변별력 문제								pp.11~14
01 ⑤	02 ②	03 143	04 11	05 ③	06 ④	07 69	08 ③	09 ③
10 5	11 $\frac{21}{2}$	12 ④	13 ②	14 972	15 47	16 ②	17 3	18 ①
19 11	20 ③	21 9	22 225	23 $\frac{1}{15}$	24 −2	25 4	26 ②	27 ③
28 ③	29 ⑤							

Step 3 종합 사고력 문제			p.15
01 26	02 ①	03 5	
04 648	05 7	06 13	
07 ②	08 20		

이것이 수능		p.16
1 ①	2 ③	
3 ③	4 ③	

02. 로그

Step 1 우수 기출 대표 문제			p.18
01 ①	02 27	03 ①	04 ③
05 ①	06 −11	07 ⑤	08 80

Step 2 최고의 변별력 문제								pp.19~21
01 ④	02 ②	03 34	04 5	05 ⑤	06 42	07 ④	08 7	09 ③
10 74	11 ①	12 2	13 ④	14 ③	15 32	16 ①	17 ⑤	18 12
19 $\frac{1}{2}$	20 ⑤	21 ④	22 $\frac{4\sqrt{3}}{3}$	23 467				

Step 3 종합 사고력 문제			p.22
01 2	02 7	03 27	
04 76	05 12	06 500	
07 78			

이것이 수능		p.23
1 ①	2 13	
3 45	4 127	

03. 지수함수

Step 1 우수 기출 대표 문제			pp.26~27
01 ③	02 $2\sqrt{10}$	03 ①	04 ③
05 ⑤	06 ④	07 13	08 ②
09 ④	10 ④	11 −1	12 ①
13 $a<1$	14 $a>\frac{1}{2}$	15 ④	

Step 2 최고의 변별력 문제								pp.28~31
01 ③	02 $\frac{3}{2}$	03 ④	04 16	05 2	06 ⑤	07 8	08 ③	09 ②
10 310	11 ③	12 ③	13 −6	14 3	15 $\frac{27}{64}$	16 ④	17 100	18 35
19 ④	20 7	21 ②	22 6	23 19	24 ④	25 −3	26 ③	27 36일
28 ④								

Step 3 종합 사고력 문제			p.32
01 17	02 $k<6$	03 ②	
04 120	05 1	06 8	
07 39			

이것이 수능		p.33
1 16	2 18	
3 ⑤		

04. 로그함수

Step 1 우수 기출 대표 문제			pp.35~36
01 ⑤	02 −1	03 ④	04 ⑤
05 −2	06 −5	07 ⑤	08 1
09 ③	10 ③	11 23	12 ④
13 16	14 ④	15 ⑤	16 ③

Step 2 최고의 변별력 문제								pp.37~40
01 ④	02 2	03 ⑤	04 ②	05 $\frac{1}{2}$	06 $\frac{3}{256}$	07 ②	08 $\frac{3}{2}$	09 ②
10 15	11 12	12 ⑤	13 ⑤	14 ①	15 16	16 ②	17 ⑤	18 ④
19 1	20 ④	21 ④	22 $\frac{1}{8}$	23 4	24 ②	25 63	26 $k<3$	
27 $0<k<\frac{1}{8}$	28 ⑤	29 ④	30 6년					

Step 3 종합 사고력 문제			p.41
01 4	02 ①	03 $\frac{1}{1024}$	
04 6	05 21	06 $2\sqrt{2}$	
07 ⑤			

이것이 수능		p.42
1 75	2 ③	
3 ①	4 192	

II 삼각함수

05. 삼각함수의 정의

Step 1 우수 기출 대표 문제			pp.45~46
01 ③	02 6	03 $\frac{12}{7}\pi$	04 ③
05 ④	06 $3\sqrt{5}\pi$	07 ①	08 $\frac{1}{2}$
09 ④	10 ①	11 $8\sqrt{5}$	12 ④
13 ①	14 ①	15 2	16 ③

Step 2 최고의 변별력 문제						pp.47~50
01 $\frac{3}{5}\pi$	02 ⑤	03 4	04 9	05 25	06 30	07 8
08 ②	09 ②	10 ④	11 3	12 ④	13 ⑤	14 ③
15 ③	16 ①	17 ②	18 $\frac{3\sqrt{5}}{5}$	19 ②	20 $\frac{7}{8}$	21 $\frac{5}{2}\pi$
22 $-\frac{\sqrt{3}}{2}$	23 ⑤	24 24	25 37	26 ①	27 ③	28 23
29 48	30 36					

Step 3 종합 사고력 문제			p.51
01 −1	02 4	03 π	
04 $2\sqrt{26}$	05 218	06 $\frac{100}{3}\pi$	
07 $\frac{\sqrt{6}}{3}$			

이것이 수능		p.52
1 ④	2 ④	
3 ⑤	4 80	

06. 삼각함수의 그래프

Step 1 우수 기출 대표 문제	pp.54-55

01 ⑤ 02 ③ 03 5 04 −1
05 $\dfrac{\sqrt{3}}{2}\pi$ 06 1 07 ④ 08 $\dfrac{7}{6}\pi$
09 ③ 10 ③ 11 ④ 12 $\dfrac{\sqrt{3}-1}{2}$
13 ③ 14 ⑤ 15 ②

Step 2 최고의 변별력 문제	pp.56-59

01 ① 02 $-\dfrac{\sqrt{3}}{2}$ 03 $4\sqrt{3}$ 04 ④ 05 ③ 06 ① 07 ② 08 ④
09 ② 10 5 11 ④ 12 4 13 −9 14 ③ 15 7π 16 ④ 17 ③
18 11 19 ③ 20 ④ 21 $a=\dfrac{1}{4}$ 또는 $\dfrac{1}{2}<a<\dfrac{5}{2}$ 22 ② 23 $-\dfrac{\sqrt{3}+1}{2}$
24 $\dfrac{35}{12}\pi$ 25 ③ 26 16 27 9 28 $\dfrac{\pi}{6}$

Step 3 종합 사고력 문제	p.60

01 $a=30$, $b=\pi$, $c=40$
02 $2\pi^2$ 03 78 04 $-\dfrac{3}{4}$
05 $\dfrac{\sqrt{2}}{2}$ 06 ① 07 18

이것이 수능	p.61

1 ③ 2 480
3 ④

07. 사인법칙과 코사인법칙

Step 1 우수 기출 대표 문제	p.63

01 30 02 ⑤ 03 ⑤ 04 ⑤
05 ④ 06 ③ 07 $4\sqrt{6}$ 08 $\dfrac{15\sqrt{3}}{4}$

Step 2 최고의 변별력 문제	pp.64-67

01 ④ 02 $\dfrac{33}{8}$ 03 ④ 04 $4\sqrt{3}$ 05 23 06 ⑤ 07 ⑤ 08 7
09 30 m 10 $\dfrac{9\sqrt{5}}{40}$ cm² 11 ⑤ 12 ① 13 291 14 ④
15 $a=b$인 이등변삼각형 또는 $\angle\text{C}=\dfrac{\pi}{2}$인 직각삼각형 16 ④ 17 $\dfrac{25}{4}$ 18 ③
19 ③ 20 $2\sqrt{3}$ 21 ③ 22 ⑤ 23 103 24 14 25 12 26 ⑤ 27 $4\sqrt{7}$

Step 3 종합 사고력 문제	p.68

01 31 km 02 4
03 3 04 25 05 12
06 $\dfrac{2\sqrt{3}}{3}$ 07 7

이것이 수능	p.69

1 27 2 ②
3 ④ 4 ③

Ⅲ 수열

08. 등차수열과 등비수열

Step 1 우수 기출 대표 문제	pp.73-74

01 ③ 02 ③ 03 ⑤ 04 12
05 ③ 06 ④ 07 1545 08 ④
09 ⑤ 10 ② 11 ② 12 ③
13 10 14 50만 원 15 ③
16 273

Step 2 최고의 변별력 문제	pp.75-79

01 ① 02 34 03 $4\sqrt{3}$ 04 197 05 24 06 ⑤ 07 54
08 ① 09 36 10 ② 11 612 12 ② 13 442 14 43
15 ② 16 ③ 17 ① 18 ① 19 ③ 20 ⑤ 21 15
22 25 23 ④ 24 ⑤ 25 $150\sqrt{2}$ 26 ② 27 101 28 45
29 ① 30 8 31 ① 32 1023 33 ④ 34 $762\sqrt{2}$ 35 39
36 187

Step 3 종합 사고력 문제	p.80

01 11 02 ① 03 1
04 $2\sqrt{46}$ 05 $-\dfrac{57}{8}$
06 435

이것이 수능	p.81

1 ⑤ 2 117
3 9 4 26

09. 수열의 합

Step 1 우수 기출 대표 문제	p.83

01 ② 02 ⑤ 03 24 04 ①
05 2 06 1 07 2056 08 ④

Step 2 최고의 변별력 문제	pp.84-87

01 ④ 02 ② 03 60 04 188 05 400 06 ③ 07 ⑤ 08 10
09 3025 10 ② 11 ① 12 ② 13 $\dfrac{1}{2020}$ 14 240 15 ⑤ 16 127
17 ② 18 99 19 120 20 440 21 ② 22 120 23 ② 24 220 25 ③
26 ④ 27 ① 28 46 29 ① 30 ⑤ 31 231

Step 3 종합 사고력 문제	p.88

01 $\dfrac{1}{101}$ 02 5166 03 ④
04 $\dfrac{81}{55}$ 05 100 06 7
07 2144 08 184

이것이 수능	p.89

1 ③ 2 ①
3 ③ 4 395

10. 수학적 귀납법

Step 1 우수 기출 대표 문제	p.91

01 ③ 02 ③ 03 297 04 ④
05 ④ 06 ③ 07 풀이 참조

Step 2 최고의 변별력 문제	pp.92-94

01 8 02 105 03 ⑤ 04 $-\dfrac{1}{2}$ 05 31 06 ④ 07 624 08 ④ 09 ②
10 ② 11 ② 12 158 13 0 14 ⑤ 15 54 16 ③ 17 풀이 참조
18 풀이 참조 19 ④ 20 풀이 참조

Step 3 종합 사고력 문제	p.95

01 36 02 ② 03 ⑤
04 10 05 129 06 $\dfrac{17}{9}$
07 10

이것이 수능	p.96

1 510 2 ④
3 ①

I 지수함수와 로그함수

01 지수

01 ③	02 −1	03 ①	04 ③	05 ⑤
06 ⑤	07 124	08 ④	09 ③	10 3
11 ③	12 125	13 ①	14 14	15 ②

01 ㄱ. $(-2)^4=16$

16의 네제곱근은 $x^4=16$

$x^2=4$ 또는 $x^2=-4$

$\therefore x=\pm2$ 또는 $x=\pm2i$ (거짓)

ㄴ. $a<0$일 때, $-a>0$이므로 $(\sqrt[3]{-a})^3=-a$ (거짓)

ㄷ. n이 홀수일 때, -3의 n제곱근 중에서 실수인 것은 $\sqrt[n]{-3}=-\sqrt[n]{3}$이다. (참)

따라서 옳은 것은 ㄷ뿐이다.　　　　답 ③

02 $x^n=99-n$에서 x는 $99-n$의 n제곱근이다.

(i) $n\leq99$이면 $99-n\geq0$이므로

n이 홀수일 때, $f(n)=1$

n이 짝수일 때, $f(n)=2$

(ii) $n>99$이면 $99-n<0$이므로

n이 홀수일 때, $f(n)=1$

n이 짝수일 때, $f(n)=0$

$\therefore f(2)-f(3)+f(4)-\cdots+f(200)$

$=\{f(2)-f(3)\}+\{f(4)-f(5)\}+\cdots$

$\quad+\{f(98)-f(99)\}+\{f(100)-f(101)\}+\cdots$

$\quad+\{f(198)-f(199)\}+f(200)$

$=(2-1)\times49+(0-1)\times50+0$

$=49-50=-1$　　　　답 −1

• 다른 풀이 •

(i) n이 짝수일 때,

$n<99$이면 방정식 $x^n=99-n$의 실근이 양수와 음수 2개가 존재하므로 $f(n)=2$

$n>99$이면 방정식 $x^n=99-n$의 실근이 존재하지 않으므로 $f(n)=0$

(ii) n이 홀수일 때,

방정식 $x^n=99-n$의 실근은 항상 1개가 존재하므로 $f(n)=1$

$\therefore f(2)-f(3)+f(4)-\cdots+f(200)$

$=\{f(2)+f(4)+f(6)+\cdots+f(98)\}$

$\quad+\{f(100)+f(102)+f(104)+\cdots+f(200)\}$

$\quad-\{f(3)+f(5)+f(7)+\cdots+f(199)\}$

$=2\times49+0\times51-1\times99$

$=98-99=-1$

03 $A=\sqrt[3]{3}=^{3\times4}\!\sqrt{3^4}=\sqrt[12]{81}$

$B=\sqrt[4]{5}=^{4\times3}\!\sqrt{5^3}=\sqrt[12]{125}$

$C=\sqrt{\sqrt[3]{12}}=^{2\times3}\!\sqrt{12}=\sqrt[6]{12}=^{6\times2}\!\sqrt{12^2}=\sqrt[12]{144}$

$\therefore A<B<C$　　　　답 ①

• 다른 풀이 •

$A=\sqrt[3]{3}=3^{\frac{1}{3}}=(3^4)^{\frac{1}{12}}=81^{\frac{1}{12}}$

$B=\sqrt[4]{5}=5^{\frac{1}{4}}=(5^3)^{\frac{1}{12}}=125^{\frac{1}{12}}$

$C=\sqrt{\sqrt[3]{12}}=\sqrt[6]{12}=12^{\frac{1}{6}}=(12^2)^{\frac{1}{12}}=144^{\frac{1}{12}}$

$\therefore A<B<C$

04 ㄱ. $\dfrac{\sqrt{a}}{\sqrt[4]{a}}=\dfrac{\sqrt[4]{a^2}}{\sqrt[4]{a}}=\sqrt[4]{\dfrac{a^2}{a}}=\sqrt[4]{a}$ (참)

ㄴ. $(\sqrt[3]{a})^4=\sqrt[3]{a^4}\neq\sqrt[12]{a}$ (거짓)

ㄷ. $\sqrt[3]{a^2\sqrt{a}}=\sqrt[3]{\sqrt{a^4\times a}}=\sqrt[3]{\sqrt{a^5}}=\sqrt[6]{a^5}$ (참)

따라서 옳은 것은 ㄱ, ㄷ이다.　　　　답 ③

• 다른 풀이 •

ㄱ. $\dfrac{\sqrt{a}}{\sqrt[4]{a}}=a^{\frac{1}{2}}\div a^{\frac{1}{4}}=a^{\frac{1}{2}-\frac{1}{4}}=a^{\frac{1}{4}}=\sqrt[4]{a}$ (참)

ㄴ. $(\sqrt[3]{a})^4=(a^{\frac{1}{3}})^4=a^{\frac{4}{3}}\neq a^{\frac{1}{12}}=\sqrt[12]{a}$ (거짓)

ㄷ. $\sqrt[3]{a^2\sqrt{a}}=(a^2\times a^{\frac{1}{2}})^{\frac{1}{3}}=(a^{\frac{5}{2}})^{\frac{1}{3}}=a^{\frac{5}{2}\times\frac{1}{3}}=a^{\frac{5}{6}}=\sqrt[6]{a^5}$ (참)

05 이차방정식 $x^2-3\sqrt[3]{2}x+\sqrt[3]{32}=0$에서 근과 계수의 관계에 의하여

$\alpha+\beta=3\sqrt[3]{2}$, $\alpha\beta=\sqrt[3]{32}$　　　……㉠

$\therefore \alpha^3+\beta^3=(\alpha+\beta)^3-3\alpha\beta(\alpha+\beta)$

$\quad\quad=(3\sqrt[3]{2})^3-3\sqrt[3]{32}\times3\sqrt[3]{2}$ ($\because$ ㉠)

$\quad\quad=27\times2-3^2\times\sqrt[3]{64}$

$\quad\quad=54-9\times4=54-36=18$　　　　답 ⑤

06 $\dfrac{2^{-2}+1+2^2+2^4+\cdots+2^{100}}{2^2+1+2^{-2}+2^{-4}+\cdots+2^{-100}}$

$=\dfrac{2^{98}(2^{-100}+2^{-98}+2^{-96}+\cdots+2^2)}{2^2+1+2^{-2}+2^{-4}+\cdots+2^{-100}}$

$=2^{98}=2^{\frac{1}{2}\times196}=(\sqrt{2})^{196}$

$\therefore n=196$　　　　답 ⑤

07 $(\sqrt{3^n})^{\frac{1}{2}}=(3^{\frac{n}{2}})^{\frac{1}{2}}=3^{\frac{n}{4}}$, $\sqrt[n]{3^{100}}=3^{\frac{100}{n}}$

$3^{\frac{n}{4}}$, $3^{\frac{100}{n}}$이 모두 자연수가 되도록 하는 n ($n\geq2$인 자연수)은 4의 배수이면서 100의 양의 약수이다.

따라서 구하는 모든 n의 값의 합은

$4+20+100=124$ 답 124

08 지수가 정수가 아닌 유리수 또는 실수인 경우 지수법칙은 반드시 밑이 양수일 때만 성립한다.

즉, m, n이 정수가 아닌 유리수이면 $a>0$일 때만 $(a^m)^n=a^{mn}$이 성립하므로

$\{(-2)^2\}^{\frac{5}{2}}=(-2)^{2\times\frac{5}{2}}=(-2)^5$은 잘못된 계산이다.

따라서 $\{(-2)^2\}^{\frac{5}{2}}\neq(-2)^5$이므로 처음으로 등호가 성립하지 않는 곳은 ④이다.   답 ④

09 $x=3+2\sqrt{2}$, $y=3-2\sqrt{2}$에서

$x+y=3+2\sqrt{2}+3-2\sqrt{2}=6$,

$xy=(3+2\sqrt{2})(3-2\sqrt{2})=9-8=1$

$\therefore x+y=6$, $xy=1$ $\cdots\cdots$ ㉠

이때 방정식 $\sqrt[x]{a}\sqrt[y]{a}-3\sqrt{a^x a^y}+2=0$에서

$a^{\frac{1}{x}}a^{\frac{1}{y}}-3(a^{x+y})^{\frac{1}{2}}+2=0$

$a^{\frac{x+y}{xy}}-3a^{\frac{x+y}{2}}+2=0$

$a^{\frac{6}{1}}-3a^{\frac{6}{2}}+2=0$ ($\because$ ㉠)

$a^6-3a^3+2=0$

$(a^3-1)(a^3-2)=0$

$\therefore a^3=2$ ($\because a\neq1$)

따라서 주어진 방정식을 만족시키는 양수 a의 값은

$a=2^{\frac{1}{3}}=\sqrt[3]{2}$ 답 ③

10 $a^{\frac{1}{2}}-a^{-\frac{1}{2}}=3$ $(a>0)$의 양변을 세제곱하면

$(a^{\frac{1}{2}}-a^{-\frac{1}{2}})^3=a^{\frac{3}{2}}-a^{-\frac{3}{2}}-3\times a^{\frac{1}{2}}\times a^{-\frac{1}{2}}\times(a^{\frac{1}{2}}-a^{-\frac{1}{2}})$

$=27$

$a^{\frac{3}{2}}-a^{-\frac{3}{2}}-3\times1\times3=27$

$\therefore a^{\frac{3}{2}}-a^{-\frac{3}{2}}=27+9=36$

또한, $a^{\frac{1}{2}}-a^{-\frac{1}{2}}=3$ $(a>0)$의 양변을 제곱하면

$(a^{\frac{1}{2}}-a^{-\frac{1}{2}})^2=a+a^{-1}-2\times a^{\frac{1}{2}}\times a^{-\frac{1}{2}}=9$

$a+a^{-1}-2\times1=9$

$\therefore a+a^{-1}=9+2=11$

$\therefore \dfrac{a^{\frac{3}{2}}-a^{-\frac{3}{2}}+9}{a+a^{-1}+4}=\dfrac{36+9}{11+4}=\dfrac{45}{15}=3$ 답 3

11 $x=\dfrac{3^n-3^{-n}}{2}$에서

$1+x^2=1+\dfrac{(3^n-3^{-n})^2}{4}=\dfrac{4+(3^n-3^{-n})^2}{4}$

$=\dfrac{(3^n+3^{-n})^2}{4}=\left(\dfrac{3^n+3^{-n}}{2}\right)^2$

$\therefore \sqrt[2n]{x+\sqrt{1+x^2}}=\sqrt[2n]{x+\sqrt{\left(\dfrac{3^n+3^{-n}}{2}\right)^2}}$

$=\sqrt[2n]{x+\dfrac{3^n+3^{-n}}{2}}\left(\because \dfrac{3^n+3^{-n}}{2}>0\right)$

$=\sqrt[2n]{\dfrac{3^n-3^{-n}}{2}+\dfrac{3^n+3^{-n}}{2}}$

$=\sqrt[2n]{3^n}=3^{\frac{n}{2n}}=3^{\frac{1}{2}}=\sqrt{3}$ 답 ③

12 $5^{2a+b}\times5^{a-b}=32\times2$에서   _{한 문자가 소거될 수 있도록 식을 세운다.}

$5^{(2a+b)+(a-b)}=64$

$5^{3a}=4^3$ $\therefore 5^a=4$

이때 $5^{a-b}=2$에서 $\dfrac{5^a}{5^b}=2$

$\dfrac{4}{5^b}=2$ $\therefore 5^b=2$

따라서 $4^{\frac{1}{a}}=5$, $2^{\frac{1}{b}}=5$이므로

$4^{\frac{a+b}{ab}}=4^{\frac{1}{b}+\frac{1}{a}}=4^{\frac{1}{b}}\times4^{\frac{1}{a}}$

$=(2^{\frac{1}{b}})^2\times4^{\frac{1}{a}}$

$=5^2\times5=125$ 답 125

• 다른 풀이 1 •

$5^{a-b}=2$에서 $(5^{a-b})^5=2^5$

$5^{5a-5b}=32$

이때 $5^{2a+b}=32$이므로 $5^{5a-5b}=5^{2a+b}$

밑이 5로 같으므로

$5a-5b=2a+b$

$3a=6b$ $\therefore a=2b$ $\cdots\cdots$ ㉠

㉠을 $5^{a-b}=2$에 대입하면

$5^{2b-b}=2$, $5^b=2$ $\therefore 2^{\frac{1}{b}}=5$

㉠에서 $\dfrac{1}{b}=\dfrac{2}{a}$이므로

$2^{\frac{2}{a}}=5$ $\therefore 4^{\frac{1}{a}}=5$

$\therefore 4^{\frac{a+b}{ab}}=4^{\frac{1}{b}+\frac{1}{a}}=4^{\frac{1}{b}}\times4^{\frac{1}{a}}=(2^{\frac{1}{b}})^2\times4^{\frac{1}{a}}$

$=5^2\times5=125$

• 다른 풀이 2 •

주어진 등식의 양변에 각각 밑이 5인 로그를 취하면

$2a+b=\log_5 32=5\log_5 2$ $\cdots\cdots$ ㉡

$a-b=\log_5 2$ $\cdots\cdots$ ㉢

㉡, ㉢을 연립하여 풀면

$a=2\log_5 2=\log_5 4$, $b=\log_5 2$

이므로

$\dfrac{a+b}{ab}=\dfrac{1}{b}+\dfrac{1}{a}$

$=\dfrac{1}{\log_5 2}+\dfrac{1}{\log_5 4}$

$=\log_2 5+\log_4 5$

$=\log_4 25+\log_4 5$

$=\log_4 125$

$\therefore 4^{\frac{a+b}{ab}}=4^{\log_4 125}=125$

13 $3^a=24^b=2$이므로 $3=2^{\frac{1}{a}}$, $24=2^{\frac{1}{b}}$

이때 $2^{\frac{1}{a}-\frac{1}{b}}=2^{\frac{1}{a}}\div2^{\frac{1}{b}}=3\div24=\dfrac{1}{8}=2^{-3}$이므로

$2^{\frac{1}{a}-\frac{1}{b}}=2^{-3}$

$\therefore \dfrac{1}{a}-\dfrac{1}{b}=-3$ 답 ①

14 정육면체의 한 변의 길이를 x라 하자.
정육면체의 부피는 x^3이므로
$x^3=2^7$ $\therefore x=2^{\frac{7}{3}}$ ……㉠
이때 색칠한 정삼각형의 한 변의 길이는 $\sqrt{2}x$이므로
넓이는

$\dfrac{\sqrt{3}}{4}\times(\sqrt{2}x)^2=\sqrt{3}\times2^{\frac{q}{p}}$

$\dfrac{\sqrt{3}}{2}x^2=\sqrt{3}\times2^{\frac{q}{p}}$

$x^2=2^{\frac{q}{p}+1}$, $2^{\frac{14}{3}}=2^{\frac{q}{p}+1}$ $(\because ㉠)$

$\dfrac{14}{3}=\dfrac{q}{p}+1$ $\therefore \dfrac{q}{p}=\dfrac{11}{3}$

즉, $p=3$, $q=11$이므로
$p+q=14$ 답 14

15 $T_n=50\times\left(\dfrac{1}{2}\right)^{\frac{n}{1620}}$이므로

$T_{1000}=50\times\left(\dfrac{1}{2}\right)^{\frac{1000}{1620}}$, $T_{1405}=50\times\left(\dfrac{1}{2}\right)^{\frac{1405}{1620}}$

$\therefore \dfrac{T_{1000}}{T_{1405}}=\dfrac{50\times\left(\dfrac{1}{2}\right)^{\frac{1000}{1620}}}{50\times\left(\dfrac{1}{2}\right)^{\frac{1405}{1620}}}=\left(\dfrac{1}{2}\right)^{\frac{1000}{1620}-\frac{1405}{1620}}=\left(\dfrac{1}{2}\right)^{-\frac{405}{1620}}$

$=2^{\frac{405}{1620}}=2^{\frac{1}{4}}=\sqrt[4]{2}$ (배) 답 ②

---

01 ㄱ. n이 홀수이므로 실수 a의 값에 관계없이
$f(n, a)=f(n, -a)=1$ (참)
ㄴ. 2 이상의 자연수 n에 대하여 $2n>0$, $2n-1>0$이고,
$2n$은 짝수, $2n-1$은 홀수이므로
$f(2n-1, 2n)=1$, $f(2n, 2n-1)=2$
$\therefore f(2n-1, 2n)+f(2n, 2n-1)=3$ (참)

ㄷ. 자연수 m에 대하여 $2m>0$, $2m+1>0$이고, $2m$은
짝수, $2m+1$은 홀수이므로
$f(2m, 2m)=2$, $f(2m+1, 2m+1)=1$
$\therefore f(2, 2)+f(3, 3)+f(4, 4)+\cdots$
$\qquad\qquad\qquad\qquad +f(100, 100)$
$=\{f(2, 2)+f(4, 4)+\cdots+f(100, 100)\}$
$\quad +\{f(3, 3)+f(5, 5)+\cdots+f(99, 99)\}$
$=2\times50+1\times49$
$=149$ (참)
따라서 ㄱ, ㄴ, ㄷ 모두 옳다. 답 ⑤

02 등식 $t^4=x^2-4$를 만족시키는 서로 다른 실수 t의 개수는
(i) $x^2-4>0$일 때,
즉, $(x-2)(x+2)>0$에서 $x<-2$ 또는 $x>2$일 때,
$t=\sqrt[4]{x^2-4}$ 또는 $t=-\sqrt[4]{x^2-4}$의 2개이다.
$\therefore f(x)=2$
(ii) $x^2-4=0$일 때,
즉, $(x-2)(x+2)=0$에서 $x=-2$ 또는 $x=2$일 때,
$t=0$으로 1개이다.
$\therefore f(x)=1$
(iii) $x^2-4<0$일 때,
즉, $(x-2)(x+2)<0$에서 $-2<x<2$일 때,
주어진 등식을 만족시키는 실수 t의 값은 존재하지 않
는다.
$\therefore f(x)=0$
(i), (ii), (iii)에서 함수 $y=f(x)$의
그래프는 오른쪽 그림과 같다.

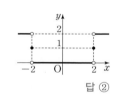

답 ②

03 2 이상의 자연수 n에 대하여
$n^2-14n+40=(n-4)(n-10)$
(i) $2\le n<4$일 때, $(n-4)(n-10)>0$이므로
$n^2-14n+40>0$, 즉 $(n^2-14n+40)^5>0$
$(n^2-14n+40)^5$의 n제곱근 중에서 실수인 것의
개수는 $f(2)=2$, $f(3)=1$
(ii) $n=4$일 때, $(n-4)(n-10)=0$이므로
$n^2-14n+40=0$, 즉 $(n^2-14n+40)^5=0$
0의 네제곱근 중에서 실수인 것의 개수는 $f(4)=1$
(iii) $5\le n<10$일 때, $(n-4)(n-10)<0$이므로
$n^2-14n+40<0$, 즉 $(n^2-14n+40)^5<0$
$(n^2-14n+40)^5$의 n제곱근 중에서 실수인 것의
개수는
$f(5)=f(7)=f(9)=1$, $f(6)=f(8)=0$
(iv) $n=10$일 때, $(n-4)(n-10)=0$이므로
$n^2-14n+40=0$, 즉 $(n^2-14n+40)^5=0$
0의 10제곱근 중에서 실수인 것의 개수는 $f(10)=1$

(v) $n>10$일 때, $(n-4)(n-10)>0$이므로

$n^2-14n+40>0$, 즉 $(n^2-14n+40)^5>0$

$(n^2-14n+40)^5$의 n제곱근 중에서 실수인 것의 개수는

$f(2k+9)=1$, $f(2k+10)=2$ (단, k는 자연수)

$\therefore f(11)=f(13)=f(15)=\cdots=f(99)=1$,

$f(12)=f(14)=f(16)=\cdots=f(100)=2$

(i)~(v)에서

$f(2)+f(3)+f(4)+\cdots+f(100)$

$=2+1+1+1\times3+0\times2+1+1\times45+2\times45$

$=143$

답 143

04 조건 (개)에서 $\sqrt[n+1]{a}>0$이므로 $a>0$이다.

조건 (내)에서

(i) n이 짝수일 때,

$\sqrt[n]{(-2)^n}=2$, $\sqrt[n+3]{(n-a)^{n+3}}=n-a$이므로

$2\times(n-a)=6$ $\quad\therefore n-a=3$

가능한 순서쌍 (n, a)는 다음과 같다.

$(4, 1)$, $(6, 3)$, $(8, 5)$, $(10, 7)$

(ii) n이 홀수일 때,

$\sqrt[n]{(-2)^n}=-2$, $\sqrt[n+3]{(n-a)^{n+3}}=|n-a|$이므로

$(-2)\times|n-a|=-6$ $\quad\therefore |n-a|=3$

가능한 순서쌍 (n, a)는 다음과 같다.

$(3, 6)$, $(5, 2)$, $(5, 8)$, $(7, 4)$, $(7, 10)$,

$(9, 6)$, $(9, 12)$

(i), (ii)에서 구하는 순서쌍의 개수는

$4+7=11$

답 11

05 $x^2-(\sqrt{2}+\sqrt[4]{6})x+\sqrt{2}\times\sqrt[4]{6}<0$에서

$(x-\sqrt{2})(x-\sqrt[4]{6})<0$

이때 $\sqrt{2}=\sqrt[4]{2^2}=\sqrt[4]{4}<\sqrt[4]{6}$이므로

$\sqrt{2}<x<\sqrt[4]{6}$

$\therefore A=\{x|\sqrt{2}<x<\sqrt[4]{6}\}$

또한, $x^2-(\sqrt[3]{3}+\sqrt[6]{11})x+\sqrt[3]{3}\times\sqrt[6]{11}<0$에서

$(x-\sqrt[3]{3})(x-\sqrt[6]{11})<0$

이때 $\sqrt[3]{3}=\sqrt[6]{3^2}=\sqrt[6]{9}<\sqrt[6]{11}$이므로

$\sqrt[3]{3}<x<\sqrt[6]{11}$

$\therefore B=\{x|\sqrt[3]{3}<x<\sqrt[6]{11}\}$

$\sqrt{2}=\sqrt[12]{2^6}=\sqrt[12]{64}$, $\sqrt[4]{6}=\sqrt[12]{6^3}=\sqrt[12]{216}$,

$\sqrt[3]{3}=\sqrt[12]{3^4}=\sqrt[12]{81}$, $\sqrt[6]{11}=\sqrt[12]{11^2}=\sqrt[12]{121}$이므로

$\sqrt{2}$, $\sqrt[4]{6}$, $\sqrt[3]{3}$, $\sqrt[6]{11}$을 크기가 작은 순서대로 나타내면

$\sqrt{2}<\sqrt[3]{3}<\sqrt[6]{11}<\sqrt[4]{6}$

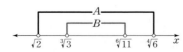

따라서 두 집합 A, B를 수직선 위에 나타내면 위의 그림과 같으므로

$A\cap B=B$

답 ③

06 ㄱ. (반례) $(g_4\circ f_4)(-2)=g_4(f_4(-2))$

$\underset{\substack{(g_4\circ f_4)(a)=g_4(f_4(a))=\sqrt[4]{a^4}\\ \text{이므로 반례는 }a<0\text{일 때 찾을 수}\\ \text{있다.}}}{}$ $=g_4((-2)^4)$

$=\sqrt[4]{(-2)^4}=2$ (거짓)

ㄴ. $(g_m\circ g_n)(a)=g_m(g_n(a))=g_m(\sqrt[n]{a})$

$=\sqrt[m]{\sqrt[n]{a}}$

$=\sqrt[mn]{a}=g_{mn}(a)$ (참)

ㄷ. (i) n이 짝수일 때, $n+1$은 홀수이므로

$(g_n\circ f_n)(a)=g_n(f_n(a))=g_n(a^n)$

$=\sqrt[n]{a^n}=-a$

$(g_{n+1}\circ f_{n+1})(a)=g_{n+1}(f_{n+1}(a))=g_{n+1}(a^{n+1})$

$=\sqrt[n+1]{a^{n+1}}=a$

(ii) n이 홀수일 때, $n+1$은 짝수이므로

$(g_n\circ f_n)(a)=g_n(f_n(a))=g_n(a^n)$

$=\sqrt[n]{a^n}=a$

$(g_{n+1}\circ f_{n+1})(a)=g_{n+1}(f_{n+1}(a))=g_{n+1}(a^{n+1})$

$=\sqrt[n+1]{a^{n+1}}=-a$

(i), (ii)에서 자연수 n에 대하여

$(g_n\circ f_n)(a)+(g_{n+1}\circ f_{n+1})(a)=0$ (참)

따라서 옳은 것은 ㄴ, ㄷ이다.

답 ④

07 모든 자연수 n에 대하여 $f(n)=[\sqrt[3]{n}]$이므로

$[\sqrt[3]{n}]=k$ (k는 자연수)라 하면

$k\le\sqrt[3]{n}<k+1$

$\therefore \sqrt[3]{k^3}\le\sqrt[3]{n}<\sqrt[3]{(k+1)^3}$ $\quad\cdots\cdots\bigcirc$

(i) $k=1$일 때,

$\bigcirc$에서

$\sqrt[3]{1}\le\sqrt[3]{n}<\sqrt[3]{2^3}=\sqrt[3]{8}$

이므로 $[\sqrt[3]{n}]=1$을 만족시키는 자연수 n의 값은

$1, 2, 3, \cdots, 7$이다.

$\therefore [\sqrt[3]{1}]+[\sqrt[3]{2}]+[\sqrt[3]{3}]+\cdots+[\sqrt[3]{7}]$

$=1\times7=7$

(ii) $k=2$일 때,

$\bigcirc$에서

$\sqrt[3]{2^3}=\sqrt[3]{8}\le\sqrt[3]{n}<\sqrt[3]{3^3}=\sqrt[3]{27}$

이므로 $[\sqrt[3]{n}]=2$를 만족시키는 자연수 n의 값은

$8, 9, 10, \cdots, 26$이다.

$\therefore [\sqrt[3]{8}]+[\sqrt[3]{9}]+[\sqrt[3]{10}]+\cdots+[\sqrt[3]{26}]$

$=2\times(26-8+1)=38$

$\therefore [\sqrt[3]{1}]+[\sqrt[3]{2}]+[\sqrt[3]{3}]+\cdots+[\sqrt[3]{26}]$

$=7+38=45$

(iii) $k=3$일 때,

$\bigcirc$에서

$\sqrt[3]{3^3}=\sqrt[3]{27}\le\sqrt[3]{n}<\sqrt[3]{4^3}=\sqrt[3]{64}$

이므로 $[\sqrt[3]{n}]=3$을 만족시키는 자연수 n의 값은

$27, 28, 29, \cdots, 63$이다.

$\therefore [\sqrt[3]{27}]+[\sqrt[3]{28}]+[\sqrt[3]{29}]+\cdots+[\sqrt[3]{63}]$

$=3\times(63-27+1)=111$

$\therefore [\sqrt[3]{1}]+[\sqrt[3]{2}]+[\sqrt[3]{3}]+\cdots+[\sqrt[3]{63}]$
$\qquad =45+111=156$

(iv) $k=4$일 때,

㉠에서

$\sqrt[3]{4^3}=\sqrt[3]{64}\leq\sqrt[3]{n}<\sqrt[3]{5^3}=\sqrt[3]{125}$

이므로 $[\sqrt[3]{n}]=4$를 만족시키는 자연수 n의 값은

64, 65, 66, $\cdots$, 124이다.

이때 $[\sqrt[3]{1}]+[\sqrt[3]{2}]+[\sqrt[3]{3}]+\cdots+[\sqrt[3]{a}]=180$이고

$[\sqrt[3]{1}]+[\sqrt[3]{2}]+[\sqrt[3]{3}]+\cdots+[\sqrt[3]{63}]=156$이므로

$[\sqrt[3]{64}]+[\sqrt[3]{65}]+[\sqrt[3]{66}]+\cdots+[\sqrt[3]{a}]=180-156$
$\qquad\qquad\qquad\qquad\qquad\qquad\qquad =24$

$24=4\times 6$이므로 $a=64+6-1=69$

(i)~(iv)에서 $f(1)+f(2)+f(3)+\cdots+f(a)=180$을

만족시키는 자연수 a의 값은 69이다. 　　　　답 69

08 ㄱ. $\sqrt[3]{x}\sqrt{y}=1$이므로

$(\sqrt[3]{x}\sqrt{y})^6=x^2y^3=1$ (참)

ㄴ. $\sqrt[3]{x}\sqrt{y}=1$이므로

$(\sqrt[3]{x}\sqrt{y})^9=x^3(\sqrt{y})^4(\sqrt{y})^5=x^3y^2(\sqrt{y})^5=1$

이때 $0<y<1$에서 $\sqrt{y}<1$이므로 $(\sqrt{y})^5<1$

$\therefore x^3y^2>1$ (참)

ㄷ. ㄱ에서 $x^2y^3=1$이므로

$(\sqrt{x}\sqrt[3]{y^4})^{12}=x^6y^{16}=(x^2y^3)^3y^7=y^7<1$ $(\because 0<y<1)$

$\therefore \sqrt{x}\sqrt[3]{y^4}<1$ (거짓)

따라서 옳은 것은 ㄱ, ㄴ이다. 　　　　답 ③

• 다른 풀이1 •

$\sqrt[3]{x}\sqrt{y}=1$에서 $\sqrt{y}=\dfrac{1}{\sqrt[3]{x}}$

$\therefore y=\left(\dfrac{1}{\sqrt[3]{x}}\right)^2=(x^{-\frac{1}{3}})^2=x^{-\frac{2}{3}}$

ㄱ. $x^2y^3=x^2\times(x^{-\frac{2}{3}})^3=x^2\times x^{-2}=1$ (참)

ㄴ. $x^3y^2=x^3\times(x^{-\frac{2}{3}})^2=x^3\times x^{-\frac{4}{3}}=x^{3-\frac{4}{3}}$
$\qquad =x^{\frac{5}{3}}>1$ $(\because x>1)$ (참)

ㄷ. $\sqrt{x}\sqrt[3]{y^4}=x^{\frac{1}{2}}\times y^{\frac{4}{3}}=x^{\frac{1}{2}}\times(x^{-\frac{2}{3}})^{\frac{4}{3}}=x^{\frac{1}{2}}\times x^{-\frac{8}{9}}$
$\qquad =x^{\frac{1}{2}-\frac{8}{9}}=x^{-\frac{7}{18}}<1$ $(\because x>1)$ (거짓)

따라서 옳은 것은 ㄱ, ㄴ이다.

• 다른 풀이2 •

ㄴ. $0<y<1<x$에서 $\dfrac{x}{y}>1$

$x^3y^2=x^2y^3\times\dfrac{x}{y}$이므로

$x^3y^2>x^2y^3$

$\therefore x^3y^2>1$ $(\because ㄱ)$ (참)

09 $\sqrt[3]{\dfrac{5^b}{7^{a+1}}}=\dfrac{5^{\frac{b}{3}}}{7^{\frac{a+1}{3}}}$이 유리수가 되려면 $a+1$과 b가 3의 배

수이어야 하고, $\sqrt[5]{\dfrac{5^{b+1}}{7^a}}=\dfrac{5^{\frac{b+1}{5}}}{7^{\frac{a}{5}}}$이 유리수가 되려면 a와

$b+1$이 5의 배수이어야 한다.

즉, a는 5의 배수, $a+1$은 3의 배수이므로 a의 최솟값은

5이고, b는 3의 배수, $b+1$은 5의 배수이므로 b의 최솟값

은 9이다.

따라서 $a+b$의 최솟값은 $5+9=14$이다. 　　　　답 ③

10 $x=3^m5^n$을 주어진 등식에 대입하면

$\sqrt{\dfrac{x}{5}}\times\sqrt[3]{\dfrac{x}{9}}=\left(\dfrac{3^m5^n}{5}\right)^{\frac{1}{2}}\times\left(\dfrac{3^m5^n}{9}\right)^{\frac{1}{3}}$

$\qquad\qquad\qquad =(3^m5^{n-1})^{\frac{1}{2}}\times(3^{m-2}5^n)^{\frac{1}{3}}$

$\qquad\qquad\qquad =3^{\frac{m}{2}+\frac{m-2}{3}}\times 5^{\frac{n-1}{2}+\frac{n}{3}}$

$\qquad\qquad\qquad =3^{\frac{5m-4}{6}}\times 5^{\frac{5n-3}{6}}=3\times 5^2$

즉, $\dfrac{5m-4}{6}=1$, $\dfrac{5n-3}{6}=2$에서

$m=2$, $n=3$이므로

$m+n=5$ 　　　　답 5

• 다른 풀이 •

$\sqrt{\dfrac{x}{5}}\times\sqrt[3]{\dfrac{x}{9}}=\left(\dfrac{x}{5}\right)^{\frac{1}{2}}\times\left(\dfrac{x}{9}\right)^{\frac{1}{3}}$

$\qquad\qquad\qquad =\dfrac{x^{\frac{1}{2}}}{5^{\frac{1}{2}}}\times\dfrac{x^{\frac{1}{3}}}{3^{\frac{2}{3}}}$

$\qquad\qquad\qquad =\dfrac{x^{\frac{5}{6}}}{3^{\frac{2}{3}}\times 5^{\frac{1}{2}}}=3\times 5^2$

즉, $x^{\frac{5}{6}}=3^{\frac{5}{3}}\times 5^{\frac{5}{2}}$이므로

$x=\left(3^{\frac{5}{3}}\times 5^{\frac{5}{2}}\right)^{\frac{6}{5}}=3^2\times 5^3$

따라서 $m=2$, $n=3$이므로

$\therefore m+n=5$

11 임의의 자연수 k에 대하여

$\dfrac{1}{a^{-k}+1}+\dfrac{1}{a^k+1}=\dfrac{1}{\frac{1}{a^k}+1}+\dfrac{1}{a^k+1}$

$\qquad\qquad\qquad\qquad =\dfrac{a^k}{a^k+1}+\dfrac{1}{a^k+1}=\dfrac{a^k+1}{a^k+1}=1$

$\therefore$ (주어진 식)

$=\left(\dfrac{1}{a^{-10}+1}+\dfrac{1}{a^{10}+1}\right)+\left(\dfrac{1}{a^{-9}+1}+\dfrac{1}{a^9+1}\right)+\cdots$

$\qquad\qquad +\left(\dfrac{1}{a^{-1}+1}+\dfrac{1}{a^1+1}\right)+\dfrac{1}{a^0+1}$

$=1\times 10+\dfrac{1}{a^0+1}=10+\dfrac{1}{1+1}=\dfrac{21}{2}$ 　　　　답 $\dfrac{21}{2}$

12 $\left(-a\times\dfrac{1}{b}\right)^{-1}\times\left(\dfrac{1}{a}\times b^{-1}\right)^{-2}$

$=(-a\times b^{-1})^{-1}\times(a^{-1}\times b^{-1})^{-2}$

$=-a^{-1}\times b\times a^2\times b^2$

$=-ab^3=216$

이때 $216=2^3\times 3^3$이므로 0이 아닌 두 정수 a와 b가 될 수

있는 값을 나타내면 다음 표와 같다.

a	1	-1	2^3	-2^3	3^3	-3^3	6^3	-6^3
b^3	-6^3	6^3	-3^3	3^3	-2^3	2^3	-1	1
b	-6	6	-3	3	-2	2	-1	1

따라서 조건을 만족시키는 모든 순서쌍 (a, b)는
$(1, -6), (-1, 6), (8, -3), \cdots, (-216, 1)$의 8개이다.

답 ④

13 $\sqrt[8]{56\sqrt[4]{14^{n+3}}}$이 어떤 유리수 k의 네제곱근이라 하면

$$k = \left(\sqrt[8]{56\sqrt[4]{14^{n+3}}} \right)^4$$
$$= \left\{ \left(56\sqrt[4]{14^{n+3}} \right)^{\frac{1}{8}} \right\}^4$$
$$= \left\{ (2^3 \times 7) \times (2^{n+3} \times 7^{n+3})^{\frac{1}{4}} \right\}^{\frac{1}{2}}$$
$$= 2^{\frac{3}{2}} \times 7^{\frac{1}{2}} \times 2^{\frac{n+3}{8}} \times 7^{\frac{n+3}{8}}$$
$$= 2^{\frac{n+15}{8}} \times 7^{\frac{n+7}{8}}$$

이때 k가 유리수이므로 $\dfrac{n+15}{8}$와 $\dfrac{n+7}{8}$의 값이 정수가

되어야 한다.

$|n| \le 20$에서 $-20 \le n \le 20$

$\therefore -\dfrac{5}{8} \le \dfrac{n+15}{8} \le \dfrac{35}{8}$

즉, $\dfrac{n+15}{8}$의 값이 될 수 있는 정수는 0, 1, 2, 3, 4이고,

$\dfrac{n+15}{8} = \dfrac{n+7}{8} + 1$에서 $\dfrac{n+15}{8}$의 값이 정수이면 $\dfrac{n+7}{8}$

의 값도 정수이므로 조건을 만족시키는 정수 n은 -15,
$-7, 1, 9, 17$의 5개이다.

답 ②

14 두 점 $\left(\dfrac{5}{2}, 0 \right)$, $(0, 5)$를 지나는 직선 l의 방정식은

$\dfrac{x}{\frac{5}{2}} + \dfrac{y}{5} = 1$에서 $2x + y = 5$

점 $\mathrm{P}(a, b)$는 직선 l 위의 점이므로

$2a + b = 5$ ······㉠

$9^a > 0$, $3^b > 0$이므로 산술평균과 기하평균의 관계에 의하여

$9^a + 3^b = 3^{2a} + 3^b$
$\ge 2\sqrt{3^{2a} \times 3^b}$ (단, 등호는 $2a = b$일 때 성립)
$= 2\sqrt{3^{2a+b}} = 2\sqrt{3^5}$ $(\because ㉠)$
$= 18\sqrt{3}$

따라서 $9^a + 3^b$의 최솟값은 $m = 18\sqrt{3}$이므로
$m^2 = 972$

답 972

15 점 (a, b)가 직선 $y = -x + 6$ 위에 있으므로

$b = -a + 6$ $\therefore a + b = 6$ ······㉠

$2^a = 4 + 2^p$, $2^b = 4 + 2^{-p}$에서

$2^p = 2^a - 4$ ······㉡, $2^{-p} = 2^b - 4$ ······㉢

㉡×㉢을 하면

$1 = (2^a - 4)(2^b - 4)$

$2^{a+b} - 4(2^a + 2^b) + 15 = 0$

$64 - 4(2^a + 2^b) + 15 = 0$ $(\because ㉠)$

$\therefore 2^a + 2^b = \dfrac{79}{4}$

㉡+㉢을 하면

$2^p + 2^{-p} = 2^a + 2^b - 8 = \dfrac{79}{4} - 8 = \dfrac{47}{4}$

$\therefore 2^{2+p} + 2^{2-p} = 4 \times (2^p + 2^{-p}) = 4 \times \dfrac{47}{4} = 47$

답 47

• **다른 풀이**

점 (a, b)가 직선 $y = -x + 6$ 위에 있으므로

$b = -a + 6$ $\therefore a + b = 6$

한편, $2^a = 4 + 2^p$, $2^b = 4 + 2^{-p}$을 변끼리 곱하면

$2^a 2^b = (4 + 2^p)(4 + 2^{-p})$

$2^{a+b} = 16 + 4 \times 2^p + 4 \times 2^{-p} + 1$

$2^6 = 17 + 2^{2+p} + 2^{2-p}$ $(\because a + b = 6)$

$\therefore 2^{2+p} + 2^{2-p} = 64 - 17 = 47$

16 ㄱ. $f^2(1) = (f \circ f)(1) = f(f(1))$
$= f(\sqrt{2}) = \sqrt{2\sqrt{2}}$
$= 2^{\frac{1}{2} + \frac{1}{4}} = 2^{\frac{3}{4}}$ (참)

ㄴ. $f^3(2) = (f \circ f \circ f)(2) = f(f(f(2)))$
$= f(f(\sqrt{4})) = f(f(2))$
$= f(\sqrt{4}) = f(2)$
$= \sqrt{4} = 2$ (참)

ㄷ. ㄱ에서 $f^2(1) = \sqrt{2\sqrt{2}}$
$f^3(1) = (f \circ f^2)(1) = f(f^2(1))$
$= f(\sqrt{2\sqrt{2}}) = \sqrt{2\sqrt{2\sqrt{2}}}$
$= 2^{\frac{1}{2} + \frac{1}{4} + \frac{1}{8}} = 2^{\frac{7}{8}} = 2^{\frac{2^3-1}{2^3}}$
$f^4(1) = (f \circ f^3)(1) = f(f^3(1))$
$= f(\sqrt{2\sqrt{2\sqrt{2}}}) = \sqrt{2\sqrt{2\sqrt{2\sqrt{2}}}}$
$= 2^{\frac{1}{2} + \frac{1}{4} + \frac{1}{8} + \frac{1}{16}} = 2^{\frac{15}{16}} = 2^{\frac{2^4-1}{2^4}}$
$\vdots$
$f^n(1) = 2^{\frac{1}{2} + \frac{1}{4} + \frac{1}{8} + \cdots + \frac{1}{2^n}}$
$= 2^{\frac{2^n-1}{2^n}} = 2^{1 - \frac{1}{2^n}}$

같은 방법으로
$f(4) = 2\sqrt{2} = 2^{1 + \frac{1}{2}}$
$f^2(4) = (f \circ f)(4) = f(f(4))$
$= f(2\sqrt{2}) = \sqrt{4\sqrt{2}}$
$= 2\sqrt[4]{2} = 2^{1 + \frac{1}{4}}$
$f^3(4) = (f \circ f^2)(4) = f(f^2(4))$
$= f(2\sqrt[4]{2}) = \sqrt{4\sqrt[4]{2}}$
$= 2\sqrt[8]{2} = 2^{1 + \frac{1}{8}}$
$\vdots$
$f^n(4) = 2^{1 + \frac{1}{2^n}}$

$$\therefore f^n(1)f^n(4)=2^{1-\frac{1}{2^n}}\times 2^{1+\frac{1}{2^n}}$$
$$=2^2=\{f(2)\}^2 \text{ (거짓)}$$

따라서 옳은 것은 ㄱ, ㄴ이다.   답 ②

17 해결단계

❶단계	$a=b^k$ (b, k는 자연수)으로 놓은 후, $\sqrt[m]{a}$와 $\sqrt[n]{a}$가 모두 자연수이기 위한 k의 조건을 찾는다.
❷단계	300 이하의 세 자리의 자연수 중에서 거듭제곱이 될 수 있는 수를 모두 구한다.
❸단계	❷단계에서 구한 수 중에서 ❶단계에서 찾은 조건을 만족시키는 수를 찾은 후, 순서쌍 (m, n)의 개수를 구한다.

$a=b^k$ (b, k는 자연수)으로 놓으면

$$\sqrt[m]{a}=b^{\frac{k}{m}}, \sqrt[n]{a}=b^{\frac{k}{n}}$$

이때 2 이상의 서로 다른 자연수 m, n에 대하여 $b^{\frac{k}{m}}$, $b^{\frac{k}{n}}$이 모두 자연수이어야 하므로 k는 2 이상의 서로 다른 약수 m, n을 가져야 한다.

한편, $100 \le a \le 300$에서 $100 \le b^k \le 300$이므로

b^k의 값으로 가능한 것은 2^7, 2^8, 3^5, 4^4, 5^3, 6^3, 10^2, 11^2, 12^2, 13^2, 14^2, 15^2, 16^2, 17^2이다.

이때 k가 2 이상의 서로 다른 두 약수를 가져야 하므로 2, 3, 5, 7은 될 수 없다.

> $4^4=2^8$이므로 자연수 a는 256뿐이다.

따라서 k의 값으로 가능한 것은 4, 8이므로 조건을 만족시키는 순서쌍 (m, n)은 $(2, 4)$, $(2, 8)$, $(4, 8)$의 3개이다.   답 3

18 $x^{\frac{1}{2}}=e^{\frac{1}{2}}-e^{-\frac{1}{2}}$ ($e>1$)의 양변을 제곱하면

$$x=(e^{\frac{1}{2}}-e^{-\frac{1}{2}})^2=e+e^{-1}-2$$
$$\therefore x+2=e+e^{-1} \quad\quad \cdots\cdots \text{㉠}$$

㉠의 양변을 제곱하면

$$x^2+4x+4=e^2+e^{-2}+2$$
$$x^2+4x=e^2+e^{-2}-2$$
$$\therefore \sqrt{x^2+4x}=\sqrt{e^2+e^{-2}-2}=\sqrt{(e-e^{-1})^2}$$
$$=e-e^{-1} (\because e>e^{-1}) \quad\quad \cdots\cdots \text{㉡}$$

㉠, ㉡을 주어진 식에 대입하면

$$\frac{x+2+\sqrt{x^2+4x}}{x+2-\sqrt{x^2+4x}}=\frac{e+e^{-1}+(e-e^{-1})}{e+e^{-1}-(e-e^{-1})}$$
$$=\frac{2e}{2e^{-1}}=e^2 \quad\quad \text{답 ①}$$

• **다른 풀이** •

$x^{\frac{1}{2}}=e^{\frac{1}{2}}-e^{-\frac{1}{2}}$에서

$$x=e-2+e^{-1} \quad\quad \cdots\cdots \text{㉢}$$

한편,

$$\frac{x+2+\sqrt{x^2+4x}}{x+2-\sqrt{x^2+4x}}$$
$$=\frac{x+2+\sqrt{x^2+4x}}{x+2-\sqrt{x^2+4x}}\times\frac{x+2+\sqrt{x^2+4x}}{x+2+\sqrt{x^2+4x}}$$
$$=\frac{(x+2+\sqrt{x^2+4x})^2}{4}$$

이때 ㉢에서 $x+2=e+e^{-1}$이고, 이 식의 양변을 제곱하면

$$x^2+4x+4=e^2+2+e^{-2}$$
$$x^2+4x=e^2-2+e^{-2}=(e-e^{-1})^2$$
$$\therefore \sqrt{x^2+4x}=e-e^{-1} (\because e>e^{-1})$$
$$\therefore \frac{x+2+\sqrt{x^2+4x}}{x+2-\sqrt{x^2+4x}}=\frac{(x+2+\sqrt{x^2+4x})^2}{4}$$
$$=\frac{(e+e^{-1}+e-e^{-1})^2}{4}$$
$$=\frac{4e^2}{4}=e^2$$

19 $\sqrt[3]{a}-\dfrac{1}{\sqrt[3]{a}}=b$의 양변을 세제곱하면

$$a-\frac{1}{a}-3\left(\sqrt[3]{a}-\frac{1}{\sqrt[3]{a}}\right)=b^3$$
$$a-\frac{1}{a}-3b=b^3 \left(\because \sqrt[3]{a}-\frac{1}{\sqrt[3]{a}}=b\right)$$
$$\therefore b^3+3b=a-\frac{1}{a}$$

이때 $b^3+3b=3$이므로 $a-\dfrac{1}{a}=3$

$$\therefore a^2+\frac{1}{a^2}=\left(a-\frac{1}{a}\right)^2+2$$
$$=3^2+2=11 \quad\quad \text{답 11}$$

20 $40^a=2$, $40^b=5$에서

$$40=2^3\times5=(40^a)^3\times40^b=40^{3a+b}$$

밑이 40으로 같으므로 $3a+b=1$에서

$$1-b=3a$$
$$\therefore 8^{\frac{2(1-a-b)}{1-b}}=8^{\frac{2(3a-a)}{3a}}=8^{\frac{4}{3}}$$
$$=(2^3)^{\frac{4}{3}}=2^4=16 \quad\quad \text{답 ③}$$

21
$$\frac{2^{3x}+2^{-3x}}{2^x+2^{-x}}+\frac{2^x-2^{-5x}}{2^{-x}+2^{-3x}}$$
$$=\frac{2^{3x}+2^{-3x}}{2^x+2^{-x}}\times\frac{2^x}{2^x}+\frac{2^x-2^{-5x}}{2^{-x}+2^{-3x}}\times\frac{2^x}{2^x}$$
$$=\frac{2^{4x}+2^{-2x}}{2^{2x}+1}+\frac{2^{2x}-2^{-4x}}{1+2^{-2x}}$$
$$=\frac{(2^{2x})^2+\dfrac{1}{2^{2x}}}{2^{2x}+1}+\frac{2^{2x}-\dfrac{1}{(2^{2x})^2}}{1+\dfrac{1}{2^{2x}}}$$
$$=\frac{3^2+\dfrac{1}{3}}{3+1}+\frac{3-\dfrac{1}{3^2}}{1+\dfrac{1}{3}} (\because 2^{2x}=3)$$
$$=\frac{\dfrac{28}{3}}{4}+\frac{\dfrac{26}{9}}{\dfrac{4}{3}}$$
$$=\frac{7}{3}+\frac{13}{6}=\frac{9}{2}$$

따라서 $A=\dfrac{9}{2}$이므로

$2A=2\times\dfrac{9}{2}=9$　　　　　　　　　답 9

단계	채점 기준	배점
(가)	주어진 식의 분모, 분자에 각각 일정한 수를 곱해서 주어진 식의 항을 2^{2x}의 거듭제곱 꼴로 변형한 경우	60%
(나)	변형한 식을 정리한 후, $2^{2x}=3$을 이용하여 A의 값을 구한 경우	30%
(다)	$2A$의 값을 구한 경우	10%

• 다른 풀이 •

$\dfrac{2^{3x}+2^{-3x}}{2^x+2^{-x}}+\dfrac{2^x-2^{-5x}}{2^{-x}+2^{-3x}}$

$=\dfrac{2^{3x}+2^{-3x}}{2^x+2^{-x}}\times\dfrac{2^{3x}}{2^{3x}}+\dfrac{2^x-2^{-5x}}{2^{-x}+2^{-3x}}\times\dfrac{2^{5x}}{2^{5x}}$

$=\dfrac{2^{6x}+1}{2^{4x}+2^{2x}}+\dfrac{2^{6x}-1}{2^{4x}+2^{2x}}$

$=\dfrac{2\times2^{6x}}{2^{4x}+2^{2x}}=\dfrac{2\times2^{4x}}{2^{2x}+1}$

$=\dfrac{2\times3^2}{3+1}=\dfrac{9}{2}=A$

$\therefore 2A=2\times\dfrac{9}{2}=9$

22 $3^a=4^b=5^c$이므로

$3^a=4^b$에서 $(3^a)^c=(4^b)^c$　　$\therefore 3^{ac}=4^{bc}$

$4^b=5^c$에서 $(4^b)^a=(5^c)^a$　　$\therefore 4^{ab}=5^{ac}$

이때 $ac=2$이므로

$3^2=4^{bc}$, $4^{ab}=5^2$

$\therefore 4^{ab+bc}=4^{ab}\times4^{bc}$

$\qquad\qquad=5^2\times3^2=225$　　　　답 225

• 다른 풀이 •

$4^{ab+bc}=(4^b)^a\times(4^b)^c$

$\qquad\quad=(5^c)^a\times(3^a)^c\ (\because 3^a=4^b=5^c)$

$\qquad\quad=15^{ac}=15^2\ (\because ac=2)$

$\qquad\quad=225$

23 $3^a=5^b$의 양변에 3^b을 곱하면

$3^a\times3^b=5^b\times3^b$

$\therefore 3^{a+b}=15^b$

이때 $2ab-a-b=0$에서 $a+b=2ab$이므로

$3^{2ab}=15^b$

$3^{2a}=15$　　$\therefore 3^a=15^{\frac{1}{2}}$

$\therefore\left(\dfrac{1}{27}\right)^a\times5^b=3^{-3a}\times3^a=3^{-2a}$

$\qquad\qquad\qquad=(3^a)^{-2}=(15^{\frac{1}{2}})^{-2}=\dfrac{1}{15}$　　답 $\dfrac{1}{15}$

• 다른 풀이 •

$2ab-a-b=0$에서 $2ab=a+b$

$\dfrac{a+b}{ab}=2$　　$\therefore \dfrac{1}{a}+\dfrac{1}{b}=2$　　……㉠

이때 $3^a=5^b=k\ (k>0)$로 놓으면

$k^{\frac{1}{a}}=3$, $k^{\frac{1}{b}}=5$

위의 두 식을 변끼리 곱하면

$k^{\frac{1}{a}+\frac{1}{b}}=15$, $k^2=15\ (\because ㉠)$　　$\therefore k=15^{\frac{1}{2}}$

$\therefore\left(\dfrac{1}{27}\right)^a\times5^b=(3^{-3})^a\times5^b$

$\qquad\qquad\qquad=(3^a)^{-3}\times5^b$

$\qquad\qquad\qquad=k^{-3}\times k=k^{-2}$

$\qquad\qquad\qquad=(15^{\frac{1}{2}})^{-2}=\dfrac{1}{15}$

24 이차방정식 $x^2+(2-a-b)x+a-b=0$의 두 근이 α, β이므로 근과 계수의 관계에 의하여

$\alpha+\beta=a+b-2$, $\alpha\beta=a-b$

$\therefore \dfrac{1}{\alpha}+\dfrac{1}{\beta}=\dfrac{\alpha+\beta}{\alpha\beta}=\dfrac{a+b-2}{a-b}$　　　　……㉠

한편, $3^a=6$, $3^b=24$이므로

$3^{a+b-2}=3^a\times3^b\times\dfrac{1}{9}=6\times24\times\dfrac{1}{9}=16$,

$3^{a-b}=3^a\times\dfrac{1}{3^b}=6\times\dfrac{1}{24}=\dfrac{1}{4}$

이때 $16=\left(\dfrac{1}{4}\right)^{-2}$이므로 $3^{a+b-2}=3^{-2(a-b)}$

$3^{\frac{a+b-2}{a-b}}=3^{-2}$　　$\therefore \dfrac{a+b-2}{a-b}=-2$

$\therefore \dfrac{1}{\alpha}+\dfrac{1}{\beta}=\dfrac{a+b-2}{a-b}\ (\because ㉠)$

$\qquad\qquad=-2$　　　　　　　　　답 -2

• 다른 풀이 •

이차방정식 $x^2+(2-a-b)x+a-b=0$의 두 근이 α, β이므로 근과 계수의 관계에 의하여

$\alpha+\beta=a+b-2$, $\alpha\beta=a-b$　　……㉡

한편, $3^a=6$에서 $3^{a-1}=2$,

$3^b=24$에서 $3^{b-1}=8=2^3$이므로

$3^{b-1}=(3^{a-1})^3$에서 $3^{b-1}=3^{3a-3}$

즉, $b-1=3a-3$이므로 $b=3a-2$

위의 식을 ㉡에 대입하여 정리하면

$\alpha+\beta=4a-4$, $\alpha\beta=-2a+2$

$\therefore \dfrac{1}{\alpha}+\dfrac{1}{\beta}=\dfrac{\alpha+\beta}{\alpha\beta}$

$\qquad\qquad=\dfrac{4a-4}{-2a+2}$

$\qquad\qquad=\dfrac{4(a-1)}{-2(a-1)}=-2$

25 $\dfrac{2^x}{1+2^{x-y}}+\dfrac{2^y}{1+2^{-x+y}}=\dfrac{2^x}{1+2^{x-y}}\times\dfrac{2^y}{2^y}+\dfrac{2^y}{1+2^{-x+y}}\times\dfrac{2^x}{2^x}$

$\qquad\qquad\qquad\qquad\qquad=\dfrac{2^{x+y}}{2^y+2^x}+\dfrac{2^{x+y}}{2^x+2^y}$

$\qquad\qquad\qquad\qquad\qquad=\dfrac{2\times2^{x+y}}{2^x+2^y}=\dfrac{2^{1+x+y}}{2^x+2^y}$

$\qquad\qquad\qquad\qquad\qquad=\dfrac{1}{2}$

즉, $2 \times 2^{1+x+y} = 2^x + 2^y$이므로

$2^x + 2^y = 2^{2+x+y}$ ······㉠

$\therefore 2^{-x} + 2^{-y} = \dfrac{1}{2^x} + \dfrac{1}{2^y}$

$= \dfrac{2^x + 2^y}{2^x \times 2^y} = \dfrac{2^{2+x+y}}{2^{x+y}}$ ($\because$ ㉠)

$= 2^2 = 4$

답 4

서울대 선배들의 강추문제 | **1등급 비법 노하우**

이 문제는 식을 얼마나 잘 변형하는가를 평가하는 문제이지만 보기보다 난이도가 높으니 많이 풀어 보고 익숙해져야 한다. 대칭식일 때는 대칭을 이루는 문자를 동일한 형태로 치환하여 접근해 보는 것도 좋은 아이디어이다.

$2^x = A$, $2^y = B$로 치환하여 식을 변형하면

$\dfrac{A}{1 + \frac{A}{B}} + \dfrac{B}{1 + \frac{B}{A}} = \dfrac{1}{2}$에서 $\dfrac{A}{1 + \frac{A}{B}} \times \dfrac{B}{B} + \dfrac{B}{1 + \frac{B}{A}} \times \dfrac{A}{A} = \dfrac{1}{2}$

$\dfrac{2AB}{A+B} = \dfrac{1}{2}$, 즉 $\dfrac{1}{A} + \dfrac{1}{B} = 4$이고, 문제에서 구하고자 하는 값이

$\dfrac{1}{A} + \dfrac{1}{B}$이므로 답이 4임을 알 수 있다.

---

26 조건 (나)에서 $a^{\frac{1}{x}} = b^{\frac{1}{y}} = c^{\frac{1}{z}} = k$ $(k > 0)$로 놓으면

$a = k^x$, $b = k^y$, $c = k^z$

$\therefore \dfrac{3a + 5c}{2b} = \dfrac{3k^x + 5k^z}{2k^y}$

조건 (가)에서 $y = \dfrac{x+z}{2}$이므로

$\dfrac{3k^x + 5k^z}{2k^y} = \dfrac{3k^x + 5k^z}{2k^{\frac{x+z}{2}}}$

$= \dfrac{3 + 5k^{z-x}}{2k^{\frac{z-x}{2}}}$

$= \dfrac{3}{2} \times \dfrac{1}{k^{\frac{z-x}{2}}} + \dfrac{5}{2}k^{\frac{z-x}{2}}$

이때 $k^{\frac{z-x}{2}} > 0$, $\dfrac{1}{k^{\frac{z-x}{2}}} > 0$이므로 산술평균과 기하평균의 관계에 의하여

$\dfrac{3}{2} \times \dfrac{1}{k^{\frac{z-x}{2}}} + \dfrac{5}{2}k^{\frac{z-x}{2}} \geq 2\sqrt{\dfrac{3}{2} \times \dfrac{1}{k^{\frac{z-x}{2}}} \times \dfrac{5}{2}k^{\frac{z-x}{2}}}$

$\left(\text{단, 등호는 } k^{z-x} = \dfrac{3}{5}\text{일 때 성립}\right)$

$= 2\sqrt{\dfrac{15}{4}} = \sqrt{15}$

$\therefore \dfrac{3a + 5c}{2b} \geq \sqrt{15}$

따라서 $\dfrac{3a + 5c}{2b}$의 최솟값은 $\sqrt{15}$이다.

답 ②

• 다른 풀이 •

조건 (나)에서 $a^{\frac{1}{x}} = b^{\frac{1}{y}} = c^{\frac{1}{z}} = k$ $(k > 0)$로 놓으면

$a = k^x$, $b = k^y$, $c = k^z$

$b = k^y$의 양변을 제곱하면 $b^2 = k^{2y}$ ······㉠

$a = k^x$, $c = k^z$을 변끼리 곱하면

$ac = k^{x+z}$ ······㉡

조건 (가)에서 $2y = x + z$이므로 ㉠, ㉡에서

$b^2 = ac$ $\therefore b = \sqrt{ac}$ $(\because b > 0)$

$\therefore \dfrac{3a + 5c}{2b} = \dfrac{3a + 5c}{2\sqrt{ac}} = \dfrac{3a}{2\sqrt{ac}} + \dfrac{5c}{2\sqrt{ac}}$

$= \dfrac{3}{2}\sqrt{\dfrac{a}{c}} + \dfrac{5}{2}\sqrt{\dfrac{c}{a}}$

이때 $\sqrt{\dfrac{a}{c}} > 0$, $\sqrt{\dfrac{c}{a}} > 0$이므로 산술평균과 기하평균의 관계에 의하여

$\dfrac{3}{2}\sqrt{\dfrac{a}{c}} + \dfrac{5}{2}\sqrt{\dfrac{c}{a}} \geq 2\sqrt{\dfrac{3}{2}\sqrt{\dfrac{a}{c}} \times \dfrac{5}{2}\sqrt{\dfrac{c}{a}}}$

$\left(\text{단, 등호는 } 3a = 5c\text{일 때 성립}\right)$

$= 2\sqrt{\dfrac{15}{4}} = \sqrt{15}$

따라서 $\dfrac{3a + 5c}{2b}$의 최솟값은 $\sqrt{15}$이다.

27 $2^x = 3^y = 6^z = k$ $(k > 1)$로 놓으면

$2 = k^{\frac{1}{x}}$, $3 = k^{\frac{1}{y}}$, $6 = k^{\frac{1}{z}}$

ㄱ. $k^{\frac{1}{x}} < k^{\frac{1}{y}} < k^{\frac{1}{z}}$에서

$k > 1$이므로 $\dfrac{1}{x} < \dfrac{1}{y} < \dfrac{1}{z}$

$\therefore z < y < x$ $(\because x > 0, y > 0, z > 0)$ (참)

ㄴ. $2 = k^{\frac{1}{x}}$, $3 = k^{\frac{1}{y}}$을 변끼리 곱하면

$6 = k^{\frac{1}{x}} \times k^{\frac{1}{y}} = k^{\frac{1}{x} + \frac{1}{y}} = k^{\frac{1}{z}}$ $(\because 6 = k^{\frac{1}{z}})$

이때 $k \neq 1$이므로 $\dfrac{1}{x} + \dfrac{1}{y} = \dfrac{1}{z}$이고, $\dfrac{1}{x} + \dfrac{1}{y} = 1$이므로

$\dfrac{1}{z} = 1$이다.

$\therefore z = 1$ (참)

ㄷ. $x = p$, $z = p^2$ $(p \neq 1)$이면 $\dfrac{1}{x} + \dfrac{1}{y} = \dfrac{1}{z}$에서

$\dfrac{1}{y} = \dfrac{1}{z} - \dfrac{1}{x} = \dfrac{1}{p^2} - \dfrac{1}{p} = \dfrac{1-p}{p^2}$

$\therefore y = \dfrac{p^2}{1-p}$ (참)

따라서 ㄱ, ㄴ, ㄷ 모두 옳다.

답 ⑤

28 $B_1 = \dfrac{kI_0 r_1^2}{2(x_1^2 + r_1^2)^{\frac{3}{2}}}$,

$B_2 = \dfrac{kI_0(3r_1)^2}{2\{(3x_1)^2 + (3r_1)^2\}^{\frac{3}{2}}}$

$= \dfrac{kI_0 \times 9r_1^2}{2(9x_1^2 + 9r_1^2)^{\frac{3}{2}}}$

$= \dfrac{9kI_0 r_1^2}{2 \times 9^{\frac{3}{2}}(x_1^2 + r_1^2)^{\frac{3}{2}}}$

$= \dfrac{kI_0 r_1^2}{6(x_1^2 + r_1^2)^{\frac{3}{2}}}$

즉, $B_2 = \dfrac{1}{3}B_1$이므로 $\dfrac{B_2}{B_1} = \dfrac{1}{3}$이다.

답 ③

29 단원자 이상기체의 단열 팽창 전 온도가 $480(\mathrm{K})$이고 부피가 $5(\mathrm{m}^3)$이므로

$T_i=480$, $V_i=5$

이 이상기체가 단열 팽창하여 기체의 온도가 $270(\mathrm{K})$이 되었으므로 $T_f=270$

$\gamma=\dfrac{5}{3}$이므로 팽창 후 부피를 V_f라 하고 주어진 등식

$T_i V_i{}^{\gamma-1}=T_f V_f{}^{\gamma-1}$에 대입하면

$480\times 5^{\frac{5}{3}-1}=270\times V_f{}^{\frac{5}{3}-1}$

$480\times 5^{\frac{2}{3}}=270\times V_f{}^{\frac{2}{3}}$

$16\times 5^{\frac{2}{3}}=9\times V_f{}^{\frac{2}{3}}$

$V_f{}^{\frac{2}{3}}=\dfrac{16}{9}\times 5^{\frac{2}{3}}$

$\therefore V_f=\left(\dfrac{4}{3}\right)^{2\times\frac{3}{2}}\times 5^{\frac{2}{3}\times\frac{3}{2}}$

$\qquad =\dfrac{64}{27}\times 5=\dfrac{320}{27}$

답 ⑤

STEP 3 1등급을 넘어서는 **종합 사고력 문제** p. 15

01 26	**02** ①	**03** 5	**04** 648	**05** 7
06 13	**07** ②	**08** 20		

01 해결단계

❶단계	세 수 $\sqrt{\dfrac{n}{2}}$, $\sqrt[3]{\dfrac{n}{3}}$, $\sqrt[5]{\dfrac{n}{5}}$이 자연수가 되기 위한 자연수 p, q, r의 조건을 구한다.
❷단계	❶단계에서 구한 자연수 p, q, r의 조건을 이용하여 p, q, r의 값을 각각 구한 후, $2p-q+r$의 값을 구한다.

$n=2^p\times 3^q\times 5^r$에서

$\sqrt{\dfrac{n}{2}}$이 자연수가 되려면 q와 r는 2의 배수이고,

$p=2k_1+1$ (단, k_1은 음이 아닌 정수) ……㉠

$\sqrt[3]{\dfrac{n}{3}}$이 자연수가 되려면 p와 r는 3의 배수이고,

$q=3k_2+1$ (단, k_2는 음이 아닌 정수) ……㉡

$\sqrt[5]{\dfrac{n}{5}}$이 자연수가 되려면 p와 q는 5의 배수이고,

$r=5k_3+1$ (단, k_3은 음이 아닌 정수) ……㉢

즉, p는 3과 5의 공배수 중에서 ㉠을 만족시키는 최솟값이므로 $p=15$, q는 2와 5의 공배수 중에서 ㉡을 만족시키는 최솟값이므로 $q=10$, r는 2와 3의 공배수 중에서 ㉢을 만족시키는 최솟값이므로 $r=6$이다.

$\therefore 2p-q+r=2\times 15-10+6$

$\qquad\qquad\quad =26$

답 26

---

02 해결단계

❶단계	a의 n제곱근은 방정식 $x^n=a$를 만족시키는 x임을 이용하여 조건 ㈎, ㈏, ㈐를 등식으로 나타낸다.
❷단계	❶단계에서 구한 식을 이용하여 mn의 값을 구한다.
❸단계	조건을 만족시키는 모든 순서쌍 (m, n)과 그 개수를 구한다.

조건 ㈎에서 $\sqrt[3]{a}$는 b의 m제곱근이므로

$b=(\sqrt[3]{a})^m=a^{\frac{m}{3}}$

조건 ㈏에서 $\sqrt{b}$는 c의 n제곱근이므로

$c=(\sqrt{b})^n=b^{\frac{n}{2}}$

조건 ㈐에서 c는 a^{12}의 네제곱근이므로

$a^{12}=c^4$

즉, $c^4=\left(b^{\frac{n}{2}}\right)^4=b^{2n}=\left(a^{\frac{m}{3}}\right)^{2n}=a^{\frac{2mn}{3}}=a^{12}$이므로

$\dfrac{2mn}{3}=12$ $\quad\therefore mn=18$

따라서 $mn=18$을 만족시키는 1이 아닌 두 자연수 m, n의 순서쌍 (m, n)은 $(2, 9)$, $(3, 6)$, $(6, 3)$, $(9, 2)$의 4개이다.

답 ①

---

03 해결단계

❶단계	$1+x^2$에 $x=\dfrac{9^{10}-9^{-10}}{2}$을 대입하여 간단히 한다.
❷단계	$x+\sqrt{1+x^2}$에 $x=\dfrac{9^{10}-9^{-10}}{2}$과 ❶단계에서 구한 식을 대입하여 간단히 한다.
❸단계	$\sqrt[n]{x+\sqrt{1+x^2}}$에 ❷단계에서 구한 식을 대입한 후 이 식이 정수가 되기 위한 자연수 n의 개수를 구한다.

$2x=9^{10}-\dfrac{1}{9^{10}}=9^{10}-9^{-10}$에서 $x=\dfrac{9^{10}-9^{-10}}{2}$이므로

$1+x^2=1+\dfrac{(9^{10}-9^{-10})^2}{2^2}=\dfrac{4+(9^{10}-9^{-10})^2}{4}$

$\qquad\quad =\dfrac{9^{20}+9^{-20}+2}{4}=\dfrac{(9^{10}+9^{-10})^2}{4}$

$\therefore \sqrt{1+x^2}=\sqrt{\dfrac{(9^{10}+9^{-10})^2}{4}}=\dfrac{9^{10}+9^{-10}}{2}$

$\therefore x+\sqrt{1+x^2}=\dfrac{9^{10}-9^{-10}}{2}+\dfrac{9^{10}+9^{-10}}{2}=9^{10}$

이때 $\sqrt[n]{x+\sqrt{1+x^2}}=\sqrt[n]{9^{10}}=9^{\frac{10}{n}}=3^{\frac{20}{n}}$이므로 이 값이 정수가 되려면 자연수 n은 20의 양의 약수이어야 한다.

따라서 구하는 $n\geq 2$인 자연수 n은 2, 4, 5, 10, 20의 5개이다.

답 5

---

04 해결단계

❶단계	$AD=BC$임을 이용하여 a의 값을 구한다.
❷단계	네 직사각형의 넓이인 A, B, C, D의 합이 정사각형의 넓이와 같음을 이용하여 b의 값을 구한다.
❸단계	❶, ❷단계에서 구한 값을 이용하여 A의 값을 구한다.

정사각형을 넓이가 A, B, C, D인 네 개의 직사각형으로 나누었을 때, $A:B=C:D$이므로

$AD=BC$

$2^a 3^b \times 2^{a+1} 3^{b+1} = 2^{a-1} 3^{b+1} \times 2^{2a-1} 3^b$

$2^{2a+1} 3^{2b+1} = 2^{3a-2} 3^{2b+1}$

$2^{2a+1} = 2^{3a-2} \ (\because 3^{2b+1} > 0)$

밑이 2로 같으므로

$2a+1 = 3a-2 \quad \therefore a = 3 \quad \cdots\cdots \bigcirc$

㉠을 네 개의 직사각형의 넓이에 대입하여 정리하면

$A = 2^3 3^b = 8 \times 3^b, \ B = 2^2 3^{b+1} = 12 \times 3^b,$

$C = 2^5 3^b = 32 \times 3^b, \ D = 2^4 3^{b+1} = 48 \times 3^b$

이때 주어진 정사각형의 넓이는 $90^2 = 3^4 \times 100$이므로

$A+B+C+D = 8 \times 3^b + 12 \times 3^b + 32 \times 3^b + 48 \times 3^b$

$\qquad\qquad\qquad = (8+12+32+48) \times 3^b$

$\qquad\qquad\qquad = 100 \times 3^b = 100 \times 3^4$

$\therefore b = 4 \quad \therefore A = 8 \times 3^4 = 648 \qquad\qquad$ **답** 648

• 다른 풀이 •

넓이가 A, C인 두 직사각형의 가로의 길이를 m, 넓이가 B, D인 두 직사각형의 가로의 길이를 n이라 하면

넓이가 A인 직사각형의 세로의 길이는 $\dfrac{2^a 3^b}{m}$이고, 넓이가 A인 직사각형의 세로의 길이는 넓이가 B인 직사각형의 세로의 길이와 같으므로

$\dfrac{2^a 3^b}{m} \times n = 2^{a-1} 3^{b+1}$

$\therefore \dfrac{n}{m} = \dfrac{3}{2} \qquad \cdots\cdots \bigcirc\!\!\!\bigcirc$

또한, 넓이가 C인 직사각형의 세로의 길이는 $\dfrac{2^{2a-1} 3^b}{m}$이고, 넓이가 C인 직사각형의 세로의 길이는 넓이가 D인 직사각형의 세로의 길이와 같으므로

$\dfrac{2^{2a-1} 3^b}{m} \times n = 2^{a+1} 3^{b+1}$

$\therefore \dfrac{n}{m} = \dfrac{3}{2^{a-2}} \qquad \cdots\cdots \bigcirc\!\!\!\bigcirc\!\!\!\bigcirc$

㉡, ㉢에서

$\dfrac{3}{2} = \dfrac{3}{2^{a-2}}$이므로 $a = 3$

한편,

$A+B+C+D$

$= 2^a 3^b + 2^{a-1} 3^{b+1} + 2^{2a-1} 3^b + 2^{a+1} 3^{b+1}$

$= 2^{a-1} 3^b (2 + 3 + 2^a + 2^2 \times 3)$

$= 2^2 \times 3^b \times 5^2 \ (\because a = 3)$

이때 주어진 정사각형의 넓이는 $90^2 = 2^2 \times 3^4 \times 5^2$이므로

$b = 4$

$\therefore A = 2^a 3^b = 2^3 \times 3^4 = 648$

05 해결단계

❶단계	거듭제곱근의 대소 관계를 이용하여 x의 값의 범위를 구한다.
❷단계	❶단계에서 구한 범위를 이용하여 x^{-1}, x^{-2}의 범위를 각각 구한다.
❸단계	❶, ❷단계에서 구한 범위를 이용하여 주어진 식의 값을 구한다.

$x = 4^{\frac{4}{5}}$에서 $x^5 = 4^4 = 256$

이때 $3^5 = 243 < 256 < 4^5 = 1024$이므로

$3^5 < x^5 < 4^5 \quad \therefore 3 < x < 4 \quad \cdots\cdots \bigcirc$

$\therefore \dfrac{1}{4} < x^{-1} < \dfrac{1}{3} \quad \cdots\cdots \bigcirc\!\!\!\bigcirc$

$\frac{1}{16} < x^{-2} < \frac{1}{9}$이므로 $0 < x^{-2} < 1$

또한, $x = 4^{\frac{4}{5}}$에서 $x^{-2} = 4^{-\frac{8}{5}}$

$4^{-\frac{8}{5}} = a \ (a > 0)$로 놓으면 $a^5 = 4^{-8} = \dfrac{1}{4^8}$

$\dfrac{1}{4^8} < 1$이므로 $a^5 < 1 \quad \therefore 0 < a < 1$

$\therefore 0 < x^{-2} < 1 \ (\because a = 4^{-\frac{8}{5}} = x^{-2}) \quad \cdots\cdots \bigcirc\!\!\!\bigcirc\!\!\!\bigcirc$

㉠에서 $4 < x+1 < 5$이므로 $[x+1] = 4$

㉢에서 $2 < x^{-2} + 2 < 3$이므로 $[x^{-2} + 2] = 2$

㉠, ㉡에서 $\dfrac{13}{4} < x + x^{-1} < \dfrac{13}{3}$ *

즉, $\dfrac{13}{12} < \dfrac{1}{3}x + \dfrac{1}{3}x^{-1} < \dfrac{13}{9}$이므로 $\left[\dfrac{1}{3}x + \dfrac{1}{3}x^{-1}\right] = 1$

$\therefore [x+1] + [x^{-2}+2] + \left[\dfrac{1}{3}x + \dfrac{1}{3}x^{-1}\right]$

$= 4 + 2 + 1 = 7 \qquad\qquad\qquad\qquad$ **답** 7

> **BLACKLABEL 특강** | 풀이 첨삭   *
>
> $\dfrac{1}{x}$은 x가 최대일 때 최솟값을 갖고, x가 최소일 때 최댓값을 가지므로 $3 < x < 4$에서 $x + \dfrac{1}{x}$의 값의 범위를 $\alpha < x + \dfrac{1}{x} < \beta \ (\alpha < \beta)$라 하면 ㉠, ㉡에서 $\alpha > 3 + \dfrac{1}{4} = \dfrac{13}{4}$, $\beta < 4 + \dfrac{1}{3} = \dfrac{13}{3}$이므로
>
> $\dfrac{13}{4} < x + \dfrac{1}{x} < \dfrac{13}{3}$

06 해결단계

❶단계	n이 홀수인 경우와 짝수인 경우로 나누어 집합 X를 각각 구한다.
❷단계	❶단계에서 나눈 경우에 따라 집합 X의 원소 중에서 양수인 모든 원소의 곱을 구한 후, 이 값이 5보다 작기 위한 n의 값의 범위를 구한다.
❸단계	집합 A의 모든 원소의 합이 최소이려면 n의 값도 최소이어야 함을 파악한 후, 집합 A의 모든 원소의 합의 최솟값을 구한다.

집합 X의 원소는 b의 a제곱근 중에서 실수인 것이므로

(i) n이 홀수일 때,

$a = n$일 때, b의 n제곱근 중에서 실수는

$\sqrt[n]{-25}, \ \sqrt[n]{-5}, \ \sqrt[n]{5}, \ \sqrt[n]{25}$

$a = n+1$일 때, $n+1$은 짝수이고 음수의 짝수 제곱근은 실수의 범위에서 존재하지 않으므로 b의 $(n+1)$제곱근 중에서 실수는

$\pm\sqrt[n+1]{5}, \ \pm\sqrt[n+1]{25}$

$\therefore X = \{\sqrt[n]{-25}, \ \sqrt[n]{-5}, \ \sqrt[n]{5}, \ \sqrt[n]{25}, \ \sqrt[n+1]{5},$

$\qquad\qquad -\sqrt[n+1]{5}, \ \sqrt[n+1]{25}, \ -\sqrt[n+1]{25}\}$

집합 X의 양수인 모든 원소의 곱은

$\sqrt[n]{5} \times \sqrt[n]{25} \times \sqrt[n+1]{5} \times \sqrt[n+1]{25} = 5^{\frac{1}{n} + \frac{2}{n} + \frac{1}{n+1} + \frac{2}{n+1}}$

$\qquad\qquad\qquad\qquad\qquad\qquad = 5^{\frac{3}{n} + \frac{3}{n+1}} = 5^{\frac{6n+3}{n(n+1)}}$

(ii) n이 짝수일 때,

$a=n$일 때, b의 n제곱근 중에서 실수는
$\pm\sqrt[n]{5}$, $\pm\sqrt[n]{25}$

$a=n+1$일 때, $n+1$은 홀수이므로 b의 $(n+1)$제곱근 중에서 실수는
$\sqrt[n+1]{-25}$, $\sqrt[n+1]{-5}$, $\sqrt[n+1]{5}$, $\sqrt[n+1]{25}$

$\therefore X=\{\sqrt[n+1]{-25}, \sqrt[n+1]{-5}, \sqrt[n+1]{5}, \sqrt[n+1]{25}, \sqrt[n]{5},$
$-\sqrt[n]{5}, \sqrt[n]{25}, -\sqrt[n]{25}\}$

집합 X의 양수인 모든 원소의 곱은

$\sqrt[n+1]{5}\times\sqrt[n+1]{25}\times\sqrt[n]{5}\times\sqrt[n]{25}=5^{\frac{1}{n+1}+\frac{2}{n+1}+\frac{1}{n}+\frac{2}{n}}$

$=5^{\frac{3}{n+1}+\frac{3}{n}}=5^{\frac{6n+3}{n(n+1)}}$

(i), (ii)에서 집합 X의 양수인 모든 원소의 곱이 $5^{\frac{6n+3}{n(n+1)}}$

이고, 이 수가 5보다 작아야 하므로

$5^{\frac{6n+3}{n(n+1)}}<5$에서 $\frac{6n+3}{n(n+1)}<1$

$n(n+1)>0$이므로 위의 부등식의 양변에 $n(n+1)$을 곱하면

$6n+3<n(n+1)$, $n^2-5n-3>0$

$\therefore n<\dfrac{5-\sqrt{37}}{2}$ 또는 $n>\dfrac{5+\sqrt{37}}{2}$

이때 $\dfrac{5-\sqrt{37}}{2}<0$, $\dfrac{5+\sqrt{37}}{2}=5.\times\times\times$이고, n이 최소일 때, 집합 A의 모든 원소의 합도 최소이므로 $n=6$이어야 한다.

따라서 $A=\{6, 7\}$이므로 집합 A의 모든 원소의 합의 최솟값은

$6+7=13$ 답 13

07 해결단계

❶단계	A, B, C를 간단히 정리하여 지수를 통일한다.
❷단계	A, B, C의 대소 관계를 판단한다.
❸단계	$\lvert A-B\rvert+\lvert B-C\rvert+\lvert C-A\rvert$의 절댓값을 풀어 정리한다.

$A=\sqrt{m\sqrt[3]{n}}=m^{\frac{1}{2}}n^{\frac{1}{6}}=(m^6n^2)^{\frac{1}{12}}$

$B=\sqrt[3]{n\sqrt{m}}=n^{\frac{1}{3}}m^{\frac{1}{6}}=(m^2n^4)^{\frac{1}{12}}$

$C=\sqrt{\sqrt{mn}}=(mn)^{\frac{1}{4}}=(m^3n^3)^{\frac{1}{12}}$

이때 m, n은 연속하는 자연수이고, $1<m<n$이므로 $m=n-1$

(i) $\dfrac{A}{B}=\left(\dfrac{m^6n^2}{m^2n^4}\right)^{\frac{1}{12}}=\left(\dfrac{m^4}{n^2}\right)^{\frac{1}{12}}=\left(\dfrac{m^2}{n}\right)^{\frac{1}{6}}$

$=\left\{\dfrac{(n-1)^2}{n}\right\}^{\frac{1}{6}}$

이때 $1<m<n$에서 $1<n-1<n$이므로 $n>2$

$\therefore \dfrac{(n-1)^2}{n}=\dfrac{n^2-2n+1}{n}$

$=n-2+\dfrac{1}{n}>1$

$\therefore A>B$

(ii) $\dfrac{A}{C}=\left(\dfrac{m^6n^2}{m^3n^3}\right)^{\frac{1}{12}}=\left(\dfrac{m^3}{n}\right)^{\frac{1}{12}}$

그런데 (i)에서 $\dfrac{m^2}{n}=\dfrac{(n-1)^2}{n}>1$이고, $m>1$이므로

$\dfrac{m^3}{n}>1$

$\therefore A>C$

(iii) $\dfrac{B}{C}=\left(\dfrac{m^2n^4}{m^3n^3}\right)^{\frac{1}{12}}=\left(\dfrac{n}{m}\right)^{\frac{1}{12}}$

이때 $1<m<n$에서 $0<\dfrac{1}{m}<1<\dfrac{n}{m}$

$\therefore B>C$

(i), (ii), (iii)에서 $C<B<A$

$\therefore \lvert A-B\rvert+\lvert B-C\rvert+\lvert C-A\rvert$

$=(A-B)+(B-C)-(C-A)$

$=2(A-C)$ 답 ②

> **서울대 선배들의 강추문제**   **1등급 비법 노하우**
>
> 이 문제는 거듭제곱근의 대소 비교 문제인데 절댓값 기호를 포함하고 있어 해결 방법이 잘 드러나지 않는다. 거듭제곱근의 대소 비교에서 가장 중요한 것은 한 가지 기준으로 통일하는 것이다. 이때 밑을 통일하거나 지수를 통일하는 방법이 있다. 밑이나 지수를 통일한 후 두 수의 크기를 차가 양수인지 음수인지에 따라 혹은 비율이 1보다 큰지 작은지에 따라 비교할 수 있다. 이 문제는 지수를 활용하였기 때문에 비율을 이용하여 대소를 비교한 후 절댓값을 풀어 정리하면 된다. 두 가지의 개념이 한 번에 등장하여 조금 어려울 수도 있지만, 이러한 문제에 익숙해지면 고난도 문제에 접근하기가 쉬워진다.

08 해결단계

❶단계	조건 (내)에서 주어진 등식을 $k\,(k>0)$로 놓고 식을 변형한다.
❷단계	조건 (개), (대)와 ❶단계에서 변형한 식을 이용하여 k의 값을 구한다.
❸단계	$\dfrac{a^{2x}+a^{-2x}}{a^{2x}-a^{-2x}}$의 값을 구하여 p, q의 값을 각각 구한 후, $p+q$의 값을 구한다.

조건 (내)에서 $a^{4x}=\dfrac{1}{(2b)^{5y}}=k\,(k>0)$로 놓으면

$a^{4x}=k$에서 $a^2=k^{\frac{1}{2x}}$

$\dfrac{1}{(2b)^{5y}}=k$에서 $2b=k^{-\frac{1}{5y}}$ $\therefore (2b)^3=k^{-\frac{3}{5y}}$

$\therefore k^{\frac{1}{2x}-\frac{3}{5y}}=k^{\frac{1}{2x}}k^{-\frac{3}{5y}}$

$=a^2\times(2b)^3$

$=8a^2b^3$

$=8\times125\ (\because \text{개})$

$=10^3$

조건 (대)에서 $\dfrac{1}{2x}-\dfrac{3}{5y}=3$이므로

$k^3=10^3$ $\therefore k=10\ (\because k\text{는 실수})$

즉, $a^{4x}=k$에서 $a^{4x}=10$이므로

$\dfrac{a^{2x}+a^{-2x}}{a^{2x}-a^{-2x}}\times\dfrac{a^{2x}}{a^{2x}}=\dfrac{a^{4x}+1}{a^{4x}-1}$

$=\dfrac{10+1}{10-1}=\dfrac{11}{9}$

따라서 $p=9$, $q=11$이므로

$p+q=9+11=20$ 답 20

1 해결단계

❶단계	거듭제곱근의 정의를 이용하여 $-n^2+9n-18$의 n제곱근 중에서 음의 실수가 존재하는 경우를 구한다.
❷단계	❶단계에서 구한 경우에서 조건을 만족시키는 자연수 n의 값을 구한다.
❸단계	모든 n의 값의 합을 구한다.

$-n^2+9n-18$의 n제곱근을 x라 하면

$x^n=-n^2+9n-18$

이때 음의 실수 x가 존재하려면

$-n^2+9n-18>0$이고 n이 짝수이거나

$-n^2+9n-18<0$이고 n이 홀수이어야 한다.

(i) $-n^2+9n-18>0$이고 n이 짝수일 때,

$n^2-9n+18<0$에서

$(n-3)(n-6)<0$ $\therefore 3<n<6$

따라서 짝수인 n의 값은 4이다.

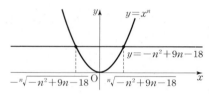

(ii) $-n^2+9n-18<0$이고 n이 홀수일 때,

$n^2-9n+18>0$에서

$(n-3)(n-6)>0$ $\therefore n<3$ 또는 $n>6$

그런데 $2 \le n \le 11$이므로

$2 \le n<3$ 또는 $6<n \le 11$

따라서 홀수인 n의 값은 7, 9, 11이다.

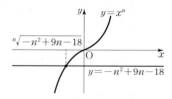

(i), (ii)에서 조건을 만족시키는 모든 n의 값의 합은

$4+7+9+11=31$ 답 ①

2 해결단계

❶단계	$n(n-4)$의 세제곱근 중 실수인 것의 개수를 구한다.
❷단계	$n(n-4)$의 네제곱근 중 실수인 것의 개수를 구한다.
❸단계	부등식 $f(n)>g(n)$을 만족시키는 모든 자연수 n의 값과 그 합을 구한다.

$n(n-4)$의 세제곱근 중 실수인 것의 개수는 자연수 n의 값과 상관없이 1이므로 모든 자연수 n에 대하여

$f(n)=1$

또한, $n(n-4)$의 네제곱근 중 실수인 것의 개수는

(i) $n(n-4)>0$일 때,

즉, $n<0$ 또는 $n>4$이므로

자연수 n의 값이 5, 6, 7, …일 때, $g(n)=2$

(ii) $n(n-4)=0$일 때,

즉, $n=0$ 또는 $n=4$이므로

자연수 n의 값이 4일 때, $g(n)=1$

(iii) $n(n-4)<0$일 때,

즉, $0<n<4$이므로

자연수 n의 값이 1, 2, 3일 때, $g(n)=0$

(i), (ii), (iii)에서 $g(n)=\begin{cases} 0 & (n=1,\ 2,\ 3) \\ 1 & (n=4) \\ 2 & (n=5,\ 6,\ 7,\ \cdots) \end{cases}$

이때 $f(n)>g(n)$이고, $f(n)=1$이므로 $g(n)=0$이어야 한다.

따라서 조건을 만족시키는 자연수 n의 값은 1, 2, 3이므로 모든 n의 값의 합은

$1+2+3=6$ 답 ③

3 해결단계

❶단계	지수법칙을 이용하여 $\sqrt[m]{64} \times \sqrt[n]{81}$이 자연수가 되기 위한 m, n의 조건을 각각 구한다.
❷단계	조건을 만족시키는 모든 순서쌍 (m, n)과 그 개수를 구한다.

$\sqrt[m]{64} \times \sqrt[n]{81}=2^{\frac{6}{m}} \times 3^{\frac{4}{n}}$의 값이 자연수이려면

m은 6의 약수이어야 하므로

$m=2,\ 3,\ 6$ ($\because m$은 2 이상의 자연수)

또한, n은 4의 약수이어야 하므로

$n=2,\ 4$ ($\because n$은 2 이상의 자연수)

따라서 조건을 만족시키는 모든 순서쌍 (m, n)은

$(2, 2)$, $(2, 4)$, $(3, 2)$, $(3, 4)$, $(6, 2)$, $(6, 4)$의 6개이다.

     답 ③

4 해결단계

❶단계	$(\sqrt[n]{4})^3$의 값이 자연수가 되도록 하는 자연수 n의 최댓값 $f(4)$를 구한다.
❷단계	$(\sqrt[n]{27})^3$의 값이 자연수가 되도록 하는 자연수 n의 최댓값 $f(27)$을 구한다.
❸단계	$f(4)+f(27)$의 값을 구한다.

$(\sqrt[n]{a})^3=a^{\frac{3}{n}}$에서

$a=4$일 때, $4^{\frac{3}{n}}=2^{\frac{6}{n}}$의 값이 자연수가 되려면

n은 6의 약수이어야 하므로

$n=2,\ 3,\ 6$ ($\because n$은 2 이상의 자연수)

이때 조건을 만족시키는 n의 최댓값은 6이므로

$f(4)=6$

$a=27$일 때, $27^{\frac{3}{n}}=3^{\frac{9}{n}}$의 값이 자연수가 되려면

n은 9의 약수이어야 하므로

$n=3,\ 9$ ($\because n$은 2 이상의 자연수)

이때 조건을 만족시키는 n의 최댓값은 9이므로

$f(27)=9$

$\therefore f(4)+f(27)=6+9=15$ 답 ③

02 로그

STEP 1 출제율 100% 우수 기출 대표 문제 p. 18

01 ①	02 27	03 ①	04 ③	05 ①
06 −11	07 ⑤	08 80		

01 로그의 정의에 의하여 밑은 1이 아닌 양수, 진수는 양수 이어야 한다.

ㄱ. 밑의 조건 : $a^2-a+2=\left(a-\dfrac{1}{2}\right)^2+\dfrac{7}{4}>1$

진수의 조건 : $a^2+1>0$

즉, 실수 a의 값에 관계없이 로그를 정의할 수 있다.

ㄴ. (반례) $a=0$일 때 밑은 $2|a|+1=1$이므로 로그를 정의할 수 없다.

ㄷ. (반례) $a=1$일 때 진수는 $a^2-2a+1=0$이므로 로그를 정의할 수 없다.

따라서 실수 a의 값에 관계없이 로그가 정의되는 것은 ㄱ뿐이다. **답 ①**

02 $900=2^2\times3^2\times5^2$이므로 900의 양의 약수의 개수는
$(2+1)(2+1)(2+1)=27$ $\therefore n=27$

이때 $a_1,\ a_2,\ a_3,\ \cdots,\ a_{27}$은 900의 양의 약수를 크기가 작은 순서대로 나열한 것이므로

$a_1a_{27}=a_2a_{26}=a_3a_{25}=\cdots=a_{13}a_{15}=900,\ a_{14}=30$

$\therefore a_1a_2a_3\cdots a_{27}=900^{13}\times30$
$\qquad\qquad\qquad\ =30^{26}\times30=30^{27}$

$\therefore \log_{30}a_1+\log_{30}a_2+\log_{30}a_3+\cdots+\log_{30}a_{27}$
$\quad=\log_{30}a_1a_2a_3\cdots a_{27}$
$\quad=\log_{30}30^{27}=27$ **답 27**

BLACKLABEL 특강 참고

자연수 N이 $N=a^m\times b^n$ (a, b는 서로 다른 소수, m, n은 자연수)으로 소인수분해될 때

(1) N의 약수: (a^m의 약수)$\times$(b^n의 약수)

(2) N의 약수의 개수: $(m+1)(n+1)$

(3) N의 약수의 총합: $(1+a+a^2+\cdots+a^m)\times(1+b+b^2+\cdots+b^n)$

(4) N의 약수의 곱: $N^{\frac{(N의\ 약수의\ 개수)}{2}}$

---

03 (i) $x^3=y^4$에서 $y=x^{\frac{3}{4}}$이므로

$A=\log_x y=\log_x x^{\frac{3}{4}}=\dfrac{3}{4}$

(ii) $y^4=z^5$에서 $z=y^{\frac{4}{5}}$이므로

$B=\log_y z=\log_y y^{\frac{4}{5}}=\dfrac{4}{5}$

(iii) $x^3=z^5$에서 $x=z^{\frac{5}{3}}$이므로

$C=\log_z x=\log_z z^{\frac{5}{3}}=\dfrac{5}{3}$

(i), (ii), (iii)에서 $A<B<C$ **답 ①**

04 두 점 $(2,\ \log_4 a)$, $(3,\ \log_2 b)$를 지나는 직선이 원점을 지나므로 원점과 각각 두 점을 잇는 직선의 기울기는 서로 같아야 한다.

즉, $\dfrac{\log_4 a}{2}=\dfrac{\log_2 b}{3}$에서

$\dfrac{1}{4}\log_2 a=\dfrac{1}{3}\log_2 b$이므로

$\log_2 a=\dfrac{4}{3}\log_2 b$

$\therefore \log_a b=\dfrac{\log_2 b}{\log_2 a}=\dfrac{\log_2 b}{\dfrac{4}{3}\log_2 b}=\dfrac{3}{4}$ **답 ③**

• 다른 풀이 •

두 점 $(2,\ \log_4 a)$, $(3,\ \log_2 b)$를 지나는 직선의 기울기는

$\dfrac{\log_2 b-\log_4 a}{3-2}=\log_2 b-\log_4 a$

이고, 이 직선이 원점을 지나므로 직선의 방정식을 구하면
$y=(\log_2 b-\log_4 a)x$

이 직선이 점 $(2,\ \log_4 a)$를 지나므로

$\log_4 a=(\log_2 b-\log_4 a)\times2$

$\dfrac{1}{2}\log_2 a=\left(\log_2 b-\dfrac{1}{2}\log_2 a\right)\times2$

$\log_2 a=4\log_2 b-2\log_2 a,\ \log_2 b=\dfrac{3}{4}\log_2 a$

$\log_2 b=\log_2 a^{\frac{3}{4}}$ $\therefore b=a^{\frac{3}{4}}$

$\therefore \log_a b=\log_a a^{\frac{3}{4}}=\dfrac{3}{4}\log_a a=\dfrac{3}{4}$

05 이차방정식 $x^2-2x-3=0$의 두 근이 $\log_2 a$, $\log_2 b$이므로 근과 계수의 관계에 의하여

$\log_2 a+\log_2 b=2,\ \log_2 a\times\log_2 b=-3$

$\therefore \log_{a^2}2+\log_b\sqrt{2}$

$\quad=\dfrac{1}{2}\log_a 2+\dfrac{1}{2}\log_b 2$

$\quad=\dfrac{1}{2}(\log_a 2+\log_b 2)$

$\quad=\dfrac{1}{2}\left(\dfrac{1}{\log_2 a}+\dfrac{1}{\log_2 b}\right)$

$\quad=\dfrac{1}{2}\times\dfrac{\log_2 a+\log_2 b}{\log_2 a\times\log_2 b}$

$\quad=\dfrac{1}{2}\times\left(-\dfrac{2}{3}\right)=-\dfrac{1}{3}$ **답 ①**

• 다른 풀이 •

$x^2-2x-3=0$에서 $(x+1)(x-3)=0$

$\therefore x=-1$ 또는 $x=3$

즉, $\log_2 a=-1$, $\log_2 b=3$ 또는 $\log_2 a=3$, $\log_2 b=-1$
이므로

$\log_{a^2}2+\log_b\sqrt{2}=\dfrac{1}{2}(\log_a 2+\log_b 2)$

$\qquad\qquad\qquad\ =\dfrac{1}{2}\left(-1+\dfrac{1}{3}\right)$

$\qquad\qquad\qquad\ =\dfrac{1}{2}\times\left(-\dfrac{2}{3}\right)=-\dfrac{1}{3}$

06 $\log_{15} A = 30$에서 $A = 15^{30}$,

$\log_{45} B = 15$에서 $B = 45^{15}$이므로

$\dfrac{B}{A} = \dfrac{45^{15}}{15^{30}} = \left(\dfrac{45}{225}\right)^{15} = \left(\dfrac{1}{5}\right)^{15}$

$\therefore \log \dfrac{B}{A} = \log \left(\dfrac{1}{5}\right)^{15} = \log 5^{-15}$

$\qquad\qquad = -15 \log 5 = -15 \log \dfrac{10}{2}$

$\qquad\qquad = -15(\log 10 - \log 2)$

$\qquad\qquad = -15(1 - 0.3010)$

$\qquad\qquad = -15 \times 0.699$

$\qquad\qquad = -10.485$

따라서 $-11 < \log \dfrac{B}{A} < -10$이므로 조건을 만족시키는

정수 n의 값은 -11이다. 　　　　　　　　　　답 -11

07 조건 ㈎에서 $[\log 2020] = 3$이므로

$[\log x] = 3$ 　　　…… ㉠

$[\log x]$는 $\log x$의 정수 부분이므로

조건 ㈏의 $\log x - [\log x] = \log \dfrac{1}{x} - \left[\log \dfrac{1}{x}\right]$에서

$\log x$와 $\log \dfrac{1}{x}$의 소수 부분이 같다.

즉, $\log x - \log \dfrac{1}{x} = n$ (n은 정수)이라 하면

$\log x - \log \dfrac{1}{x} = \log x - \log x^{-1}$

$\qquad\qquad\qquad = \log x + \log x$

$\qquad\qquad\qquad = 2 \log x = n$

$\therefore \log x = \dfrac{n}{2}$ 　　　…… ㉡

이때 ㉠에서 $[\log x] = 3$이므로

$3 \le \dfrac{n}{2} < 4$ 　　$\therefore 6 \le n < 8$

즉, 정수 n은 6 또는 7이므로

㉡에서 $\log x = 3$ 또는 $\log x = \dfrac{7}{2}$

$\therefore x = 10^3$ 또는 $x = 10^{\frac{7}{2}}$

따라서 조건을 만족시키는 모든 실수 x의 값의 곱은

$10^3 \times 10^{\frac{7}{2}} = 10^{3 + \frac{7}{2}} = 10^{\frac{13}{2}}$ 　　　　　답 ⑤

• 다른 풀이 1 •

조건 ㈏에서

$\log x - [\log x] = \log \dfrac{1}{x} - \left[\log \dfrac{1}{x}\right]$이므로

$\log x - [\log x] = \log x^{-1} - [\log x^{-1}]$

$\log x - [\log x] = -\log x - [-\log x]$ 　　…… ㉢

조건 ㈎에서 $[\log 2020] = 3$이므로

$[\log x] = 3$

즉, $3 \le \log x < 4$이므로

$-4 < -\log x \le -3$

$\therefore [-\log x] = -4$ 또는 $[-\log x] = -3$

(ⅰ) $[\log x] = 3$, $[-\log x] = -4$인 경우

　㉢에서 $\log x - 3 = -\log x - (-4)$

　$2 \log x = 7$, $\log x = \dfrac{7}{2}$

　$\therefore x = 10^{\frac{7}{2}}$

(ⅱ) $[\log x] = 3$, $[-\log x] = -3$인 경우

　㉢에서 $\log x - 3 = -\log x - (-3)$

　$2 \log x = 6$, $\log x = 3$

　$\therefore x = 10^3$

(ⅰ), (ⅱ)에서 조건을 만족시키는 x의 값은 10^3, $10^{\frac{7}{2}}$이므로
그 곱은

$10^3 \times 10^{\frac{7}{2}} = 10^{3 + \frac{7}{2}} = 10^{\frac{13}{2}}$

• 다른 풀이 2 •

조건 ㈏에서 $\log x - [\log x] = \log \dfrac{1}{x} - \left[\log \dfrac{1}{x}\right]$이므로

$\log x$와 $\log \dfrac{1}{x}$의 소수 부분은 같다.

조건 ㈎에서 $[\log 2020] = 3$이므로

$[\log x] = 3$

$\log x = 3 + \alpha$ $(0 \le \alpha < 1)$라 하면

$\log \dfrac{1}{x} = \log x^{-1} = -\log x$

$\qquad\quad = -(3 + \alpha) = -3 - \alpha$ 　　…… ㉣

(ⅰ) $\alpha = 0$일 때,

　㉣에서 $\log \dfrac{1}{x} = -3$이므로 $\log \dfrac{1}{x}$의 소수 부분은 0이

　고, $\log x$의 소수 부분도 $\alpha = 0$이므로 서로 같다.

　즉, $\log x = 3$이므로 $x = 10^3$

(ⅱ) $0 < \alpha < 1$일 때,

　㉣에서

　$\log \dfrac{1}{x} = -3 - \alpha$

　$\qquad\quad = -4 + (1 - \alpha)$

　이때 $0 < 1 - \alpha < 1$이므로

　$\log \dfrac{1}{x}$의 소수 부분은 $1 - \alpha$이다.

　$\alpha = 1 - \alpha$, $2\alpha = 1$ 　　$\therefore \alpha = \dfrac{1}{2}$

　즉, $\log x = 3 + \dfrac{1}{2} = \dfrac{7}{2}$이므로 $x = 10^{\frac{7}{2}}$

(ⅰ), (ⅱ)에서 조건을 만족시키는 x의 값은 10^3, $10^{\frac{7}{2}}$이므로
그 곱은

$10^3 \times 10^{\frac{7}{2}} = 10^{\frac{13}{2}}$

> **BLACKLABEL 특강** 　풀이 첨삭
>
> 다른 풀이 1의 (ⅱ)는 부등식 $-4 < -\log x \le -3$에서
> $-\log x = -3$인 경우이므로
> $\log x = 3$ 　$\therefore x = 10^3$
> 이렇게 바로 x의 값을 구해도 된다.

08 40분 후 정맥에서의 약물 농도가 4 ng/mL이므로

$\log(10-4)=1-40k$ $\quad \therefore \log 6=1-40k$ ······ ㉠

a분 후 정맥에서의 약물 농도가 6.4 ng/mL이므로

$\log(10-6.4)=1-ka$

$\log 3.6=1-ka$

$ka=1-\log 3.6$

$\quad =1-(\log 36-1)$

$\quad =2-2\log 6$

$\quad =2-2(1-40k)\ (\because ㉠)$

$\quad =2-2+80k$

$\quad =80k$

$\therefore a=80$ 답 80

---

01 밑의 조건에 의하여 $3a-1>0$, $3a-1\neq 1$

$\therefore \dfrac{1}{3}<a<\dfrac{2}{3}$ 또는 $a>\dfrac{2}{3}$ ······ ㉠

진수의 조건에 의하여 모든 실수 x에 대하여

$ax^2+2ax+1-a>0$

그런데 ㉠에서 a는 양수이므로 이차방정식

$ax^2+2ax+1-a=0$의 판별식을 D라 하면

$\dfrac{D}{4}=a^2-a(1-a)<0$에서

$a(2a-1)<0$ $\quad \therefore 0<a<\dfrac{1}{2}$ ······ ㉡

㉠, ㉡에서 조건을 만족시키는 실수 a의 값의 범위는

$\dfrac{1}{3}<a<\dfrac{1}{2}$ 답 ④

> **BLACKLABEL 특강**   필수 개념
>
> 모든 실수 x에 대하여 부등식 $ax^2+bx+c>0$이 항상 성립하기 위한 필요충분조건은
> $a>0$, $b^2-4ac<0$ 또는 $a=0$, $b=0$, $c>0$

02 $\log_{25}(a-b)=\log_9 a=\log_{15} b=k$로 놓으면

$a-b=25^k=5^{2k}$ ······ ㉠

$a=9^k=3^{2k}$ ······ ㉡

$b=15^k=3^k\times 5^k$ ······ ㉢

㉠$\times$㉡$=$㉢^{2}이 성립하므로

$(a-b)a=b^2$

$\therefore b^2+ab-a^2=0$

$a>0$이므로 위의 식의 양변을 a^2으로 나누면

$\left(\dfrac{b}{a}\right)^2+\dfrac{b}{a}-1=0$

$\therefore \dfrac{b}{a}=\dfrac{-1\pm\sqrt{5}}{2}$

이때 진수의 조건에 의하여 $a-b>0$, $a>0$, $b>0$이므로

$0<\dfrac{b}{a}<1$이다.

$\therefore \dfrac{b}{a}=\dfrac{\sqrt{5}-1}{2}$ 답 ②

• 다른 풀이 •

$\log_{25}(a-b)=\log_9 a=\log_{15} b=k$로 놓으면

$25^k=a-b$, $9^k=a$, $15^k=b$

$\therefore 25^k=9^k-15^k$

이때 $3^k=A$, $5^k=B$ $(A>0,\ B>0)$로 놓으면

$B^2=A^2-AB$ $\quad \therefore B^2+AB-A^2=0$

$A>0$이므로 위의 식의 양변을 A^2으로 나누면

$\left(\dfrac{B}{A}\right)^2+\dfrac{B}{A}-1=0$

$\therefore \dfrac{B}{A}=\dfrac{-1+\sqrt{5}}{2}\left(\because \dfrac{B}{A}>0\right)$

즉, $\left(\dfrac{5}{3}\right)^k=\dfrac{\sqrt{5}-1}{2}$이므로

$\dfrac{b}{a}=\dfrac{15^k}{9^k}=\dfrac{5^k}{3^k}=\left(\dfrac{5}{3}\right)^k=\dfrac{\sqrt{5}-1}{2}$

03 $f(x)=-2x^2+ax+3$이라 하면

$f(x)=-2x^2+ax+3$

$\quad =-2\left(x^2-\dfrac{a}{2}x+\dfrac{a^2}{16}-\dfrac{a^2}{16}\right)+3$

$\quad =-2\left(x-\dfrac{a}{4}\right)^2+\dfrac{a^2}{8}+3$

이때 $\log_2 f(x)$에서 로그의 정의에 의하여 $f(x)>0$이고, $\log_2 f(x)=n$ (n은 자연수), 즉 $f(x)=2^n$이므로 $\log_2 f(x)$의 값이 자연수가 되는 실수 x의 개수가 6이려면 함수 $y=f(x)$의 그래프는 다음 그림과 같이 세 직선 $y=2$, $y=2^2$, $y=2^3$과 각각 2개의 점에서 만나고 $k\geq 4$인 자연수 k에 대하여 직선 $y=2^k$과는 만나지 않아야 한다.

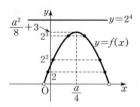

즉, $2^3<\dfrac{a^2}{8}+3<2^4$에서 $5<\dfrac{a^2}{8}<13$

$\therefore 40<a^2<104$

따라서 조건을 만족시키는 모든 자연수 a의 값은 7, 8, 9, 10이므로 그 합은

$7+8+9+10=34$ 답 34

• 다른 풀이 •

$f(x)=-2x^2+ax+3$이라 하면 이차함수 $y=f(x)$의 그래프는 다음 그림과 같이 직선 $y=2^3$과 서로 다른 두 점에서 만나고 직선 $y=2^4$과 만나지 않아야 한다.

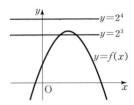

(i) 이차방정식 $f(x)=2^3$, 즉 $2x^2-ax+5=0$의 판별식을 D_1이라 하면
$$D_1=a^2-4\times2\times5>0$$
$$\therefore a^2>40$$

(ii) 이차방정식 $f(x)=2^4$, 즉 $2x^2-ax+13=0$의 판별식을 D_2라 하면
$$D_2=a^2-4\times2\times13<0$$
$$\therefore a^2<104$$

(i), (ii)에서 $40<a^2<104$

따라서 모든 자연수 a의 값은 7, 8, 9, 10이므로 그 합은
$$7+8+9+10=34$$

04 해결단계

❶단계	$\log_a b=\dfrac{n}{m}$ (m, n은 서로소인 자연수)이라 하고, 자연수 c에 대하여 $a=c^m$, $b=c^n$으로 놓는다.
❷단계	자연수 c의 값에 따른 조건을 만족시키는 순서쌍 (m, n)을 구한다.
❸단계	❷단계에서 구한 순서쌍을 이용하여 조건을 만족시키는 유리수의 개수를 구한다.

$\log_a b=\dfrac{n}{m}$ (m, n은 서로소인 자연수)이라 하면

$b=a^{\frac{n}{m}}$에서 $a^n=b^m$이다.

즉, 자연수 c에 대하여 $a=c^m$, $b=c^n$으로 놓을 수 있다.
$$\therefore 100<c^m<c^n<1000$$

(i) $c=2$일 때,
$100<2^m<2^n<1000$에서
$2^7=128$, $2^8=256$, $2^9=512$이므로
조건을 만족시키는 순서쌍 (m, n)은
$(7, 8)$, $(7, 9)$, $(8, 9)$
$$\therefore \log_a b=\frac{8}{7} \text{ 또는 } \frac{9}{7} \text{ 또는 } \frac{9}{8}$$

(ii) $c=3$일 때,
$100<3^m<3^n<1000$에서
$3^5=243$, $3^6=729$이므로
조건을 만족시키는 순서쌍 (m, n)은 $(5, 6)$
$$\therefore \log_a b=\frac{6}{5}$$

(iii) $c=4$일 때,
$100<4^m<4^n<1000$에서

$4^3=64$, $4^4=256$, $4^5=1024$이므로 조건을 만족시키는 순서쌍 (m, n)은 존재하지 않는다.

(iv) $c=5$일 때,
$100<5^m<5^n<1000$에서
$5^3=125$, $5^4=625$이므로
조건을 만족시키는 순서쌍 (m, n)은 $(3, 4)$
$$\therefore \log_a b=\frac{4}{3}$$

(i)~(iv)에서 구하는 유리수는 $\dfrac{8}{7}$, $\dfrac{9}{7}$, $\dfrac{9}{8}$, $\dfrac{6}{5}$, $\dfrac{4}{3}$의 5개이다.

└ $c\geq6$일 때, 조건을 만족시키는 순서쌍 (m, n)은 존재하지 않는다. **답 5**

05 $(a, b)\in A$이면 (a, b)는 $(a, \log_2 a)$이므로
$$b=\log_2 a \qquad \cdots\cdots \text{㉠}$$

ㄱ. $(a, b)\in A$이므로 ㉠에서
$$b+1=\log_2 a+1=\log_2 a+\log_2 2=\log_2 2a$$
따라서 $(2a, b+1)\in A$이다. (참)

ㄴ. $(a, b)\in A$이므로 ㉠에서
$$kb=k\log_2 a=\log_2 a^k$$
따라서 $(a^k, kb)\in A$이다. (참)

ㄷ. $(c, d)\in A$이므로 (c, d)는 $(c, \log_2 c)$이다.
$$\therefore d=\log_2 c \qquad \cdots\cdots \text{㉡}$$
㉠, ㉡에 의하여
$$\frac{b}{2}-d=\frac{\log_2 a}{2}-\log_2 c$$
$$=\frac{1}{2}\log_2 a-\log_2 c$$
$$=\log_2 \frac{a^{\frac{1}{2}}}{c}$$
$$=\log_2 \frac{\sqrt{a}}{c}$$
따라서 $\left(\dfrac{\sqrt{a}}{c}, \dfrac{b}{2}-d\right)\in A$이다. (참)

그러므로 ㄱ, ㄴ, ㄷ 모두 옳다. **답 ⑤**

06 조건 (개)에서 $\log_3 a+\log_3 b+\log_3 c=66$이므로
$$\log_3 abc=66$$
$$\therefore abc=3^{66} \qquad \cdots\cdots \text{㉠}$$
조건 (내)에서 a, b, c 중 한 수가 1이면 나머지 두 수도 1이므로 a, b, c는 모두 1이 아니다.
이때 $a^2=b^4=c^6=k$ $(k\neq1)$로 놓으면
$a=k^{\frac{1}{2}}$, $b=k^{\frac{1}{4}}$, $c=k^{\frac{1}{6}}$이므로
$$abc=k^{\frac{1}{2}+\frac{1}{4}+\frac{1}{6}}=k^{\frac{11}{12}}$$
$$k^{\frac{11}{12}}=3^{66} \ (\because \text{㉠})$$
$$\therefore k=(3^{66})^{\frac{12}{11}}=3^{72}$$

$$\therefore \log_3 a + \log_3 b - \log_3 c$$
$$= \log_3 \frac{ab}{c} = \log_3 k^{\frac{1}{2} + \frac{1}{4} - \frac{1}{6}}$$
$$= \log_3 k^{\frac{7}{12}} = \log_3 (3^{72})^{\frac{7}{12}}$$
$$= \log_3 3^{42} = 42$$

답 42

07 세 양의 실수 a, b, c에 대하여
$$\log_{(a+b)} c + \log_{(a-b)} c = 2 \log_{(a+b)} c \times \log_{(a-b)} c$$
가 성립하므로
$$\frac{1}{\log_c (a+b)} + \frac{1}{\log_c (a-b)} = \frac{2}{\log_c (a+b) \times \log_c (a-b)}$$
양변에 $\log_c (a+b) \times \log_c (a-b)$를 곱하면
$$\log_c (a-b) + \log_c (a+b) = 2$$
$$\log_c (a-b)(a+b) = 2$$
$$\log_c (a^2 - b^2) = 2$$
$$a^2 - b^2 = c^2 \quad \therefore a^2 = b^2 + c^2$$
따라서 △ABC는 ∠A=90°인 직각삼각형이다.　답 ④

> **BLACKLABEL 특강**　오답 피하기
>
> 로그의 정의에서 밑은 1이 아닌 양수이므로 $\log_{(a-b)} c$에서 $a=b$인 경우는 존재할 수 없다.
> 즉, 로그의 정의를 이용하면 보기 ①은 제외할 수 있다.

08 이차방정식 $x^2 - 9x + \log_4 4a = 0$의 두 근이 $\log_4 a$, $\log_4 4b$이므로 근과 계수의 관계에 의하여
$$\log_4 a + \log_4 4b = 9$$
$$\log_4 a + 1 + \log_4 b = 9$$
$$\therefore \log_4 a + \log_4 b = 8 \quad \cdots\cdots \text{㉠}$$
또한,
$$\log_4 a \times \log_4 4b = \log_4 4a$$
$$\log_4 a \times (1 + \log_4 b) = 1 + \log_4 a$$
$$\log_4 a + \log_4 a \times \log_4 b = 1 + \log_4 a$$
$$\therefore \log_4 a \times \log_4 b = 1 \quad \cdots\cdots \text{㉡}$$
$$\therefore \log_{4a} b + \frac{1}{\log_a 4b}$$
$$= \frac{\log_4 b}{\log_4 4a} + \frac{\log_4 a}{\log_4 4b}$$
$$= \frac{\log_4 b}{1 + \log_4 a} + \frac{\log_4 a}{1 + \log_4 b}$$
$$= \frac{\log_4 b \times (1 + \log_4 b) + \log_4 a \times (1 + \log_4 a)}{(1 + \log_4 a)(1 + \log_4 b)}$$
$$= \frac{(\log_4 b)^2 + (\log_4 a)^2 + (\log_4 a + \log_4 b)}{\log_4 a \times \log_4 b + (\log_4 a + \log_4 b) + 1}$$
$$= \frac{(\log_4 a + \log_4 b)^2 - 2(\log_4 a \times \log_4 b) + (\log_4 a + \log_4 b)}{\log_4 a \times \log_4 b + (\log_4 a + \log_4 b) + 1}$$
$$= \frac{8^2 - 2 \times 1 + 8}{1 + 8 + 1} \quad (\because \text{㉠}, \text{㉡})$$
$$= 7$$

답 7

09 ㄱ. $b = \frac{1}{2}$이면 $2^a = 5^{\frac{1}{2}}$에서
$$a = \log_2 5^{\frac{1}{2}} = \frac{1}{2} \log_2 5$$
$$= \log_{2^2} 5 = \log_4 5 \ (\text{참})$$

ㄴ. $2^a = 5^b$에서 $2^{\frac{a}{b}} = 5$
$$\therefore \frac{a}{b} = \log_2 5$$
그런데 $\log_2 4 < \log_2 5 < \log_2 8$에서
$2 < \log_2 5 < 3$이므로 $2 < \frac{a}{b} < 3$ (참)

ㄷ. (반례) $2^a = 5^b = 10$일 때,
$2 = 10^{\frac{1}{a}}$, $5 = 10^{\frac{1}{b}}$에서
$$\frac{1}{a} = \log_{10} 2, \quad \frac{1}{b} = \log_{10} 5$$
$$\therefore \frac{1}{a} + \frac{1}{b} = \log_{10} 2 + \log_{10} 5$$
$$= \log_{10} 10 = 1 \ (\text{유리수}) \ (\text{거짓})$$

따라서 옳은 것은 ㄱ, ㄴ이다.　답 ③

> **BLACKLABEL 특강**　풀이 첨삭
>
> ㄷ. $2^a = 5^b = k \ (k > 1)$로 놓으면
> $2 = k^{\frac{1}{a}}$, $5 = k^{\frac{1}{b}}$에서 $\frac{1}{a} = \log_k 2$, $\frac{1}{b} = \log_k 5$
> $\therefore \frac{1}{a} + \frac{1}{b} = \log_k 2 + \log_k 5 = \log_k 10$
> 따라서 $k = 10^{\frac{n}{m}}$ (m, n은 자연수) 꼴이면
> $$\frac{1}{a} + \frac{1}{b} = \log_{10^{\frac{n}{m}}} 10 = \frac{1}{\frac{n}{m}} = \frac{m}{n}$$
> 즉, $\frac{1}{a} + \frac{1}{b}$의 값은 유리수이다.

10
$$\log_{10}\left(1 + \frac{1}{a}\right) + \log_{10}\left(1 + \frac{1}{a+1}\right) + \cdots$$
$$+ \log_{10}\left(1 + \frac{1}{a+b-1}\right)$$
$$= \log_{10} \frac{a+1}{a} + \log_{10} \frac{a+2}{a+1} + \cdots + \log_{10} \frac{a+b}{a+b-1}$$
$$= \log_{10}\left(\frac{a+1}{a} \times \frac{a+2}{a+1} \times \cdots \times \frac{a+b}{a+b-1}\right)$$
$$= \log_{10} \frac{a+b}{a} = \log_{10} \frac{b}{6}$$
즉, $\frac{a+b}{a} = \frac{b}{6}$에서 $ab = 6a + 6b$
$$ab - 6a - 6b = 0$$
$$a(b-6) - 6(b-6) = 36$$
$$\therefore (a-6)(b-6) = 36$$
위의 식을 만족시키는 두 자연수 a, b ($a > b$)의 값은 다음과 같다.

$a-6$	36	18	12	9
$b-6$	1	2	3	4
a	42	24	18	15
b	7	8	9	10

따라서 $a+b$의 최댓값은 $42+7=49$이고, 최솟값은
$15+10=25$이므로 최댓값과 최솟값의 합은
$49+25=74$

답 74

11 $f(mn)=f(m)+f(n)$ ······㉠

(i) m이 짝수, n이 짝수일 때,

mn은 짝수이므로 ㉠에서

$\log_2 mn=\log_2 m+\log_2 n$

즉, m과 n이 모두 짝수일 때는 항상 성립하므로 순서
쌍 $(m,\ n)$의 개수는 $10\times10=100$(개)

(ii) m이 짝수, n이 홀수일 때,

mn은 짝수이므로 ㉠에서

$\log_2 mn=\log_2 m+\log_3 n$

$\log_2 n=\log_3 n$ $\therefore n=1$

즉, m은 짝수이고 $n=1$일 때 성립하므로 순서쌍
$(m,\ n)$의 개수는 $10\times1=10$(개)

(iii) m이 홀수, n이 짝수일 때,

mn은 짝수이므로 ㉠에서

$\log_2 mn=\log_3 m+\log_2 n$

$\log_2 m=\log_3 m$ $\therefore m=1$

즉, $m=1$이고 n은 짝수일 때 성립하므로 순서쌍
$(m,\ n)$의 개수는 $1\times10=10$(개)

(iv) m이 홀수, n이 홀수일 때,

mn은 홀수이므로 ㉠에서

$\log_3 mn=\log_3 m+\log_3 n$

즉, m과 n이 모두 홀수일 때는 항상 성립하므로 순서
쌍 $(m,\ n)$의 개수는 $10\times10=100$(개)

(i)~(iv)에서 순서쌍 $(m,\ n)$의 개수는
$100+10+10+100=220$(개)

답 ①

12 $\log_5 2=\dfrac{b_1}{2}+\dfrac{b_2}{2^2}+\dfrac{b_3}{2^3}+\dfrac{b_4}{2^4}+\cdots$의 양변에 2를 곱하면

$2\log_5 2=b_1+\dfrac{b_2}{2}+\dfrac{b_3}{2^2}+\dfrac{b_4}{2^3}+\cdots$

$\log_5 4=b_1+\dfrac{b_2}{2}+\dfrac{b_3}{2^2}+\dfrac{b_4}{2^3}+\cdots$

이때 $0<\log_5 4<1$이므로 $b_1=0$

$\therefore \log_5 4=\dfrac{b_2}{2}+\dfrac{b_3}{2^2}+\dfrac{b_4}{2^3}+\cdots$

위의 식의 양변에 2를 곱하면

$2\log_5 4=b_2+\dfrac{b_3}{2}+\dfrac{b_4}{2^2}+\cdots$

$\log_5 16=b_2+\dfrac{b_3}{2}+\dfrac{b_4}{2^2}+\cdots$

이때 $1<\log_5 16<2$이므로 $b_2=1$

즉, $\log_5 16=1+\dfrac{b_3}{2}+\dfrac{b_4}{2^2}+\cdots$이므로

$\log_5 16-1=\dfrac{b_3}{2}+\dfrac{b_4}{2^2}+\dfrac{b_5}{2^3}+\cdots$

$\log_5 \dfrac{16}{5}=\dfrac{b_3}{2}+\dfrac{b_4}{2^2}+\dfrac{b_5}{2^3}+\cdots$

위의 식의 양변에 2를 곱하면

$2\log_5 \dfrac{16}{5}=b_3+\dfrac{b_4}{2}+\dfrac{b_5}{2^2}+\cdots$

$\log_5 \dfrac{256}{25}=b_3+\dfrac{b_4}{2}+\dfrac{b_5}{2^2}+\cdots$

이때 $1<\log_5 \dfrac{256}{25}<2$이므로 $b_3=1$

$\therefore b_1+b_2+b_3=0+1+1=2$

답 2

단계	채점 기준	배점
㈎	주어진 식의 양변에 2를 곱하여 b_1의 값을 구한 경우	30%
㈏	식을 정리한 후, 양변에 2를 곱하여 b_2의 값을 구한 경우	30%
㈐	식을 정리한 후, 양변에 2를 곱하여 b_3의 값을 구한 경우	30%
㈑	$b_1+b_2+b_3$의 값을 구한 경우	10%

13 $a^5=10$의 양변에 상용로그를 취하면

$\log a^5=\log 10,\ 5\log a=1$

$\therefore \log a=\dfrac{1}{5}=0.2$

$b^8=10$의 양변에 상용로그를 취하면

$\log b^8=\log 10,\ 8\log b=1$

$\therefore \log b=\dfrac{1}{8}=0.125$

$N=a^7 b^9$이므로 이 식의 양변에 상용로그를 취하면

$\log N=\log a^7 b^9$

$=\log a^7+\log b^9$

$=7\log a+9\log b$

$=7\times0.2+9\times0.125$

$=1.4+1.125=2.525$

이때 주어진 표에서 $\log 3.35=0.525$이므로

$\log N=2+0.525$

$=2+\log 3.35$

$=\log (3.35\times10^2)$

$=\log 335$

$\therefore N=335$

답 ④

• 다른 풀이 •

$a^5=10$에서 $a=10^{\frac{1}{5}}$, $b^8=10$에서 $b=10^{\frac{1}{8}}$이므로

$N=a^7 b^9=(10^{\frac{1}{5}})^7\times(10^{\frac{1}{8}})^9$

$=10^{\frac{7}{5}}\times10^{\frac{9}{8}}=10^{\frac{7}{5}+\frac{9}{8}}$

$=10^{\frac{101}{40}}$

$\therefore \log N=\dfrac{101}{40}=2.525$

주어진 상용로그표에서 $0.525=\log 3.35$이므로

$\log N=2+\log 3.35$

$=\log (3.35\times10^2)$

$=\log 335$

$\therefore N=335$

14 $1<a<2$이므로 $\sqrt{10}<(\sqrt{10})^a<10$

$\therefore \sqrt{10}<\sqrt{10^a}<10$

이때 $3<\sqrt{10}<4$이므로 위의 부등식을 만족시키면서 4로 나누었을 때 몫이 정수이고 나머지가 1인 수는 5, 9이다.

즉, $\sqrt{10^a}=5$ 또는 $\sqrt{10^a}=9$이므로

$10^a=25$ 또는 $10^a=81$

$\therefore a=\log 25$ 또는 $a=\log 81$

따라서 조건을 만족시키는 모든 a의 값의 합은

$\log 25+\log 81=\log 5^2+\log 3^4$

$\qquad\qquad\qquad\quad =2\log 5+4\log 3$

$\qquad\qquad\qquad\quad =2(1-\log 2)+4\log 3$

$\qquad\qquad\qquad\quad =2(1-0.3)+4\times 0.48$

$\qquad\qquad\qquad\quad =3.32$ 답 ③

15 조건 ㈏의 각 변에 상용로그를 취하면

$\log m\leq\log \dfrac{3^{60}}{10^n}<\log (m+1)$

이때

$\log \dfrac{3^{60}}{10^n}=\log 3^{60}-\log 10^n$

$\qquad\qquad =60\log 3-n$

$\qquad\qquad =60\times 0.4771-n$

$\qquad\qquad =28.626-n$

이므로

$\log m\leq 28.626-n<\log (m+1)$ ……㉠

조건 ㈎의 각 변에 상용로그를 취하면 $0\leq\log m<1$

또한, 자연수 m에 대하여 $1\leq m<10$이므로

$1\leq m\leq 9$ $\quad\therefore 2\leq m+1\leq 10$

위의 식의 각 변에 상용로그를 취하면

$\log 2\leq\log (m+1)\leq\log 10$

$0.301\leq\log (m+1)\leq 1$

이므로 부등식 ㉠을 만족시키는 자연수 n의 값은 28이다.

$\therefore \log m\leq 0.626<\log (m+1)$ $(\because ㉠)$

이때

$\log 4=\log 2^2$

$\qquad =2\log 2$

$\qquad =2\times 0.301$

$\qquad =0.602,$

$\log 5=\log \dfrac{10}{2}$

$\qquad =\log 10-\log 2$

$\qquad =1-\log 2$

$\qquad =1-0.301$

$\qquad =0.699$

이므로 조건을 만족시키는 자연수 m의 값은 4이다.

$\therefore m+n=4+28=32$ 답 32

BLACKLABEL 특강 풀이 첨삭

조건 ㈏의 부등식의 의미를 살펴보자.

조건 ㈎에 의하여 m은 한 자리 자연수이므로

$\dfrac{3^{60}}{10^n}=m+\alpha$ $(0\leq\alpha<1)$로 나타낼 수 있다.

이때 어떤 수를 10의 거듭제곱으로 나눈다는 것은 소수점의 위치를 이동시키는 것과 같고, 3^{60}을 10^n으로 나누어 정수 부분이 한 자리 수가 되도록 만들었으므로 n은 3^{60}의 자릿수에서 1을 뺀 값과 같다. 또한, 한 자리 자연수 m은 3^{60}의 최고 자리의 수와 같다.

따라서 $\log 3^{60}=60\times\log 3=60\times 0.4771=28.626$에서 정수 부분인 28을 이용하여 n의 값을 구하고, 소수 부분인 0.626을 이용하여 m의 값을 구할 수 있다.

16 $\log m-\log n=[\log m]-[\log n]$에서

$\log m-[\log m]=\log n-[\log n]$

이때 $\log m-[\log m]$, $\log n-[\log n]$은 각각 $\log m$, $\log n$의 소수 부분을 의미하므로 $\log m$과 $\log n$의 소수 부분이 같아야 한다.

또한, $20<m<n<300$이므로 m, n은 자릿수는 다르지만 숫자의 배열이 같은 두 자연수이다.

따라서 두 자연수 m, n에 대하여 주어진 조건을 만족시키는 순서쌍 (m, n)은

$(21, 210), (22, 220), (23, 230), \cdots, (29, 290)$

의 9개이다. 답 ①

• 다른 풀이 •

$\log m-\log n=[\log m]-[\log n]$에서

$[\log m]$, $[\log n]$은 각각 $\log m$, $\log n$의 정수 부분이므로

$\log n-\log m=N$ (단, N은 음이 아닌 정수)

이때 $20<m<n<300$에서 m, n은 두 자리 수 또는 세 자리 수이므로 $\log m$과 $\log n$의 정수 부분은 다음과 같이 나눌 수 있다.

(i) $[\log m]=[\log n]=1$

(ii) $[\log m]=1$, $[\log n]=2$

(iii) $[\log m]=[\log n]=2$

그런데 (i), (iii)이면 $m=n$이므로 모순이다.

즉, $[\log m]=1$, $[\log n]=2$이므로

$\log n-\log m=[\log n]-[\log m]=1$

$\log n=1+\log m$, $\log n=\log 10m$

$\therefore n=10m$

따라서 조건을 만족시키는 순서쌍 (m, n)은

$(21, 210), (22, 220), (23, 230), \cdots, (29, 290)$

의 9개이다.

17 ㄱ. $\log 1000=\log 10^3=3$이므로

$f(1000)=3$

$\log 20=\log 10+\log 2=1+\log 2$이므로

$f(20)=1$ $(\because 0<\log 2<1)$

$\log 50 = \log 10 + \log 5 = 1 + \log 5$이므로

$f(50) = 1$ $(\because\ 0 < \log 5 < 1)$

$\therefore\ f(1000) = f(20) + f(50) + 1$ (참)

ㄴ. $\log x = f(x) + g(x)$이므로

ㄱ에서 $g(1000) = 0$, $g(20) = \log 2$,

$g(50) = \log 5 = \log \dfrac{10}{2} = 1 - \log 2$이므로

$g(1000) = g(20) + g(50) - 1$ (참)

ㄷ. $\log x = f(x) + g(x)$,

$\log x^2 = 2\log x = f(x^2) + g(x^2)$,

$\log x^4 = 4\log x = f(x^4) + g(x^4)$이므로

$f(x^4) + g(x^4) = 2\{f(x) + g(x)\} + f(x^2) + g(x^2)$

$\qquad\qquad\qquad = 2f(x) + 2g(x) + f(x^2) + g(x^2)$

이때 $g(x^2) = 1 - 2g(x)$, 즉 $g(x^2) + 2g(x) = 1$

이므로

$f(x^4) + g(x^4) = 2f(x) + f(x^2) + 1$

또한, $2f(x) + f(x^2) + 1$은 정수이고,

$0 \le g(x^4) < 1$이므로 $g(x^4) = 0$

$\therefore\ f(x^4) = f(x^2) + 2f(x) + 1$ (참)

따라서 ㄱ, ㄴ, ㄷ 모두 옳다.　　　　　　　답 ⑤

18 $64 = 2^6 < 99 < 2^7 = 128$이므로

$6 < \log_2 99 < 7$　　$\therefore\ a = \log_2 99 - 6$

$25 = 5^2 < 99 < 5^3 = 125$이므로

$2 < \log_5 99 < 3$　　$\therefore\ b = \log_5 99 - 2$

$\therefore\ 2^{p+a} 5^{q+b} = 2^{p-6+\log_2 99} 5^{q-2+\log_5 99}$

$\qquad\qquad\qquad = 2^{p-6} \times 2^{\log_2 99} \times 5^{q-2} \times 5^{\log_5 99}$

$\qquad\qquad\qquad = 99^2 \times 2^{p-6} \times 5^{q-2}$

이때 $40 = 2^3 \times 5$이고, $2^{p+a} 5^{q+b}$이 40의 배수가 되어야 하

므로

$p - 6 \ge 3$, $q - 2 \ge 1$　　$\therefore\ p \ge 9$, $q \ge 3$

따라서 $p + q \ge 12$이므로 구하는 $p + q$의 최솟값은 12이다.

답 12

19 $\log_a N = n + \alpha$ (n은 정수, $0 \le \alpha < 1$)에 대하여

$n - \alpha$가 최소이려면 n은 최소이고, α는 최대이어야 한다.

이때 a는 2보다 큰 자연수이고, N은 자연수이므로

n의 최솟값은 0이다.

즉, $\log_a N = \alpha$이고, α가 최대가 되려면

$0 \le \alpha < 1$에서 $N < a$이어야 하므로 $N = a - 1$이어야 한다.

즉, $n = 0$, $\alpha = \log_a (a-1)$일 때, $n - \alpha$의 값이 최소가

되므로

$h(a) = -\log_a (a-1)$

$\therefore\ h(3) \times h(4) \times h(5) \times \cdots \times h(2020) \times h(2021)$

$\quad = (-\log_3 2) \times (-\log_4 3) \times (-\log_5 4) \times \cdots$

$\qquad\qquad \times (-\log_{2020} 2019) \times (-\log_{2021} 2020)$

$= \left(-\dfrac{\log 2}{\log 3}\right) \times \left(-\dfrac{\log 3}{\log 4}\right) \times \left(-\dfrac{\log 4}{\log 5}\right) \times \cdots$

$\qquad\qquad \times \left(-\dfrac{\log 2019}{\log 2020}\right) \times \left(-\dfrac{\log 2020}{\log 2021}\right)$

$= -\dfrac{\log 2}{\log 2021}$

$= -\log_{2021} 2 = k$

$\log_{2021} 2^{-1} = k$

$\therefore\ 2021^k = 2^{-1} = \dfrac{1}{2}$　　　　　　　답 $\dfrac{1}{2}$

20 조건 ⑺의 식 $ab = 100$의 양변에 상용로그를 취하면

$\log ab = \log 100$

$\log a + \log b = 2$

$\therefore\ \log b = 2 - \log a$　　　$\cdots\cdots$ ㉠

조건 ⑷에서 $\log a$, $\log b$의 소수 부분이 같으므로

$\log a - \log b = (\text{정수})$

㉠을 위의 식에 대입하면

$\log a - (2 - \log a) = (\text{정수})$

$2\log a - 2 = (\text{정수})$

이때 $\log a = n + \alpha$ (n은 정수, $0 \le \alpha < 1$)라 하면

$2(n + \alpha) - 2 = (\text{정수})$, $2\alpha + 2n - 2 = (\text{정수})$

즉, 2α도 정수이어야 하므로

$2\alpha = 0$ 또는 $2\alpha = 1$ $(\because\ 0 \le 2\alpha < 2)$

$\therefore\ \alpha = 0$ 또는 $\alpha = \dfrac{1}{2}$

한편, 조건 ⑷에서 $-1 < \log b < \log a < 5$이므로 ㉠을 부

등식에 대입하면

$-1 < 2 - \log a < \log a < 5$

$\begin{cases} -1 < 2 - \log a \text{에서 } \log a < 3 \\ 2 - \log a < \log a \text{에서 } \log a > 1 \\ \log a < 5 \end{cases}$

$\therefore\ 1 < \log a < 3$

(ⅰ) $\alpha = 0$, 즉 $\log a = n$일 때,

$1 < n < 3$에서 $n = 2$이므로

$\log a = 2$

(ⅱ) $\alpha = \dfrac{1}{2}$, 즉 $\log a = n + \dfrac{1}{2}$일 때,

$1 < n + \dfrac{1}{2} < 3$에서 $\dfrac{1}{2} < n < \dfrac{5}{2}$

즉, $n = 1$ 또는 $n = 2$이므로

$\log a = 1 + \dfrac{1}{2} = \dfrac{3}{2}$ 또는 $\log a = 2 + \dfrac{1}{2} = \dfrac{5}{2}$

(ⅰ), (ⅱ)에서 $\log a = \dfrac{3}{2}$ 또는 $\log a = 2$ 또는 $\log a = \dfrac{5}{2}$

이때

$\log \dfrac{a}{b} = \log a - \log b$

$\qquad = \log a - (2 - \log a)$ $(\because\ ㉠)$

$\qquad = 2\log a - 2$

이므로

$\log \dfrac{a}{b}=1$ 또는 $\log \dfrac{a}{b}=2$ 또는 $\log \dfrac{a}{b}=3$

$\underset{\log a=\frac{3}{2}}{\underline{\quad\quad}}$ $\underset{\log a=2}{\underline{\quad\quad}}$ $\underset{\log a=\frac{5}{2}}{\underline{\quad\quad}}$

따라서 모든 $\log \dfrac{a}{b}$의 값의 합은

$1+2+3=6$ 　　　　　　　　　　　　　　　　　　답 ⑤

• 다른 풀이 1 •

$\log a=n+\alpha$ (n은 정수, $0 \leq \alpha < 1$)라 하면

조건 ㈎의 $ab=100$에서 $b=\dfrac{100}{a}$이므로

$\log b=\log \dfrac{100}{a}=\log 100-\log a$

$\qquad\quad =2-(n+\alpha)$　　　　……㉡

이때 α의 값에 따라 $\log b$의 소수 부분을 다음과 같이 나눌 수 있다.

(ⅰ) $\alpha=0$일 때,

㉡에서 $\log b=2-n$

즉, $\log b$의 소수 부분은 0이다.

$\log a=n$, $\log b=2-n$을 조건 ㈐에 대입하면

$-1<2-n<n<5$

$\begin{cases} -1<2-n \text{에서 } n<3 \\ 2-n<n \text{에서 } n>1 \\ n<5 \end{cases}$

$\therefore 1<n<3$

즉, $n=2$이므로 $\log a=2$, $\log b=0$

$\therefore \log \dfrac{a}{b}=\log a-\log b=2$

(ⅱ) $\alpha \neq 0$일 때,

㉡에서 $\log b=2-n-\alpha=1-n+(1-\alpha)$이므로

$\log b$의 소수 부분은 $1-\alpha$이다.

조건 ㈏에서 $\log a$, $\log b$의 소수 부분이 같으므로

$\alpha=1-\alpha$, $2\alpha=1$　　$\therefore \alpha=\dfrac{1}{2}$

즉, $\log a=n+\dfrac{1}{2}$, $\log b=\dfrac{3}{2}-n$이므로 이것을 조건 ㈐에 대입하면

$-1<\dfrac{3}{2}-n<n+\dfrac{1}{2}<5$

$\begin{cases} -1<\dfrac{3}{2}-n \text{에서 } n<\dfrac{5}{2} \\ \dfrac{3}{2}-n<n+\dfrac{1}{2} \text{에서 } n>\dfrac{1}{2} \\ n+\dfrac{1}{2}<5 \text{에서 } n<\dfrac{9}{2} \end{cases}$

$\therefore \dfrac{1}{2}<n<\dfrac{5}{2}$

따라서 $n=1$ 또는 $n=2$이므로

$\log a=\dfrac{3}{2}$, $\log b=\dfrac{1}{2}$ 또는 $\log a=\dfrac{5}{2}$, $\log b=-\dfrac{1}{2}$

$\therefore \log \dfrac{a}{b}=1$ 또는 $\log \dfrac{a}{b}=3$

(ⅰ), (ⅱ)에서 $\log \dfrac{a}{b}$의 값이 1, 2, 3이므로 그 합은

$1+2+3=6$

• 다른 풀이 2 •

조건 ㈎의 $ab=100$의 양변에 상용로그를 취하면

$\log ab=\log 100$　　$\therefore \log a+\log b=2$　　……㉢

조건 ㈏에서 $\log a$와 $\log b$의 소수 부분이 같으므로

$\log \dfrac{a}{b}=\log a-\log b=m$ (m은 정수)　　……㉣

㉢, ㉣을 연립하여 풀면

$\log a=\dfrac{2+m}{2}$, $\log b=\dfrac{2-m}{2}$

조건 ㈐에서 $-1<\log b<\log a<5$이므로

$-1<\dfrac{2-m}{2}<\dfrac{2+m}{2}<5$

$\begin{cases} -1<\dfrac{2-m}{2} \text{에서 } m<4 \\ \dfrac{2-m}{2}<\dfrac{2+m}{2} \text{에서 } m>0 \\ \dfrac{2+m}{2}<5 \text{에서 } m<8 \end{cases}$

$\therefore 0<m<4$

따라서 정수 m, 즉 $\log \dfrac{a}{b}$의 값은 1, 2, 3이므로 그 합은

$1+2+3=6$

21 이 해상에서 태풍의 중심 기압이 $P=900$일 때, 최대 풍속이 V_A이므로

$V_A=4.86(1010-900)^{0.5}=4.86\times 110^{0.5}$

또한, 같은 해상에서 태풍의 중심 기압이 $P=960$일 때, 최대 풍속이 V_B이므로

$V_B=4.86(1010-960)^{0.5}=4.86\times 50^{0.5}$

$\therefore \dfrac{V_A}{V_B}=\dfrac{4.86\times 110^{0.5}}{4.86\times 50^{0.5}}$

$\qquad =\left(\dfrac{110}{50}\right)^{0.5}$

$\qquad =\sqrt{2.2}$

$\dfrac{V_A}{V_B}=\sqrt{2.2}$의 양변에 상용로그를 취하면

$\log \dfrac{V_A}{V_B}=\log \sqrt{2.2}=\log (2\times 1.1)^{\frac{1}{2}}$

$\qquad\quad =\dfrac{1}{2}(\log 1.1+\log 2)$

$\qquad\quad =\dfrac{1}{2}(0.0414+0.301)$

$\qquad\quad =0.1712$

$\qquad\quad =\log 1.483$

$\log \dfrac{V_A}{V_B}=\log 1.483$에서 양변의 로그의 밑이 10으로 같으므로

$\dfrac{V_A}{V_B}=1.483$ 　　　　　　　　　　　　　　　답 ④

22 두 지역 A, B에 대하여 헤이즈계수가 각각 H_A, H_B, 여과지 이동거리가 각각 L_A, L_B, 빛전달률이 각각 S_A, S_B 이므로

$$H_A = \frac{k}{L_A} \log \frac{1}{S_A}, \quad H_B = \frac{k}{L_B} \log \frac{1}{S_B}$$

이때 $\sqrt{3} H_A = 2 H_B$, $L_A = 2 L_B$이므로

$$\frac{H_A}{H_B} = \frac{\dfrac{k}{L_A} \log \dfrac{1}{S_A}}{\dfrac{k}{L_B} \log \dfrac{1}{S_B}} = \frac{\dfrac{k}{2L_B} \log \dfrac{1}{S_A}}{\dfrac{k}{L_B} \log \dfrac{1}{S_B}}$$

$$= \frac{1}{2} \times \frac{\log S_A}{\log S_B} = \frac{2}{\sqrt{3}}$$

$$\frac{\log S_A}{\log S_B} = \frac{4}{\sqrt{3}} = \frac{4\sqrt{3}}{3}$$

$$\log_{S_B} S_A = \frac{4\sqrt{3}}{3} \qquad \therefore S_A = (S_B)^{\frac{4\sqrt{3}}{3}}$$

$$\therefore p = \frac{4\sqrt{3}}{3} \qquad\qquad\qquad \text{답 } \frac{4\sqrt{3}}{3}$$

23 $n = 500$이므로 컴퓨터 운영체제가 인식하는 용량은

$$500 \times \left(\frac{1000}{1024} \right)^3$$

$500 \times \left(\dfrac{1000}{1024} \right)^3 = k$이므로 양변에 상용로그를 취하면

$$\log k = \log \left\{ 500 \times \left(\frac{1000}{1024} \right)^3 \right\}$$

$$= \log \left\{ \frac{1000}{2} \times \left(\frac{10^3}{2^{10}} \right)^3 \right\}$$

$$= \log \frac{10^{12}}{2^{31}}$$

$$= \log 10^{12} - \log 2^{31}$$

$$= 12 - 31 \log 2$$

$$= 12 - 31 \times 0.301$$

$$= 2.669$$

이때 $\log 4.67 = 0.669$이므로

$$\log k = 2 + 0.669$$

$$= 2 + \log 4.67$$

$$= \log 467$$

$$\therefore k = 467 \qquad\qquad\qquad \text{답 } 467$$

01 해결단계

❶단계	로그의 성질을 이용하여 집합 A의 원소 (x, y)에 대하여 $4xy = 1$이 성립함을 보인다.
❷단계	집합 B의 원소 (x, y)가 동시에 집합 A의 원소가 되도록 하는 조건을 찾는다.
❸단계	조건을 만족시키는 양수 a의 값의 범위를 구하고, 그 최솟값을 구한다.

집합 A에서 로그의 성질에 의하여

$$\left(\frac{1}{2} \log 2 \right) (\log_{\sqrt{2}} y) + \log x + \log 4$$

$$= \log \sqrt{2} \times \frac{\log y}{\log \sqrt{2}} + \log x + \log 4$$

$$= \log y + \log x + \log 4$$

$$= \log 4xy = 0$$

즉, $4xy = 1$이므로 $y = \dfrac{1}{4x}$ ......㉠

또한, 집합 B에서 $\sqrt{x} + \sqrt{y} = \sqrt{a}$이므로
이 식의 양변을 제곱하면

$$x + y + 2\sqrt{xy} = a \qquad\qquad \text{......㉡}$$

이때 $A \cap B \neq \varnothing$이므로 두 집합 A, B를 만족시키는 순서쌍 (x, y)가 존재한다.

㉡에 ㉠을 대입하면

$$x + \frac{1}{4x} + 1 = a$$

$$\therefore x + \frac{1}{4x} = a - 1$$

이때 $x > 0$이므로 산술평균과 기하평균의 관계에 의하여

$$x + \frac{1}{4x} \geq 2\sqrt{x \times \frac{1}{4x}} = 1$$

$$\left(\text{단, 등호는 } x = \frac{1}{2} \text{일 때 성립한다.} \right)$$

따라서 $a - 1 \geq 1$이므로 $a \geq 2$
양수 a의 최솟값은 2이다. 답 2

• 다른 풀이 •

집합 A에서 로그의 성질에 의하여

$$\left(\frac{1}{2} \log 2 \right) (\log_{\sqrt{2}} y) + \log x + \log 4$$

$$= \log \sqrt{2} \times \frac{\log y}{\log \sqrt{2}} + \log x + \log 4$$

$$= \log y + \log x + \log 4$$

$$= \log 4xy = 0$$

$$\therefore 4xy = 1 \qquad\qquad \text{......㉢}$$

집합 B에서 $\sqrt{x} + \sqrt{y} = \sqrt{a}$ ......㉣

㉢과 ㉣을 각각 좌표평면 위에 나타내면 다음 그림과 같고, 두 그래프는 모두 직선 $y = x$에 대하여 대칭이다.

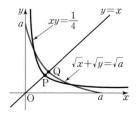

이때 직선 $y=x$와 ㉢, ㉣의 그래프와의 교점을 각각
$P(t_1, t_1)$, $Q(t_2, t_2)$ (t_1, t_2는 0보다 큰 실수)
라 하면

$$4t_1^2=1, \ t_1^2=\frac{1}{4} \quad \therefore t_1=\frac{1}{2} \ (\because t_1>0)$$

또한, $\sqrt{t_2}+\sqrt{t_2}=\sqrt{a}, \ 2\sqrt{t_2}=\sqrt{a}$

$$4t_2=a \qquad \therefore t_2=\frac{a}{4}$$

$$\therefore P\left(\frac{1}{2}, \frac{1}{2}\right), Q\left(\frac{a}{4}, \frac{a}{4}\right)$$

두 집합 A, B에 대하여 $A \cap B \neq \varnothing$이려면 ㉢, ㉣의 그래프가 서로 만나야 하므로 점 Q의 x좌표(또는 y좌표)는 점 P의 x좌표(또는 y좌표)보다 크거나 같아야 한다.

즉, $\dfrac{a}{4} \geq \dfrac{1}{2}$이므로 $a \geq 2$

따라서 조건을 만족시키는 양수 a의 최솟값은 2이다.

02 해결단계

❶단계	$2 \leq x \leq 8$인 자연수 x에 대하여 $\log_x n$이 자연수가 되도록 하는 자연수 n의 개수를 구한 후, $A(x)$를 구한다.
❷단계	집합 P의 부분집합 X에 대하여 X에서 X로의 함수 f가 일대일대응이 되기 위한 조건을 파악한 후, 집합 X의 개수를 구한다.

$\log_x n$이 자연수가 되려면 n은 x의 거듭제곱이어야 하므로 $A(x)$의 값은 1부터 300까지의 자연수 중에서 x의 거듭제곱으로 나타내어지는 수의 개수이다.

$2^8=256<300<2^9=512$이므로 $\log_2 n$의 값이 자연수이기 위한 n은 $2, 2^2, 2^3, \cdots, 2^8$의 8개이다.

$\therefore A(2)=8$

같은 방법으로 3부터 8까지의 자연수 x에 대하여 $A(x)$의 값을 구하면

$3^5=243<300<3^6=729$이므로 $A(3)=5$

$4^4=256<300<4^5=1024$이므로 $A(4)=4$

$5^3=125<300<5^4=625$이므로 $A(5)=3$

$6^3=216<300<6^4=1296$이므로 $A(6)=3$

$7^2=49<300<7^3=343$이므로 $A(7)=2$

$8^2=64<300<8^3=512$이므로 $A(8)=2$

전체집합 $P=\{2, 3, 4, 5, 6, 7, 8\}$에서 P로의 대응 f는 다음 그림과 같다.

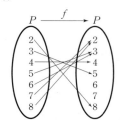

즉, 집합 P의 공집합이 아닌 부분집합 X에 대하여 집합 X에서 X로의 함수 f가 일대일대응이 되도록 하는 집합 X는

$\{4\}$, $\{2, 8\}$, $\{3, 5\}$, $\{2, 4, 8\}$, $\{3, 4, 5\}$, $\{2, 3, 5, 8\}$, $\{2, 3, 4, 5, 8\}$의 7개이다. 답 7

03 해결단계

❶단계	두 점 $P(m, n)$, $Q(\alpha, \beta)$가 각각 곡선과 직선 위에 존재함을 이용하여 관계식을 구한다.
❷단계	$\log AB$의 값을 이용하여 AB의 최댓값과 최솟값을 구한 후, 실수 k의 값을 구한다.

점 $P(m, n)$은 곡선 $y=\dfrac{16}{x}$ 위에 있으므로

$$n=\frac{16}{m} \qquad \therefore mn=16$$

그런데 m, n은 음이 아닌 정수이고,

$16=1 \times 16=2 \times 8=4 \times 4$이므로 순서쌍 (m, n)은

$(1, 16), (2, 8), (4, 4), (8, 2), (16, 1)$

또한, 점 $Q(\alpha, \beta)$는 직선 $y=-x+1$ 위에 있으므로

$\beta=-\alpha+1 \quad \therefore \alpha+\beta=1 \quad \cdots\cdots ㉠$

$$\begin{aligned} \therefore \log AB &= \log A + \log B \\ &= m+\alpha+n+\beta \\ &= m+n+\alpha+\beta \\ &= m+n+1 \ (\because ㉠) \end{aligned}$$

이때 $m+n$의 최댓값은 $1+16=17$, 최솟값은 $4+4=8$이므로 $\log AB$의 최댓값은 $17+1=18$, 최솟값은 $8+1=9$이다.

따라서 AB의 최댓값은 10^{18}, 최솟값은 10^9이므로 그 곱은
$$10^{18} \times 10^9 = 10^{27} = 10^k$$
$$\therefore k = 27 \qquad \text{답 } 27$$

04 해결단계

❶단계	1.26^{10n}의 상용로그 값을 구하여 소수 부분을 찾는다.
❷단계	$f(n) \geq 2$이려면 소수 부분이 $\log 2$보다 크거나 같아야 함을 파악한 후, n의 값의 범위를 구하여 최솟값을 찾는다.

$1.26^{10n} = N$이라 하고 양변에 상용로그를 취하면
$$\begin{aligned}\log N &= \log 1.26^{10n}\\ &= 10n \log 1.26\\ &= 10n \times 0.1004\\ &= n \times 1.004\\ &= n + 0.004 \times n\end{aligned}$$
이때 $0.004 \times n < 1$, 즉 $n < 250$이면 $\log N$의 소수 부분이 $0.004 \times n$이므로 $f(n) \geq 2$이려면
$$\log 2 \leq 0.004 \times n$$
이때 $\log 2 = 0.301$이므로
$$0.301 \leq 0.004 \times n$$
$$\therefore n \geq \frac{0.301}{0.004} = 75.25$$
따라서 $f(n) \geq 2$를 만족시키는 자연수 n의 최솟값은 76이다. 답 76

05 해결단계

❶단계	$n=1, 2, 3, \cdots$을 주어진 등식에 대입한다.
❷단계	등식을 만족시키는 n의 값을 구한다.

(i) $n=1$일 때,
$\log_2 1 = 0$이므로
$[\log_2 1] = 0 < 2 \times 1 + 1 = 3$

(ii) $2 \leq n < 2^2$일 때,
$[\log_2 n] = 1$이므로 $[\log_2 2] = [\log_2 3] = 1$
$\therefore [\log_2 1] + [\log_2 2] = 1 < 2 \times 2 + 1 = 5$,
$[\log_2 1] + [\log_2 2] + [\log_2 3] = 2 < 2 \times 3 + 1 = 7$

(iii) $2^2 \leq n < 2^3$일 때,
$[\log_2 n] = 2$이므로
$[\log_2 4] = [\log_2 5] = [\log_2 6] = [\log_2 7] = 2$
$\therefore [\log_2 1] + [\log_2 2] + [\log_2 3] + [\log_2 4] = 4$
$< 2 \times 4 + 1 = 9$,
$[\log_2 1] + [\log_2 2] + [\log_2 3] + \cdots + [\log_2 7] = 10$
$< 2 \times 7 + 1 = 15$,

(iv) $2^3 \leq n < 2^4$일 때,
$[\log_2 n] = 3$이므로
$[\log_2 8] = [\log_2 9] = [\log_2 10] = \cdots = [\log_2 15] = 3$
$\therefore [\log_2 1] + [\log_2 2] + [\log_2 3] + \cdots + [\log_2 8] = 13$
$< 2 \times 8 + 1 = 17$,

$[\log_2 1] + [\log_2 2] + [\log_2 3] + \cdots + [\log_2 15] = 34$
$> 2 \times 15 + 1 = 31$

(i)~(iv)에서 조건을 만족시키는 n의 값의 범위는
$8 < n < 15$이므로
$$[\log_2 1] + [\log_2 2] + [\log_2 3] + \cdots + [\log_2 n]$$
$$= [\log_2 1] + [\log_2 2] + [\log_2 3] + \cdots + [\log_2 7]$$
$$+ [\log_2 8] + \cdots + [\log_2 n]$$
즉, $10 + 3(n-7) = 2n + 1$이므로
$$3n - 11 = 2n + 1 \qquad \therefore n = 12 \qquad \text{답 } 12$$

BLACKLABEL 특강 참고

$n=1, 2, 3, \cdots$을 대입할 때마다 등식의 좌변과 우변의 식의 값은 모두 증가하고, $[\log_2 1] < 3$이다. 이때
$$[\log_2 1] + [\log_2 2] + [\log_2 3] + \cdots + [\log_2 (n-1)]$$
$$< 2(n-1) + 1$$
에서 양변에 $[\log_2 n]$을 더하면
$$[\log_2 1] + [\log_2 2] + [\log_2 3] + \cdots + [\log_2 n]$$
$$< 2n - 1 + [\log_2 n]$$
즉, $2n + 1 < 2n - 1 + [\log_2 n]$이므로 $2 < [\log_2 n]$
$[\log_2 n]$은 정수이므로
$3 \leq [\log_2 n] \qquad \therefore n \geq 8$
따라서 n의 값을 구할 때 8부터 대입하여 계산하는 것이 편하다.

06 해결단계

❶단계	$[\log x]$와 $f(x)$가 각각 $\log x$의 정수 부분, 소수 부분임을 파악한 후, 주어진 등식을 $[\log a]$, $f(a)$를 이용하여 나타낸다.
❷단계	$\log 2a$의 소수 부분이 $f(a)$의 값에 따라 결정됨을 이해하고, $f(a)$의 값의 범위에 따라 경우를 나눈다.
❸단계	❷단계에서 나눈 경우에 따라 $f(2a)$를 구한 후, ❶단계에서 구한 식에 대입하여 $[\log a]$, $f(a)$의 값을 각각 구한다.
❹단계	$\log a = [\log a] + f(a)$임을 이용하여 조건을 만족시키는 모든 양의 실수 a의 값을 구하여 모두 곱한 후, k의 값을 구한다.

$f(x) = \log x - [\log x]$에서 $[\log x]$는 $\log x$의 정수 부분이므로 $f(x)$는 $\log x$의 소수 부분이다.
$\log a = 2f(a) + f(2a)$에서
$$\log a - f(a) = f(a) + f(2a)$$
$$\therefore [\log a] = f(a) + f(2a) \qquad \cdots\cdots \text{㉠}$$
즉, $\log a$와 $\log 2a$의 소수 부분의 합이 $\log a$의 정수 부분과 같아야 한다.
$$\begin{aligned}\log 2a &= \log 2 + \log a\\ &= \log 2 + f(a) + [\log a] \qquad \cdots\cdots \text{㉡}\end{aligned}$$
에서 $\log 2a$의 소수 부분은 $f(a)$의 값에 따라 결정되므로 다음과 같이 두 경우로 나누어 생각할 수 있다.
(i) $0 \leq f(a) < \log 5$일 때, ← $\log 2 + f(a) < 1$일 때,
$\log 2 \leq f(a) + \log 2 < 1$이므로 ㉡에서
$$f(2a) = f(a) + \log 2$$
위의 식을 ㉠에 대입하면
$$\begin{aligned}[\log a] &= f(a) + f(2a)\\ &= f(a) + f(a) + \log 2\\ &= 2f(a) + \log 2 \qquad \cdots\cdots \text{㉢}\end{aligned}$$

이때 $0 \leq f(a) < \log 5$에서

$0 \leq 2f(a) < 2\log 5$

$\log 2 \leq 2f(a) + \log 2 < 2\log 5 + \log 2$

$\therefore \log 2 \leq [\log a] < \log 50 \ (\because ㉢)$

$[\log a]$는 정수이므로 $[\log a] = 1$

따라서 $2f(a) + \log 2 = 1$이므로

$f(a) = \dfrac{1}{2}(1 - \log 2) = \dfrac{1}{2}\log 5 = \log \sqrt{5}$

$\log a = [\log a] + f(a)$에서

$\log a = 1 + \log \sqrt{5} = \log 10\sqrt{5}$

양변의 로그의 밑이 10으로 같으므로

$a = 10\sqrt{5}$

(ii) $\log 5 \leq f(a) < 1$일 때, $\leftarrow \log 2 + f(a) \geq 1$일 때,

$1 \leq f(a) + \log 2 < 1 + \log 2$이므로 ㉡에서

$f(2a) = f(a) + \log 2 - 1$

위의 식을 ㉠에 대입하면

$\begin{aligned}[\log a] &= f(a) + f(2a) \\ &= f(a) + f(a) + \log 2 - 1 \\ &= 2f(a) + \log 2 - 1 \quad \cdots\cdots ㉣\end{aligned}$

이때 $\log 5 \leq f(a) < 1$에서

$2\log 5 \leq 2f(a) < 2$

$2\log 5 + \log 2 - 1 \leq 2f(a) + \log 2 - 1 < 1 + \log 2$

$\therefore \log 5 \leq [\log a] < \log 20 \ (\because ㉣)$

$[\log a]$는 정수이므로 $[\log a] = 1$

따라서 $2f(a) + \log 2 - 1 = 1$이므로

$\begin{aligned}f(a) &= \dfrac{1}{2}(2 - \log 2) = \dfrac{1}{2}\log 50 \\ &= \log \sqrt{50} = \log 5\sqrt{2}\end{aligned}$

$\log a = [\log a] + f(a)$에서

$\log a = 1 + \log 5\sqrt{2} = \log 50\sqrt{2}$

양변의 로그의 밑이 10으로 같으므로

$a = 50\sqrt{2}$

(i), (ii)에서 $a = 10\sqrt{5}$ 또는 $a = 50\sqrt{2}$이므로 조건을 만족시키는 모든 양의 실수 a의 값의 곱은

$10\sqrt{5} \times 50\sqrt{2} = 500\sqrt{10}$

$\therefore k = 500$

답 500

07 해결단계

❶단계	$\log_2(na - a^2) = \log_2(nb - b^2) = k$라 하고 a, b가 곡선 $y = nx - x^2$과 직선 $y = 2^k$의 교점의 x좌표임을 파악한다.
❷단계	이차함수 $y = nx - x^2$의 그래프를 그린 후, a, b가 $0 < b - a \leq \dfrac{n}{2}$을 만족시키기 위한 n의 값의 범위를 k를 이용하여 나타낸다.
❸단계	❷단계에서 구한 부등식에 $k = 1, 2, 3, \cdots$을 대입하여 부등식을 만족시키는 20 이하의 자연수 n의 값을 각각 구한 후, 그 합을 구한다.

$\log_2(na - a^2)$과 $\log_2(nb - b^2)$이 같은 자연수이므로

$\log_2(na - a^2) = \log_2(nb - b^2) = k$ (k는 자연수)라 하면

$na - a^2 = nb - b^2 = 2^k$ (단, k는 자연수) $\quad \cdots\cdots ㉠$

이때 $f(x) = nx - x^2$이라 하면 이차함수 $y = f(x)$의 그래프와 직선 $y = 2^k$ (k는 자연수)은 x좌표가 각각 a, b인 두 점에서 만난다.

㉠에서 $f(a) - f(b) = 0$이므로

$(na - a^2) - (nb - b^2) = 0$

$b^2 - a^2 - nb + na = 0$

$(b - a)(b + a - n) = 0$

이때 $b - a > 0$이므로 $b + a = n$

$\therefore b = n - a, \ a = n - b$

주어진 조건에서 $0 < b - a \leq \dfrac{n}{2}$이므로

$0 < (n - a) - a \leq \dfrac{n}{2}, \ 0 < b - (n - b) \leq \dfrac{n}{2}$

$-n < -2a \leq -\dfrac{n}{2}, \ n < 2b \leq \dfrac{3}{2}n$

$\therefore \dfrac{n}{4} \leq a < \dfrac{n}{2}, \ \dfrac{n}{2} < b \leq \dfrac{3}{4}n$

즉, 이차함수 $y = f(x)$의 그래프와 직선 $y = 2^k$은 다음 그림과 같다.

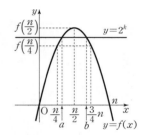

즉, $f\left(\dfrac{n}{4}\right) \leq 2^k < f\left(\dfrac{n}{2}\right)$이어야 하므로

$\dfrac{3}{16}n^2 \leq 2^k < \dfrac{n^2}{4}$

$\dfrac{3}{16}n^2 \leq 2^k$에서 $3n^2 \leq 2^{k+4}$이므로 $n^2 \leq \dfrac{2^{k+4}}{3}$

$2^k < \dfrac{n^2}{4}$에서 $n^2 > 2^{k+2}$

$\therefore 2^{k+2} < n^2 \leq \dfrac{2^{k+4}}{3}$

(i) $k = 1$일 때,

$8 < n^2 \leq \dfrac{32}{3} = 10.6 \times \times \times \qquad \therefore n = 3$

(ii) $k = 2$일 때,

$16 < n^2 \leq \dfrac{64}{3} = 21.3 \times \times \times$

이것을 만족시키는 자연수 n은 존재하지 않는다.

(iii) $k = 3$일 때,

$32 < n^2 \leq \dfrac{128}{3} = 42.6 \times \times \times \qquad \therefore n = 6$

(iv) $k = 4$일 때,

$64 < n^2 \leq \dfrac{256}{3} = 85.3 \times \times \times \qquad \therefore n = 9$

(v) $k = 5$일 때,

$128 < n^2 \leq \dfrac{512}{3} = 170.6 \times \times \times \qquad \therefore n = 12, 13$

(vi) $k=6$일 때,

$$256 < n^2 \leq \frac{1024}{3} = 341.3 \times\times\times \qquad \therefore n=17,\ 18$$

(vii) $k=7$일 때,

$$512 < n^2 \leq \frac{2048}{3} = 682.6 \times\times\times \text{이므로 이것을 만족시}$$

키는 20 이하의 자연수 n은 존재하지 않는다.

(i)~(vii)에서 조건을 만족시키는 20 이하의 자연수 n의

값은 3, 6, 9, 12, 13, 17, 18이므로 그 합은

$$3+6+9+12+13+17+18=78 \hspace{2cm} \text{답 } 78$$

<table>
<tr><td>**이것이 수능**</td><td>p. 23</td></tr>
</table>

1 ①	2 13	3 45	4 127

1 해결단계

❶단계	로그의 성질을 이용하여 주어진 식을 정리한다.
❷단계	조건을 만족시키는 2 이상의 자연수 n의 값을 구한다.
❸단계	❷단계에서 구한 모든 n의 값의 합을 구한다.

$$\log_n 4 \times \log_2 9 = \frac{\log 2^2}{\log n} \times \frac{\log 3^2}{\log 2}$$

$$= \frac{2\log 2}{\log n} \times \frac{2\log 3}{\log 2}$$

$$= \frac{4\log 3}{\log n}$$

$$= 4\log_n 3$$

이 값이 자연수가 되려면 $4\log_n 3 = k$ (k는 자연수)이어

야 하므로

$$\log_n 3 = \frac{k}{4},\ n^{\frac{k}{4}}=3 \qquad \therefore n=3^{\frac{4}{k}}$$

이때 k, n은 자연수이므로

$k=1$일 때, $n=81$

$k=2$일 때, $n=9$

$k=4$일 때, $n=3$

따라서 모든 n의 값의 합은

$$81+9+3=93 \hspace{2cm} \text{답 ①}$$

2 해결단계

❶단계	로그의 성질을 이용하여 주어진 식을 정리한다.
❷단계	조건을 만족시키는 40 이하의 자연수 n의 개수를 구한다.

$$\log_4 2n^2 - \frac{1}{2}\log_2 \sqrt{n} = \log_4 2n^2 - \log_4 \sqrt{n}$$

$$= \log_4 \frac{2n^2}{\sqrt{n}}$$

$$= \log_4 2n^{\frac{3}{2}}$$

이 값이 40 이하의 자연수가 되려면

$\log_4 2n^{\frac{3}{2}} = k$ ($k \leq 40$인 자연수)이어야 하므로

$$2n^{\frac{3}{2}}=4^k,\ 4^{\frac{1}{2}}n^{\frac{3}{2}}=4^k$$

$$n^{\frac{3}{2}}=4^{k-\frac{1}{2}} \qquad \therefore n=4^{\frac{2k-1}{3}}=2^{\frac{4k-2}{3}}$$

이때 $\frac{4k-2}{3}$가 자연수가 되어야 하므로

$$k=2,\ 5,\ 8,\ \cdots,\ 38$$

각 자연수 k의 값에 따라 자연수 n의 값이 하나씩 존재하

므로 조건을 만족시키는 자연수 n의 개수는 13이다.

$$\text{답 } 13$$

3 해결단계

❶단계	두 집합 A, B의 자연수인 원소를 작은 값부터 차례대로 나열해본다.
❷단계	조건을 만족시키는 집합 C를 원소나열법으로 나타내고, k의 값의 범위를 구한다.
❸단계	❷단계에서 구한 범위를 이용하여 조건을 만족시키는 자연수 k의 개수를 구한다.

집합 A의 자연수인 원소는 다음과 같다.

a	1	4	9	16	25	36	49	64	⋯
$\sqrt{a}$	1	2	3	4	5	6	7	8	⋯

집합 B의 자연수인 원소는 다음과 같다.

b	3	9	27	81	⋯
$\log_{\sqrt{3}} b$	2	4	6	8	⋯

이때 $n(C)=3$이므로 $C=\{2,\ 4,\ 6\}$이다.

즉, $8 \notin C$이므로 자연수 k의 범위는

$$36 \leq k < 81$$

따라서 조건을 만족시키는 자연수 k의 개수는

$$81-36=45 \hspace{2cm} \text{답 } 45$$

4 해결단계

❶단계	집합 A_m의 정의를 이용하여 b가 될 수 있는 값을 a를 이용하여 나타낸 후, a가 2의 거듭제곱일 때 b의 값이 존재함을 파악한다.
❷단계	$a=1, 2, 3, \cdots$을 대입하여 집합 A_m을 구한 후, m이 2의 거듭제곱일 때, m의 값이 2배가 되면 $n(A_m)$의 값이 1씩 증가함을 파악한다.
❸단계	$n(A_m)=205$가 되도록 하는 m의 최댓값을 구한다.

집합 A_m에서 $\log_2 a + \log_4 b = \log_4 a^2 b$가 100 이하의 자

연수이므로

$\log_4 a^2 b = \alpha$ ($1 \leq \alpha \leq 100$인 자연수)라 하면

$$a^2 b = 4^1,\ 4^2,\ 4^3,\ \cdots,\ 4^{100}$$

즉, $1 \leq a \leq m$인 자연수 a에 대하여

$$b=\frac{4^1}{a^2},\ \frac{4^2}{a^2},\ \frac{4^3}{a^2},\ \cdots,\ \frac{4^{100}}{a^2} \hspace{1.5cm} \cdots\cdots\bigcirc$$

이때 정수 k에 대하여 $b=2^k$ 꼴이므로 a가 2의 거듭제곱

일 때 b가 존재한다.

(i) $a=1$일 때,

$\bigcirc$에서 $b=4^1,\ 4^2,\ 4^3,\ \cdots,\ 4^{100}$이므로

$$ab=4^1,\ 4^2,\ 4^3,\ \cdots,\ 4^{100}$$

$m=1$이면 $a=1$뿐이므로 $A_1=\{4^1, 4^2, 4^3, \cdots, 4^{100}\}$

$\quad\therefore n(A_1)=100$

(ii) $a=2$일 때,

$\quad$㉠에서 $b=4^0, 4^1, 4^2, \cdots, 4^{99}$이므로

$ab=2\times4^0, 2\times4^1, 2\times4^2, \cdots, 2\times4^{99}$

$m=2$이면 $a=1, a=2$이므로

$A_2=\{4^1, 4^2, 4^3, \cdots, 4^{100},$
$\qquad\qquad\qquad 2\times4^0, 2\times4^1, 2\times4^2, \cdots, 2\times4^{99}\}$

$\quad\therefore n(A_2)=200$

(iii) $a=3$일 때,

$\quad a$가 2의 거듭제곱이 아니므로 조건을 만족시키는 b는 존재하지 않는다.

$\quad$즉, $m=3$일 때 $a=1, a=2, a=3$이고, $a=3$일 때 조건을 만족시키는 ab는 존재하지 않으므로 집합 A_3은 집합 A_2와 같다.

$\quad\therefore n(A_3)=n(A_2)=200$

(iv) $a=4$일 때,

$\quad$㉠에서 $b=4^{-1}, 4^0, 4^1, \cdots, 4^{98}$이므로

$ab=4^0, 4^1, 4^2, \cdots, 4^{99}$

$m=4$이면 $a=1, a=2, a=3, a=4$이므로

$A_4=\{4^0, 4^1, 4^2, 4^3, \cdots, 4^{100},$
$\qquad\qquad\qquad 2\times4^0, 2\times4^1, 2\times4^2, \cdots, 2\times4^{99}\}$

$\quad\therefore n(A_4)=201$

(v) $a=5, a=6, a=7$일 때,

$\quad a$가 2의 거듭제곱이 아니므로 조건을 만족시키는 b는 존재하지 않는다.

$\quad$즉, $a=5, a=6, a=7$일 때 조건을 만족시키는 ab는 존재하지 않으므로 세 집합 A_5, A_6, A_7은 집합 A_4와 같다.

$\quad\therefore n(A_5)=n(A_6)=n(A_7)=n(A_4)=201$

(vi) $a=8$일 때,

$\quad$㉠에서 $b=4^{-2}, 4^{-1}, 4^0, \cdots, 4^{97}$이므로

$ab=2\times4^{-1}, 2\times4^0, 2\times4^1, \cdots, 2\times4^{98}$

$m=8$이면 $a=1, a=2, a=3, \cdots, a=8$이므로

$A_8=\{4^0, 4^1, 4^2, 4^3, \cdots, 4^{100},$
$\qquad 2\times4^{-1}, 2\times4^0, 2\times4^1, 2\times4^3, \cdots, 2\times4^{99}\}$

$\quad\therefore n(A_8)=202$

(i)~(vi)에서 a가 2의 거듭제곱인 경우에만 집합 A_m의 원소의 개수가 증가한다. 즉,

$n(A_2)=200, n(A_4)=201, n(A_8)=202, \cdots$

이므로 m이 2의 거듭제곱 꼴이면 집합 A_m에서 m이 2배 증가할 때마다 집합 A_m의 원소는 1개씩 증가한다.

또한, m이 2배로 증가하기 전까지의 집합 A_m의 원소의 개수는 모두 같다. 따라서

$n(A_{64})=n(A_{65})=n(A_{66})=\cdots=n(A_{127})=205,$
$n(A_{128})=206$

이므로 $n(A_m)=205$가 되도록 하는 자연수 m의 최댓값은 127이다.　　　　　　　　　　　　　　　　답 127

---

03 지수함수

STEP 1　출제율 100% 우수 기출 대표 문제　　pp. 26~27

01 ③	02 $2\sqrt{10}$	03 ①	04 ③	05 ⑤
06 ④	07 13	08 ②	09 ④	10 ④
11 -1	12 ①	13 $a<1$	14 $a>\dfrac{1}{2}$	15 ④

01 ㄱ. 함수 $f(x)=5^x$은 실수 전체의 집합에서 일대일대응이므로 임의의 두 실수 x_1, x_2에 대하여 $x_1\neq x_2$이면 $f(x_1)\neq f(x_2)$, 즉 $f(x_1)=f(x_2)$이면 $x_1=x_2$이다. (참)

ㄴ. (밑)$=5>1$이므로 x의 값이 증가하면 $f(x)$의 값도 증가한다. 즉, $x_1<x_2$이면 $f(x_1)<f(x_2)$이다. (거짓)

ㄷ. 함수 $f(x)=5^x$의 그래프는 아래로 볼록하므로 서로 다른 두 실수 x_1, x_2에 대하여
$$f\left(\frac{x_1+x_2}{2}\right)<\frac{f(x_1)+f(x_2)}{2}$$이다. (참)

따라서 옳은 것은 ㄱ, ㄷ이다.　　　　　　　　답 ③

BLACKLABEL 특강　풀이 첨삭

함수 $y=f(x)$의 그래프의 모양에 따른 $f\left(\dfrac{x_1+x_2}{2}\right)$와 $\dfrac{f(x_1)+f(x_2)}{2}$의 관계는 다음과 같다.

(1) 함수 $y=f(x)$의 그래프 모양은 직선
$$\Longleftrightarrow f\left(\frac{x_1+x_2}{2}\right)=\frac{f(x_1)+f(x_2)}{2}$$

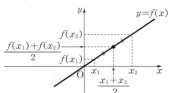

(2) 함수 $y=f(x)$의 그래프 모양은 아래로 볼록
$$\Longleftrightarrow f\left(\frac{x_1+x_2}{2}\right)<\frac{f(x_1)+f(x_2)}{2}$$

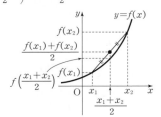

(3) 함수 $y=f(x)$의 그래프 모양은 위로 볼록
$$\Longleftrightarrow f\left(\frac{x_1+x_2}{2}\right)>\frac{f(x_1)+f(x_2)}{2}$$

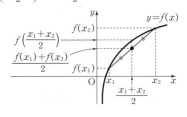

02 $f(x)=a^x$이므로

$f(b)=4$에서 $a^b=4$

$f(c)=10$에서 $a^c=10$

$\therefore f\left(\dfrac{b+c}{2}\right)=a^{\frac{b+c}{2}}=(a^{b+c})^{\frac{1}{2}}$

$\qquad\qquad\quad =(a^b\times a^c)^{\frac{1}{2}}=40^{\frac{1}{2}}=2\sqrt{10}$ 답 $2\sqrt{10}$

03 $A=\sqrt[n+4]{a^{n+3}}=a^{\frac{n+3}{n+4}}$, $B=\sqrt[n+3]{a^{n+2}}=a^{\frac{n+2}{n+3}}$,

$C=\sqrt[n+2]{a^{n+1}}=a^{\frac{n+1}{n+2}}$이므로

$\dfrac{n+3}{n+4}-\dfrac{n+2}{n+3}=\dfrac{(n+3)^2-(n+2)(n+4)}{(n+3)(n+4)}$

$\qquad\qquad\qquad\quad =\dfrac{1}{(n+3)(n+4)}>0$

$\therefore \dfrac{n+3}{n+4}>\dfrac{n+2}{n+3}$ ······㉠

$\dfrac{n+2}{n+3}-\dfrac{n+1}{n+2}=\dfrac{(n+2)^2-(n+1)(n+3)}{(n+2)(n+3)}$

$\qquad\qquad\qquad\quad =\dfrac{1}{(n+2)(n+3)}>0$

$\therefore \dfrac{n+2}{n+3}>\dfrac{n+1}{n+2}$ ······㉡

㉠, ㉡에서 $\dfrac{n+3}{n+4}>\dfrac{n+2}{n+3}>\dfrac{n+1}{n+2}$

이때 $0<(밑)=a<1$이므로 $a^{\frac{n+3}{n+4}}<a^{\frac{n+2}{n+3}}<a^{\frac{n+1}{n+2}}$

$\therefore A<B<C$ 답 ①

• 다른 풀이 1 •

$A=\sqrt[n+4]{a^{n+3}}=a^{\frac{n+3}{n+4}}$, $B=\sqrt[n+3]{a^{n+2}}=a^{\frac{n+2}{n+3}}$,

$C=\sqrt[n+2]{a^{n+1}}=a^{\frac{n+1}{n+2}}$

이때 $\dfrac{n+3}{n+4}=1-\dfrac{1}{n+4}$, $\dfrac{n+2}{n+3}=1-\dfrac{1}{n+3}$,

$\dfrac{n+1}{n+2}=1-\dfrac{1}{n+2}$이고

$\dfrac{1}{n+4}<\dfrac{1}{n+3}<\dfrac{1}{n+2}$이므로

$-\dfrac{1}{n+4}>-\dfrac{1}{n+3}>-\dfrac{1}{n+2}$

$\therefore 1-\dfrac{1}{n+4}>1-\dfrac{1}{n+3}>1-\dfrac{1}{n+2}$

즉, $\dfrac{n+3}{n+4}>\dfrac{n+2}{n+3}>\dfrac{n+1}{n+2}$이고 $0<(밑)=a<1$이므로

$a^{\frac{n+3}{n+4}}<a^{\frac{n+2}{n+3}}<a^{\frac{n+1}{n+2}}$

$\therefore A<B<C$

• 다른 풀이 2 •

$n=1$일 때, $A=\sqrt[5]{a^4}=a^{\frac{4}{5}}$, $B=\sqrt[4]{a^3}=a^{\frac{3}{4}}$, $C=\sqrt[3]{a^2}=a^{\frac{2}{3}}$

이때 $\dfrac{4}{5}>\dfrac{3}{4}>\dfrac{2}{3}$이고, $0<(밑)=a<1$이므로

$a^{\frac{4}{5}}<a^{\frac{3}{4}}<a^{\frac{2}{3}}$ $\therefore A<B<C$

04 ㉠과 ㉡은 밑이 1보다 작은 지수함수의 그래프이고,

㉢과 ㉣은 밑이 1보다 큰 지수함수의 그래프이다.

이때 $a>c>1$이므로 ㉢은 $y=a^x$의 그래프, ㉣은 $y=c^x$

의 그래프이다.

또한, $ab=1$, $cd=1$에서 $a=\dfrac{1}{b}$, $c=\dfrac{1}{d}$이므로

$\dfrac{1}{b}>\dfrac{1}{d}>1$ $\therefore 0<b<d<1$

즉, ㉡은 $y=b^x$의 그래프, ㉠은 $y=d^x$의 그래프이다.

따라서 $y=a^x$의 그래프는 ㉢, $y=b^x$의 그래프는 ㉡,

$y=c^x$의 그래프는 ㉣, $y=d^x$의 그래프는 ㉠이므로 올바

르게 짝지은 것은 ③이다. 답 ③

05 함수 $y=243^x=3^{5x}$의 그래프를 원점에 대하여 대칭이동하

면 함수 $-y=3^{-5x}$, 즉 $y=-3^{-5x}$의 그래프와 일치한다.

또한, 위의 그래프를 x축의 방향으로 $\dfrac{2}{5}$만큼, y축의 방향

으로 k만큼 평행이동하면 함수 $y-k=-3^{-5\left(x-\frac{2}{5}\right)}$, 즉

$y=-3^{2-5x}+k$의 그래프가 된다.

이때 함수 $y=f(x)$의 그래프가 제2사분면을 지나지 않

으려면 다음 그림과 같이 y절편이 0 이하이어야 한다.

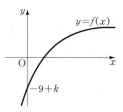

즉, $f(0)=-9+k\le0$이므로 $k\le9$

따라서 조건을 만족시키는 k의 최댓값은 9이다. 답 ⑤

06 점 P의 x좌표를 p $(p>0)$라 하면 $3^{-p}=k\times3^p$에서

$3^{2p}=\dfrac{1}{k}$, $2p=\log_3\dfrac{1}{k}$ $\therefore p=\dfrac{1}{2}\log_3\dfrac{1}{k}$

점 Q의 x좌표를 q $(a>0)$라 하면 $-4\times3^q+8=k\times3^q$

에서

$(k+4)3^q=8$, $3^q=\dfrac{8}{k+4}$

$\therefore q=\log_3\dfrac{8}{k+4}$

이때 두 점 P, Q의 x좌표의 비가 $1:2$이므로

$p:q=1:2$

즉, $\dfrac{1}{2}\log_3\dfrac{1}{k}:\log_3\dfrac{8}{k+4}=1:2$

$\log_3\dfrac{8}{k+4}=\log_3\dfrac{1}{k}$

$\dfrac{8}{k+4}=\dfrac{1}{k}$, $k+4=8k$

$7k=4$ $\therefore 35k=20$ 답 ④

• 다른 풀이 •

두 점 P, Q의 x좌표의 비가 $1:2$이므로 점 P의 x좌표를

a $(a>0)$라 하면 점 Q의 x좌표는 $2a$이다.

점 P는 두 함수 $y=k\times3^x$, $y=3^{-x}$의 그래프의 교점이므로

$k\times3^a=3^{-a}$ ∴ $3^{2a}=\dfrac{1}{k}$ ……㉠

또한, 점 Q는 두 함수 $y=k\times3^x$, $y=-4\times3^x+8$의 그래프의 교점이므로

$k\times3^{2a}=-4\times3^{2a}+8$

위의 식의 양변에 ㉠을 대입하면

$k\times\dfrac{1}{k}=-4\times\dfrac{1}{k}+8$, $1=-\dfrac{4}{k}+8$

$\dfrac{4}{k}=7$, $7k=4$

∴ $35k=20$

07 $y=2^{x^2}\times\left(\dfrac{1}{2}\right)^{2x-3}$

$=2^{x^2}\times2^{-2x+3}$

$=2^{x^2-2x+3}$

함수 $y=2^{x^2-2x+3}$에서 $f(x)=x^2-2x+3$이라 하면

$f(x)=(x-1)^2+2$

$-2\leq x\leq3$에서

함수 $y=f(x)$의 그래프는 오른쪽 그림과 같으므로 $y=f(x)$는

$x=-2$일 때 최댓값 11, $x=1$일 때 최솟값 2를 갖는다.

이때 함수 $y=2^{f(x)}$에서 (밑)$=2>1$

이므로 $f(x)$가 최댓값을 가질 때 y도 최댓값을 갖고, $f(x)$가 최솟값을 가질 때 y도 최솟값을 갖는다.

따라서 주어진 함수의 최댓값은 2^{11}, 최솟값은 2^2이므로 그 곱은

$2^{11}\times2^2=2^{13}=2^k$

∴ $k=13$ **답 13**

08 직선 $x=a$와 두 곡선 $y=2^{-x+3}+4$, $y=-2^{x-5}-3$의 교점이 각각 P, Q이므로

$P(a,\ 2^{-a+3}+4)$, $Q(a,\ -2^{a-5}-3)$

∴ $\overline{PQ}=7+2^{-a+3}+2^{a-5}$

이때 $2^{-a+3}>0$, $2^{a-5}>0$이므로

산술평균과 기하평균의 관계에 의하여

$\overline{PQ}=7+2^{-a+3}+2^{a-5}$

$\geq7+2\sqrt{2^{-a+3}\times2^{a-5}}$ (단, 등호는 $a=4$일 때 성립)

$=7+2\sqrt{2^{-2}}$

$=8$

즉, 선분 PQ의 길이의 최솟값은 8이다.

따라서 선분 PQ를 대각선으로 하는 정사각형의 한 변의 길이의 최솟값은 $4\sqrt{2}$이므로 정사각형의 넓이의 최솟값은

$(4\sqrt{2})^2=32$ **답 ②**

09 방정식 $(2x-1)^{x-3}=11^{x-3}$에서 지수가 같으므로 이 방정식이 성립하려면

(ⅰ) 밑이 같은 경우

$2x-1=11$에서 $2x=12$ ∴ $x=6$

(ⅱ) (지수)$=0$인 경우

주어진 방정식은 $(2x-1)^0=11^0=1$로 성립하므로

$x-3=0$에서 $x=3$

(ⅰ), (ⅱ)에서 모든 근의 합은 $6+3=9$ **답 ④**

10 $3^{2x}-3^{x+1}=-1$에서

$(3^x)^2-3\times3^x=-1$

이때 $3^x=t\ (t>0)$로 놓으면 주어진 방정식은

$t^2-3t=-1$

∴ $t^2-3t+1=0$

$t>0$이므로 양변을 t로 나누면

$t-3+\dfrac{1}{t}=0$ ∴ $t+t^{-1}=3$

위의 식의 양변을 제곱하면

$t^2+2+t^{-2}=9$

∴ $t^2+t^{-2}=7$ ……㉠

또한, ㉠의 양변을 제곱하면

$t^4+2+t^{-4}=49$

∴ $t^4+t^{-4}=47$ ……㉡

∴ $\dfrac{3^{4x}+3^{-4x}+1}{3^{2x}+3^{-2x}+1}=\dfrac{t^4+t^{-4}+1}{t^2+t^{-2}+1}$

$=\dfrac{47+1}{7+1}$ (∵ ㉠, ㉡)

$=\dfrac{48}{8}=6$ **답 ④**

11 $4^x=2^{x+1}+k$에서 $(2^x)^2-2\times2^x-k=0$

$2^x=t\ (t>0)$로 놓으면 주어진 방정식은

$t^2-2t-k=0$ ……㉠

이때 주어진 방정식이 서로 다른 두 실근을 가지려면 t에 대한 이차방정식 ㉠이 서로 다른 두 양의 실근을 가져야 한다.

└ (ⅰ) 판별식 $D>0$ (ⅱ) (두 근의 합)>0 (ⅲ) (두 근의 곱)>0

(ⅰ) 이차방정식 ㉠의 판별식을 D라 하면

$\dfrac{D}{4}=1+k>0$ ∴ $k>-1$

(ⅱ) (두 근의 합)$=2>0$이므로 항상 성립한다.

(ⅲ) (두 근의 곱)>0이므로

$-k>0$ ∴ $k<0$

(ⅰ), (ⅱ), (ⅲ)에서 $-1<k<0$

따라서 $p=-1$, $q=0$이므로 $p+q=-1$ **답 -1**

12 부등식 $(2^x-32)\left(\dfrac{1}{3^x}-27\right)>0$이 성립하려면

$\begin{cases} 2^x-32>0 \\ \dfrac{1}{3^x}-27>0 \end{cases}$ 또는 $\begin{cases} 2^x-32<0 \\ \dfrac{1}{3^x}-27<0 \end{cases}$

(i) $\begin{cases} 2^x - 32 > 0 & \cdots\cdots\ \bigcirc \\ \dfrac{1}{3^x} - 27 > 0 & \cdots\cdots\ \bigcirc\!\!\!\bigcirc \end{cases}$

$\bigcirc$에서 $2^x > 32$이므로 $2^x > 2^5$ $\therefore x > 5$

$\bigcirc\!\!\!\bigcirc$에서 $\left(\dfrac{1}{3}\right)^x > 27$이므로 $\left(\dfrac{1}{3}\right)^x > \left(\dfrac{1}{3}\right)^{-3}$ $\therefore x < -3$

$\bigcirc$, $\bigcirc\!\!\!\bigcirc$을 만족시키는 x의 값의 범위는 다음 그림과 같다.

즉, $\bigcirc$, $\bigcirc\!\!\!\bigcirc$을 동시에 만족시키는 x의 값은 없다.

(ii) $\begin{cases} 2^x - 32 < 0 & \cdots\cdots\ \bigcirc\!\!\!\!\bigcirc \\ \dfrac{1}{3^x} - 27 < 0 & \cdots\cdots\ \textcircled{e} \end{cases}$

$\bigcirc\!\!\!\!\bigcirc$에서 $2^x < 32$이므로 $2^x < 2^5$ $\therefore x < 5$

$\textcircled{e}$에서 $\left(\dfrac{1}{3}\right)^x < 27$이므로 $\left(\dfrac{1}{3}\right)^x < \left(\dfrac{1}{3}\right)^{-3}$ $\therefore x > -3$

$\bigcirc\!\!\!\!\bigcirc$, $\textcircled{e}$을 만족시키는 x의 값의 범위는 다음 그림과 같다.

즉, $\bigcirc\!\!\!\!\bigcirc$, $\textcircled{e}$을 동시에 만족시키는 x의 값의 범위는 $-3 < x < 5$

(i), (ii)에서 지수부등식 $(2^x - 32)\left(\dfrac{1}{3^x} - 27\right) > 0$을 만족시키는 x의 값의 범위는 $-3 < x < 5$이므로 정수 x는 -2, -1, 0, 1, 2, 3, 4의 7개이다. 답 ①

13 x에 대한 이차부등식 $x^2 - 2(2^a+1)x - 3(2^a-5) > 0$이 모든 실수 x에 대하여 성립하려면
$f(x) = x^2 - 2(2^a+1)x - 3(2^a-5)$
라 할 때, 이차함수 $y = f(x)$의 그래프가 오른쪽 그림과 같아야 한다.
즉, 이차방정식 $f(x) = 0$의 판별식을 D라 하면

$\dfrac{D}{4} = (2^a+1)^2 + 3(2^a-5) < 0$에서
$(2^a)^2 + 5 \times 2^a - 14 < 0$
이때 $2^a = t$ $(t > 0)$로 놓으면 $t^2 + 5t - 14 < 0$
$(t+7)(t-2) < 0$ $\therefore -7 < t < 2$
그런데 $t > 0$이므로 $0 < t < 2$에서 $0 < 2^a < 2^1$
(밑)$= 2 > 1$이므로 $a < 1$ 답 $a < 1$

14 집합 A의 방정식 $2^{x-2} = \dfrac{1}{2\sqrt{2}}$에서 $2^{x-2} = 2^{-\frac{3}{2}}$

이때 밑이 2로 같으므로 $x - 2 = -\dfrac{3}{2}$에서

$x = \dfrac{1}{2}$ $\therefore A = \left\{\dfrac{1}{2}\right\}$

한편, 집합 B의 부등식 $2^{x^2} < 2^{ax}$에서 (밑)$= 2 > 1$이므로
$x^2 < ax$ $\cdots\cdots\ \bigcirc$

이때 $A \cap B \neq \varnothing$이므로 $\dfrac{1}{2} \in B$이어야 한다.

즉, $x = \dfrac{1}{2}$을 $\bigcirc$에 대입하면 부등식이 성립해야 하므로

$\left(\dfrac{1}{2}\right)^2 < \dfrac{1}{2}a$에서 $\dfrac{1}{2}a > \dfrac{1}{4}$ $\therefore a > \dfrac{1}{2}$ 답 $a > \dfrac{1}{2}$

15 $n = C_d C_g 10^{\frac{4}{5}(x-9)}$에

$C_g = 2$, $C_d = \dfrac{1}{4}$, $x = a$, $n = \dfrac{1}{200}$을 대입하면

$\dfrac{1}{200} = \dfrac{1}{4} \times 2 \times 10^{\frac{4}{5}(a-9)}$

$10^{\frac{4}{5}(a-9)} = \dfrac{1}{100}$, $10^{\frac{4}{5}(a-9)} = 10^{-2}$

즉, $\dfrac{4}{5}(a-9) = -2$이므로 $a - 9 = -\dfrac{5}{2}$

$\therefore a = \dfrac{13}{2}$ 답 ④

STEP **2**	1등급을 위한 **최고의 변별력 문제**			pp. 28~31
01 ③	02 $\dfrac{3}{2}$	03 ④	04 16	05 2
06 ⑤	07 8	08 ③	09 ②	10 310
11 ③	12 ③	13 -6	14 3	15 $\dfrac{27}{64}$
16 ④	17 100	18 35	19 ④	20 7
21 ②	22 6	23 19	24 ⑤	25 -3
26 ③	27 36일	28 ④		

01 부등식 $\dfrac{1}{3} = \left(\dfrac{1}{3}\right)^1 < \left(\dfrac{1}{3}\right)^a < \left(\dfrac{1}{3}\right)^b < 1 = \left(\dfrac{1}{3}\right)^0$에서

(밑)$= \dfrac{1}{3} < 1$이므로 $0 < b < a < 1$

ㄱ. $0 < ($밑$) = a < 1$이므로 $y = a^x$에서 x의 값이 증가하면 y의 값은 감소한다. 즉, y의 값이 증가하면 x의 값은 감소한다.
따라서 임의의 두 실수 x_1, x_2에 대하여
$a^{x_1} < a^{x_2}$이면 $x_1 > x_2$이다. (참)

ㄴ. $a^x < b^x$에 $x = 1$을 대입하면 $a < b$ (거짓)

ㄷ. $0 < b < a < 1$일 때 두 함수 $y = a^x$, $y = b^x$의 그래프는 오른쪽 그림과 같으므로 $b^b < a^b$
또한, $0 < ($밑$) = b < 1$이고 $a > b$이므로
$b^a < b^b$ $\therefore b^a < b^b < a^b$ (참)

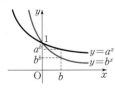

따라서 옳은 것은 ㄱ, ㄷ이다. 답 ③

02 오른쪽 그림에서 $\overline{AB}=2$이므로
점 A의 x좌표를 a라 하면 점 B
의 x좌표는 $a+2$이고, 두 점 A,
B의 y좌표는 같으므로
$9^a=3^{a+2}$
$3^{2a}=3^{a+2}$
밑이 3으로 같으므로
$2a=a+2$에서 $a=2$
$\therefore k=9^2=81$

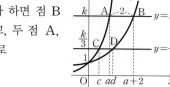

또한, 직선 $y=\dfrac{k}{3}=\dfrac{81}{3}$, 즉 $y=27$과 두 곡선이 만나는
두 점 C, D의 x좌표를 각각 c, d라 하면
$9^c=27$, $3^d=27$이므로 $3^{2c}=3^3$, $3^d=3^3$
밑이 3으로 같으므로
$2c=3$에서 $c=\dfrac{3}{2}$, $d=3$
$\therefore \overline{CD}=d-c=3-\dfrac{3}{2}=\dfrac{3}{2}$ 답 $\dfrac{3}{2}$

• 다른 풀이 •

두 점 A, B는 두 곡선 $y=9^x$, $y=3^x$과 직선 $y=k$가 만나
는 두 점이므로
$9^x=k$에서 $x=\log_9 k$, $3^x=k$에서 $x=\log_3 k$
$\therefore$ A$(\log_9 k,\ k)$, B$(\log_3 k,\ k)$
이때 두 점 A, B 사이의 거리가 2이므로
$\log_3 k-\log_9 k=2$, $\log_3 k-\log_{3^2} k=2$
$\log_3 k-\dfrac{1}{2}\log_3 k=2$, $\dfrac{1}{2}\log_3 k=2$
$\therefore \log_3 k=4$ ⋯⋯㉠

두 점 C, D는 두 곡선 $y=9^x$, $y=3^x$과 직선 $y=\dfrac{k}{3}$가 만
나는 두 점이므로
$9^x=\dfrac{k}{3}$에서 $x=\log_9 \dfrac{k}{3}$, $3^x=\dfrac{k}{3}$에서 $x=\log_3 \dfrac{k}{3}$
$\therefore$ C$\left(\log_9 \dfrac{k}{3},\ \dfrac{k}{3}\right)$, D$\left(\log_3 \dfrac{k}{3},\ \dfrac{k}{3}\right)$
따라서 두 점 C, D 사이의 거리는
$\log_3 \dfrac{k}{3}-\log_9 \dfrac{k}{3}=\log_3 \dfrac{k}{3}-\log_{3^2} \dfrac{k}{3}$
$=\log_3 \dfrac{k}{3}-\dfrac{1}{2}\log_3 \dfrac{k}{3}$
$=\dfrac{1}{2}\log_3 \dfrac{k}{3}=\dfrac{1}{2}(\log_3 k-1)$
$=\dfrac{1}{2}(4-1)\ (\because ㉠)=\dfrac{3}{2}$

03 $f(x)=a^x\ (a>1)$에 대하여
ㄱ. $2f(x)=15f(x+1)-f(x-1)$에서
$2a^x=15a^{x+1}-a^{x-1}$
$a^x>0$이므로 위의 식의 양변을 a^x으로 나누면
$2=15a-\dfrac{1}{a}$
$15a^2-2a-1=0\ (\because a>1)$

$(5a+1)(3a-1)=0$
$\therefore a=-\dfrac{1}{5}$ 또는 $a=\dfrac{1}{3}$
그런데 $a>1$이므로 조건을 만족시키는 a의 값이 존
재하지 않는다. (거짓)

ㄴ. $f(x)=a^x>0$, $f(-x)=a^{-x}>0$이므로 산술평균과
기하평균의 관계에 의하여
$a^x+a^{-x}\geq 2\sqrt{a^x\times a^{-x}}$ (단, 등호는 $x=0$일 때 성립)
$=2$ (참)

ㄷ. $f(|x|)-\dfrac{1}{2}\{f(x)+f(-x)\}$
$=a^{|x|}-\dfrac{1}{2}(a^x+a^{-x})$
$=a^{|x|}-\dfrac{1}{2}a^x-\dfrac{1}{2}a^{-x}$ ⋯⋯㉠
또한, $a>1$일 때 두 함수 $y=a^x$, $y=a^{-x}$의 그래프는
다음 그림과 같다.

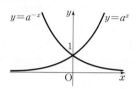

(i) $x\geq 0$일 때,
$a^{|x|}=a^x$이고, 위의 그림에서 $x\geq 0$일 때 함수
$y=a^x$의 그래프가 함수 $y=a^{-x}$의 그래프보다 위
쪽에 있으므로 $a^x\geq a^{-x}$
즉, ㉠에서
$a^x-\dfrac{1}{2}a^x-\dfrac{1}{2}a^{-x}=\dfrac{1}{2}a^x-\dfrac{1}{2}a^{-x}\geq 0$
$\therefore f(|x|)\geq \dfrac{1}{2}\{f(x)+f(-x)\}$

(ii) $x<0$일 때,
$a^{|x|}=a^{-x}$이고, 위의 그림에서 $x<0$일 때 함수
$y=a^{-x}$의 그래프가 함수 $y=a^x$의 그래프보다 위
쪽에 있으므로 $a^{-x}>a^x$
즉, ㉠에서
$a^{-x}-\dfrac{1}{2}a^x-\dfrac{1}{2}a^{-x}=\dfrac{1}{2}a^{-x}-\dfrac{1}{2}a^x>0$
$\therefore f(|x|)>\dfrac{1}{2}\{f(x)+f(-x)\}$

(i), (ii)에서 $f(|x|)\geq \dfrac{1}{2}\{f(x)+f(-x)\}$ (참)
따라서 옳은 것은 ㄴ, ㄷ이다.   답 ④

04 $y=\left(\dfrac{3}{2}\right)^{1-x}+4=\left(\dfrac{2}{3}\right)^{x-1}+4$이므로 이 함수의 그래프는
함수 $y=\left(\dfrac{2}{3}\right)^{x+1}$의 그래프를 x축의 방향으로 2만큼, y축
의 방향으로 4만큼 평행이동한 것이다.
두 곡선 $y=\left(\dfrac{2}{3}\right)^{x+1}$, $y=\left(\dfrac{3}{2}\right)^{1-x}+4$와 두 직선 $y=2x+3$,
$y=2x+11$의 네 교점을 A, B, C, D라 하고, 이 두 곡선
과 두 직선을 좌표평면 위에 나타내면 다음 그림과 같다.

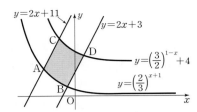

이때 두 점 A, B를 x축의 방향으로 2만큼, y축의 방향으로 4만큼 평행이동하면 각각 점 C, 점 D가 된다.

또한, 다음 그림과 같이 점 B를 지나고 x축과 평행한 직선을 l, 점 D를 지나고 x축과 평행한 직선을 m이라 하고 두 직선 l, $y=2x+11$의 교점을 E, 두 직선 m과 $y=2x+11$의 교점을 F라 하자.

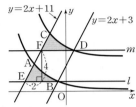

이때 점 E를 x축의 방향으로 2만큼, y축의 방향으로 4만큼 평행이동하면 점 F가 되므로 위의 그림에서 어두운 두 부분의 넓이는 같다.

즉, 두 곡선 $y=\left(\dfrac{2}{3}\right)^{x+1}$, $y=\left(\dfrac{3}{2}\right)^{1-x}+4$와 두 직선

$y=2x+3$, $y=2x+11$로 둘러싸인 도형의 넓이는 평행사변형 FEBD의 넓이와 같다.

이때 $y=2x+11=2(x+4)+3$이므로

직선 $y=2x+11$을 x축의 방향으로 4만큼 평행이동하면 직선 $y=2x+3$이 된다.

$\therefore \overline{EB}=4$

따라서 구하는 도형의 넓이는

$4 \times 4 = 16$ 　　　　　　　　　　　　　　　　답 16

BLACKLABEL 특강　참고

함수 $y=f(x)$의 그래프를 x축의 방향으로 a만큼, y축의 방향으로 b만큼 평행이동하면 함수 $y=g(x)$의 그래프가 될 때, 기울기가 $\dfrac{b}{a}$인 직선과 두 함수 $y=f(x)$, $y=g(x)$의 그래프의 교점도 같은 평행이동 관계에 있다.

05 함수 $f(x)=a^x$의 그래프를 x축의 방향으로 m만큼 평행이동한 그래프의 식은 $y=a^{x-m}$

이 그래프가 점 $(n, 8)$을 지나면

$8=a^{n-m}$ 　　$\cdots\cdots$ ㉠

또한, $y=a^{x-m}$의 y절편은 a^{-m}이므로 $b_n=a^{-m}$

위의 식을 ㉠에 대입하면 $8=a^n b_n$

$\therefore b_n=8 \times \left(\dfrac{1}{a}\right)^n$

$\therefore \log b_1 + \log b_2 + \log b_3 + \log b_4 + \log b_5$

$= \log (b_1 \times b_2 \times b_3 \times b_4 \times b_5)$

$= \log \left\{ 8^5 \times \left(\dfrac{1}{a}\right)^{1+2+3+4+5} \right\}$

$= \log \left\{ 2^{15} \times \left(\dfrac{1}{a}\right)^{15} \right\} = \log \left(\dfrac{2}{a}\right)^{15} = 0$

즉, $\left(\dfrac{2}{a}\right)^{15}=1$이므로 $\dfrac{2}{a}=1$ 　$\therefore a=2$ 　　답 2

06 주어진 함수 $y=-\left(\dfrac{1}{a}\right)^x$의 그래프를 x축에 대하여 대칭

이동하면 함수 $-y=-\left(\dfrac{1}{a}\right)^x$, 즉 $y=\left(\dfrac{1}{a}\right)^x$의 그래프이므로 주어진 함수 $y=-\left(\dfrac{1}{a}\right)^x$의 그래프와 함수 $y=\left(\dfrac{1}{a}\right)^x$의 그래프를 좌표평면 위에 나타내면 오른쪽 그림과 같다.

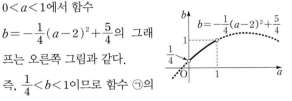

즉, 함수 $y=\left(\dfrac{1}{a}\right)^x$의 그래프는 x의 값이 증가할 때, y의 값도 증가하므로

$\dfrac{1}{a}>1$ 　$\therefore 0<a<1$ ($\because a>0$)

함수 $y=\left(-\dfrac{1}{4}a^2+a+\dfrac{1}{4}\right)^{x-1}-5$에서

$-\dfrac{1}{4}a^2+a+\dfrac{1}{4}=b$라 하면

$y=b^{x-1}-5$ 　　$\cdots\cdots$ ㉠

이때

$b=-\dfrac{1}{4}a^2+a+\dfrac{1}{4}=-\dfrac{1}{4}(a^2-4a+4)+\dfrac{5}{4}$

$=-\dfrac{1}{4}(a-2)^2+\dfrac{5}{4}$

$0<a<1$에서 함수 $b=-\dfrac{1}{4}(a-2)^2+\dfrac{5}{4}$의 그래프는 오른쪽 그림과 같다.

즉, $\dfrac{1}{4}<b<1$이므로 함수 ㉠의

그래프는 x의 값이 증가할 때 y의 값은 감소하고, $y=b^x$의 그래프를 x축의 방향으로 1만큼, y축의 방향으로 -5만큼 평행이동한 것이다.

또한, ㉠에 $x=0$을 대입하면

$y=b^{-1}-5=\dfrac{1}{b}-5$

이때 $\dfrac{1}{4}<b<1$에서 $1<\dfrac{1}{b}<4$이므로

$-4<\dfrac{1}{b}-5<-1$

따라서 함수 ㉠의 그래프의 y절편은 -4보다 크고 -1보다 작은 값이므로 개형으로 알맞은 것은 ⑤이다. 　답 ⑤

07 곡선 $y=2^x$을 y축에 대하여 대칭이동한 곡선은 $y=2^{-x}$이고, 점 B$(0, 1)$은 직선 $y=x+1$ 위에 있으므로 곡선 $y=2^{-x}$은 직선 $y=x+1$과 점 B에서 만난다.

곡선 $y=2^{-x}$을 x축의 방향으로 $\dfrac{1}{4}$만큼, y축의 방향으로 $\dfrac{1}{4}$만큼 평행이동한 곡선이 $y=f(x)$이므로 두 곡선 $y=2^{-x}$, $y=f(x)$와 직선 $y=x+1$을 좌표평면 위에 나타내면 다음 그림과 같다.

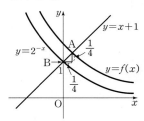

즉, 점 B를 x축의 방향으로 $\dfrac{1}{4}$만큼, y축의 방향으로 $\dfrac{1}{4}$만큼 평행이동하면 점 A가 되므로 B$(0,\ 1)$, A$\left(\dfrac{1}{4},\ \dfrac{5}{4}\right)$

$\therefore k=\overline{\text{AB}}=\sqrt{\left(\dfrac{1}{4}\right)^2+\left(\dfrac{1}{4}\right)^2}=\sqrt{\dfrac{1}{16}+\dfrac{1}{16}}=\sqrt{\dfrac{1}{8}}$

$\therefore \dfrac{1}{k^2}=8$

답 8

08 ㄱ. $a>0$일 때, $f(a)=3^a>1$

$b<0$일 때, $g(b)=\left(\dfrac{1}{2}\right)^b=2^{-b}>1$

이때 $a>0$, $b<0$인 두 점 $(a,\ f(a))$, $(b,\ g(b))$를 지나는 직선의 y절편은 항상 $f(a)$와 $g(b)$ 사이에 존재하므로 1보다 크다. (참)

ㄴ. 직선 l이 y축과 평행하므로 $a=b$이고,

$a>0$이므로

$f(a)+g(b)=f(a)+g(a)$

$=3^a+\left(\dfrac{1}{2}\right)^a$

$>2^a+\left(\dfrac{1}{2}\right)^a$ 〔$2^a>0$, $\left(\dfrac{1}{2}\right)^a>0$이므로 산술평균과 기하평균의 관계를 이용한다. 이때 $a>0$이므로 등호는 성립하지 않는다.〕

$>2\sqrt{2^a\times\left(\dfrac{1}{2}\right)^a}$

$=2$

$\therefore \dfrac{f(a)+g(b)}{2}>1$ (참)

ㄷ. 직선 l이 x축과 평행하므로 직선 l의 방정식을 $y=m$ $(m\neq1)$이라 하면 두 함수 $y=f(x)$, $y=g(x)$에 대하여 〔$\because a\neq b$〕

(i) $m>1$일 때,

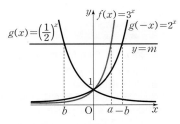

위의 그림에서 $b<0<a$이고,

$3^a=\left(\dfrac{1}{2}\right)^b=m$이므로 $3^a=2^{-b}$에서 $a<-b$

$\therefore a+b<0$

(ii) $m<1$일 때,

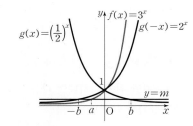

위의 그림에서 $a<0<b$이고,

$3^a=\left(\dfrac{1}{2}\right)^b=m$이므로

$3^{-a}=2^b$에서 $-a<b$

$\therefore a+b>0$

(i), (ii)에서 항상 $a+b<0$인 것은 아니다. (거짓)

따라서 옳은 것은 ㄱ, ㄴ이다.

답 ③

> **BLACKLABEL 특강** | **풀이 첨삭**
>
> ㄱ. $g(b)<f(a)$라 하면 직선 l은 다음 그림과 같다.
>
>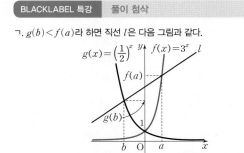
>
> 이때 직선 l의 y절편은 $g(b)$보다 크고 $f(a)$보다 작은 값이다. $f(a)<g(b)$일 때도 같은 방법으로 직선 l을 그려보면 y절편이 $f(a)$보다 크고 $g(b)$보다 작은 값이다.

09 $f(x)=|9^x-3|$, $g(x)=2^{x+k}$이라 하면 두 함수 $y=f(x)$, $y=g(x)$의 그래프는 다음 그림과 같이 서로 다른 두 점에서 만난다.

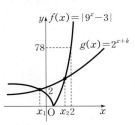

$x_1<0$이므로 $f(0)<g(0)$

$\therefore 2<2^k$ ……㉠

또한, $0<x_2<2$이므로 $f(2)>g(2)$에서

$78>2^{2+k}$, $2^k<\dfrac{78}{4}$

$\therefore 2^k<\dfrac{39}{2}$ ……㉡

㉠, ㉡에서 $2<2^k<\dfrac{39}{2}$

이때 $2^4=16<\dfrac{39}{2}<2^5=32$이므로 조건을 만족시키는 자연수 k는 2, 3, 4이다.

따라서 구하는 모든 자연수 k의 값의 합은

$2+3+4=9$ 답 ②

10 두 곡선 $y=3^x$, $y=\left(\dfrac{1}{3}\right)^{x-6}$과 y축으로 둘러싸인 영역 A를 좌표평면 위에 나타내면 다음 그림의 어두운 부분(경계선 제외)과 같다.

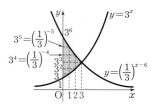

이때 두 곡선의 교점의 x좌표는 방정식 $3^x=\left(\dfrac{1}{3}\right)^{x-6}$, 즉

$3^x=3^{-x+6}$의 근과 같다.

밑이 3으로 같으므로

$x=-x+6, 2x=6$ ∴ $x=3$

따라서 두 곡선의 교점의 좌표는 $(3, 3^3)$이므로 자연수 a의 값으로 가능한 것은 1 또는 2이다.

(ⅰ) $a=1$일 때,

$3<b<3^5$이므로 b의 개수는

$3^5-3-1=243-3-1=239$

(ⅱ) $a=2$일 때,

$3^2<b<3^4$이므로 b의 개수는

$3^4-3^2-1=81-9-1=71$

(ⅰ), (ⅱ)에서 영역 A의 내부에 속하는 점 (a, b)의 개수는

$239+71=310$ 답 310

11 ㄱ. 곡선 $y=f(x)$와 직선 $y=x$는 점 $(1, 1)$에서 만나므로 오른쪽 그림에서 $0<a<1$이면 $f(a)<a$이다. (참)

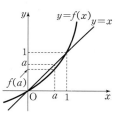

ㄴ. 곡선 $y=f(x)$ 위의 두 점 $A(a, f(a))$, $B(b, f(b))$ $(0<a<b)$에 대하여 직선 AB의 기울기는

$\dfrac{f(b)-f(a)}{b-a}=\dfrac{2^b-1-(2^a-1)}{b-a}=\dfrac{2^b-2^a}{b-a}$

$0<a<b<1$일 때 오른쪽 그림에서 두 점 A, B를 지나는 직선의 기울기는 직선 $y=x$의 기울기 1보다 작으므로

$\dfrac{2^b-2^a}{b-a}<1$

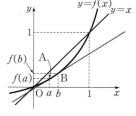

∴ $b-a>2^b-2^a$ (거짓)

ㄷ. $0<a<b$일 때 오른쪽 그림에서 원점 O에 대하여

(직선 OA의 기울기)

$<$(직선 OB의 기울기)

이므로

$\dfrac{2^a-1}{a}<\dfrac{2^b-1}{b}$

∴ $b(2^a-1)<a(2^b-1)$ (참)

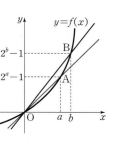

따라서 옳은 것은 ㄱ, ㄷ이다. 답 ③

12 $g(x)=2^x$, $h(x)=\left(\dfrac{1}{4}\right)^{x+a}-\left(\dfrac{1}{4}\right)^{3+a}+8$이라 하면

곡선 $y=g(x)$의 점근선의 방정식은 $y=0$이고, 곡선 $y=h(x)$의 점근선의 방정식은 $y=-\left(\dfrac{1}{4}\right)^{3+a}+8$이다.

따라서 $y=f(x)$의 그래프를 좌표평면 위에 나타내면 다음 그림과 같다.

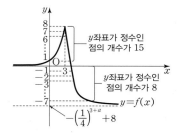

$g(3)=2^3=8$이므로 $x<3$에서 y좌표가 정수인 점의 개수는 7이다.

이때 곡선 $y=f(x)$ 위의 점 중에서 y좌표가 정수인 점의 개수가 23이므로 $x\geq3$에서 y좌표가 정수인 점의 개수는 16이다.

또한, $h(3)=8$이므로 $x\geq3$, $y>0$에서 y좌표가 정수인 점의 개수가 8이다.

따라서 $y\leq0$에서 y좌표가 정수인 점의 개수는 8이므로 $-\left(\dfrac{1}{4}\right)^{3+a}+8$의 값은 -8보다 크거나 같고 -7보다 작아야 한다.

즉, $-8\leq-\left(\dfrac{1}{4}\right)^{3+a}+8<-7$에서

$15<\left(\dfrac{1}{4}\right)^{3+a}\leq16$, $4^1<15<4^{-3-a}\leq4^2$

(밑)$=4>1$이므로

$1<-3-a\leq2$ ∴ $-5\leq a<-4$

그러므로 구하는 정수 a의 값은 -5이다. 답 ③

BLACKLABEL 특강 　필수 개념

지수함수 $y=a^{x-m}+n$ $(a>0, a\neq1)$의 그래프

지수함수 $y=a^x$의 그래프를 x축의 방향으로 m만큼, y축의 방향으로 n만큼 평행이동한 것이다.

(1) 정의역은 실수 전체의 집합이고, 치역은 $\{y|y>n\}$이다.

(2) 직선 $y=n$을 점근선으로 갖는다.

(3) a의 값에 관계없이 항상 점 $(m, 1+n)$을 지난다.

13 오른쪽 그림과 같이 두 곡선 $y=a^{x+2}$, $y=a^x+b$가 직선 $3x+y-4=0$과 만나는 점을 각각 P, Q. 두 점 P, Q의 x 좌표를 각각 p, q라 하면 P(p, $-3p+4$),

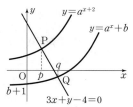

Q(q, $-3q+4$)

즉, $a>1$이고 $p<q$이다. _{두 곡선 $y=a^{x+2}$, $y=a^x+b$가 직선 $3x+y-4=0$ 과 한 점에서 만나므로}

또한, 두 점 P, Q는 각각 두 곡선 $y=a^{x+2}$, $y=a^x+b$ 위의 점이므로

$a^{p+2}=-3p+4$ ······㉠

$a^q+b=-3q+4$ ······㉡

한편, 두 점 P, Q 사이의 거리가 $2\sqrt{10}$으로 일정하므로

$\sqrt{(q-p)^2+\{(-3q+4)-(-3p+4)\}^2}=2\sqrt{10}$

$\sqrt{(q-p)^2+9(q-p)^2}=2\sqrt{10}$

$|q-p|\sqrt{10}=2\sqrt{10}$, $|q-p|=2$

$\therefore q-p=2$ ($\because p<q$)

즉, $q=p+2$이므로 이 식을 ㉡에 대입하면

$a^{p+2}+b=-3(p+2)+4$

$\therefore a^{p+2}+b=-3p-2$

위의 식에 ㉠을 대입하면

$-3p+4+b=-3p-2$, $4+b=-2$

$\therefore b=-6$ 답 -6

14 점 A의 x좌표는 a이고, 점 A는 곡선 $y=2^x$ 위에 있으므로

A(a, 2^a) $\therefore b=2^a$

점 B의 y좌표는 점 A의 y좌표와 같고, 점 B는 곡선 $y=4^x$ 위에 있으므로 점 B의 x좌표는

$4^x=2^a$에서 $2^{2x}=2^a$ $\therefore x=\dfrac{a}{2}$

$\therefore$ B$\left(\dfrac{a}{2}, 2^a\right)$

점 C의 x좌표는 a이고, 점 C는 곡선 $y=4^x$ 위에 있으므로

C(a, 4^a)

이때 삼각형 ABC의 넓이가 42이므로

$\dfrac{1}{2}\times\left(a-\dfrac{a}{2}\right)\times(4^a-2^a)=42$, $\dfrac{a}{4}(4^a-2^a)=42$

$\therefore a(4^a-2^a)=168$

$\qquad\qquad\quad =2^3\times3\times7$

$\qquad\qquad\quad =3\times(4^3-2^3)$

따라서 조건을 만족시키는 자연수 a의 값은 3이다.   답 3

_{자연수라는 조건 없이도 삼각형 ABC의 넓이가 42가 되도록 하는 실수 a의 값은 3뿐이다.}

15 오른쪽 그림과 같이 x축 위에 있는 직사각형 A의 두 꼭짓점의 좌표를 각각 $(a, 0)$, $(a+3, 0)$이라 하면 직사각형 A의 가로, 세

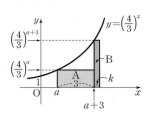

로의 길이는 각각 3, $\left(\dfrac{4}{3}\right)^a$이고, 직사각형 B의 세로의 길이는 $\left(\dfrac{4}{3}\right)^{a+3}$이다.

이때 직사각형 B의 가로의 길이를 k라 하고, 두 직사각형 A, B의 넓이를 각각 S_A, S_B라 하면

$S_A=3\times\left(\dfrac{4}{3}\right)^a$, $S_B=k\times\left(\dfrac{4}{3}\right)^{a+3}$

이므로 $3S_B=S_A$에서

$3\times k\times\left(\dfrac{4}{3}\right)^{a+3}=3\times\left(\dfrac{4}{3}\right)^a$

$k\times\left(\dfrac{4}{3}\right)^3=1$

$\therefore k=\left(\dfrac{3}{4}\right)^3=\dfrac{27}{64}$

따라서 직사각형 B의 가로의 길이는 $\dfrac{27}{64}$이다.   답 $\dfrac{27}{64}$

단계	채점 기준	배점
(가)	x축 위에 있는 직사각형 A의 두 꼭짓점의 x좌표를 각각 a, $a+3$으로 놓고 직사각형 A의 넓이를 구한 경우	40%
(나)	직사각형 B의 가로의 길이를 k로 놓고 직사각형 B의 넓이를 구한 경우	30%
(다)	직사각형 A의 넓이가 직사각형 B의 넓이의 3배임을 이용하여 직사각형 B의 가로의 길이를 구한 경우	30%

16 $y=9^x-2\times3^{x+1}+7$

$\quad=(3^x)^2-6\times3^x+7$

에서 $3^x=t$ ($t>0$)로 놓으면 주어진 함수는

$y=t^2-6t+7=(t-3)^2-2$

이때 $\log_3\dfrac{1}{2}\leq x\leq1$이므로

$\dfrac{1}{2}\leq3^x\leq3$ $\therefore \dfrac{1}{2}\leq t\leq3$

따라서 $\dfrac{1}{2}\leq t\leq3$에서 함수

$y=(t-3)^2-2$의 그래프는 오른쪽 그림과 같으므로 $y=(t-3)^2-2$는

$t=\dfrac{1}{2}$일 때 최댓값 $\dfrac{17}{4}$을 갖고,

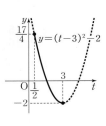

$t=3$일 때 최솟값 -2를 갖는다.

즉, $M=\dfrac{17}{4}$, $m=-2$이므로

$M+m=\dfrac{17}{4}-2=\dfrac{9}{4}$ 답 ④

17 $y=2^{-|x-1|+1}$

$\quad=\begin{cases}2^x & (x<1)\\2^{-x+2} & (x\geq1)\end{cases}$

이므로 함수 $y=2^{-|x-1|+1}$의 그래프는 다음 그림과 같다.

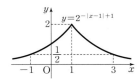

(i) $a<1$일 때,

$-1\leq x\leq a$에서

최댓값은 $x=a$일 때, $M=2^a$

최솟값은 $x=-1$일 때, $m=2^{-1}=\dfrac{1}{2}$

$M+m=\dfrac{33}{16}$에서 $2^a+\dfrac{1}{2}=\dfrac{33}{16}$

$2^a=\dfrac{25}{16}$ $\therefore a=\log_2\dfrac{25}{16}$

(ii) $1\leq a\leq 3$일 때,

$-1\leq x\leq a$에서

최댓값은 $x=1$일 때, $M=2$

최솟값은 $x=-1$일 때, $m=2^{-1}=\dfrac{1}{2}$

$M+m=2+\dfrac{1}{2}=\dfrac{5}{2}$이므로 조건을 만족시키는 a의

값은 존재하지 않는다.

(iii) $a>3$일 때,

$-1\leq x\leq a$에서

최댓값은 $x=1$일 때, $M=2$

최솟값은 $x=a$일 때, $m=2^{-a+2}$

$M+m=\dfrac{33}{16}$에서 $2+2^{-a+2}=\dfrac{33}{16}$

$2^{-a+2}=\dfrac{1}{16}$, $2^{-a+2}=2^{-4}$

밑이 2로 같으므로

$-a+2=-4$ $\therefore a=6$

(i), (ii), (iii)에서 $a=\log_2\dfrac{25}{16}$ 또는 $a=6$이므로

$k=\log_2\dfrac{25}{16}+6$

$\quad=\log_2\dfrac{25}{16}+\log_2 2^6=\log_2\left(\dfrac{25}{16}\times 2^6\right)$

$\quad=\log_2(25\times 4)=\log_2 100$

$\therefore 2^k=2^{\log_2 100}=100^{\log_2 2}=100$　　　　답 100

18 색칠된 도형의 넓이 S는 두 삼각형 ABC, ABD의 넓이
의 차와 같으므로

$S=(\triangle ABC$의 넓이$)-(\triangle ABD$의 넓이$)$

$\quad=\dfrac{1}{2}\times\overline{AB}\times($두 삼각형의 높이의 차$)$

$\quad=\dfrac{1}{2}\times\overline{AB}\times\overline{CD}=\dfrac{1}{2}\times(b-a)\times\overline{CD}$　……㉠

이때 S가 최댓값을 가지려면 선분 CD의 길이가 최대이
어야 한다.

$C(t,\ 2-2^{t-1})$, $D\left(t,\ \dfrac{2^t+2^{-t}}{2}\right)$이므로

$\overline{CD}=2-2^{t-1}-\dfrac{2^t+2^{-t}}{2}$

$\quad=2-2^{t-1}-2^{t-1}-2^{-t-1}$

$\quad=2-2^t-2^{-t-1}$

$\quad=2-(2^t+2^{-t-1})$

$2^t>0$, $2^{-t-1}>0$이므로 산술평균과 기하평균의 관계에
의하여

$2^t+2^{-t-1}\geq 2\sqrt{2^t\times 2^{-t-1}}$ $\left($단, 등호는 $t=-\dfrac{1}{2}$일 때 성립$\right)$

$\qquad\qquad=2\sqrt{\dfrac{1}{2}}=\sqrt{2}$

$\therefore \overline{CD}=2-(2^t+2^{-t-1})\leq 2-\sqrt{2}$

즉, 선분 CD의 길이의 최댓값이 $2-\sqrt{2}$이므로 ㉠에서 구
하는 넓이 S의 최댓값은

$\dfrac{1}{2}(b-a)(2-\sqrt{2})=k(b-a)$

따라서 $k=\dfrac{2-\sqrt{2}}{2}=1-\dfrac{\sqrt{2}}{2}$이므로

$70(k-1)^2=70\times\left(-\dfrac{\sqrt{2}}{2}\right)^2$

$\qquad\qquad=70\times\dfrac{1}{2}=35$　　　　답 35

19 해결단계

❶ 단계	$0<a<1$일 때, $-1\leq x\leq 2$에서의 두 함수 $y=f(g(x))$, $y=g(f(x))$의 최댓값을 각각 구한 후, 이 값이 같도록 하는 a의 값을 구한다.
❷ 단계	$a>1$일 때, $-1\leq x\leq 2$에서의 두 함수 $y=f(g(x))$, $y=g(f(x))$의 최댓값을 각각 구한 후, 이 값이 같도록 하는 a의 값을 구한다.
❸ 단계	❶, ❷단계에서 구한 a의 값을 이용하여 α, β의 값을 각각 구한 후, $\log_5\dfrac{\beta}{a}$의 값을 구한다.

$f(x)=-2x^2+4x+3$, $g(x)=a^x$이므로

$f(g(x))=-2a^{2x}+4a^x+3$

$g(f(x))=a^{-2x^2+4x+3}$

(i) $0<a<1$일 때,

$f(g(x))=-2(a^x)^2+4a^x+3$에서 $a^x=t$ $(t>0)$로
놓으면

$-1\leq x\leq 2$에서 $a^2\leq t\leq\dfrac{1}{a}$이고 $y=f(g(x))$에서

$y=-2t^2+4t+3$

$\quad=-2(t^2-2t+1)+5$

$\quad=-2(t-1)^2+5$

이때 $0<a^2<1$, $\dfrac{1}{a}>1$이므

로 함수 $y=-2(t-1)^2+5$

의 그래프는 오른쪽 그림과

같고, 함수 $y=f(g(x))$의

최댓값은 $t=1$, 즉 $x=0$일

때 5이다.

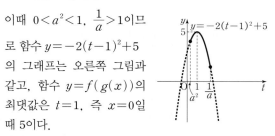

한편,

$g(f(x))=a^{-2x^2+4x+3}$

$\qquad\quad=a^{-2(x-1)^2+5}$

에서 $0<a<1$이므로 지수인 $-2(x-1)^2+5$가 최솟값을 가질 때, 함수 $y=g(f(x))$가 최댓값을 갖는다.

이때 $-1\leq x\leq2$에서 함수 $y=-2(x-1)^2+5$의 그래프가 오른쪽 그림과 같으므로 최솟값은 $x=-1$일 때 -3이고, 함수 $y=g(f(x))$의 최댓값은 a^{-3}이다.

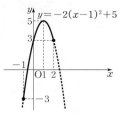

두 함수 $y=f(g(x))$, $y=g(f(x))$의 최댓값이 같아야 하므로

$a^{-3}=5$ $\therefore a=5^{-\frac{1}{3}}$

(ii) $a>1$일 때,

$f(g(x))=-2(a^x)^2+4a^x+3$에서 $a^x=t\ (t>0)$로 놓으면

$-1\leq x\leq2$에서 $\dfrac{1}{a}\leq t\leq a^2$이고 $y=f(g(x))$에서

$\begin{aligned} y&=-2t^2+4t+3 \\ &=-2(t^2-2t+1)+5 \\ &=-2(t-1)^2+5 \end{aligned}$

이때 $0<\dfrac{1}{a}<1$, $a^2>1$이므로 함수 $y=-2(t-1)^2+5$의 그래프는 오른쪽 그림과 같고, 함수 $y=f(g(x))$의 최댓값은 $t=1$, 즉 $x=0$일 때 5이다.

한편,

$\begin{aligned} g(f(x))&=a^{-2x^2+4x+3} \\ &=a^{-2(x-1)^2+5} \end{aligned}$

에서 $a>1$이므로 지수인 $-2(x-1)^2+5$가 최댓값을 가질 때, 함수 $y=g(f(x))$가 최댓값을 갖는다.

이때 $-1\leq x\leq2$에서 함수 $y=-2(x-1)^2+5$의 그래프가 오른쪽 그림과 같으므로 최댓값은 $x=1$일 때 5이고, 함수 $y=g(f(x))$의 최댓값은 a^5이다.

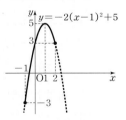

두 함수 $y=f(g(x))$, $y=g(f(x))$의 최댓값이 같아야 하므로

$a^5=5$ $\therefore a=5^{\frac{1}{5}}$

(i), (ii)에서 조건을 만족시키는 a의 값은 $5^{-\frac{1}{3}}$, $5^{\frac{1}{5}}$이므로

$a=5^{-\frac{1}{3}}$, $\beta=5^{\frac{1}{5}}$ $(\because a<\beta)$

$\begin{aligned} \therefore \log_5\dfrac{\beta}{a} &=\log_5\dfrac{5^{\frac{1}{5}}}{5^{-\frac{1}{3}}} \\ &=\log_5 5^{\frac{1}{5}-\left(-\frac{1}{3}\right)} \\ &=\log_5 5^{\frac{8}{15}}=\dfrac{8}{15} \end{aligned}$

답 ④

20 $3^x-3^{-x}=t$로 놓으면

$9^x+9^{-x}=t^2+2$이므로

$9^x+9^{-x}+2a(3^x-3^{-x})+5=0$에서

$t^2+2+2at+5=0$

$\therefore t^2+2at+7=0$

주어진 지수방정식이 실근을 가지므로 t에 대한 이차방정식 $t^2+2at+7=0$도 실근을 가져야 한다.

이 이차방정식의 판별식을 D라 하면

$\dfrac{D}{4}=a^2-7\geq0$에서 $a^2\geq7$

$\therefore a\geq\sqrt{7}\ (\because a>0)$

따라서 조건을 만족시키는 양수 a의 최솟값 m이 $\sqrt{7}$이므로

$m^2=7$

답 7

21 방정식 $|2^{x+1}-5|=k+2$의 실근은 $|2^{x+1}-5|-2=k$의 실근과 같으므로 구하는 실근의 개수는 함수 $y=|2^{x+1}-5|-2$의 그래프와 직선 $y=k$의 교점의 개수와 같다.

$f(x)=|2^{x+1}-5|-2$라 하고 함수 $y=f(x)$의 그래프를 좌표평면 위에 나타내면 다음 그림과 같다.

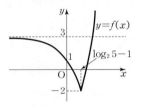

즉, 함수 $y=f(x)$의 그래프와 직선 $y=k$의 교점의 개수가 2가 되도록 하는 k의 값의 범위는

$-2<k<3$

따라서 조건을 만족시키는 모든 정수 k의 값의 합은

$-1+0+1+2=2$

답 ②

22 $\begin{cases} 81^{2x}+81^{2y}=36 \\ 81^{x+y}=9\sqrt{3} \end{cases}$에서

$81^{2x}=X\ (X>0)$, $81^{2y}=Y\ (Y>0)$로 놓으면

$\begin{cases} X+Y=36 \\ \sqrt{XY}=9\sqrt{3} \end{cases}$, 즉 $\begin{cases} X+Y=36 \\ XY=243 \end{cases}$

이차방정식의 근과 계수의 관계에 의하여 X, Y는 이차방정식 $t^2-36t+243=0$의 두 근이므로

$(t-9)(t-27)=0$

$t=9$ 또는 $t=27$

$\therefore X=9, Y=27$ 또는 $X=27, Y=9$

(i) $X=9, Y=27$일 때,

$81^{2x}=9$, $81^{2y}=27$이므로

$(3^4)^{2x}=3^2$, $(3^4)^{2y}=3^3$

$3^{8x}=3^2$, $3^{8y}=3^3$

밑이 3으로 같으므로 $8x=2$, $8y=3$

$\therefore x=\dfrac{1}{4}, y=\dfrac{3}{8}$

(ii) $X=27$, $Y=9$일 때,

$81^{2x}=27$, $81^{2y}=9$이므로

$(3^4)^{2x}=3^3$, $(3^4)^{2y}=3^2$

$3^{8x}=3^3$, $3^{8y}=3^2$

밑이 3으로 같으므로 $8x=3$, $8y=2$

$\therefore x=\dfrac{3}{8}$, $y=\dfrac{1}{4}$

(i), (ii)에서 $A=xy=\dfrac{3}{32}$이므로

$64A=64\times\dfrac{3}{32}=6$ 　　　　　　　　　　　답 6

23 $25^x-2(a+4)5^x-3a^2+24a=0$에서

$(5^x)^2-2(a+4)5^x-3a^2+24a=0$

$5^x=t$ $(t>0)$로 놓으면

$t^2-2(a+4)t-3a^2+24a=0$ 　　……㉠

x가 양수일 때, $t>1$이므로 주어진 방정식의 서로 다른 두 근이 모두 양수가 되려면 t에 대한 이차방정식 ㉠의 서로 다른 두 실근은 모두 1보다 커야 한다.

즉,

$f(t)=t^2-2(a+4)t-3a^2+24a$

라 하면 이차함수 $y=f(t)$의 그래프가 오른쪽 그림과 같아야 한다.

(i) 이차방정식 $f(t)=0$의 판별식을 D라 하면

$\dfrac{D}{4}=(a+4)^2-(-3a^2+24a)>0$에서

$a^2+8a+16+3a^2-24a>0$

$4a^2-16a+16>0$

$4(a-2)^2>0$ 　　$\therefore a\neq2$인 실수

(ii) $f(1)>0$에서 $1-2(a+4)-3a^2+24a>0$

$3a^2-22a+7<0$, $(3a-1)(a-7)<0$

$\therefore \dfrac{1}{3}<a<7$

(iii) 함수 $y=f(t)$의 그래프의 대칭축은 직선 $t=a+4$이므로 $a+4>1$이어야 한다.

$\therefore a>-3$

(i), (ii), (iii)에서

$\dfrac{1}{3}<a<2$ 또는 $2<a<7$

따라서 조건을 만족시키는 정수 a는 1, 3, 4, 5, 6이므로 그 합은

$1+3+4+5+6=19$ 　　　　　　　　　　답 19

• 다른 풀이 •

$25^x-2(a+4)5^x-3a^2+24a=0$에서

$(5^x)^2-2(a+4)5^x-3a^2+24a=0$

$5^x=t$ $(t>0)$로 놓으면

$t^2-2(a+4)t-3a(a-8)=0$

$(t-3a)(t+a-8)=0$

$\therefore t=3a$ 또는 $t=-a+8$

이때 주어진 방정식의 서로 다른 두 근이 양수이므로

$3a>1$에서 $a>\dfrac{1}{3}$ 　　　　　　　　……㉡

$-a+8>1$에서 $a<7$ 　　　　　　　　……㉢

또한, 두 근이 서로 달라야 하므로

$3a\neq-a+8$, $4a\neq8$ 　　$\therefore a\neq2$ 　……㉣

㉡, ㉢, ㉣에서

$\dfrac{1}{3}<a<2$ 또는 $2<a<7$

따라서 조건을 만족시키는 정수 a는 1, 3, 4, 5, 6이므로 구하는 합은

$1+3+4+5+6=19$

> **BLACKLABEL 특강** 　필수 개념
>
> **이차방정식의 근의 분리**
>
> 이차방정식 $ax^2+bx+c=0$ $(a>0)$의 판별식을 $D=b^2-4ac$라 하고 $f(x)=ax^2+bx+c$라 하면
>
> (1) 두 근이 모두 p보다 클 때,
>
> $D\geq0$, $f(p)>0$, $-\dfrac{b}{2a}>p$
>
> (2) 두 근이 모두 p보다 작을 때,
>
> $D\geq0$, $f(p)>0$, $-\dfrac{b}{2a}<p$
>
> (3) 두 근 사이에 p가 있을 때,
>
> $f(p)<0$
>
> (4) 두 근이 p, q $(p<q)$ 사이에 있을 때,
>
> $D\geq0$, $f(p)>0$, $f(q)>0$, $p<-\dfrac{b}{2a}<q$

24 $\left(\dfrac{1}{2}\right)^{x-3}+\left(\dfrac{1}{4}\right)^{x-2}+2-k>0$에서

$\left(\dfrac{1}{2}\right)^x\times\left(\dfrac{1}{2}\right)^{-3}+\left(\dfrac{1}{4}\right)^x\times\left(\dfrac{1}{4}\right)^{-2}+2-k>0$

$8\times\left(\dfrac{1}{2}\right)^x+16\times\left\{\left(\dfrac{1}{2}\right)^x\right\}^2+2-k>0$

$\left(\dfrac{1}{2}\right)^x=t$ $(t>0)$로 놓으면

$16t^2+8t+2-k>0$ 　　……㉠

$f(t)=16t^2+8t+2-k$

$\quad=16\left(t+\dfrac{1}{4}\right)^2+1-k$

라 하면 $t>0$일 때, 이차부등식 ㉠이 항상 성립해야 하므로 함수 $y=f(t)$의 그래프가 오른쪽 그림과 같아야 한다.

$f(0)=2-k\geq0$

$\therefore k\leq2$

따라서 구하는 실수 k의 최댓값은 2이다. 　　답 ⑤

25 $A=\{x\,|\,x^{2(x-2)^2}\leq x^{5-x}\}$에서

(i) $x=1$일 때,

(좌변)$=1^{2(1-2)^2}=1^2=1$,

(우변)$=1^{5-1}=1^4=1$이므로 $1\in A$

(ii) $0<x<1$일 때,

$x^{2(x-2)^2}\le x^{5-x}$에서 $2(x-2)^2\ge 5-x$

$2x^2-8x+8\ge 5-x$

$2x^2-7x+3\ge 0$, $(2x-1)(x-3)\ge 0$

$\therefore x\le\dfrac{1}{2}$ 또는 $x\ge 3$

그런데 $0<x<1$이므로 $0<x\le\dfrac{1}{2}$

(iii) $x>1$일 때,

$x^{2(x-2)^2}\le x^{5-x}$에서 $2(x-2)^2\le 5-x$

$2x^2-7x+3\le 0$, $(2x-1)(x-3)\le 0$

$\therefore \dfrac{1}{2}\le x\le 3$

그런데 $x>1$이므로 $1<x\le 3$

(i), (ii), (iii)에서 조건을 만족시키는 x의 값의 범위는

$0<x\le\dfrac{1}{2}$ 또는 $1\le x\le 3$이므로

$A=\left\{x\,\middle|\,0<x\le\dfrac{1}{2}\ \text{또는}\ 1\le x\le 3\right\}$

한편, $A\cap B=A$, 즉 $A\subset B$이어야 하므로 부등식

$x^2+ax+b\le 0$의 해의 집합은 집합 A를 포함해야 한다.

$x^2+ax+b=(x-\alpha)(x-\beta)\ (\alpha<\beta)$라 하면

$x^2+ax+b\le 0$에서 $(x-\alpha)(x-\beta)\le 0$

$\therefore \alpha\le x\le\beta$

즉, $B=\{x\,|\,\alpha\le x\le\beta\}$이고, $A\subset B$이어야 하므로 두 집합

A, B를 수직선 위에 나타내면 다음 그림과 같아야 한다.

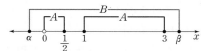

$\therefore \alpha\le 0$, $\beta\ge 3$ ······㉠

이때

$x^2+ax+b=(x-\alpha)(x-\beta)$

$\qquad\qquad\quad =x^2-(\alpha+\beta)x+\alpha\beta$

에서 $a=-\alpha-\beta$, $b=\alpha\beta$이므로

$a+b=\alpha\beta-\alpha-\beta=(\alpha-1)(\beta-1)-1$

㉠에서 $\alpha-1\le -1$, $\beta-1\ge 2$이므로

$(\alpha-1)(\beta-1)\le -2$

$(\alpha-1)(\beta-1)-1\le -3$

$\therefore a+b\le -3$

따라서 $a+b$의 최댓값은 -3이다. 답 -3

26 ㄱ. 조건 ㈏에서 $f(x+y)=f(x)+f(y)$의 양변에

$x=y=0$을 대입하면

$f(0)=f(0)+f(0)$

$\therefore f(0)=0$ (참)

ㄴ. 조건 ㈏에서 $f(x+y)=f(x)+f(y)$의 양변에

$y=-x$를 대입하면

$f(0)=f(x)+f(-x)$

$0=f(x)+f(-x)\ (\because \text{ㄱ})$

$\therefore f(-x)=-f(x)$ (거짓)

ㄷ. $f(3\times 2^x)+f(15\times 2^x-4^x-32)>0$에서

$f(3\times 2^x)>-f(15\times 2^x-4^x-32)$

ㄴ에서 $-f(x)=f(-x)$이므로

$f(3\times 2^x)>f(-15\times 2^x+4^x+32)$

$3\times 2^x>-15\times 2^x+4^x+32\ (\because \text{조건 ㈎})$

$(2^x)^2-18\times 2^x+32<0$

이때 $2^x=t\ (t>0)$로 놓으면

$t^2-18t+32<0$, $(t-2)(t-16)<0$

$\therefore 2<t<16$

$t=2^x$이므로 $2<2^x<16$

$2<2^x<2^4$

$\therefore 1<x<4$

따라서 부등식을 만족시키는 정수 x의 값은 2, 3이므

로 그 합은 5이다. (참)

그러므로 옳은 것은 ㄱ, ㄷ이다. 답 ③

• 다른 풀이 •

ㄷ. $f(3\times 2^x)+f(15\times 2^x-4^x-32)>0$

$f(3\times 2^x+15\times 2^x-4^x-32)>0\ (\because \text{조건 ㈏})$

$f(18\times 2^x-4^x-32)>0$

ㄱ에서 $f(0)=0$이므로

$f(18\times 2^x-4^x-32)>f(0)$

$18\times 2^x-4^x-32>0\ (\because \text{조건 ㈎})$

$\therefore 4^x-18\times 2^x+32<0$

27 $P(9)=m\times\left(\dfrac{1}{3}\right)^{9k}=\dfrac{1}{2}m$에서

$\left(\dfrac{1}{3}\right)^{9k}=\dfrac{1}{2}\ (\because m>0)$

$\therefore \left(\dfrac{1}{3}\right)^k=\left(\dfrac{1}{2}\right)^{\frac{1}{9}}$ ······㉠

또한, n일 후에 잔류 농약의 양이 처음에 살포한 농약의

양의 $\dfrac{1}{16}$ 이하가 된다고 하면

$P(n)=m\times\left(\dfrac{1}{3}\right)^{nk}\le\dfrac{1}{16}m$

$\left(\dfrac{1}{3}\right)^{nk}\le\dfrac{1}{16}\ (\because m>0)$ ······㉡

㉠을 ㉡에 대입하면

$\left\{\left(\dfrac{1}{2}\right)^{\frac{1}{9}}\right\}^n\le\dfrac{1}{16}$에서 $\left(\dfrac{1}{2}\right)^{\frac{n}{9}}\le\left(\dfrac{1}{2}\right)^4$

이때 $0<(밑)=\dfrac{1}{2}<1$이므로

$\dfrac{n}{9}\ge 4$ $\therefore n\ge 36$

따라서 최소한 36일이 지나야 한다. 답 36일

28 $P=\dfrac{70-65}{10}\times1.04^{10}$에서

$P=\dfrac{1}{2}\times1.04^{10}$ $\quad\cdots\cdots\bigcirc$

$4P=\dfrac{75-65}{10}\times1.04^{x}$에서

$4P=1.04^{x}$ $\quad\cdots\cdots\bigcirc$

$\bigcirc$을 $\bigcirc$에 대입하면

$4\times\dfrac{1}{2}\times1.04^{10}=1.04^{x}$

$1.04^{x-10}=2$

이때 $1.04^{18}=2$이므로

$1.04^{x-10}=1.04^{18}$

밑이 1.04로 같으므로

$x-10=18$ $\quad\therefore x=28$ 답 ④

STEP 3 1등급을 넘어서는 **종합 사고력 문제** p. 32

01 17 **02** $k<6$ **03** ② **04** 120 **05** 1
06 8 **07** 39

01 해결단계

❶ 단계	$3^{x}=t$로 치환하여 주어진 부등식을 t에 대한 식으로 나타낸다.
❷ 단계	주어진 부등식이 모든 실수 x에 대하여 항상 성립하기 위한 조건을 확인한다.
❸ 단계	a의 값으로 가능한 각 자연수에 대하여 가능한 b의 값을 각각 구한 후, 조건을 만족시키는 순서쌍 $(a,\,b)$의 개수를 구한다.

$3^{2x}\geq2(a-2)3^{x}-b-5$, 즉 $(3^{x})^{2}-2(a-2)3^{x}+b+5\geq0$
에서 $3^{x}=t\,(t>0)$로 놓으면
$t^{2}-2(a-2)t+b+5\geq0$
$f(t)=t^{2}-2(a-2)t+b+5$라 하면 주어진 부등식이 모든 실수 x에 대하여 항상 성립하기 위해서는 이차부등식 $f(t)\geq0$이 $t>0$인 모든 t에 대하여 항상 성립해야 한다.
$f(t)=t^{2}-2(a-2)t+b+5$
$\quad\;\;=\{t-(a-2)\}^{2}-(a-2)^{2}+b+5\quad\cdots\cdots\bigcirc$

(i) $a=1,\,2$일 때,
$\bigcirc$에서 이차함수 $y=f(t)$의 그래프의 꼭짓점의 t좌표가 0 또는 음수이므로 $t>0$에서 $f(t)\geq0$이려면 $f(0)\geq0$이어야 한다.
즉, $b+5\geq0$에서 $b\geq-5$
따라서
$a=1$일 때, $b=2,\,3,\,4,\,5$
$a=2$일 때, $b=1,\,3,\,4,\,5$
이므로 순서쌍 $(a,\,b)$의 개수는 8이다.

(ii) $a=3,\,4,\,5$일 때,
$\bigcirc$에서 이차함수 $y=f(t)$의 그래프의 꼭짓점의 t좌표가 양수이므로 $t>0$에서 $f(t)\geq0$이려면
(꼭짓점의 y좌표)≥0이어야 한다.

즉, $-(a-2)^{2}+b+5\geq0$에서
$b\geq(a-2)^{2}-5$
따라서
$a=3$일 때, $b\geq-4$이므로 $b=1,\,2,\,4,\,5$
$a=4$일 때, $b\geq-1$이므로 $b=1,\,2,\,3,\,5$
$a=5$일 때, $b\geq4$이므로 $b=4$
이므로 순서쌍 $(a,\,b)$의 개수는 9이다.
(i), (ii)에서 조건을 만족시키는 순서쌍 $(a,\,b)$의 개수는
$8+9=17$ 답 17

02 해결단계

❶ 단계	$2^{x}+2^{-x}=t$로 치환하여 주어진 방정식을 t에 대한 이차방정식으로 만든다.
❷ 단계	t의 값의 범위와 관련하여 t에 대한 이차방정식이 실근을 갖지 않거나 두 근이 모두 2보다 작도록 하는 k의 값의 범위를 구한다.

$4^{x}+4^{-x}-k(2^{x}+2^{-x})+11=0$에서
$(2^{x}+2^{-x})^{2}-2-k(2^{x}+2^{-x})+11=0$
$(2^{x}+2^{-x})^{2}-k(2^{x}+2^{-x})+9=0$
$2^{x}+2^{-x}=t$로 놓으면 $2^{x}>0$, $2^{-x}>0$이므로 산술평균과 기하평균의 관계에 의하여
$2^{x}+2^{-x}\geq2\sqrt{2^{x}\times2^{-x}}$ (단, 등호는 $x=0$일 때 성립)
$\qquad\quad\;\;=2$
$\therefore t\geq2$
따라서 주어진 방정식은
$t^{2}-kt+9=0\,(단,\,t\geq2)\quad\cdots\cdots\bigcirc$
주어진 방정식의 근이 존재하지 않으려면 이차방정식 $\bigcirc$이 실근을 갖지 않거나 두 근이 모두 2보다 작아야 한다.

(i) $\bigcirc$이 실근을 갖지 않는 경우
$\bigcirc$의 판별식을 D라 하면
$D=k^{2}-36<0$에서 $(k+6)(k-6)<0$
$\therefore -6<k<6$

(ii) $\bigcirc$의 두 근이 모두 2보다 작은 경우
$f(t)=t^{2}-kt+9$라 할 때, 함수
$y=f(t)$의 그래프는 오른쪽 그림과 같아야 한다. 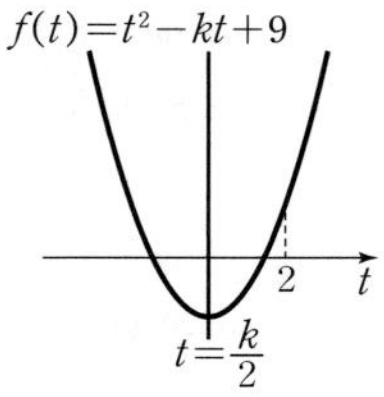
① $\bigcirc$의 판별식을 D라 하면
$D=k^{2}-36\geq0$에서
$(k+6)(k-6)\geq0$
$\therefore k\leq-6$ 또는 $k\geq6$
② $f(2)=13-2k>0$에서
$k<\dfrac{13}{2}$
③ 함수 $y=f(t)$의 그래프의 대칭축은 직선 $t=\dfrac{k}{2}$이
므로 $\dfrac{k}{2}<2$ $\therefore k<4$
①, ②, ③에서 $k\leq-6$
(i), (ii)에서 $k<6$ 답 $k<6$

이 문제는 지수함수, 산술평균과 기하평균의 관계, 이차방정식의 근의 분리 등 여러 가지 개념이 혼용되어 있는 문제이다. 특히 산술평균과 기하평균의 관계, 이차방정식의 근의 분리는 예전에 배운 개념으로, 잊어버리지 않게 종종 문제를 풀면서 기억을 해두는 것이 중요하다. 이 문제의 경우 3^x을 t로 치환하여 식을 정리하면 사차방정식이 나와 문제를 접근하기가 더 까다로워지므로 3^x+3^{-x}을 t로 치환하여 이차방정식을 만들고, 산술평균과 기하평균의 관계를 이용하여 $t \geq 2$ 임을 알고 이용해야 한다. 그런 다음 이차방정식의 근의 분리를 사용하여 문제를 해결하면 되는데, 이는 여러 단원에서 종종 나오는 개념으로 이번 문제를 통해 다시 한번 공부를 하는 것이 좋다.

03 해결단계

❶단계	주어진 곡선의 방정식에 $x=-1$, $y=0$을 대입하여 등식이 성립하는지 확인하고 ㄱ의 참, 거짓을 판별한다.
❷단계	$a=4$일 때 두 곡선을 좌표평면 위에 나타내어 교점의 개수를 구한 후, ㄴ의 참, 거짓을 판별한다.
❸단계	$a>4$일 때의 두 곡선을 좌표평면 위에 나타내어 교점의 개수를 확인한 후, 이차방정식의 근과 계수의 관계를 이용하여 ㄷ의 참, 거짓을 판별한다.

ㄱ. $y=|a^{-x-1}-1|$에 $x=-1$, $y=0$을 대입하면
$|a^{1-1}-1|=0$ (참)

ㄴ. $a=4$이면 두 곡선의 방정식은
$y=4^x$, $y=|4^{-x-1}-1|$
이때 $y=|4^{-x-1}-1|$의
그래프의 개형은 오른쪽
그림과 같으므로
$x<-1$에서 두 곡선
$y=4^x$, $y=|4^{-x-1}-1|$
은 한 점에서 만난다.

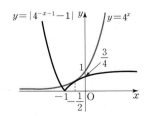

또한, $x \geq -1$일 때, $4^x=-4^{-x-1}+1$에서
$4^{2x+1}-4^{x+1}+1=0$, $4 \times (4^x)^2 - 4 \times 4^x + 1 = 0$
$4^x=X$ ($X>0$)로 놓으면
$4X^2-4X+1=0$
$(2X-1)^2=0$ ∴ $X=\dfrac{1}{2}$
$4^x=\dfrac{1}{2}$이므로 $2^{2x}=2^{-1}$ ∴ $x=-\dfrac{1}{2}$

즉, 다음 그림과 같이 $x \geq -1$에서 두 곡선은 $x=-\dfrac{1}{2}$
인 점에서 접한다.

따라서 $a=4$일 때, 즉 두 곡선 $y=4^x$, $y=|4^{-x-1}-1|$
의 교점의 개수는 2이다. (참)

ㄷ. $a>4$이면 $x<-1$에서 두 곡선 $y=a^x$, $y=|a^{-x-1}-1|$
은 한 점에서 만나므로 이 두 곡선의 교점의 x좌표를 α
라 하면

$a<-1$ ‥‥‥㉠
$x \geq -1$일 때, $a^x=-a^{-x-1}+1$에서
$a^{2x+1}-a^{x+1}+1=0$, $a \times (a^x)^2 - a \times a^x + 1 = 0$
$a^x=Y$ ($Y>0$)로 놓으면
$aY^2-aY+1=0$ ‥‥‥㉡
이 이차방정식의 판별식을 D라 하면
$D=a^2-4a=a(a-4)$
이때 $a>4$이면 $D>0$이므로 두 곡선은 서로 다른 두 점에서 만난다.
즉, 두 곡선 $y=a^x$, $y=|a^{-x-1}-1|$을 좌표평면 위에 나타내면 다음 그림과 같다.

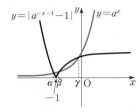

$x \geq -1$에서의 두 교점의 x좌표를 각각 β, γ ($\beta<\gamma$)
라 하면 ㉡의 두 근은 a^β, a^γ이므로 이차방정식의 근과 계수의 관계에 의하여
$a^\beta \times a^\gamma = \dfrac{1}{a}$, $a^{\beta+\gamma}=a^{-1}$
∴ $\beta+\gamma=-1$ (∵ $a>4$)
∴ $\alpha+\beta+\gamma<-2$ (∵ ㉠)
따라서 두 곡선의 모든 교점의 x좌표의 합은 -2보다 작다. (거짓)

그러므로 옳은 것은 ㄱ, ㄴ이다. 답 ②

04 해결단계

❶단계	$0<a<1$일 때, 함수 $y=f(x)$가 최댓값을 갖고 최솟값을 갖지 않도록 하는 a의 값의 범위를 구한다.
❷단계	$a>1$일 때, 함수 $y=f(x)$가 최댓값을 갖고 최솟값을 갖지 않도록 하는 a의 값의 범위를 구한다.
❸단계	❶, ❷단계에서 구한 a의 값의 범위를 이용하여 각각 p, q를 구한 후, $20pq$의 값을 구한다.

$f(x)=a^{-x^2+6x-11}$
$\quad = a^{-(x^2-6x+9)-2}$
$\quad = a^{-(x-3)^2-2}$
에서 $g(x)=-(x-3)^2-2$라 하자.

(i) $0<a<1$일 때,
함수 $f(x)=a^{g(x)}$은 $g(x)$의 값이 증가하면 $f(x)$의 값이 감소하므로 $0<x \leq a$에서 함수 $y=f(x)$가 최댓값을 갖고 최솟값을 갖지 않으려면 함수 $y=g(x)$가 최솟값을 갖고 최댓값을 갖지 않아야 한다.
그런데 $0<x \leq a$에서 함수 $y=g(x)$는 $x=a$에서 항상 최댓값을 갖고 최솟값은 갖지 않으므로 조건을 만족시키는 a의 값은 존재하지 않는다.

(ii) $a>1$일 때,
함수 $f(x)=a^{g(x)}$은 $g(x)$의 값이 증가하면 $f(x)$의 값도 증가하므로 $0<x \leq a$에서 함수 $y=f(x)$가 최

댓값을 갖고 최솟값을 갖지 않으려면 함수 $y=g(x)$도 최댓값을 갖고 최솟값을 갖지 않아야 한다.

이때 함수

$g(x)=-(x-3)^2-2$의 그 래프가 오른쪽 그림과 같으 므로 $0<x\le a$에서 함수 $y=g(x)$가 최댓값을 갖고 최 솟값을 갖지 않으려면

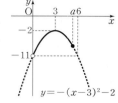

$0<a<6$ ∴ $1<a<6$

(i), (ii)에서 조건을 만족시키는 양수 a의 값의 범위가

$1<a<6$이므로 $p=1$, $q=6$

∴ $20pq=20\times1\times6=120$ 답 120

• 다른 풀이 •

$f(x)=a^{-x^2+6x-11}$에서

$g(x)=-x^2+6x-11=-(x-3)^2-2$

라 하면 이차함수 $y=g(x)$의 그래프는 직선 $x=3$에 대하여 대칭이고, $x\le3$에서는 x의 값이 증가하면 y의 값도 증가하고,

$x>3$에서는 x의 값이 증가하면 y의 값은 감소한다.

(i) $0<a<1$일 때,

　$0<x\le a$에서 $g(0)<g(x)\le g(a)$이므로

　$f(a)\le f(x)<f(0)$

　즉, $f(x)$는 최솟값을 갖고, 최댓값을 갖지 않는다.

(ii) $a=1$일 때,

　$f(x)=1$이므로 최댓값과 최솟값 모두 1이다.

(iii) $1<a<3$일 때,

　$0<x\le a$에서 $g(0)<g(x)\le g(a)$이므로

　$f(0)<f(x)\le f(a)$

　즉, $f(x)$는 최댓값을 갖고 최솟값을 갖지 않는다.

(iv) $3\le a<6$일 때,

　$0<x\le a$에서 $g(0)<g(x)\le g(3)$이므로

　$f(0)<f(x)\le f(3)$

　즉, $f(x)$는 최댓값을 갖고 최솟값을 갖지 않는다.

(v) $a\ge6$일 때,

　$0<x\le a$에서 $g(a)\le g(x)\le g(3)$이므로

　$f(a)\le f(x)\le f(3)$

　즉, $f(x)$는 최댓값과 최솟값을 모두 갖는다.

(i)~(v)에서 조건을 만족시키는 양수 a의 값의 범위가

$1<a<6$이므로 $p=1$, $q=6$

∴ $20pq=20\times1\times6=120$

05 해결단계

❶단계	빗변을 $\overline{BC}$로 하고, 나머지 두 변이 x축, y축과 평행한 직각 삼각형을 만든 후, $\overline{BC}=\sqrt5$임을 이용하여 나머지 두 변의 길이를 구한다.
❷단계	두 점 B, C의 좌표를 이용하여 ❶단계에서 만든 직각삼각형의 나머지 두 변의 길이에 대한 식을 세운다.
❸단계	❷단계에서 세운 식을 연립하여 두 점 B, C의 좌표와 직선 l의 방정식을 구한 후, 직선 l과 x축, y축으로 둘러싸인 부분의 넓이를 구한다.

두 곡선 $y=4^x$, $y=2^x+1$과 네 점 A, B, C, D를 좌표평면 위에 나타내면 오른쪽 그림과 같다. 이때 점 C에서 점 B를 지나고 y축에 평행한 직선에 내린 수선의 발을 E라 하면 직선 l의 기울기 가 2이므로

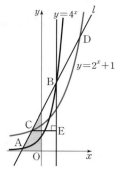

$\overline{CE}=k\ (k>0)$라 하면 $\overline{BE}=2k$이다.

직각삼각형 BCE에서 $\overline{BC}=\sqrt5$이므로 $(\sqrt5)^2=k^2+(2k)^2$

$5k^2=5$, $k^2=1$ ∴ $k=1\ (\because k>0)$

∴ $\overline{CE}=1$, $\overline{BE}=2$

또한, $B(b, 4^b)$, $C(c, 2^c+1)$에서

$\overline{CE}=b-c$, $\overline{BE}=4^b-(2^c+1)$이므로

$b-c=1$, $4^b-2^c-1=2$

$b-c=1$에서 $c=b-1$

위의 식을 $4^b-2^c-1=2$, 즉 $4^b-2^c-3=0$에 대입하면

$4^b-2^{b-1}-3=0$, $(2^b)^2-\dfrac12\times2^b-3=0$

$2^b=t\ (t>0)$로 놓으면

$t^2-\dfrac12t-3=0$, $2t^2-t-6=0$

$(t-2)(2t+3)=0$ ∴ $t=2\ (\because t>0)$

$2^b=2$이므로 $b=1$

∴ $c=b-1=0$

∴ $B(1, 4)$, $C(0, 2)$

한편, 직선 l의 방정식을 $y=2x+n$이라 하면 직선 l은 점 $B(1, 4)$와 점 $C(0, 2)$를 지나므로 $n=2$

∴ $l : y=2x+2$

따라서 직선 l의 x절편은 -1, y절편은 2이므로 직선 l과 x축 및 y축으로 둘러싸인 부분의 넓이는

$\dfrac12\times1\times2=1$ 답 1

06 해결단계

❶단계	두 점 P, S가 곡선 $y=a^x$ 위에 있음을 이용하여 식을 세운다.
❷단계	두 점 Q, R가 곡선 $y=b^x$ 위에 있음을 이용하여 식을 세운다.
❸단계	❶, ❷단계에서 세운 식과 $df=eg=16$을 이용하여 ab와 c의 값을 구한 후, abc의 값을 구한다.

두 점 $P(c, e)$, $S(f, g)$가 곡선 $y=a^x$ 위에 있으므로

$a^c=e$, $a^f=g$

두 점 $Q(c, g)$, $R(d, e)$가 곡선 $y=b^x$ 위에 있으므로

$b^c=g$, $b^d=e$

∴ $e=a^c=b^d$, $g=a^f=b^c$ ……㉠

이때 $a^c=b^d$에서 $a^{cf}=b^{df}$, $a^f=b^c$에서 $a^{cf}=b^{c^2}$이므로

$b^{df}=b^{c^2}$ ∴ $df=c^2\ (\because b>1)$

이때 $df=16$이므로

$c^2=16$ ∴ $c=4\ (\because c>0)$

$c=4$를 ㉠에 대입하면

$e=a^4$, $g=b^4$이므로 $eg=a^4b^4$

이때 $eg=16$이므로

$16=a^4b^4$, $(ab)^4=2^4$

$\therefore ab=2$ $(\because 1<a<b)$

$\therefore abc=2\times4=8$ 답 8

07 해결단계

❶ 단계	조건 ㈏를 이용하여 $t\geq1$에서 $\overline{PQ}$의 최솟값이 10보다 작거나 같아야 함을 파악한다.
❷ 단계	$a\geq b$일 때, 두 함수 $y=a^{x+1}$, $y=b^x$의 그래프를 이용하여 $\overline{PQ}$의 최솟값이 10보다 작거나 같도록 하는 순서쌍 (a,b)의 개수를 구한다.
❸ 단계	$a<b$일 때, 두 함수 $y=a^{x+1}$, $y=b^x$의 그래프를 이용하여 $\overline{PQ}$의 최솟값이 항상 10보다 작거나 같음을 파악한 후, $2\leq a<b\leq10$을 만족시키는 순서쌍 (a,b)의 개수를 구한다.
❹ 단계	❷, ❸단계에서 구한 순서쌍 (a,b)의 개수를 합하여 조건을 만족시키는 모든 순서쌍 (a,b)의 개수를 구한다.

두 곡선 $y=a^{x+1}$, $y=b^x$이 직선 $x=t$ $(t\geq1)$와 만나는 점이 각각 P, Q이므로

$P(t, a^{t+1})$, $Q(t, b^t)$ $\quad\therefore \overline{PQ}=|a^{t+1}-b^t|$

조건 ㈏에서 $t\geq1$인 어떤 실수 t에 대하여 $\overline{PQ}\leq10$이어야 하므로 $\overline{PQ}$의 최솟값이 10보다 작거나 같아야 한다. *

(i) $a\geq b$일 때,

두 곡선 $y=a^{x+1}$, $y=b^x$이 오른쪽 그림과 같으므로 $x\geq1$에서 $\overline{PQ}$의 최솟값은 $t=1$일 때이다.

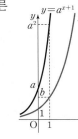

($\overline{PQ}$의 최솟값)

$=|a^2-b|$

$=a^2-b$ $(\because a^2>b)$

이므로 $a^2-b\leq10$

$\therefore a^2-10\leq b\leq a$

$a=2$일 때, $-6\leq b\leq2$이고 조건 ㈎에서 $2\leq b\leq10$이므로 $b=2$

$a=3$일 때, $-1\leq b\leq3$이고 조건 ㈎에서 $2\leq b\leq10$이므로 $b=2, 3$

$a\geq4$이면 $a^2-b\geq a^2-a\geq12$이므로 부등식을 만족시키는 b의 값은 존재하지 않는다.

따라서 순서쌍 (a,b)의 개수는

$(2, 2)$, $(3, 2)$, $(3, 3)$의 3이다.

(ii) $a<b$일 때,

두 곡선 $y=a^{x+1}$, $y=b^x$은 $x>0$에서 반드시 한 점에서 만나므로 교점의 위치에 따라 다음과 같이 경우를 나눌 수 있다.

① 교점의 x좌표가 $x\geq1$일 때, 즉 $a^2\geq b$일 때,

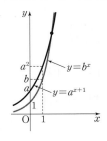

두 곡선 $y=a^{x+1}$, $y=b^x$이 위의 그림과 같으므로 $x\geq1$에서 $(\overline{PQ}$의 최솟값$)=0$이 되어 $\overline{PQ}\leq10$을 만족시키는 t가 반드시 존재한다.

② 교점의 x좌표가 $x<1$일 때, 즉 $a^2<b$일 때,

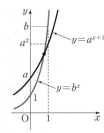

두 곡선 $y=a^{x+1}$, $y=b^x$이 위의 그림과 같으므로 $x\geq1$에서 $\overline{PQ}$의 최솟값은 $t=1$일 때이다.

$(\overline{PQ}$의 최솟값$)=|a^2-b|$

$\qquad\qquad\qquad\qquad=b-a^2$ $(\because b>a^2)$

이때 조건 ㈎에서 $2\leq a\leq10$, $2\leq b\leq10$이므로

$b-a^2\leq6$

즉, $\overline{PQ}\leq10$을 만족시키는 t가 반드시 존재한다.

①, ②에서 $2\leq a<b\leq10$을 만족시키는 모든 자연수 a, b에 대하여 $\overline{PQ}\leq10$이므로 순서쌍 (a,b)의 개수는

$_9C_2=\dfrac{9\times8}{2\times1}=36$

(i), (ii)에서 구하는 순서쌍 (a,b)의 개수는

$3+36=39$ 답 39

> **BLACKLABEL 특강** | **풀이 첨삭** *
>
> $t\geq1$에서 $\overline{PQ}$의 최솟값을 k $(k\geq0)$라 하자. 이때 어떤 실수 t에 대하여 $\overline{PQ}\leq10$이어야 하므로 다음 그림과 같이 $k\leq\overline{PQ}$, $\overline{PQ}\geq10$을 동시에 만족시키는 $\overline{PQ}$의 값이 존재해야 한다.
>
>
>
> 즉, $k\leq10$이어야 한다.

이것이 수능 p. 33

1 16 **2** 18 **3** ⑤

1 해결단계

❶ 단계	점 A의 x좌표를 $-a$ $(a>0)$라 하고 $\overline{AC}:\overline{CB}=1:5$임을 이용하여 점 B의 x좌표를 나타낸다.
❷ 단계	두 점 A, B가 직선 $y=k$ 위에 있음을 이용하여 a의 값을 구한다.
❸ 단계	❷단계에서 구한 a의 값을 이용하여 k의 값을 구한 후, k^3의 값을 구한다.

다음 그림과 같이 점 A의 x좌표를 $-a$ $(a>0)$라 하면
$\overline{AC}:\overline{CB}=1:5$이므로 점 B의 x좌표는 $5a$이다.

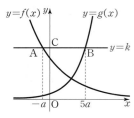

이때 $f(-a)=g(5a)$이므로

$\left(\dfrac{1}{2}\right)^{-a-1}=4^{5a-1}$에서 $2^{a+1}=2^{10a-2}$

밑이 2로 같으므로

$a+1=10a-2$, $9a=3$ $\therefore a=\dfrac{1}{3}$

점 B의 좌표 $\left(\dfrac{5}{3},\,k\right)$를 $y=g(x)$, 즉 $y=4^{x-1}$에 대입하면

$k=4^{\frac{2}{3}}$

$\therefore k^3=\left(4^{\frac{2}{3}}\right)^3=4^2=16$ 답 16

2 해결단계

❶단계	사다리꼴 ABCD의 네 꼭짓점 A, B, C, D의 좌표를 각각 구한다.
❷단계	두 변 AB, CD의 길이를 n을 사용하여 나타낸다.
❸단계	사다리꼴 ABCD의 넓이가 18 이하임을 이용하여 조건을 만족시키는 n의 값을 구하고, 그 합을 구한다.

$A(1,\,n)$, $B(1,\,2)$, $C(2,\,n^2)$, $D(2,\,4)$이므로

$\overline{AB}=n-2$, $\overline{CD}=n^2-4$

사다리꼴 ABDC의 넓이는 18 이하이므로

$\dfrac{1}{2}\times(n-2+n^2-4)\times1\leq18$

$\dfrac{1}{2}(n^2+n-6)\leq18$

$n^2+n-6\leq36$, $n^2+n-42\leq0$

$(n+7)(n-6)\leq0$ $\therefore -7\leq n\leq6$

따라서 3 이상의 자연수 n의 값은 3, 4, 5, 6이므로

조건을 만족시키는 자연수 n의 값의 합은

$3+4+5+6=18$ 답 18

3 해결단계

❶단계	두 점 C, D의 좌표를 구한 후, $\overline{CD}$의 길이를 구하여 ㄱ의 참, 거짓을 판별한다.
❷단계	두 점 A, B의 x좌표를 각각 α, β라 하고 근과 계수의 관계를 이용하여 ㄴ의 참, 거짓을 판별한다.
❸단계	ㄴ과 $\overline{AD}=\overline{CB}$임을 이용하여 □ACBD가 평행사변형임을 알고, ㄷ의 참, 거짓을 판별한다.

두 점 A, B의 x좌표를 각각 α, β $(\alpha<0<\beta)$라 하면

α, β는 방정식 $2^x=-\left(\dfrac{1}{2}\right)^x+t$, 즉

$(2^x)^2-t\times2^x+1=0$의 두 근이다.

$2^x=X\,(X>0)$로 놓으면 $X^2-tX+1=0$의 두 근은

2^{α}, 2^{β}이므로 이차방정식의 근과 계수의 관계에 의하여

$2^{\alpha}+2^{\beta}=t$에서 $2^{\alpha}=t-2^{\beta}$ $\cdots\cdots$ ㉠

$2^{\alpha}\times2^{\beta}=1$에서 $2^{\alpha+\beta}=1$이므로 $\alpha+\beta=0$

$\therefore \alpha=-\beta$ $\cdots\cdots$ ㉡

이때 네 점 $A(\alpha,\,2^{\alpha})$, $B(\beta,\,2^{\beta})$, $C(0,\,1)$, $D(0,\,t-1)$
이므로

ㄱ. $\overline{CD}=t-2$ (참)

ㄴ. $\overline{AC}=\sqrt{(-\alpha)^2+(1-2^{\alpha})^2}$

      $=\sqrt{\beta^2+(2^{\beta}-t+1)^2}$ $(\because$ ㉠, ㉡$)$

      $=\overline{DB}$ (참)

ㄷ. $\overline{AD}=\sqrt{\alpha^2+(2^{\alpha}-t+1)^2}$

      $=\sqrt{(-\beta)^2+(-2^{\beta}+1)^2}$ $(\because$ ㉠, ㉡$)$

      $=\overline{CB}$

ㄴ에서 $\overline{AC}=\overline{DB}$이고, $\overline{AD}=\overline{CB}$이므로
□ACBD는 평행사변형이다.

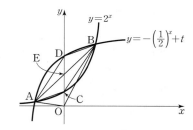

위의 그림과 같이 □ACBD의 두 대각선의 교점을 E
라 하면 $\overline{CE}=\overline{DE}$이므로

점 E의 좌표는 $\left(0,\,\dfrac{t}{2}\right)$이다. ←두 곡선은 점 $\mathrm{E}\left(0,\,\dfrac{t}{2}\right)$에 대하여 대칭이다.

$\triangle ABD=\triangle AED+\triangle BDE$

      $=\dfrac{1}{2}\times(-\alpha)\times\left(t-1-\dfrac{t}{2}\right)$

                  $+\dfrac{1}{2}\times\beta\times\left(t-1-\dfrac{t}{2}\right)$

      $=\dfrac{1}{2}\times\dfrac{t-2}{2}\times(-\alpha+\beta)$

      $=\dfrac{(t-2)(-\alpha+\beta)}{4}$

      $=\dfrac{(t-2)\beta}{2}$ $(\because$ ㉡$)$

$\triangle AOB=\triangle OEA+\triangle OBE$

      $=\dfrac{1}{2}\times(-\alpha)\times\dfrac{t}{2}+\dfrac{1}{2}\times\beta\times\dfrac{t}{2}$

      $=\dfrac{t(-\alpha+\beta)}{4}$

      $=\dfrac{t\beta}{2}$ $(\because$ ㉡$)$

$\therefore \dfrac{\triangle ABD}{\triangle AOB}=\dfrac{\dfrac{\beta(t-2)}{2}}{\dfrac{t\beta}{2}}=\dfrac{t-2}{t}$

즉, 삼각형 ABD의 넓이는 삼각형 AOB의 넓이의

$\dfrac{t-2}{t}$배이다. (참)

따라서 ㄱ, ㄴ, ㄷ 모두 옳다.   답 ⑤

04 로그함수

01 $f(x)=\log_5 x$이므로

ㄱ. $\left\{f\left(\dfrac{a}{5}\right)\right\}^2=\left(\log_5 \dfrac{a}{5}\right)^2$

$\qquad\qquad\quad =(\log_5 a-1)^2$

$\left\{f\left(\dfrac{5}{a}\right)\right\}^2=\left(\log_5 \dfrac{5}{a}\right)^2$

$\qquad\qquad\quad =(1-\log_5 a)^2$

$\therefore \left\{f\left(\dfrac{a}{5}\right)\right\}^2=\left\{f\left(\dfrac{5}{a}\right)\right\}^2$ (참)

ㄴ. $f(a+1)-f(a)=\log_5 (a+1)-\log_5 a$

$\qquad\qquad\qquad =\log_5 \dfrac{a+1}{a}$

$\qquad\qquad\qquad =\log_5 \left(1+\dfrac{1}{a}\right)$

$f(a+2)-f(a+1)=\log_5 (a+2)-\log_5 (a+1)$

$\qquad\qquad\qquad =\log_5 \dfrac{a+2}{a+1}$

$\qquad\qquad\qquad =\log_5 \left(1+\dfrac{1}{a+1}\right)$

이때 $a>0$이므로 $1+\dfrac{1}{a}>1+\dfrac{1}{a+1}$이고,

(밑)$=5>1$이므로

$\log_5 \left(1+\dfrac{1}{a}\right)>\log_5 \left(1+\dfrac{1}{a+1}\right)$

$\therefore f(a+1)-f(a)>f(a+2)-f(a+1)$ (참)

ㄷ. (밑)$=5>1$이므로 함수 $y=f(x)$는 x의 값이 증가 하면 y의 값도 증가한다. 또한, y의 값이 증가하면 x 의 값도 증가한다.

즉, $f(a)<f(b)$이면 $a<b$ ……㉠

$y=\log_5 x$에서 $x=5^y$

x와 y를 서로 바꾸면 $y=5^x$ $\therefore f^{-1}(x)=5^x$

이때 (밑)$=5>1$이므로 함수 $y=f^{-1}(x)$는 x의 값 이 증가하면 y의 값도 증가한다.

즉, $a<b$이면 $f^{-1}(a)<f^{-1}(b)$ ……㉡

㉠, ㉡에서 $f(a)<f(b)$이면 $f^{-1}(a)<f^{-1}(b)$이다.

(참)

따라서 ㄱ, ㄴ, ㄷ 모두 옳다.   답 ⑤

02 오른쪽 그림에서

$\log_2 a=0$이므로 $a=1$

$\log_2 b=a$, 즉 $\log_2 b=1$이므로

$b=2$

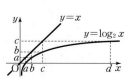

$\log_2 c=b$, 즉 $\log_2 c=2$이므로 $c=2^2=4$

$\log_2 d=c$, 즉 $\log_2 d=4$이므로 $d=2^4=16$

$\therefore \log_2 \dfrac{bc}{d}=\log_2 \dfrac{2\times 4}{16}$

$\qquad\qquad =\log_2 \dfrac{1}{2}=-1$ 답 −1

03 $1<a<b<a^a$의 각 변에 밑이 $a\,(a>1)$인 로그를 취하면

$\log_a 1<\log_a a<\log_a b<\log_a a^a$이므로

$0<1<\log_a b<a$ ……㉠

$\therefore A=\log_a b>1$

$A>1$이므로 $B=(\log_a b)^2=A^2>A$

㉠의 각 변에 밑이 a인 로그를 취하면

$\log_a 1<\log_a (\log_a b)<\log_a a$이므로

$0<\log_a (\log_a b)<1$

$\therefore 0<C<1$

따라서 세 수 A, B, C의 대소 관계는 $C<A<B$이다.

답 ④

> **BLACKLABEL 특강**   참고
>
> 위와 같은 로그의 대소 관계 문제는 a, b에 적당한 숫자를 대입해서 푸는 것도 하나의 방법이다. 항상 성립하는 대소 관계를 찾는 문제이 므로 임의로 설정한 값에 대해서도 성립해야 한다.
> 예를 들어, $a=3$, $b=3^2=9$라 하면 $1<a<b<a^a$이 성립하고,
> $A=\log_a b=\log_3 9=2$,
> $B=(\log_a b)^2=(\log_3 9)^2=2^2=4$,
> $C=\log_a (\log_a b)=\log_3 (\log_3 9)=\log_3 2<1$
> 이므로 $C<A<B$이다.

04 $y=\log_{\frac{1}{8}} \dfrac{1}{x^3}=\log_{2^{-3}} x^{-3}=\log_2 x$

① 함수 $y=\log_2 (x-7)$의 그래프는 함수 $y=\log_2 x$의 그래프를 x축의 방향으로 7만큼 평행이동한 것이다.

② $y=\log_2 2x+3=\log_2 2+\log_2 x+3$

$\qquad\quad =\log_2 x+4$

즉, 함수 $y=\log_2 2x+3$의 그래프는 함수 $y=\log_2 x$의 그래프를 y축의 방향으로 4만큼 평행이동한 것이다.

③ $y=\log_{\sqrt{2}} \sqrt{3x-1}=\log_{2^{\frac{1}{2}}} (3x-1)^{\frac{1}{2}}$

$\quad =\log_2 (3x-1)=\log_2 3\left(x-\dfrac{1}{3}\right)$

$\quad =\log_2 \left(x-\dfrac{1}{3}\right)+\log_2 3$

즉, 함수 $y=\log_{\sqrt{2}} \sqrt{3x-1}$의 그래프는 함수

$y=\log_2 x$의 그래프를 x축의 방향으로 $\dfrac{1}{3}$만큼, y축의

방향으로 $\log_2 3$만큼 평행이동한 것이다.

④ $y=\log_{\frac{1}{2}} \dfrac{2}{x-1}=\log_{2^{-1}} \left(\dfrac{x-1}{2}\right)^{-1}$

$\quad =\log_2 \dfrac{x-1}{2}=\log_2 (x-1)-\log_2 2$

$\quad =\log_2 (x-1)-1$

즉, 함수 $y=\log_{\frac{1}{2}} \dfrac{2}{x-1}$의 그래프는 함수 $y=\log_2 x$

의 그래프를 x축의 방향으로 1만큼, y축의 방향으로 -1만큼 평행이동한 것이다.

⑤ $y=\log_8 x=\log_{2^3} x=\dfrac{1}{3}\log_2 x$

함수 $y=\log_8 x$의 그래프는 함수 $y=\log_2 x$의 그래프를 평행이동하여도 포개어지지 않는다.

따라서 함수 $y=\log_{\frac{1}{8}}\dfrac{1}{x^3}$의 그래프를 평행이동하여 포개어지지 않는 것은 함수 ⑤의 그래프이다.　　답 ⑤

05 함수 $y=\log_3 (x-1)$의 그래프를 y축의 방향으로 -2만큼 평행이동한 그래프의 식은

$y+2=\log_3 (x-1)$

이것을 다시 y축에 대하여 대칭이동한 그래프의 식은

$y+2=\log_3 (-x-1)$

$\therefore y=\log_3 (-x-1)-2=\log_3 (-x-1)+\log_3 3^{-2}$

$\qquad =\log_3 \dfrac{1}{9}(-x-1)=\log_3 \left(-\dfrac{1}{9}x-\dfrac{1}{9}\right)$

이것이 함수 $y=\log_3 (ax+b)$와 일치해야 하므로

$a=-\dfrac{1}{9},\ b=-\dfrac{1}{9}$

$\therefore 9(a+b)=-2$　　답 -2

06 정사각형 ABCD의 넓이가 9이므로 $\overline{\mathrm{AD}}=3$

점 A의 x좌표를 k라 하면 점 D의 x좌표도 k이다.

두 점 A, D가 각각 함수 $y=\log_4 \dfrac{1}{x}$, $y=\log_2 x$의 그래프 위의 점이므로

$\mathrm{A}\left(k,\ \log_4 \dfrac{1}{k}\right)$, $\mathrm{D}(k,\ \log_2 k)$

$\overline{\mathrm{AD}}=3$이므로 $\log_2 k-\log_4 \dfrac{1}{k}=3$

$\log_2 k-\log_{2^2} k^{-1}=3$, $\log_2 k+\dfrac{1}{2}\log_2 k=3$

$\dfrac{3}{2}\log_2 k=3$, $\log_2 k=2$　　$\therefore k=4$

$\therefore \mathrm{A}(4,\ -1)$

이때 $\overline{\mathrm{AB}}\perp\overline{\mathrm{BC}}$, $\overline{\mathrm{AB}}=\overline{\mathrm{BC}}$이므로

(직선 AC의 기울기)$=\dfrac{\overline{\mathrm{BC}}}{\overline{\mathrm{AB}}}=1$

즉, 직선 AC는 점 $\mathrm{A}(4,\ -1)$을 지나고 기울기가 1인 직선이므로 직선의 방정식은

$y-(-1)=x-4$　　$\therefore y=x-5$

따라서 구하는 y절편은 -5이다.　　답 -5

07 두 곡선 $y=a^x$, $y=\log_a x$는 서로 역함수 관계에 있으므로 직선 $y=x$에 대하여 대칭이다.

또한, 점 $\mathrm{P}(5,\ 5)$가 직선 $y=x$ 위의 점이므로 삼각형 APD도 직선 $y=x$에 대하여 대칭이다.

즉, △APD는 직각이등변삼각형이다.

삼각형 APD의 넓이가 $\dfrac{9}{2}$이므로

$\triangle \mathrm{APD}=\dfrac{1}{2}\times\overline{\mathrm{AP}}\times\overline{\mathrm{DP}}$

$\qquad\quad =\dfrac{1}{2}\overline{\mathrm{AP}}^2=\dfrac{9}{2}$

$\overline{\mathrm{AP}}^2=9$　　$\therefore \overline{\mathrm{AP}}=\overline{\mathrm{PD}}=3\ (\because \overline{\mathrm{AP}}>0)$

$\therefore \mathrm{A}(2,\ 5),\ \mathrm{D}(5,\ 2)$

이때 점 A가 곡선 $y=a^x$ 위의 점이므로

$a^2=5$　　$\therefore a=\sqrt{5}\ (\because a>0)$

점 C는 점 D와 x좌표가 같으므로 $\mathrm{C}(5,\ \sqrt{5}^5)$

$\overline{\mathrm{CP}}=(\sqrt{5})^5-5=25\sqrt{5}-5$

△CPB도 직각이등변삼각형이므로

$\overline{\mathrm{BC}}=\sqrt{2}\,\overline{\mathrm{CP}}=25\sqrt{10}-5\sqrt{2}$　　답 ⑤

08 $y=\log_5 (-x^2-2x+19)$에서

$f(x)=-x^2-2x+19$

$\qquad =-(x+1)^2+20$

이라 하면 $-2\le x\le 3$에서 함수

$y=f(x)$의 그래프는 오른쪽 그림과 같으므로

$x=-1$일 때 최댓값 20, $x=3$일 때 최솟값 4를 갖는다.

이때 $y=\log_5 f(x)$에서 (밑)$=5>1$이므로 $f(x)$가 최댓값을 가질 때 y도 최댓값을 갖고, $f(x)$가 최솟값을 가질 때 y도 최솟값을 갖는다.

따라서 $M=\log_5 20$, $m=\log_5 4$이므로

$M-m=\log_5 20-\log_5 4$

$\qquad\quad =\log_5 5=1$　　답 1

09 $(5x)^{\log 5}=10x$의 양변에 상용로그를 취하면

$\log (5x)^{\log 5}=\log 10x$

$\log 5\times\log 5x=\log 10+\log x$

$\log 5\times(\log 5+\log x)=1+\log x$

$(\log 5)^2+\log 5\times\log x=1+\log x$

$(1-\log 5)\log x=(\log 5)^2-1$

$(1-\log 5)\log x=(\log 5-1)(\log 5+1)$

$\therefore \log x=-(\log 5+1)$

$\qquad\quad =-\log 50=\log \dfrac{1}{50}$

$\therefore x=\dfrac{1}{50}$　　답 ③

10 $(\log 2x)(\log ax)=1$에서

$(\log 2+\log x)(\log a+\log x)=1$

$(\log x)^2+\log 2\times\log x+\log a\times\log x$

$\qquad\qquad\qquad\qquad\qquad +\log 2\times\log a=1$

$(\log x)^2+\log 2a\times\log x+\log 2\times\log a-1=0$

$\log x=t$로 놓으면

$t^2+t\log 2a+\log 2\times\log a-1=0$

이때 주어진 방정식의 두 근이 α, β이므로 위의 방정식의 두 근은 $\log\alpha$, $\log\beta$이다.

이차방정식의 근과 계수의 관계에 의하여

$\log\alpha+\log\beta=-\log 2a$에서

$\log\alpha\beta=-\log 2a$

그런데 $\alpha\beta=3$이므로

$\log 3=\log\dfrac{1}{2a}$

밑이 10으로 같으므로

$3=\dfrac{1}{2a}$ $\qquad\therefore a=\dfrac{1}{6}$

$\therefore 30a=30\times\dfrac{1}{6}=5$ $\qquad\qquad$ 답 ③

11 $\log_3 x\times\log_2 y=6$에서 $\dfrac{\log x}{\log 3}\times\dfrac{\log y}{\log 2}=6$

$\dfrac{\log x}{\log 2}\times\dfrac{\log y}{\log 3}=6$ $\quad\therefore \log_2 x\times\log_3 y=6$

$\log_2 x=X$, $\log_3 y=Y$로 놓으면 주어진 연립방정식은

$\begin{cases}X+Y=5\\XY=6\end{cases}$

$X+Y=5$에서 $Y=5-X$이므로 이 식을 $XY=6$에 대입하면

$X(5-X)=6$, $X^2-5X+6=0$

$(X-2)(X-3)=0$ $\quad\therefore X=2$ 또는 $X=3$

위의 값을 각각 $Y=5-X$에 대입하여 풀면

$\begin{cases}X=2\\Y=3\end{cases}$ 또는 $\begin{cases}X=3\\Y=2\end{cases}$

이때 $X=\log_2 x$, $Y=\log_3 y$에서 $x=2^X$, $y=3^Y$이므로

$\begin{cases}x=4\\y=27\end{cases}$ 또는 $\begin{cases}x=8\\y=9\end{cases}$

$\therefore\begin{cases}\alpha=4\\\beta=27\end{cases}$ 또는 $\begin{cases}\alpha=8\\\beta=9\end{cases}$

따라서 $\alpha=4$, $\beta=27$일 때, $\beta-\alpha$가 최댓값을 가지므로

$27-4=23$ $\qquad\qquad$ 답 23

12 $W=15$, $S=186$, $N=a$, $C=75$이므로 주어진 식에 대입하면

$75=15\times\log_2\left(1+\dfrac{186}{a}\right)$

$\log_2\left(1+\dfrac{186}{a}\right)=5$

$1+\dfrac{186}{a}=32$

$\dfrac{186}{a}=31$

$\therefore a=\dfrac{186}{31}=6$ $\qquad\qquad$ 답 ④

13 부등식 $\log_4\{\log_3(x^2+1)\}\le1$에서

진수의 조건에 의하여 $\log_3(x^2+1)>0$

(밑)$=3>1$이므로 $x^2+1>1$, $x^2>0$

$\therefore x\ne0$ $\qquad\qquad\qquad\qquad$ ……㉠

또한, $\log_4\{\log_3(x^2+1)\}\le1$에서 (밑)$=4>1$이므로

$\log_3(x^2+1)\le4$

(밑)$=3>1$이므로 $x^2+1\le3^4$

$x^2\le80$ $\quad\therefore -4\sqrt5\le x\le4\sqrt5$ ……㉡

㉠, ㉡에서 주어진 부등식의 해는

$-4\sqrt5\le x<0$ 또는 $0<x\le4\sqrt5$

이때 $8<4\sqrt5<9$이므로 부등식을 만족시키는 정수 x는

-8, -7, -6, $\cdots$, -1, 1, 2, 3, $\cdots$, 8의 16개이다.

$\qquad\qquad$ 답 16

14 집합 A의 부등식 $2^{2x}-2^{x+1}-8<0$을 풀면

$(2^x)^2-2\times2^x-8<0$

$2^x=t$ $(t>0)$로 놓으면

$t^2-2t-8<0$, $(t-4)(t+2)<0$

$\therefore 0<t<4$ $(\because t>0)$

$t=2^x$이므로 $0<2^x<4$

$\therefore x<2$

$\therefore A=\{x\,|\,x<2\}$

이때 $A\cap B=\varnothing$이고, $A\cup B=\{x\,|\,x\le16\}$이므로 집합 B를 만족시키는 x의 값의 범위는 $2\le x\le16$이다.

즉, $1\le\log_2 x\le4$에서 $\log_2 x=k$로 놓으면 $1\le k\le4$

집합 B의 부등식 $(\log_2 x)^2-a\log_2 x+b\le0$, 즉

$k^2-ak+b\le0$의 해가 $1\le k\le4$이므로

$(k-1)(k-4)\le0$, $k^2-5k+4\le0$

따라서 $a=5$, $b=4$이므로 $ab=20$ $\qquad$ 답 ④

15 부등식 $(1-\log_3 a)x^2+2(1-\log_3 a)x+\log_3 a>0$이 모든 실수 x에 대하여 성립하려면

(i) $1-\log_3 a=0$, 즉 $\log_3 a=1$에서 $a=3$일 때, $1>0$이므로 모든 실수 x에 대하여 성립한다.

$\qquad\therefore a=3$

(ii) $1-\log_3 a\ne0$, 즉 $\log_3 a\ne1$에서 $a\ne3$일 때,

$f(x)=(1-\log_3 a)x^2+2(1-\log_3 a)x+\log_3 a$라 하면 이차함수 $y=f(x)$의 그래프는 오른쪽 그림과 같아야 한다.

$1-\log_3 a>0$이므로 $\log_3 a<1$

$\log_3 a<\log_3 3$

$\therefore 0 < a < 3$ ($\because$ (밑)$=3>1$)　　$\cdots\cdots$㉠

이차방정식 $f(x)=0$의 판별식을 D라 하면

$\dfrac{D}{4} = (1-\log_3 a)^2 - (1-\log_3 a)\log_3 a < 0$

$1-2\log_3 a+(\log_3 a)^2-\log_3 a+(\log_3 a)^2 < 0$

$2(\log_3 a)^2-3\log_3 a+1 < 0$

$(\log_3 a-1)(2\log_3 a-1) < 0$

즉, $\dfrac{1}{2} < \log_3 a < 1$에서 $\log_3 \sqrt{3} < \log_3 a < \log_3 3$

$\therefore \sqrt{3} < a < 3$ ($\because$ (밑)$=3>1$)　　$\cdots\cdots$㉡

㉠, ㉡에서 $\sqrt{3} < a < 3$

(i), (ii)에서 $\sqrt{3} < a \leq 3$　　　　　　　답 ⑤

16 현재, 즉 $t=0$일 때의 개체 수가 5000이므로

$\log 5000 = k$

개체 수가 처음으로 1000보다 적어지는 때는 n년 후이므로

$\log 1000 > \log 5000 + n\log\dfrac{4}{5}$

$\log 1000 > \log(5\times1000) + n\log\dfrac{8}{10}$

$3 > \log 5+3+n(3\log 2-1)$

$(1-3\log 2)n > \log\dfrac{10}{2}$

$(1-3\times0.3010)n > 1-0.3010$

$0.097n > 0.699$　　$\therefore n > 7.2\times\times\times$

n은 자연수이므로 $n=8$　　　　　　　　답 ③

---

01 $f(x)=\log_a x$이므로

ㄱ. $f\left(\dfrac{x}{a}\right)=\log_a\dfrac{x}{a}$

$\qquad = \log_a x-\log_a a$

$\qquad = f(x)-1$ (참)

ㄴ. $f(x)+f\left(\dfrac{1}{x}\right)=\log_a x+\log_a\dfrac{1}{x}$

$\qquad\qquad = \log_a x-\log_a x=0$ (거짓)

ㄷ. $f\left(\dfrac{x+y}{2}\right)=\log_a\dfrac{x+y}{2}$

$\dfrac{f(x)+f(y)}{2}=\dfrac{\log_a x+\log_a y}{2}$

$\qquad\qquad = \dfrac{1}{2}\log_a xy=\log_a\sqrt{xy}$

그런데 $x>0$, $y>0$일 때, 산술평균과 기하평균의 관계에 의하여

$\dfrac{x+y}{2}\geq\sqrt{xy}$ (단, 등호는 $x=y$일 때 성립)

이고, $0<a<1$이므로

$\log_a\dfrac{x+y}{2}\leq\log_a\sqrt{xy}$

$\therefore f\left(\dfrac{x+y}{2}\right)\leq\dfrac{f(x)+f(y)}{2}$ (참)

따라서 옳은 것은 ㄱ, ㄷ이다.　　　　　　답 ④

02 $y=\log(10-x^2)$에서 진수의 조건에 의하여

$10-x^2>0$에서 $x^2<10$　　$\therefore -\sqrt{10}<x<\sqrt{10}$

$\therefore A=\{x\,|\,-\sqrt{10}<x<\sqrt{10}\}$　　$\cdots\cdots$㉠

$y=\log(\log x)$에서 진수의 조건에 의하여

$x>0$, $\log x>0$

$\log x>0$에서 $\log x>\log 1$

$\therefore x>1$ ($\because$ (밑)$=10>1$)

$\therefore B=\{x\,|\,x>1\}$　　$\cdots\cdots$㉡

㉠, ㉡에서 $A\cap B=\{x\,|\,1<x<\sqrt{10}\}$

따라서 집합 $A\cap B$의 원소 중에서 정수인 것은 2, 3의 2개이다.　　　　　　答 2

단계	채점 기준	배점
㈎	로그의 진수의 조건을 이용하여 집합 A를 구한 경우	40%
㈏	로그의 진수의 조건을 이용하여 집합 B를 구한 경우	40%
㈐	집합 $A\cap B$를 구하고, $A\cap B$의 원소 중에서 정수의 개수를 구한 경우	20%

03 $0<\dfrac{1}{a}<1<a<b$이므로

세 함수 $y=\log_a x$, $y=\log_b k$, $y=\log_{\frac{1}{a}} x$의 그래프를 좌표평면 위에 나타내면 다음 그림과 같다.

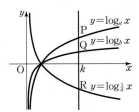

이때 $\overline{\mathrm{PQ}}:\overline{\mathrm{PR}}=2:5$이므로 $5\overline{\mathrm{PQ}}=2\overline{\mathrm{PR}}$에서

$5(\log_a k-\log_b k)=2\left(\log_a k-\log_{\frac{1}{a}} k\right)$

$5\log_a k-5\log_b k=4\log_a k$

$\log_a k=5\log_b k$

$\dfrac{\log k}{\log a}=\dfrac{5\log k}{\log b}$ ($\because \log k>0$), $\dfrac{\log b}{\log a}=5$

$\therefore \log_a b=5$　　　　　　　　　　답 ⑤

04 ㄱ. (반례) $a=\dfrac{1}{2}$일 때,

$0<b<c$의 각 변에 밑이 $\dfrac{1}{2}$인 로그를 취하면

$\log_{\frac{1}{2}} b>\log_{\frac{1}{2}} c$

따라서 $\log_a b<\log_a c$를 만족시키지 않는다. (거짓)

ㄴ. $c=1$이면 $0<a<b<1$ ……㉠

㉠의 각 변에 밑이 a인 로그를 취하면

$\log_a a>\log_a b>\log_a 1$ ∴ $0<\log_a b<1$

또한, ㉠의 각 변에 밑이 b인 로그를 취하면

$\log_b a>\log_b b>\log_b 1$ ∴ $\log_b a>1$

∴ $\log_a b<\log_b a$ (참)

ㄷ. (반례) $a=\dfrac{1}{2}$, $b=10$, $c=100$일 때,

$$(c-a)(\log b-a)=\left(100-\dfrac{1}{2}\right)\left(1-\dfrac{1}{2}\right)$$
$$=\dfrac{199}{2}\times\dfrac{1}{2}=\dfrac{199}{4}$$
$$(b-a)(\log c-a)=\left(10-\dfrac{1}{2}\right)\left(2-\dfrac{1}{2}\right)$$
$$=\dfrac{19}{2}\times\dfrac{3}{2}=\dfrac{57}{4}$$

∴ $(c-a)(\log b-a)>(b-a)(\log c-a)$ (거짓)

따라서 옳은 것은 ㄴ뿐이다. 답 ②

05 곡선 $y=\log_2 x$를 y축에 대하여 대칭이동시킨 그래프의 식은

$y=\log_2(-x)$

함수 $y=\log_2(-x)$의 그래프를 x축의 방향으로 1만큼 평행이동시킨 그래프의 식은

$y=\log_2(-x+1)$ ∴ $f(x)=\log_2(-x+1)$

한편, 두 점 $O(0, 0)$, $A(1, 0)$에 대하여 삼각형 OAB가 $\overline{OB}=\overline{AB}$인 이등변삼각형이려면 점 B는 선분 OA의 수직이등분선 위의 점이어야 한다.

선분 OA의 수직이등분선은 직선 $x=\dfrac{1}{2}$이므로 점 B는 x좌표가 $\dfrac{1}{2}$이고 함수 $f(x)=\log_2(-x+1)$의 그래프 위의 점이다.

∴ $B\left(\dfrac{1}{2},\ \log_2\left(-\dfrac{1}{2}+1\right)\right)$, 즉 $B\left(\dfrac{1}{2},\ -1\right)$

따라서 삼각형 OAB의 넓이는

$\dfrac{1}{2}\times(1-0)\times|-1|=\dfrac{1}{2}$ 답 $\dfrac{1}{2}$

• 다른 풀이 •

$f(x)=\log_2(-x+1)$이고 점 B는 곡선 $y=f(x)$ 위에 있으므로 $B(a,\ \log_2(-a+1))$이라 하자.

원점 O와 점 $A(1, 0)$에 대하여 $\overline{OB}=\overline{AB}$이므로

$\overline{OB}^2=\overline{AB}^2$에서

$a^2+\{\log_2(-a+1)\}^2=(a-1)^2+\{\log_2(-a+1)\}^2$

$a^2=a^2-2a+1$, $2a=1$ ∴ $a=\dfrac{1}{2}$

∴ $B\left(\dfrac{1}{2},\ \log_2 \dfrac{1}{2}\right)$, 즉 $B\left(\dfrac{1}{2},\ -1\right)$

따라서 △OAB는 오른쪽 그림과 같으므로

$△OAB=\dfrac{1}{2}\times 1\times 1=\dfrac{1}{2}$

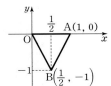

> **BLACKLABEL 특강** 풀이 첨삭
>
> 두 함수 $y=\log_2(-x+1)$, $y=\log_2 x$의 그래프가 직선 $x=\dfrac{1}{2}$에 대하여 대칭이고, 곡선 $y=\log_2 x$ 위의 점 $A(1, 0)$을 직선 $x=\dfrac{1}{2}$에 대하여 대칭이동하면 점 $O(0, 0)$이 되므로 $\overline{OB}=\overline{AB}$를 만족시키는 점 B는 두 곡선 $y=\log_2(-x+1)$, $y=\log_2 x$의 교점이다.

06 함수 $y=\log_3 x$의 그래프를 y축에 대하여 대칭이동하면

$y=\log_3(-x)$ ∴ $f(x)=\log_3(-x)$

$P(a, ma)$, $Q(b, mb)$라 하면 두 점 P, Q는 각각 두 함수 $y=\log_3 x$, $f(x)=\log_3(-x)$의 그래프 위의 점이므로

$ma=\log_3 a$, $mb=\log_3(-b)$ ……㉠

또한, 선분 PQ를 1 : 3으로 내분하는 점이 원점이므로

$\left(\dfrac{b+3a}{4},\ \dfrac{mb+3ma}{4}\right)=(0, 0)$

∴ $b=-3a$

위의 식을 ㉠에 대입하면

$-3ma=\log_3(3a)$, $-3ma=1+\log_3 a$

$ma=\log_3 a$를 위의 식에 대입하면

$-3\log_3 a=1+\log_3 a$, $-4\log_3 a=1$

$\log_3 a=-\dfrac{1}{4}$ ∴ $a=3^{-\frac{1}{4}}$

위의 값을 $ma=\log_3 a$에 대입하면

$3^{-\frac{1}{4}}m=\log_3 3^{-\frac{1}{4}}$, $3^{-\frac{1}{4}}m=-\dfrac{1}{4}$

∴ $m=-\dfrac{1}{4}\times 3^{\frac{1}{4}}$

∴ $m^4=\left(-\dfrac{1}{4}\times 3^{\frac{1}{4}}\right)^4=\dfrac{3}{256}$ 답 $\dfrac{3}{256}$

07 $y=\log_3(3x-6)+2=\log_3(x-2)+3$

이므로 함수 $y=\log_3(3x-6)+2$의 그래프는 함수 $y=\log_3(x+4)-5$의 그래프를 x축의 방향으로 6만큼, y축의 방향으로 8만큼 평행이동한 것이다.

이때 네 점 A, B, C, D는 모두 기울기가 $\dfrac{4}{3}=\dfrac{8}{6}$인 직선 위에 있으므로 점 A를 x축의 방향으로 6만큼, y축의 방향으로 8만큼 평행이동하면 점 C가 되고, 점 B를 x축의 방향으로 6만큼, y축의 방향으로 8만큼 평행이동이동하면 점 D가 된다.

∴ $x_3=x_1+6$, $y_3=y_1+8$

한편, 점 C에서 점 A를 지나고 x축과 평행한 직선에 내린 수선의 발을 H라 하고, 점 B에서 두 선분 AH, CH에 내린 수선의 발을 각각 P, Q라 하면 다음 그림과 같다.

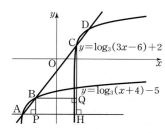

$\triangle$APB와 $\triangle$AHC에서

$\angle$APB$=\angle$AHC$=90$, $\angle$A는 공통이므로

$\triangle$APB$\varpropto$$\triangle$AHC (AA 닮음)

$\overline{AB}:\overline{BC}:\overline{CD}=1:3:1$에서 $\overline{AB}:\overline{AC}=1:4$이고,

$\overline{AH}=6$, $\overline{CH}=8$이므로

$\overline{AP}:\overline{AH}=1:4$에서 $\overline{AP}=\dfrac{1}{4}\overline{AH}=\dfrac{1}{4}\times6=\dfrac{3}{2}$

$\overline{BP}:\overline{CH}=1:4$에서 $\overline{BP}=\dfrac{1}{4}\overline{CH}=\dfrac{1}{4}\times8=2$

$\therefore x_2=x_1+\dfrac{3}{2}$, $y_2=y_1+2$

두 점 A, B는 함수 $y=\log_3(x+4)-5$의 그래프 위에
있으므로

$y_1=\log_3(x_1+4)-5$, $y_2=\log_3(x_2+4)-5$에서

$y_2-y_1=\log_3\left(x_1+\dfrac{3}{2}+4\right)-5-\{\log_3(x_1+4)-5\}$

$$=\log_3\dfrac{x_1+\dfrac{11}{2}}{x_1+4}=2$$

즉, $\dfrac{x_1+\dfrac{11}{2}}{x_1+4}=3^2$이므로

$x_1+\dfrac{11}{2}=9x_1+36$, $8x_1=-\dfrac{61}{2}$

$\therefore x_1=-\dfrac{61}{16}$

$\therefore x_1+x_3=-\dfrac{61}{16}+\left(-\dfrac{61}{16}+6\right)$

$$=-\dfrac{13}{8}$$

답 ②

서울대 선배들의 강추문제 | 1등급 비법 노하우

이 문제는 좌표평면에서 평행이동과 직선의 기울기 사이의 관계를 파
악할 수 있는지를 묻는 문제이다. 곡선 $y=g(x)$가 곡선 $y=f(x)$를
x축의 방향으로 m만큼, y축의 방향으로 n만큼 평행이동한 것일 때,
곡선 $y=f(x)$ 위의 점 A를 x축의 방향으로 m만큼, y축의 방향으로
n만큼 이동시킨 점을 P라 하면 직선 AP의 기울기는 $\dfrac{n}{m}$이 되고 점 P
는 곡선 $y=g(x)$ 위에 있다. 또한, 점 A를 지나고 기울기가 $\dfrac{n}{m}$인 직
선이 곡선 $y=g(x)$와 한 점에서 만날 때, 그 교점은 점 P와 같다. 도
형은 어떤 시각으로 바라보느냐에 따라 다양한 풀이와 해석이 나올 수
있으므로 문제를 풀 때 여러 시각으로 보는 법을 연습해 두어야 한다.

---

08 A$(a,\ \log_2(a-2))$, B$(b,\ \log_2(b-2))$ $(a<b)$라 하면

$\overline{AA'}=\overline{BB'}$이므로

$-\log_2(a-2)=\log_2(b-2)$

$\log_2\dfrac{1}{a-2}=\log_2(b-2)$, $\dfrac{1}{a-2}=b-2$

$\therefore (a-2)(b-2)=1$ ······㉠

$\triangle$ACA$'$과 $\triangle$BCB$'$에서

$\angle$CAA$'=\angle$CBB$'$ ($\because$ 엇각), $\overline{AA'}=\overline{BB'}$,

$\angle$AA$'$C$=\angle$BB$'$C$=90°$이므로

$\triangle$ACA$'\equiv\triangle$BCB$'$ (ASA 합동)

$\therefore \overline{AC}=\overline{BC}$

즉, 점 C는 $\overline{AB}$의 중점이므로

$\dfrac{a+b}{2}=\dfrac{13}{4}$ $\therefore a+b=\dfrac{13}{2}$

$\therefore (a-2)+(b-2)=\dfrac{5}{2}$ ······㉡

㉠, ㉡에서 이차방정식의 근과 계수의 관계에 의하여

$a-2$, $b-2$는 이차방정식 $x^2-\dfrac{5}{2}x+1=0$, 즉

$2x^2-5x+2=0$의 서로 다른 두 근이다.

$2x^2-5x+2=0$에서 $(2x-1)(x-2)=0$

$\therefore x=\dfrac{1}{2}$ 또는 $x=2$

이때 $a<b$이므로 $a-2=\dfrac{1}{2}$, $b-2=2$

$\therefore a=\dfrac{5}{2}$, $b=4$

따라서 $\overline{A'B'}$의 길이는

$b-a=4-\dfrac{5}{2}=\dfrac{3}{2}$ 답 $\dfrac{3}{2}$

• 다른 풀이 •

$\triangle$ACA$'\equiv\triangle$BCB$'$에서 $\overline{A'C}=\overline{B'C}$

따라서 $\overline{A'C}=\alpha$ $(\alpha>0)$라 하면

A$'\left(\dfrac{13}{4}-\alpha,\ 0\right)$, B$'\left(\dfrac{13}{4}+\alpha,\ 0\right)$

두 점 A, B는 곡선 $y=\log_2(x-2)$ 위의 점이므로

A$\left(\dfrac{13}{4}-\alpha,\ \log_2\left(\dfrac{5}{4}-\alpha\right)\right)$, B$\left(\dfrac{13}{4}+\alpha,\ \log_2\left(\dfrac{5}{4}+\alpha\right)\right)$

$\overline{AA'}=\overline{BB'}$이므로

$-\log_2\left(\dfrac{5}{4}-\alpha\right)=\log_2\left(\dfrac{5}{4}+\alpha\right)$

$\log_2\left(\dfrac{5}{4}+\alpha\right)\left(\dfrac{5}{4}-\alpha\right)=0$

$\left(\dfrac{5}{4}-\alpha\right)\left(\dfrac{5}{4}+\alpha\right)=1$

$\dfrac{25}{16}-\alpha^2=1$, $\alpha^2=\dfrac{9}{16}$ $\therefore \alpha=\dfrac{3}{4}$ $(\because \alpha>0)$

$\therefore \overline{A'B'}=2\alpha=2\times\dfrac{3}{4}=\dfrac{3}{2}$

---

09 $f(x)=\log_2 x$, $g(x)=\log_3(x+1)$이라 하고 두 함수
$y=f(x)$, $y=g(x)$의 그래프를 그리면 다음 그림과 같다.

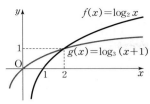

ㄱ. 양수 a에 대하여 $a+2>2$이고, 위의 그래프에서

$x>2$일 때 $f(x)>g(x)$이므로

$f(a+2)>g(a+2)$

$\therefore \log_2(a+2)>\log_3(a+3)$ (참)

ㄴ. $\log_2(a+1)>\log_3(a+2)$에서

$f(a+1)>g(a+1)$

이때 위의 그래프에서 $f(x)>g(x)$가 성립하려면

$x>2$이어야 하므로

$a+1>2$ $\therefore a>1$ (참)

ㄷ. (반례) $a=1$, $b=1$이면

$\log_2(a+1)=\log_2 2=1$, $\log_3(b+2)=\log_3 3=1$

즉, $\log_2(a+1)=\log_3(b+2)$이지만 $a>b$는 아니

다. (거짓)

따라서 옳은 것은 ㄱ, ㄴ이다. 답 ②

• 다른 풀이 •

ㄷ. $\log_2(a+1)=\log_3(b+2)$에서

$f(a+1)=g(b+1)$

$f(a+1)=g(b+1)=k$라 하면 직선 $y=k$와 두 곡

선 $y=\log_2 x$, $y=\log_3(x+1)$의 교점의 x좌표가 각

각 $a+1$, $b+1$이다.

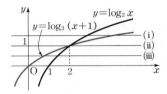

이때 위의 그래프에서 직선 $y=k$가

(i)이면 $a+1<b+1$에서 $a<b$

(ii)이면 $a+1=b+1$에서 $a=b$

(iii)이면 $a+1>b+1$에서 $a>b$

즉, $\log_2(a+1)=\log_3(b+2)$이면 항상 $a>b$는 아

니다. (거짓)

 10

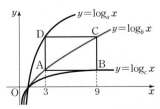

직사각형 ABCD의 가로의 길이가 6이고, 넓이가 24이므

로 세로의 길이는 4이다.

두 점 $A(3, g(3))$, $C(9, g(9))$가 함수 $y=g(x)$의 그

래프 위의 점이므로

$g(9)-g(3)=4$, $\log_b 9-\log_b 3=4$

$\log_b 3=4$ ······㉠

$\therefore b^4=3$

또한, $\overline{AD}=4$이므로

$f(3)-g(3)=4$, $\log_a 3-\log_b 3=4$

$\log_a 3-4=4$ ($\because$ ㉠)

$\log_a 3=8$ $\therefore a^8=3$

$\overline{BC}=4$이므로

$g(9)-h(9)=4$, $\log_b 9-\log_c 9=4$

$\log_b 3-\log_c 3=2$ ($\because$ ㉠)

$4-\log_c 3=2$, $\log_c 3=2$ $\therefore c^2=3$

$b^4=3$, $a^8=3$에서 $b=3^{\frac{1}{4}}$, $a=3^{\frac{1}{8}}$이고, $c^4=9$이므로

이 식을 $c^4=a^m b^n$에 대입하면

$9=3^{\frac{1}{8}m}3^{\frac{1}{4}n}$, $3^2=3^{\frac{1}{8}m+\frac{1}{4}n}$

$\frac{1}{8}m+\frac{1}{4}n=2$ $\therefore m+2n=16$

따라서 $m+2n=16$을 만족시키는 자연수 m, n의 순서

쌍 (m, n)은

$(14, 1), (12, 2), (10, 3), \cdots, (2, 7)$

이므로 $m+n$의 최댓값은 $m=14$, $n=1$일 때

$14+1=15$ 답 15

BLACKLABEL 특강 참고

$m+2n=16$에서 $m=16-2n$, $n=\dfrac{16-m}{2}$

m, n이 자연수이므로 $m\geq 1$, $n\geq 1$에서

$m\leq 14$, $n\leq\dfrac{15}{2}$ $\therefore 1\leq m\leq 14$, $1\leq n\leq 7$

또한, $m+2n=16$에서 $m+n=16-n$이므로 $m+n$의 최댓값은

$16-n$의 최댓값과 같고, n이 최소일 때 $16-n$이 최대가 된다.

따라서 $n=1$일 때, $m+n$의 최댓값은 $16-1=15$이다.

11

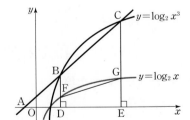

$\overline{AB}:\overline{BC}=1:2$에서 $\overline{AB}:\overline{AC}=1:3$

두 삼각형 ADB, AEC는 서로 닮음이므로 닮음비는

$1:3$이다.

즉, 두 삼각형의 넓이의 비는 $1:9$이고, 삼각형 ADB의

넓이가 $\dfrac{9}{2}$이므로

$\triangle AEC=9\times\dfrac{9}{2}=\dfrac{81}{2}$

$\therefore \square BDEC=\triangle AEC-\triangle ADB$

$=\dfrac{81}{2}-\dfrac{9}{2}$

$=\dfrac{72}{2}=36$

한편, $y=\log_2 x^3=3\log_2 x$이므로

$\overline{GE}=\dfrac{1}{3}\overline{CE}$, $\overline{FD}=\dfrac{1}{3}\overline{BD}$

사각형 FDEG의 윗변과 아랫변의 길이는 각각 사각형 BDEC의 윗변과 아랫변의 길이의 $\dfrac{1}{3}$이고, 높이는 서로 같다.

따라서 사각형 FDEG의 넓이는 사각형 BDEC의 넓이의 $\dfrac{1}{3}$이므로

$\square FDEG=\dfrac{1}{3}\square BDEC=\dfrac{1}{3}\times 36=12$ 답 12

• 다른 풀이 •

$\overline{AD}=a$라 하면 두 삼각형 ADB, AEC가 닮음이므로

$\overline{AB}:\overline{BC}=1:2$에서 $\overline{AD}:\overline{DE}=1:2$

$a:\overline{DE}=1:2$ $\therefore \overline{DE}=2a$

삼각형 ADB의 넓이가 $\dfrac{9}{2}$이므로

$\dfrac{1}{2}\times\overline{AD}\times\overline{BD}=\dfrac{9}{2}$, $\dfrac{1}{2}\times a\times\overline{BD}=\dfrac{9}{2}$

$\therefore \overline{BD}=\dfrac{9}{a}$

또한, 두 삼각형 ADB, AEC의 닮음비가 $1:3$이므로

$\overline{BD}:\overline{CE}=1:3$에서 $\dfrac{9}{a}:\overline{CE}=1:3$

$\therefore \overline{CE}=\dfrac{27}{a}$

한편, $y=\log_2 x^3=3\log_2 x$이므로 점 D의 x좌표를 k라 하면 F$(k,\ \log_2 k)$, B$(k,\ 3\log_2 k)$

즉, $\overline{BF}=2\overline{DF}$이고, $\overline{BD}=\dfrac{9}{a}$이므로

$\overline{BD}=\overline{BF}+\overline{DF}=2\overline{DF}+\overline{DF}$

$=3\overline{DF}=\dfrac{9}{a}$

$\therefore \overline{DF}=\dfrac{3}{a}$, $\overline{BF}=\dfrac{6}{a}$

같은 방법으로 $\overline{CG}=2\overline{EG}$이고, $\overline{CE}=\dfrac{27}{a}$이므로

$\overline{CE}=\overline{CG}+\overline{EG}=2\overline{EG}+\overline{EG}$

$=3\overline{EG}=\dfrac{27}{a}$

$\therefore \overline{EG}=\dfrac{9}{a}$, $\overline{CG}=\dfrac{18}{a}$

따라서 사각형 FDEG의 넓이는

$\dfrac{1}{2}\times(\overline{DF}+\overline{EG})\times\overline{DE}$

$=\dfrac{1}{2}\times\left(\dfrac{3}{a}+\dfrac{9}{a}\right)\times 2a=12$

12 ㄱ. $f(9)=f(7+2)$

$=f(7)+1=f(5+2)+1$

$=f(5)+2=f(3+2)+2$

$=f(3)+3$ ($\because$ 조건 (내))

$=\log_3 3+3$ ($\because$ 조건 (개))

$=4$ (참)

ㄴ. ㄱ에서 $f(9)=4$이므로

$f(f(9))=f(4)$

$=f(2+2)=f(2)+1$ ($\because$ 조건 (내))

$=\log_3 2+1$ ($\because$ 조건 (개))

$=\log_3 6$

이때 함수 $f(x)$의 역함수가 $g(x)$이므로

$f(f(9))=\log_3 6$에서 $g(g(\log_3 6))=9$ (참)

ㄷ. $2f(x)-x+1=0$에서 $f(x)=\dfrac{1}{2}(x-1)$이므로

주어진 방정식의 실근은 두 함수 $y=f(x)$, $y=\dfrac{1}{2}(x-1)$의 그래프의 교점의 x좌표와 같다.

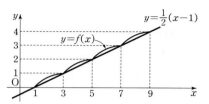

위의 그림에서 함수 $y=f(x)$의 그래프와 직선 $y=\dfrac{1}{2}(x-1)$이 서로 다른 5개의 점에서 만나므로 주어진 방정식의 실근의 개수는 5이다. (참)

따라서 ㄱ, ㄴ, ㄷ 모두 옳다.   답 ⑤

13 함수 $y=3^x$의 역함수가 $y=\log_3 x$이므로 세 곡선 $y=3^x$, $y=\log_2 x$, $y=\log_3 x$와 직선 $y=-x+5$를 좌표평면에 나타내면 다음 그림과 같다.

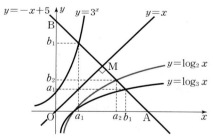

ㄱ. 함수 $y=3^x$의 그래프와 직선 $y=-x+5$가 만나는 점의 좌표가 $(a_1,\ b_1)$이므로 함수 $y=\log_3 x$의 그래프와 직선 $y=-x+5$가 만나는 점의 좌표는 $(b_1,\ a_1)$이다.

$\therefore a_1 < b_2$ (참)

ㄴ. 위의 그래프에서 원점과 점 $(a_1,\ b_1)$을 지나는 직선의 기울기는 원점과 점 $(a_2,\ b_2)$를 지나는 직선의 기울기보다 크므로

$\dfrac{b_1-0}{a_1-0} > \dfrac{b_2-0}{a_2-0}$에서 $\dfrac{b_1}{a_1} > \dfrac{b_2}{a_2}$

$a_1 > 0$, $a_2 > 0$이므로 위의 부등식의 양변에 $a_1 a_2$를 곱하면

$a_2 b_1 > a_1 b_2$ (참)

ㄷ. 원점을 O, 직선 $y=-x+5$가 x축, y축과 만나는 점을 각각 A, B, 원점 O에서 $\overline{AB}$에 내린 수선의 발을 M이라 하면 $\overline{OM}$은 점 O와 직선 $y=-x+5$ 위의 임의의 점 사이의 거리 중에서 가장 짧은 거리이다.

즉, 직선 $y=-x+5$ 위의 점은 점 M으로부터 멀어질수록 원점과의 거리가 더 길어지고, 위의 그래프에서 점 (a_1, b_1)은 점 (a_2, b_2)보다 점 M으로부터 더 멀리 있으므로

$\sqrt{a_1{}^2+b_1{}^2}>\sqrt{a_2{}^2+b_2{}^2}$

위의 식의 양변을 제곱하면

$a_1{}^2+b_1{}^2>a_2{}^2+b_2{}^2$ (참)

따라서 ㄱ, ㄴ, ㄷ 모두 옳다. 　　　　　답 ⑤

14 함수 $f(x)=\log_a(x-1)-b$에서

$y=\log_a(x-1)-b$로 놓으면

$y+b=\log_a(x-1)$, $a^{y+b}=x-1$

$x=a^{y+b}+1$

x와 y를 서로 바꾸면

$y=a^{x+b}+1$

$\therefore f^{-1}(x)=a^{x+b}+1$

$g(x)=a^{x+b}+2$이므로 함수 $y=g(x)$의 그래프는 함수 $y=f^{-1}(x)$의 그래프를 y축의 방향으로 1만큼 평행이동한 것이다.

따라서 세 함수 $y=f(x)$, $y=f^{-1}(x)$, $y=g(x)$의 그래프를 좌표평면 위에 나타내면 다음 그림과 같다.

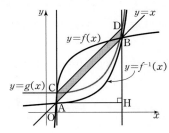

$\therefore \overline{AC}=\overline{BD}=1$

한편, 두 점 A, B는 직선 $y=x$ 위의 점이므로 점 A에서 직선 BD에 내린 수선의 발을 H라 하면 △BAH는 직각이등변삼각형이다.

즉, $\overline{AB}=4\sqrt{2}$에서 $\overline{AH}=4$

따라서 사각형 ABDC의 넓이는

$\overline{AC}\times\overline{AH}=1\times4=4$ 　　　　답 ①

15 두 곡선 $y=3^x-n$, $y=\log_3(x+n)$은 서로 역함수 관계이므로 직선 $y=x$에 대하여 대칭이다.

즉, 두 곡선 $y=3^x-n$, $y=\log_3(x+n)$으로 둘러싸인 영역이 직선 $y=x$에 대하여 대칭이므로 점 (a, b)가 주어진 영역에 포함되면 점 (b, a)도 포함된다.

$n=2$일 때, 두 곡선 $y=3^x-2$, $y=\log_3(x+2)$로 둘러싸인 영역은 오른쪽 그림과 같으므로 영역의 내부 또는 경계에 포함되고 x좌표와 y좌표가 모두 자연수인 점은 $(1, 1)$뿐이다.

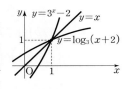

n의 값이 커지면 함수 $y=3^x-n$의 그래프는 오른쪽으로 이동하고, 함수 $y=\log_3(x+n)$의 그래프는 위쪽으로 이동한다.

영역의 내부 또는 경계에 포함되는 점의 개수가 4일 때의 점은 $(1, 1)$, $(2, 2)$, $(2, 1)$, $(1, 2)$이다.

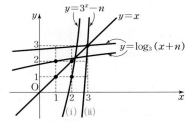

즉, 주어진 두 곡선이 서로 역함수 관계이므로 곡선 $y=3^x-n$만 생각하면 조건을 만족시키는 n의 값은 이 곡선이 점 $(2, 1)$을 지날 때부터 점 $(3, 3)$을 지나기 전까지이다.
　　　　　　　　　　　　(i)　　　　　　　　(ii)

$f(x)=3^x-n$이라 할 때, $f(2)\leq1$, $f(3)>3$이므로

$3^2-n\leq1$, $3^3-n>3$

$\therefore 8\leq n<24$

따라서 조건을 만족시키는 자연수 n은 8, 9, 10, $\cdots$, 23의 16개이다. 　　　　　　답 16

16 ㄱ. $ab=1$에서 $b=\dfrac{1}{a}$

점 P는 곡선 $y=\log_b x$, 즉 곡선 $y=\log_{\frac{1}{a}}x$ 위의 점이고 y좌표는 1이므로

$1=\log_{\frac{1}{a}}x$에서 $x=\dfrac{1}{a}$ 　　$\therefore P\left(\dfrac{1}{a}, 1\right)$

점 Q는 곡선 $y=\log_a x$ 위의 점이고 y좌표는 -1이므로

$-1=\log_a x$에서 $x=\dfrac{1}{a}$ 　　$\therefore Q\left(\dfrac{1}{a}, -1\right)$

$\therefore \overline{AP}=\overline{BQ}=\dfrac{1}{a}$ (참)

ㄴ. $D(1, 1)$이고, 점 R는 x좌표가 1인 곡선 $y=b^x$ 위의 점이므로 $R(1, b)$

$\therefore \overline{DR}=1-b$

$C(1, -1)$, $Q\left(\dfrac{1}{a}, -1\right)$이므로 $\overline{CQ}=1-\dfrac{1}{a}$

이때 $ab<1$에서 $b<\dfrac{1}{a}$

$-b>-\dfrac{1}{a}$ 　　$\therefore 1-b>1-\dfrac{1}{a}$

$\therefore \overline{DR} > \overline{CQ}$ (참)

ㄷ. R$(1, b)$이므로 $\overline{OR} = \sqrt{1+b^2}$

Q$\left(\dfrac{1}{a}, -1\right)$이므로 $\overline{OQ} = \sqrt{\left(\dfrac{1}{a}\right)^2 + 1}$

이때 $ab > 1$에서 $b > \dfrac{1}{a}$이므로

$b^2 > \left(\dfrac{1}{a}\right)^2$ $(\because a > 0, b > 0)$

$1 + b^2 > \left(\dfrac{1}{a}\right)^2 + 1$ $\therefore \sqrt{1+b^2} > \sqrt{\left(\dfrac{1}{a}\right)^2 + 1}$

$\therefore \overline{OR} > \overline{OQ}$ (거짓)

따라서 옳은 것은 ㄱ, ㄴ이다.   답 ②

17 $f(x) = 4x^{-4+\log_2 x}$의 양변에 밑이 2인 로그를 취하면

$\log_2 f(x) = \log_2 4 + \log_2 x^{-4+\log_2 x}$

$\qquad\qquad = 2 + (-4 + \log_2 x) \times \log_2 x$

$\qquad\qquad = (\log_2 x)^2 - 4\log_2 x + 2$

$\log_2 x = t$로 놓으면 (밑)$=2 > 1$이므로

$\dfrac{1}{2} \le x \le 2$에서 $\log_2 \dfrac{1}{2} \le \log_2 x \le \log_2 2$

$\therefore -1 \le t \le 1$

$\log_2 f(2^t) = t^2 - 4t + 2 = (t-2)^2 - 2$에서

$f(2^t) = 2^{(t-2)^2 - 2}$ (단, $-1 \le t \le 1$)   ……㉠

(밑)$=2 > 1$이므로 ㉠은 $(t-2)^2 - 2$가 최대일 때 최댓값을 갖고, $(t-2)^2 - 2$가 최소일 때 최솟값을 갖는다.

이때 $g(t) = (t-2)^2 - 2$라 하면 $-1 \le t \le 1$에서 함수 $y = g(t)$는 $t = -1$일 때 최댓값 7, $t = 1$일 때 최솟값 -1을 가지므로

$M = 2^7 = 128$, $m = 2^{-1} = \dfrac{1}{2}$

$\therefore Mm = 128 \times \dfrac{1}{2} = 64$ 답 ③

18 $\dfrac{\log_x 2 + \log_y 2}{\log_{xy} 2} = \dfrac{\dfrac{1}{\log_2 x} + \dfrac{1}{\log_2 y}}{\dfrac{1}{\log_2 xy}}$

$\qquad\qquad\qquad = \dfrac{\dfrac{1}{\log_2 x} + \dfrac{1}{\log_2 y}}{\dfrac{1}{\log_2 x + \log_2 y}}$

$\log_2 x = a$, $\log_2 y = b$로 놓으면

(주어진 식)$= \dfrac{\dfrac{1}{a} + \dfrac{1}{b}}{\dfrac{1}{a+b}} = \dfrac{\dfrac{a+b}{ab}}{\dfrac{1}{a+b}}$

$\qquad\qquad = \dfrac{a^2 + 2ab + b^2}{ab}$

$\qquad\qquad = \dfrac{a}{b} + \dfrac{b}{a} + 2$

그런데 $x > 1$, $y > 1$에서 $a > 0$, $b > 0$이므로 $\dfrac{b}{a} > 0$, $\dfrac{a}{b} > 0$

산술평균과 기하평균의 관계에 의하여

$\dfrac{a}{b} + \dfrac{b}{a} + 2 \ge 2\sqrt{\dfrac{a}{b} \times \dfrac{b}{a}} + 2$ (단, 등호는 $a = b$일 때 성립)

$\qquad\qquad\qquad = 4$

따라서 주어진 식의 최솟값은 4이다.   답 ④

• 다른 풀이 •

$\dfrac{\log_x 2 + \log_y 2}{\log_{xy} 2}$

$= (\log_x 2 + \log_y 2) \times \log_2 xy$

$= (\log_x 2 + \log_y 2)(\log_2 x + \log_2 y)$ ……㉠

이때 1보다 큰 두 실수 x, y에 대하여 $\log_x 2 > 0$, $\log_y 2 > 0$, $\log_2 x > 0$, $\log_2 y > 0$이므로 코시―슈바르츠의 부등식에 의하여

$(\log_x 2 + \log_y 2)(\log_2 x + \log_2 y)$

$= \{(\sqrt{\log_x 2})^2 + (\sqrt{\log_y 2})^2\}\{(\sqrt{\log_2 x})^2 + (\sqrt{\log_2 y})^2\}$

$\ge (\sqrt{\log_x 2} \times \sqrt{\log_2 x} + \sqrt{\log_y 2} \times \sqrt{\log_2 y})^2$

$\left($단, 등호는 $\dfrac{\sqrt{\log_2 x}}{\sqrt{\log_x 2}} = \dfrac{\sqrt{\log_2 y}}{\sqrt{\log_y 2}}$, 즉 $x = y$일 때 성립$\right)$

$= (1+1)^2 = 4$ ……㉡

따라서 ㉠, ㉡에서 $\dfrac{\log_x 2 + \log_y 2}{\log_{xy} 2} \ge 4$이므로 구하는 최솟값은 4이다.

19 $f(x) = \left(\log_a \dfrac{x}{10}\right)\left(\log_a \dfrac{x}{4}\right)$

$\qquad = (\log_a x - \log_a 10)(\log_a x - \log_a 4)$

$\qquad = (\log_a x)^2 - (\log_a 10 + \log_a 4)\log_a x$

$\qquad\qquad\qquad\qquad\qquad + \log_a 10 \times \log_a 4$

이때 $\log_a x = t$, $\log_a 10 = \alpha$, $\log_a 4 = \beta$로 놓으면

$f(a^t) = t^2 - (\alpha + \beta)t + \alpha\beta$

$\qquad = \left(t - \dfrac{\alpha+\beta}{2}\right)^2 + \alpha\beta - \left(\dfrac{\alpha+\beta}{2}\right)^2$

이므로 $t = \dfrac{\alpha+\beta}{2}$일 때 최솟값 $\alpha\beta - \left(\dfrac{\alpha+\beta}{2}\right)^2$을 갖는다.

즉, $\alpha\beta - \left(\dfrac{\alpha+\beta}{2}\right)^2 = -\dfrac{1}{16}$에서

$\left(\dfrac{\alpha-\beta}{2}\right)^2 = \dfrac{1}{16}$, $\dfrac{\alpha-\beta}{2} = \pm\dfrac{1}{4}$

$\alpha = \log_a 10$, $\beta = \log_a 4$이므로

$\dfrac{\log_a 10 - \log_a 4}{2} = \dfrac{1}{4}$ 또는 $\dfrac{\log_a 10 - \log_a 4}{2} = -\dfrac{1}{4}$

$\log_a \dfrac{5}{2} = \dfrac{1}{2}$ 또는 $\log_a \dfrac{5}{2} = -\dfrac{1}{2}$

$a^{\frac{1}{2}} = \dfrac{5}{2}$ 또는 $a^{-\frac{1}{2}} = \dfrac{5}{2}$

$\therefore a = \dfrac{25}{4}$ 또는 $a = \dfrac{4}{25}$

따라서 모든 a의 값의 곱은

$\dfrac{25}{4} \times \dfrac{4}{25} = 1$ 답 1

20 $(\log_3 x)^2 - \log_3 x^4 + k = 0$에서

$(\log_3 x)^2 - 4\log_3 x + k = 0$

$\log_3 x = t$로 놓으면 주어진 방정식은 $t^2 - 4t + k = 0$

이때 주어진 방정식의 두 근이 $\dfrac{1}{3}$과 27 사이에 있고

$\log_3 \dfrac{1}{3} = -1$, $\log_3 27 = 3$이므로 t에 대한 이차방정식

$t^2 - 4t + k = 0$의 두 근이 -1과 3 사
이에 있어야 한다.

$f(t) = t^2 - 4t + k$라 하면 $y = f(t)$
의 그래프는 오른쪽 그림과 같아야
하므로

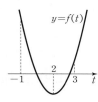

(i) 이차방정식 $t^2 - 4t + k = 0$의 판별식을 D라 하면

$\dfrac{D}{4} = 4 - k \geq 0$

$\therefore k \leq 4$

(ii) $f(-1) > 0$에서 $5 + k > 0$이므로 $k > -5$

$f(3) > 0$에서 $-3 + k > 0$이므로 $k > 3$

$\therefore k > 3$

(i), (ii)에서 $3 < k \leq 4$ 답 ④

BLACKLABEL 특강 | 오답 피하기

로그방정식을 치환하여 풀 때 반드시 치환하는 것이 무엇인지 명확히
표시를 하고, 치환한 변수의 범위 또한 표시해 놓아야 한다. 위의 문제
는 $\log_3 x$를 t로 치환하면 한결 쉽게 풀 수 있는데 이때의 x의 값은
$\dfrac{1}{3}$과 27 사이에 있으므로 t의 값은 -1과 3 사이에 있음에 주의하자.
치환을 이용하면 이 문제는 t에 대한 이차방정식 문제가 되므로 보다
쉽게 k의 값의 범위를 구할 수 있다.

---

21 $\begin{cases} \dfrac{2}{\log_x 4} + \dfrac{1}{\log_y 2} = 3 & \cdots\cdots \text{㉠} \\ \log_2 3x + \log_{\sqrt{2}} y = \log_2 48 & \cdots\cdots \text{㉡} \end{cases}$

㉠에서 밑의 조건에 의하여 $x > 0$, $x \neq 1$, $y > 0$, $y \neq 1$이고
밑의 변환 공식에 의하여 $2\log_4 x + \log_2 y = 3$

$\therefore \log_2 x + \log_2 y = 3$ $\cdots\cdots$ ㉢

㉡에서 진수의 조건에 의하여 $x > 0$, $y > 0$이고

$\log_2 3 + \log_2 x + 2\log_2 y = \log_2 (2^4 \times 3)$에서

$\log_2 3 + \log_2 x + 2\log_2 y = 4 + \log_2 3$

$\therefore \log_2 x + 2\log_2 y = 4$ $\cdots\cdots$ ㉣

㉢, ㉣을 연립하여 풀면

$\log_2 x = 2$, $\log_2 y = 1$ $\therefore x = 4$, $y = 2$

따라서 $\alpha = 4$, $\beta = 2$이므로

$\alpha^2 + \beta^2 = 16 + 4 = 20$ 답 ③

• 다른 풀이 •

㉠에서 밑의 조건에 의하여 $x > 0$, $x \neq 1$, $y > 0$, $y \neq 1$이고
밑의 변환 공식에 의하여 $2\log_4 x + \log_2 y = 3$

$\log_2 x + \log_2 y = 3$, $\log_2 xy = 3$

$\therefore xy = 8$

㉡에서 $\log_2 3x + 2\log_2 y = \log_2 48$

$\log_2 3x + \log_2 y^2 = \log_2 48$

$\log_2 3xy^2 = \log_2 48$

$3xy^2 = 48$ $\therefore xy^2 = 16$

위의 식에 $xy = 8$을 대입하면

$8y = 16$ $\therefore y = 2$, $x = 4$

따라서 $\alpha = 4$, $\beta = 2$이므로

$\alpha^2 + \beta^2 = 16 + 4 = 20$

---

22 방정식의 두 근을 α, β라 하고 $\beta = \alpha^2$이라 하자.

$(\log_2 x)^2 - 6a\log_2 x + a + 1 = 0$에서 $\log_2 x = t$로 놓으면

$t^2 - 6at + a + 1 = 0$

위의 t에 대한 이차방정식의 두 근을 t_1, t_2라 하면

$t_1 = \log_2 \alpha$, $t_2 = \log_2 \beta = \log_2 \alpha^2 = 2\log_2 \alpha = 2t_1$

즉, 두 근은 t_1, $2t_1$이므로 이차방정식의 근과 계수의 관계
에 의하여

$t_1 + 2t_1 = 6a$에서 $3t_1 = 6a$ $\therefore t_1 = 2a$

$t_1 \times 2t_1 = a + 1$에서 $2t_1^2 = a + 1$

위의 식에 $t_1 = 2a$를 대입하면

$2(2a)^2 = a + 1$, $8a^2 - a - 1 = 0$

따라서 이차방정식의 근과 계수의 관계에 의하여 모든 실
수 a의 값의 합은 $\dfrac{1}{8}$이다. 답 $\dfrac{1}{8}$

---

23 방정식 $3\log_2 [x] = 2(x-1)$의 서로 다른 실근은 두 함
수 $y = 3\log_2 [x]$, $y = 2(x-1)$의 그래프의 교점의 x좌
표와 같다.

$y = 3\log_2 [x]$에서 진수의 조건에 의하여 $[x] > 0$

$[x]$는 정수이므로 $[x] \geq 1$에서 $x \geq 1$

(i) $1 \leq x < 2$일 때,

$[x] = 1$이므로

함수 $y = 3\log_2 [x]$에서 $y = 0$

(ii) $2 \leq x < 3$일 때,

$[x] = 2$이므로

함수 $y = 3\log_2 [x]$에서 $y = 3$

(iii) $3 \leq x < 4$일 때,

$[x] = 3$이므로

함수 $y = 3\log_2 [x]$에서 $y = 3\log_2 3 = \log_2 27$

이때 $\log_2 16 < \log_2 27 < \log_2 32$이므로

$4 < \log_2 27 < 5$

(iv) $4 \leq x < 5$일 때,

$[x] = 4$이므로

함수 $y = 3\log_2 [x]$에서 $y = 6$

(v) $5 \leq x < 6$일 때,

$[x]=5$이므로

함수 $y=3 \log_2 [x]$에서 $y=3 \log_2 5=\log_2 125$

이때 $\log_2 64 < \log_2 125 < \log_2 128$이므로

$6 < \log_2 125 < 7$

(vi) $6 \leq x < 7$일 때,

$[x]=6$이므로

함수 $y=3 \log_2 [x]$에서 $y=3 \log_2 6=\log_2 216$

이때 $\log_2 128 < \log_2 216 < \log_2 256$이므로

$7 < \log_2 216 < 8$

$\vdots$

(i)~(vi)에서 두 함수 $y=3 \log_2 [x]$, $y=2(x-1)$의 그래프를 그리면 다음 그림과 같다.

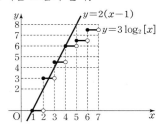

따라서 주어진 방정식의 서로 다른 실근의 개수는 4이다.

답 4

• 다른 풀이 •

$3 \log_2 [x]$에서 진수의 조건에 의하여 $[x]>0$

이때 $[x]$는 정수이므로 $[x] \geq 1$ ∴ $x \geq 1$

(i) $1 \leq x < 2$일 때,

$[x]=1$이므로 이 값을 주어진 방정식에 대입하면

$3 \log_2 1=2(x-1)$, $2(x-1)=0$

∴ $x=1$

(ii) $2 \leq x < 3$일 때,

$[x]=2$이므로 이 값을 주어진 방정식에 대입하면

$3 \log_2 2=2(x-1)$, $2(x-1)=3$

$2x=5$ ∴ $x=\dfrac{5}{2}$

(iii) $3 \leq x < 4$일 때,

$[x]=3$이므로 이 값을 주어진 방정식에 대입하면

$3 \log_2 3=2(x-1)$, $2x=3 \log_2 3+2$

$2x=\log_2 108$

∴ $x=\dfrac{1}{2} \log_2 108$

이때 $\log_2 64 < \log_2 108 < \log_2 128$에서

$6 < \log_2 108 < 7$ ∴ $3 < \dfrac{1}{2} \log_2 108 < \dfrac{7}{2}$

즉, $x=\dfrac{1}{2} \log_2 108$은 주어진 방정식의 해이다.

(iv) $4 \leq x < 5$일 때,

$[x]=4$이므로 이 값을 주어진 방정식에 대입하면

$3 \log_2 4=2(x-1)$, $6=2(x-1)$

$2x=8$ ∴ $x=4$

(v) $n \geq 5$에 대하여 $n \leq x < n+1$일 때,

$[x]=n$이므로 이 값을 주어진 방정식에 대입하면

$3 \log_2 n=2(x-1)$, $2x=3 \log_2 n+2$

$2x=\log_2 4n^3$ ∴ $x=\dfrac{1}{2} \log_2 4n^3$

5 이상의 자연수 n에 대하여 $4n^3 < 4^n$

즉, $\dfrac{1}{2} \log_2 4n^3 < n$이므로 주어진 방정식의 근은 존재하지 않는다.

(i)~(v)에서 주어진 방정식의 근은

1, $\dfrac{5}{2}$, $\dfrac{1}{2} \log_2 108$, 4의 4개이다.

24 해결단계

❶단계	로그의 진수의 조건을 이용하여 x의 값의 범위를 구한다.
❷단계	주어진 로그방정식을 정리하여 x에 대한 이차방정식을 만든다.
❸단계	a의 값에 따라 ❶단계에서 구한 x의 값의 범위를 정리하고, 이 범위에서 ❷단계에서 구한 이차방정식이 오직 하나의 실근을 갖기 위한 a의 값의 범위를 구한다.

로그방정식 $\log_9 (2x^2-8)=\log_3 (x-a)$에서

진수의 조건에 의하여

$2x^2-8>0$에서 $x^2-4>0$, $(x+2)(x-2)>0$

∴ $x<-2$ 또는 $x>2$ ……㉠

$x-a>0$에서 $x>a$ ……㉡

또한, 주어진 방정식에서

$\log_9 (2x^2-8)=2 \log_{3^2} (x-a)$

$\log_9 (2x^2-8)=\log_9 (x-a)^2$

$2x^2-8=(x-a)^2$

$x^2+2ax-8-a^2=0$

이때

$f(x)=x^2+2ax-8-a^2$
$=(x+a)^2-2a^2-8$

이라 하면 ㉠, ㉡을 동시에 만족시키는 x의 값의 범위에서 이차방정식 $f(x)=0$이 오직 하나의 실근을 가져야 한다.

(i) $a<-2$일 때,

㉠, ㉡에서 $a<x<-2$ 또는 $x>2$ ……㉢

$a<-2$에서 $-a>2$이고, $f(-a)=-2a^2-8<0$이므로 방정식 $f(x)=0$은 $x>2$에서 반드시 실근을 갖는다.

즉, ㉢에서 오직 하나의 실근을 가지려면 함수 $y=f(x)$의 그래프는 오른쪽 그림과 같아야 하므로

$f(-2) \geq 0$, $f(2) \leq 0$

이때 $f(2)=4+4a-8-a^2=-(a-2)^2$이므로 모든 실수 a에 대하여 $f(2) \leq 0$을 만족시킨다.

또한, $f(-2)=4-4a-8-a^2 \geq 0$에서

$a^2+4a+4\leq0,\ (a+2)^2\leq0 \qquad \therefore\ a=-2$

따라서 조건을 만족시키는 실수 a의 값은 존재하지 않는다.

(ii) $-2\leq a\leq2$일 때,

㉠, ㉡에서 $x>2$

$x>2$에서 오직 하나의 실근을 가지려면 함수 $y=f(x)$의 그래프는 오른쪽 그림과 같아야 하므로 $f(2)<0$

$f(2)=4+4a-8-a^2<0$에서

$a^2-4a+4>0,\ (a-2)^2>0$

$\therefore\ a\neq2$

따라서 조건을 만족시키는 실수 a의 값의 범위는

$-2\leq a<2$

(iii) $a>2$일 때,

㉠, ㉡에서 $x>a$

$x>a$에서 오직 하나의 실근을 가지려면 함수 $y=f(x)$의 그래프는 오른쪽 그림과 같아야 하므로 $f(a)<0$

$f(a)=a^2+2a^2-8-a^2<0$에서

$2a^2-8<0,\ a^2-4<0,\ (a+2)(a-2)<0$

$\therefore\ -2<a<2$

따라서 조건을 만족시키는 실수 a의 값은 존재하지 않는다.

(i), (ii), (iii)에서 실수 a의 값의 범위는

$-2\leq a<2$ 　　　　　　　　　　　　　　답 ②

---

25 $\log_4 x^2+\log_{\sqrt{x}}8\leq7$에서 $x\geq2$이므로

밑의 변환 공식에 의하여

$\dfrac{\log_2 x^2}{\log_2 4}+\dfrac{\log_2 8}{\log_2 \sqrt{x}}\leq7$

$\dfrac{2\log_2 x}{2}+\dfrac{3}{\frac{1}{2}\log_2 x}\leq7$

$\log_2 x+\dfrac{6}{\log_2 x}\leq7 \qquad \cdots\cdots ㉠$

이때 $x\geq2$이므로 $\log_2 x\geq1$

㉠의 양변에 $\log_2 x$를 곱하면

$(\log_2 x)^2+6\leq7\log_2 x$

$(\log_2 x)^2-7\log_2 x+6\leq0$

$(\log_2 x-1)(\log_2 x-6)\leq0$

$\therefore\ 1\leq\log_2 x\leq6$

(밑)$=2>1$이므로

$2\leq x\leq2^6$

따라서 구하는 2 이상의 자연수 x의 개수는

$2^6-2+1=64-2+1$

$=63$ 　　　　　　　　　　　　　　답 63

---

26 $k\log_2 t<(\log_2 t)^2-\log_2 t+4$에서

$\log_2 t=x$로 놓으면

$t>1$에서 $\log_2 t>0$이므로 $x>0$이고,

$kx<x^2-x+4$

$\therefore\ x^2-(k+1)x+4>0$

이때 $f(x)=x^2-(k+1)x+4$라 하고, $x>0$에서 부등식 $f(x)>0$이 항상 성립하도록 경우를 다음과 같이 나누어 보자.

(i) $\dfrac{k+1}{2}>0$, 즉 $k>-1$인 경우

$x>0$에서 $f(x)>0$이 항상 성립하도록 함수 $y=f(x)$의 그래프를 좌표평면 위에 나타내면 다음 그림과 같다.

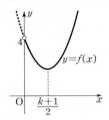

방정식 $f(x)=0$의 판별식 $D<0$이어야 하므로

$D=(k+1)^2-16<0$

$k^2+2k-15<0,\ (k+5)(k-3)<0$

$\therefore\ -5<k<3$

따라서 $-1<k<3$이다.

(ii) $\dfrac{k+1}{2}\leq0$, 즉 $k\leq-1$인 경우

$x>0$에서 $f(x)>0$이 항상 성립하도록 함수 $y=f(x)$의 그래프를 좌표평면 위에 나타내면 다음 그림과 같다.

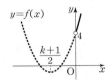

$f(0)=4>0$이므로 부등식 $f(x)>0$은 항상 성립한다.

따라서 $k\leq-1$이다.

(i), (ii)에서 조건을 만족시키는 k의 값의 범위는

$k<3$ 　　　　　　　　　　　　　　답 $k<3$

•다른 풀이•

$t>1$에서 $\log_2 t>0$이므로 부등식

$k\log_2 t<(\log_2 t)^2-\log_2 t+4$의 양변을 $\log_2 t$로 나누면

$k<\log_2 t-1+\dfrac{4}{\log_2 t}=\log_2 t+\dfrac{4}{\log_2 t}-1$

$\log_2 t>0$이므로 산술평균과 기하평균의 관계에 의하여

$\log_2 t+\dfrac{4}{\log_2 t}\geq2\sqrt{\log_2 t\times\dfrac{4}{\log_2 t}}=4$

　　　　　　　　　(단, 등호는 $t=4$일 때 성립)

이므로

$\log_2 t+\dfrac{4}{\log_2 t}-1\geq4-1=3$

따라서 $t>1$인 임의의 실수 t에 대하여 조건을 만족시키는 k의 값의 범위는 $k<3$이다.

27 (i) 이차방정식 $x^2+x+k=0$이 두 실근을 가지므로 이 이차방정식의 판별식을 D라 하면
$$D=1-4k\geq 0$$
$$\therefore k\leq \frac{1}{4}$$

(ii) $\log_2(\alpha+1)+\log_2(\beta+1)<-3$에서 진수의 조건에 의하여 $\alpha+1>0$, $\beta+1>0$
$$\therefore \alpha>-1,\ \beta>-1$$
이때 $f(x)=x^2+x+k$라 하면 방정식 $f(x)=0$의 두 실근 α, β가 모두 -1보다 크므로 함수 $y=f(x)$의 그래프는 오른쪽 그림과 같아야 한다.

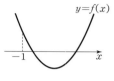

즉, $f(-1)>0$이므로
$$f(-1)=1-1+k>0$$
$$\therefore k>0$$

(iii) $\log_2(\alpha+1)+\log_2(\beta+1)<-3$에서
$$\log_2(\alpha+1)(\beta+1)<\log_2 2^{-3}$$
(밑)$=2>1$이므로 $(\alpha+1)(\beta+1)<\frac{1}{8}$
$$\alpha\beta+\alpha+\beta+1<\frac{1}{8} \quad\cdots\cdots\ \text{㉠}$$
이때 이차방정식 $x^2+x+k=0$의 두 실근이 α, β이므로 근과 계수의 관계에 의하여
$$\alpha+\beta=-1,\ \alpha\beta=k$$
이것을 ㉠에 대입하면
$$k-1+1<\frac{1}{8}$$
$$\therefore k<\frac{1}{8}$$
(i), (ii), (iii)에서 구하는 실수 k의 값의 범위는
$$0<k<\frac{1}{8}$$ 답 $0<k<\frac{1}{8}$

28 $|\log_2 x-\log_2 5|+\log_2 y\leq 2$에서
$$\left|\log_2 \frac{x}{5}\right|+\log_2 y\leq 2 \quad\cdots\cdots\ \text{㉠}$$

(i) $\log_2 \frac{x}{5}<0$일 때,

(밑)$=2>1$이므로 $0<\frac{x}{5}<1$
$$\therefore 0<x<5 \quad\cdots\cdots\ \text{㉡}$$
또한, ㉠에서 $-\log_2 \frac{x}{5}+\log_2 y\leq 2$
$$\log_2 \frac{5y}{x}\leq \log_2 4$$에서 (밑)$=2>1$이므로
$$\frac{5y}{x}\leq 4 \quad\therefore 5y\leq 4x\ (\because x>0) \quad\cdots\cdots\ \text{㉢}$$
㉡, ㉢을 만족시키는 두 자연수 x, y의 순서쌍 (x, y)는 $(2, 1)$, $(3, 1)$, $(3, 2)$, $(4, 1)$, $(4, 2)$, $(4, 3)$의 6개이다.

(ii) $\log_2 \frac{x}{5}\geq 0$일 때,

(밑)$=2>1$이므로 $\frac{x}{5}\geq 1 \quad\therefore x\geq 5 \quad\cdots\cdots\ \text{㉣}$

또한, ㉠에서 $\log_2 \frac{x}{5}+\log_2 y\leq 2$이므로
$$\log_2 \frac{xy}{5}\leq \log_2 4$$이고 (밑)$=2>1$이므로
$$\frac{xy}{5}\leq 4 \quad\therefore xy\leq 20 \quad\cdots\cdots\ \text{㉤}$$
㉣, ㉤을 만족시키는 두 자연수 x, y의 순서쌍 (x, y)는
$(5, 1)$, $(5, 2)$, $(5, 3)$, $(5, 4)$, $(6, 1)$, $(6, 2)$, $(6, 3)$, $(7, 1)$, $(7, 2)$, $(8, 1)$, $(8, 2)$, $(9, 1)$, $(9, 2)$, $(10, 1)$, $(10, 2)$, $(11, 1)$, $(12, 1)$, $(13, 1)$, $\cdots$, $(20, 1)$
의 25개이다.

(i), (ii)에서 구하는 순서쌍 (x, y)의 개수는
$$6+25=31$$ 답 ⑤

29 절대 등급이 4.8인 별의 광도는 L이고, 절대 등급이 1.3인 별의 광도는 kL이므로
$$4.8-1.3=-2.5\log\left(\frac{L}{kL}\right)$$
$$3.5=-2.5\log\frac{1}{k}$$
$$3.5=2.5\log k,\ \log k=\frac{7}{5} \quad\therefore k=10^{\frac{7}{5}}$$ 답 ④

30 2022년의 대학예산을 A, 시설투자비를 B라 하면
$$B=\frac{4}{100}A$$
대학예산과 시설투자비의 증가율은 각각 매년 12 %, 20 %이므로 2022년부터 n년 후의 대학예산은
$$\left(1+\frac{12}{100}\right)^n A=1.12^n A$$
2022년부터 n년 후의 시설투자비는
$$\left(1+\frac{20}{100}\right)^n B=1.2^n B$$
대학예산에서 시설투자비가 차지하는 비율이 6 % 이상이 되려면
$$\frac{1.2^n B}{1.12^n A}\geq \frac{6}{100}$$
$$\frac{1.2^n\times \frac{4}{100}A}{1.12^n\times A}\geq \frac{6}{100},\ \frac{1.2^n}{1.12^n}\geq \frac{3}{2}$$
위의 식의 양변에 상용로그를 취하면 (밑)$=10>1$이므로
$$n\log\frac{1.2}{1.12}\geq \log\frac{3}{2}$$에서
$$n\geq \frac{\log 3-\log 2}{\log 1.2-\log 1.12}$$
$$=\frac{0.4771-0.301}{0.0792-0.0492}$$
$$=\frac{0.1761}{0.03}=5.87$$
따라서 6년 후부터 대학예산에서 시설투자비가 차지하는 비율이 6 % 이상이 된다. 답 6년

01 4   02 ①   03 $\dfrac{1}{1024}$ 04 6   05 21

06 $2\sqrt{2}$ 07 ⑤

01 해결단계

❶단계	로그의 성질을 이용하여 조건 ㈎, ㈏에 주어진 식을 간단히 정리한다.
❷단계	❶단계에서 구한 두 식을 연립하여 x^2+3y^2의 값을 구한다.

조건 ㈎에서

$\log_2(x^2-2xy+y^2)-\log_2(x^2-3xy+y^2)=2$

$\log_2\dfrac{x^2-2xy+y^2}{x^2-3xy+y^2}=2$

$\dfrac{x^2-2xy+y^2}{x^2-3xy+y^2}=4$

$x^2-2xy+y^2=4(x^2-3xy+y^2)$

$3x^2-10xy+3y^2=0,\ (3x-y)(x-3y)=0$

$\therefore x=\dfrac{1}{3}y$ 또는 $x=3y$

그런데 $x>y>0$이므로

$x=3y$ ……㉠

한편, 조건 ㈏에서 $|\log_a x|=|\log_a y|$이므로

$\log_a x=\pm\log_a y$

그런데 $\log_a x=\log_a y$이면 $x=y$이고, x, y는 서로 다른 두 실수이므로 모순이다.

즉, $\log_a x=-\log_a y$에서

$\log_a x=\log_a\dfrac{1}{y}$

밑이 a로 같으므로 $x=\dfrac{1}{y}$ $\therefore xy=1$

위의 식에 ㉠을 대입하면 $3y^2=1$ ⟵ $y=\dfrac{1}{\sqrt{3}}(\because y>0)$이므로 $x=\sqrt{3}$

$\therefore x^2+3y^2=(3y)^2+3y^2$

$\qquad\qquad=12y^2=4\times3y^2\ (\because㉠)$

$\qquad\qquad=4$ 답 4

02 해결단계

❶단계	세 실수 a, b, c가 어떤 방정식의 실근이 되는지 파악한다.
❷단계	로그를 이용하여 ❶단계에서 세운 방정식을 로그방정식으로 나타낸다.
❸단계	필요한 지수함수와 로그함수의 그래프를 그린 후, 세 실수 a, b, c를 좌표평면 위에 나타내어 대소 관계를 구한다.

$\left(\dfrac{1}{3}\right)^a=2a$이므로 a는 방정식 $\left(\dfrac{1}{3}\right)^x=2x$의 근이다.

$\left(\dfrac{1}{3}\right)^{2b}=b$의 양변에 밑이 $\dfrac{1}{3}$인 로그를 취하면

$\log_{\frac{1}{3}}\left(\dfrac{1}{3}\right)^{2b}=\log_{\frac{1}{3}}b$ $\therefore \log_{\frac{1}{3}}b=2b$

따라서 b는 방정식 $\log_{\frac{1}{3}}x=2x$의 근이다.

또한, $\left(\dfrac{1}{2}\right)^{2c}=c$의 양변에 밑이 $\dfrac{1}{2}$인 로그를 취하면

$\log_{\frac{1}{2}}\left(\dfrac{1}{2}\right)^{2c}=\log_{\frac{1}{2}}c$ $\therefore \log_{\frac{1}{2}}c=2c$

따라서 c는 방정식 $\log_{\frac{1}{2}}x=2x$의 근이다.

즉, 세 곡선 $y=\left(\dfrac{1}{3}\right)^x$, $y=\log_{\frac{1}{3}}x$, $y=\log_{\frac{1}{2}}x$와 직선 $y=2x$의 교점의 x좌표가 각각 a, b, c이고, 그래프는 다음 그림과 같다.

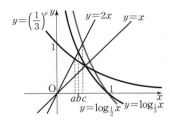

$\therefore a<b<c$ 답 ①

> **BLACKLABEL 특강**   해결 실마리
>
> 이 문제는 주어진 a, b, c를 포함한 세 등식을 a, b, c를 근으로 갖는 방정식으로 이해한 후, 방정식 $f(x)=g(x)$의 실근은 두 함수 $y=f(x)$, $y=g(x)$의 그래프의 교점의 x좌표임을 이용하여 그래프를 그려 a, b, c의 대소 관계를 찾아야 한다.
>
> 세 등식 $\left(\dfrac{1}{3}\right)^a=2a$, $\left(\dfrac{1}{3}\right)^{2b}=b$, $\left(\dfrac{1}{2}\right)^{2c}=c$에서 a, b, c를 세 방정식 $\left(\dfrac{1}{3}\right)^x=2x$, $\left(\dfrac{1}{3}\right)^{2x}=x$, $\left(\dfrac{1}{2}\right)^{2x}=x$의 근으로 생각해 보자. 이때 이 방정식에서 세 함수 $y=\left(\dfrac{1}{3}\right)^x$, $y=\left(\dfrac{1}{3}\right)^{2x}$, $y=\left(\dfrac{1}{2}\right)^{2x}$의 그래프와 두 직선 $y=x$, $y=2x$를 그려 교점의 x좌표로 대소 관계를 파악하려고 한다면 위의 다섯 개의 함수 사이에 특별한 관계가 없으므로 그래프를 정확히 그리기가 어렵다. 그러나 세 방정식을 $\left(\dfrac{1}{3}\right)^x=2x$, $\log_{\frac{1}{3}}x=2x$, $\log_{\frac{1}{2}}x=2x$로 변형한다면 세 함수 $y=\left(\dfrac{1}{3}\right)^x$, $y=\log_{\frac{1}{3}}x$, $y=\log_{\frac{1}{2}}x$의 그래프와 직선 $y=2x$만 그리면 된다.
>
> 이때 $y=\left(\dfrac{1}{3}\right)^x$, $y=\log_{\frac{1}{3}}x$는 서로 역함수 관계에 있으므로 두 그래프가 직선 $y=x$에 대하여 대칭이기 때문에 그래프를 그리기가 조금 더 수월하다.

03 해결단계

❶단계	주어진 방정식을 만족시키는 $f(x)$의 값을 정수 부분과 소수 부분으로 나누어 생각한다.
❷단계	조건을 만족시키는 $f(x)$의 값이 정수임을 이용하여 a_n의 규칙을 찾는다.
❸단계	a_{10}의 값을 구한다.

$\log_2\left[\dfrac{f(x)}{[f(x)]}\right]=0$에서 $\left[\dfrac{f(x)}{[f(x)]}\right]=1$

$\therefore 1\le\dfrac{f(x)}{[f(x)]}<2$

이때 $f(x)=\log_2 x=k+\alpha$ (k는 정수, $0\le\alpha<1$)라 하면

$[f(x)]=k$이므로 $1\le\dfrac{k+\alpha}{k}<2$

$1 \le 1 + \dfrac{\alpha}{k} < 2$ $\therefore 0 \le \dfrac{\alpha}{k} < 1$ ......㉠

그런데 $0 < x < 1$에서 $\log_2 x < 0$, 즉 $k + \alpha < 0$이고

$0 \le \alpha < 1$이므로 $k < 0$

㉠의 양변에 k를 곱하면

$k < \alpha \le 0$이고, $0 \le \alpha < 1$이므로 $\alpha = 0$

즉, $f(x) = \log_2 x = k$이므로

$x = 2^k = \left(\dfrac{1}{2}\right)^{-k}$ (단, k는 음의 정수)

이때 $-k = n$으로 놓으면 n은 자연수이고, n이 증가하면 x의 값은 감소한다.

$\therefore a_n = \left(\dfrac{1}{2}\right)^n$ $\therefore a_{10} = \left(\dfrac{1}{2}\right)^{10} = \dfrac{1}{1024}$ 답 $\dfrac{1}{1024}$

04 해결단계

❶단계	$n = 1, 2, 3, 4$를 대입하여 네 함수 $y = f_1(x)$, $y = f_2(x)$, $y = f_3(x)$, $y = f_4(x)$를 구하고, 그래프를 그린다.
❷단계	세 함수 $g(x) = \log_{\frac{1}{3}} x$, $h(x) = \log_{\frac{4}{3}} x$, $k(x) = \left(\dfrac{1}{2}\right)^x$의 그래프를 그린다.
❸단계	❶, ❷단계에서 그린 그래프를 이용하여 교점의 개수를 구하고, $a + b + c$의 값을 구한다.

$f_n(x) = -|x-1| + \dfrac{n+4}{4}$ (단, $1 - \dfrac{n}{4} \le x \le 1 + \dfrac{n}{4}$)

에서 n 대신에 $1, 2, 3, 4$를 대입하면

$f_1(x) = -|x-1| + \dfrac{5}{4}$ (단, $\dfrac{3}{4} \le x \le \dfrac{5}{4}$)

$f_2(x) = -|x-1| + \dfrac{3}{2}$ (단, $\dfrac{1}{2} \le x \le \dfrac{3}{2}$)

$f_3(x) = -|x-1| + \dfrac{7}{4}$ (단, $\dfrac{1}{4} \le x \le \dfrac{7}{4}$)

$f_4(x) = -|x-1| + 2$ (단, $0 \le x \le 2$)

이때 $1 - \dfrac{n}{4} \le x \le 1 + \dfrac{n}{4}$에서

$-\dfrac{n}{4} \le x - 1 \le \dfrac{n}{4}$

$|x-1| \le \dfrac{n}{4}$, $-|x-1| \ge -\dfrac{n}{4}$

$\therefore -|x-1| + \dfrac{n+4}{4} \ge 1$

즉, 함수 $y = f_n(x)$의 최솟값은 1이다.

이때 세 곡선 $g(x) = \log_{\frac{1}{3}} x$, $h(x) = \log_{\frac{4}{3}} x$, $k(x) = \left(\dfrac{1}{2}\right)^x$의 y좌표가 1인 점을 각각 구하면

$1 = \log_{\frac{1}{3}} x$에서 $x = \dfrac{1}{3}$ $\therefore \left(\dfrac{1}{3}, 1\right)$

$1 = \log_{\frac{4}{3}} x$에서 $x = \dfrac{4}{3}$ $\therefore \left(\dfrac{4}{3}, 1\right)$

$1 = \left(\dfrac{1}{2}\right)^x$에서 $x = 0$ $\therefore (0, 1)$

세 곡선 $g(x) = \log_{\frac{1}{3}} x$, $h(x) = \log_{\frac{4}{3}} x$, $k(x) = \left(\dfrac{1}{2}\right)^x$과 네 함수 $y = f_n(x)$ $(n = 1, 2, 3, 4)$의 그래프를 그리면 다음 그림과 같다.

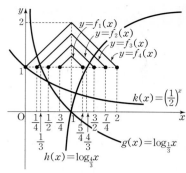

따라서 $a = 2$, $b = 3$, $c = 1$이므로

$a + b + c = 2 + 3 + 1 = 6$ 답 6

05 해결단계

❶단계	조건 ㈎를 만족시키면서 한 변의 길이가 3 또는 4인 정사각형은 각 변이 좌표축에 평행해야 함을 파악한다.
❷단계	정사각형의 한 꼭짓점의 좌표를 (p, q)라 하고, 조건 ㈏를 만족시키기 위한 p, q의 조건을 구한다.
❸단계	❷단계에서 구한 조건에 맞는 순서쌍 (p, q)의 개수를 구한 후, $a_3 + a_4$의 값을 구한다.

네 꼭짓점의 x좌표와 y좌표가 자연수이면서 한 변의 길이가 3 또는 4인 정사각형은 각 변이 모두 x축 또는 y축에 평행해야 한다.

한 변의 길이를 n이라 하고 네 꼭짓점의 좌표를

(p, q), $(p+n, q)$, $(p, q+n)$, $(p+n, q+n)$

이라 하면 조건 ㈏에서 정사각형은 두 곡선 $y = \log_2 x$, $y = \log_{16} x$와 만나야 하므로 다음 그림과 같아야 한다.

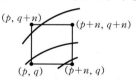

점 $(p, q+n)$은 곡선 $y = \log_2 x$보다 위쪽에 위치해야 하고, 점 $(p+n, q)$는 곡선 $y = \log_{16} x$보다 아래쪽에 위치해야 하므로

$q + n > \log_2 p$에서 (밑)$= 2 > 1$이므로 $p < 2^{q+n}$

$q < \log_{16} (p+n)$에서 (밑)$= 16 > 1$이므로 $p + n > 16^q$

$\therefore p > 16^q - n$

따라서 $16^q - n < p < 2^{q+n}$이다.

(i) $n = 3$일 때,

$16^q - 3 < p < 2^{q+3}$

$q = 1$이면 $13 < p < 16$이므로 $p = 14, 15$

$q \ge 2$이면 $16^q - 3 = 2^{4q} - 3 > 2^{q+3}$이므로 부등식을 만족시키는 자연수 p의 값이 존재하지 않는다.

$\therefore a_3 = 2$

(ii) $n = 4$일 때,

$16^q - 4 < p < 2^{q+4}$

$q = 1$이면 $12 < p < 32$이므로

$p = 13, 14, 15, \cdots, 31$

$q \ge 2$이면 $16^q - 4 = 2^{4q} - 4 > 2^{q+4}$이므로 부등식을 만족시키는 자연수 p의 값이 존재하지 않는다.

$$\therefore a_4=31-13+1=19$$

(i), (ii)에서 $a_3+a_4=2+19=21$ 　　　　답 21

BLACKLABEL 특강 　참고

정사각형의 각 변이 x축, y축에 평행하지 않다고 가정하자. 정사각형의 네 꼭짓점 중 이웃한 두 꼭짓점의 좌표를 (x_1, y_1), (x_2, y_2) $(x_1<x_2, y_1<y_2)$라 하면 정사각형의 한 변의 길이 n은 $\sqrt{(x_2-x_1)^2+(y_2-y_1)^2}$이다. 또한, x_1, x_2, y_1, y_2는 모두 자연수이므로 x_2-x_1, y_2-y_1도 자연수이고, (x_2-x_1, y_2-y_1, n) 또는 (y_2-y_1, x_2-x_1, n)은 피타고라스 정리를 만족시키는 피타고라스 수이다. 이때 $n=3$ 또는 $n=4$인 경우는 존재하지 않으므로 한 변의 길이가 3 또는 4이면서 네 꼭짓점의 x좌표, y좌표가 모두 자연수인 정사각형은 각 변이 모두 x축 또는 y축에 평행해야 한다. 같은 방법으로 한 변의 길이가 7 또는 9인 정사각형의 각 변도 항상 x축, y축에 평행해야 한다.

---

06 해결단계

❶단계	두 점 P, Q가 직선 $y=x+2$ 위의 점임을 이용하여 두 점의 좌표를 정한다.
❷단계	두 점 P, Q가 두 곡선 $y=\log_a bx$, $y=a^x+b$ 위의 점이므로 ❶단계에서 정한 두 점 P, Q의 좌표를 대입하여 관계식을 구한다.
❸단계	❷단계에서 구한 관계식을 연립하여 a, b의 값을 각각 구한 후, ab의 값을 구한다.

세 함수 $y=\log_a bx$, $y=a^x+b$, $y=x+2$의 그래프가 모두 서로 다른 두 점 P, Q에서 만나므로
$P(p, p+2)$, $Q(q, q+2)$라 하자.
두 점 P, Q는 곡선 $y=\log_a bx$ 위의 점이므로
$$p+2=\log_a bp \quad \cdots\cdots ㉠$$
$$q+2=\log_a bq \quad \cdots\cdots ㉡$$
㉠$-$㉡을 하면
$$p-q=\log_a bp-\log_a bq$$
$$p-q=\log_a \frac{p}{q}, \ a^{p-q}=\frac{p}{q}$$
$$\therefore a^p=\frac{p}{q}a^q \quad \cdots\cdots ㉢$$
또한, 두 점 P, Q는 곡선 $y=a^x+b$ 위의 점이므로
$$p+2=a^p+b \quad \cdots\cdots ㉣$$
$$q+2=a^q+b \quad \cdots\cdots ㉤$$
㉣$-$㉤을 하면
$$p-q=a^p-a^q$$
$$=\frac{p}{q}a^q-a^q \ (\because ㉢)$$
$$=\frac{p-q}{q}a^q$$
한 직선 위의 두 점 P, Q가 서로 다른 점이면 x좌표도 서로 다르므로 $p\neq q$이고, 위의 식의 양변을 $p-q$로 나누면
$$1=\frac{a^q}{q} \quad \therefore a^q=q$$
위의 식을 ㉤에 대입하면
$$q+2=q+b \quad \therefore b=2$$
$b=2$와 $q=a^q$를 ㉡에 대입하면
$$q+2=\log_a 2a^q, \ q+2=\log_a 2+q$$

$$2=\log_a 2, \ a^2=2 \quad \therefore a=\sqrt{2} \ (\because a>0)$$
$$\therefore ab=2\sqrt{2}$$
　　　　답 $2\sqrt{2}$

• 다른 풀이 •

세 함수 $y=\log_a bx$, $y=a^x+b$, $y=x+2$의 그래프를 모두 x축의 방향으로 2만큼 평행이동한 함수의 식은
$$y=\log_a b(x-2), \ y=a^{x-2}+b, \ y=x$$
세 함수 $y=\log_a bx$, $y=a^x+b$, $y=x+2$의 그래프가 모두 서로 다른 두 점에서 만나므로 세 함수
$y=\log_a b(x-2)$, $y=a^{x-2}+b$, $y=x$의 그래프도 모두 서로 다른 두 점에서 만난다.
즉, 두 곡선 $y=\log_a b(x-2)$, $y=a^{x-2}+b$는 서로 역함수 관계이어야 한다.
$y=\log_a b(x-2)$에서 $b(x-2)=a^y$
$$x-2=\frac{a^y}{b}, \ x=\frac{a^y}{b}+2$$
x와 y를 서로 바꾸면
$$y=\frac{a^x}{b}+2$$
위의 함수가 $y=a^{x-2}+b$와 같아야 하므로
$$\frac{1}{b}=a^{-2}, \ b=2 \quad \therefore a=\sqrt{2}, \ b=2$$
$$\therefore ab=2\sqrt{2}$$

---

07 해결단계

❶단계	ㄱ은 점 B의 y좌표가 1보다 크고, $y=\log_{\frac{1}{2}} x$가 감소함수임을 이용하여 참, 거짓을 판별한다.
❷단계	ㄴ은 점 A의 y좌표가 1보다 작고, $y=\log_{\frac{1}{2}}(x+1)$이 감소함수임을 이용하여 참, 거짓을 판별한다.
❸단계	ㄷ은 주어진 네 곡선 사이의 관계를 이해하고, ㄴ에서 구한 것을 이용하여 참, 거짓을 판별한다.

ㄱ. 점 B는 곡선 $y=\log_{\frac{1}{2}} x$ 위의 점이므로 진수의 조건에 의하여 $b>0$
　또한, 점 B는 곡선 $y=2^x$ 위의 점이므로 $b>0$이면
　$2^b>1$ 　　　　$\cdots\cdots ㉠$
　한편, 곡선 $y=\log_{\frac{1}{2}} x$ 위의 점 중에서 y좌표가 1인 점은
　$1=\log_{\frac{1}{2}} x$에서 $x=\frac{1}{2}$ 　　$\therefore \left(\frac{1}{2}, 1\right)$
　이때 함수 $y=\log_{\frac{1}{2}} x$는 x의 값이 증가할 때 y의 값은 감소하므로 ㉠에 의하여 $b<\frac{1}{2}$
　$$\therefore 0<b<\frac{1}{2} \ (참)$$

ㄴ. 점 A의 x좌표는 음수이므로
　$a<0$에서 $2^a<1$ 　　　　$\cdots\cdots ㉡$
　한편, 곡선 $y=\log_{\frac{1}{2}}(x+1)$ 위의 점 중에서 y좌표가 1인 점은
　$1=\log_{\frac{1}{2}}(x+1)$에서 $x=-\frac{1}{2}$ 　　$\therefore \left(-\frac{1}{2}, 1\right)$
　이때 함수 $y=\log_{\frac{1}{2}}(x+1)$은 x의 값이 증가할 때 y의 값은 감소하므로 ㉡에 의하여

$a>-\dfrac{1}{2}$ $\therefore 2^a>2^{-\frac{1}{2}}$ ($\because$ (밑)$=2>1$)

$\therefore \dfrac{\sqrt{2}}{2}<2^a<1$ (참)

ㄷ. 곡선 $y=2^x$을 x축의 방향으로 1만큼 평행이동하면
$y=2^{x-1}$이고, 곡선 $y=\log_{\frac{1}{2}}(x+1)$을 x축의 방향으로 1만큼 평행이동하면 $y=\log_{\frac{1}{2}}x$이므로 두 점 A, C의 y좌표는 같아야 한다.

즉, $2^a=\log_{\frac{1}{2}}c$

이때 ㄴ에서 $\dfrac{\sqrt{2}}{2}<2^a<1$이므로

$\dfrac{\sqrt{2}}{2}<\log_{\frac{1}{2}}c<1$

$\therefore \dfrac{1}{2}<c<\left(\dfrac{1}{2}\right)^{\frac{\sqrt{2}}{2}}$ $\left(\because \text{(밑)}=\dfrac{1}{2}<1\right)$

한편, 점 $C(c,\ \log_{\frac{1}{2}}c)$와 직선 $y=x$, 즉 $x-y=0$ 사이의 거리를 d라 하면

$d=\dfrac{|c-\log_{\frac{1}{2}}c|}{\sqrt{2}}=\dfrac{\log_{\frac{1}{2}}c-c}{\sqrt{2}}$

$\left[\ \because \left(\dfrac{1}{2}\right)^1=\dfrac{1}{2}<\left(\dfrac{1}{2}\right)^{\frac{\sqrt{2}}{2}}<\left(\dfrac{1}{2}\right)^{\frac{1}{2}}=\dfrac{\sqrt{2}}{2}<\left(\dfrac{1}{2}\right)^0=1\ \right]$

이때 $y=\log_{\frac{1}{2}}x$에서 (밑)$=\dfrac{1}{2}<1$이므로 y는 x가 최대일 때 최솟값을 갖고, x가 최소일 때 최댓값을 갖는다.

즉, $\left(\dfrac{1}{2}\right)^{\frac{1}{2}}-\left(\dfrac{1}{2}\right)^{\frac{\sqrt{2}}{2}}<\log_{\frac{1}{2}}c-c<\dfrac{1}{2}$이므로

$d<\dfrac{\dfrac{1}{2}}{\sqrt{2}}=\dfrac{\sqrt{2}}{4}$ (참)

따라서 ㄱ, ㄴ, ㄷ 모두 옳다. 답 ⑤

이것이 수능 p. 42

1 75 **2** ③ **3** ① **4** 192

---

1 해결단계

❶단계	$\overline{OC}=\overline{CA}=\overline{AB}$를 이용하여 k, a의 값을 각각 구한다.
❷단계	곡선 $y=|\log_a x|$와 직선 $y=2\sqrt{2}$가 만나는 두 점 사이의 거리 d를 구한다.
❸단계	$20d$의 값을 구한다.

$\overline{OC}=\overline{CA}=\overline{AB}$이므로 점 A의 좌표는 $(k,\ k)$이고, 점 B의 좌표는 $(2k,\ k)$이다.

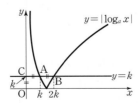

점 $A(k,\ k)$는 곡선 $y=-\log_a x$ 위의 점이므로

$k=-\log_a k$ ······㉠

점 $B(2k,\ k)$는 곡선 $y=\log_a x$ 위의 점이므로

$k=\log_a 2k$ ······㉡

㉡$-$㉠을 하면

$\log_a 2k+\log_a k=0,\ \log_a 2k^2=0$

$2k^2=1$ $\therefore k=\dfrac{\sqrt{2}}{2}$ ($\because k>0$)

또한, ㉡에서 $a^k=2k$이므로

$a=(2k)^{\frac{1}{k}}=(\sqrt{2})^{\sqrt{2}}=2^{\frac{\sqrt{2}}{2}}$ ······㉢ $\ \left[\ k=\dfrac{\sqrt{2}}{2}\text{이므로}\ \right]$

다음 그림과 같이 곡선 $y=|\log_a x|$와 직선 $y=2\sqrt{2}$가 만나는 두 점의 x좌표를 각각 α, β ($\alpha<\beta$)라 하자.

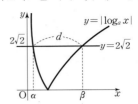

$-\log_a\alpha=2\sqrt{2}$에서 $\log_a\alpha=-2\sqrt{2}$이므로

$\alpha=a^{-2\sqrt{2}}=2^{-2}$ ($\because$ ㉢)

$=\dfrac{1}{4}$

$\log_a\beta=2\sqrt{2}$에서

$\beta=a^{2\sqrt{2}}=2^2$ ($\because$ ㉢)

$=4$

따라서 $d=\beta-\alpha=4-\dfrac{1}{4}=\dfrac{15}{4}$이므로

$20d=20\times\dfrac{15}{4}=75$ 답 75

---

2 해결단계

❶단계	두 점 P, R가 두 곡선의 교점임을 이용하여 x_1, x_3에 관한 식을 각각 구한다.
❷단계	❶단계에서 구한 식을 이용하여 x_1과 x_3을 두 근으로 하는 이차방정식을 구하고, x_1x_3의 값을 구한다.
❸단계	❷단계에서 구한 값을 이용하여 x_1+x_3의 값을 구한다.

점 P는 두 곡선 $y=\log_2(-x+k)$, $y=-\log_2 x$의 교점이므로

$\log_2(-x_1+k)=-\log_2 x_1$

$-x_1+k=\dfrac{1}{x_1}$

$\therefore x_1^2-kx_1+1=0$ ······㉠

점 R는 두 곡선 $y=-\log_2(-x+k)$, $y=\log_2 x$의 교점이므로

$-\log_2(-x_3+k)=\log_2 x_3$

$\dfrac{1}{-x_3+k}=x_3$

$\therefore x_3^2-kx_3+1=0$ ······㉡

㉠, ㉡에 의하여 x_1, x_3은 이차방정식 $x^2-kx+1=0$의 서로 다른 두 실근이다.

이차방정식의 근과 계수의 관계에 의하여

$x_1x_3=1$

이때 $x_3-x_1=2\sqrt{3}$이므로

$(x_1+x_3)^2=(x_3-x_1)^2+4x_1x_3$

$\qquad\qquad =(2\sqrt{3})^2+4\times 1=16$

$\therefore x_1+x_3=4$ 답 ③

3 해결단계

❶단계	조건 ㈎를 만족시키는 a, b의 관계식을 구한다.
❷단계	조건 ㈏를 만족시키는 a, b의 관계식을 구한다.
❸단계	a, b의 값을 각각 구하고, $a+b$의 값을 구한다.

두 함수 $f(x)=2^x$, $g(x)=2^{x-2}$의 그래프는 다음 그림과 같다.

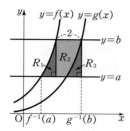

세 영역 R_1, R_2, R_3의 넓이를 각각 S_1, S_2, S_3이라 하자.
함수 $y=g(x)$의 그래프는 함수 $y=f(x)$의 그래프를 x축의 방향으로 2만큼 평행이동한 것이므로
$S_1=S_3$
조건 ㈎에서
$S_1+S_2=S_3+S_2=2\times(b-a)=6$
$\therefore b-a=3$ ......㉠
조건 ㈏에서
$f^{-1}(a)=p$, $g^{-1}(b)=q$ (p, q는 실수)라 하면
$f(p)=a$, $g(q)=b$이므로
$2^p=a$, $2^{q-2}=b$
$\therefore p=\log_2 a$, $q=\log_2 b+2=\log_2 4b$
이때
$q-p=\log_2 4b-\log_2 a$
$\qquad =\log_2 \dfrac{4b}{a}=\log_2 6$
이므로
$\dfrac{4b}{a}=6$ $\qquad \therefore 3a=2b$ ......㉡
㉠, ㉡을 연립하여 풀면
$a=6$, $b=9$
$\therefore a+b=15$

답 ①

4 해결단계

❶단계	두 곡선 $y=a^{x-1}$과 $y=\log_a(x-1)$이 어떤 직선에 대하여 대칭인지 그 직선의 방정식을 구한다.
❷단계	❶단계에서 구한 직선과 직선 $y=-x+4$의 교점을 구하고 $\overline{AB}=2\sqrt{2}$임을 이용하여 점 A의 좌표를 구한다.
❸단계	❷단계에서 구한 점 A의 좌표를 이용하여 a의 값을 구하고 삼각형 ABC의 넓이 S를 구한 후, $50\times S$의 값을 구한다.

곡선 $y=a^{x-1}$은 곡선 $y=a^x$을 x축의 방향으로 1만큼 평행이동한 것이고, 곡선 $y=\log_a(x-1)$은 곡선
$y=\log_a x$를 x축의 방향으로 1만큼 평행이동한 것이므로
두 곡선 $y=a^{x-1}$, $y=\log_a(x-1)$은 직선 $y=x-1$에 대

하여 대칭이다.
이때 다음 그림과 같이 두 직선 $y=-x+4$, $y=x-1$의 교점을 M이라 하면

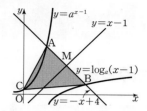

$-x+4=x-1$에서 $2x=5$ $\qquad \therefore x=\dfrac{5}{2}$
이것을 $y=x-1$에 대입하면 $y=\dfrac{3}{2}$
$\therefore M\left(\dfrac{5}{2}, \dfrac{3}{2}\right)$
점 M은 선분 AB의 중점이므로
$\overline{AM}=\dfrac{1}{2}\overline{AB}=\dfrac{1}{2}\times 2\sqrt{2}=\sqrt{2}$
점 A의 좌표를 $(k, -k+4)$ $\left(0<k<\dfrac{5}{2}\right)$라 하면
$\overline{AM}=\sqrt{\left(k-\dfrac{5}{2}\right)^2+\left(-k+\dfrac{5}{2}\right)^2}$
$\qquad =\sqrt{2k^2-10k+\dfrac{25}{2}}=\sqrt{2}$
위의 식의 양변을 제곱하면
$2k^2-10k+\dfrac{25}{2}=2$
$4k^2-20k+21=0$
$(2k-3)(2k-7)=0$
$\therefore k=\dfrac{3}{2}\left(\because 0<k<\dfrac{5}{2}\right)$
즉, $A\left(\dfrac{3}{2}, \dfrac{5}{2}\right)$이고 점 A는 곡선 $y=a^{x-1}$ 위의 점이므로
$\dfrac{5}{2}=a^{\frac{3}{2}-1}$, $a^{\frac{1}{2}}=\dfrac{5}{2}$
$\therefore a=\dfrac{25}{4}$
이때 점 C의 좌표는 $\left(0, \dfrac{1}{a}\right)$, 즉 $\left(0, \dfrac{4}{25}\right)$이고,
점 C에서 직선 $y=-x+4$에 내린 수선의 발을 H라 하면 선분 CH의 길이는 점 C와 직선 $y=-x+4$, 즉
$x+y-4=0$ 사이의 거리와 같으므로
$\overline{CH}=\dfrac{\left|0+\dfrac{4}{25}-4\right|}{\sqrt{2}}=\dfrac{48\sqrt{2}}{25}$
따라서 삼각형 ABC의 넓이 S는
$S=\dfrac{1}{2}\times\overline{AB}\times\overline{CH}$
$\quad =\dfrac{1}{2}\times 2\sqrt{2}\times\dfrac{48\sqrt{2}}{25}$
$\quad =\dfrac{96}{25}$
$\therefore 50\times S=50\times\dfrac{96}{25}=192$

답 192

Ⅱ 삼각함수

05 삼각함수의 정의

STEP 1 출제율 100% 우수 기출 대표 문제 pp. 45~46

01 ③	02 6	03 $\frac{12}{7}\pi$	04 ③	05 ④
06 $3\sqrt{5}\pi$	07 ①	08 $\frac{1}{2}$	09 ④	10 ①
11 $8\sqrt{5}$	12 ④	13 ①	14 ①	15 2
16 ③				

01 ㄱ. $225°=225\times\dfrac{\pi}{180}=\dfrac{5}{4}\pi$ (참)

ㄴ. $-1035°=360°\times(-3)+45°$이므로 제1사분면의 각이다. (거짓)

ㄷ. 1라디안은 호의 길이와 반지름의 길이가 같은 부채꼴의 중심각의 크기이다. (참)

따라서 옳은 것은 ㄱ, ㄷ이다.　　　　　　답 ③

02 동경 OP가 나타내는 한 각의 크기가

$40°=40\times\dfrac{\pi}{180}=\dfrac{2}{9}\pi$

이고, 각 θ를 나타내는 동경이 동경 OP와 일치하므로

$\theta=2n\pi+\dfrac{2}{9}\pi$ (단, n은 정수)

이때 $-\dfrac{9}{2}\pi<\theta<\dfrac{15}{2}\pi$에서

$-\dfrac{9}{2}\pi<2n\pi+\dfrac{2}{9}\pi<\dfrac{15}{2}\pi$

$-\dfrac{9}{2}\pi-\dfrac{2}{9}\pi<2n\pi<\dfrac{15}{2}\pi-\dfrac{2}{9}\pi$

$-\dfrac{85}{18}<2n<\dfrac{131}{18}$

$\therefore -\dfrac{85}{36}<n<\dfrac{131}{36}$

즉, 부등식을 만족시키는 정수 n은 -2, -1, 0, 1, 2, 3의 6개이므로 구하는 각 θ의 개수는 6이다.　답 6

03 각 2θ를 나타내는 동경과 각 5θ를 나타내는 동경이 x축에 대하여 대칭이므로

$2\theta+5\theta=2n\pi$ (단, n은 정수)

$7\theta=2n\pi$　　$\therefore \theta=\dfrac{2n\pi}{7}$ ……㉠

이때 $0<\theta<\pi$에서 $0<\dfrac{2n\pi}{7}<\pi$이므로 $0<n<\dfrac{7}{2}$

$\therefore n=1$ 또는 $n=2$ 또는 $n=3$ ……㉡

㉡을 각각 ㉠에 대입하면

$\theta=\dfrac{2}{7}\pi$ 또는 $\theta=\dfrac{4}{7}\pi$ 또는 $\theta=\dfrac{6}{7}\pi$

$\therefore \dfrac{2}{7}\pi+\dfrac{4}{7}\pi+\dfrac{6}{7}\pi=\dfrac{12}{7}\pi$　　답 $\dfrac{12}{7}\pi$

04 원 $(x-1)^2+y^2=1$의 중심을 A, 이 원과 직선 $y=ax$ $(a>0)$의 두 교점 중 원점이 아닌 점을 B라 하면 오른쪽 그림과 같다.

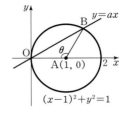

$\angle OAB=\theta$ $(0<\theta<\pi)$라 하면 원 $(x-1)^2+y^2=1$이 직선 $y=ax$에 의하여 잘려서 생긴 두 호의 길이의 비가 $1:2$이므로 짧은 호 OB의 길이는

$\dfrac{1}{3}\times2\pi\times1=1\times\theta$　　$\therefore \theta=\dfrac{2}{3}\pi$

이때 삼각형 OAB는 $\overline{OA}=\overline{AB}=1$인 이등변삼각형이므로

$\angle BOA=\angle OBA=\dfrac{1}{2}\Big(\pi-\dfrac{2}{3}\pi\Big)=\dfrac{\pi}{6}$

$\therefore a=\tan(\angle BOA)=\tan\dfrac{\pi}{6}=\dfrac{\sqrt{3}}{3}$　　답 ③

05 주어진 부채꼴의 넓이를 S라 하면

$S=\dfrac{1}{2}r^2\theta$

반지름의 길이 r를 10 % 늘이고, 중심각의 크기 θ를 20 % 줄인 부채꼴의 넓이를 S'이라 하면

$S'=\dfrac{1}{2}\times\{(1+0.1)r\}^2\times(1-0.2)\theta$

$=\dfrac{1}{2}r^2\theta\times1.1^2\times0.8$

$=0.968S=(1-0.032)S$

따라서 부채꼴의 넓이는 3.2 % 줄어든다.　　답 ④

06 오른쪽 그림과 같이 점 A, B, C, D, E를 정하면 삼각형 ADE와 삼각형 ABC는 AA 닮음이므로

$\overline{AD}:\overline{AB}=\overline{DE}:\overline{BC}$

즉, $\overline{AD}:(\overline{AD}+2)=1:2$에서

$\overline{AD}+2=2\overline{AD}$

$\therefore \overline{AD}=2$

또한, $\overline{AC}=\sqrt{\overline{AB}^2+\overline{BC}^2}=\sqrt{4^2+2^2}=\sqrt{20}=2\sqrt{5}$이므로

$\overline{AE}=\overline{CE}=\sqrt{5}$

따라서 원뿔대의 전개도는 다음 그림과 같다.

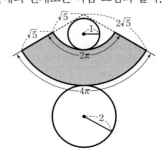

이때 원뿔대의 옆면의 넓이를 S라 하면

$$S = \frac{1}{2} \times 2\sqrt{5} \times 4\pi - \frac{1}{2} \times \sqrt{5} \times 2\pi$$
$$= 4\sqrt{5}\pi - \sqrt{5}\pi = 3\sqrt{5}\pi$$

답 $3\sqrt{5}\pi$

07 $\overline{\mathrm{OP}} = \sqrt{5^2 + (-12)^2} = \sqrt{169} = 13$

이므로

$\sin\theta = -\dfrac{12}{13}$, $\cos\theta = \dfrac{5}{13}$

$$\therefore \frac{1}{\sin\theta} + \frac{\cos\theta}{\sin\theta} = \frac{1+\cos\theta}{\sin\theta}$$
$$= \frac{1 + \dfrac{5}{13}}{-\dfrac{12}{13}}$$
$$= -\frac{18}{12} = -\frac{3}{2}$$

답 ①

• 다른 풀이 •

P(5, -12)이므로 $\overline{\mathrm{OP}} = \sqrt{5^2 + (-12)^2} = 13$

동경 OP가 나타내는 각의 크기가 θ이므로

$\sin\theta = -\dfrac{12}{13}$, $\tan\theta = -\dfrac{12}{5}$

$$\therefore \frac{1}{\sin\theta} + \frac{\cos\theta}{\sin\theta} = \frac{1}{\sin\theta} + \frac{1}{\tan\theta}$$
$$= -\frac{13}{12} - \frac{5}{12} = -\frac{3}{2}$$

08 △POA에서 $\tan\theta = \dfrac{\overline{\mathrm{AP}}}{\overline{\mathrm{OA}}} = \overline{\mathrm{AP}}$

△BOQ에서 $\tan\theta = \dfrac{\overline{\mathrm{BQ}}}{\overline{\mathrm{OQ}}}$

즉, $\overline{\mathrm{AP}} = \dfrac{\overline{\mathrm{BQ}}}{\overline{\mathrm{OQ}}}$에서 $\overline{\mathrm{OQ}} = \dfrac{\overline{\mathrm{BQ}}}{\overline{\mathrm{AP}}}$

그런데 $\overline{\mathrm{OQ}} = 2\overline{\mathrm{AP}} \times \overline{\mathrm{BQ}}$이므로

$\dfrac{\overline{\mathrm{BQ}}}{\overline{\mathrm{AP}}} = 2\overline{\mathrm{AP}} \times \overline{\mathrm{BQ}}$

$2\overline{\mathrm{AP}}^2 = 1$ $\quad \therefore \overline{\mathrm{AP}}^2 = \dfrac{1}{2}$

$\therefore \tan^2\theta = \overline{\mathrm{AP}}^2 = \dfrac{1}{2}$

답 $\dfrac{1}{2}$

• 다른 풀이 •

△BOQ, △POA에서 세 선분 OQ, AP, BQ의 길이를 각각 θ로 나타내면

$\overline{\mathrm{OQ}} = \overline{\mathrm{OB}}\cos\theta = \cos\theta$, $\overline{\mathrm{AP}} = \overline{\mathrm{OA}}\tan\theta = \tan\theta$,

$\overline{\mathrm{BQ}} = \overline{\mathrm{OB}}\sin\theta = \sin\theta$

이때 $\overline{\mathrm{OQ}} = 2\overline{\mathrm{AP}} \times \overline{\mathrm{BQ}}$에서

$\cos\theta = 2\tan\theta \times \sin\theta$

$0 < \theta < \dfrac{\pi}{2}$에서 $\cos\theta > 0$이므로 위의 식의 양변을

$2\cos\theta$로 나누면

$\dfrac{1}{2} = \tan\theta \times \dfrac{\sin\theta}{\cos\theta}$

$\therefore \tan^2\theta = \dfrac{1}{2}$

09 $\tan\theta = \dfrac{\sin\theta}{\cos\theta}$이므로 $\cos\theta\tan\theta < 0$에서

$\cos\theta \times \dfrac{\sin\theta}{\cos\theta} = \sin\theta < 0$

또한, $\sin\theta\cos\theta > 0$이므로 $\cos\theta < 0$

$\therefore \tan\theta > 0$

즉, $\sin\theta < 0$, $\cos\theta < 0$, $\tan\theta > 0$이므로

$\sin\theta + \cos\theta < 0$, $\cos\theta - \tan\theta < 0$

$\therefore |\sin\theta + \cos\theta| - \sqrt{\sin^2\theta} - |\cos\theta - \tan\theta|$
$= -\sin\theta - \cos\theta + \sin\theta + \cos\theta - \tan\theta$
$= -\tan\theta$

답 ④

10 $\dfrac{\cos\theta + \sin\theta}{\cos\theta - \sin\theta} = \sqrt{3}$에서

$\cos\theta + \sin\theta = \sqrt{3}\cos\theta - \sqrt{3}\sin\theta$

$(\sqrt{3}+1)\sin\theta = (\sqrt{3}-1)\cos\theta$, $\dfrac{\sin\theta}{\cos\theta} = \dfrac{\sqrt{3}-1}{\sqrt{3}+1}$

$$\therefore \tan\theta = \frac{\sin\theta}{\cos\theta} = \frac{\sqrt{3}-1}{\sqrt{3}+1}$$
$$= \frac{(\sqrt{3}-1)^2}{(\sqrt{3}+1)(\sqrt{3}-1)}$$
$$= \frac{4-2\sqrt{3}}{2} = 2 - \sqrt{3}$$

답 ①

• 다른 풀이 •

$$\frac{\cos\theta + \sin\theta}{\cos\theta - \sin\theta} = \frac{1 + \dfrac{\sin\theta}{\cos\theta}}{1 - \dfrac{\sin\theta}{\cos\theta}} = \frac{1 + \tan\theta}{1 - \tan\theta} = \sqrt{3}$$이므로

$1 + \tan\theta = \sqrt{3} - \sqrt{3}\tan\theta$

$(1 + \sqrt{3})\tan\theta = \sqrt{3} - 1$

$\therefore \tan\theta = \dfrac{\sqrt{3}-1}{\sqrt{3}+1} = 2 - \sqrt{3}$

11 $\sin^2\theta + \cos^2\theta = 1$에서 $\cos\theta = -\dfrac{\sqrt{5}}{5}$이므로

$\sin^2\theta = 1 - \cos^2\theta = 1 - \left(-\dfrac{\sqrt{5}}{5}\right)^2 = \dfrac{4}{5}$

이때 $\dfrac{\pi}{2} < \theta < \pi$에서 $\sin\theta > 0$이므로

$\sin\theta = \sqrt{\dfrac{4}{5}} = \dfrac{2\sqrt{5}}{5}$

$$\therefore \frac{1+\sin\theta}{1-\sin\theta} - \frac{1-\sin\theta}{1+\sin\theta}$$
$$= \frac{(1+\sin\theta)^2 - (1-\sin\theta)^2}{(1-\sin\theta)(1+\sin\theta)}$$
$$= \frac{1 + 2\sin\theta + \sin^2\theta - (1 - 2\sin\theta + \sin^2\theta)}{1 - \sin^2\theta}$$
$$= \frac{4\sin\theta}{1-\sin^2\theta} = \frac{4\sin\theta}{\cos^2\theta}$$
$$= \frac{4 \times \dfrac{2\sqrt{5}}{5}}{\left(-\dfrac{\sqrt{5}}{5}\right)^2} = 8\sqrt{5}$$

답 $8\sqrt{5}$

12 점 $P(x, y)$가 단위원 위의 점이므로

$x = \cos\theta$, $y = \sin\theta$

즉, $\dfrac{y}{x} + \dfrac{x}{y} = -\dfrac{5}{2}$에서

$$\dfrac{y}{x} + \dfrac{x}{y} = \dfrac{\sin\theta}{\cos\theta} + \dfrac{\cos\theta}{\sin\theta}$$
$$= \dfrac{\sin^2\theta + \cos^2\theta}{\sin\theta\cos\theta}$$
$$= \dfrac{1}{\sin\theta\cos\theta} = -\dfrac{5}{2}$$

$\therefore \sin\theta\cos\theta = -\dfrac{2}{5}$

$$\therefore (\sin\theta - \cos\theta)^2 = \sin^2\theta - 2\sin\theta\cos\theta + \cos^2\theta$$
$$= 1 - 2 \times \left(-\dfrac{2}{5}\right)$$
$$= \dfrac{9}{5}$$

이때 $x < 0$, $y > 0$에서 $\sin\theta > 0$, $\cos\theta < 0$이므로

$\sin\theta - \cos\theta > 0$

$\therefore \sin\theta - \cos\theta = \sqrt{\dfrac{9}{5}} = \dfrac{3\sqrt{5}}{5}$ 　　　　답 ④

• 다른 풀이 •

삼각함수의 정의에 의하여 $\dfrac{y}{x} = \tan\theta$

이때 $\dfrac{y}{x} + \dfrac{x}{y} = -\dfrac{5}{2}$에서 $\tan\theta + \dfrac{1}{\tan\theta} = -\dfrac{5}{2}$

$2\tan^2\theta + 5\tan\theta + 2 = 0$

$(2\tan\theta + 1)(\tan\theta + 2) = 0$

$\therefore \tan\theta = -\dfrac{1}{2}$ 또는 $\tan\theta = -2$

즉, 점 P의 좌표는 $(-k, 2k)$ 또는 $(-2k, k)$ $(k > 0)$이 　　$\left[\sin\theta = \dfrac{1}{\sqrt5},\ \cos\theta = -\dfrac{2}{\sqrt5}\right]$

므로 $\overline{OP} = \sqrt{5}k$ 　　$\left[\sin\theta = \dfrac{2}{\sqrt5},\ \cos\theta = -\dfrac{1}{\sqrt5}\right]$

$$\therefore \sin\theta - \cos\theta = \sin\theta + (-\cos\theta)$$
$$= \dfrac{2}{\sqrt5} + \dfrac{1}{\sqrt5} = \dfrac{3}{\sqrt5} = \dfrac{3\sqrt5}{5}$$

13 이차방정식 $x^2 + 2ax + 4 = 0$의 두 근이 $\dfrac{1}{\sin\theta}$, $\dfrac{1}{\cos\theta}$이

므로 근과 계수의 관계에 의하여

$\dfrac{1}{\sin\theta} + \dfrac{1}{\cos\theta} = -2a$

$\therefore \dfrac{\sin\theta + \cos\theta}{\sin\theta\cos\theta} = -2a$ 　　　$\cdots\cdots$ ㉠

$\dfrac{1}{\sin\theta} \times \dfrac{1}{\cos\theta} = \dfrac{1}{\sin\theta\cos\theta} = 4$

$\therefore \sin\theta\cos\theta = \dfrac{1}{4}$ 　　　$\cdots\cdots$ ㉡

㉡을 ㉠에 대입하면

$\dfrac{\sin\theta + \cos\theta}{\dfrac{1}{4}} = -2a$

$\therefore \sin\theta + \cos\theta = -\dfrac{a}{2}$

위의 식의 양변을 제곱하면

$\sin^2\theta + 2\sin\theta\cos\theta + \cos^2\theta = \dfrac{a^2}{4}$

$1 + 2\sin\theta\cos\theta = \dfrac{a^2}{4}$, $1 + 2 \times \dfrac{1}{4} = \dfrac{a^2}{4}$ ($\because$ ㉡)

$\dfrac{a^2}{4} = \dfrac{3}{2}$, $a^2 = 6$ 　　$\therefore a = \pm\sqrt6$

이때 $0 < \theta < \dfrac{\pi}{2}$이므로 $\sin\theta > 0$, $\cos\theta > 0$

즉, ㉠에서 $-2a > 0$이므로 $a < 0$

$\therefore a = -\sqrt6$ 　　　　답 ①

14 $\sin\left(\dfrac{3}{2}\pi + \theta\right)\cos(2\pi + \theta) + \sin(\pi - \theta)\cos\left(\dfrac{\pi}{2} + \theta\right)$

$= -\cos\theta \times \cos\theta + \sin\theta \times (-\sin\theta)$

$= -\cos^2\theta - \sin^2\theta$

$= -(\cos^2\theta + \sin^2\theta) = -1$ 　　　　답 ①

15 $75° = 90° - 15°$이므로 주어진 식의 삼각함수를 모두 $15°$

에 대한 삼각함수로 변환하여 계산하면

$$\dfrac{\sin 75° - \cos 75° - \sin 15° + \cos 15°}{\sin 15° \tan 75° - \cos 75°}$$

$$= \dfrac{\sin(90° - 15°) - \cos(90° - 15°) - \sin 15° + \cos 15°}{\sin 15° \tan(90° - 15°) - \cos(90° - 15°)}$$

$$= \dfrac{\cos 15° - \sin 15° - \sin 15° + \cos 15°}{\sin 15° \times \dfrac{1}{\tan 15°} - \sin 15°}$$

$$= \dfrac{2\cos 15° - 2\sin 15°}{\sin 15° \times \dfrac{\cos 15°}{\sin 15°} - \sin 15°}$$

$$= \dfrac{2(\cos 15° - \sin 15°)}{\cos 15° - \sin 15°} = 2$$ 　　　답 2

BLACKLABEL 특강　　**풀이 첨삭**

$90°$를 이용한 삼각함수의 변환에 익숙하지 않다면 다음과 같이 $\dfrac{\pi}{2}$를 이용하여 변환해도 된다.

$15° = \theta$로 놓으면 $75° = 90° - 15° = \dfrac{\pi}{2} - \theta$이므로

$\sin 75° = \sin\left(\dfrac{\pi}{2} - \theta\right) = \cos\theta = \cos 15°$

$\cos 75° = \cos\left(\dfrac{\pi}{2} - \theta\right) = \sin\theta = \sin 15°$

$\tan 75° = \tan\left(\dfrac{\pi}{2} - \theta\right) = \dfrac{1}{\tan\theta} = \dfrac{1}{\tan 15°}$

---

16 단위원을 10등분하였고 $\angle P_1OP_2 = \theta$이므로

$10\theta = 2\pi$ 　　$\therefore 5\theta = \pi$

$\therefore \cos\theta + \cos 2\theta + \cos 3\theta + \cdots + \cos 9\theta$

$= \cos\theta + \cos 2\theta + \cos 3\theta + \cos 4\theta + \cos 5\theta$

　　$+ \cos(\pi + \theta) + \cos(\pi + 2\theta)$

　　$+ \cos(\pi + 3\theta) + \cos(\pi + 4\theta)$

$= \cos\theta + \cos 2\theta + \cos 3\theta + \cos 4\theta + \cos 5\theta$

　　　　$- \cos\theta - \cos 2\theta - \cos 3\theta - \cos 4\theta$

$= \cos 5\theta = \cos\pi = -1$ 　　　　답 ③

• 다른 풀이 •

오른쪽 그림에서 두 점 P_1과 P_6,
두 점 P_2와 P_5, 두 점 P_3과 P_4,
두 점 P_7과 P_{10}, 두 점 P_8과 P_9는
각각 y축에 대하여 대칭이므로
각 두 점의 x좌표는 절댓값이 같
고, 부호가 서로 반대이다.

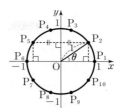

즉, 삼각함수의 정의에 의하여 점 P_2의 x좌표는 $\cos\theta$이
고 점 P_5의 x좌표는 $\cos 4\theta$이므로
$$\cos\theta+\cos 4\theta=0$$
같은 방법으로
$$\cos 2\theta+\cos 3\theta=0,\ \cos 6\theta+\cos 9\theta=0,$$
$$\cos 7\theta+\cos 8\theta=0$$
$$\therefore \cos\theta+\cos 2\theta+\cos 3\theta+\cos 4\theta+\cos 5\theta$$
$$+\cos 6\theta+\cos 7\theta+\cos 8\theta+\cos 9\theta$$
$$=\cos 5\theta=\cos\pi=-1$$

STEP 2 1등급을 위한 **최고의 변별력 문제**   pp. 47~50

01 $\dfrac{3}{5}\pi$	02 ⑤	03 4	04 9	05 25
06 30	07 8	08 ②	09 ②	10 ④
11 3	12 ④	13 ⑤	14 ③	15 ③
16 ①	17 ②	18 $\dfrac{3\sqrt{5}}{5}$	19 ②	20 $\dfrac{7}{8}$
21 $\dfrac{5}{2}\pi$	22 $-\dfrac{\sqrt{3}}{2}$	23 ⑤	24 24	25 37
26 ①	27 ③	28 23	29 48	30 36

01 각 θ를 나타내는 동경과 각 6θ를 나타내는 동경이 일직선
위에 있고, 방향이 서로 반대이므로 원점에 대하여 대칭
이다.
즉, $6\theta-\theta=2n\pi+\pi$ (n은 정수)이므로
$$5\theta=2n\pi+\pi \quad \therefore \theta=\frac{2n+1}{5}\pi \quad \cdots\cdots \text{㉠}$$
이때 $\dfrac{\pi}{2}<\theta<\pi$에서 $\dfrac{\pi}{2}<\dfrac{2n+1}{5}\pi<\pi$이므로
$$\frac{5}{2}<2n+1<5,\ \frac{3}{4}<n<2$$
$$\therefore n=1$$
위의 값을 ㉠에 대입하면
$$\theta=\frac{2\times 1+1}{5}\pi=\frac{3}{5}\pi \qquad\qquad \text{답 } \frac{3}{5}\pi$$

02 θ가 제1사분면의 각이므로
$$\theta=2n\pi+\alpha \ \left(\text{단, } n\text{은 정수, } 0<\alpha<\frac{\pi}{2}\right)$$
$$\therefore \frac{\theta}{2}=n\pi+\frac{\alpha}{2}$$

(ⅰ) $n=2m$ (m은 정수)일 때,
$$\frac{\theta}{2}=2m\pi+\frac{\alpha}{2}\text{에서 } 0<\frac{\alpha}{2}<\frac{\pi}{4}\text{이므로 } \frac{\theta}{2}\text{는 제1사분}$$
면의 각이다.
즉, $\dfrac{\theta}{2}$가 제3사분면의 각이라는 조건에 맞지 않다.

(ⅱ) $n=2m+1$ (m은 정수)일 때,
$$\frac{\theta}{2}=(2m+1)\pi+\frac{\alpha}{2}=2m\pi+\pi+\frac{\alpha}{2}\text{에서}$$
$$\pi<\pi+\frac{\alpha}{2}<\frac{5}{4}\pi\text{이므로 } \frac{\theta}{2}\text{는 제3사분면의 각이다.}$$

(ⅰ), (ⅱ)에서
$$\frac{\theta}{2}=2m\pi+\pi+\frac{\alpha}{2} \quad \therefore \frac{\theta}{4}=m\pi+\frac{\pi}{2}+\frac{\alpha}{4}$$

(ⅲ) $m=2k$ (k는 정수)일 때,
$$\frac{\theta}{4}=2k\pi+\frac{\pi}{2}+\frac{\alpha}{4}\text{에서 } \frac{\pi}{2}<\frac{\pi}{2}+\frac{\alpha}{4}<\frac{5}{8}\pi\text{이므로}$$
$$\frac{\theta}{4}\text{는 제2사분면의 각이다.}$$

(ⅳ) $m=2k+1$ (k는 정수)일 때,
$$\frac{\theta}{4}=(2k+1)\pi+\frac{\pi}{2}+\frac{\alpha}{4}=2k\pi+\frac{3}{2}\pi+\frac{\alpha}{4}\text{에서}$$
$$\frac{3}{2}\pi<\frac{3}{2}\pi+\frac{\alpha}{4}<\frac{13}{8}\pi\text{이므로 } \frac{\theta}{4}\text{는 제4사분면의 각이다.}$$

(ⅲ), (ⅳ)에서 $\dfrac{\theta}{4}$는 제2사분면 또는 제4사분면의 각이다.

답 ⑤

• 다른 풀이 •

θ가 제1사분면의 각이므로
$$2n\pi<\theta<2n\pi+\frac{\pi}{2} \ (\text{단, } n\text{은 정수})$$
$$\therefore n\pi<\frac{\theta}{2}<n\pi+\frac{\pi}{4} \qquad\qquad \cdots\cdots \text{㉠}$$
그런데 $\dfrac{\theta}{2}$는 제3사분면의 각이므로
$$(2k-1)\pi<\frac{\theta}{2}<(2k-1)\pi+\frac{\pi}{2} \ (\text{단, } k\text{는 정수})$$
$$\cdots\cdots \text{㉡}$$
이때 제1사분면의 각 θ에 대하여 $\dfrac{\theta}{2}$가 제3사분면의 각이
므로 부등식 ㉠, ㉡을 수직선 위에 나타내면 다음 그림과
같다.

즉, $(2k-1)\pi\leq n\pi$에서 $2k-1\leq n$
$$n\pi+\frac{\pi}{4}\leq(2k-1)\pi+\frac{\pi}{2}\text{에서 } n\leq 2k-\frac{3}{4}$$
$$\therefore 2k-1\leq n\leq 2k-\frac{3}{4}$$
이때 n, k가 모두 정수이므로 $n=2k-1$
위의 식을 ㉠에 대입하면

$$(2k-1)\pi < \frac{\theta}{2} < (2k-1)\pi + \frac{\pi}{4}$$

$$\therefore \frac{(2k-1)}{2}\pi < \frac{\theta}{4} < \frac{(2k-1)}{2}\pi + \frac{\pi}{8}$$

따라서 $\dfrac{\theta}{4}$는 제2사분면 또는 제4사분면의 각이다.

03 $\overline{AR}$, $\overline{BQ}$는 원의 지름이므로 부채꼴 OAB와 부채꼴 OQR의 넓이는 서로 같다.

$\overline{OA}=r$라 하면

(부채꼴 OAB의 넓이)$=\dfrac{1}{2}r^2\times 2\theta=r^2\theta$ ......㉠

오른쪽 그림과 같이 두 점 O, P
를 선분으로 연결하면 △OAP,
△OBP는 합동이므로

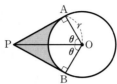

$$\angle AOP=\frac{1}{2}\angle AOB=\theta$$

$$\therefore \overline{AP}=r\tan\theta$$

이때 주어진 그림의 색칠한 두 부분의 넓이가 서로 같으므로 $\overline{PA}$, $\overline{PB}$ 및 호 AB로 둘러싸인 부분의 넓이는 부채꼴 OAB의 넓이와 같다.

$$\therefore \text{(부채꼴 OAB의 넓이)}=\frac{1}{2}\square OAPB$$
$$=\triangle OAP$$
$$=\frac{1}{2}\times\overline{OA}\times\overline{AP}$$
$$=\frac{1}{2}r^2\tan\theta \quad \cdots\cdots \text{㉡}$$

따라서 ㉠, ㉡에서

$$r^2\theta=\frac{1}{2}r^2\tan\theta \quad \therefore \tan\theta=2\theta$$

$$\therefore \frac{2\tan\theta}{\theta}=\frac{2\times 2\theta}{\theta}=4 \qquad\qquad \text{답 } 4$$

04 부채꼴 PQR가 반원의 둘레를 따라 회전하면서 부채꼴 PQR의 중심 P가 반원의 둘레와 두 번째로 만나는 순간에 처음 자리로 되돌아 왔으므로 반원의 둘레의 길이는 부채꼴 PQR의 둘레의 길이의 2배이다. 이때

(반원의 둘레의 길이)$=2\times 3+3\times\pi=6+3\pi$,

(부채꼴 PQR의 둘레의 길이)$=2\times 2+2\times\theta=4+2\theta$

이므로

$$6+3\pi=2(4+2\theta), \ 6+3\pi=8+4\theta$$

$$4\theta=3\pi-2 \quad \therefore \theta=\frac{3}{4}\pi-\frac{1}{2}$$

따라서 $a=\dfrac{3}{4}$, $b=\dfrac{1}{2}$이므로

$$24ab=24\times\frac{3}{4}\times\frac{1}{2}=9 \qquad\qquad \text{답 } 9$$

05 오른쪽 그림과 같이 두 점 A, B를
정하고 $\angle AOB=\theta$라 하면 색칠한
도형의 둘레의 길이가 20이므로

$$2(r_1-r_2)+r_1\theta+r_2\theta=20$$

$$\therefore (r_1+r_2)\theta$$
$$=20-2(r_1-r_2) \quad \cdots\cdots \text{㉠}$$

색칠한 도형의 넓이를 S라 하면

$$S=\frac{1}{2}r_1^2\theta-\frac{1}{2}r_2^2\theta$$
$$=\frac{1}{2}(r_1^2-r_2^2)\theta$$
$$=\frac{1}{2}(r_1-r_2)(r_1+r_2)\theta$$
$$=\frac{1}{2}(r_1-r_2)\{20-2(r_1-r_2)\} \ (\because \text{㉠})$$
$$=-(r_1-r_2)^2+10(r_1-r_2)$$
$$=-(r_1-r_2-5)^2+25$$

이때 ㉠에서 $0<r_1-r_2<10$

따라서 $r_1-r_2=5$일 때, 색칠한 도형의 넓이의 최댓값은 25이다. 답 25

06 오른쪽 그림과 같이 구 위의 한 점 N
에서 고정한 실의 나머지 한 끝이 놓인
지점을 M, 구의 중심을 O라 하면

$$\overline{OM}=\overline{ON}=30$$

부채꼴 OMN에서 $\angle NOM=\theta$라 하면
$\widehat{NM}=30\theta$이고 실의 길이는 5π이므로

$$5\pi=30\theta \quad \therefore \theta=\frac{\pi}{6}$$

이때 실 끝의 자취의 길이 l은 점 M이 그
리는 원의 둘레의 길이이다. 이 원의 중심
을 O′이라 하면 오른쪽 그림에서

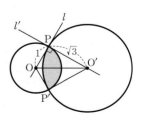

$$\overline{O'M}=\overline{OM}\sin\frac{\pi}{6}=30\times\frac{1}{2}=15$$

따라서 자취의 길이 l은 ${}_{\triangle OO'M\text{에서} \frac{\overline{O'M}}{\overline{OM}}=\sin\frac{\pi}{6}}$

$$l=2\pi\times 15=30\pi \quad \therefore \frac{l}{\pi}=\frac{30\pi}{\pi}=30 \qquad \text{답 } 30$$

07 오른쪽 그림과 같이 두 원의
중심을 각각 O, O′, 두 원의
두 교점을 P, P′이라 하자.
점 P에서의 각 원의 접선을
l, l'이라 하면 $l\perp l'$이고, 원
의 접선은 그 접점을 지나는
원의 반지름과 서로 수직이므로 l, l'은 서로 다른 원의
중심을 지난다.

즉, $\angle OPO'=90°$이고 $\overline{OP}=1$, $\overline{O'P}=\sqrt{3}$이므로
△OPO′에서 피타고라스 정리에 의하여

$$\overline{OO'}=\sqrt{1^2+(\sqrt{3})^2}=2$$

즉, $\overline{OO'}:\overline{OP}:\overline{O'P}=2:1:\sqrt{3}$이므로

$$\angle POO'=\frac{\pi}{3}, \ \angle PO'O=\frac{\pi}{6}$$

같은 방법으로 $\triangle OP'O'$에서

$$\angle P'OO'=\frac{\pi}{3}, \ \angle P'O'O=\frac{\pi}{6}$$

$$\therefore \ \angle POP'=2\times\frac{\pi}{3}=\frac{2}{3}\pi, \ \angle PO'P'=2\times\frac{\pi}{6}=\frac{\pi}{3}$$

구하는 넓이를 S라 하면

$S=($부채꼴 OPP'의 넓이$)+($부채꼴 $O'PP'$의 넓이$)$

$\underset{=2\triangle OPO'}{\underline{\qquad\qquad\qquad}} -($사각형 $OPO'P'$의 넓이$)$

$$=\frac{1}{2}\times1^2\times\frac{2}{3}\pi+\frac{1}{2}\times(\sqrt{3})^2\times\frac{\pi}{3}-2\times\left(\frac{1}{2}\times1\times\sqrt{3}\right)$$

$$=\frac{\pi}{3}+\frac{\pi}{2}-\sqrt{3}=\frac{5}{6}\pi-\sqrt{3}=\frac{a}{6}\pi-\sqrt{b}$$

따라서 $a=5$, $b=3$이므로

$$a+b=5+3=8$$

답 8

08 직각삼각형 ABC의 세 변 AB, BC, CA와 내접원의 접점을 각각 D, E, F라 하면 원 밖의 한 점에서 그 원에 그은 두 접선의 길이는 같으므로 오른쪽 그림에서

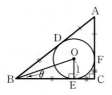

$$\overline{AD}=\overline{AF}, \ \overline{BD}=\overline{BE}, \ \overline{CE}=\overline{CF}$$

또한, 원의 접선은 그 접점을 지나는 원의 반지름과 서로 수직이므로 $\angle OEB=90°$

직각삼각형 OBE에서 $\overline{BE}=\dfrac{1}{\tan\theta}$이므로

$$\overline{BD}=\overline{BE}=\frac{1}{\tan\theta}$$

$\square OECF$는 정사각형이므로 $\overline{CE}=\overline{CF}=\overline{OE}=1$

이때 $\overline{AD}=\overline{AF}=x$라 하면 직각삼각형 ABC에서 피타고라스 정리에 의하여

$$\overline{AB}^2=\overline{BC}^2+\overline{CA}^2$$

$$\left(\frac{1}{\tan\theta}+x\right)^2=\left(\frac{1}{\tan\theta}+1\right)^2+(x+1)^2$$

$$\frac{1}{\tan^2\theta}+\frac{2x}{\tan\theta}+x^2=\frac{1}{\tan^2\theta}+\frac{2}{\tan\theta}+1+x^2+2x+1$$

$$2x\left(\frac{1}{\tan\theta}-1\right)=\frac{2}{\tan\theta}+2$$

$$2x\times\frac{1-\tan\theta}{\tan\theta}=2\times\frac{1+\tan\theta}{\tan\theta}$$

$$\therefore \ x=\frac{1+\tan\theta}{1-\tan\theta}$$

$$\therefore \ \overline{AC}=x+1=\frac{1+\tan\theta}{1-\tan\theta}+1=\frac{2}{1-\tan\theta}$$

답 ②

• **다른 풀이** •

오른쪽 그림과 같이 직각삼각형 ABC의 각 변과 내접원의 접점을 각각 D, E, F라 하면

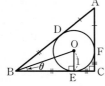

$$\overline{AD}=\overline{AF}, \ \overline{BD}=\overline{BE}, \ \overline{CE}=\overline{CF}$$

직각삼각형 OBE에서

$$\tan\theta=\frac{\overline{OE}}{\overline{BE}}=\frac{1}{\overline{BE}} \qquad \therefore \ \overline{BD}=\overline{BE}=\frac{1}{\tan\theta}$$

$\square OECF$는 정사각형이므로 $\overline{CE}=\overline{CF}=\overline{OE}=1$

$\overline{AD}=\overline{AF}=x$라 하면 내접원의 반지름의 길이가 1이므로 삼각형 ABC의 넓이는

$$\triangle ABC=\frac{1}{2}\times\overline{BC}\times\overline{AC}=\frac{1}{2}\times1\times(\overline{AB}+\overline{BC}+\overline{CA})$$

$$\frac{1}{2}\left(\frac{1}{\tan\theta}+1\right)(x+1)=\frac{1}{2}\left(\frac{2}{\tan\theta}+2x+2\right)$$

$$(x+1)\left(\frac{1}{\tan\theta}+1\right)=2(x+1)+\frac{2}{\tan\theta}$$

$$(x+1)\left(\frac{1}{\tan\theta}-1\right)=\frac{2}{\tan\theta}$$

$$(x+1)\times\frac{1-\tan\theta}{\tan\theta}=\frac{2}{\tan\theta}$$

$$\therefore \ \overline{AC}=x+1=\frac{2}{\tan\theta}\times\frac{\tan\theta}{1-\tan\theta}=\frac{2}{1-\tan\theta}$$

09 다음 그림과 같이 A 지점과 B 지점을 지나는 우회도로가 경유하는 지점을 C 라 하고, 두 지점 B, C에서 경사 없는 바닥면에 내린 수선의 발을 각각 P_1, P_2, C 지점에서 선분 BP_1에 내린 수선의 발을 P_3이라 하자.

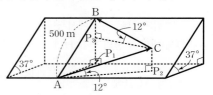

$\overline{CP_2}=\overline{AC}\sin12°$, $\overline{BP_3}=\overline{BC}\sin12°$이므로

$$\overline{BP_1}=\overline{CP_2}+\overline{BP_3}$$
$$=(\overline{AC}+\overline{BC})\sin12°$$

또한, $\overline{BP_1}=\overline{AB}\sin37°=500\sin37°$이므로

$$(\overline{AC}+\overline{BC})\sin12°=500\sin37°$$

따라서 우회도로의 거리는

$$\overline{AC}+\overline{BC}=500\times\frac{\sin37°}{\sin12°}$$

$$=500\times\frac{0.6}{0.2}$$

$$=1500(m)$$

답 ②

10 삼각형 OBC에서 $\angle BOC=\pi-\theta$이므로

$$\overline{BC}=\overline{OB}\times\tan(\pi-\theta)=\tan(\pi-\theta)=-\tan\theta$$

삼각형 OAD에서 $\angle OAD=\dfrac{\pi}{2}$, $\angle AOD=\pi-\theta$이므로

$$\cos(\pi-\theta)=\frac{\overline{OA}}{\overline{OD}}=\frac{1}{\overline{OD}}$$

$$\therefore \ \overline{OD}=\frac{1}{\cos(\pi-\theta)}=-\frac{1}{\cos\theta}$$

$$\therefore \ \triangle OCD=\frac{1}{2}\times\overline{OD}\times\overline{BC}$$

$$=\frac{1}{2}\times\left(-\frac{1}{\cos\theta}\right)\times(-\tan\theta)$$

$$=\frac{1}{2}\times\frac{1}{\cos\theta}\times\frac{\sin\theta}{\cos\theta}$$

$$=\frac{\sin\theta}{2\cos^2\theta}$$

또한, 부채꼴 OAB에서 $\angle AOB=\pi-\theta$이므로 그 넓이는

$$\frac{1}{2}\times1^2\times(\pi-\theta)=\frac{\pi-\theta}{2}$$

따라서 $\overline{AC}$, $\overline{CD}$, $\overline{BD}$ 및 $\overparen{AB}$로 둘러싸인 부분의 넓이는

(삼각형 OCD의 넓이)−(부채꼴 OAB의 넓이)

$$=\frac{\sin\theta}{2\cos^2\theta}-\frac{\pi-\theta}{2}$$

$$=\frac{1}{2}\left(\frac{\sin\theta}{\cos^2\theta}-\pi+\theta\right)$$
답 ④

BLACKLABEL 특강 참고

원의 접선의 방정식을 이용하여 $\overline{OD}$를 구할 수도 있다.
주어진 원의 방정식은 $x^2+y^2=1$이므로 $A(\cos\theta,\ \sin\theta)$
점 A에서의 원의 접선의 방정식은
$x\cos\theta+y\sin\theta=1$
점 D는 접선의 x절편이므로
$x\cos\theta=1$ ∴ $x=\dfrac{1}{\cos\theta}$
즉, $D\left(\dfrac{1}{\cos\theta},\ 0\right)$이므로 $\overline{OD}=-\dfrac{1}{\cos\theta}$

---

11 오른쪽 그림과 같이 점 C에서 선분 AD에 내린 수선의 발을 H라 하자.

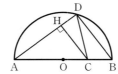

직각삼각형 ACH에서

$\tan(\angle CAD)=\dfrac{\overline{CH}}{\overline{AH}}$,

직각삼각형 CDH에서 $\tan(\angle ADC)=\dfrac{\overline{CH}}{\overline{DH}}$이므로

$$\frac{\tan(\angle ADC)}{\tan(\angle CAD)}=\frac{\dfrac{\overline{CH}}{\overline{DH}}}{\dfrac{\overline{CH}}{\overline{AH}}}=\frac{\overline{AH}}{\overline{DH}}$$

또한, $\overline{AB}$를 3 : 1로 내분하는 점이 C이므로

$\overline{AC}:\overline{BC}=3:1$ ∴ $\overline{AC}=3\overline{BC}$ ……㉠

한편, 선분 AB가 반원 O의 지름이므로

$\angle ADB=\dfrac{\pi}{2}$

∴ $\triangle ACH\sim\triangle ABD$ (AA 닮음)

∴ $\dfrac{\tan(\angle ADC)}{\tan(\angle CAD)}=\dfrac{\overline{AH}}{\overline{DH}}=\dfrac{\overline{AC}}{\overline{BC}}=3$ (∵ ㉠)
답 3

12 $\overline{OP}=1$, $\angle OPA=\theta$에서 $\overparen{OA}=\theta$이므로 원을 x축의 방향으로 θ만큼 굴리면 점 A가 x축 위에 놓이게 된다.

두 점 P, A가 이동한 점을 각각 P′, A′이라 하고, 점 B′에서 x축에 내린 수선의 발을 C, 점 P′에서 $\overline{B'C}$에 내린 수선의 발을 D라 하면 오른쪽 그림과 같다.

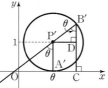

이때 $\triangle B'P'D$는 직각삼각형이고 $\overline{B'P'}=1$이므로

$\overline{P'D}=\overline{B'P'}\sin\theta=\sin\theta$

$\overline{B'D}=\overline{B'P'}\cos\theta=\cos\theta$

∴ (점 B′의 x좌표)$=\overline{OA'}+\overline{A'C}$

$\qquad\qquad\qquad\quad=\overline{OA'}+\overline{P'D}=\theta+\sin\theta$,

(점 B′의 y좌표)$=\overline{CD}+\overline{B'D}$

$\qquad\qquad\qquad\quad=\overline{A'P'}+\overline{B'D}=1+\cos\theta$

따라서 점 B′의 좌표는 $(\theta+\sin\theta,\ 1+\cos\theta)$이다.
답 ④

• 다른 풀이 •

원을 굴렸을 때, 점 P가 이동한 점을 P′이라 하면 P′$(\theta,\ 1)$

점 P′이 원점에 오도록, 즉 x축, y축의 방향으로 각각 $-\theta$, -1만큼 원을 평행이동하였을 때 점 B′이 이동한 점을 B″이라 하면 오른쪽 그림과 같다.

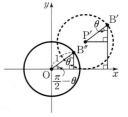

$B''\left(\cos\left(\dfrac{\pi}{2}-\theta\right),\ \sin\left(\dfrac{\pi}{2}-\theta\right)\right)$

∴ $B''(\sin\theta,\ \cos\theta)$

다시 원점이 점 P′에 오도록, 즉 x축, y축의 방향으로 각각 θ, 1만큼 원을 평행이동하면 점 B″이 점 B′에 놓이게 되므로

$B'(\theta+\sin\theta,\ 1+\cos\theta)$

13 $\sin^4\theta+\cos^4\theta=(\sin^2\theta+\cos^2\theta)^2-2\sin^2\theta\cos^2\theta$

$\qquad\qquad\qquad\quad=1-2\sin^2\theta\cos^2\theta=\dfrac{23}{32}$

즉, $2\sin^2\theta\cos^2\theta=\dfrac{9}{32}$이므로

$\sin^2\theta\cos^2\theta=\dfrac{9}{64}$

이때 $\dfrac{\pi}{2}<\theta<\pi$에서 $\underset{\underset{\sin\theta\cos\theta<0,\ \sin\theta-\cos\theta>0}{\big|}}{\sin\theta>0,\ \cos\theta<0}$이므로

$\sin\theta\cos\theta=-\sqrt{\dfrac{9}{64}}=-\dfrac{3}{8}$

$(\sin\theta-\cos\theta)^2=1-2\sin\theta\cos\theta$

$\qquad\qquad\qquad\quad=1-2\times\left(-\dfrac{3}{8}\right)$

$\qquad\qquad\qquad\quad=\dfrac{7}{4}$

∴ $\sin\theta-\cos\theta=\dfrac{\sqrt{7}}{2}$
답 ⑤

14 ㄱ. $\dfrac{\cos x}{\cos x+1}+\dfrac{\cos x}{\cos x-1}$

$\quad=\dfrac{\cos x(\cos x-1)+\cos x(\cos x+1)}{(\cos x+1)(\cos x-1)}$

$\quad=\dfrac{\cos^2 x-\cos x+\cos^2 x+\cos x}{\cos^2 x-1}$

$\quad=\dfrac{2\cos^2 x}{-\sin^2 x}$

$=-\dfrac{2}{\tan^2 x}$ (참)

ㄴ. $\dfrac{1+\cos x}{\sin x}+\dfrac{\sin x}{1+\cos x}$

$=\dfrac{(1+\cos x)^2+\sin^2 x}{\sin x(1+\cos x)}$

$=\dfrac{1+2\cos x+\cos^2 x+\sin^2 x}{\sin x(1+\cos x)}$

$=\dfrac{2(1+\cos x)}{\sin x(1+\cos x)}=\dfrac{2}{\sin x}$ (거짓)

ㄷ. $\left(\tan x+\dfrac{1}{\cos x}\right)^2=\left(\dfrac{\sin x}{\cos x}+\dfrac{1}{\cos x}\right)^2$

$=\dfrac{(\sin x+1)^2}{\cos^2 x}$

$=\dfrac{(1+\sin x)^2}{1-\sin^2 x}$

$=\dfrac{(1+\sin x)^2}{(1+\sin x)(1-\sin x)}$

$=\dfrac{1+\sin x}{1-\sin x}$ (참)

따라서 옳은 것은 ㄱ, ㄷ이다. 답 ③

15 $\tan x=\dfrac{\sin x}{\cos x}$이므로

$\log_{\cos x}\sqrt{\tan x}+\log_{\sin x}\tan x=0$에서

$\dfrac{1}{2}\log_{\cos x}\dfrac{\sin x}{\cos x}+\log_{\sin x}\dfrac{\sin x}{\cos x}=0$

$\dfrac{1}{2}(\log_{\cos x}\sin x-1)+(1-\log_{\sin x}\cos x)=0$

$\dfrac{1}{2}\log_{\cos x}\sin x-\log_{\sin x}\cos x+\dfrac{1}{2}=0$

$\log_{\cos x}\sin x-2\log_{\sin x}\cos x+1=0$

$\log_{\cos x}\sin x=t\,(t>0)$로 놓으면

$t-\dfrac{2}{t}+1=0$, $t^2+t-2=0$ ⎣$0<\sin\theta<1, 0<\cos\theta<1$이므로 $\log_{\cos\theta}\sin\theta>0$

$(t+2)(t-1)=0$ ∴ $t=-2$ 또는 $t=1$

이때 $t>0$이므로

$t=1$

따라서 $\log_{\cos x}\sin x=1$이므로

$\sin x=\cos x$ ∴ $\tan x=1$ 답 ③

16 $f\left(\dfrac{x}{1-x}\right)=x$에서 $A=\dfrac{x}{1-x}$라 하면

$\dfrac{1}{A}=\dfrac{1-x}{x}=\dfrac{1}{x}-1$, $\dfrac{1}{x}=\dfrac{1}{A}+1=\dfrac{1+A}{A}$

∴ $x=\dfrac{A}{1+A}$

이때 $0<x<1$에서 $0<\dfrac{A}{1+A}<1$

$0<1-\dfrac{1}{1+A}<1$, $0<\dfrac{1}{1+A}<1$

$1+A>1$ ∴ $A>0$

즉, $f(A)=\dfrac{A}{1+A}\,(A>0)$이므로

$f(\tan^2\theta)=\dfrac{\tan^2\theta}{1+\tan^2\theta}$

$=\dfrac{\dfrac{\sin^2\theta}{\cos^2\theta}}{1+\dfrac{\sin^2\theta}{\cos^2\theta}}$

$=\dfrac{\dfrac{\sin^2\theta}{\cos^2\theta}}{\dfrac{\cos^2\theta+\sin^2\theta}{\cos^2\theta}}$

$=\dfrac{\sin^2\theta}{\cos^2\theta+\sin^2\theta}$

$=\sin^2\theta$ 답 ①

17 조건 ㈎에서

$2n\pi<2\theta<2n\pi+\dfrac{\pi}{2}$ (n은 정수)이므로

$n\pi<\theta<n\pi+\dfrac{\pi}{4}$

즉, θ는 제1사분면 또는 제3사분면의 각이다.

조건 ㈏에서 주어진 이차방정식의 판별식을 D라 하면

$D=0$이므로

$\dfrac{D}{4}=\cos^2\theta-3\sin^2\theta$

$=1-4\sin^2\theta=0$

즉, $\sin^2\theta=\dfrac{1}{4}$이므로

$\sin\theta=-\dfrac{1}{2}$ 또는 $\sin\theta=\dfrac{1}{2}$

또한, 주어진 이차방정식이 음수인 중근을 가지므로

$\dfrac{\cos\theta}{3}<0$ ∴ $\cos\theta<0$

따라서 θ는 제3사분면의 각이므로 $\sin\theta<0$

∴ $\sin\theta=-\dfrac{1}{2}$ 답 ②

18 $\overline{AC}=3a$, $\overline{BC}=3b$라 하고, 점 D, E에서 $\overline{CA}$에 내린 수선의 발을 각각 F, G라 하면 오른쪽 그림과 같다.

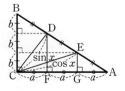

직각삼각형 CFD에서 피타고라스 정리에 의하여

$\overline{CD}^2=a^2+(2b)^2$

$=a^2+4b^2=\sin^2 x$ ……㉠

직각삼각형 CGE에서 피타고라스 정리에 의하여

$\overline{CE}^2=(2a)^2+b^2$

$=4a^2+b^2=\cos^2 x$ ……㉡

㉠+㉡을 하면

$5(a^2+b^2)=\sin^2 x+\cos^2 x=1$

∴ $a^2+b^2=\dfrac{1}{5}$

따라서 직각삼각형 ABC에서 피타고라스 정리에 의하여

$$\overline{AB}^2=(3a)^2+(3b)^2=9(a^2+b^2)=9\times\frac{1}{5}=\frac{9}{5}$$

$$\therefore \overline{AB}=\sqrt{\frac{9}{5}}=\frac{3\sqrt{5}}{5}$$

답 $\dfrac{3\sqrt{5}}{5}$

19 A$(a,\ 0)$, C$(0,\ b)$이고, $\overline{OC'}=\overline{OC}=b$, $\angle AOC'=\theta$이므로 점 C′의 좌표는 $(b\cos\theta,\ b\sin\theta)$이다.

$$\therefore \overline{AC}^2=a^2+b^2 \qquad\qquad \cdots\cdots\text{㉠},$$

$$\overline{AC'}^2=(a-b\cos\theta)^2+(-b\sin\theta)^2$$
$$=a^2-2ab\cos\theta+b^2\cos^2\theta+b^2\sin^2\theta$$
$$=a^2-2ab\cos\theta+b^2 \qquad \cdots\cdots\text{㉡}$$

이때 ㉠, ㉡을 $\overline{AC}^2-\overline{AC'}^2=12$에 대입하면

$$a^2+b^2-(a^2-2ab\cos\theta+b^2)=12$$

$$2ab\cos\theta=12 \qquad \therefore ab=\frac{6}{\cos\theta}$$

따라서 직사각형 OABC의 넓이를 S라 하면

$$S=ab=\frac{6}{\cos\theta}$$

답 ②

20 주어진 이차방정식의 계수가 유리수이므로 한 근이 $2-\sqrt{3}$이면 다른 한 근은 $2+\sqrt{3}$이다.

즉, 이차방정식 $x^2-\left(\tan\theta+\dfrac{1}{\tan\theta}\right)x+1=0$의 두 근이 $2-\sqrt{3}$, $2+\sqrt{3}$이므로 근과 계수의 관계에 의하여

$$(2-\sqrt{3})+(2+\sqrt{3})=\tan\theta+\frac{1}{\tan\theta}$$

즉, $\dfrac{\sin\theta}{\cos\theta}+\dfrac{\cos\theta}{\sin\theta}=4$에서

$$\frac{\sin^2\theta+\cos^2\theta}{\cos\theta\sin\theta}=4,\ \frac{1}{\cos\theta\sin\theta}=4$$

$$\therefore \sin\theta\cos\theta=\frac{1}{4}$$

$$\therefore \sin^4\theta+\cos^4\theta=(\sin^2\theta+\cos^2\theta)^2-2\sin^2\theta\cos^2\theta$$
$$=1^2-2\times\left(\frac{1}{4}\right)^2$$
$$=1-\frac{1}{8}=\frac{7}{8}$$

답 $\dfrac{7}{8}$

BLACKLABEL 특강 | 필수 개념

이차방정식 $ax^2+bx+c=0$에서
(1) a, b, c가 모두 유리수일 때,
   $p+q\sqrt{m}$이 근이면 $p-q\sqrt{m}$도 근이다. (단, $q\neq0$, $\sqrt{m}$은 무리수)
(2) a, b, c가 모두 실수일 때,
   $p+qi$가 근이면 $p-qi$도 근이다. (단, $q\neq0$, $i=\sqrt{-1}$)

---

21 이차방정식 $kx^2-(k+2)x+(k+1)=0$의 두 근이 $\sin\theta$, $\cos\theta$이므로 근과 계수의 관계에 의하여

$$\sin\theta+\cos\theta=\frac{k+2}{k} \qquad \cdots\cdots\text{㉠},$$

$$\sin\theta\cos\theta=\frac{k+1}{k} \qquad \cdots\cdots\text{㉡}$$

㉠의 양변을 제곱하면

$$\sin^2\theta+2\sin\theta\cos\theta+\cos^2\theta=\frac{(k+2)^2}{k^2}$$

$$1+2\sin\theta\cos\theta=\frac{(k+2)^2}{k^2}$$

위의 식에 ㉡을 대입하면

$$1+\frac{2(k+1)}{k}=\frac{(k+2)^2}{k^2}$$

$$\frac{(k+2)^2}{k^2}-\frac{2(k+1)}{k}-1=0$$

$k\neq0$이므로 위의 식의 양변에 k^2을 곱하면

$$k^2+4k+4-2k^2-2k-k^2=0$$

$$-2k^2+2k+4=0$$

$$k^2-k-2=0,\ (k+1)(k-2)=0$$

$$\therefore k=-1\ \text{또는}\ k=2$$

그런데 $k=2$이면 주어진 이차방정식은 $2x^2-4x+3=0$이고, 이 이차방정식의 판별식을 D라 할 때,

$$\frac{D}{4}=(-2)^2-2\times3=4-6=-2<0$$

이므로 허근을 갖는다.

$$\therefore k=-1$$

$k=-1$일 때, 주어진 이차방정식은 $-x^2-x=0$이므로

$$x^2+x=0,\ x(x+1)=0$$

$$\therefore x=0\ \text{또는}\ x=-1$$

이때 $0<\theta<2\pi$이므로

(ⅰ) $\sin\theta=0$, $\cos\theta=-1$일 때, $\theta=\pi$

(ⅱ) $\sin\theta=-1$, $\cos\theta=0$일 때, $\theta=\dfrac{3}{2}\pi$

(ⅰ), (ⅱ)에서 구하는 모든 θ의 값의 합은

$$\pi+\frac{3}{2}\pi=\frac{5}{2}\pi$$

답 $\dfrac{5}{2}\pi$

22 두 방정식 $x^2-6x\sin\theta+1=0$, $x^4+2x^3-x^2+2x+1=0$에 $x=0$을 대입하면 모두 등식이 성립하지 않으므로 $x\neq0$이다.

방정식 $x^2-6x\sin\theta+1=0$의 양변을 x로 나누면

$$x-6\sin\theta+\frac{1}{x}=0 \qquad \therefore x+\frac{1}{x}=6\sin\theta \qquad \cdots\cdots\text{㉠}$$

또한, 방정식 $x^4+2x^3-x^2+2x+1=0$의 양변을 x^2으로 나누면

$$x^2+2x-1+\frac{2}{x}+\frac{1}{x^2}=0$$

$$\left(x^2+\frac{1}{x^2}\right)+2\left(x+\frac{1}{x}\right)-1=0$$

$$\left(x+\frac{1}{x}\right)^2+2\left(x+\frac{1}{x}\right)-3=0$$

위의 식에 ㉠을 대입하면

$$36\sin^2\theta+12\sin\theta-3=0$$

$$12\sin^2\theta+4\sin\theta-1=0$$

$$(6\sin\theta-1)(2\sin\theta+1)=0$$

$$\therefore \sin\theta=\frac{1}{6}\ \text{또는}\ \sin\theta=-\frac{1}{2}$$

그런데 $\pi < \theta < \dfrac{3}{2}\pi$에서 $\sin\theta < 0$이므로

$\sin\theta = -\dfrac{1}{2}$

$\therefore \cos\theta = -\sqrt{1-\sin^2\theta}\ (\because \cos\theta < 0)$

$\qquad = -\sqrt{1-\left(-\dfrac{1}{2}\right)^2}$

$\qquad = -\sqrt{\dfrac{3}{4}} = -\dfrac{\sqrt{3}}{2}$ 답 $-\dfrac{\sqrt{3}}{2}$

단계	채점 기준	배점
(가)	주어진 이차방정식을 변형하여 $x+\dfrac{1}{x}$을 θ를 이용하여 나타낸 경우	40%
(나)	주어진 사차방정식을 변형하여 $x+\dfrac{1}{x}$에 대한 식을 세운 경우	40%
(다)	(가)에서 구한 식을 (나)에 대입하여 $\sin\theta$의 값을 구한 후, $\cos\theta$의 값을 구한 경우	20%

• 다른 풀이 •

두 방정식의 공통근을 a라 하면 a가 이차방정식

$x^2 - 6x\sin\theta + 1 = 0$의 근이므로

$a^2 - 6a\sin\theta + 1 = 0$

$\therefore a^2 = 6a\sin\theta - 1$ ...... ㉡

사차방정식 $x^4 + 2x^3 - x^2 + 2x + 1 = 0$에서 $x=0$이면 등식이 성립하지 않으므로 $x \neq 0$이다. ── $a \neq 0$

사차방정식의 양변을 x^2으로 나누면

$x^2 + 2x - 1 + \dfrac{2}{x} + \dfrac{1}{x^2} = 0$

$\left(x^2 + \dfrac{1}{x^2}\right) + 2\left(x + \dfrac{1}{x}\right) - 1 = 0$

$\left(x + \dfrac{1}{x}\right)^2 + 2\left(x + \dfrac{1}{x}\right) - 3 = 0$

$x + \dfrac{1}{x} = t$로 놓으면

$t^2 + 2t - 3 = 0,\ (t+3)(t-1) = 0$

$\therefore t = -3$ 또는 $t = 1$

(i) $t = -3$일 때,

$x + \dfrac{1}{x} = -3$이므로 $x^2 + 3x + 1 = 0$

이 이차방정식의 근이 공통근 a이면

$a^2 + 3a + 1 = 0$ ...... ㉢

㉡을 ㉢에 대입하면

$6a\sin\theta - 1 + 3a + 1 = 0,\ 6a\sin\theta + 3a = 0$

$3a(2\sin\theta + 1) = 0$

$\therefore \sin\theta = -\dfrac{1}{2}\ (\because a \neq 0)$

(ii) $t = 1$일 때,

$x + \dfrac{1}{x} = 1$이므로 $x^2 - x + 1 = 0$

이 이차방정식의 근이 공통근 a이면

$a^2 - a + 1 = 0$ ...... ㉣

㉡을 ㉣에 대입하면

$6a\sin\theta - 1 - a + 1 = 0,\ 6a\sin\theta - a = 0$

$a(6\sin\theta - 1) = 0$

$\therefore \sin\theta = \dfrac{1}{6}\ (\because a \neq 0)$

그런데 $\pi < \theta < \dfrac{3}{2}\pi$에서 $\sin\theta < 0$이므로 조건에 맞지 않다.

(i), (ii)에서 $\sin\theta = -\dfrac{1}{2}$

따라서 $\pi < \theta < \dfrac{3}{2}\pi$에서 $\cos\theta < 0$이므로

$\cos\theta = -\sqrt{1-\left(-\dfrac{1}{2}\right)^2} = -\sqrt{\dfrac{3}{4}}$

$\qquad = -\dfrac{\sqrt{3}}{2}$

23 $0 < A < \pi,\ 0 < B < \pi,\ A \neq B$에서 $\sin A = \sin B$이므로

$B = \pi - A$, 즉 $A+B = \pi$이다. ── 두 각 A, B가 나타내는 두 동경은 y축에 대하여 대칭이다.

ㄱ. $\sin\dfrac{A+B}{2} = \sin\dfrac{\pi}{2} = 1$ (참)

ㄴ. $\sin\dfrac{A}{2} - \cos\dfrac{B}{2} = \sin\dfrac{A}{2} - \cos\left(\dfrac{\pi}{2} - \dfrac{A}{2}\right)$

$\qquad = \sin\dfrac{A}{2} - \sin\dfrac{A}{2}$

$\qquad = 0$ (참)

ㄷ. $\tan A + \tan B = \tan A + \tan(\pi - A)$

$\qquad = \tan A - \tan A$

$\qquad = 0$ (참)

따라서 ㄱ, ㄴ, ㄷ 모두 옳다. 답 ⑤

24 직선이 x축의 양의 방향과 이루는 각의 크기가 θ이면 기울기는 $\tan\theta$이므로 직선 $3x + 4y + 3 = 0$, 즉

$y = -\dfrac{3}{4}x - \dfrac{3}{4}$에서 $\tan\theta = -\dfrac{3}{4}$

$0 < \theta < \pi$이고, $\tan\theta < 0$이므로 $\dfrac{\pi}{2} < \theta < \pi$이다.

$\therefore \sin\theta > 0,\ \cos\theta < 0$

이때 오른쪽 그림과 같이 직각을 낀 두 변의 길이가 3, 4인 직각삼각형을 생각하면

$\sin\theta = \dfrac{3}{5},\ \cos\theta = -\dfrac{4}{5}$이므로

$\cos(\pi+\theta) + \dfrac{1}{\sin(\pi-\theta)} + \tan\left(\dfrac{\pi}{2}+\theta\right)$

$= -\cos\theta + \dfrac{1}{\sin\theta} - \dfrac{1}{\tan\theta}$

$= \dfrac{4}{5} + \dfrac{5}{3} + \dfrac{4}{3} = \dfrac{19}{5}$

따라서 $p=5$, $q=19$이므로 $p+q = 5+19 = 24$ 답 24

25 원의 지름에 대한 원주각의 크기는 $\dfrac{\pi}{2}$이므로

$\angle APB = \dfrac{\pi}{2}$

$\therefore \alpha + \beta = \pi - \dfrac{\pi}{2} = \dfrac{\pi}{2}$

이때 △ABP는 빗변이 $\overline{AB}$인 직각삼

각형이므로

$\overline{AB}=\sqrt{4^2+3^2}=5$

$\sin(5\alpha+4\beta)=\sin\{4(\alpha+\beta)+\alpha\}$
$\qquad\qquad\quad=\sin(2\pi+\alpha)$
$\qquad\qquad\quad=\sin\alpha=\dfrac{3}{5}$

$\cos(3\alpha+4\beta)=\cos\{3(\alpha+\beta)+\beta\}$
$\qquad\qquad\quad=\cos\left(\dfrac{3}{2}\pi+\beta\right)=\sin\beta=\dfrac{4}{5}$

$\therefore \sin(5\alpha+4\beta)\cos(3\alpha+4\beta)=\dfrac{3}{5}\times\dfrac{4}{5}=\dfrac{12}{25}$

따라서 $p=25$, $q=12$이므로

$p+q=25+12=37$

답 37

26 $\tan\theta=\sqrt{\dfrac{1-x}{x}}\,(0<x<1)$의 양변을 제곱하면

$\tan^2\theta=\dfrac{1-x}{x}$, $\tan^2\theta=\dfrac{1}{x}-1$

$\dfrac{1}{x}=1+\tan^2\theta$

$\therefore x=\dfrac{1}{1+\tan^2\theta}$

$\quad=\dfrac{1}{1+\dfrac{\sin^2\theta}{\cos^2\theta}}$

$\quad=\dfrac{\cos^2\theta}{\cos^2\theta+\sin^2\theta}$

$\quad=\cos^2\theta$

이때 $\sin\left(\dfrac{\pi}{2}+\theta\right)=\cos\theta$, $\sin\left(\dfrac{3}{2}\pi+\theta\right)=-\cos\theta$이

므로

$\dfrac{\sin^2\theta}{x+\sin\left(\dfrac{\pi}{2}+\theta\right)}+\dfrac{\sin^2\theta}{x+\sin\left(\dfrac{3}{2}\pi+\theta\right)}$

$=\dfrac{\sin^2\theta}{\cos^2\theta+\cos\theta}+\dfrac{\sin^2\theta}{\cos^2\theta-\cos\theta}$

$=\dfrac{\sin^2\theta(\cos^2\theta-\cos\theta)+\sin^2\theta(\cos^2\theta+\cos\theta)}{(\cos^2\theta+\cos\theta)(\cos^2\theta-\cos\theta)}$

$=\dfrac{\sin^2\theta\cos^2\theta-\sin^2\theta\cos\theta+\sin^2\theta\cos^2\theta+\sin^2\theta\cos\theta}{\cos^4\theta-\cos^2\theta}$

$=\dfrac{2\sin^2\theta\cos^2\theta}{\cos^2\theta(\cos^2\theta-1)}$

$=\dfrac{2\sin^2\theta}{\cos^2\theta-1}=\dfrac{2\sin^2\theta}{-\sin^2\theta}$

$=-2\;(\because \underline{\tan\theta\neq0}$이므로 $\sin\theta\neq0)$ 답 ①
$0<x<1$에서 $\dfrac{1-x}{x}>0$이므로 $\tan\theta>0$

27 ㄱ. $\sin(90°-\theta)=\cos\theta$이므로

$\sin^2 2°+\sin^2 4°+\sin^2 6°+\cdots+\sin^2 88°+\sin^2 90°$
$=(\sin^2 2°+\sin^2 88°)+(\sin^2 4°+\sin^2 86°)+\cdots$
$\qquad\qquad\qquad+(\sin^2 44°+\sin^2 46°)+\sin^2 90°$
$=(\sin^2 2°+\cos^2 2°)+(\sin^2 4°+\cos^2 4°)+\cdots$
$\qquad\qquad\qquad+(\sin^2 44°+\cos^2 44°)+\sin^2 90°$
$=1\times 22+1^2=23$ (참)

ㄴ. $\cos(90°-\theta)=\sin\theta$이므로

$\cos^2 1°+\cos^2 2°+\cos^2 3°+\cdots+\cos^2 90°$
$=(\cos^2 1°+\cos^2 89°)+(\cos^2 2°+\cos^2 88°)+\cdots$
$\qquad\qquad\quad+(\cos^2 44°+\cos^2 46°)+\cos^2 45°+\cos^2 90°$
$=(\cos^2 1°+\sin^2 1°)+(\cos^2 2°+\sin^2 2°)+\cdots$
$\qquad\qquad\quad+(\cos^2 44°+\sin^2 44°)+\cos^2 45°+\cos^2 90°$
$=1\times 44+\left(\dfrac{\sqrt{2}}{2}\right)^2+0$
$=\dfrac{89}{2}$ (거짓)

ㄷ. $\tan(90°-\theta)=\dfrac{1}{\tan\theta}$이므로

$\tan 1°\times\tan 2°\times\tan 3°\times\cdots\times\tan 89°$
$=(\tan 1°\times\tan 89°)\times(\tan 2°\times\tan 88°)\times\cdots$
$\qquad\qquad\qquad\times(\tan 44°\times\tan 46°)\times\tan 45°$
$=\left(\tan 1°\times\dfrac{1}{\tan 1°}\right)\times\left(\tan 2°\times\dfrac{1}{\tan 2°}\right)\times\cdots$
$\qquad\qquad\qquad\times\left(\tan 44°\times\dfrac{1}{\tan 44°}\right)\times\tan 45°$
$=1^{44}\times 1=1$ (참)

따라서 옳은 것은 ㄱ, ㄷ이다. 답 ③

28 $\tan(90°-\theta)=\dfrac{1}{\tan\theta}$이므로

$\left(\dfrac{1}{\sin^2 1°}+\dfrac{1}{\sin^2 2°}+\dfrac{1}{\sin^2 3°}+\cdots+\dfrac{1}{\sin^2 23°}\right)$
$\qquad-(\tan^2 67°+\tan^2 68°+\tan^2 69°+\cdots+\tan^2 89°)$

$=\left(\dfrac{1}{\sin^2 1°}+\dfrac{1}{\sin^2 2°}+\dfrac{1}{\sin^2 3°}+\cdots+\dfrac{1}{\sin^2 23°}\right)$
$\qquad-\left(\dfrac{1}{\tan^2 23°}+\dfrac{1}{\tan^2 22°}+\dfrac{1}{\tan^2 21°}+\cdots+\dfrac{1}{\tan^2 1°}\right)$

$=\left(\dfrac{1}{\sin^2 1°}+\dfrac{1}{\sin^2 2°}+\dfrac{1}{\sin^2 3°}+\cdots+\dfrac{1}{\sin^2 23°}\right)$
$\qquad-\left(\dfrac{\cos^2 23°}{\sin^2 23°}+\dfrac{\cos^2 22°}{\sin^2 22°}+\dfrac{\cos^2 21°}{\sin^2 21°}+\cdots+\dfrac{\cos^2 1°}{\sin^2 1°}\right)$

$=\left(\dfrac{1}{\sin^2 1°}-\dfrac{\cos^2 1°}{\sin^2 1°}\right)+\left(\dfrac{1}{\sin^2 2°}-\dfrac{\cos^2 2°}{\sin^2 2°}\right)$
$\qquad\qquad\qquad+\cdots+\left(\dfrac{1}{\sin^2 23°}-\dfrac{\cos^2 23°}{\sin^2 23°}\right)$

$=\dfrac{1-\cos^2 1°}{\sin^2 1°}+\dfrac{1-\cos^2 2°}{\sin^2 2°}+\cdots+\dfrac{1-\cos^2 23°}{\sin^2 23°}$

$=\dfrac{\sin^2 1°}{\sin^2 1°}+\dfrac{\sin^2 2°}{\sin^2 2°}+\cdots+\dfrac{\sin^2 23°}{\sin^2 23°}$

$=1\times 23=23$ 답 23

29 오른쪽 그림과 같이 원 $x^2+y^2=1$에 내접하는 정96각형의 각 꼭짓점을 $P_n(a_n,\ b_n)\ (n=1,\ 2,\ \cdots,\ 96)$이라 하면

$\angle P_n OP_{n+1}=\dfrac{\pi}{48}$ (단, $n=1,\ 2,\ 3,\ \cdots,\ 95$),

$\angle P_1 OP_{96}=\dfrac{\pi}{48}$

동경 OP_n이 x축의 양의 방향과 이루는 각을 θ_n이라 하면

$\theta_{n+48}-\theta_n=\angle P_nOP_{n+48}$

$\qquad =\dfrac{\pi}{48}\times48=\pi$ (단, $n=1,\ 2,\ 3,\ \cdots,\ 48$)

$\therefore \theta_{n+48}=\theta_n+\pi$ (단, $n=1,\ 2,\ 3,\ \cdots,\ 48$)

점 P_n이 원 $x^2+y^2=1$ 위의 점이므로 $a_n=\cos\theta_n$

$\therefore a_{n+48}{}^2=\cos^2\theta_{n+48}=\cos^2(\theta_n+\pi)=\cos^2\theta_n=a_n{}^2$

$\therefore a_1{}^2+a_2{}^2+a_3{}^2+\cdots+a_{96}{}^2$

$\quad =a_1{}^2+a_2{}^2+a_3{}^2+\cdots+a_{48}{}^2+a_1{}^2+a_2{}^2+\cdots+a_{48}{}^2$

$\quad =2(a_1{}^2+a_2{}^2+a_3{}^2+\cdots+a_{48}{}^2)$ $\cdots\cdots\ \bigcirc$

또한,

$\theta_{n+24}-\theta_n=\angle P_nOP_{n+24}=\dfrac{\pi}{48}\times24=\dfrac{\pi}{2}$

$\qquad\qquad\qquad\qquad$ (단, $n=1,\ 2,\ 3,\ \cdots,\ 24$)

이므로

$\theta_{n+24}=\theta_n+\dfrac{\pi}{2}$ (단, $n=1,\ 2,\ 3,\ \cdots,\ 24$)

$\therefore a_n{}^2+a_{n+24}{}^2=\cos^2\theta_n+\cos^2\left(\theta_n+\dfrac{\pi}{2}\right)$

$\qquad\qquad\qquad =\cos^2\theta_n+\sin^2\theta_n=1$

즉,

$a_1{}^2+a_2{}^2+\cdots+a_{48}{}^2$

$=(a_1{}^2+a_{25}{}^2)+(a_2{}^2+a_{26}{}^2)+\cdots+(a_{24}{}^2+a_{48}{}^2)$

$=1\times24=24$

이므로 $\bigcirc$에서

$a_1{}^2+a_2{}^2+a_3{}^2+\cdots+a_{96}{}^2=2\times24=48$ $\qquad$ 답 48

30 해결단계

❶단계	동경 OP가 한 번에 $\dfrac{5}{18}\pi$만큼 회전하므로 시초선으로 돌아올 때까지 이동한 횟수는 $2n\pi\div\dfrac{5}{18}\pi=\dfrac{36n}{5}$ (n은 자연수) 임을 안다.
❷단계	N의 값을 구한다.
❸단계	$\sin\theta_{19}=-\sin\theta_1$, $\sin\theta_{20}=-\sin\theta_2$, $\cdots$, $\sin\theta_{36}=-\sin\theta_{18}$임을 이용하여 식을 정리한 후, 답을 구한다.

동경 OP가 한 번에 $\dfrac{5}{18}\pi$만큼 회전하므로 시초선으로 돌

아올 때까지 이동한 횟수는

$2n\pi\div\dfrac{5}{18}\pi=2n\pi\times\dfrac{18}{5\pi}=\dfrac{36n}{5}$ (단, n은 자연수)

위의 값이 자연수가 되는 n의 최솟값은 5이므로 처음으

로 다시 시초선으로 돌아올 때까지 이동한 횟수는

$N=\dfrac{36\times5}{5}=36$

이때 $\theta_k=\dfrac{5}{18}\pi\times k$이므로

$\sin\theta_{19}=\sin\left(\dfrac{5}{18}\pi\times19\right)=\sin\dfrac{95}{18}\pi$

$\qquad =\sin\left(5\pi+\dfrac{5}{18}\pi\right)=\sin\left(\pi+\dfrac{5}{18}\pi\right)$

$\qquad =-\sin\dfrac{5}{18}\pi=-\sin\theta_1$

같은 방법으로

$\sin\theta_{20}=-\sin\theta_2$, $\sin\theta_{21}=-\sin\theta_3$, $\cdots$,

$\sin\theta_{36}=-\sin\theta_{18}$

$\therefore N+\sin\theta_1+\sin\theta_2+\sin\theta_3+\cdots+\sin\theta_N$

$\quad =36+\sin\theta_1+\sin\theta_2+\sin\theta_3+\cdots+\sin\theta_{36}$

$\quad =36+\sin\theta_1+\sin\theta_2+\sin\theta_3+\cdots+\sin\theta_{18}$

$\qquad\quad -(\sin\theta_1+\sin\theta_2+\sin\theta_3+\cdots+\sin\theta_{18})$

$\quad =36$ $\qquad\qquad\qquad\qquad\qquad\qquad$ 답 36

STEP 3 1등급을 넘어서는 종합 사고력 문제 $\qquad$ p. 51

01 -1	02 4	03 π	04 $2\sqrt{26}$	05 218
06 $\dfrac{100}{3}\pi$	07 $\dfrac{\sqrt6}{3}$			

01 해결단계

❶단계	$\sin^2 x+\cos^2 x=1$과 $\sin x+\cos x=-1$을 연립하여 $\sin x$와 $\cos x$의 값을 각각 구한다.
❷단계	$\sin^{2023} x+\cos^{2023} x$의 값을 구한다.

$\sin x+\cos x=-1$, 즉 $\cos x=-\sin x-1$을

$\sin^2 x+\cos^2 x=1$에 대입하면

$\sin^2 x+(-\sin x-1)^2=1$

$\sin^2 x+\sin^2 x+2\sin x+1=1$

$2\sin^2 x+2\sin x=0$, $2\sin x(\sin x+1)=0$

$\therefore \sin x=0$ 또는 $\sin x=-1$

즉, $\cos x=-\sin x-1$에서

$\sin x=0$일 때, $\cos x=-1$

$\sin x=-1$일 때, $\cos x=0$

$\therefore \sin^{2023} x+\cos^{2023} x=-1$ $\qquad$ 답 -1

• 다른 풀이 •

$\cos x=X$, $\sin x=Y$로 놓으면 $X^2+Y^2=1$이므로 점

$P(X,\ Y)$는 원 $X^2+Y^2=1$ 위의 점 중에서 직선 OP가

X축의 양의 방향과 이루는 각의 크기가 x인 점이다.

이때 $\sin x+\cos x=-1$은 $Y+X=-1$이므로 원

$X^2+Y^2=1$과 직선 $Y+X=-1$, 즉 $Y=-X-1$을 좌

표평면 위에 나타내면 다음 그림과 같다.

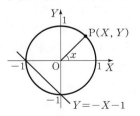

즉, 원 $X^2+Y^2=1$과 직선 $Y=-X-1$의 교점의 좌표

$(X,\ Y)$는 $(-1,\ 0)$ 또는 $(0,\ -1)$이므로 조건을 만족

시키는 x에 대하여

$\cos x=-1$, $\sin x=0$ 또는 $\cos x=0$, $\sin x=-1$

$\therefore \sin^{2023} x+\cos^{2023} x=-1$

02 해결단계

❶단계	$\cos t$, $\sin t$를 각각 x, y에 대한 식으로 나타낸다.
❷단계	❶단계에서 구한 식을 $\sin^2 t + \cos^2 t = 1$에 대입하여 주어진 물체가 움직이는 자취의 방정식을 구한다.
❸단계	❷단계에서 구한 자취를 좌표평면 위에 나타낸 후, 원점에서 가장 멀리 떨어져 있을 때와 가장 가까이 있을 때의 두 거리의 차를 구한다.

$x = 2 + 2\cos t$, $y = 6 + 2\sin t$에서

$$\cos t = \frac{x-2}{2},\ \sin t = \frac{y-6}{2}$$

이때 $\sin^2 t + \cos^2 t = 1$이므로

$$\left(\frac{y-6}{2}\right)^2 + \left(\frac{x-2}{2}\right)^2 = 1$$

$$\therefore (x-2)^2 + (y-6)^2 = 4$$

즉, 주어진 물체는 중심의 좌표가 $(2, 6)$이고 반지름의 길이가 2인 원의 둘레 위를 움직인다.

원 $(x-2)^2 + (y-6)^2 = 4$의 중심을 C라 하면 $C(2, 6)$이고 반지름의 길이는 2이다.

오른쪽 그림과 같이 직선 OC가 원과 만나는 두 점 중 원점에 가까운 점을 P, 나머지 한 점을 Q라 하면 주어진 물체가 가장 멀리 떨어져 있을 때의 거리는 $\overline{OQ}$, 가장 가까이 있을 때의 거리는 $\overline{OP}$이다.

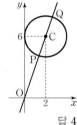

따라서 구하는 거리의 차는

$$\overline{OQ} - \overline{OP} = \overline{PQ} = 2 \times 2 = 4$$

답 4

03 해결단계

❶단계	두 점 A, B의 경도를 나타내는 선이 적도를 나타내는 선과 만나는 점을 각각 C, D, 구의 중심 O에서 두 점 A, B의 위도를 나타내는 선이 그리는 원 모양의 평면 위에 수직으로 내린 점을 H라 하였을 때, $\angle$AHB, $\angle$COH, $\angle$AOH의 크기를 구한 후, $\overline{AH}$의 길이를 구한다.
❷단계	$\overset{\frown}{AB}$의 길이를 구한다.

오른쪽 그림과 같이 두 점 A, B의 경도를 나타내는 선이 적도를 나타내는 선과 만나는 점을 각각 C, D라 하면

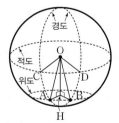

$$\angle COA = \angle DOB = 60° = \frac{\pi}{3}$$

구의 중심 O에서 두 점 A, B의 위도를 나타내는 선이 그리는 원 모양의 평면 위에 수직으로 내린 점을 H라 하면 점 A가 동경 145°, 점 B가 서경 170°에 위치하므로 각 AHB의 크기는

$$360° - 145° - 170° = 45°$$

$$\therefore \angle AHB = 45° = \frac{\pi}{4}$$

한편, 점 C는 적도를 나타내는 선 위에 있으므로

$$\angle COH = \frac{\pi}{2}$$

$$\therefore \angle AOH = \angle COH - \angle COA$$

$$= \frac{\pi}{2} - \frac{\pi}{3} = \frac{\pi}{6}$$

이때 네 점 O, A, C, H를 지나는 평면으로 구를 자른 단면은 오른쪽 그림과 같다.

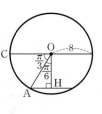

삼각형 OAH에서 $\overline{OA} = 8$이므로

$$\overline{AH} = \overline{OA}\sin(\angle AOH)$$

$$= 8\sin\frac{\pi}{6}$$

$$= 8 \times \frac{1}{2} = 4$$

또한, 두 점 A, B의 위도를 나타내는 선이 그리는 원 모양의 평면은 오른쪽 그림과 같다.

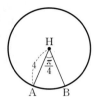

따라서 구하는 최단 거리는

$$\overset{\frown}{AB} = \overline{AH} \times \angle AHB$$

$$= 4 \times \frac{\pi}{4} = \pi$$

답 π

04 해결단계

❶단계	사분원의 호를 $(2n+1)$등분한 각 호의 중심각의 크기를 θ라 하고 $\overline{P_iQ_i}$ $(i=1, 2, 3, \cdots, 2n)$를 사분원의 반지름의 길이 $\overline{OA}$ 및 θ에 대한 식으로 나타낸다.
❷단계	$\overline{P_1Q_1}^2 + \overline{P_2Q_2}^2 + \overline{P_3Q_3}^2 + \cdots + \overline{P_{2n}Q_{2n}}^2 = 624$를 만족시키는 $\overline{OA}$를 n에 대한 식으로 나타낸다.
❸단계	부채꼴 OP_nP_{n+1}의 넓이를 $S(n)$을 n에 대한 식으로 나타낸다.
❹단계	$\frac{S(n)}{\pi}$의 값이 자연수가 되도록 하는 n의 값을 찾아 $\overline{OA}$의 길이의 최솟값을 구한다.

점 B를 점 P_{2n+1}이라 하고

$$\angle AOP_1 = \angle P_iOP_{i+1} = \theta\ (단,\ i = 1, 2, \cdots, 2n)$$

라 하면 점 P_i가 사분원의 호를 $(2n+1)$등분하였으므로

$$\theta = \frac{\pi}{2} \times \frac{1}{2n+1} \qquad \therefore (2n+1)\theta = \frac{\pi}{2},$$

$$\angle P_iOA = i\theta\ (i = 1, 2, \cdots, 2n)$$

$\triangle P_iOQ_i$는 $\angle P_iQ_iO = \frac{\pi}{2}$인 직각삼각형이므로

$$\overline{P_iQ_i} = \overline{OP_i} \times \sin(\angle P_iOQ_i)$$

$$= \overline{OP_i}\sin i\theta$$

$$= \overline{OA}\sin i\theta$$

$$\therefore \overline{P_iQ_i}^2 = \overline{OA}^2\sin^2 i\theta$$

이때 $\overline{P_1Q_1}^2 + \overline{P_2Q_2}^2 + \overline{P_3Q_3}^2 + \cdots + \overline{P_{2n}Q_{2n}}^2 = 624$이므로

$$\overline{P_1Q_1}^2 + \overline{P_2Q_2}^2 + \overline{P_3Q_3}^2 + \cdots + \overline{P_{2n}Q_{2n}}^2$$

$$= \overline{OA}^2(\sin^2\theta + \sin^2 2\theta + \sin^2 3\theta + \cdots + \sin^2 2n\theta)$$

$$= \overline{OA}^2\{\sin^2\theta + \sin^2 2\theta + \cdots + \sin^2 n\theta$$

$$\qquad + \sin^2\{(2n+1)\theta - n\theta\}$$

$$\qquad + \sin^2\{(2n+1)\theta - (n-1)\theta\}$$

$$\qquad + \cdots + \sin^2\{(2n+1)\theta - \theta\}\}$$

$(2n+1)\theta = \frac{\pi}{2}$이므로

$$= \overline{OA}^2\Big[\sin^2\theta + \sin^2 2\theta + \cdots + \sin^2 n\theta + \sin^2\Big(\frac{\pi}{2} - n\theta\Big)$$

$$\qquad + \sin^2\Big\{\frac{\pi}{2} - (n-1)\theta\Big\} + \cdots + \sin^2\Big(\frac{\pi}{2} - \theta\Big)\Big]$$

$$= \overline{OA}^2(\sin^2\theta + \sin^2 2\theta + \cdots + \sin^2 n\theta$$

$$\qquad + \cos^2 n\theta + \cdots + \cos^2 2\theta + \cos^2\theta)$$

$$=\overline{OA}^2\{(\sin^2\theta+\cos^2\theta)+(\sin^2 2\theta+\cos^2 2\theta)+\cdots$$
$$+(\sin^2 n\theta+\cos^2 n\theta)\}$$
$$=\overline{OA}^2\times(1\times n)=n\overline{OA}^2=624$$
$$\therefore \overline{OA}^2=\frac{624}{n}$$

한편, 부채꼴 OP_nP_{n+1}의 넓이가 $S(n)$이므로

$$S(n)=\frac{1}{2}\times\overline{OA}^2\times\theta=\frac{1}{2}\times\overline{OA}^2\times\frac{\pi}{2(2n+1)}$$
$$=\frac{624}{4n(2n+1)}\pi=\frac{156}{n(2n+1)}\pi \quad \underbrace{\quad}_{\substack{(2n+1)\theta=\frac{\pi}{2}\text{에서}\\ \theta=\frac{\pi}{2(2n+1)}}}$$

$$\therefore \frac{S(n)}{\pi}=\frac{156}{n(2n+1)}=\frac{2^2\times3\times13}{n(2n+1)}$$

$\dfrac{S(n)}{\pi}$의 값이 자연수가 되어야 하고, $2n+1$이 홀수이므로

$2n+1=3$ 또는 $2n+1=13$ 또는 $2n+1=39$
$\therefore n=1$ 또는 $n=6$ 또는 $n=19$

$n=1$이면 $\dfrac{S(n)}{\pi}=\dfrac{2^2\times3\times13}{1\times3}=52$

$n=6$이면 $\dfrac{S(n)}{\pi}=\dfrac{2^2\times3\times13}{6\times13}=2$

$n=19$이면 $\dfrac{S(n)}{\pi}=\dfrac{2^2\times3\times13}{19\times39}=\dfrac{4}{19}$

$\therefore n=1$ 또는 $n=6$

한편, $\overline{OA}^2=\dfrac{624}{n}$이므로 n이 최대일 때 $\overline{OA}$의 길이는 최소이다.

따라서 선분 OA의 길이의 최솟값, 즉 $n=6$일 때 선분 OA의 길이는

$$\sqrt{\frac{624}{6}}=\sqrt{104}=2\sqrt{26}$$

답 $2\sqrt{26}$

05 해결단계

❶단계	$\sin(\angle AP_nO)$의 값이 최대일 때의 점 P_n의 위치와 최소일 때의 점 P_n의 위치를 각각 확인한다.
❷단계	❶단계에서 확인한 점 P_n의 위치에 따른 $\sin(\angle AP_nO)$의 최댓값과 최솟값을 각각 구한다.
❸단계	$f(n)$을 n에 대한 식으로 나타내어 p, q의 값을 각각 구한 후, $p+q$의 값을 구한다.

원 $x^2+y^2=2$의 중심은 원점 $O(0, 0)$이고 반지름의 길이는 $\sqrt{2}$이다. 또한, 원 $(x-n)^2+(y-n)^2=2$의 중심을 C라 하면 $C(n, n)$이고 반지름의 길이는 $\sqrt{2}$이다.

직선 AP_n이 점 A에서의 원의 접선이므로 $\triangle OAP_n$은 $\angle OAP_n=90°$인 직각삼각형이다.

이때 $\overline{OA}=\sqrt{2}$이므로

$$\sin(\angle AP_nO)=\frac{\overline{OA}}{\overline{OP_n}}=\frac{\sqrt{2}}{\overline{OP_n}}$$

즉, $\overline{OP_n}$의 길이가 최대일 때 $\sin(\angle AP_nO)$의 값은 최소이고 $\overline{OP_n}$의 길이가 최소일 때 $\sin(\angle AP_nO)$의 값은 최대이다.

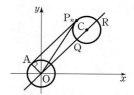

위의 그림과 같이 직선 OC가 원 $(x-n)^2+(y-n)^2=2$와 만나는 점 중 원점 O에 가까이 있는 점을 Q, 원점 O에 멀리 있는 점을 R라 하면 $\overline{OP_n}$의 길이는 점 P_n이 점 Q의 위치에 있을 때 최소이고 점 R의 위치에 있을 때 최대이다.

이때 $\overline{OC}=\sqrt{n^2+n^2}=\sqrt{2}n$이므로

$$(\overline{OP_n}\text{의 길이의 최솟값})=\overline{OQ}$$
$$=\overline{OC}-\overline{CQ}$$
$$=\sqrt{2}n-\sqrt{2}$$

$$(\overline{OP_n}\text{의 길이의 최댓값})=\overline{OR}$$
$$=\overline{OC}+\overline{CR}$$
$$=\sqrt{2}n+\sqrt{2}$$

따라서 $\sin(\angle AP_nO)$의 최댓값은

$$\frac{\sqrt{2}}{\sqrt{2}n-\sqrt{2}}=\frac{1}{n-1}$$

$\sin(\angle AP_nO)$의 최솟값은

$$\frac{\sqrt{2}}{\sqrt{2}n+\sqrt{2}}=\frac{1}{n+1}$$

$$\therefore f(n)=\frac{1}{n-1}\times\frac{1}{n+1}$$
$$=\frac{1}{(n-1)(n+1)}$$
$$=\frac{1}{2}\left(\frac{1}{n-1}-\frac{1}{n+1}\right)$$

$$\therefore f(3)+f(4)+f(5)+\cdots+f(10)$$
$$=\frac{1}{2}\left\{\left(\frac{1}{2}-\frac{1}{4}\right)+\left(\frac{1}{3}-\frac{1}{5}\right)+\left(\frac{1}{4}-\frac{1}{6}\right)\right.$$
$$\left.+\cdots+\left(\frac{1}{8}-\frac{1}{10}\right)+\left(\frac{1}{9}-\frac{1}{11}\right)\right\}$$
$$=\frac{1}{2}\left(\frac{1}{2}+\frac{1}{3}-\frac{1}{10}-\frac{1}{11}\right)$$
$$=\frac{1}{2}\times\frac{106}{165}=\frac{53}{165}$$

따라서 $p=165$, $q=53$이므로
$$p+q=165+53=218$$

답 218

06 해결단계

❶단계	두 선분 OP, OQ가 1초당 회전하는 각의 크기를 구한다.
❷단계	15초 단위로 두 선분 OP, OQ의 위치와 그때의 원의 내부의 흰색 부분과 검은색 부분을 나타낸다.
❸단계	원의 내부 상태가 반복되는 주기를 찾고 1000초 후의 원의 내부를 그림으로 나타낸다.
❹단계	1000초 후의 검은색 부분의 넓이를 구한다.

두 선분 OP, OQ가 원을 한 바퀴 도는 데 각각 30초, 60초가 걸리므로 1초당 선분 OP는 $\dfrac{2\pi}{30}=\dfrac{\pi}{15}$, 선분 OQ는 $\dfrac{2\pi}{60}=\dfrac{\pi}{30}$만큼 회전한다.

$\angle AOB=\pi$이므로 선분 OA에서 출발한 선분 OP는 15초 후에 선분 OB에 도착하고, 그때의 선분 OQ는 선분 OB에서 시계 방향으로 $\dfrac{\pi}{2}$만큼 회전한 곳에 도착한다.

즉, 15초마다 두 선분 OP, OQ는 시계 방향으로 각각 π만큼, $\dfrac{\pi}{2}$만큼 회전하므로 두 선분이 동시에 출발하여 15초, 30초, 45초, 60초가 되는 순간, 흰색 부분과 검은색 부분을 나타내면 다음 그림과 같다.

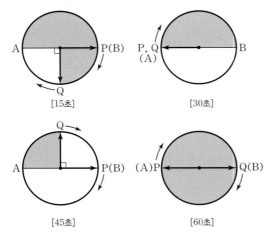

60초가 지났을 때, 두 선분 OP, OQ는 각각 처음과 같은 위치인 두 선분 OA, OB에 위치하고, 이때 원의 내부 전체가 검은색이므로 출발한 지 60초 후 두 선분 OP, OQ의 위치는 출발 직후와 같으면서 검은색 부분은 흰색으로, 흰색 부분은 검은색으로 바뀐다.

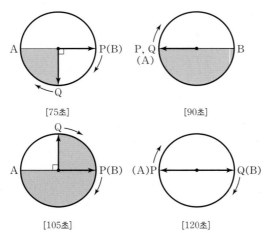

즉, 출발한 지 120초 후 두 선분 OP, OQ의 위치와 원의 내부의 흰색 부분과 검은색 부분은 출발 직후와 동일해지므로 원의 내부는 120초를 주기로 반복된다. 이때 $1000=120\times8+40$이므로 두 선분 OP, OQ가 출발한 지 1000초 후의 원의 내부는 출발한 지 40초 후의 원의 내부와 같다.

이는 출발한 지 30초가 지났을 때의 원의 내부에서 10초가 더 지났으므로 오른쪽 그림과 같이 선분 OP는 선분 OA에서 $\dfrac{\pi}{15}\times10=\dfrac{2}{3}\pi$만큼, 선분 OQ는

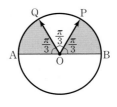

선분 OA에서 $\dfrac{\pi}{30}\times10=\dfrac{\pi}{3}$만큼 회전한 위치에 있다.

따라서 출발한 지 1000초 후, 검은색 부분의 넓이는 중심각의 크기가 $\dfrac{\pi}{3}$인 부채꼴 두 개의 넓이의 합과 같으므로

$$2\times\left(\dfrac{1}{2}\times10^2\times\dfrac{\pi}{3}\right)=\dfrac{100}{3}\pi$$

답 $\dfrac{100}{3}\pi$

07 해결단계

❶단계	두 삼각형 EBA, ECD가 모두 이등변삼각형이고, 서로 닮음임을 파악한다.
❷단계	두 삼각형 EBA, ECD의 한 변의 길이를 각각 θ로 나타낸다.
❸단계	삼각형 ECD의 넓이는 삼각형 EBA의 넓이의 $\dfrac{1}{9}$배가 되도록 하는 $\cos\theta$의 값을 구한다.

한 원에서 한 호에 대한 원주각의 크기는 모두 같으므로
$\angle ADC=\angle ABC$ ($\because$ $\overarc{AC}$에 대한 원주각)
$\angle BAD=\angle BCD$ ($\because$ $\overarc{BD}$에 대한 원주각)
이때 두 선분 AB, CD가 평행하므로
$\angle BAD=\angle ADC$, $\angle ABC=\angle BCD$
$\therefore$ $\angle ADC=\angle ABC=\angle BAD=\angle BCD=\theta$
즉, 두 삼각형 EBA, ECD는 모두 이등변삼각형이고 서로 닮음이다.
한편, 선분 AB가 원의 지름이므로
$\angle ACB=\angle ADB=90°$
$\overline{AB}=a$라 하면 $\triangle ACB$는 직각삼각형이므로
$\overline{AC}=a\sin\theta$, $\overline{BC}=a\cos\theta$
또한, $\overline{AE}=\overline{BE}=x$, $\overline{CE}=\overline{DE}=y$라 하면
$\overline{BC}=\overline{CE}+\overline{BE}$에서 $x+y=a\cos\theta$ ······㉠
$\triangle ACE$에서 피타고라스 정리에 의하여
$\overline{AE}^2=\overline{AC}^2+\overline{CE}^2$
$x^2=a^2\sin^2\theta+y^2$
$a^2\sin^2\theta=x^2-y^2=(x+y)(x-y)$
㉠을 위의 식에 대입하면
$a^2\sin^2\theta=a(x-y)\cos\theta$
$\therefore$ $x-y=\dfrac{a\sin^2\theta}{\cos\theta}$ ······㉡
㉠, ㉡을 연립하여 풀면
$x=\dfrac{a}{2\cos\theta}$, $y=a\cos\theta-\dfrac{a}{2\cos\theta}$
이때 두 삼각형 EBA, ECD가 서로 닮음이고, 넓이의 비가 9 : 1이므로 닮음비는 3 : 1이다. 즉,
$x : y=3 : 1$에서

$$\frac{a}{2\cos\theta} : \left(a\cos\theta - \frac{a}{2\cos\theta}\right) = 3 : 1$$

$$3a\cos\theta - \frac{3a}{2\cos\theta} = \frac{a}{2\cos\theta}$$

위의 식의 양변에 $2\cos\theta$를 곱하면

$$6a\cos^2\theta - 3a = a, \quad 6\cos^2\theta = 4$$

$$\cos^2\theta = \frac{2}{3}$$

$$\therefore \cos\theta = \sqrt{\frac{2}{3}} = \frac{\sqrt{6}}{3} \left(\because 0 < \theta < \frac{\pi}{4} \text{에서 } \cos\theta > 0 \right)$$

답 $\dfrac{\sqrt{6}}{3}$

이것이 수능   p. 52

1 ④   **2** ④   **3** ⑤   **4** 80

---

1 해결단계

❶단계	부채꼴 OAB의 중심각의 크기가 $\frac{\pi}{6}$임을 이용하여 반원 C의 반지름의 길이를 구한다.
❷단계	❶단계에서 구한 반지름의 길이를 이용하여 S_1, S_2의 값을 각각 구한다.
❸단계	❷단계에서 구한 값을 이용하여 $S_1 - S_2$의 값을 구한다.

다음 그림과 같이 반원 C의 중심을 Q, 반지름의 길이를 r라 하면 $\overline{OA} = 4$이므로 $\overline{OQ} = 4 - r$이고, 선분 OB와 반원 C의 접점을 H라 하면 $\overline{QH} = r$이다.

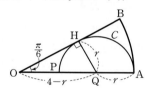

부채꼴 OAB의 중심각의 크기가 $\frac{\pi}{6}$이므로

$$\frac{r}{4-r} = \sin\frac{\pi}{6} = \frac{1}{2} \text{에서}$$

$$2r = 4 - r$$

$$3r = 4 \qquad \therefore r = \frac{4}{3}$$

따라서

$$S_1 = \frac{1}{2} \times 4^2 \times \frac{\pi}{6} = \frac{4}{3}\pi,$$

$$S_2 = \frac{1}{2} \times \pi \times \left(\frac{4}{3}\right)^2 = \frac{8}{9}\pi$$

이므로

$$S_1 - S_2 = \frac{4}{3}\pi - \frac{8}{9}\pi = \frac{4}{9}\pi$$

답 ④

---

2 해결단계

❶단계	마름모의 성질을 이용하여 $\angle$AO'B의 크기를 구한다.
❷단계	부채꼴의 넓이를 이용하여 $S_1 - S_2$의 값을 구한다.

마름모 AOBO'에서

$$\angle AO'B = \angle AOB = \frac{5}{6}\pi$$

다음 그림과 같이 원 O'과 넓이가 S_1인 도형의 경계선의 공통부분 위에 점 P를 놓으면 호 APB의 중심각은

$$2\pi - \frac{5}{6}\pi = \frac{7}{6}\pi$$

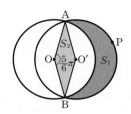

이때 원 O'에서 중심각의 크기가 $\frac{7}{6}\pi$인 부채꼴 AO'BP의 넓이를 T_1, 원 O에서 중심각의 크기가 $\frac{5}{6}\pi$인 부채꼴 AOB의 넓이를 T_2라 하면

$$S_1 = T_1 + S_2 - T_2$$

$$\therefore S_1 - S_2 = T_1 - T_2^{\,*}$$

$$= \left(\frac{1}{2} \times 3^2 \times \frac{7}{6}\pi\right) - \left(\frac{1}{2} \times 3^2 \times \frac{5}{6}\pi\right)$$

$$= \frac{21}{4}\pi - \frac{15}{4}\pi$$

$$= \frac{3}{2}\pi$$

답 ④

> **BLACKLABEL 특강**   풀이 첨삭
>
> ※를 그림으로 나타내면 다음과 같다.
>
>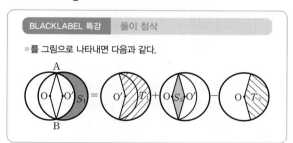

---

3 해결단계

❶단계	$\overline{OP}$의 길이를 구하여 점 P가 원점을 중심으로 하고 반지름의 길이가 $\overline{OP}$인 원 위에 있음을 확인한다.
❷단계	삼각함수의 정의를 이용하여 $\cos\theta$, $\sin\theta$의 값을 각각 구한다.
❸단계	❷단계에서 구한 값을 이용하여 $\sin\left(\frac{\pi}{2}+\theta\right) - \sin\theta$의 값을 구한다.

원점 O에 대하여 $\overline{OP} = \sqrt{4^2 + (-3)^2} = 5$이므로

다음 그림과 같이 점 P는 원점 O를 중심으로 하고 반지름의 길이가 5인 원 위에 있다.

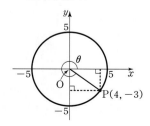

즉, 삼각함수 정의에 의하여

$\cos \theta = \dfrac{4}{5}$, $\sin \theta = -\dfrac{3}{5}$ 이므로

$\sin \left(\dfrac{\pi}{2} + \theta \right) - \sin \theta = \cos \theta - \sin \theta$

$\qquad\qquad = \dfrac{4}{5} - \left(-\dfrac{3}{5} \right)$

$\qquad\qquad = \dfrac{7}{5}$　　　　　　　답 ⑤

4 해결단계

❶단계	원점을 중심으로 하고 반지름의 길이가 1인 원이 세 동경 OP, OQ, OR와 만나는 점을 각각 A, B, C로 나타낸다.
❷단계	$\sin \alpha = \dfrac{1}{3}$ 을 이용하여 세 점 A, B, C의 좌표를 각각 구한다.
❸단계	삼각함수의 정의를 이용하여 $\sin \beta$, $\tan \gamma$의 값을 각각 구하고 $9(\sin^2 \beta + \tan^2 \gamma)$의 값을 구한다.

원점을 중심으로 하고 반지름의 길이가 1인 원이 세 동경 OP, OQ, OR와 만나는 점을 각각 A, B, C라 하자.

점 P가 제1사분면 위에 있으므로

$0 < \alpha < \dfrac{\pi}{2}$에서 $\cos \alpha > 0$이고, $\sin \alpha = \dfrac{1}{3}$이므로

$\cos \alpha = \sqrt{1 - \sin^2 \alpha}$

$\qquad = \sqrt{1 - \left(\dfrac{1}{3} \right)^2}$

$\qquad = \dfrac{2\sqrt{2}}{3}$

$\therefore A\left(\dfrac{2\sqrt{2}}{3}, \dfrac{1}{3} \right)$

이때 점 Q가 점 P와 직선 $y=x$에 대하여 대칭이므로 동경 OQ도 동경 OP와 직선 $y=x$에 대하여 대칭이고, 두 점 A, B도 직선 $y=x$에 대하여 대칭이다.

$\therefore B\left(\dfrac{1}{3}, \dfrac{2\sqrt{2}}{3} \right)$

또한, 점 R가 점 Q와 원점에 대하여 대칭이므로 동경 OR도 동경 OQ와 원점에 대하여 대칭이고, 두 점 B, C도 원점에 대하여 대칭이다.

$\therefore C\left(-\dfrac{1}{3}, -\dfrac{2\sqrt{2}}{3} \right)$

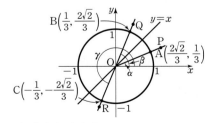

삼각함수의 정의에 의하여

$\sin \beta = \dfrac{2\sqrt{2}}{3}$, $\tan \gamma = \dfrac{-\dfrac{2\sqrt{2}}{3}}{-\dfrac{1}{3}} = 2\sqrt{2}$이므로

$9(\sin^2 \beta + \tan^2 \gamma) = 9 \times \left(\dfrac{8}{9} + 8 \right) = 80$　　　　답 80

06 삼각함수의 그래프

STEP **1** 출제율 100% **우수 기출 대표 문제** pp. 54~55

01 ⑤	02 ③	03 5	04 −1	05 $\dfrac{\sqrt{3}}{2}\pi$
06 1	07 ④	08 $\dfrac{7}{6}\pi$	09 ③	10 ③
11 ④	12 $\dfrac{\sqrt{3}-1}{2}$	13 ③	14 ⑤	15 ②

01 주어진 함수는 주기함수이고, 보기의 각 함수의 주기를 구하면 다음과 같다.

① (주기) $= \dfrac{2\pi}{\dfrac{\pi}{2}} = 4$

② (주기) $= \dfrac{2\pi}{\dfrac{\sqrt{3}}{2}\pi} = \dfrac{4}{\sqrt{3}} = \dfrac{4\sqrt{3}}{3}$

③ (주기) $= \pi$

④ (주기) $= \dfrac{2\pi}{\dfrac{\sqrt{2}}{2}\pi} = \dfrac{4}{\sqrt{2}} = 2\sqrt{2}$

⑤ (주기) $= \dfrac{2\pi}{\sqrt{2}\pi} = \sqrt{2}$

따라서 모든 실수 x에 대하여 $f(x) = f(x + \sqrt{2})$를 만족시키는 함수는 ⑤이다.　　　　답 ⑤

> **BLACKLABEL 특강** 참고
>
> 주기가 $\sqrt{2}$가 아니더라도 $f(x) = f(x + \sqrt{2})$를 만족시킬 수 있다.
>
> 예를 들어, 함수 $f(x)$의 주기가 $\dfrac{\sqrt{2}}{3}$이면
>
> $f(x) = f\left(x + \dfrac{\sqrt{2}}{3} \right) = f\left(x + \dfrac{2\sqrt{2}}{3} \right) = f(x + \sqrt{2})$

02 ㄱ. 최댓값은 $|-2|+1 = 2+1 = 3$이고,

　　최솟값은 $-|-2|+1 = -2+1 = -1$이다. (참)

ㄴ. $y = -2\cos(3x - \pi) + 1$에서

　$y - 1 = -2\cos 3\left(x - \dfrac{\pi}{3} \right)$이므로 이 함수의 그래프는

　함수 $y = -2\cos 3x$의 그래프를 x축의 방향으로 $\dfrac{\pi}{3}$만큼, y축의 방향으로 1만큼 평행이동한 것이다. (거짓)

ㄷ. $f(x) = -2\cos(3x - \pi) + 1$이라 하면 함수 $f(x)$는

　주기가 $\dfrac{2}{3}\pi$인 주기함수이므로

　$f(x) = f\left(x + \dfrac{2}{3}\pi \right)$

　즉,

　$-2\cos(3x - \pi) + 1$

　$= -2\cos \left\{ 3\left(x + \dfrac{2}{3}\pi \right) - \pi \right\} + 1$

　$= -2\cos(3x + \pi) + 1$

이므로 주어진 함수의 그래프는 함수
$y=-2\cos(3x+\pi)+1$의 그래프와 일치한다.

(참)

그러므로 옳은 것은 ㄱ, ㄷ이다.   답 ③

03 함수 $f(x)=a\sin\dfrac{x}{2b}+c$의 최솟값이 -1이므로

$-|a|+c=-1$

그런데 $a>0$이므로

$-a+c=-1$ ……㉠

또한, 함수 $f(x)=a\sin\dfrac{x}{2b}+c$의 주기가 4π이므로

$\dfrac{2\pi}{\left|\dfrac{1}{2b}\right|}=4\pi$

그런데 $b>0$이므로

$\dfrac{2\pi}{\dfrac{1}{2b}}=4\pi$

$4b\pi=4\pi$ $\therefore b=1$

이때 $f(x)=a\sin\dfrac{x}{2}+c$에서 $f\left(\dfrac{\pi}{3}\right)=\dfrac{11}{4}$이므로

$a\sin\dfrac{\pi}{6}+c=\dfrac{11}{4}$, $\dfrac{1}{2}a+c=\dfrac{11}{4}$ ……㉡

㉠, ㉡을 연립하여 풀면 $a=\dfrac{5}{2}$, $c=\dfrac{3}{2}$

$\therefore a+b+c=\dfrac{5}{2}+1+\dfrac{3}{2}=5$ 답 5

04 주어진 함수의 그래프에서 최댓값이 1, 최솟값이 -3이므로

$|a|+d=1$, $-|a|+d=-3$

그런데 $a>0$이므로

$a+d=1$, $-a+d=-3$

위의 두 식을 연립하여 풀면 $a=2$, $d=-1$

또한, 주어진 그래프의 주기는 $\dfrac{3}{2}\pi-\left(-\dfrac{\pi}{2}\right)=2\pi$이므로

$\dfrac{2\pi}{|b|}=2\pi$, $|b|=1$ $\therefore b=1\;(\because b>0)$

즉, 주어진 함수의 식은 $y=2\cos(x-c\pi)-1$이다.

그런데 이 함수의 그래프가 점 $\left(\dfrac{\pi}{2},\,1\right)$을 지나므로

$1=2\cos\left(\dfrac{\pi}{2}-c\pi\right)-1$, $2=2\cos\left(\dfrac{\pi}{2}-c\pi\right)$

$\therefore \cos\left(\dfrac{\pi}{2}-c\pi\right)=1$

이때 $0<c\le\dfrac{1}{2}$에서 $0\le\dfrac{\pi}{2}-c\pi<\dfrac{\pi}{2}$이므로

$\dfrac{\pi}{2}-c\pi=0$ $\therefore c=\dfrac{1}{2}$

$\therefore abcd=2\times1\times\dfrac{1}{2}\times(-1)=-1$ 답 -1

05 함수 $y=a\sin ax$의 주기는 $\dfrac{2\pi}{|a|}=\dfrac{2\pi}{a}\;(\because a>0)$이므로

점 A의 x좌표는

$\dfrac{1}{2}\times\dfrac{2\pi}{a}=\dfrac{\pi}{a}$

즉, $\triangle$OAB는 한 변의 길이가

$\dfrac{\pi}{a}$인 정삼각형이므로 그 높이는

$\dfrac{\sqrt3}{2}\times\dfrac{\pi}{a}=\dfrac{\sqrt3\pi}{2a}$이다.

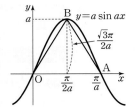

따라서 점 B의 y좌표는 $\dfrac{\sqrt3\pi}{2a}$이다.

이때 $\triangle$OAB가 정삼각형이면 점 B의 x좌표는 선분
OA의 중점의 x좌표와 같으므로 점 B의 y좌표는 함수
$y=a\sin ax$의 최댓값이 된다.

함수 $y=a\sin ax$의 최댓값은 $a\;(\because a>0)$이므로

$a=\dfrac{\sqrt3\pi}{2a}$ $\therefore a^2=\dfrac{\sqrt3}{2}\pi$ 답 $\dfrac{\sqrt3}{2}\pi$

06 $y=\cos^2\left(x-\dfrac{3}{2}\pi\right)-3\cos^2(\pi-x)-4\sin(x+2\pi)$

$=\cos^2\left(\dfrac{3}{2}\pi-x\right)-3\cos^2(\pi-x)-4\sin(2\pi+x)$

$=(-\sin x)^2-3(-\cos x)^2-4\sin x$

$=\sin^2x-3\cos^2x-4\sin x$

$=\sin^2x-3(1-\sin^2x)-4\sin x$

$=4\sin^2x-4\sin x-3$

이때 $\sin x=t$로 놓으면 $0\le x<2\pi$에서 $-1\le t\le1$이고
주어진 함수는

$y=4t^2-4t-3=4\left(t-\dfrac{1}{2}\right)^2-4$

이므로 오른쪽 그림에서
최댓값은 $t=-1$일 때

$4\left(-1-\dfrac{1}{2}\right)^2-4=5$,

최솟값은 $t=\dfrac{1}{2}$일 때

$4\left(\dfrac{1}{2}-\dfrac{1}{2}\right)^2-4=-4$

따라서 구하는 최댓값과 최솟값의 합은

$5+(-4)=1$ 답 1

07 $y=\dfrac{3\sin x+4}{\sin x+4}$에서 $\sin x=t$로 놓으면 $-1\le t\le1$이고
주어진 함수는

$y=\dfrac{3t+4}{t+4}=\dfrac{3(t+4)-8}{t+4}=-\dfrac{8}{t+4}+3$

이므로 오른쪽 그림에서
최댓값은 $t=1$일 때

$-\dfrac{8}{1+4}+3=\dfrac{7}{5}$,

최솟값은 $t=-1$일 때

$-\dfrac{8}{-1+4}+3=\dfrac{1}{3}$

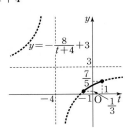

따라서 구하는 최댓값과 최솟값의 합은

$\dfrac{7}{5}+\dfrac{1}{3}=\dfrac{26}{15}$

즉, $m=15$, $n=26$이므로

$m+n=41$

답 ④

BLACKLABEL 특강 | 필수 개념

유리함수 $y=\dfrac{k}{x}\ (k\ne0)$의 그래프

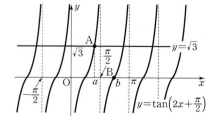

(1) 정의역과 치역은 모두 0을 제외한 실수 전체의 집합이다.

(2) 원점에 대하여 대칭이다.

(3) 점근선은 x축, y축이다.

(4) $k>0$이면 그래프가 제1, 3사분면에 있고, $k<0$이면 그래프가 제2, 4사분면에 있다.

(5) $|k|$의 값이 커질수록 곡선은 원점에서 멀어진다.

유리함수 $y=\dfrac{k}{x-m}+n\ (k\ne0)$의 그래프

(1) 유리함수 $y=\dfrac{k}{x}$의 그래프를 x축의 방향으로 m만큼, y축의 방향으로 n만큼 평행이동한 것이다.

(2) 정의역은 $\{x|x\ne m$인 실수$\}$, 치역은 $\{y|y\ne n$인 실수$\}$이다.

(3) 점 (m, n)에 대하여 대칭이다.

(4) 점근선은 두 직선 $x=m$, $y=n$이다.

서울대 선배들의 강추문제 | 1등급 비법 노하우

t에 대한 유리함수 $y=f(t)$의 점근선의 방정식을 $t=p$라 할 때, $a\le t\le b\ (a, b$는 실수$)$에서 유리함수 $y=f(t)$의 최댓값과 최솟값이 모두 존재하려면 $p<a$ 또는 $p>b$이어야 하고, $f(a)$, $f(b)$ 중 하나는 최댓값, 하나는 최솟값이어야 한다.

즉, 문제에서 함수 $f(t)=\dfrac{3t+4}{t+4}$라 하면 $-1\le t\le1$에서 최댓값과 최솟값의 합은 $f(-1)+f(1)$이다.

---

08 함수 $y=\tan\left(2x+\dfrac{\pi}{2}\right)=\tan2\left(x+\dfrac{\pi}{4}\right)$의 주기는 $\dfrac{\pi}{2}$이고, 그 그래프는 함수 $y=\tan2x$의 그래프를 x축의 방향으로 $-\dfrac{\pi}{4}$만큼 평행이동한 것과 같으므로 함수 $y=\tan\left(2x+\dfrac{\pi}{2}\right)$의 그래프는 다음 그림과 같다.

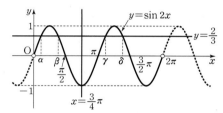

점 $A(a, \sqrt3)$이 함수 $y=\tan\left(2x+\dfrac{\pi}{2}\right)$의 그래프 위의 점이므로

$\tan\left(2a+\dfrac{\pi}{2}\right)=\sqrt3$

이때 $0<a<\dfrac{\pi}{2}$에서 $\dfrac{\pi}{2}<2a+\dfrac{\pi}{2}<\dfrac{3}{2}\pi$이므로

$2a+\dfrac{\pi}{2}=\pi+\dfrac{\pi}{3}$, $2a=\dfrac{5}{6}\pi$

$\therefore a=\dfrac{5}{12}\pi$

또한, 점 $B(b, 0)$이 함수 $y=\tan\left(2x+\dfrac{\pi}{2}\right)$의 그래프 위의 점이므로

$\tan\left(2b+\dfrac{\pi}{2}\right)=0$

이때 $\dfrac{\pi}{2}<b<\pi$에서 $\dfrac{3}{2}\pi<2b+\dfrac{\pi}{2}<\dfrac{5}{2}\pi$이므로

$2b+\dfrac{\pi}{2}=2\pi$, $2b=\dfrac{3}{2}\pi$ $\therefore b=\dfrac{3}{4}\pi$

$\therefore a+b=\dfrac{5}{12}\pi+\dfrac{3}{4}\pi=\dfrac{7}{6}\pi$

답 $\dfrac{7}{6}\pi$

09 $0<x<2\pi$에서 $-1\le\sin2x\le1$이고, 함수 $y=\sin2x$의 주기는 $\dfrac{2\pi}{2}=\pi$이므로 $0<x<2\pi$에서 함수 $y=\sin2x$의 그래프는 다음 그림과 같다.

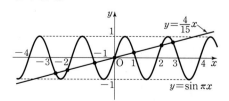

주어진 방정식의 네 실근을 각각 α, β, γ, $\delta\ (\alpha<\beta<\gamma<\delta)$라 하면 함수 $y=\sin2x$의 그래프는 $0<x<\dfrac{3}{2}\pi$에서 직선 $x=\dfrac{3}{4}\pi$에 대하여 대칭이므로

$\dfrac{\alpha+\delta}{2}=\dfrac{3}{4}\pi$, $\dfrac{\beta+\gamma}{2}=\dfrac{3}{4}\pi$

$\alpha+\delta=\beta+\gamma=\dfrac{3}{2}\pi$

$\therefore\theta=\alpha+\beta+\gamma+\delta=2\times\dfrac{3}{2}\pi=3\pi$

$\therefore\sin\dfrac{\theta}{6}=\sin\dfrac{\pi}{2}=1$

답 ③

10 방정식 $\sin\pi x=\dfrac{4}{15}x$의 실근은 두 함수 $y=\sin\pi x$, $y=\dfrac{4}{15}x$의 그래프의 교점의 x좌표와 같다.

이때 $-1\le\sin\pi x\le1$이고, 함수 $y=\sin\pi x$의 주기는 $\dfrac{2\pi}{\pi}=2$이므로 두 함수 $y=\sin\pi x$, $y=\dfrac{4}{15}x$의 그래프는 다음 그림과 같다.

따라서 두 함수 $y=\sin\pi x$, $y=\dfrac{4}{15}x$의 그래프의 교점의 개수는 7이므로 주어진 방정식의 서로 다른 실근의 개수도 7이다.

답 ③

11 $\cos^2 x + 2a \sin x = a^2$에서

$(1 - \sin^2 x) + 2a \sin x = a^2$

$\sin^2 x - 2a \sin x + a^2 - 1 = 0$

$\sin^2 x - 2a \sin x + (a-1)(a+1) = 0$

$(\sin x - a + 1)(\sin x - a - 1) = 0$

$\therefore \sin x = a - 1$ 또는 $\sin x = a + 1$ ······㉠

이때 $-1 \le \sin x \le 1$이므로 ㉠의 해가 존재하려면

$-1 \le a - 1 \le 1$ 또는 $-1 \le a + 1 \le 1$

즉, $0 \le a \le 2$ 또는 $-2 \le a \le 0$이어야 하므로

$-2 \le a \le 2$ 답 ④

12 x에 대한 이차방정식 $2x^2 - 4x \cos \theta - 3 \sin \theta = 0$이 중근을 가지므로 판별식을 D라 하면

$\dfrac{D}{4} = 4 \cos^2 \theta + 6 \sin \theta = 0$

$4(1 - \sin^2 \theta) + 6 \sin \theta = 0$

$2 \sin^2 \theta - 3 \sin \theta - 2 = 0$

$(2 \sin \theta + 1)(\sin \theta - 2) = 0$

$\therefore \sin \theta = -\dfrac{1}{2}$ ($\because -1 \le \sin \theta \le 1$)

$0 \le \theta \le 2\pi$에서 함수 $y = \sin \theta$의 그래프는 다음 그림과 같다.

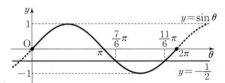

즉, $\sin \theta = -\dfrac{1}{2}$에서 $\theta = \dfrac{7}{6}\pi$ 또는 $\theta = \dfrac{11}{6}\pi$이다.

(i) $\theta = \dfrac{7}{6}\pi$일 때,

$\sin\left(\theta + \dfrac{\pi}{3}\right) + \cos\left(\theta + \dfrac{\pi}{3}\right)$

$= \sin\left(\dfrac{7}{6}\pi + \dfrac{\pi}{3}\right) + \cos\left(\dfrac{7}{6}\pi + \dfrac{\pi}{3}\right)$

$= \sin\dfrac{3}{2}\pi + \cos\dfrac{3}{2}\pi$

$= -1 + 0 = -1$

(ii) $\theta = \dfrac{11}{6}\pi$일 때,

$\sin\left(\theta + \dfrac{\pi}{3}\right) + \cos\left(\theta + \dfrac{\pi}{3}\right)$

$= \sin\left(\dfrac{11}{6}\pi + \dfrac{\pi}{3}\right) + \cos\left(\dfrac{11}{6}\pi + \dfrac{\pi}{3}\right)$

$= \sin\left(2\pi + \dfrac{\pi}{6}\right) + \cos\left(2\pi + \dfrac{\pi}{6}\right)$

$= \sin\dfrac{\pi}{6} + \cos\dfrac{\pi}{6}$

$= \dfrac{1}{2} + \dfrac{\sqrt{3}}{2} = \dfrac{1 + \sqrt{3}}{2}$

(i), (ii)에서 주어진 식의 값의 합은

$-1 + \dfrac{1 + \sqrt{3}}{2} = \dfrac{\sqrt{3} - 1}{2}$ 답 $\dfrac{\sqrt{3} - 1}{2}$

• 다른 풀이 •

$\theta + \dfrac{\pi}{3} = t$로 놓으면

$\sin\left(\theta + \dfrac{\pi}{3}\right) + \cos\left(\theta + \dfrac{\pi}{3}\right) = \sin t + \cos t$

$0 \le \theta \le 2\pi$에서

$\dfrac{\pi}{3} \le \theta + \dfrac{\pi}{3} \le 2\pi + \dfrac{\pi}{3}$ $\therefore \dfrac{\pi}{3} \le t \le \dfrac{7}{3}\pi$

이때 x에 대한 이차방정식 $2x^2 - 4x \cos \theta - 3 \sin \theta = 0$이 중근을 가지므로 판별식을 D라 하면

$\dfrac{D}{4} = 4 \cos^2 \theta + 6 \sin \theta = 0$

$4(1 - \sin^2 \theta) + 6 \sin \theta = 0$

$2 \sin^2 \theta - 3 \sin \theta - 2 = 0$

$(2 \sin \theta + 1)(\sin \theta - 2) = 0$

$\therefore \sin \theta = -\dfrac{1}{2}$ ($\because -1 \le \sin \theta \le 1$)

$\therefore \sin\left(t - \dfrac{\pi}{3}\right) = -\dfrac{1}{2}$ ······㉠
($\theta + \dfrac{\pi}{3} = t$이므로)

함수 $y = \sin\left(t - \dfrac{\pi}{3}\right)$의 그래프는 함수 $y = \sin t$의 그래프를 t축의 방향으로 $\dfrac{\pi}{3}$만큼 평행이동한 것과 같으므로

$\dfrac{\pi}{3} \le t \le \dfrac{7}{3}\pi$에서 함수 $y = \sin\left(t - \dfrac{\pi}{3}\right)$의 그래프는 다음 그림과 같다.

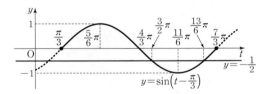

㉠에서 $t = \dfrac{3}{2}\pi$ 또는 $t = \dfrac{13}{6}\pi$이다.

(i) $t = \dfrac{3}{2}\pi$일 때,

$\sin t = -1$, $\cos t = 0$이므로

$\sin t + \cos t = -1$

(ii) $t = \dfrac{13}{6}\pi$일 때,

$\sin t = \dfrac{1}{2}$, $\cos t = \dfrac{\sqrt{3}}{2}$이므로

$\sin t + \cos t = \dfrac{1 + \sqrt{3}}{2}$

(i), (ii)에서 주어진 식의 값의 합은

$-1 + \dfrac{1 + \sqrt{3}}{2} = \dfrac{\sqrt{3} - 1}{2}$

13 로그의 정의에 의하여 $1 + \sin x > 0$, $\cos x > 0$

$\therefore \sin x > -1$, $\cos x > 0$ ······㉠

$\log_4 (1 + \sin x) - \log_2 \cos x > \dfrac{1}{2}$에서

$\log_4 (1 + \sin x) - \log_4 \cos^2 x > \dfrac{1}{2}$

$\log_4 \dfrac{1+\sin x}{\cos^2 x} > \dfrac{1}{2}$

이때 (밑)$=4>1$이므로

$\dfrac{1+\sin x}{\cos^2 x} > 4^{\frac{1}{2}}$, $\dfrac{1+\sin x}{1-\sin^2 x} > 2$

$\dfrac{1+\sin x}{(1+\sin x)(1-\sin x)} > 2$

㉠에서 $1+\sin x>0$이므로

$\dfrac{1}{1-\sin x} > 2$

이때 $1-\sin x \neq 0$, 즉 $\sin x \neq 1$ ……㉡

이고 $1-\sin x>0$이므로 부등식의 양변에 $1-\sin x$를 곱하면

$1>2(1-\sin x)$, $2\sin x>1$

$\therefore \sin x > \dfrac{1}{2}$ ……㉢

㉠, ㉡, ㉢에서 두 부등식

$\dfrac{1}{2} < \sin x < 1$, $\cos x > 0$

을 동시에 만족시키는 x의 값의 범위가 주어진 부등식의 해이다.

$0 \leq x < 2\pi$에서 두 함수 $y=\sin x$, $y=\cos x$의 그래프와 직선 $y=\dfrac{1}{2}$은 다음 그림과 같다.

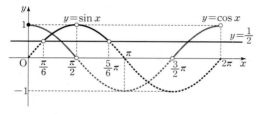

따라서 구하는 부등식의 해는 $\dfrac{\pi}{6} < x < \dfrac{\pi}{2}$이므로

$\alpha = \dfrac{\pi}{6}$, $\beta = \dfrac{\pi}{2}$

$\therefore \dfrac{\beta}{\alpha} = \dfrac{\frac{\pi}{2}}{\frac{\pi}{6}} = \dfrac{6}{2} = 3$ 답 ③

14 $\cos^2\theta - 3\cos\theta - a + 5 \geq 0$에서 $\cos\theta = t$로 놓으면 $-1 \leq t \leq 1$이고 주어진 부등식은

$t^2 - 3t - a + 5 \geq 0$

$f(t) = t^2 - 3t - a + 5$라 하면

$f(t) = t^2 - 3t - a + 5$

$\quad = \left(t - \dfrac{3}{2}\right)^2 - a + \dfrac{11}{4}$

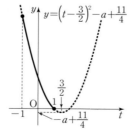

이때 $-1 \leq t \leq 1$에서 함수 $y=f(t)$의 그래프는 오른쪽 그림과 같으므로 최솟값은

$f(1) = 1 - 3 - a + 5 = -a + 3$

주어진 부등식이 항상 성립하려면 ($f(t)$의 최솟값)≥ 0 이어야 하므로

$-a + 3 \geq 0$ $\quad \therefore a \leq 3$

따라서 구하는 정수 a의 최댓값은 3이다. 답 ⑤

15 $f(x) = 2x^2 - 4x\cos^2\theta + 1$이라 하면 방정식 $f(x)=0$의 두 근 사이에 1이 있어야 하므로 오른쪽 그림과 같이 $f(1)<0$이어야 한다.

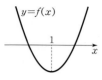

즉, $2 - 4\cos^2\theta + 1 < 0$에서

$-4\cos^2\theta + 3 < 0$, $\cos^2\theta - \dfrac{3}{4} > 0$ *

$\left(\cos\theta - \dfrac{\sqrt{3}}{2}\right)\left(\cos\theta + \dfrac{\sqrt{3}}{2}\right) > 0$

$\therefore \cos\theta < -\dfrac{\sqrt{3}}{2}$ 또는 $\cos\theta > \dfrac{\sqrt{3}}{2}$

그런데 $-\dfrac{\pi}{2} < \theta < \dfrac{\pi}{2}$이므로 $\cos\theta > 0$

$\therefore \cos\theta > \dfrac{\sqrt{3}}{2}$ ……㉠

$-\dfrac{\pi}{2} < \theta < \dfrac{\pi}{2}$에서 함수 $y=\cos\theta$의 그래프는 다음 그림과 같다.

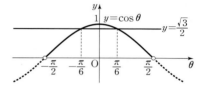

따라서 부등식 ㉠의 해는 $-\dfrac{\pi}{6} < \theta < \dfrac{\pi}{6}$이므로

$\alpha = -\dfrac{\pi}{6}$, $\beta = \dfrac{\pi}{6}$

$\therefore \beta - \alpha = \dfrac{\pi}{6} - \left(-\dfrac{\pi}{6}\right) = \dfrac{\pi}{3}$ 답 ②

•다른 풀이•

*에서 $\cos^2\theta = 1 - \sin^2\theta$이므로

$1 - \sin^2\theta - \dfrac{3}{4} > 0$, $\sin^2\theta - \dfrac{1}{4} < 0$

$\left(\sin\theta + \dfrac{1}{2}\right)\left(\sin\theta - \dfrac{1}{2}\right) < 0$

$\therefore -\dfrac{1}{2} < \sin\theta < \dfrac{1}{2}$

$-\dfrac{\pi}{2} < \theta < \dfrac{\pi}{2}$에서 함수 $y=\sin\theta$의 그래프는 다음 그림과 같다.

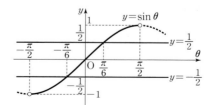

따라서 부등식 $-\dfrac{1}{2} < \sin\theta < \dfrac{1}{2}$의 해는

$-\dfrac{\pi}{6} < \theta < \dfrac{\pi}{6}$

BLACKLABEL 특강　　필수 개념

이차방정식의 근의 분리

이차방정식 $ax^2+bx+c=0\ (a>0)$의 판별식을 $D=b^2-4ac$라 하고 $f(x)=ax^2+bx+c$라 하면

(1) 두 근이 모두 p보다 클 때,

$$D\geq0,\ f(p)>0,\ -\frac{b}{2a}>p$$

(2) 두 근이 모두 p보다 작을 때,

$$D\geq0,\ f(p)>0,\ -\frac{b}{2a}<p$$

(3) 두 근 사이에 p가 있을 때,

$$f(p)<0$$

(4) 두 근이 $p,\ q\ (p<q)$ 사이에 있을 때,

$$D\geq0,\ f(p)>0,\ f(q)>0,\ p<-\frac{b}{2a}<q$$

STEP 2 1등급을 위한 **최고의 변별력 문제**　　pp. 56~59

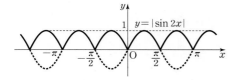

01 ①	**02** $-\frac{\sqrt{3}}{2}$	**03** $4\sqrt{3}$	**04** ④	**05** ③
06 ⑤	**07** ②	**08** ④	**09** ②	**10** 5
11 ④	**12** 4	**13** -9	**14** ③	**15** 7π
16 ②	**17** ③	**18** 11	**19** ③	**20** ③
21 $a=\frac{1}{4}$ 또는 $\frac{1}{2}<a<\frac{5}{2}$	**22** ②		**23** $-\frac{\sqrt{3}+1}{2}$	**24** $\frac{35}{12}\pi$
25 ③	**26** 16	**27** 9	**28** $\frac{\pi}{6}$	

01 (i) $-1\leq\sin 2x\leq1$이고, 함수 $y=\sin 2x$의 주기는 $\frac{2\pi}{2}=\pi$이므로 함수 $y=|\sin 2x|$의 그래프는 다음 그림과 같다.

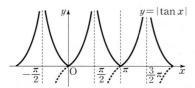

따라서 함수 $y=|\sin 2x|$의 주기는 $\frac{\pi}{2}$이다.

$$\therefore a=\frac{\pi}{2}$$

(ii) 함수 $y=\tan x$의 주기는 π이고, 점근선의 방정식은 $x=n\pi+\frac{\pi}{2}$ (n은 정수)이므로 함수 $y=|\tan x|$의 그래프는 다음 그림과 같다.

$y=|\tan x|$

따라서 함수 $y=|\tan x|$의 주기는 π이다.

$$\therefore b=\pi$$

(iii) $\cos|x|=\begin{cases}\cos x & (x\geq0)\\ \cos(-x) & (x<0)\end{cases}$

그런데 $\cos(-x)=\cos x$에서 $\cos|x|=\cos x$이므로 함수 $y=\cos|x|$의 그래프는 다음 그림과 같다.

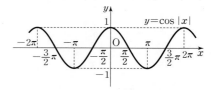

따라서 함수 $y=\cos|x|$의 주기는 2π이다.

$$\therefore c=2\pi$$

(i), (ii), (iii)에서 $a<b<c$　　　　　답 ①

02 함수 $f(x)=\sqrt{1+\cos x}+\sqrt{1-\cos x}$의 주기가 p이므로 $f(x+p)=f(x)$이다.

위의 식의 양변에 $x=0$을 대입하면 $f(p)=f(0)$이므로

$$\sqrt{1+\cos p}+\sqrt{1-\cos p}=\sqrt{1+\cos 0}+\sqrt{1-\cos 0}$$

$$\sqrt{1+\cos p}+\sqrt{1-\cos p}=\sqrt{2}$$

위의 식의 양변을 제곱하면

$$1+\cos p+2\sqrt{1-\cos^2 p}+1-\cos p=2$$

$$\therefore \sqrt{1-\cos^2 p}=0$$

이때 $1-\cos^2 p=\sin^2 p$이므로

$$\sqrt{\sin^2 p}=0$$

$$\therefore |\sin p|=0$$

위의 식을 만족시키는 최소인 양수 p의 값은 π이므로

$$\sin\left(\pi+\frac{p}{3}\right)=\sin\left(\pi+\frac{\pi}{3}\right)$$

$$=-\sin\frac{\pi}{3}=-\frac{\sqrt{3}}{2}$$　　　답 $-\frac{\sqrt{3}}{2}$

03 함수 $y=\tan x$의 그래프가 점 $\left(\frac{\pi}{3},\ c\right)$를 지나므로

$$c=\tan\frac{\pi}{3}\qquad \therefore c=\sqrt{3}$$

주어진 그래프에서 함수 $y=a\sin bx$의 주기가 π이므로

$$\frac{2\pi}{|b|}=\pi \text{에서 } |b|=2$$

$$\therefore b=2\ (\because b>0)$$

즉, 함수 $y=a\sin 2x$의 그래프가 점 $\left(\frac{\pi}{3},\ \sqrt{3}\right)$을 지나므로

$$a\sin\frac{2}{3}\pi=\sqrt{3},\ \frac{\sqrt{3}}{2}a=\sqrt{3}$$

$$\therefore a=2$$

$$\therefore abc=2\times2\times\sqrt{3}=4\sqrt{3}$$　　　답 $4\sqrt{3}$

04 $f(-x)=f(x)$이므로 함수 $y=f(x)$의 그래프는 y축에 대하여 대칭이다.

또한, $f(x+1)=f(-x+1)$에서 $f(1+x)=f(1-x)$
이므로 함수 $y=f(x)$의 그래프는 직선 $x=1$에 대하여
대칭이다.

ㄱ. $f(x)=\cos \pi\left(x-\dfrac{1}{2}\right)$

$=\cos\left(\pi x-\dfrac{\pi}{2}\right)$

$=\cos\left(\dfrac{\pi}{2}-\pi x\right)$

$=\sin \pi x$

이때 (주기)$=\dfrac{2\pi}{\pi}=2$이므로 함수 $y=f(x)$의 그래프는 다음 그림과 같다.

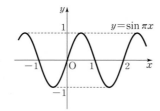

즉, 함수 $y=\cos \pi\left(x-\dfrac{1}{2}\right)$의 그래프는 y축에 대하여 대칭이 아니다.

ㄴ. 함수 $y=\tan \dfrac{\pi}{2}x$는 주기가 $\dfrac{\pi}{\dfrac{\pi}{2}}=2$이고, 점근선의

방정식은 $x=2n+1$ (n은 정수)이므로 함수
$y=\left|\tan \dfrac{\pi}{2}x\right|$의 그래프는 다음 그림과 같다.

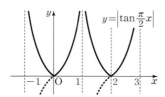

즉, 함수 $y=\left|\tan \dfrac{\pi}{2}x\right|$의 그래프는 y축에 대하여 대칭이고, 직선 $x=1$에 대하여 대칭이다.

ㄷ. $f(x)=\sin \pi\left(x+\dfrac{1}{2}\right)$

$=\sin\left(\pi x+\dfrac{\pi}{2}\right)$

$=\sin\left(\dfrac{\pi}{2}+\pi x\right)$

$=\cos \pi x$

이때 (주기)$=\dfrac{2\pi}{\pi}=2$이므로 함수 $y=f(x)$의 그래프는 다음 그림과 같다.

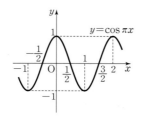

즉, 함수 $y=\sin \pi\left(x+\dfrac{1}{2}\right)$의 그래프는 y축에 대하여 대칭이고, 직선 $x=1$에 대하여 대칭이다.

따라서 주어진 조건을 모두 만족시키는 함수는 ㄴ, ㄷ이다. **답 ④**

BLACKLABEL 특강 | 풀이 첨삭

$f(-x)=f(x)$이므로 함수 $y=f(x)$의 그래프는 y축에 대하여 대칭이다.
$f(x+1)=f(-x+1)$이므로 이 식에 x 대신에 $x+1$을 대입하면
$f(x+2)=f(-x)$
그런데 $f(-x)=f(x)$이므로 $f(x+2)=f(x)$
즉, $y=f(x)$는 주기가 2인 함수이다.
따라서 주기가 2이고, 그래프가 y축에 대하여 대칭인 함수를 골라도 된다.

---

05 함수 $f(x)$의 주기는 $\dfrac{\pi}{\dfrac{\pi}{a}}=a$이다.

이때 직선 AC는 x축과 평행하고, $\angle BAC=\dfrac{\pi}{3}$이므로 직선 AB는 원점을 지나고 기울기가 $\sqrt{3}$인 직선이다.

양수 t에 대하여 $B(t,\ \sqrt{3}t)$로 놓으면 점 A는 점 B와 원점에 대하여 대칭이므로 $A(-t,\ -\sqrt{3}t)$

$\therefore \overline{AB}=\sqrt{\{t-(-t)\}^2+\{\sqrt{3}t-(-\sqrt{3}t)\}^2}$

$=\sqrt{16t^2}$

$=4t\ (\because\ t>0)$

이때 함수 $f(x)$의 주기가 a이므로
$\overline{AC}=4t=a$

점 C는 점 A를 x축의 방향으로 a만큼 평행이동한 것이므로

$C(-t+a,\ -\sqrt{3}t)$ $\qquad \therefore C(3t,\ -\sqrt{3}t)$

점 C는 곡선 $y=\tan \dfrac{\pi x}{a}=\tan \dfrac{\pi x}{4t}$ 위에 있으므로

$-\sqrt{3}t=\tan \dfrac{\pi \times 3t}{4t}$

$-\sqrt{3}t=\tan \dfrac{3}{4}\pi$

즉, $-\sqrt{3}t=-1$이므로 $t=\dfrac{1}{\sqrt{3}}$

$\therefore a=\dfrac{4}{\sqrt{3}}=\dfrac{4\sqrt{3}}{3}$

따라서 삼각형 ABC의 넓이는

$\dfrac{\sqrt{3}}{4}\times a^2=\dfrac{\sqrt{3}}{4}\times\left(\dfrac{4\sqrt{3}}{3}\right)^2$

$=\dfrac{4\sqrt{3}}{3}$ **답 ③**

• 다른 풀이 •

함수 $f(x)$의 주기는 a이므로 $\overline{AC}=a$

$\therefore \overline{AB}=\overline{AC}=a$

이때 두 점 A, B는 원점에 대하여 대칭이므로

$\overline{BO}=\dfrac{a}{2}$

점 B의 x좌표는 $\overline{\text{BO}} \cos \dfrac{\pi}{3} = \dfrac{a}{2} \times \dfrac{1}{2} = \dfrac{a}{4}$,

점 B의 y좌표는 $\overline{\text{BO}} \sin \dfrac{\pi}{3} = \dfrac{a}{2} \times \dfrac{\sqrt{3}}{2} = \dfrac{\sqrt{3}}{4} a$

이므로 $\text{B}\left(\dfrac{a}{4}, \dfrac{\sqrt{3}}{4} a \right)$

점 B는 곡선 $y = f(x)$ 위의 점이므로

$\dfrac{\sqrt{3}}{4} a = \tan\left(\dfrac{\pi}{a} \times \dfrac{a}{4} \right)$, $\dfrac{\sqrt{3}}{4} a = \tan \dfrac{\pi}{4}$

즉, $\dfrac{\sqrt{3}}{4} a = 1$이므로 $a = \dfrac{4\sqrt{3}}{3}$

06 함수 $y = 2\sin x - 1 \ (0 \le x \le \pi)$의 그래프를 이용하여 함수 $y = f(x)$의 그래프를 그려 보면 다음 그림과 같다.

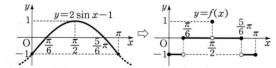

ㄱ. 치역은 $\{-1, 0, 1\}$이므로 치역의 원소는 3개이다.

　(참)

ㄴ. 함수 $y = f(x)$의 그래프는 직선 $x = \dfrac{\pi}{2}$에 대하여 대

칭이므로 $f\left(\dfrac{\pi}{2} + x \right) = f\left(\dfrac{\pi}{2} - x \right)$ (참)

ㄷ. 함수 $y = f(x)$의 그래프 위의 세 점으로 만들 수 있는 삼각형 중에서 넓이가 최대인 삼각형은 꼭짓점의 좌표가 세 점 $(0, -1)$, $\left(\dfrac{\pi}{2}, 1 \right)$, $(\pi, -1)$인 삼각형이므로 넓이의 최댓값은

$\dfrac{1}{2} \times \pi \times 2 = \pi$ (참)

따라서 ㄱ, ㄴ, ㄷ 모두 옳다. 　답 ⑤

• 다른 풀이 •

ㄴ. $f\left(\dfrac{\pi}{2} + x \right) = \left[2\sin\left(\dfrac{\pi}{2} + x \right) - 1 \right]$

$\qquad\qquad = [2\cos x - 1]$

$f\left(\dfrac{\pi}{2} - x \right) = \left[2\sin\left(\dfrac{\pi}{2} - x \right) - 1 \right]$

$\qquad\qquad = [2\cos x - 1]$

$\therefore f\left(\dfrac{\pi}{2} + x \right) = f\left(\dfrac{\pi}{2} - x \right)$ (참)

07 주어진 그래프에서 함수 $y = f(x)$의 최댓값과 최솟값이 각각 5, -5이므로 $\alpha_1 = 5$ $(\because \alpha_1 > 0)$

주기가 4이므로 $\dfrac{2\pi}{|\beta_1|} = 4$에서 $|\beta_1| = \dfrac{\pi}{2}$

$\therefore \beta_1 = \dfrac{\pi}{2}$ $(\because \beta_1 > 0)$

함수 $f(x) = 5\sin\left(\dfrac{\pi}{2} x - \gamma_1 \right)$의 그래프가 점 $(0, 5)$를 지나므로

$5 = 5\sin(-\gamma_1)$, $-5\sin \gamma_1 = 5$

$\sin \gamma_1 = -1$ 　$\therefore \gamma_1 = 2n\pi - \dfrac{\pi}{2}$ (단, n은 정수)

같은 방법으로 주어진 그래프에서 함수 $y = g(x)$의 최댓값과 최솟값이 각각 $\dfrac{1}{2}$, $-\dfrac{1}{2}$이므로 $\alpha_2 = \dfrac{1}{2}$ $(\because \alpha_2 > 0)$

주기가 4이므로 $\dfrac{2\pi}{|\beta_2|} = 4$에서 $|\beta_2| = \dfrac{\pi}{2}$

$\therefore \beta_2 = \dfrac{\pi}{2}$ $(\because \beta_2 > 0)$

함수 $g(x) = \dfrac{1}{2} \cos\left(\dfrac{\pi}{2} x - \gamma_2 \right)$의 그래프가 원점 O를 지나므로

$0 = \dfrac{1}{2} \cos(-\gamma_2)$, $\cos \gamma_2 = 0$

$\therefore \gamma_2 = 2m\pi \pm \dfrac{\pi}{2}$ (단, m은 정수)

ㄱ. 두 함수 $f(x)$, $g(x)$의 주기가 모두 4이므로 임의의 x에 대하여

$f(x+4) = f(x)$, $g(x+4) = g(x)$

이때 $h(x) = f(x) - g(x)$이므로

$h(x+4) = f(x+4) - g(x+4)$

$\qquad\quad = f(x) - g(x) = h(x)$ 　└ $\dfrac{4}{n}$ (n은 자연수)

즉, 함수 $h(x)$의 주기는 4 또는 4보다 작다. (거짓)

ㄴ. $\alpha_1 = 5$, $\beta_1 = \dfrac{\pi}{2}$, $\gamma_1 = 2n\pi - \dfrac{\pi}{2}$ (n은 정수)이므로

$f(x) = 5\sin\left(\dfrac{\pi}{2} x - 2n\pi + \dfrac{\pi}{2} \right)$

$\qquad = 5\sin\left(\dfrac{\pi}{2} x + \dfrac{\pi}{2} \right)$

$\qquad = 5\cos \dfrac{\pi}{2} x$

즉, 두 상수 a, b에 대하여 $f(x) = a\cos bx$ 꼴로 나타낼 수 있다. (참)

ㄷ. $\alpha_2 = \dfrac{1}{2}$, $\beta_2 = \dfrac{\pi}{2}$, $\gamma_2 = 2m\pi \pm \dfrac{\pi}{2}$ (m은 정수)이므로

$g(x) = \dfrac{1}{2} \cos\left(\dfrac{\pi}{2} x - 2m\pi \mp \dfrac{\pi}{2} \right)$

$\qquad = \dfrac{1}{2} \cos\left(\dfrac{\pi}{2} x \mp \dfrac{\pi}{2} \right)$

$\therefore g(x) = \dfrac{1}{2} \sin \dfrac{\pi}{2} x$ 또는 $g(x) = -\dfrac{1}{2} \sin \dfrac{\pi}{2} x$

그런데 주어진 그래프에서 함수 $y = g(x)$의 그래프가 점 $\left(1, \dfrac{1}{2} \right)$을 지나므로

$g(x) = \dfrac{1}{2} \sin \dfrac{\pi}{2} x$

ㄴ에서 $f(x) = 5\cos \dfrac{\pi}{2} x$이고, 두 함수 $f(x)$, $g(x)$의 주기가 4로 같으므로 함수 $y = f(x)$의 그래프는 함수 $y = g(x)$의 그래프를 y축의 방향으로 10배 확대한 후 x축의 방향으로 $4k - 1$ (k는 정수)만큼 평행이동한 것과 같다. 　└ $2k' - 1$ (k'은 정수)로 두어도 된다.

즉, $f(x) = 10g(x - 4k + 1)$ (k는 정수)이므로

$a = 10$, $b = 4k - 1$

이때 $9 < b < 13$이므로 $9 < 4k - 1 < 13$

$10<4k<14$ $\quad\therefore \dfrac{5}{2}<k<\dfrac{7}{2}$

k는 정수이므로 $k=3$ $\quad\therefore b=11$

$\therefore a+b=10+11=21$ (거짓)

따라서 옳은 것은 ㄴ뿐이다. 답 ②

BLACKLABEL 특강. 풀이 첨삭

함수 $y=\sin x$의 그래프를 x축의 방향으로 $-\dfrac{\pi}{2}$만큼 평행이동하면

함수 $y=\cos x$의 그래프와 같으므로 두 삼각함수

$f(x)=5\cos\dfrac{\pi}{2}x,\ g(x)=\dfrac{1}{2}\sin\dfrac{\pi}{2}x$는 y축의 방향으로 확대 또는

축소하고 x축의 방향으로 평행이동하여 같은 그래프가 되도록 만들 수 있다.

이와 같은 방식으로 접근하면 $\sin$과 $\cos$으로 이루어진 두 삼각함수의 그래프는 언제나 확대와 평행이동을 이용하여 일치하게 만들 수 있다.

---

08 $\sin^2\theta+\cos^2\theta=1$이므로

$1+2\sin\theta\cos\theta=\sin^2\theta+\cos^2\theta+2\sin\theta\cos\theta$
$\qquad\qquad\qquad=(\sin\theta+\cos\theta)^2$

$1-2\sin\theta\cos\theta=\sin^2\theta+\cos^2\theta-2\sin\theta\cos\theta$
$\qquad\qquad\qquad=(\sin\theta-\cos\theta)^2$

$\therefore f(\theta)=\sqrt{1+2\sin\theta\cos\theta}+\sqrt{1-2\sin\theta\cos\theta}$
$\qquad\quad=\sqrt{(\sin\theta+\cos\theta)^2}+\sqrt{(\sin\theta-\cos\theta)^2}$
$\qquad\quad=|\sin\theta+\cos\theta|+|\sin\theta-\cos\theta|$

$\sin\theta+\cos\theta=0$에서 $\sin\theta=-\cos\theta$, $\tan\theta=-1$

$\therefore \theta=\dfrac{3}{4}\pi$ ($\because 0\le\theta\le\pi$)

$\sin\theta-\cos\theta=0$에서 $\sin\theta=\cos\theta$, $\tan\theta=-1$

$\therefore \theta=\dfrac{\pi}{4}$ ($\because 0\le\theta\le\pi$)

(i) $0\le\theta\le\dfrac{\pi}{4}$일 때,

$\sin\theta+\cos\theta\ge0$, $\sin\theta-\cos\theta\le0$이므로
$f(\theta)=\sin\theta+\cos\theta-(\sin\theta-\cos\theta)$
$\qquad=2\cos\theta$

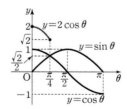

(ii) $\dfrac{\pi}{4}<\theta\le\dfrac{3}{4}$일 때,

$\sin\theta+\cos\theta\ge0$, $\sin\theta-\cos\theta\ge0$이므로
$f(\theta)=\sin\theta+\cos\theta+\sin\theta-\cos\theta$
$\qquad=2\sin\theta$

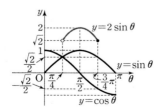

(iii) $\dfrac{3}{4}\pi<\theta\le\pi$일 때,

$\sin\theta+\cos\theta\le0$, $\sin\theta-\cos\theta\ge0$이므로
$f(\theta)=-(\sin\theta+\cos\theta)+\sin\theta-\cos\theta$
$\qquad=-2\cos\theta$

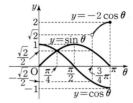

(i), (ii), (iii)에서 함수 $y=f(\theta)$의
그래프는 오른쪽 그림과 같다.

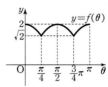

답 ④

09 ㄱ. $\alpha+\beta=\dfrac{\pi}{4}$, 즉 $\beta=\dfrac{\pi}{4}-\alpha$에서 $0<\dfrac{\pi}{4}-\alpha<\pi$이므로

$-\dfrac{3}{4}\pi<\alpha<\dfrac{\pi}{4}$

그런데 $0<\alpha<\pi$이므로

$0<\alpha<\dfrac{\pi}{4}$, $0<\beta<\dfrac{\pi}{4}$

오른쪽 그림에서
$\sin\alpha<\cos\beta$ (참)

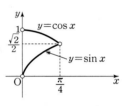

ㄴ. $\beta-\alpha=\dfrac{\pi}{2}$, 즉 $\beta=\alpha+\dfrac{\pi}{2}$에서 $0<\alpha+\dfrac{\pi}{2}<\pi$이므로

$-\dfrac{\pi}{2}<\alpha<\dfrac{\pi}{2}$

그런데 $0<\alpha<\pi$이므로

$0<\alpha<\dfrac{\pi}{2}$, $\dfrac{\pi}{2}<\beta<\pi$

오른쪽 그림에서
$\sin\alpha>\cos\beta$ (참)

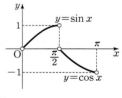

ㄷ. $\alpha+\beta=\pi$, 즉 $\beta=\pi-\alpha$이므로

$\cos\alpha-\cos\beta=\cos\alpha-\cos(\pi-\alpha)$
$\qquad\qquad\qquad=\cos\alpha+\cos\alpha$
$\qquad\qquad\qquad=2\cos\alpha$

이때 $0<\alpha\le\dfrac{\pi}{2}$일 때, $\cos\alpha\ge0$이므로

$\cos\alpha-\cos\beta=2\cos\alpha\ge0$에서 $\cos\alpha\ge\cos\beta$,

$\dfrac{\pi}{2}<\alpha<\pi$일 때, $\cos\alpha<0$이므로

$\cos\alpha-\cos\beta=2\cos\alpha<0$에서
$\cos\alpha<\cos\beta$이다. (거짓)

따라서 옳은 것은 ㄱ, ㄴ이다. 답 ②

• 다른 풀이 •

ㄱ. $\alpha+\beta=\dfrac{\pi}{4}$에서 $\alpha=\dfrac{\pi}{4}-\beta$이므로

$\sin\alpha=\sin\left(\dfrac{\pi}{4}-\beta\right)=\sin\left(\dfrac{\pi}{2}-\beta-\dfrac{\pi}{4}\right)$

$\qquad\quad=\cos\left(-\beta-\dfrac{\pi}{4}\right)=\cos\left(\beta+\dfrac{\pi}{4}\right)$

이때 $0 < \beta < \dfrac{\pi}{4}$에서 $\cos\left(\beta + \dfrac{\pi}{4}\right) < \cos \beta$이므로

$\sin \alpha < \cos \beta$ (참)

$\underset{\underset{0 < x < \frac{\pi}{2}에서\ y = \cos x 는\ 감소함수}{}}{}$

ㄴ. $\beta - \alpha = \dfrac{\pi}{2}$, 즉 $\beta = \dfrac{\pi}{2} + \alpha$이므로

$\sin \alpha - \cos \beta = \sin \alpha - \cos\left(\dfrac{\pi}{2} + \alpha\right)$

$\qquad\qquad\quad = \sin \alpha + \sin \alpha = 2 \sin \alpha$

이때 $0 < \alpha < \dfrac{\pi}{2}$에서 $\sin \alpha > 0$이므로

$\sin \alpha - \cos \beta = 2 \sin \alpha > 0$이다.

$\therefore \sin \alpha > \cos \beta$ (참)

10 $y = -\left|\sin 2x - \dfrac{1}{2}\right| + \dfrac{5}{2}$에서 $\sin 2x = t$로 놓으면

$-1 \le t \le 1$이고 주어진 함수는 $y = -\left|t - \dfrac{1}{2}\right| + \dfrac{5}{2}$

(ⅰ) $-1 \le t < \dfrac{1}{2}$일 때, $y = t - \dfrac{1}{2} + \dfrac{5}{2} = t + 2$

(ⅱ) $\dfrac{1}{2} \le t \le 1$일 때, $y = -\left(t - \dfrac{1}{2}\right) + \dfrac{5}{2} = -t + 3$

(ⅰ), (ⅱ)에서 주어진 함수의
그래프는 오른쪽 그림과 같
으므로 최댓값은 $t = \dfrac{1}{2}$일 때,

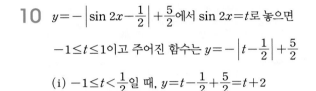

$M = -\left|\dfrac{1}{2} - \dfrac{1}{2}\right| + \dfrac{5}{2} = \dfrac{5}{2}$

최솟값은 $t = -1$일 때,

$m = -\left|-1 - \dfrac{1}{2}\right| + \dfrac{5}{2} = -\dfrac{3}{2} + \dfrac{5}{2} = 1$

$\therefore 2Mm = 2 \times \dfrac{5}{2} \times 1 = 5$ 답 5

• 다른 풀이 •

모든 실수 x에 대하여
$-1 \le \sin 2x \le 1$이므로

$-\dfrac{3}{2} \le \sin 2x - \dfrac{1}{2} \le \dfrac{1}{2}$, $0 \le \left|\sin 2x - \dfrac{1}{2}\right| \le \dfrac{3}{2}$

$-\dfrac{3}{2} \le -\left|\sin 2x - \dfrac{1}{2}\right| \le 0$

$\therefore 1 \le -\left|\sin 2x - \dfrac{1}{2}\right| + \dfrac{5}{2} \le \dfrac{5}{2}$

따라서 최댓값 $M = \dfrac{5}{2}$, 최솟값 $m = 1$이므로

$2Mm = 2 \times \dfrac{5}{2} \times 1 = 5$

11 $y = \dfrac{4 + k \sin \theta}{2 + \sin \theta}$에서 $\sin \theta = t$로 놓으면 $0 \le \theta \le 2\pi$에서

$-1 \le t \le 1$이고 주어진 함수는

$y = \dfrac{4 + kt}{2 + t} = \dfrac{k(2 + t) - 2k + 4}{2 + t}$

$\qquad = \dfrac{-2k + 4}{t + 2} + k \ (-1 \le t \le 1)$

이때 $k < 2$에서 $-2k + 4 > 0$이
므로 오른쪽 그림에서 최댓값은
$t = -1$일 때,

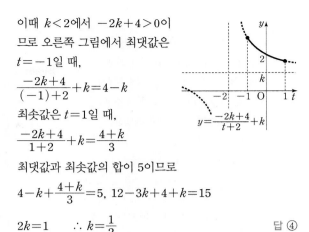

$\dfrac{-2k + 4}{(-1) + 2} + k = 4 - k$

최솟값은 $t = 1$일 때,

$\dfrac{-2k + 4}{1 + 2} + k = \dfrac{4 + k}{3}$

최댓값과 최솟값의 합이 5이므로

$4 - k + \dfrac{4 + k}{3} = 5$, $12 - 3k + 4 + k = 15$

$2k = 1$ $\therefore k = \dfrac{1}{2}$ 답 ④

12 $(f \circ g)(x) = 2(-\cos x)^2 + \sqrt{1 - \cos x}\sqrt{1 + \cos x} + k$

이때 $1 - \cos x \ge 0$, $1 + \cos x \ge 0$이므로

$(f \circ g)(x) = 2\cos^2 x + \sqrt{1 - \cos^2 x} + k$

$\qquad\qquad = 2(1 - \sin^2 x) + \sqrt{\sin^2 x} + k$

$\qquad\qquad = -2\sin^2 x + |\sin x| + k + 2$

$\qquad\qquad = -2|\sin x|^2 + |\sin x| + k + 2$

$|\sin x| = t \ (0 \le t \le 1)$로 놓고,

$(f \circ g)(x) = h(t)$라 하면

$h(t) = -2t^2 + t + k + 2$

$\qquad = -2\left(t - \dfrac{1}{4}\right)^2 + k + \dfrac{17}{8}$

이므로 함수 $y = h(t)$의 그래프
는 오른쪽 그림과 같다.

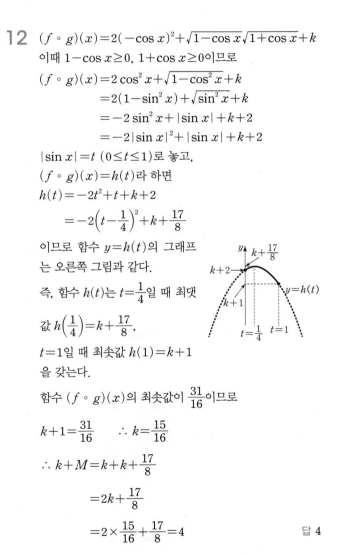

즉, 함수 $h(t)$는 $t = \dfrac{1}{4}$일 때 최댓
값 $h\left(\dfrac{1}{4}\right) = k + \dfrac{17}{8}$,

$t = 1$일 때 최솟값 $h(1) = k + 1$
을 갖는다.

함수 $(f \circ g)(x)$의 최솟값이 $\dfrac{31}{16}$이므로

$k + 1 = \dfrac{31}{16}$ $\therefore k = \dfrac{15}{16}$

$\therefore k + M = k + k + \dfrac{17}{8}$

$\qquad\qquad = 2k + \dfrac{17}{8}$

$\qquad\qquad = 2 \times \dfrac{15}{16} + \dfrac{17}{8} = 4$ 답 4

13 $y = \sin^2 x + 2a \cos x - 1$

$\quad = 1 - \cos^2 x + 2a \cos x - 1$

$\quad = -\cos^2 x + 2a \cos x$

이때 $\cos x = t$로 놓으면 $0 \le x \le 2\pi$에서 $-1 \le t \le 1$이고
주어진 함수는

$y=-t^2+2at$

$=-(t-a)^2+a^2 \ (-1 \le t \le 1)$

$f(t)=-(t-a)^2+a^2$이라 하면

(i) $a<-1$일 때, $-1 \le t \le 1$에서
함수 $y=f(t)$의 그래프는 오른
쪽 그림과 같으므로 최댓값은
$t=-1$일 때,
$f(-1)=-1-2a=5$
$2a=-6$ ∴ $a=-3$

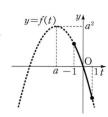

(ii) $-1 \le a \le 1$일 때,
함수 $y=f(t)$의 그래프는 오른
쪽 그림과 같으므로 최댓값은
$t=a$일 때,
$f(a)=a^2=5$
∴ $a=\pm\sqrt{5}$
그런데 $-1 \le a \le 1$이므로 조건
을 만족시키는 a의 값은 없다.

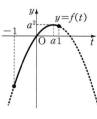

(iii) $a>1$일 때,
함수 $y=f(t)$의 그래프는 오른
쪽 그림과 같으므로 최댓값은
$t=1$일 때,
$f(1)=-1+2a=5$
$2a=6$ ∴ $a=3$

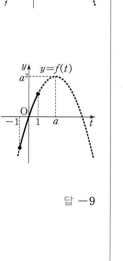

(i), (ii), (iii)에서 구하는 모든 a의 값
은 -3, 3이므로 그 곱은
$(-3) \times 3=-9$

답 -9

14 $a>0$, $b>0$이므로 $a^2+b^2=4ab\cos\theta$의 양변을 ab로 나
누면

$\dfrac{a}{b}+\dfrac{b}{a}=4\cos\theta$

$a>0$, $b>0$이므로 산술평균과 기하평균의 관계에 의하여

$4\cos\theta=\dfrac{a}{b}+\dfrac{b}{a} \ge 2\sqrt{\dfrac{a}{b} \times \dfrac{b}{a}}$

(단, 등호는 $a=b$일 때 성립)

$=2$

∴ $\cos\theta \ge \dfrac{1}{2}$

이때 $0 \le \theta < \dfrac{\pi}{2}$이므로 $0 < \cos\theta \le 1$

∴ $\dfrac{1}{2} \le \cos\theta \le 1$

$2\sin^2\theta+\cos\theta=2(1-\cos^2\theta)+\cos\theta$

$=-2\cos^2\theta+\cos\theta+2$

$\cos\theta=t$로 놓으면 $\dfrac{1}{2} \le t \le 1$이고 주어진 식은

$-2t^2+t+2=-2\left(t-\dfrac{1}{4}\right)^2+\dfrac{17}{8}$

$f(t)=-2\left(t-\dfrac{1}{4}\right)^2+\dfrac{17}{8}$이라 하면 함수

$y=f(t) \ \left(\dfrac{1}{2} \le t \le 1\right)$의 그

래프는 오른쪽 그림과 같으

므로 최댓값은 $t=\dfrac{1}{2}$일 때,

$f\left(\dfrac{1}{2}\right)=-2\left(\dfrac{1}{2}-\dfrac{1}{4}\right)^2+\dfrac{17}{8}$

$=-\dfrac{1}{8}+\dfrac{17}{8}$

$=2$

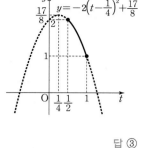

답 ③

15 $f(x)=\dfrac{2}{\cos^2\left(x+\dfrac{\pi}{12}\right)}-\dfrac{4\cos\left(\dfrac{5}{12}\pi-x\right)}{\sin\left(x+\dfrac{7}{12}\pi\right)}+3$에서

$\cos\left(\dfrac{5}{12}\pi-x\right)=\cos\left\{\dfrac{\pi}{2}-\left(x+\dfrac{\pi}{12}\right)\right\}=\sin\left(x+\dfrac{\pi}{12}\right)$,

$\sin\left(x+\dfrac{7}{12}\pi\right)=\sin\left\{\dfrac{\pi}{2}+\left(x+\dfrac{\pi}{12}\right)\right\}=\cos\left(x+\dfrac{\pi}{12}\right)$

이므로 주어진 함수는

$f(x)=\dfrac{2}{\cos^2\left(x+\dfrac{\pi}{12}\right)}-\dfrac{4\sin\left(x+\dfrac{\pi}{12}\right)}{\cos\left(x+\dfrac{\pi}{12}\right)}+3$

$=\dfrac{2\left\{\sin^2\left(x+\dfrac{\pi}{12}\right)+\cos^2\left(x+\dfrac{\pi}{12}\right)\right\}}{\cos^2\left(x+\dfrac{\pi}{12}\right)}$

$-\dfrac{4\sin\left(x+\dfrac{\pi}{12}\right)}{\cos\left(x+\dfrac{\pi}{12}\right)}+3$

$=2\left\{\tan^2\left(x+\dfrac{\pi}{12}\right)+1\right\}-4\tan\left(x+\dfrac{\pi}{12}\right)+3$

$=2\tan^2\left(x+\dfrac{\pi}{12}\right)-4\tan\left(x+\dfrac{\pi}{12}\right)+5$

$-\dfrac{\pi}{3} \le x \le \dfrac{\pi}{4}$에서

함수 $y=\tan\left(x+\dfrac{\pi}{12}\right)$의 그래
프가 오른쪽 그림과 같으므로
$-1 \le \tan\left(x+\dfrac{\pi}{12}\right) \le \sqrt{3}$

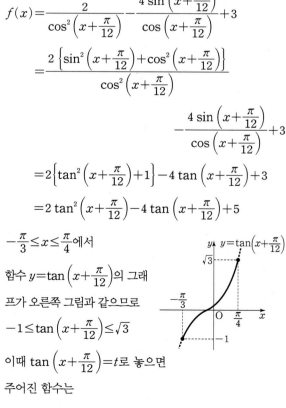

이때 $\tan\left(x+\dfrac{\pi}{12}\right)=t$로 놓으면
주어진 함수는

$y=2t^2-4t+5$

$\quad =2(t-1)^2+3 \; (-1\leq t\leq \sqrt{3})$

이고 이 함수의 그래프가 오른쪽 그림과 같으므로 최댓값과 최솟값은 각각 $t=-1$, $t=1$일 때 갖는다.

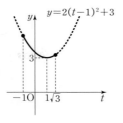

$t=-1$, 즉 $\tan\left(x+\dfrac{\pi}{12}\right)=-1$ 에서

$x+\dfrac{\pi}{12}=-\dfrac{\pi}{4}\left(\because \; -\dfrac{\pi}{4}\leq x+\dfrac{\pi}{12}\leq \dfrac{\pi}{3}\right)$

이므로 $x=-\dfrac{\pi}{3}$ $\qquad \therefore a=-\dfrac{\pi}{3}$

이때의 최댓값은

$M=2(-1-1)^2+3=11$

또한, $t=1$, 즉 $\tan\left(x+\dfrac{\pi}{12}\right)=1$에서

$-\dfrac{\pi}{3}\leq x\leq \dfrac{\pi}{4}$이므로

$x+\dfrac{\pi}{12}=\dfrac{\pi}{4}\left(\because \; -\dfrac{\pi}{4}\leq x+\dfrac{\pi}{12}\leq \dfrac{\pi}{3}\right)$

이므로 $x=\dfrac{\pi}{6}$ $\qquad \therefore b=\dfrac{\pi}{6}$

이때의 최솟값은 $m=3$

$\therefore |(a-b)(M+m)|=\left|\left(-\dfrac{\pi}{3}-\dfrac{\pi}{6}\right)\times(11+3)\right|$

$\qquad\qquad\qquad\qquad =\dfrac{\pi}{2}\times 14=7\pi$ 답 7π

16 $\begin{cases} \sqrt{2}\sin x=\sin y & \cdots\cdots\textcircled{\scriptsize ㄱ} \\ 2\cos x+\cos y=1 & \cdots\cdots\textcircled{\scriptsize ㄴ} \end{cases}$에서

$\textcircled{\scriptsize ㄱ}$의 양변을 제곱하면

$2\sin^2 x=\sin^2 y \qquad\qquad \cdots\cdots\textcircled{\scriptsize ㄷ}$

$\textcircled{\scriptsize ㄴ}$에서 $1-2\cos x=\cos y$이므로 양변을 제곱하면

$4\cos^2 x-4\cos x+1=\cos^2 y \qquad \cdots\cdots\textcircled{\scriptsize ㄹ}$

$\textcircled{\scriptsize ㄷ}+\textcircled{\scriptsize ㄹ}$을 하면

$2\sin^2 x+4\cos^2 x-4\cos x+1=\sin^2 y+\cos^2 y$

$2(1-\cos^2 x)+4\cos^2 x-4\cos x+1=1$

$2-2\cos^2 x+4\cos^2 x-4\cos x=0$

$\cos^2 x-2\cos x+1=0$

$(\cos x-1)^2=0$, $\cos x=1$

$\therefore x=0 \; (\because \; 0\leq x<2\pi)$

$x=0$을 $\textcircled{\scriptsize ㄱ}$에 대입하면 $\sin y=0$

$\therefore y=0$ 또는 $y=\pi \; (\because \; 0\leq y<2\pi)$

그런데 $x=0$, $y=0$이면 $\textcircled{\scriptsize ㄴ}$에서

$2+1=3\neq 1$이므로 모순이다.

$\therefore x=0$, $y=\pi$

따라서 $a=0$, $b=\pi$이므로

$a+b=\pi$ 답 ②

17 함수 $f(x)=\sin kx$의 주기는 $\dfrac{2\pi}{k}$이므로 다음 그림과 같이 $0\leq x\leq \dfrac{\pi}{k}$에서 함수 $y=f(x)$의 그래프는 직선 $x=\dfrac{\pi}{2k}$에 대하여 대칭이다.

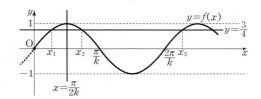

또한, 함수 $y=f(x)$의 그래프와 직선 $y=\dfrac{3}{4}$의 교점의 x좌표를 작은 값부터 차례대로 x_1, x_2, x_3, $\cdots$이라 하면 방정식 $f(x)=\dfrac{3}{4}$의 근은 x_1, x_2, x_3, $\cdots$과 같다.

이때 $\dfrac{x_1+x_2}{2}=\dfrac{\pi}{2k}$이므로

$x_1+x_2=\dfrac{\pi}{k}$

$\therefore f(x_1+x_2+x_3)=f\left(\dfrac{\pi}{k}+x_3\right)=\sin k\left(\dfrac{\pi}{k}+x_3\right)$

$\qquad\qquad\qquad\qquad =\sin(\pi+kx_3)=-\sin kx_3$

$\qquad\qquad\qquad\qquad =-f(x_3)=-\dfrac{3}{4}$ 답 ③

18 $f(x)=2\sin\pi x$라 하면 $-2\leq 2\sin\pi x\leq 2$이므로 함수 $f(x)$는 최댓값이 2, 최솟값이 -2이고, 주기가 $\dfrac{2\pi}{\pi}=2$인 함수이다.

따라서 $0\leq x\leq 6$에서 함수 $y=f(x)$의 그래프는 다음 그림과 같다.

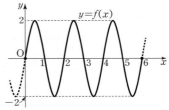

함수 $y=f(x)-1$의 그래프는 함수 $y=f(x)$의 그래프를 y축의 방향으로 -1만큼 평행이동한 것이므로 다음 그림과 같다.

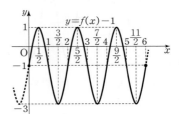

함수 $y=|f(x)-1|$의 그래프는 함수 $y=f(x)-1$의 그래프에서 x축의 아랫부분을 x축에 대하여 대칭이동한 것이므로 다음 그림과 같다.

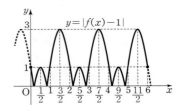

방정식 $|f(x)-1|=\dfrac{1}{4}x$의 서로 다른 실근의 개수는 함수

$y=|f(x)-1|$의 그래프와 직선 $y=\dfrac{1}{4}x$의 교점의 개수와

같다.

$0\le x\le6$일 때, 두 함수 $y=|f(x)-1|$, $y=\dfrac{1}{4}x$의 그래프

는 다음 그림과 같다.

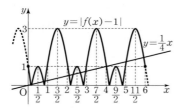

그러므로 함수 $y=|f(x)-1|$의 그래프와 직선 $y=\dfrac{1}{4}x$

의 교점의 개수는 11이므로 주어진 방정식의 서로 다른

실근의 개수도 11이다. **답 11**

• 다른 풀이 •

방정식 $|f(x)-1|=\dfrac{1}{4}x$에서

$f(x)-1=\pm\dfrac{1}{4}x,\ f(x)=\pm\dfrac{1}{4}x+1$

$\therefore f(x)=\dfrac{1}{4}x+1$ 또는 $f(x)=-\dfrac{1}{4}x+1$

즉, 주어진 방정식의 서로 다른 실근의 개수는 두 방정식

$f(x)=\dfrac{1}{4}x+1$, $f(x)=-\dfrac{1}{4}x+1$의 서로 다른 실근의

개수의 합과 같다.

이때 함수 $f(x)=2\sin\pi x$는 최댓값과 최솟값이 각각 2,

-2이고, 주기가 $\dfrac{2\pi}{\pi}=2$인 함수이므로 $0\le x\le6$에서 세

함수 $y=f(x)$, $y=\dfrac{1}{4}x+1$, $y=-\dfrac{1}{4}x+1$의 그래프는

다음 그림과 같다.

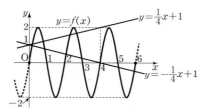

따라서 주어진 방정식의 서로 다른 실근의 개수는 11이다.

19 $\sin^{2023}x-\cos^{2024}x=1$에서

$\sin^{2023}x=\cos^{2024}x+1$ ······ ㉠

이때 $0\le\cos^{2024}x\le1$이므로

$1\le\cos^{2024}x+1\le2$

또한, $-1\le\sin^{2023}x\le1$이므로 ㉠에서 (좌변)=(우변)

이려면

$\sin^{2023}x=1$이어야 한다.

$\therefore \sin x=1$

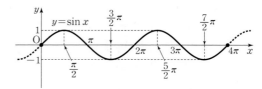

$0\le x\le4\pi$에서 함수 $y=\sin x$의 그래프는 위의 그림과

같으므로 $\sin x=1$을 만족시키는 x의 값은

$x=\dfrac{\pi}{2}$ 또는 $x=\dfrac{5}{2}\pi$

따라서 구하는 모든 실근의 합은

$\dfrac{\pi}{2}+\dfrac{5}{2}\pi=3\pi$ **답 ③**

20 $0\le x\le\pi$에서 함수 $y=\cos x+\dfrac{1}{2}$의 그래프를 이용하여

함수 $y=\left[\cos x+\dfrac{1}{2}\right]$의 그래프를 그려 보면 다음 그림

과 같다.

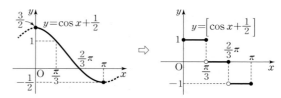

방정식 $\left[\cos x+\dfrac{1}{2}\right]=x-k$의 정수해가 존재하려면 두

함수 $y=\left[\cos x+\dfrac{1}{2}\right]$, $y=x-k$의 그래프의 교점 중에

서 x좌표가 정수인 점이 존재해야 한다.

이때 $\dfrac{\pi}{3}\fallingdotseq1.05$, $\dfrac{2}{3}\pi\fallingdotseq2.09$, $\pi\fallingdotseq3.14$이므로 교점의 x좌

표로 가능한 것은 0, 1, 2, 3이다.

(i) 교점의 x좌표가 0인 경우

함수 $y=\left[\cos x+\dfrac{1}{2}\right]$의 그래프는 점 $(0,\ 1)$을 지나

므로

$y=x-k$에서 $1=0-k$

$\therefore k=-1$

(ii) 교점의 x좌표가 1인 경우

함수 $y=\left[\cos x+\dfrac{1}{2}\right]$의 그래프는 점 $(1,\ 1)$을 지나

므로 $\underset{0<1<\frac{\pi}{3}}{}$

$y=x-k$에서 $1=1-k$

$\therefore k=0$

(iii) 교점의 x좌표가 2인 경우

함수 $y=\left[\cos x+\dfrac{1}{2}\right]$의 그래프는 점 $(2,\ 0)$을 지나

므로 $\underset{\frac{\pi}{3}<2<\frac{2}{3}\pi}{}$

$y=x-k$에서 $0=2-k$

$\therefore k=2$

(iv) 교점의 x좌표가 3인 경우

함수 $y=\left[\cos x+\dfrac{1}{2}\right]$의 그래프는 점 $(3,\ -1)$을 지

$\underset{\frac{2}{3}\pi<3<\pi}{}$

나므로

$y=x-k$에서 $-1=3-k$

$\therefore k=4$

(i)~(iv)에서 주어진 방정식의 정수해가 존재하도록 하는 k의 값은 -1, 0, 2, 4이므로 그 합은

$-1+0+2+4=5$

답 ③

21 $2\cos^2 x-2\sin x+2a-3=0$에서

$2(1-\sin^2 x)-2\sin x+2a-3=0$

$\therefore 2\sin^2 x+2\sin x-2a+1=0$ ……㉠

$0\le x<2\pi$에서 함수 $y=\sin x$의 그래프는 다음 그림과 같으므로 방정식 $\sin x=t$는 $t=-1$ 또는 $t=1$일 때 하나의 실근을 갖고, $-1<t<1$일 때 서로 다른 두 실근을 갖는다.

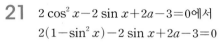

방정식 ㉠에서 $\sin x=t$로 놓으면 $2t^2-2t-2a+1=0$이고, $f(t)=2t^2+2t-2a+1$이라 하면 t에 대한 방정식 $f(t)=0$이 서로 다른 두 실근을 가지려면 두 실근으로 -1, 1을 갖거나 $-1<t<1$에서 중근 또는 하나의 실근만을 가져야 한다.

이때 함수 $y=f(t)$의 그래프는 오른쪽 그림과 같으므로 방정식 $f(t)=0$은 두 실근으로 -1, 1을 동시에 가질 수 없다.

(i) $-1<t<1$에서 중근을 가질 때,

$f(t)=2\left(t+\dfrac{1}{2}\right)^2-2a+\dfrac{1}{2}$에서

$f\left(-\dfrac{1}{2}\right)=-2a+\dfrac{1}{2}=0$ $\therefore a=\dfrac{1}{4}$

(ii) $-1<t<1$에서 하나의 실근만을 가질 때,

$f(-1)f(1)<0$이어야 하므로

$f(-1)=2-2-2a+1$

$\qquad =-2a+1$,

$f(1)=2+2-2a+1=-2a+5$

에서 $(-2a+1)(-2a+5)<0$

$(2a-1)(2a-5)<0$ $\therefore \dfrac{1}{2}<a<\dfrac{5}{2}$

(i), (ii)에서 구하는 상수 a의 값 또는 그 범위는

$a=\dfrac{1}{4}$ 또는 $\dfrac{1}{2}<a<\dfrac{5}{2}$ 답 $a=\dfrac{1}{4}$ 또는 $\dfrac{1}{2}<a<\dfrac{5}{2}$

BLACKLABEL 특강 풀이 첨삭 ＊

$t=-1$, $t=1$을 근으로 갖고, t^2의 계수가 2인 이차방정식은 $2(t+1)(t-1)=0$에서 $2t^2-2=0$으로 t의 계수가 0이다.

그런데 방정식 $f(t)=0$의 t의 계수는 2이므로 방정식 $f(t)=0$은 $t=-1$, $t=1$을 모두 근으로 가질 수 없다.

22 함수 $f(x)=\sin kx+2$는 최댓값 3, 최솟값이 1이고, 주기가 $\dfrac{2\pi}{k}$ (k는 자연수)인 함수이다.

또한, 함수 $g(x)=3\cos 12x$는 최댓값이 3, 최솟값이 -3이고, 주기가 $\dfrac{2\pi}{12}=\dfrac{\pi}{6}$인 함수이다.

$A=\{x\,|\,f(x)=a\}$, $B=\{x\,|\,g(x)=a\}$라 할 때, $A\subset B$를 만족시키기 위해서는 방정식 $f(x)=a$의 실근이 모두 방정식 $g(x)=a$의 실근이 되어야 하므로 $\dfrac{2\pi}{k}$, $\dfrac{4\pi}{k}$, $\dfrac{6\pi}{k}$, …의 값이 모두 $\dfrac{\pi}{6}$, $\dfrac{2\pi}{6}$, $\dfrac{3\pi}{6}$, …의 값에 대응 ─주기의 배수─ 될 수 있어야 한다.

즉, k가 12의 약수이어야 하므로 가능한 k의 값은 1, 2, 3, 4, 6, 12이다.

(i) $k=1$일 때,

$f(x)=\sin x+2$의 주기가 2π이므로 두 함수 $y=f(x)$와 $y=g(x)$의 그래프는 다음 그림과 같다.

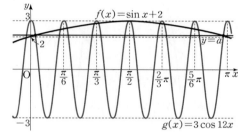

$\therefore A\subset B$

(ii) $k=2$일 때,

$f(x)=\sin 2x+2$의 주기가 $\dfrac{2\pi}{2}=\pi$이므로 두 함수 $y=f(x)$와 $y=g(x)$의 그래프는 다음 그림과 같다.

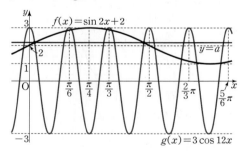

$\therefore A\subset B$

(iii) $k=3$일 때,

$f(x)=\sin 3x+2$의 주기가 $\dfrac{2\pi}{3}$이므로 두 함수 $y=f(x)$와 $y=g(x)$의 그래프는 다음 그림과 같다.

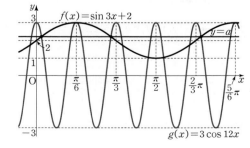

$\therefore A \subset B$

(iv) $k=4$일 때,

$f(x)=\sin 4x+2$의 주기가 $\dfrac{2\pi}{4}=\dfrac{\pi}{2}$이므로 두 함수

$y=f(x)$와 $y=g(x)$의 그래프는 다음 그림과 같다.

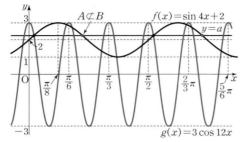

$\therefore A \not\subset B$

(v) $k=6$일 때,

$f(x)=\sin 6x+2$의 주기가 $\dfrac{2\pi}{6}=\dfrac{\pi}{3}$이므로 두 함수

$y=f(x)$와 $y=g(x)$의 그래프는 다음 그림과 같다.

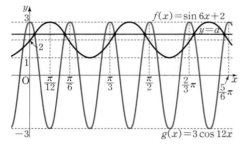

$\therefore A \subset B$

(vi) $k=12$일 때,

$f(x)=\sin 12x+2$의 주기가 $\dfrac{2\pi}{12}=\dfrac{\pi}{6}$이므로 두 함수

$y=f(x)$와 $y=g(x)$의 그래프는 다음 그림과 같다.

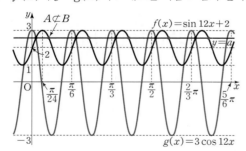

$\therefore A \not\subset B$

(i)~(vi)에서 $\{x\,|\,f(x)=a\}\subset\{x\,|\,g(x)=a\}$를 만족시키는 자연수 k는 1, 2, 3, 6의 4개이다. 답 ②

BLACKLABEL 특강 | 풀이 첨삭

함수 $f(x)$의 주기가 $\dfrac{2\pi}{k}$이므로 그 주기의 반 $\dfrac{\pi}{k}$가 $\dfrac{\pi}{6}$, $\dfrac{\pi}{3}$, $\dfrac{\pi}{2}$, $\cdots$일 때, $A\subset B$가 성립한다.

즉, $\dfrac{\pi}{k}=\dfrac{\pi}{6}\times n$ (n은 자연수)이므로 $k\times n=6$

따라서 $k=\dfrac{6}{n}$이고 k가 자연수이므로 조건을 만족시키는 k는 1, 2, 3, 6이다.

---

23 해결단계

❶단계	$\sin(\pi\sin\alpha)+\cos(\pi\cos\beta)=2$에서 $\sin(\pi\sin\alpha)$, $\cos(\pi\cos\beta)$의 값을 구한다.
❷단계	❶단계에서 구한 값과 두 함수 $y=\sin\alpha$, $y=\cos\beta$의 그래프를 이용하여 α, β의 값을 각각 구한다.
❸단계	$\alpha+\beta$의 값을 $\sin(\alpha+\beta)+\cos(\alpha+\beta)$에 대입하여 식의 최솟값을 구한다.

$0\leq\alpha\leq\pi$, $0\leq\beta\leq\pi$에서

$0\leq\sin\alpha\leq1$, $-1\leq\cos\beta\leq1$이므로

$0\leq\pi\sin\alpha\leq\pi$, $-\pi\leq\pi\cos\beta\leq\pi$

즉, $0\leq\sin(\pi\sin\alpha)\leq1$, $-1\leq\cos(\pi\cos\beta)\leq1$이므로

$\sin(\pi\sin\alpha)+\cos(\pi\cos\beta)=2$에서

$\sin(\pi\sin\alpha)=1$, $\cos(\pi\cos\beta)=1$

이때 $0\leq\pi\sin\alpha\leq\pi$, $-\pi\leq\pi\cos\beta\leq\pi$이므로

$\pi\sin\alpha=\dfrac{\pi}{2}$, $\pi\cos\beta=0$

$\therefore \sin\alpha=\dfrac{1}{2}$, $\cos\beta=0$

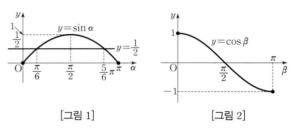

[그림 1]   [그림 2]

$0\leq\alpha\leq\pi$에서 함수 $y=\sin\alpha$의 그래프는 [그림 1]과 같으므로 방정식 $\sin\alpha=\dfrac{1}{2}$을 만족시키는 α의 값은

$\alpha=\dfrac{\pi}{6}$ 또는 $\alpha=\dfrac{5}{6}\pi$

$0\leq\beta\leq\pi$에서 함수 $y=\cos\beta$의 그래프는 [그림 2]와 같으므로 방정식 $\cos\beta=0$을 만족시키는 β의 값은

$\beta=\dfrac{\pi}{2}$

$\therefore \alpha+\beta=\dfrac{\pi}{6}+\dfrac{\pi}{2}=\dfrac{2}{3}\pi$ 또는 $\alpha+\beta=\dfrac{5}{6}\pi+\dfrac{\pi}{2}=\dfrac{4}{3}\pi$

(i) $\alpha+\beta=\dfrac{2}{3}\pi$일 때,

$\begin{aligned}[t] &\quad\left[\begin{aligned}&=\sin\left(\pi-\dfrac{\pi}{3}\right)+\cos\left(\pi-\dfrac{\pi}{3}\right)\\&=\sin\dfrac{\pi}{3}-\cos\dfrac{\pi}{3}\end{aligned}\right. \end{aligned}$

$\begin{aligned} \sin(\alpha+\beta)+\cos(\alpha+\beta)&=\sin\dfrac{2}{3}\pi+\cos\dfrac{2}{3}\pi\\ &=\dfrac{\sqrt{3}}{2}-\dfrac{1}{2}=\dfrac{\sqrt{3}-1}{2} \end{aligned}$

(ii) $\alpha+\beta=\dfrac{4}{3}\pi$일 때,

$\begin{aligned}[t] &\quad\left[\begin{aligned}&=\sin\left(\pi+\dfrac{\pi}{3}\right)+\cos\left(\pi+\dfrac{\pi}{3}\right)\\&=-\sin\dfrac{\pi}{3}-\cos\dfrac{\pi}{3}\end{aligned}\right. \end{aligned}$

$\begin{aligned} \sin(\alpha+\beta)+\cos(\alpha+\beta)&=\sin\dfrac{4}{3}\pi+\cos\dfrac{4}{3}\pi\\ &=-\dfrac{\sqrt{3}}{2}-\dfrac{1}{2}\\ &=-\dfrac{\sqrt{3}+1}{2} \end{aligned}$

(i), (ii)에서 구하는 최솟값은

$-\dfrac{\sqrt{3}+1}{2}$ 답 $-\dfrac{\sqrt{3}+1}{2}$

24 $0 \le x < 2\pi$에서 두 함수 $y = \sin x$, $y = \cos x$의 그래프는 다음 그림과 같다.

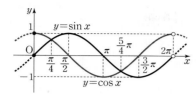

부등식 $\sin x \le \cos x$를 만족시키는 x의 값의 범위는

$0 \le x \le \dfrac{\pi}{4}$ 또는 $\dfrac{5}{4}\pi \le x < 2\pi$ ······㉠

또한, $2\sin^2 x - 5\cos x + 1 \ge 0$에서

$2(1 - \cos^2 x) - 5\cos x + 1 \ge 0$

$2 - 2\cos^2 x - 5\cos x + 1 \ge 0$

$2\cos^2 x + 5\cos x - 3 \le 0$

$(\cos x + 3)(2\cos x - 1) \le 0$

$\therefore -1 \le \cos x \le \dfrac{1}{2}$ $(\because -1 \le \cos x \le 1)$

$0 \le x < 2\pi$에서 함수 $y = \cos x$의 그래프는 다음 그림과 같다.

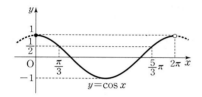

부등식 $-1 \le \cos x \le \dfrac{1}{2}$을 만족시키는 x의 값의 범위는

$\dfrac{\pi}{3} \le x \le \dfrac{5}{3}\pi$ ······㉡

㉠, ㉡에서 $\dfrac{5}{4}\pi \le x \le \dfrac{5}{3}\pi$이므로

$\alpha = \dfrac{5}{4}\pi$, $\beta = \dfrac{5}{3}\pi$

$\therefore \alpha + \beta = \dfrac{5}{4}\pi + \dfrac{5}{3}\pi = \dfrac{35}{12}\pi$ 답 $\dfrac{35}{12}\pi$

25 $f(x) = x^2 - 2x\cos\theta + \sin^2\theta$

$\quad = x^2 - 2x\cos\theta + 1 - \cos^2\theta$

$\quad = (x - \cos\theta)^2 + 1 - 2\cos^2\theta$

이므로 함수 $y = f(x)$의 그래프의 꼭짓점의 좌표는 $(\cos\theta, 1 - 2\cos^2\theta)$

이때 꼭짓점과 원점 사이의 거리가 1 이하이므로

$\sqrt{\cos^2\theta + (1 - 2\cos^2\theta)^2} \le 1$

$\cos^2\theta + (1 - 2\cos^2\theta)^2 \le 1$

$\cos^2\theta + 1 - 4\cos^2\theta + 4\cos^4\theta \le 1$

$4\cos^4\theta - 3\cos^2\theta \le 0$

$\cos^2\theta(4\cos^2\theta - 3) \le 0$

$0 \le \cos^2\theta \le \dfrac{3}{4}$ $\therefore -\dfrac{\sqrt{3}}{2} \le \cos\theta \le \dfrac{\sqrt{3}}{2}$ ······㉠

$0 \le \theta \le 2\pi$에서 함수 $y = \cos\theta$의 그래프는 다음 그림과 같다.

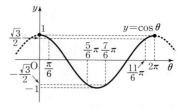

따라서 부등식 ㉠을 만족시키는 θ의 값의 범위는

$\dfrac{\pi}{6} \le \theta \le \dfrac{5}{6}\pi$ 또는 $\dfrac{7}{6}\pi \le \theta \le \dfrac{11}{6}\pi$

따라서 θ의 값으로 가능하지 않은 것은 ③이다. 답 ③

26 $0 \le |\cos 2x| \le 1$이므로 $0 \le \left| \dfrac{\pi}{2}\cos 2x \right| \le \dfrac{\pi}{2}$

이때 $\left| \dfrac{\pi}{2}\cos 2x \right| = t$로 놓으면 $0 \le t \le \dfrac{\pi}{2}$에서

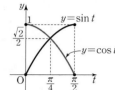

두 함수 $y = \sin t$, $y = \cos t$의 그래프는 오른쪽 그림과 같으므로 부등식 $\sin t \ge \cos t$를 만족시키는 t의 값의 범위는

$\dfrac{\pi}{4} \le t \le \dfrac{\pi}{2}$

즉, $\dfrac{\pi}{4} \le \left| \dfrac{\pi}{2}\cos 2x \right| \le \dfrac{\pi}{2}$이므로

$\dfrac{1}{2} \le |\cos 2x| \le 1$

$\therefore -1 \le \cos 2x \le -\dfrac{1}{2}$ 또는 $\dfrac{1}{2} \le \cos 2x \le 1$ ······㉠

한편, 함수 $y = \cos 2x$의 주기는 $\dfrac{2\pi}{2} = \pi$이고, $0 < x \le 2\pi$에서 함수 $y = \cos 2x$의 그래프는 다음 그림과 같다.

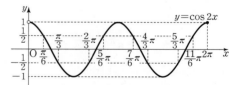

즉, $0 < x \le 2\pi$에서 ㉠을 만족시키는 x의 값의 범위는

$0 < x \le \dfrac{\pi}{6}$ 또는 $\dfrac{\pi}{3} \le x \le \dfrac{2}{3}\pi$ 또는 $\dfrac{5}{6}\pi \le x \le \dfrac{7}{6}\pi$ 또는

$\dfrac{4}{3}\pi \le x \le \dfrac{5}{3}\pi$ 또는 $\dfrac{11}{6}\pi \le x \le 2\pi$

이때 $\dfrac{\pi}{3} < 2 < \dfrac{2}{3}\pi$, $\dfrac{5}{6}\pi < 3 < \dfrac{7}{6}\pi$, $\dfrac{4}{3}\pi < 5 < \dfrac{5}{3}\pi$,

$\dfrac{11}{6}\pi < 6 < 2\pi$이므로 자연수 x는 2, 3, 5, 6이다.

$\rightarrow \dfrac{\pi}{6} < 1 < \dfrac{\pi}{3}, \dfrac{7}{6}\pi < 4 < \dfrac{4}{3}\pi, 7 > 2\pi$

따라서 그 합은

$2 + 3 + 5 + 6 = 16$ 답 16

단계	채점 기준	배점
(가)	$\left\| \dfrac{\pi}{2}\cos 2x \right\| = t$로 놓고 $\sin t \ge \cos t$를 만족시키는 t의 값의 범위를 구한 경우	40%
(나)	주어진 부등식을 만족시키는 x의 값의 범위를 구한 경우	40%
(다)	조건을 만족시키는 x의 값의 범위에 속하는 자연수 x를 구하고 그 합을 구한 경우	20%

27 $2\cos^2\left(x-\dfrac{\pi}{3}\right)-\cos\left(x+\dfrac{\pi}{6}\right)-1\geq0$에서

$\cos^2\left(x-\dfrac{\pi}{3}\right)=1-\sin^2\left(x-\dfrac{\pi}{3}\right)$,

$\cos\left(x+\dfrac{\pi}{6}\right)=\cos\left\{\dfrac{\pi}{2}+\left(x-\dfrac{\pi}{3}\right)\right\}=-\sin\left(x-\dfrac{\pi}{3}\right)$

이므로 주어진 부등식은

$2\left\{1-\sin^2\left(x-\dfrac{\pi}{3}\right)\right\}-\left\{-\sin\left(x-\dfrac{\pi}{3}\right)\right\}-1\geq0$

$2-2\sin^2\left(x-\dfrac{\pi}{3}\right)+\sin\left(x-\dfrac{\pi}{3}\right)-1\geq0$

$2\sin^2\left(x-\dfrac{\pi}{3}\right)-\sin\left(x-\dfrac{\pi}{3}\right)-1\leq0$

이때 $\sin\left(x-\dfrac{\pi}{3}\right)=A$로 놓으면 $-1\leq A\leq1$이고 주어진 부등식은 $2A^2-A-1\leq0$이다.

즉, $(2A+1)(A-1)\leq0$이므로 $-\dfrac{1}{2}\leq A\leq1$

$\therefore -\dfrac{1}{2}\leq\sin\left(x-\dfrac{\pi}{3}\right)\leq1$

$x-\dfrac{\pi}{3}=t$로 놓으면 $0\leq x<2\pi$에서 $-\dfrac{\pi}{3}\leq t<\dfrac{5}{3}\pi$이므로 함수 $y=\sin t$의 그래프는 다음 그림과 같다.

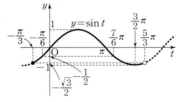

$-\dfrac{1}{2}\leq\sin t\leq1$을 만족시키는 t의 값의 범위는

$-\dfrac{\pi}{6}\leq t\leq\dfrac{7}{6}\pi$

즉, $-\dfrac{\pi}{6}\leq x-\dfrac{\pi}{3}\leq\dfrac{7}{6}\pi$에서 $\dfrac{\pi}{6}\leq x\leq\dfrac{3}{2}\pi$

따라서 $\alpha=\dfrac{\pi}{6}$, $\beta=\dfrac{3}{2}\pi$이므로

$\dfrac{\beta}{\alpha}=\dfrac{\dfrac{3}{2}\pi}{\dfrac{\pi}{6}}=9$

답 9

28 $\dfrac{\pi}{4}\leq\theta\leq\dfrac{\pi}{2}$에서 두 함수

$y=\sin\theta$, $y=\cos\theta$의
그래프가 오른쪽 그림과
같으므로

$\min(\sin\theta, \cos\theta)$
$=\cos\theta$

(i) $\cos\theta\leq1-\cos\theta$일 때,

$2\cos\theta\leq1$에서 $\cos\theta\leq\dfrac{1}{2}$

$\dfrac{\pi}{4}\leq\theta\leq\dfrac{\pi}{2}$에서 함수 $y=\cos\theta$의 그래프가 위의 그림과 같으므로 구하는 θ의 값의 범위는

$\dfrac{\pi}{3}\leq\theta\leq\dfrac{\pi}{2}$

이때 $\min(\sin\theta, \cos\theta)+\max(\cos\theta, 1-\cos\theta)=1$에서 $\cos\theta+1-\cos\theta=1$이므로 주어진 방정식이 항상 성립한다.

(ii) $\cos\theta>1-\cos\theta$일 때,

$2\cos\theta>1$에서 $\cos\theta>\dfrac{1}{2}$

$\dfrac{\pi}{4}\leq\theta\leq\dfrac{\pi}{2}$에서 함수 $y=\cos\theta$의 그래프가 위의 그림과 같으므로 구하는 θ의 값의 범위는

$\dfrac{\pi}{4}\leq\theta<\dfrac{\pi}{3}$

이때 $\min(\sin\theta, \cos\theta)+\max(\cos\theta, 1-\cos\theta)=1$에서 $\cos\theta+\cos\theta=1$이므로

$2\cos\theta=1$, $\cos\theta=\dfrac{1}{2}$ $\therefore \theta=\dfrac{\pi}{3}$

그런데 $\dfrac{\pi}{4}\leq\theta<\dfrac{\pi}{3}$이므로 조건을 만족시키지 않는다.

(i), (ii)에서 방정식을 만족시키는 θ의 값의 범위는

$\dfrac{\pi}{3}\leq\theta\leq\dfrac{\pi}{2}$

따라서 θ의 최솟값은 $\alpha=\dfrac{\pi}{3}$, 최댓값은 $\beta=\dfrac{\pi}{2}$이므로

$\beta-\alpha=\dfrac{\pi}{2}-\dfrac{\pi}{3}=\dfrac{\pi}{6}$

답 $\dfrac{\pi}{6}$

STEP 3 1등급을 넘어서는 **종합 사고력 문제** p. 60

01 $a=30$, $b=\pi$, $c=40$ **02** $2\pi^2$ **03** 78 **04** $-\dfrac{3}{4}$

05 $\dfrac{\sqrt{2}}{2}$ **06** ① **07** 18

01 해결단계

❶단계	주어진 함수의 최댓값과 최솟값을 이용하여 a, c의 값을 각각 구한다.
❷단계	주어진 함수의 주기를 이용하여 b의 값을 구한다.

원의 반지름의 길이는 30 cm이고, 페달이 최저점을 지날 때 지면으로부터의 높이가 10 cm이므로 함수 $f(x)$의 최댓값은 $2\times30+10=70$, 최솟값은 10이다.

즉, $f(x)=a\sin b\left(x-\dfrac{1}{2}\right)+c$에서

$|a|+c=70$, $-|a|+c=10$이므로

$a+c=70$, $-a+c=10$ ($\because a>0$)

위의 두 식을 연립하여 풀면 $a=30$, $c=40$

또한, 페달이 한 바퀴 도는 데 2초가 걸리므로 함수 $f(x)$의 주기는 2이다.

즉, $\dfrac{2\pi}{|b|}=2$이므로 $\dfrac{2\pi}{b}=2$ ($\because b>0$)

$\therefore b=\pi$

$\therefore a=30$, $b=\pi$, $c=40$ 답 $a=30$, $b=\pi$, $c=40$

02 해결단계

❶단계	$\sin x \cos y \geq 0$에서 $\sin x \geq 0$, $\cos y \geq 0$ 또는 $\sin x \leq 0$, $\cos y \leq 0$임을 안다.
❷단계	❶단계에서 구한 조건을 만족시키는 x, y의 값의 범위를 구한 후, 이를 좌표평면 위에 나타내어 영역의 넓이를 구한다.

$0 \leq x \leq 2\pi$에서 함수 $X = \sin x$의 그래프는 [그림 1]과 같고, $0 \leq y \leq 2\pi$에서 함수 $Y = \cos y$의 그래프는 [그림 2]와 같다.

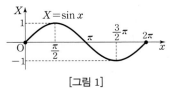

[그림 1]

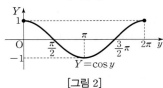

[그림 2]

$\sin x \cos y \geq 0$에서

(i) $\sin x \geq 0$, $\cos y \geq 0$일 때,

위의 부등식을 만족시키는 x, y의 값의 범위는

[그림 1]에서 $0 \leq x \leq \pi$ 또는 $x = 2\pi$,

[그림 2]에서 $0 \leq y \leq \dfrac{\pi}{2}$ 또는 $\dfrac{3}{2}\pi \leq y \leq 2\pi$

(ii) $\sin x \leq 0$, $\cos y \leq 0$일 때,

위의 부등식을 만족시키는 x, y의 값의 범위는

[그림 1]에서 $x = 0$ 또는 $\pi \leq x \leq 2\pi$,

[그림 2]에서 $\dfrac{\pi}{2} \leq y \leq \dfrac{3}{2}\pi$

(i), (ii)에서 구한 범위를 좌표평면 위에 나타내면 오른쪽 그림의 어두운 부분(경계선 포함)과 같으므로 구하는 영역의 넓이는

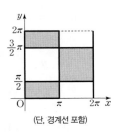

(단, 경계선 포함)

$2 \times \left(\pi \times \dfrac{\pi}{2} \right) + \pi \times \pi$

$= \pi^2 + \pi^2 = 2\pi^2$

답 $2\pi^2$

03 해결단계

❶단계	x의 범위를 $-2\pi \leq x < 0$과 $0 \leq x \leq 2\pi$인 경우로 나누고 각 범위에서 방정식 $f(x) = 1$을 만족시키는 x의 값을 구한다.
❷단계	❶단계에서 구한 x의 값의 개수와 합을 각각 구한다.
❸단계	❷단계에서 구한 값을 이용하여 주어진 식의 값을 구한다.

$f(x) = |2 \sin(x + 2|x|) + 1|$

$= \begin{cases} |-2 \sin x + 1| & (-2\pi \leq x < 0) \\ |2 \sin 3x + 1| & (0 \leq x \leq 2\pi) \end{cases}$

함수 $y = f(x)$의 그래프와 직선 $y = 1$이 만나는 점의 x좌표는 방정식 $f(x) = 1$의 근과 같다.

(i) $-2\pi \leq x < 0$일 때,

방정식 $f(x) = 1$에서 $|-2 \sin x + 1| = 1$

$-2 \sin x + 1 = 1$ 또는 $-2 \sin x + 1 = -1$

$\therefore \sin x = 0$ 또는 $\sin x = 1$

$-2\pi \leq x < 0$에서 함수 $y = \sin x$의 그래프는 오른쪽 그림과 같으므로

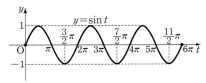

$\sin x = 0$에서

$x = -2\pi$ 또는 $x = -\pi$

$\sin x = 1$에서 $x = -\dfrac{3}{2}\pi$

따라서 방정식 $f(x) = 1$의 모든 근의 합은

$(-2\pi) + (-\pi) + \left(-\dfrac{3}{2}\pi \right) = -\dfrac{9}{2}\pi$

(ii) $0 \leq x \leq 2\pi$일 때,

방정식 $f(x) = 1$에서 $|2 \sin 3x + 1| = 1$

$2 \sin 3x + 1 = 1$ 또는 $2 \sin 3x + 1 = -1$

$\therefore \sin 3x = 0$ 또는 $\sin 3x = -1$

이때 $3x = t$로 놓으면 $0 \leq 3x \leq 6\pi$이므로 함수 $y = \sin t$ $(0 \leq t \leq 6\pi)$의 그래프는 다음 그림과 같다.

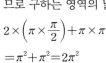

$\sin t = 0$에서 $t = 0$, π, 2π, 3π, 4π, 5π, 6π이므로

$x = 0$, $\dfrac{\pi}{3}$, $\dfrac{2}{3}\pi$, π, $\dfrac{4}{3}\pi$, $\dfrac{5}{3}\pi$, 2π

$\sin t = -1$에서 $t = \dfrac{3}{2}\pi$, $\dfrac{7}{2}\pi$, $\dfrac{11}{2}\pi$이므로

$x = \dfrac{\pi}{2}$, $\dfrac{7}{6}\pi$, $\dfrac{11}{6}\pi$

따라서 방정식 $f(x) = 1$의 모든 근의 합은

$0 + \dfrac{\pi}{3} + \dfrac{2}{3}\pi + \pi + \dfrac{4}{3}\pi + \dfrac{5}{3}\pi + 2\pi + \dfrac{\pi}{2} + \dfrac{7}{6}\pi + \dfrac{11}{6}\pi$

$= \dfrac{21}{2}\pi$

(i), (ii)에서 방정식 $f(x) = 1$의 근은 모두 13개이므로 $n = 13$이고, 그 합은

$x_1 + x_2 + x_3 + \cdots + x_n = x_1 + x_2 + x_3 + \cdots + x_{13}$

$\qquad = \left(-\dfrac{9}{2}\pi \right) + \dfrac{21}{2}\pi$

$\qquad = 6\pi$

$\therefore \dfrac{n}{\pi}(x_1 + x_2 + x_3 + \cdots + x_n) = \dfrac{13}{\pi} \times 6\pi$

$\qquad\qquad\qquad\qquad = 78$

답 78

• 다른 풀이 •

함수 $f(x) = |2 \sin(x + 2|x|) + 1|$의 그래프를 직접 그린 후, 삼각함수의 주기와 대칭성을 이용하여 주어진 식의 값을 구할 수도 있다.

함수 $y = f(x)$의 그래프와 직선 $y = 1$의 교점의 x좌표를

작은 순서대로 x_1, x_2, x_3, $\cdots$, x_n이라 하면

$$f(x)=\begin{cases}|-2\sin x+1| & (-2\pi\le x<0) \\ |2\sin 3x+1| & (0\le x\le 2\pi)\end{cases}$$

이므로 함수 $y=f(x)$의 그래프는 다음 그림과 같다.

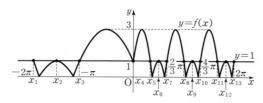

함수 $y=f(x)$의 그래프와 직선 $y=1$의 교점은 모두 13개이므로 $n=13$

$-2\pi\le x<0$에서 생기는 교점의 x좌표가 x_1, x_2, x_3이고, x_1, x_3은 직선 $x=x_2$에 대하여 대칭이므로

$$x_2=\frac{x_1+x_3}{2}$$

$$\begin{aligned}\therefore\ x_1+x_2+x_3&=x_1+\frac{x_1+x_3}{2}+x_3\\ &=\frac{3}{2}(x_1+x_3)\\ &=\frac{3}{2}(-2\pi-\pi)\\ &=\frac{3}{2}\times(-3\pi)=-\frac{9}{2}\pi \quad\cdots\cdots\ \bigcirc\end{aligned}$$

$0\le x\le 2\pi$에서 생기는 교점의 x좌표가 x_4, x_5, x_6, $\cdots$, x_{13}이고, $x_4=0$, x_5, x_7은 직선 $x=x_6$에 대하여 대칭, x_8, x_{10}은 직선 $x=x_9$에 대하여 대칭, x_{11}, x_{13}은 직선 $x=x_{12}$에 대하여 대칭이다.

즉, $x_6=\dfrac{x_5+x_7}{2}$, $x_9=\dfrac{x_8+x_{10}}{2}$, $x_{12}=\dfrac{x_{11}+x_{13}}{2}$이므로

$$\begin{aligned}&x_4+x_5+x_6+\cdots+x_{13}\\ &=0+\frac{3}{2}(x_5+x_7)+\frac{3}{2}(x_8+x_{10})+\frac{3}{2}(x_{11}+x_{13})\\ &=\frac{3}{2}(x_5+x_7+x_8+x_{10}+x_{11}+x_{13})\quad\cdots\cdots\ \bigcirc\end{aligned}$$

또한, x_5, x_8은 직선 $x=x_7$에 대하여 대칭이고, x_{10}, x_{13}은 직선 $x=x_{11}$에 대하여 대칭이므로

$x_7=\dfrac{x_5+x_8}{2}$에서 $x_5+x_8=2x_7$, $x_{11}=\dfrac{x_{10}+x_{13}}{2}$

위의 식을 $\bigcirc$에 대입하면

$$\begin{aligned}&\frac{3}{2}(x_5+x_7+x_8+x_{10}+x_{11}+x_{13})\\ &=\frac{3}{2}\left\{3x_7+\frac{3}{2}(x_{10}+x_{13})\right\}\\ &=\frac{3}{2}\left\{3\times\frac{2}{3}\pi+\frac{3}{2}\left(\frac{4}{3}\pi+2\pi\right)\right\}\\ &=\frac{3}{2}\times 7\pi\\ &=\frac{21}{2}\pi \quad\cdots\cdots\ \bigcirc\end{aligned}$$

따라서 $\bigcirc$, $\bigcirc$에서

$$\begin{aligned}\frac{n}{\pi}(x_1+x_2+x_3+\cdots+x_n)&=\frac{13}{\pi}\times\left(-\frac{9}{2}\pi+\frac{21}{2}\pi\right)\\ &=\frac{13}{\pi}\times 6\pi=78\end{aligned}$$

---

04 해결단계

❶단계	$\cos x=X$, $\sin x=Y$로 치환하고 $X^2+Y^2=1$임을 파악한다.
❷단계	주어진 함수에 $\cos x=X$, $\sin x=Y$를 대입하여 직선의 방정식을 구한다.
❸단계	원의 중심 $(0,0)$과 ❷단계에서 구한 직선 사이의 거리가 원의 반지름의 길이인 1보다 작거나 같음을 이용하여 최댓값을 구한다.

$\cos x=X$, $\sin x=Y$로 놓으면 $\cos^2 x+\sin^2 x=1$이므로

$$X^2+Y^2=1 \quad\cdots\cdots\ \bigcirc$$

또한, $y=\dfrac{\sin x+2}{\cos x-1}$에서 $y=\dfrac{Y+2}{X-1}$ $(X\ne 1)$이므로

$$Y+2=y(X-1)$$
$$yX-Y-y-2=0 \quad\cdots\cdots\ \bigcirc$$

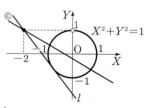

이때 오른쪽 그림의 XY좌표평면에서 원 $\bigcirc$과 직선 $\bigcirc$이 만나려면 원의 중심 $(0,0)$과 직선 $\bigcirc$ 사이의 거리가 원의 반지름의 길이인 1보다 작거나 같아야 하므로

$$\frac{|-y-2|}{\sqrt{y^2+(-1)^2}}\le 1,\quad |y+2|\le\sqrt{y^2+1}$$

$|y+2|\ge 0$, $\sqrt{y^2+1}\ge 0$이므로 위의 부등식의 양변을 제곱하면

$$(y+2)^2\le y^2+1,\quad 4y\le -3 \quad\therefore\ y\le -\frac{3}{4}$$

따라서 구하는 최댓값은 $-\dfrac{3}{4}$이다. 답 $-\dfrac{3}{4}$

• 다른 풀이 •

$\sin x=X$, $\cos x=Y$로 놓으면 $\sin^2 x+\cos^2 x=1$이므로

$$X^2+Y^2=1$$

또한, $y=\dfrac{\sin x+2}{\cos x-1}$에서 $y=\dfrac{X+2}{Y-1}$ $(Y\ne 1)$이므로

$$y(Y-1)=X+2$$
$$\therefore\ X-yY+y+2=0 \quad\cdots\cdots\ \bigcirc$$

이때 $\bigcirc$은 XY좌표평면에서 점 $(-2,1)$을 지나는 직선이고, y는 기울기의 역수이므로 y가 최대려면 직선 $\bigcirc$의 기울기가 최소이어야 한다.

원 $X^2+Y^2=1$과 직선 $\bigcirc$을 XY좌표평면 위에 나타내면 오른쪽 그림과 같고, 직선 $\bigcirc$의 기울기가 최소인 경우는 직선 $\bigcirc$이 직선 l과 같이 원과 접할 때이다.

따라서 직선 $\bigcirc$과 원 $X^2+Y^2=1$의 중심 $(0,0)$ 사이의 거리는 반지름의 길이인 1과 같아야 하므로

$$\frac{|y+2|}{\sqrt{1+(-y)^2}}=1,\quad |y+2|=\sqrt{1+y^2}$$

위의 식의 양변을 제곱하면

$$y^2+4y+4=1+y^2,\quad 4y=-3 \quad\therefore\ y=-\frac{3}{4}$$

따라서 y의 최댓값은 $-\dfrac{3}{4}$이다.

이 문제는 다양한 풀이 방법이 있는데, $\cos x = X$, $\sin x = Y$로 치환하여 그래프로 푸는 것이 가장 간단하다. 또한, 문제를 푸는 과정에서 $X^2 + Y^2 = 1$로 XY좌표평면에 반지름의 길이가 1인 원을 그리는 접근을 하는 학생들은 드물지만 삼각함수를 치환하여 복잡한 그래프나 θ의 값을 하나하나 구하지 않아도 쉽게 문제를 해결할 수 있는 좋은 방법이다.

05 해결단계

❶ 단계	$2t - \dfrac{\pi}{3} = \theta$로 놓고, 삼각형 ABC의 넓이를 θ에 대한 식으로 나타낸다.
❷ 단계	조건을 만족시키는 θ의 값의 범위를 구하고 이때의 t의 값의 범위를 구한다.
❸ 단계	α와 β의 값을 각각 구한 후, $\sin(\beta - \alpha)$의 값을 구한다.

점 $C\left(\sin\left(2t - \dfrac{\pi}{3}\right), \cos\left(2t - \dfrac{\pi}{3}\right)\right)$에서

$2t - \dfrac{\pi}{3} = \theta$로 놓으면 $C(\sin\theta, \cos\theta)$

$0 \le t < \dfrac{5}{12}\pi$이므로 $-\dfrac{\pi}{3} \le 2t - \dfrac{\pi}{3} < \dfrac{\pi}{2}$

$\therefore -\dfrac{\pi}{3} \le \theta < \dfrac{\pi}{2}$

즉, $\cos\theta > 0$이므로 삼각형 ABC의 넓이는

$\triangle ABC = \dfrac{1}{2} \times \left\{2 - \left(-\dfrac{1}{2}\right)\right\} \times \cos\theta$

$\qquad\quad = \dfrac{5}{4}\cos\theta$

삼각형 ABC의 넓이가 $\dfrac{5\sqrt{2}}{8}$ 이상이 되어야 하므로

$\dfrac{5}{4}\cos\theta \ge \dfrac{5\sqrt{2}}{8}$에서 $\cos\theta \ge \dfrac{\sqrt{2}}{2}$

$-\dfrac{\pi}{3} \le \theta < \dfrac{\pi}{2}$에서 함수

$y = \cos\theta$의 그래프는 오른쪽 그림과 같으므로

$-\dfrac{\pi}{4} \le \theta \le \dfrac{\pi}{4}$

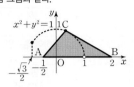

즉, $-\dfrac{\pi}{4} \le 2t - \dfrac{\pi}{3} \le \dfrac{\pi}{4}$이므로

$\dfrac{\pi}{12} \le 2t \le \dfrac{7}{12}\pi$

$\therefore \dfrac{\pi}{24} \le t \le \dfrac{7}{24}\pi$

따라서 $\alpha = \dfrac{\pi}{24}$, $\beta = \dfrac{7}{24}\pi$이므로

$\sin(\beta - \alpha) = \sin\left(\dfrac{7}{24}\pi - \dfrac{\pi}{24}\right)$

$\qquad\qquad\quad = \sin\dfrac{\pi}{4} = \dfrac{\sqrt{2}}{2}$ 답 $\dfrac{\sqrt{2}}{2}$

$-\dfrac{\pi}{3} \le \theta < \dfrac{\pi}{2}$에서 두 함수 $y = \sin\theta$, $y = \cos\theta$의 그래프가 오른쪽 그림과 같으므로

$-\dfrac{\sqrt{3}}{2} \le \sin\theta < 1$,

$0 < \cos\theta \le 1$이다.

또한, $\sin^2\theta + \cos^2\theta = 1$이므로 점 C는 원 $x^2 + y^2 = 1$ 위의 점이다.

따라서 세 점 $A\left(-\dfrac{1}{2}, 0\right)$, $B(2, 0)$, $C(\sin\theta, \cos\theta)$를 좌표평면 위에 나타내면 다음 그림과 같다.

06 해결단계

❶ 단계	주어진 방정식을 $\sin x$에 대한 식으로 정리한다.
❷ 단계	$\sin x = t$로 치환하여 주어진 방정식을 t에 대한 식으로 바꾼 후, 주어진 방정식이 서로 다른 세 실근을 갖도록 하는 t의 조건을 구한다.
❸ 단계	점 (a, b)의 자취의 방정식을 구하고, 그 자취를 좌표평면 위에 나타낸 것을 찾는다.

$\cos^2 x + a\sin x - b = 0$에서

$1 - \sin^2 x + a\sin x - b = 0$

$\therefore \sin^2 x - a\sin x + b - 1 = 0$

이때 $\sin x = t$로 놓으면 $0 \le x \le \pi$에서 $0 \le t \le 1$이고 주어진 방정식은

$t^2 - at + b - 1 = 0$ ……㉠

$0 \le x \le \pi$에서 함수 $y = \sin x$의 그래프가 오른쪽 그림과 같으므로

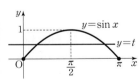

$0 \le t < 1$일 때, 방정식 $\sin x = t$는 항상 서로 다른 두 실근을 갖는다.

따라서 x에 대한 방정식 $\sin^2 x - a\sin x + b - 1 = 0$이 서로 다른 세 실근을 가지려면 t에 대한 방정식 ㉠이 서로 다른 두 실근을 갖고 그 중에서 한 근이 $t = \sin x = 1$이어야 한다.

㉠에 $t = 1$을 대입하면

$1^2 - a + b - 1 = 0$ $\therefore b = a$

즉, $t^2 - at + a - 1 = 0$에서

$(t - 1)\{t - (a - 1)\} = 0$

$\therefore t = 1$ 또는 $t = a - 1$

또한, t에 대한 방정식 $t^2 - at + b - 1 = 0$의 나머지 한 근이 $0 \le t < 1$을 만족시켜야 하므로

$0 \le a - 1 < 1$ $\therefore 1 \le a < 2$

따라서 점 (a, b)의 자취의 방정식은 $b = a$ $(1 \le a < 2)$이므로 자취를 좌표평면 위에 나타내면 ①과 같다.   답 ①

서울대 선배들의 강추문제 | 1등급 비법 노하우

이 문제는 좀 어렵게 느껴질 수 있지만 이차방정식과 삼각함수를 연관시킨 문제가 수능 또는 학교 시험에서 자주 출제되므로 잘 알아두어야 한다.
우선 주어진 식을 $\sin x$에 대한 식으로 바꾸면
$\sin^2 x - a \sin x + b - 1 = 0$이고 이 방정식이 서로 다른 세 실근을 가지려면 $\sin x = t$로 치환한 방정식 $t^2 - at + b - 1 = 0$이 실근 $t = 1$, $0 \le t < 1$인 하나의 실근을 가져야 함을 알아야 한다. 왜냐하면 두 근이 모두 $0 \le t < 1$을 만족시키면 주어진 방정식은 서로 다른 네 실근을 갖기 때문이다.

07 해결단계

❶단계	n에 1, 2, 3, …을 대입하여 함수 $y = f(x)$의 그래프를 그린다.
❷단계	$0 < k < 1$임을 이용하여 정수인 $f(t)$의 값은 0 또는 1뿐임을 파악한다.
❸단계	$f(t) = 0$, $f(t) = 1$을 만족시키는 t의 개수를 구한 후, $g(a) = 85$가 되도록 하는 a의 값을 구한다.
❹단계	$\log_a \dfrac{1}{2}$의 값을 구한다.

두 함수 $y = 2k^{2n-1} \sin \dfrac{\pi}{2} x$, $y = -2k^{2n} \sin \dfrac{\pi}{2} x$는 모두

주기가 $\dfrac{2\pi}{\frac{\pi}{2}} = 4$이고, $x = 4n-4$, $x = 4n-2$, $x = 4n$에서

의 함숫값이 모두 0이며 최댓값이 각각 $2k^{2n-1}$, $2k^{2n}$이다.
n에 1, 2, 3, …을 대입하여 함수 $y = f(x)$를 구하면

$n = 1$일 때, $f(x) = \begin{cases} 2k \sin \dfrac{\pi}{2} x & (0 \le x < 2) \\ -2k^2 \sin \dfrac{\pi}{2} x & (2 \le x < 4) \end{cases}$

$n = 2$일 때, $f(x) = \begin{cases} 2k^3 \sin \dfrac{\pi}{2} x & (4 \le x < 6) \\ -2k^4 \sin \dfrac{\pi}{2} x & (6 \le x < 8) \end{cases}$

$n = 3$일 때, $f(x) = \begin{cases} 2k^5 \sin \dfrac{\pi}{2} x & (8 \le x < 10) \\ -2k^6 \sin \dfrac{\pi}{2} x & (10 \le x < 12) \end{cases}$

$\vdots$

이므로 함수 $y = f(x)$의 그래프를 좌표평면에 나타내면 다음 그림과 같다.

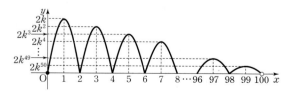

이때 모든 자연수 n에 대하여
$0 < k < 1$에서 $0 < 2k^n < 2$이므로 $f(t)$의 값이 가질 수 있는 정수는 0과 1뿐이다.
(ⅰ) $f(t) = 0$일 때,
위의 식을 만족시키는 t는 0, 2, 4, …, 98의 50개이다.
(ⅱ) $f(t) = 1$일 때,
위의 식을 만족시키는 t의 개수는 k의 값에 따라 다음과 같이 나눌 수 있다.

$2k = 1$, 즉 $k = \dfrac{1}{2}$이면 $f(t) = 1$을 만족시키는 t의 개수는 1

$2k^2 = 1$, 즉 $k = \left(\dfrac{1}{2}\right)^{\frac{1}{2}}$이면 $f(t) = 1$을 만족시키는 t의 개수는 $2 + 1$

$2k^3 = 1$, 즉 $k = \left(\dfrac{1}{2}\right)^{\frac{1}{3}}$이면 $f(t) = 1$을 만족시키는 t의 개수는 $2 + 2 + 1$

$\vdots$

$2k^m = 1$, 즉 $k = \left(\dfrac{1}{2}\right)^{\frac{1}{m}}$ (m은 자연수)이면 $f(t) = 1$을 만족시키는 t의 개수는
$2 \times (m - 1) + 1 = 2m - 1$

(ⅰ), (ⅱ)에서 $f(t)$의 값이 정수가 되도록 하는 t의 개수는
$$g\left(\left(\dfrac{1}{2}\right)^{\frac{1}{m}}\right) = 50 + (2m - 1)$$
$$= 2m + 49$$

즉, $2m + 49 = 85$에서 $2m = 36$
$\therefore m = 18$

따라서 $a = \left(\dfrac{1}{2}\right)^{\frac{1}{m}} = \left(\dfrac{1}{2}\right)^{\frac{1}{18}}$이므로

$\log_a \dfrac{1}{2} = \log_{\left(\frac{1}{2}\right)^{\frac{1}{18}}} \dfrac{1}{2} = 18$ 답 18

BLACKLABEL 특강 | 풀이 첨삭

(ⅱ)에서 $2k^m$ (m은 자연수)의 값이 1이 되는 경우를 기준으로 하여 t의 개수를 구하는 이유를 알아보자.
$f(t) = 0$이 되도록 하는 t의 개수가 50이고, $f(t)$의 값이 정수가 되도록 하는 t의 총개수가 85이므로 $f(t) = 1$이 되도록 하는 t의 개수는 $85 - 50 = 35$이어야 한다.

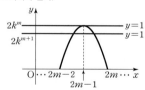

$2k^m = 1$이면 직선 $y = 1$과 함수 $y = f(x)$의 그래프는 위의 그림과 같이 $x = 2m-1$일 때 접한다. 이때 구간 $0 < x < 2$, $2 < x < 4$, $4 < x < 6$, …, $2m-4 < x < 2m-2$마다 직선 $y = 1$과 함수 $y = f(x)$의 그래프의 교점의 개수는 2이므로 $f(t) = 1$이 되도록 하는 t의 개수가 35인 k의 값을 구할 수 있다.
그러나 $2k^m < 1 < 2k^{m-1}$이면 구간 $0 < x < 2$, $2 < x < 4$, $4 < x < 6$, …, $2m-2 < x < 2m$마다 직선 $y = 1$과 함수 $y = f(x)$의 그래프의 교점의 개수는 모두 2이므로 $f(t) = 1$이 되도록 하는 t의 개수는 짝수이다. 즉, $f(t) = 1$이 되도록 하는 t의 개수가 35인 k의 값이 존재하지 않으므로 $2k^m = 1$이 되는 경우만 따져도 된다.

이것이 수능 p. 61

1 ③	2 480	3 ④

1 해결단계

❶단계	삼각형 OAB의 넓이가 5임을 이용하여 두 양수 a, b에 대한 관계식을 구한다.
❷단계	두 직선 OA와 OB의 기울기의 곱이 $\frac{5}{4}$임을 이용하여 두 양수 a, b에 대한 관계식을 구한다.
❸단계	❶단계와 ❷단계에서 구한 두 관계식을 연립하여 a, b의 값을 각각 구하고 $a+b$의 값을 구한다.

함수 $y=a \sin b\pi x$의 주기는 $\frac{2\pi}{b\pi}=\frac{2}{b}$이므로

$$\overline{AB}=\frac{2}{b}$$

이때 삼각형 OAB의 넓이가 5이므로

$$\frac{1}{2} \times a \times \frac{2}{b}=5$$

즉, $\frac{a}{b}=5$이므로 $a=5b$ $\qquad\cdots\cdots$㉠

또한, 두 점 A, B의 x좌표는 각각 $\frac{1}{2b}$, $\frac{5}{2b}$이므로

$$A\left(\frac{1}{2b}, a\right), B\left(\frac{5}{2b}, a\right)$$

직선 OA의 기울기와 직선 OB의 기울기의 곱이 $\frac{5}{4}$이므로

$$\frac{a}{\frac{1}{2b}} \times \frac{a}{\frac{5}{2b}}=2ab \times \frac{2ab}{5}$$

$$=\frac{4a^2b^2}{5}=\frac{5}{4}$$

에서 $a^2b^2=\frac{25}{16}$이므로 $ab=\frac{5}{4}$ $(\because ab>0)$ $\qquad\cdots\cdots$㉡

㉠을 ㉡에 대입하면

$$5b^2=\frac{5}{4}, b^2=\frac{1}{4} \qquad \therefore b=\frac{1}{2} (\because b>0)$$

즉, $a=\frac{5}{2}$, $b=\frac{1}{2}$이므로

$$a+b=3$$

답 ③

2 해결단계

❶단계	$n=5$일 때, 방정식 $|\sin 5x|=\frac{2}{3}$의 서로 다른 실근의 개수 a_5의 값을 구한다.
❷단계	$n=6$일 때, 함수 $y=|\sin 6x|$의 그래프가 직선 $x=\pi$에 대하여 대칭임을 이용하여 방정식 $|\sin 6x|=\frac{2}{3}$의 서로 다른 모든 실근의 합 b_6의 값을 구한다.
❸단계	❶단계와 ❷단계에서 구한 값을 이용하여 k의 값을 구한다.

(ⅰ) $n=5$일 때,

함수 $y=|\sin 5x|$의 주기는 $\frac{\pi}{5}$이고,

$0 \le x \le \frac{\pi}{5}$에서 함수

$y=|\sin 5x|$의 그래프는

오른쪽 그림과 같으므로

$0 \le x \le 2\pi$에서 방정식

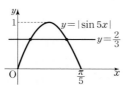

$|\sin 5x|=\frac{2}{3}$의 서로 다른 실근의 개수는

$$2 \times \frac{2\pi}{\frac{\pi}{5}}=20$$

$$\therefore a_5=20$$

(ⅱ) $n=6$일 때,

함수 $y=|\sin 6x|$의 주기는 $\frac{\pi}{6}$이므로

$0 \le x \le 2\pi$에서 방정식 $|\sin 6x|=\frac{2}{3}$의 서로 다른 실근의 개수는 $2 \times \frac{2\pi}{\frac{\pi}{6}}=24$

또한, 함수 $y=|\sin 6x|$의 그래프는 직선 $x=\pi$에 대하여 대칭이므로 교점의 x좌표를 작은 것부터 차례대로 x_1, x_2, x_3, $\cdots$, x_{24}라 하면

$$\frac{x_1+x_{24}}{2}=\frac{x_2+x_{23}}{2}=\frac{x_3+x_{22}}{2}=\cdots=\frac{x_{12}+x_{13}}{2}=\pi$$

$$\therefore x_1+x_{24}=x_2+x_{23}=x_3+x_{22}=\cdots=x_{12}+x_{13}=2\pi$$

$$\therefore b_6=12 \times 2\pi=24\pi$$

(ⅰ), (ⅱ)에서 $a_5 b_6=20 \times 24\pi=480\pi$이므로

$$k=480$$

답 480

3 해결단계

❶단계	a_k의 값은 $0 \le x \le 2\pi$에서 방정식 $\sin x=\sin\left(\frac{k}{6}\pi\right)$의 서로 다른 실근의 개수임을 확인한다.
❷단계	$k=1$, 2, 3, 4, 5일 때의 a_k의 값을 각각 구한다.
❸단계	❷단계에서 구한 각 a_k의 값의 합을 구한다.

곡선 $y=f(x)$와 직선 $y=\sin\left(\frac{k}{6}\pi\right)$의 교점의 개수는 방정식 $f(x)=\sin\left(\frac{k}{6}\pi\right)$의 서로 다른 실근의 개수와 같다.

(ⅰ) $0 \le x \le \frac{k}{6}\pi$일 때,

$f(x)=\sin x$이므로

$$\sin x=\sin\left(\frac{k}{6}\pi\right)$$

(ⅱ) $\frac{k}{6}\pi < x \le 2\pi$일 때,

$f(x)=2\sin\left(\frac{k}{6}\pi\right)-\sin x$이므로

$2\sin\left(\frac{k}{6}\pi\right)-\sin x=\sin\left(\frac{k}{6}\pi\right)$에서

$$\sin x=\sin\left(\frac{k}{6}\pi\right)$$

(ⅰ), (ⅱ)에서 a_k는 $0 \le x \le 2\pi$에서 방정식 $\sin x=\sin\left(\frac{k}{6}\pi\right)$의 서로 다른 실근의 개수와 같다.

$k=1$, 5일 때, $\sin\left(\frac{k}{6}\pi\right)=\frac{1}{2}$

즉, 방정식 $\sin x=\frac{1}{2}$의 서로 다른 실근의 개수는 각각 2이므로

$$a_1=a_5=2$$

$k=2$, 4일 때, $\sin\left(\dfrac{k}{6}\pi\right)=\dfrac{\sqrt{3}}{2}$

즉, 방정식 $\sin x=\dfrac{\sqrt{3}}{2}$의 서로 다른 실근의 개수는 각각

2이므로

$a_2=a_4=2$

$k=3$일 때, $\sin\left(\dfrac{k}{6}\pi\right)=1$

즉, 방정식 $\sin x=1$의 서로 다른 실근의 개수는 1이므로

$a_3=1$

$\therefore a_1+a_2+a_3+a_4+a_5=2+2+1+2+2=9$　　답 ④

• 다른 풀이 •

다음 그림은 k의 값에 따른 두 곡선 $y=f(x)$, $y=\sin x$

와 직선 $y=\sin\left(\dfrac{k}{6}\pi\right)$를 좌표평면 위에 나타낸 것이다.

각 그림에서 곡선 $y=f(x)$와 직선 $y=\sin\left(\dfrac{k}{6}\pi\right)$의 교

점의 개수 a_k를 구하면 다음과 같다.

(ⅰ) $k=1$일 때, $a_1=2$

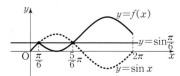

(ⅱ) $k=2$일 때, $a_2=2$

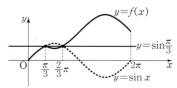

(ⅲ) $k=3$일 때, $a_3=1$

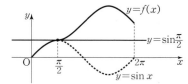

(ⅳ) $k=4$일 때, $a_4=2$

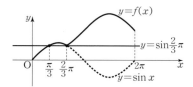

(ⅴ) $k=5$일 때, $a_5=2$

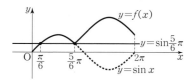

(ⅰ)~(ⅴ)에서

$a_1+a_2+a_3+a_4+a_5=2+2+1+2+2=9$

07 사인법칙과 코사인법칙

STEP 1　　출제율 100% 우수 기출 대표 문제　　p. 63

01 30　　02 ⑤　　03 ⑤　　04 ⑤　　05 ④

06 ③　　07 $4\sqrt{6}$　　08 $\dfrac{15\sqrt{3}}{4}$

01 반원에 대한 원주각의 크기는 90°이므로 $\overline{BD}$는 원의 지름이다.

△ABD에서 $\angle A=180°-(50°+40°)=90°$

즉, △ABD는 직각삼각형이므로 $\overline{BD}$는 원의 지름이다.

이때 원의 반지름의 길이를 R라 하면 $2R=20\sqrt{3}$

따라서 △ABC에서 사인법칙에 의하여

$\dfrac{\overline{AC}}{\underset{\substack{\rvert\underset{=\sin 60°}{\sin(180°-60°)}}}{\sin(50°+70°)}}=2R$, $\dfrac{\overline{AC}}{\dfrac{\sqrt{3}}{2}}=20\sqrt{3}$

$\therefore \overline{AC}=20\sqrt{3}\times\dfrac{\sqrt{3}}{2}=30$　　답 30

02 $6\sin A=2\sqrt{3}\sin B=3\sin C=k$라 하면

$\sin A=\dfrac{k}{6}$, $\sin B=\dfrac{k}{2\sqrt{3}}$, $\sin C=\dfrac{k}{3}$

$\therefore \sin A:\sin B:\sin C=\dfrac{k}{6}:\dfrac{k}{2\sqrt{3}}:\dfrac{k}{3}$

$=1:\sqrt{3}:2\ {\scriptstyle =a:b:c}$

따라서 △ABC에서 $\angle C=90°$, $\angle B=60°$, $\angle A=30°$이

므로 $\angle A$의 크기는 30°이다.　　답 ⑤

03 $\angle A+\angle B+\angle C=180°$에서

$\angle C=180°-(60°+75°)=45°$

사인법칙에 의하여 $\dfrac{\overline{BC}}{\sin A}=\dfrac{\overline{AB}}{\sin C}$

$\dfrac{\overline{BC}}{\sin 60°}=\dfrac{4\sqrt{6}}{\sin 45°}$

$\therefore \overline{BC}=\dfrac{4\sqrt{6}}{\sin 45°}\times\sin 60°$

$=\dfrac{4\sqrt{6}}{\dfrac{\sqrt{2}}{2}}\times\dfrac{\sqrt{3}}{2}=12\,(\text{km})$　　답 ⑤

• 다른 풀이 •

오른쪽 그림과 같이 점 B에서

$\overline{AC}$에 내린 수선의 발을 D라 하면

$\angle ABD=30°$, $\angle CBD=45°$

△ABD에서

$\overline{AB}:\overline{AD}:\overline{BD}=2:1:\sqrt{3}$이므로

$4\sqrt{6}:\overline{AD}:\overline{BD}=2:1:\sqrt{3}$

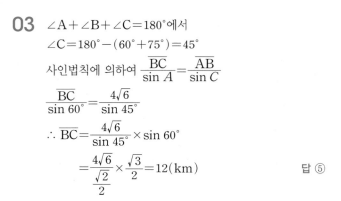
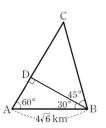

$\therefore \overline{AD}=2\sqrt{6}\,(km), \overline{BD}=6\sqrt{2}\,(km)$

또한, $\triangle BCD$에서 $\angle BCD=45^\circ$이므로

$\overline{BD}:\overline{CD}:\overline{BC}=1:1:\sqrt{2}$

$6\sqrt{2}:\overline{CD}:\overline{BC}=1:1:\sqrt{2}$

$\therefore \overline{CD}=6\sqrt{2}\,(km), \overline{BC}=12\,(km)$

04 $\angle A=2\alpha$, $\overline{AD}=x$라 하면 삼각형의 내각의 이등분선의 성질에 의하여

$\overline{BD}:\overline{CD}=\overline{AB}:\overline{AC}=6:4=3:2$

이때 $\overline{BC}=5\sqrt{3}$이므로

$\overline{BD}=3\sqrt{3}, \overline{CD}=2\sqrt{3}$

$\triangle ABD$에서 코사인법칙의 변형에 의하여

$\cos\alpha=\dfrac{6^2+x^2-(3\sqrt{3})^2}{2\times6\times x}=\dfrac{x^2+9}{12x}$

$\triangle ADC$에서 코사인법칙의 변형에 의하여

$\cos\alpha=\dfrac{4^2+x^2-(2\sqrt{3})^2}{2\times4\times x}=\dfrac{x^2+4}{8x}$

즉, $\dfrac{x^2+9}{12x}=\dfrac{x^2+4}{8x}$에서 $x^2-6=0$

$\therefore x=\sqrt{6} \ (\because x>0)$ 답 ⑤

BLACKLABEL 특강 | **필수 개념**

삼각형의 각의 이등분선의 성질

 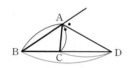

삼각형 ABC에서
∠A의 이등분선이 변 BC와 만나는 점 또는 ∠A의 외각의 이등분선이 변 BC의 연장선과 만나는 점을 D라 하면

$\overline{AB}:\overline{AC}=\overline{BD}:\overline{CD}$

---

05 $\triangle ABC$에서 코사인법칙에 의하여

$\overline{BC}^2=4^2+2^2-2\times4\times2\times\cos60^\circ$

$\qquad =16+4-2\times4\times2\times\dfrac{1}{2}=12$

$\therefore \overline{BC}=2\sqrt{3}\,(km) \ (\because \overline{BC}>0)$

이때 학교를 세우려는 지점을 P라 하면 점 P는 세 지점 A, B, C로부터 같은 거리에 있으므로 $\triangle ABC$의 외접원의 중심이다.

즉, $\overline{PC}$는 $\triangle ABC$의 외접원의 반지름의 길이이므로 $\triangle ABC$에서 사인법칙에 의하여

$\dfrac{2\sqrt{3}}{\sin60^\circ}=2\overline{PC}, \dfrac{2\sqrt{3}}{\dfrac{\sqrt{3}}{2}}=2\overline{PC}$

$4=2\overline{PC} \qquad \therefore \overline{PC}=2\,(km)$

따라서 구하는 거리는 2 km이다. 답 ④

• 다른 풀이 •

＊에서 $\overline{AB}=4$ km, $\overline{BC}=2\sqrt{3}$ km, $\overline{CA}=2$ km

$4^2=(2\sqrt{3})^2+2^2$이므로 $\triangle ABC$는 $\angle C=90^\circ$인 직각삼각형이다.

따라서 학교를 세우려는 지점은 $\triangle ABC$의 외접원의 중심, 즉 외심이고, 직각삼각형의 외심은 빗변의 중점과 일치하므로 지점 C와 학교를 세우려는 지점 사이의 거리는

$\dfrac{1}{2}\times4=2\,(km)$

---

06 $\triangle ABC$의 외접원의 반지름의 길이를 R라 하면 사인법칙과 코사인법칙의 변형에 의하여

$\sin A=\dfrac{a}{2R}$, $\sin C=\dfrac{c}{2R}$, $\cos B=\dfrac{c^2+a^2-b^2}{2ca}$이므로

$2\sin A\cos B=\sin C$에서

$2\times\dfrac{a}{2R}\times\dfrac{c^2+a^2-b^2}{2ca}=\dfrac{c}{2R}$

$c^2+a^2-b^2=c^2, a^2-b^2=0$

$(a+b)(a-b)=0 \qquad \therefore a=b \ (\because a>0, b>0)$

따라서 $\triangle ABC$는 $a=b$인 이등변삼각형이다. 답 ③

---

07 $\triangle DBC$는 직각삼각형이므로 피타고라스 정리에 의하여

$\overline{BD}=\sqrt{4^2+3^2}=\sqrt{25}=5$

또한, $\triangle ABD$에서 코사인법칙의 변형에 의하여

$\cos A=\dfrac{7^2+4^2-5^2}{2\times7\times4}=\dfrac{40}{56}=\dfrac{5}{7}$

$\therefore \sin A=\sqrt{1-\left(\dfrac{5}{7}\right)^2}=\sqrt{\dfrac{24}{49}}=\dfrac{2\sqrt{6}}{7}$

$\therefore \triangle ABD=\dfrac{1}{2}\times7\times4\times\sin A$

$\qquad =\dfrac{1}{2}\times7\times4\times\dfrac{2\sqrt{6}}{7}=4\sqrt{6}$ 답 $4\sqrt{6}$

• 다른 풀이 •

$\triangle DBC$는 직각삼각형이므로 피타고라스 정리에 의하여

$\overline{BD}=\sqrt{4^2+3^2}=\sqrt{25}=5$

따라서 $\triangle ABD$에서 $s=\dfrac{7+4+5}{2}=8$이라 하면 헤론의 공식에 의하여

$\triangle ABD=\sqrt{8(8-7)(8-4)(8-5)}$

$\qquad =\sqrt{8\times1\times4\times3}=4\sqrt{6}$

서울대 선배들의 강추문제 | **1등급 비법 노하우**

이런 유형의 문제는 내신에 자주 출제되므로 주의하여 알아두어야 한다. 코사인법칙은 삼각형의 세 변의 길이만 알면 어떤 각도 코사인값을 구할 수 있다는 점에서 유용하다. 코사인값을 알면 사인값, 탄젠트값은 저절로 얻을 수 있으므로 코사인법칙은 아주 유용한 법칙이다. 이 문제에서는 $\triangle ABD$의 넓이를 구해야 하므로 적어도 두 변의 길이와 끼인각의 크기를 알아야 한다. 이때 $\overline{BD}=5$임을 쉽게 알 수 있으므로 어느 한 각의 크기를 코사인법칙으로 구하고 이를 이용하여 사인값을 쉽게 구할 수 있다.

08 오른쪽 그림과 같이 $\overline{\text{AC}}$를 긋고 $\overline{\text{CD}}=x$라 하면 △ABC에서 코사인법칙에 의하여

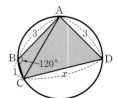

$\overline{\text{AC}}^2$
$=1^2+3^2-2\times1\times3\times\cos120°$
$=1+9-2\times1\times3\times\left(-\dfrac{1}{2}\right)$
$=13$ ┌ 원에 내접하는 사각형의 마주보는 대각의 크기의 합은 180°이므로

이때 사각형 ABCD가 원에 내접하므로

$\angle\text{B}+\angle\text{D}=180°,\ 120°+\angle\text{D}=180°\quad\therefore\ \angle\text{D}=60°$

또한, △ACD에서 코사인법칙에 의하여

$13=3^2+x^2-2\times3\times x\times\cos60°$

$13=9+x^2-2\times3\times x\times\dfrac{1}{2}$

$x^2-3x-4=0,\ (x+1)(x-4)=0$

$\therefore\ x=4\ (\because\ x>0)$

$\therefore\ \square\text{ABCD}$
$=\triangle\text{ABC}+\triangle\text{ACD}$
$=\dfrac{1}{2}\times3\times1\times\sin120°+\dfrac{1}{2}\times3\times4\times\sin60°$
$=\dfrac{1}{2}\times3\times1\times\dfrac{\sqrt{3}}{2}+\dfrac{1}{2}\times3\times4\times\dfrac{\sqrt{3}}{2}$
$=\dfrac{3\sqrt{3}}{4}+3\sqrt{3}=\dfrac{15\sqrt{3}}{4}$ 답 $\dfrac{15\sqrt{3}}{4}$

<table>
<tr><td>STEP **2**</td><td colspan="3">1등급을 위한 **최고의 변별력 문제**</td><td>pp. 64~67</td></tr>
</table>

01 ④ **02** $\dfrac{33}{8}$ **03** ④ **04** $4\sqrt{3}$ **05** 23

06 ⑤ **07** ⑤ **08** 7 **09** 30 m **10** $\dfrac{9\sqrt{5}}{40}\ \text{cm}^2$

11 ⑤ **12** ① **13** 291 **14** ④

15 $a=b$인 이등변삼각형 또는 $\angle\text{C}=\dfrac{\pi}{2}$인 직각삼각형 **16** ④

17 $\dfrac{25}{4}$ **18** ③ **19** ③ **20** $2\sqrt{3}$ **21** ③

22 ⑤ **23** 103 **24** 14 **25** 12 **26** ⑤

27 $4\sqrt{7}$

---

01 원 O의 반지름의 길이를 R라 하면 네 삼각형 ABC, ABD, ABE, ABF에서 사인법칙의 변형에 의하여

$\sin(\angle\text{CAB})=\dfrac{\overline{\text{BC}}}{2R}=\dfrac{1}{5}$이므로

$\sin(\angle\text{DAB})=\dfrac{\overline{\text{BD}}}{2R}=\dfrac{2\overline{\text{BC}}}{2R}=2\times\dfrac{\overline{\text{BC}}}{2R}$
$=2\times\dfrac{1}{5}=\dfrac{2}{5}$

$\sin(\angle\text{EAB})=\dfrac{\overline{\text{BE}}}{2R}=\dfrac{3\overline{\text{BC}}}{2R}=3\times\dfrac{\overline{\text{BC}}}{2R}$
$=3\times\dfrac{1}{5}=\dfrac{3}{5}$

$\sin(\angle\text{FAB})=\dfrac{\overline{\text{BF}}}{2R}=\dfrac{4\overline{\text{BC}}}{2R}=4\times\dfrac{\overline{\text{BC}}}{2R}$
$=4\times\dfrac{1}{5}=\dfrac{4}{5}$

$\therefore\ \sin(\angle\text{DAB})+\sin(\angle\text{EAB})+\sin(\angle\text{FAB})$
$=\dfrac{2}{5}+\dfrac{3}{5}+\dfrac{4}{5}=\dfrac{9}{5}$ 답 ④

---

02 $(b+c):(c+a):(a+b)=5:6:7$에서

$b+c=5k,\ c+a=6k,\ a+b=7k$라 하고 위의 세 식을 연립하여 풀면

$a=4k,\ b=3k,\ c=2k$

이때 △ABC에서 외접원의 반지름의 길이를 R라 하면 사인법칙에 의하여 $\dfrac{a}{\sin A}=\dfrac{b}{\sin B}=\dfrac{c}{\sin C}=2R$이므로

$\sin A=\dfrac{a}{2R}=\dfrac{4k}{2R}$

$\sin B=\dfrac{b}{2R}=\dfrac{3k}{2R}$

$\sin C=\dfrac{c}{2R}=\dfrac{2k}{2R}$

$\therefore\ \dfrac{\sin^3 A+\sin^3 B+\sin^3 C}{\sin A\sin B\sin C}$

$=\dfrac{\left(\dfrac{4k}{2R}\right)^3+\left(\dfrac{3k}{2R}\right)^3+\left(\dfrac{2k}{2R}\right)^3}{\dfrac{4k}{2R}\times\dfrac{3k}{2R}\times\dfrac{2k}{2R}}$

$=\dfrac{64k^3+27k^3+8k^3}{24k^3}=\dfrac{99}{24}=\dfrac{33}{8}$ 답 $\dfrac{33}{8}$

> **BLACKLABEL 특강** 참고
>
> 사인법칙의 변형에 의하여
> $a:b:c=\sin A:\sin B:\sin C$이므로
> $\sin A,\ \sin B,\ \sin C$의 값에 각각 $a,\ b,\ c$를 대입하여 계산해도 결과는 같다.

---

03 $\angle\text{A}+\angle\text{B}+\angle\text{C}=180°$에서
$\angle\text{C}=180°-(45°+75°)=60°$
이므로 사인법칙에 의하여

$\dfrac{\overline{\text{AC}}}{\sin45°}=\dfrac{4\sqrt{3}}{\sin60°}$

$\therefore\ \overline{\text{AC}}=4\sqrt{2}$ ┌ 점 P가 점 B 위에 있을 때

이때 $\angle\text{APC}=x\ (45°\le x<120°)$라 하고 △APC의 외접원의 반지름의 길이를 R라 하면 사인법칙에 의하여 └ 점 P가 점 C로 가까이 갈 때

$2R=\dfrac{\overline{\text{AC}}}{\sin x}=\dfrac{4\sqrt{2}}{\sin x}\ge4\sqrt{2}\left(\because\ \dfrac{\sqrt{2}}{2}<\sin x\le1\right)$

따라서 △APC의 외접원의 지름의 최솟값은 $4\sqrt{2}$이다.

답 ④

• 다른 풀이 •

$\angle A + \angle B + \angle C = 180°$에서

$\angle C = 180° - (45° + 75°) = 60°$

$\triangle APC$의 외접원의 반지름의 길이를 R라 하면 사인법칙에 의하여

$2R = \dfrac{\overline{AP}}{\sin 60°} = \dfrac{2}{\sqrt{3}} \overline{AP}$ ······㉠

즉, $\overline{AP}$의 길이가 최소일 때 $\triangle APC$의 외접원의 지름의 길이가 최소이다.

이때 오른쪽 그림과 같이 꼭짓점 A에서 $\overline{BC}$에 내린 수선의 발을 H라 하면 $\overline{AP}$의 길이가 최소일 때는 점 P가 점 H 위에 있을 때이므로

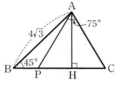

$\overline{AH} = \overline{AB} \sin 45°$

$\qquad = 4\sqrt{3} \times \dfrac{\sqrt{2}}{2} = 2\sqrt{6}$

에서 $\overline{AP}$의 길이의 최솟값은 $2\sqrt{6}$이다.

따라서 ㉠에서 $\triangle APC$의 외접원의 지름의 길이의 최솟값은

$\dfrac{2}{\sqrt{3}} \times 2\sqrt{6} = 4\sqrt{2}$

04 오른쪽 그림과 같이 원의 중심 O에서 현 DE에 내린 수선의 발을 H라 하자.

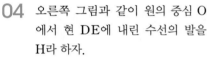

$\overline{HD} = 2\sqrt{2}$, $\overline{OD} = 4$이므로

$\overline{OH} = \sqrt{\overline{OD}^2 - \overline{HD}^2}$

$\qquad = \sqrt{4^2 - (2\sqrt{2})^2} = 2\sqrt{2}$

$\triangle ODH$는 $\angle OHD = 90°$인 직각이등변삼각형이므로 $\angle HOD = 45°$

같은 방법으로 $\angle HOE = 45°$

즉, $\angle EOD = 90°$이고, 한 호에 대한 원주각의 크기는 중심각의 크기의 $\dfrac{1}{2}$이므로

$\angle EBD = \dfrac{1}{2} \angle EOD$

$\qquad = \dfrac{1}{2} \times 90° = 45°$

$\triangle BDE$에서 $\angle EDB = 180° - (105° + 45°) = 30°$

$\therefore \angle ADE = \angle ADB - \angle EDB$

$\qquad = 90° - 30° = 60°$

또한, $\angle DEB = 105°$이므로

$\angle AED = 180° - \angle DEB$

$\qquad = 180° - 105° = 75°$

$\triangle AED$에서 $\angle EAD = 180° - (60° + 75°) = 45°$

따라서 $\triangle AED$에서 사인법칙에 의하여

$\dfrac{\overline{AE}}{\sin 60°} = \dfrac{\overline{ED}}{\sin 45°}$에서 $\dfrac{\overline{AE}}{\dfrac{\sqrt{3}}{2}} = \dfrac{4\sqrt{2}}{\dfrac{\sqrt{2}}{2}}$

$\therefore \overline{AE} = 8 \times \dfrac{\sqrt{3}}{2} = 4\sqrt{3}$ 　　　　답 $4\sqrt{3}$

05 꼭짓점 A에서 변 BC에 내린 수선의 발을 D라 하면 정삼각형 ABC의 한 변의 길이가 $2\sqrt{3}$이므로

$\overline{BD} = \sqrt{3}$, $\overline{AD} = \dfrac{\sqrt{3}}{2} \times 2\sqrt{3} = 3$

무게중심 G는 중선 AD를 $2 : 1$로 내분하므로 선분 AG의 중점을 E라 하면

$\overline{AE} = \overline{EG} = \overline{GD} = 1$

직각삼각형 EBD에서

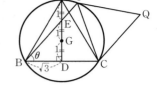

$\overline{BD} = \sqrt{3}$, $\overline{ED} = 2$이므로

$\overline{BE} = \sqrt{(\sqrt{3})^2 + 2^2} = \sqrt{7}$

또한, $\angle PBC = \theta$라 하면

$\sin \theta = \dfrac{2}{\sqrt{7}}$

이때 주어진 원의 반지름의 길이는 $\overline{AG} = 2$이므로 삼각형 PBC에서 사인법칙에 의하여

> 정삼각형의 무게중심은 정삼각형의 외접원의 중심, 즉 외심과 일치하므로 점 G는 주어진 원의 중심이다.

$2 \times 2 = \dfrac{\overline{PC}}{\sin \theta}$에서 $4 = \dfrac{\overline{PC}}{\dfrac{2}{\sqrt{7}}}$

$\therefore \overline{PC} = \dfrac{8}{\sqrt{7}}$

따라서 정삼각형 PCQ의 넓이는

$\dfrac{\sqrt{3}}{4} \overline{PC}^2 = \dfrac{\sqrt{3}}{4} \times \left(\dfrac{8}{\sqrt{7}}\right)^2 = \dfrac{16}{7}\sqrt{3}$

이므로 $p = 7$, $q = 16$

$\therefore p + q = 23$ 　　　　답 23

06 오른쪽 그림과 같이 $\overline{AP}$가 지름이고 사각형 AQPR가 내접하는 원을 그리자. $\leftarrow \angle AQP + \angle ARP = 180°$이므로

이때 이 원의 반지름의 길이가 3이므로 $\angle QAR = \theta$라 하면 $\triangle AQR$에서 사인법칙에 의하여

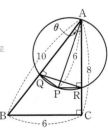

$\dfrac{\overline{QR}}{\sin \theta} = 6$

또한, $\triangle ABC$는 직각삼각형이므로

$\sin \theta = \dfrac{6}{10} = \dfrac{3}{5}$

따라서 $\dfrac{\overline{QR}}{\sin \theta} = 6$에서 $\dfrac{\overline{QR}}{\dfrac{3}{5}} = 6$

$\therefore \overline{QR} = 6 \times \dfrac{3}{5} = \dfrac{18}{5}$ 　　　　답 ⑤

07 다음 그림과 같이 직선 $x = 2$와 두 직선 $y = x$, $y = -\dfrac{1}{2}x$의 교점을 각각 A, B라 하면 $A(2, 2)$, $B(2, -1)$

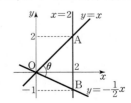

삼각형 OBA에서

$\overline{\mathrm{OA}}=\sqrt{2^2+2^2}=2\sqrt{2}$,

$\overline{\mathrm{OB}}=\sqrt{2^2+(-1)^2}=\sqrt{5}$,

$\overline{\mathrm{AB}}=2-(-1)=3$

이므로 코사인법칙의 변형에 의하여

$$\cos\theta=\frac{(2\sqrt{2})^2+(\sqrt{5})^2-3^2}{2\times 2\sqrt{2}\times\sqrt{5}}$$

$$=\frac{8+5-9}{4\sqrt{10}}=\frac{\sqrt{10}}{10}$$

이때 θ는 예각이므로 $\sin\theta>0$

따라서

$$\sin\theta=\sqrt{1-\cos^2\theta}$$

$$=\sqrt{1-\frac{1}{10}}$$

$$=\sqrt{\frac{9}{10}}=\frac{3\sqrt{10}}{10}$$

답 ⑤

08 $\overline{\mathrm{AD}}/\!/\overline{\mathrm{BC}}$이므로

$\angle\mathrm{ADB}=\angle\mathrm{DBC}$ ($\because$ 엇각)

이때 $\angle\mathrm{ADB}=\angle\mathrm{DBC}=\theta$,

$\overline{\mathrm{BD}}=x$라 하면 $\triangle\mathrm{ABD}$와

$\triangle\mathrm{BCD}$에서 코사인법칙의 변형

에 의하여

$$\cos\theta=\frac{x^2+3^2-6^2}{2\times x\times 3}=\frac{x^2+9^2-8^2}{2\times x\times 9}$$

$$\frac{x^2-27}{6x}=\frac{x^2+17}{18x}$$

$3x^2-81=x^2+17$, $2x^2=98$

$x^2=49$ $\quad\therefore x=7$ ($\because x>0$)

따라서 대각선 BD의 길이는 7이다. 답 7

• 다른 풀이 •

오른쪽 그림과 같이 두 점

A, D에서 $\overline{\mathrm{BC}}$에 내린 수선의

발을 각각 H, H′이라 하고

$\overline{\mathrm{BH}}=a$라 하면

$\overline{\mathrm{HH'}}=\overline{\mathrm{AD}}=3$,

$\overline{\mathrm{H'C}}=9-3-a=6-a$

이때 $\overline{\mathrm{AD}}/\!/\overline{\mathrm{BC}}$이므로

$\overline{\mathrm{AH}}=\overline{\mathrm{DH'}}$이고 $\triangle\mathrm{ABH}$에서 피타고라스 정리에 의하여

$\overline{\mathrm{AH}}^2=6^2-a^2=36-a^2$

$\triangle\mathrm{DH'C}$에서 피타고라스 정리에 의하여

$\overline{\mathrm{DH'}}^2=8^2-(6-a)^2=64-(6-a)^2$

즉, $36-a^2=64-(6-a)^2$에서 $12a=8$

$\therefore a=\dfrac{2}{3}$ $\underset{\overline{\mathrm{AH}}=\overline{\mathrm{DH'}}\text{이면 }\overline{\mathrm{AH}}^2=\overline{\mathrm{DH'}}^2\text{이므로}}{}$

$\therefore \overline{\mathrm{AH}}=\overline{\mathrm{DH'}}=\sqrt{6^2-\left(\dfrac{2}{3}\right)^2}=\sqrt{\dfrac{320}{9}}=\dfrac{8\sqrt{5}}{3}$

따라서

$\overline{\mathrm{BH'}}=a+3=\dfrac{2}{3}+3=\dfrac{11}{3}$, $\overline{\mathrm{DH'}}=\dfrac{8\sqrt{5}}{3}$

이므로 $\triangle\mathrm{DBH'}$에서 피타고라스 정리에 의하여

$$\overline{\mathrm{BD}}=\sqrt{\left(\frac{11}{3}\right)^2+\left(\frac{8\sqrt{5}}{3}\right)^2}=\sqrt{\frac{441}{9}}=\sqrt{49}=7$$

09 세 지점에서 올려다 본 건물의 꼭대기를 D라 하고, 건물

의 높이를 x m라 하면

$$\overline{\mathrm{AD}}=\frac{x}{\sin 60\degree}=\frac{2}{\sqrt{3}}x\,(\mathrm{m})$$

$$\overline{\mathrm{BD}}=\frac{x}{\sin 45\degree}=\sqrt{2}x\,(\mathrm{m})$$

$$\overline{\mathrm{CD}}=\frac{x}{\sin 30\degree}=2x\,(\mathrm{m})$$

이때 오른쪽 그림과 같이

$\angle\mathrm{ABD}=\theta$라 하면 $\triangle\mathrm{ABD}$,

$\triangle\mathrm{BCD}$에서 코사인법칙의 변형

에 의하여

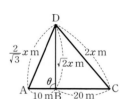

$$\cos\theta=\frac{10^2+(\sqrt{2}x)^2-\left(\dfrac{2}{\sqrt{3}}x\right)^2}{2\times 10\times\sqrt{2}x}$$

$$=\frac{100+\dfrac{2}{3}x^2}{20\sqrt{2}x}$$

$$\cos(\pi-\theta)=\frac{20^2+(\sqrt{2}x)^2-(2x)^2}{2\times 20\times\sqrt{2}x}=\frac{400-2x^2}{40\sqrt{2}x}$$

$\cos(\pi-\theta)=-\cos\theta$이므로

$$\frac{100+\dfrac{2}{3}x^2}{20\sqrt{2}x}=-\frac{400-2x^2}{40\sqrt{2}x}$$

$200+\dfrac{4}{3}x^2=-400+2x^2$, $\dfrac{2}{3}x^2=600$

$x^2=900$ $\quad\therefore x=30$ ($\because x>0$)

따라서 이 건물의 높이는 30 m이다. 답 30 m

10 $\cos\theta=\dfrac{2}{3}$이므로 $\sin\theta=\sqrt{1-\left(\dfrac{2}{3}\right)^2}=\sqrt{\dfrac{5}{9}}=\dfrac{\sqrt{5}}{3}$

또한, 점 D에서 선분 BC에 내린 수선의 발을 D′이라 하

면 $\triangle\mathrm{BD'D}$에서

$$\sin\theta=\frac{\overline{\mathrm{DD'}}}{\overline{\mathrm{BD}}}=\frac{1}{\overline{\mathrm{BD}}}=\frac{\sqrt{5}}{3}$$

$$\therefore \overline{\mathrm{BD}}=\frac{3}{\sqrt{5}}\,(\mathrm{cm})$$

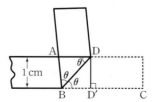

이때 $\underset{\text{접은 각}}{\angle\mathrm{ABD}}=\angle\mathrm{DBC}=\underset{\text{엇각}}{\angle\mathrm{ADB}}=\theta$에서 $\triangle\mathrm{ABD}$는

$\overline{\mathrm{AB}}=\overline{\mathrm{AD}}$인 이등변삼각형이므로 코사인법칙의 변형에

의하여

$$\cos \theta = \frac{\overline{AD}^2 + \overline{BD}^2 - \overline{AB}^2}{2 \times \overline{AD} \times \overline{BD}}$$

$$= \frac{\overline{AD}^2 + \left(\frac{3}{\sqrt{5}}\right)^2 - \overline{AD}^2}{2 \times \overline{AD} \times \frac{3}{\sqrt{5}}} \ (\because \overline{AB} = \overline{AD})$$

$$= \frac{\frac{9}{5}}{\frac{6}{\sqrt{5}}\overline{AD}} = \frac{3\sqrt{5}}{10\overline{AD}} = \frac{2}{3}$$

이므로 $20\overline{AD} = 9\sqrt{5}$ $\therefore \overline{AD} = \frac{9\sqrt{5}}{20}(\text{cm})$

$$\therefore \triangle ABD = \frac{1}{2} \times \overline{AD} \times \overline{DD'}$$

$$= \frac{1}{2} \times \frac{9\sqrt{5}}{20} \times 1 = \frac{9\sqrt{5}}{40}(\text{cm}^2) \quad \text{답} \ \frac{9\sqrt{5}}{40} \text{cm}^2$$

11 ㄱ. $a=5$이면 $\triangle ABC$는 직각삼각형이므로 $\overline{BC}$는 원의
지름이다. _{$5^2=3^2+4^2$이므로}

$\therefore R = \frac{5}{2}$ (참)

ㄴ. $\triangle ABC$에서 사인법칙에 의하여

$\frac{a}{\sin A} = 2R$, $a = 2R \sin A$

$\therefore a = 2 \times 4 \times \sin A = 8 \sin A$ (참)

ㄷ. $1 < a \le \sqrt{13}$의 각 변을 제곱하면 $1 < a^2 \le 13$이고
$\triangle ABC$에서 코사인법칙의 변형에 의하여

$\cos A = \frac{3^2 + 4^2 - a^2}{2 \times 3 \times 4} = \frac{25 - a^2}{24}$

이므로 $-13 \le -a^2 < -1$, $12 \le 25 - a^2 < 24$

$\frac{1}{2} \le \frac{25 - a^2}{24} < 1$ $\therefore \frac{1}{2} \le \cos A < 1$

이때 $\angle A$는 삼각형의 한
내각이므로 $0 < \angle A < \pi$이
고, $0 < x < \pi$에서 함수
$y = \cos x$의 그래프는 오
른쪽 그림과 같으므로

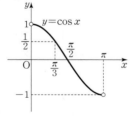

$0 < \angle A \le \frac{\pi}{3}$

따라서 $\angle A$의 최댓값은 $\frac{\pi}{3}$이다. (참)

그러므로 ㄱ, ㄴ, ㄷ 모두 옳다.   답 ⑤

12 $\overline{BD} = a$라 하면 $\triangle ODB$가 직각삼각형이고 $\angle BOD = \frac{\pi}{6}$
이므로 $\overline{OB} = 2a$, $\overline{OD} = \sqrt{3}a$이다. _{$\overline{OB} : \overline{BD} : \overline{OD} = 2 : 1 : \sqrt{3}$이므로}

이때 $\angle ABD = \frac{\pi}{2} - \frac{\pi}{6} = \frac{\pi}{3}$, $\overline{AB} = 2\overline{OB} = 2 \times 2a = 4a$

이므로 $\triangle ADB$에서 코사인법칙에 의하여

$$\overline{AD}^2 = (4a)^2 + a^2 - 2 \times 4a \times a \times \cos \frac{\pi}{3}$$

$$= 16a^2 + a^2 - 2 \times 4a \times a \times \frac{1}{2} = 13a^2$$

$\therefore \overline{AD} = \sqrt{13}a \ (\because \overline{AD} > 0)$

또한, $\triangle ADB$에서 코사인법칙의 변형에 의하여

$$\cos \theta = \frac{(4a)^2 + (\sqrt{13}a)^2 - a^2}{2 \times 4a \times \sqrt{13}a} = \frac{16a^2 + 13a^2 - a^2}{8\sqrt{13}a^2}$$

$$= \frac{7}{2\sqrt{13}}$$

$$\therefore \sin \theta = \sqrt{1 - \cos^2 \theta} = \sqrt{1 - \left(\frac{7}{2\sqrt{13}}\right)^2}$$

$$= \sqrt{1 - \frac{49}{52}} = \sqrt{\frac{3}{52}} = \frac{\sqrt{3}}{2\sqrt{13}}$$

$$\therefore \tan \theta = \frac{\sin \theta}{\cos \theta} = \frac{\frac{\sqrt{3}}{2\sqrt{13}}}{\frac{7}{2\sqrt{13}}} = \frac{\sqrt{3}}{7} \quad \text{답} ①$$

서울대 선배들의 강추문제　**1등급 비법 노하우**

삼각형에 대한 조건이 몇 가지 주어지고 미지수를 구하는 문제는 내신
이나 수능에서 계산형 문제로 자주 출제된다. 이때 주어진 조건으로
얻을 수 있는 것이 무엇인지 확인하고 답을 구하는데 필요한 것을 차
근차근 계산하면 쉽게 해결할 수 있다. 이 문제에서는 $\angle BOD = \frac{\pi}{6}$이
므로 $\overline{OB} = 2$, $\overline{BD} = 1$로 놓아도 일반성을 잃지 않는다. 즉, $\overline{AB} = 4$이
고, $\triangle ADB$에서 $\angle B = \frac{\pi}{3}$이므로 코사인법칙을 이용하면 $\overline{AD}$의 길이
를 구할 수 있다. 마지막으로 $\triangle ADB$에서 코사인법칙의 변형을 이용
하여 $\cos \theta$의 값을 구하면 $\sin \theta$, $\tan \theta$의 값도 각각 구할 수 있다.

---

13 해결단계

❶단계	주어진 직원뿔 모양의 산의 옆면의 전개도를 그린다.
❷단계	❶단계에서 그린 부채꼴의 중심각의 크기를 구한 후, $\triangle OAB$에서 코사인법칙을 이용하여 선분 AB의 길이를 구한다.
❸단계	$\triangle OAB$의 넓이를 이용하여 선분 OH의 길이를 구한다.
❹단계	$\triangle OBH$에서 피타고라스 정리를 이용하여 선분 BH의 길이를 구한 후, $a+b$의 값을 구한다.

주어진 직원뿔 모양의 산의
옆면을 펼치면 오른쪽 그림
과 같다.
이때 밑면인 원의 둘레의 길

이는 옆면인 부채꼴의 호의 길이와 같으므로 부채꼴의 중
심각의 크기를 θ라 하면

$2\pi \times 10 = 30\theta$ $\therefore \theta = \frac{2}{3}\pi$

$\triangle OAB$에서 코사인법칙에 의하여

$$\overline{AB}^2 = 30^2 + 25^2 - 2 \times 30 \times 25 \times \cos \frac{2}{3}\pi$$

$$= 900 + 625 - 2 \times 30 \times 25 \times \left(-\frac{1}{2}\right) = 2275$$

$\therefore \overline{AB} = 5\sqrt{91} \ (\because \overline{AB} > 0)$

또한, 점 O에서 $\overline{AB}$에 내린 수선의 발을 H라 하면

$$\triangle OAB = \frac{1}{2} \times 5\sqrt{91} \times \overline{OH} = \frac{1}{2} \times 30 \times 25 \times \sin \frac{2}{3}\pi$$

$$\sqrt{91} \times \overline{OH} = 150 \times \frac{\sqrt{3}}{2}$$

$$\therefore \overline{OH} = \frac{75\sqrt{3}}{\sqrt{91}}$$

직각삼각형 OBH에서 피타고라스 정리에 의하여

$$\overline{BH}^2=25^2-\left(\frac{75\sqrt{3}}{\sqrt{91}}\right)^2=625-\frac{5625\times3}{91}$$

$$=625\left(1-\frac{27}{91}\right)=\frac{625\times64}{91}$$

$$\therefore \overline{BH}=\frac{200}{\sqrt{91}} \ (\because \overline{BH}>0)$$

따라서 내리막길의 길이는 $\frac{200}{\sqrt{91}}=\frac{a}{\sqrt{b}}$이므로

$a=200$, $b=91$

$\therefore a+b=291$

답 291

• 다른 풀이 •

＊에서 주어진 직원뿔 모양
의 산의 옆면을 펼치면 오른
쪽 그림과 같다.

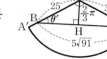

이때 ∠OBA$=\theta'$이라 하면
△OAB에서 코사인법칙의 변형에 의하여

$$\cos\theta'=\frac{25^2+(5\sqrt{91})^2-30^2}{2\times25\times5\sqrt{91}}$$

$$=\frac{2000}{250\sqrt{91}}=\frac{8}{\sqrt{91}}$$

$$\therefore \overline{BH}=25\cos\theta'$$

$$=25\times\frac{8}{\sqrt{91}}=\frac{200}{\sqrt{91}}$$

따라서 $a=200$, $b=91$이므로

$a+b=291$

BLACKLABEL 특강 　오답 피하기

주어진 도형의 꼭짓점 O에서 선분 AB 위를 이동하는 점 P까지의
거리는 꼭짓점 A에서 꼭짓점 B로 이동함에 따라 변함을 파악할 수
있다.
특히, 점 P가 점 A에서 점 H까지 이동할 때는 선분 OP의 길이가
점점 짧아지고 있지만 점 P가 점 H에서 점 B로 이동할 때는 선분
OP의 길이가 다시 길어지고 있음을 확인할 수 있다.
따라서 점 H의 위치가 오르막길과 내리막길의 기준이 된다.

---

14 주어진 이차방정식이 중근을 가지므로 판별식을 D라 하면

$$\frac{D}{4}=\cos^2B+(\sin C+\cos A)(\sin C-\cos A)=0$$

$$\cos^2B+\sin^2C-\cos^2A=0$$

$$1-\sin^2B+\sin^2C-(1-\sin^2A)=0$$

$$\sin^2A-\sin^2B+\sin^2C=0$$

이때 △ABC의 외접원의 반지름의 길이를 R라 하면 사
인법칙의 변형에 의하여

$\sin A=\frac{a}{2R}$, $\sin B=\frac{b}{2R}$, $\sin C=\frac{c}{2R}$이므로

$$\left(\frac{a}{2R}\right)^2-\left(\frac{b}{2R}\right)^2+\left(\frac{c}{2R}\right)^2=0$$

$$\frac{a^2-b^2+c^2}{4R^2}=0 \qquad \therefore b^2=a^2+c^2 \ (\because R\neq0)$$

따라서 △ABC는 ∠B$=\frac{\pi}{2}$인 직각삼각형이다. 　답 ④

---

15 $\cos A:\cos B=b:a$에서 $a\cos A=b\cos B$이고
△ABC에서 코사인법칙의 변형에 의하여

$\cos A=\frac{b^2+c^2-a^2}{2bc}$, $\cos B=\frac{c^2+a^2-b^2}{2ca}$이므로

$$a\times\frac{b^2+c^2-a^2}{2bc}=b\times\frac{c^2+a^2-b^2}{2ca}$$

위의 식의 양변에 $2abc$를 곱하면

$$a^2(b^2+c^2-a^2)=b^2(c^2+a^2-b^2)$$

$$a^2c^2-b^2c^2-a^4+b^4=0$$

$$c^2(a^2-b^2)-(a^2-b^2)(a^2+b^2)=0$$

$$(a^2-b^2)(c^2-a^2-b^2)=0$$

$$(a+b)(a-b)(c^2-a^2-b^2)=0$$

이때 $a>0$, $b>0$, $c>0$이므로

$a=b$ 또는 $a^2+b^2=c^2$

따라서 △ABC는 $a=b$인 이등변삼각형 또는 ∠C$=\frac{\pi}{2}$인
직각삼각형이다.

답 $a=b$인 이등변삼각형 또는 ∠C$=\frac{\pi}{2}$인 직각삼각형

단계	채점 기준	배점
(가)	$\cos A:\cos B=b:a$에서 $a\cos A=b\cos B$임을 알고 코사인법칙의 변형을 이용하여 이 식을 a, b, c에 대한 식으로 나타낸 경우	50%
(나)	(가)에서 나타낸 식을 인수분해하여 △ABC가 어떤 삼각형인지 구한 경우	50%

---

16 $\overline{PQ}=\cos A+\sin C$, $\overline{PS}=2\sin C$이므로
$\overline{QS}=\cos A-\sin C$
두 삼각형 PQR, RQS에
서
∠QPR$=$∠QRS,
∠PQR$=$∠RQS (공통)
이므로
△PQR∽△RQS (AA 닮음)
즉, $\overline{PQ}:\overline{RQ}=\overline{QR}:\overline{QS}$에서
$\overline{QR}^2=\overline{PQ}\times\overline{QS}$이므로

$$\cos^2B=(\cos A+\sin C)(\cos A-\sin C)$$

$$\cos^2B=\cos^2A-\sin^2C$$

$$1-\sin^2B=(1-\sin^2A)-\sin^2C$$

$$\sin^2A-\sin^2B+\sin^2C=0$$

이때 △ABC에서 외접원의 반지름의 길이를 R라 하면
사인법칙의 변형에 의하여

$\sin A=\frac{a}{2R}$, $\sin B=\frac{b}{2R}$, $\sin C=\frac{c}{2R}$이므로

$$\left(\frac{a}{2R}\right)^2-\left(\frac{b}{2R}\right)^2+\left(\frac{c}{2R}\right)^2=0$$

$$\frac{a^2-b^2+c^2}{4R^2}=0 \qquad \therefore b^2=a^2+c^2 \ (\because R\neq0)$$

따라서 △ABC는 ∠B$=\frac{\pi}{2}$인 직각삼각형이다. 　답 ④

BLACKLABEL 특강 필수 개념

원의 접선과 현이 이루는 각

원의 접선과 그 접점을 지나는 현이 이루는 각의 크기는 그 각의 내부에 있는 호에 대한 원주각의 크기와 같다. 즉,

$$\angle BAT = \angle ACB$$

17 $\overline{BC}=a$, $\overline{AB}=c$, $\overline{CA}=b$라 하면

삼각형 ABC에서 코사인법칙의 변형에 의하여

$$\cos A=\frac{b^2+c^2-a^2}{2bc},\ \cos B=\frac{a^2+c^2-b^2}{2ac},$$

$$\cos C=\frac{a^2+b^2-c^2}{2ab}$$

삼각형 ABC의 외접원의 반지름의 길이를 R라 하면 사인법칙의 변형에 의하여

$$\sin A=\frac{a}{2R},\ \sin B=\frac{b}{2R},\ \sin C=\frac{c}{2R}$$

조건 (나)에서 $\overline{CA}=\overline{BC}\cos C-\overline{AB}\cos A$이므로

$$b=a\times\frac{a^2+b^2-c^2}{2ab}-c\times\frac{b^2+c^2-a^2}{2bc}$$

$$=\frac{a^2+b^2-c^2}{2b}-\frac{b^2+c^2-a^2}{2b}$$

$$=\frac{2a^2-2c^2}{2b}=\frac{a^2-c^2}{b}$$

즉, $2b^2=2a^2-2c^2$이므로 $a^2=b^2+c^2$

따라서 △ABC는 $\angle A=\dfrac{\pi}{2}$인 직각삼각형이다. ······㉠

또한, $A+B+C=\pi$에서 $A-B+C=\pi-2B$이므로

$$\frac{A-B+C}{2}=\frac{\pi}{2}-B$$

조건 (다)에서 $\sin A=2\sin\dfrac{A-B+C}{2}\sin C$이므로

$$\sin A=2\sin\left(\frac{\pi}{2}-B\right)\sin C$$

$$\sin A=2\cos B\sin C$$

$$\frac{a}{2R}=2\times\frac{c^2+a^2-b^2}{2ca}\times\frac{c}{2R}$$

$$a=\frac{a^2+c^2-b^2}{a}\ (\because R\neq 0)$$

$a^2=a^2+c^2-b^2$, $b^2=c^2$ ∴ $b=c\ (\because b>0,\ c>0)$

즉, △ABC는 $b=c$인 이등변삼각형이다. ······㉡

㉠, ㉡에서 삼각형 ABC는 $\angle A=\dfrac{\pi}{2}$

인 직각이등변삼각형이고, 조건 (가)에서 $\overline{BC}=5$이므로 $\overline{AB}=\overline{CA}=\dfrac{5}{\sqrt{2}}$

따라서 삼각형 ABC의 넓이는

$$\frac{1}{2}\times\left(\frac{5}{\sqrt{2}}\right)^2=\frac{25}{4}$$
답 $\dfrac{25}{4}$

18 $\widehat{AB}:\widehat{BC}:\widehat{CA}=\angle AOB:\angle BOC:\angle COA$ ← 한 원에서 부채꼴의 호의

$=\angle C:\angle A:\angle B$ ← 한 원에서 길이는 중심각의 크기에 정비례

그런데 $\widehat{AB}:\widehat{BC}:\widehat{CA}=1:1:4$이므로 중심각의 크기는 원주각의 크기에 정비례

$$\angle A=\angle C=180°\times\frac{1}{6}=30°,$$
└삼각형의 세 내각의 합은 180°

$$\angle B=180°\times\frac{4}{6}=120°$$

이때 삼각형 ABC의 외접원의 반지름의 길이를 R라 하면 $R=1$이고, 사인법칙의 변형에 의하여

$$a=c=2R\sin A=2\times 1\times\sin 30°=2\times 1\times\frac{1}{2}=1$$
$\overline{BC}$ └$\overline{AB}$

$$\therefore\ \triangle ABC=\frac{1}{2}ca\sin B=\frac{1}{2}\times 1\times 1\times\sin 120°$$

$$=\frac{1}{2}\times 1\times 1\times\frac{\sqrt{3}}{2}=\frac{\sqrt{3}}{4}$$
답 ③

19 $\overline{AP}=a$, $\overline{AQ}=b$라 하면 직각이등변삼각형 ABP에서 피타고라스 정리에 의하여

$$\sqrt{a^2+a^2}=6,\ \sqrt{2a^2}=6\qquad\therefore a=3\sqrt{2}\ (\because a>0)$$

또한, 직각이등변삼각형 ACQ에서 피타고라스 정리에 의하여

$$\sqrt{b^2+b^2}=4,\ \sqrt{2b^2}=4\qquad\therefore b=2\sqrt{2}\ (\because b>0)$$
└△ABP, △ACQ가 직각이등변삼각형이므로

이때 $\angle PAB=\angle QAC=45°$이므로

$\angle PAQ=90°+\angle BAC$이고, 삼각형 APQ의 넓이가 4 이므로

$$\triangle APQ=\frac{1}{2}ab\sin(\angle PAQ)$$

$$=\frac{1}{2}\times 3\sqrt{2}\times 2\sqrt{2}\times\sin(90°+\angle BAC)$$

$$=6\cos(\angle BAC)=4$$

$$\therefore\ \cos(\angle BAC)=\frac{4}{6}=\frac{2}{3}$$
답 ③

20 $\triangle ABC=\frac{1}{2}\times 4\times 6\times\sin 60°$

$$=\frac{1}{2}\times 4\times 6\times\frac{\sqrt{3}}{2}=6\sqrt{3}$$

이때 선분 PQ에 의하여 삼각형 ABC의 넓이가 이등분되므로

$$\triangle APQ=\frac{1}{2}\times\overline{AP}\times\overline{AQ}\times\sin 60°$$

$$=\frac{1}{2}\times\overline{AP}\times\overline{AQ}\times\frac{\sqrt{3}}{2}=\frac{1}{2}\times 6\sqrt{3}$$

$$\therefore\ \overline{AP}\times\overline{AQ}=12$$

또한, △APQ에서 코사인법칙에 의하여

$$\overline{PQ}^2=\overline{AP}^2+\overline{AQ}^2-2\times\overline{AP}\times\overline{AQ}\times\cos 60°$$

$$=\overline{AP}^2+\overline{AQ}^2-2\times 12\times\frac{1}{2}$$
└$\overline{AP}>0$, $\overline{AQ}>0$이므로 산술평균과 기하평균의 관계에 의하여

$$\geq 2\sqrt{\overline{AP}^2\times\overline{AQ}^2}-12$$

(단, 등호는 $\overline{AP}=\overline{AQ}$일 때 성립)

$$=2\overline{AP}\times\overline{AQ}-12$$

$$=2\times 12-12=12$$

따라서 구하는 선분 PQ의 길이의 최솟값은

$\sqrt{12}=2\sqrt{3}$

답 $2\sqrt{3}$

21 $\overline{OB}$의 중점이 C이므로

$\overline{OC}=\overline{BC}=\dfrac{1}{2}\times 6=3$

선분 CP의 길이를 $x\ (x>0)$라 하면 삼각형 OPC에서 코사인법칙의 변형에 의하여

$\cos\theta=\dfrac{\overline{OP}^2+\overline{CP}^2-\overline{OC}^2}{2\times\overline{OP}\times\overline{CP}}$

$\qquad=\dfrac{6^2+x^2-3^2}{12x}$

$\qquad=\dfrac{1}{12}\left(x+\dfrac{27}{x}\right)$

이때 $x>0$, $\dfrac{27}{x}>0$이므로 산술평균과 기하평균의 관계에 의하여

$x+\dfrac{27}{x}\geq 2\sqrt{x\times\dfrac{27}{x}}$ (단, 등호는 $x=3\sqrt{3}$일 때 성립)

$\qquad\qquad=6\sqrt{3}$

즉, $\dfrac{1}{12}\left(x+\dfrac{27}{x}\right)\geq\dfrac{\sqrt{3}}{2}$이므로 $\cos\theta\geq\dfrac{\sqrt{3}}{2}$

$x=3\sqrt{3}$일 때 $\cos\theta$의 최솟값은 $\dfrac{\sqrt{3}}{2}$이고, 이때의 θ의 값은 $\dfrac{\pi}{6}$이다. ── θ는 예각이므로

따라서 $\theta=\dfrac{\pi}{6}$일 때의 삼각형 OPC의 넓이는

$\dfrac{1}{2}\times 3\sqrt{3}\times 6\times\sin\dfrac{\pi}{6}=9\sqrt{3}\times\dfrac{1}{2}$

$\qquad\qquad\qquad\qquad\quad=\dfrac{9\sqrt{3}}{2}$

답 ③

22 삼각형 ABC의 세 각의 이등분선이 외접원과 만나는 점이 각각 D, E, F 이고, 한 호에 대한 원주각의 크기는 모두 같으므로

$\angle BAD=\angle CAD=\angle CFD$

$\qquad=\angle BED=\bullet\leftarrow\dfrac{A}{2}$

$\angle ABE=\angle CBE=\angle CFE$

$\qquad=\angle ADE=\triangle\leftarrow\dfrac{B}{2}$

$\angle ACF=\angle BCF=\angle BEF$

$\qquad=\angle ADF=\circ\leftarrow\dfrac{C}{2}$

$A+B+C=\pi$이므로

$D=\triangle+\circ=\dfrac{B+C}{2}=\dfrac{\pi-A}{2}=\dfrac{\pi}{2}-\dfrac{A}{2}$,

$E=\bullet+\circ=\dfrac{A+C}{2}=\dfrac{\pi-B}{2}=\dfrac{\pi}{2}-\dfrac{B}{2}$,

$F=\bullet+\triangle=\dfrac{A+B}{2}=\dfrac{\pi-C}{2}=\dfrac{\pi}{2}-\dfrac{C}{2}$ ······㉠

한편, $\overline{EF}=d$, $\overline{DF}=e$, $\overline{DE}=f$라 하면 삼각형 DEF의 외접원의 반지름의 길이가 R이므로 사인법칙의 변형에 의하여 $\sin D=\dfrac{d}{2R}$

$\therefore \triangle DEF=\dfrac{1}{2}ef\sin D=\dfrac{1}{2}ef\times\dfrac{d}{2R}=\dfrac{def}{4R}$

또한, $d=2R\sin D$, $e=2R\sin E$, $f=2R\sin F$이므로

$\triangle DEF$

$=\dfrac{def}{4R}$

$=\dfrac{2R\sin D\times 2R\sin E\times 2R\sin F}{4R}$

$=2R^2\sin D\sin E\sin F$

$=2R^2\sin\left(\dfrac{\pi}{2}-\dfrac{A}{2}\right)\sin\left(\dfrac{\pi}{2}-\dfrac{B}{2}\right)\sin\left(\dfrac{\pi}{2}-\dfrac{C}{2}\right)$

$(\because ㉠)$

$=2R^2\cos\dfrac{A}{2}\cos\dfrac{B}{2}\cos\dfrac{C}{2}$

답 ⑤

23 $\overline{AB}=6$, $\overline{BC}=4$, $\overline{CA}=5$이므로 삼각형 ABC에서 코사인법칙의 변형에 의하여

$\cos A=\dfrac{\overline{AB}^2+\overline{CA}^2-\overline{BC}^2}{2\times\overline{AB}\times\overline{CA}}$

$\qquad=\dfrac{6^2+5^2-4^2}{2\times 6\times 5}=\dfrac{3}{4}$

$\sin A=\sqrt{1-\cos^2 A}=\sqrt{1-\left(\dfrac{3}{4}\right)^2}$

$\qquad=\sqrt{\dfrac{7}{16}}=\dfrac{\sqrt{7}}{4}\ \left(\because 0<A<\dfrac{\pi}{2}\right)$ ── $\triangle$ABC가 예각삼각형이므로

$\therefore \triangle ABC=\dfrac{1}{2}\times\overline{AB}\times\overline{CA}\times\sin A$

$\qquad\qquad=\dfrac{1}{2}\times 6\times 5\times\dfrac{\sqrt{7}}{4}=\dfrac{15\sqrt{7}}{4}$

또한, $\overline{PF}=x\ (x>0)$라 하면 $\overline{PD}=\sqrt{7}$, $\overline{PE}=\dfrac{\sqrt{7}}{2}$이므로

$\triangle ABC=\dfrac{1}{2}\left(6\times x+4\times\sqrt{7}+5\times\dfrac{\sqrt{7}}{2}\right)$

$\qquad\qquad=3x+\dfrac{13\sqrt{7}}{4}$

즉, $\dfrac{15\sqrt{7}}{4}=3x+\dfrac{13\sqrt{7}}{4}$에서

$3x=\dfrac{\sqrt{7}}{2}$ $\therefore x=\dfrac{\sqrt{7}}{6}$

이때 □AFPE에서 $\angle FPE=\pi-A$이므로

$\triangle EFP=\dfrac{1}{2}\times\overline{PF}\times\overline{PE}\times\sin(\angle FPE)$

$\qquad\qquad=\dfrac{1}{2}\times\dfrac{\sqrt{7}}{6}\times\dfrac{\sqrt{7}}{2}\times\sin(\pi-A)$

$\qquad\qquad=\dfrac{7}{24}\times\sin A$

$\qquad\qquad=\dfrac{7}{24}\times\dfrac{\sqrt{7}}{4}=\dfrac{7\sqrt{7}}{96}$

따라서 $p=96$, $q=7$이므로
$p+q=103$

답 103

24

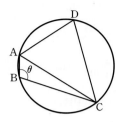

위의 그림과 같이 $\angle ABC=\theta$로 놓으면

$\cos\theta=-\dfrac{1}{5}<0$이므로 $\dfrac{\pi}{2}<\theta<\pi$

삼각형 ABC에서 코사인법칙에 의하여

$\overline{AC}^2=1^2+5^2-2\times1\times5\times\cos\theta$

$=1+25-2\times1\times5\times\left(-\dfrac{1}{5}\right)=28$ ······㉠

삼각형 ACD에서 $\angle ADC=\pi-\theta$

$\overline{CD}=x$, $\overline{AD}=y$ $(x>0,\ y>0)$라 하면

코사인법칙에 의하여

$\overline{AC}^2=x^2+y^2-2xy\cos(\pi-\theta)$

$=x^2+y^2+2xy\cos\theta$

$=x^2+y^2-\dfrac{2}{5}xy=28$ $(\because㉠)$ ······㉡

한편, $\dfrac{\pi}{2}<\theta<\pi$에서 $\sin\theta>0$이므로

$\sin(\pi-\theta)=\sin\theta$

$=\sqrt{1-\cos^2\theta}$

$=\sqrt{1-\dfrac{1}{25}}$

$=\dfrac{2\sqrt{6}}{5}$

이때 사각형 ABCD의 넓이가 $4\sqrt{6}$이므로

$\square ABCD=\triangle ABC+\triangle ACD$

$=\dfrac{1}{2}\times1\times5\times\sin\theta+\dfrac{1}{2}\times x\times y\times\sin(\pi-\theta)$

$=\dfrac{5}{2}\times\dfrac{2\sqrt{6}}{5}+\dfrac{1}{2}xy\times\dfrac{2\sqrt{6}}{5}$

$=\sqrt{6}+\dfrac{\sqrt{6}}{5}xy=4\sqrt{6}$

즉, $\dfrac{\sqrt{6}}{5}xy=3\sqrt{6}$이므로 $xy=15$ ······㉢

㉢을 ㉡에 대입하면

$x^2+y^2-\dfrac{2}{5}\times15=28$

$\therefore x^2+y^2=34$

이때 $(x+y)^2=x^2+y^2+2xy$이므로

$x+y=\sqrt{34+2\times15}=\sqrt{64}=8$ $(\because x>0,\ y>0)$

따라서 사각형 ABCD의 둘레의 길이는

$1+5+x+y=6+8=14$

답 14

원에 내접하는 사각형의 성질

원에 내접하는 사각형에서 한 쌍의 대각의
크기의 합은 180°이다.
즉, 사각형 ABCD에서
$\angle A+\angle C=180°$,
$\angle B+\angle D=180°$

25 오른쪽 그림에서 $\triangle ABC$는 직각
삼각형이므로 피타고라스 정리에
의하여

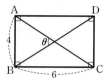

$\overline{AC}=\sqrt{\overline{AB}^2+\overline{BC}^2}$

$=\sqrt{4^2+6^2}=\sqrt{52}=2\sqrt{13}$

이때 직사각형의 두 대각선의 길이는 같으므로

$\overline{BD}=\overline{AC}=2\sqrt{13}$

직사각형 ABCD의 넓이는

$\dfrac{1}{2}\times\overline{AC}\times\overline{BD}\times\sin\theta=\overline{AB}\times\overline{BC}$

$\dfrac{1}{2}\times2\sqrt{13}\times2\sqrt{13}\times\sin\theta=4\times6$

$26\sin\theta=24$ $\therefore \sin\theta=\dfrac{24}{26}=\dfrac{12}{13}$

따라서 $\dfrac{12}{13}=\dfrac{k}{13}$에서 $k=12$

답 12

26 평행사변형 ABCD의 넓이는

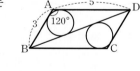

$3\times5\times\sin120°=15\times\dfrac{\sqrt{3}}{2}$

$=\dfrac{15\sqrt{3}}{2}$

삼각형 ABD에서 코사인법칙에 의하여

$\overline{BD}^2=\overline{AB}^2+\overline{AD}^2-2\times\overline{AB}\times\overline{AD}\times\cos120°$

$=3^2+5^2-2\times3\times5\times\left(-\dfrac{1}{2}\right)$

$=9+25+15=49$

$\therefore \overline{BD}=7$ $(\because \overline{BD}>0)$

이때 삼각형 ABD의 내접원의 반지름의 길이를 r라 하면
삼각형 ABD의 넓이는

$\dfrac{1}{2}\times r\times(3+5+7)=\dfrac{1}{2}\times3\times5\times\sin120°$

$\dfrac{15}{2}r=\dfrac{15}{2}\times\dfrac{\sqrt{3}}{2}$ $\therefore r=\dfrac{\sqrt{3}}{2}$

오려내는 내접원 한 개의 넓이는

$\pi r^2=\pi\left(\dfrac{\sqrt{3}}{2}\right)^2=\dfrac{3}{4}\pi$

따라서 오려내고 남은 넓이는 평행사변형의 넓이에서 내
접원 두 개의 넓이를 빼면 되므로

$\dfrac{15\sqrt{3}}{2}-\dfrac{3}{4}\pi\times2=\dfrac{15\sqrt{3}}{2}-\dfrac{3}{2}\pi$

답 ⑤

27 $\overline{OB}$의 중점이 C이므로

$\overline{OC}=\overline{BC}=\dfrac{1}{2}\times 4=2$

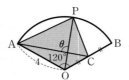

삼각형 AOC에서 코사인법칙에
의하여

$\overline{AC}^2=4^2+2^2-2\times4\times2\times\cos120°$

$=16+4-2\times4\times2\times\left(-\dfrac{1}{2}\right)=28$ — $\cos(180°-60°)=-\cos60°$

$\therefore\ \overline{AC}=2\sqrt{7}\ (\because\ \overline{AC}>0)$

이때 사각형 AOCP의 두 대각선 AC, OP가 이루는 각 중

작은 각의 크기를 $\theta\left(0<\theta\leq\dfrac{\pi}{2}\right)$, 사각형 AOCP의 넓이

를 S라 하면

$S=\dfrac{1}{2}\times\overline{AC}\times\overline{OP}\times\sin\theta$

$\quad=\dfrac{1}{2}\times2\sqrt{7}\times4\times\sin\theta$ — 부채꼴의 반지름의 길이

$\quad=4\sqrt{7}\sin\theta$

그런데 $0<\theta\leq\dfrac{\pi}{2}$에서 $0<\sin\theta\leq1$이므로

$0<S\leq4\sqrt{7}$ (단, 등호는 $\theta=90°$일 때 성립)

따라서 구하는 사각형 AOCP의 넓이의 최댓값은 $4\sqrt{7}$이다.

답 $4\sqrt{7}$

STEP 3 1등급을 넘어서는 **종합 사고력 문제** p. 68

01 31 km	02 4	03 3	04 25	05 12
06 $\dfrac{2\sqrt{3}}{3}$	07 7			

---

01 해결단계

❶단계	$\overline{PQ}$의 길이를 구한 후, △APQ에서 사인법칙을 이용하여 $\overline{AP}$의 길이를 구한다.
❷단계	△BQP에서 사인법칙을 이용하여 $\overline{BP}$의 길이를 구한다.
❸단계	△APB에서 코사인법칙을 이용하여 두 건물 A와 B 사이의 거리를 구한다.

지점 P에서 시속 25 km로 1시간을 달려 지점 Q로 이동
하였으므로

$\overline{PQ}=25\times1=25(\text{km})$

이때 삼각형 APQ에서

$\angle QAP+\angle APQ=45°$이므로

$\angle QAP=45°-15°=30°$

사인법칙에 의하여

$\dfrac{\overline{PQ}}{\sin(\angle QAP)}=\dfrac{\overline{AP}}{\sin(\angle AQP)}$

$\dfrac{25}{\sin30°}=\dfrac{\overline{AP}}{\sin135°}$ — $=180°-45°$

$\therefore\ \overline{AP}=\dfrac{25}{\sin30°}\times\sin135°$

$\quad=\dfrac{25}{\dfrac{1}{2}}\times\dfrac{\sqrt{2}}{2}=25\sqrt{2}(\text{km})$

또한, 삼각형 BQP에서

$\angle QPB+\angle QBP=60°$이므로

$\angle QBP=60°-30°=30°$

사인법칙에 의하여

$\dfrac{\overline{PQ}}{\sin(\angle QBP)}=\dfrac{\overline{PB}}{\sin(\angle PQB)}$

$\dfrac{25}{\sin30°}=\dfrac{\overline{PB}}{\sin120°}$ — $=180°-60°$

$\therefore\ \overline{PB}=\dfrac{25}{\sin30°}\times\sin120°=\dfrac{25}{\dfrac{1}{2}}\times\dfrac{\sqrt{3}}{2}=25\sqrt{3}(\text{km})$

따라서 삼각형 APB에서 $\angle APB=45°$이므로 코사인법
칙에 의하여

$\overline{AB}^2=\overline{AP}^2+\overline{PB}^2-2\times\overline{AP}\times\overline{PB}\times\cos45°$

$=(25\sqrt{2})^2+(25\sqrt{3})^2-2\times25\sqrt{2}\times25\sqrt{3}\times\dfrac{\sqrt{2}}{2}$

$=1250+1875-1250\sqrt{3}=3125-1250\sqrt{3}$

$=3125-1250\times1.7\ (\because\ \sqrt{3}=1.7)$

$=1000$

$\therefore\ \overline{AB}=\sqrt{1000}=10\sqrt{10}$

$\quad=10\times3.1\ (\because\ \sqrt{10}=3.1)$

$\quad=31(\text{km})$

따라서 두 건물 A와 B 사이의 거리는 31 km이다.

답 31 km

---

02 해결단계

❶단계	△ABC에서 사인법칙의 변형과 코사인법칙의 변형을 이용하여 $\sin B$, $\sin C$, $\cos A$를 a, b, c에 대한 식으로 나타낸다.
❷단계	❶단계에서 구한 식을 주어진 식에 대입하여 정리한다.
❸단계	$\angle C=90°$, $\angle A=90°$, $\angle B=90°$일 때로 나누어 ❷단계에서 구한 식을 푼 후, 모든 상수 k의 값의 합을 구한다.

△ABC의 외접원의 반지름의 길이를
R라 하면 사인법칙의 변형에 의하여

$\sin B=\dfrac{b}{2R}$, $\sin C=\dfrac{c}{2R}$ ……㉠

또한, △ABC에서 코사인법칙의 변형
에 의하여

$\cos A=\dfrac{b^2+c^2-a^2}{2bc}$ ……㉡

㉠, ㉡을 $2\cos A\sin C=(k-1)\sin B$에 대입하면

$2\times\dfrac{b^2+c^2-a^2}{2bc}\times\dfrac{c}{2R}=(k-1)\dfrac{b}{2R}$

$\therefore\ b^2+c^2-a^2=(k-1)b^2$ ……㉢

(ⅰ) $\angle C=90°$, 즉 $a^2+b^2=c^2$이면 $c^2-a^2=b^2$이므로
㉢에서

$2b^2=(k-1)b^2$, $2=k-1$ $\therefore\ k=3$

(ⅱ) $\angle A=90°$, 즉 $b^2+c^2=a^2$이면 ㉢에서

$0=(k-1)b^2$ $\therefore\ k=1\ (\because\ b\neq0)$

(ⅲ) $\angle B=90°$, 즉 $c^2+a^2=b^2$이면 $c^2-b^2=-a^2$
이때 $\overline{AB}>\overline{CA}$에서 $c>b$이므로 $c^2-b^2>0$
그런데 $-a^2<0$이므로 성립하지 않는다.

(ⅰ), (ⅱ), (ⅲ)에서 $k=1$ 또는 $k=3$이므로 구하는 합은

$1+3=4$

답 4

03 해결단계

❶단계	무게중심의 성질을 이용하여 세 삼각형 ABG, BCG, CAG의 넓이가 같음을 안다.
❷단계	세 삼각형 ABG, BCG, CAG의 넓이를 이용하여 세 변의 길이의 비를 구한다.
❸단계	사인법칙의 변형을 이용하여 $\sin A : \sin B : \sin C$를 구한 후, $\dfrac{\sin A \sin C}{\sin^2 B}$의 값을 구한다.

오른쪽 그림과 같이 $\overline{BC}=a$,
$\overline{CA}=b$, $\overline{AB}=c$라 하면 점 G
는 $\triangle$ABC의 무게중심이므로
$\triangle$ABG$=\triangle$BCG$=\triangle$CAG

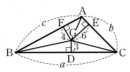

즉, $\dfrac{1}{2}\times 4 \times c = \dfrac{1}{2}\times 3 \times a = \dfrac{1}{2}\times 6 \times b$에서

$$4c=3a=6b$$

이때 $3a=6b$에서 $a=2b$, $4c=6b$에서 $c=\dfrac{3}{2}b$이므로

$$a:b:c=2b:b:\dfrac{3}{2}b=4:2:3$$

따라서 사인법칙의 변형에 의하여
$\sin A : \sin B : \sin C = a:b:c = 4:2:3$이므로
$\sin A = 4k$, $\sin B = 2k$, $\sin C = 3k$ (k는 양수)라 하면

$$\dfrac{\sin A \sin C}{\sin^2 B}=\dfrac{4k\times 3k}{(2k)^2}=3 \qquad \text{답 } 3$$

04 해결단계

❶단계	$\angle AOB=\angle COD=\theta$로 놓은 후, 두 삼각형 OAB, OCD의 넓이를 각각 식으로 나타낸다.
❷단계	두 삼각형 OBC, ODA의 넓이를 각각 구한다.
❸단계	❶, ❷단계에서 구한 식을 이용하여 □ABCD의 넓이를 식으로 나타낸 후, 산술평균과 기하평균의 관계를 이용하여 □ABCD의 넓이의 최솟값을 구한다.

오른쪽 그림과 같이
$\angle AOB=\angle COD=\theta$,
$\overline{OA}=a$, $\overline{OB}=b$, $\overline{OC}=c$, $\overline{OD}=d$라
하자.

두 삼각형 OAB, OCD의 넓이가 각
각 4, 9이므로

$\dfrac{1}{2}ab\sin\theta=4$에서 $\sin\theta=\dfrac{8}{ab}$ $(\because ab\neq 0)$ ······㉠

$\dfrac{1}{2}cd\sin\theta=9$에서 $\sin\theta=\dfrac{18}{cd}$ $(\because cd\neq 0)$ ······㉡

한편,

$\triangle$OBC$=\dfrac{1}{2}bc\sin(\pi-\theta)=\dfrac{1}{2}bc\sin\theta$,

$\triangle$ODA$=\dfrac{1}{2}ad\sin(\pi-\theta)=\dfrac{1}{2}ad\sin\theta$이므로

□ABCD
$=\triangle$OAB$+\triangle$OBC$+\triangle$OCD$+\triangle$ODA
$=4+\dfrac{1}{2}bc\sin\theta+9+\dfrac{1}{2}ad\sin\theta$
$=4+\dfrac{1}{2}bc\times\dfrac{8}{ab}+9+\dfrac{1}{2}ad\times\dfrac{18}{cd}$ $(\because ㉠, ㉡)$
$=13+\dfrac{4c}{a}+\dfrac{9a}{c}$

$\underbrace{\qquad\qquad}$ $\sin\theta=\dfrac{8}{ab}=\dfrac{18}{cd}$ 이므로
서로 바꾸어 대입하여 계산해도 된다.

이때 $\dfrac{4c}{a}>0$, $\dfrac{9a}{c}>0$이므로 산술평균과 기하평균의 관계
에 의하여

$$\square ABCD=13+\dfrac{4c}{a}+\dfrac{9a}{c}$$
$$\geq 13+2\sqrt{\dfrac{4c}{a}\times\dfrac{9a}{c}}$$
(단, 등호는 $3a=2c$일 때 성립)
$$=25$$

따라서 □ABCD의 넓이의 최솟값은 25이다. 답 25

05 해결단계

❶단계	직원뿔의 옆면의 중심각의 크기를 구한다.
❷단계	직원뿔의 꼭짓점을 O′이라 할 때, $\overline{OA'}=1$, $\overline{OB'}=2$임을 이용하여 두 점 A, B가 꼭짓점 O′에서부터 모선의 길이를 각각 1:2, 2:1로 내분하는 점임을 파악한다.
❸단계	밑면의 중심 O에서 각각 두 점 A′, B′ 방향으로 반직선을 그려 원과 만나는 점을 C, D라 할 때, $\angle A'OB'=\dfrac{\pi}{2}$임을 이용하여 $\overparen{CD}$의 길이를 구한다.
❹단계	$\overparen{CD}$의 길이를 이용하여 $\angle AO'B$의 크기를 구한 후, 코사인법칙을 이용하여 $\overline{AB}^2$, 즉 d^2의 값을 구한다.
❺단계	두 유리수 p, q의 값을 각각 구한 후, $p+q$의 값을 구한다.

직원뿔의 옆면의 전개도는 부채꼴이고, 부채꼴의 호의 길
이는 밑면인 원의 둘레의 길이와 같으므로 옆면의 중심각
의 크기를 θ라 하면
$6\theta=2\pi\times 3$ $\therefore \theta=\pi$
이때 밑면 위의 두 점 A′, B′에 대하여 $\overline{OA'}=1$, $\overline{OB'}=2$
이고, 밑면의 반지름의 길이는 3이므로 직원뿔의 옆면 위
의 두 점 A, B는 각각 직원뿔의 꼭짓점에서부터 모선의
길이를 1:2, 2:1로 내분하는 점이다.
즉, 직원뿔의 꼭짓점을 O′이라 하면
$\overline{O'A}=2$, $\overline{O'B}=4$
한편, 밑면의 중심 O에서 두 점 A′,
B′으로 반직선을 각각 그어 원과 만
나는 점을 C, D라 하면
$\angle A'OB'=\dfrac{\pi}{2}$에서 $\angle COD=\dfrac{\pi}{2}$이
고, 밑면의 반지름의 길이가 3이므로

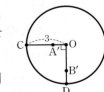

$$\overparen{CD}=3\times\dfrac{\pi}{2}=\dfrac{3}{2}\pi$$

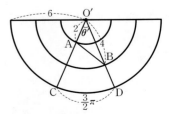

두 점 C, D는 직원뿔의 꼭짓점 O′에서 두 점 A, B를 지
나는 직선을 각각 그었을 때, 밑면과 만나는 점이므로
$\angle CO'D=\theta'$이라 하면
$6\theta'=\dfrac{3}{2}\pi$에서 $\theta'=\dfrac{\pi}{4}$

$\triangle$O'AB에서 코사인법칙에 의하여

$$\overline{AB}^2=\overline{O'A}^2+\overline{O'B}^2-2\times\overline{O'A}\times\overline{O'B}\times\cos\frac{\pi}{4}$$
$$=2^2+4^2-2\times2\times4\times\frac{\sqrt{2}}{2}$$
$$=20-8\sqrt{2}$$

따라서 $d^2=20-8\sqrt{2}$이므로 $p=20,\ q=-8$

$\therefore p+q=12$

답 12

06 해결단계

❶단계	삼각형 ABC에서 코사인법칙을 이용하여 선분 BC의 길이를 구한다.
❷단계	삼각형 ABC에서 사인법칙을 이용하여 원 O의 지름의 길이를 구한다.
❸단계	$\angle EAB=\frac{\pi}{6}$임을 파악한 후, 삼각형 AEB에서 사인법칙을 이용하여 $\overline{BE}$의 길이를 구한다.
❹단계	삼각형 AEB에서 코사인법칙을 이용하여 $\overline{AE}$의 길이를 구한다.

삼각형 ABC에서 코사인법칙에 의하여

$$\overline{BC}^2=\overline{AB}^2+\overline{AC}^2-2\times\overline{AB}\times\overline{AC}\times\cos\frac{2}{3}\pi$$
$$=3^2+1^2-2\times3\times1\times\left(-\frac{1}{2}\right)$$
$$=13$$

$\therefore \overline{BC}=\sqrt{13}\ (\because \overline{BC}>0)$

삼각형 ABC의 외접원 O의 반지름의 길이를 R라 하면 사인법칙에 의하여

$$2R=\frac{\overline{BC}}{\sin(\angle BAC)}=\frac{\sqrt{13}}{\sin\frac{2}{3}\pi}=\frac{2\sqrt{13}}{\sqrt{3}}$$

$\therefore \overline{DE}=\frac{2\sqrt{13}}{\sqrt{3}}$

선분 DE가 원의 지름이므로 $\angle EAD=\frac{\pi}{2}$이고, 선분 AD가 $\angle$A를 이등분하므로

$$\angle BAD=\angle CAD=\frac{\pi}{3}$$

$\therefore \angle EAB=\frac{\pi}{2}-\frac{\pi}{3}=\frac{\pi}{6}$

삼각형 AEB가 원 O에 내접하므로 사인법칙의 변형에 의하여

$$\overline{BE}=2R\sin(\angle EAB)=2R\sin\frac{\pi}{6}$$
$$=\frac{2\sqrt{13}}{\sqrt{3}}\times\frac{1}{2}=\frac{\sqrt{13}}{\sqrt{3}}$$

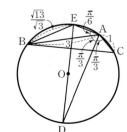

따라서 삼각형 AEB에서 코사인법칙에 의하여

$$\overline{BE}^2=\overline{AE}^2+\overline{AB}^2-2\times\overline{AE}\times\overline{AB}\times\cos\frac{\pi}{6}$$
$$\left(\frac{\sqrt{13}}{\sqrt{3}}\right)^2=\overline{AE}^2+3^2-2\times\overline{AE}\times3\times\frac{\sqrt{3}}{2}$$
$$\overline{AE}^2-3\sqrt{3}\,\overline{AE}+\frac{14}{3}=0$$
$$3\overline{AE}^2-9\sqrt{3}\,\overline{AE}+14=0$$
$$(\sqrt{3}\,\overline{AE}-2)(\sqrt{3}\,\overline{AE}-7)=0$$

$\therefore \overline{AE}=\frac{2}{\sqrt{3}}$ 또는 $\overline{AE}=\frac{7}{\sqrt{3}}$ ……㉠

그런데 $\triangle$AED는 $\overline{DE}=\frac{2\sqrt{13}}{\sqrt{3}}$인 직각삼각형이므로 피타고라스 정리에 의하여

$$\overline{AD}=\sqrt{\left(\frac{2\sqrt{13}}{\sqrt{3}}\right)^2-\overline{AE}^2}$$

㉠에서

$\overline{AE}=\frac{2}{\sqrt{3}}$이면 $\overline{AD}=4$, $\overline{AE}=\frac{7}{\sqrt{3}}$이면 $\overline{AD}=1$

이때 $\overline{AE}<\overline{AD}$이므로

$$\overline{AE}=\frac{2}{\sqrt{3}}=\frac{2\sqrt{3}}{3}$$

답 $\frac{2\sqrt{3}}{3}$

BLACKLABEL 특강 참고

$\angle$A의 외각의 이등분선이 삼각형 ABC의 외접원과 만나는 점을 D, 점 D와 원의 중심을 지나는 직선이 원과 만나는 점을 E라 하면 다음 그림과 같다.

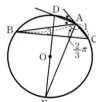

위의 그림에서 $\overline{AE}>\overline{AD}$이므로 $\overline{AE}=\frac{7}{\sqrt{3}}$은 주어진 문제에서 $\angle$A의 이등분선을 $\angle$A의 외각의 이등분선으로 바꾸어 생각한 경우이다.

---

07 해결단계

❶단계	$h(\theta)$가 원점과 점 P 사이의 거리의 제곱임을 이해한다.
❷단계	호 AB의 길이와 호 BP의 길이가 같음을 이용하여 $\angle BQP$의 크기를 구한 후, $\angle OQP$의 크기를 구한다.
❸단계	코사인법칙을 이용하여 $\overline{OP}^2$의 값을 구한 후, $h\left(\frac{\pi}{3}\right)$의 값을 구한다.

$P(f(\theta),\ g(\theta))$에 대하여 $\overline{OP}^2=\{f(\theta)\}^2+\{g(\theta)\}^2$이므로

$$h(\theta)=\{f(\theta)\}^2+\{g(\theta)\}^2=\overline{OP}^2$$

즉, $h\left(\frac{\pi}{3}\right)$는 $\theta=\frac{\pi}{3}$일 때 원점과 점 P 사이의 거리의 제곱이다.

다음 그림과 같이 $\theta=\dfrac{\pi}{3}$일 때, 반직선 OQ가 원 C_1과 만나는 점을 B라 하면

$\angle \text{BOA}=\dfrac{\pi}{3}$

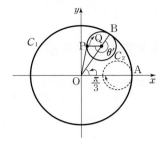

원 C_2가 원 C_1에 내접하면서 미끄러지지 않게 굴렀으므로 부채꼴 BOA의 호 AB와 부채꼴 BQP의 호 BP의 길이가 같다. 즉, $\angle \text{BQP}=\theta'$이라 하면

$4\times\dfrac{\pi}{3}=1\times\theta'$에서 $\theta'=\dfrac{4}{3}\pi$

$\therefore \angle \text{OQP}=\theta'-\pi=\dfrac{4}{3}\pi-\pi=\dfrac{\pi}{3}$

이때 $\overline{\text{PQ}}=1$, $\overline{\text{OQ}}=3$이므로 $\triangle \text{OQP}$에서 코사인법칙에 의하여

$h\left(\dfrac{\pi}{3}\right)=\overline{\text{OP}}^2$
$=\overline{\text{OQ}}^2+\overline{\text{PQ}}^2-2\times\overline{\text{OQ}}\times\overline{\text{PQ}}\times\cos(\angle \text{OQP})$
$=3^2+1^2-2\times3\times1\times\cos\dfrac{\pi}{3}$
$=9+1-2\times3\times1\times\dfrac{1}{2}$
$=7$

답 7

이것이 수능	p. 69

1 27　　**2** ②　　**3** ④　　**4** ③

1 해결단계

❶단계	삼각함수의 정의를 이용하여 두 선분 AB, AC의 길이를 각각 구한다.
❷단계	코사인법칙을 이용하여 선분 DC의 길이를 구한다.
❸단계	사인법칙을 이용하여 외접원의 반지름의 길이를 구한 후, S의 값을 구하여 $\dfrac{S}{\pi}$의 값을 구한다.

선분 AB는 삼각형 ABC의 외접원의 지름이므로 삼각형 ABC는 직각삼각형이다.

$\angle \text{BCA}=\dfrac{\pi}{2}$, $\angle \text{CAB}=\theta$라 하면 $\cos\theta=\dfrac{1}{3}$에서

$\sin\theta=\sqrt{1-\cos^2\theta}$
$=\sqrt{1-\left(\dfrac{1}{3}\right)^2}=\dfrac{2\sqrt{2}}{3}$

이므로

$\overline{\text{BC}}=\overline{\text{AB}}\times\sin\theta$에서

$12\sqrt{2}=\overline{\text{AB}}\times\dfrac{2\sqrt{2}}{3}$　　$\therefore \overline{\text{AB}}=18$

$\overline{\text{AC}}=\overline{\text{AB}}\times\cos\theta=18\times\dfrac{1}{3}=6$

또한, 점 D는 선분 AB를 5 : 4로 내분하는 점이므로

$\overline{\text{AD}}=\dfrac{5}{9}\times\overline{\text{AB}}=\dfrac{5}{9}\times18=10$

삼각형 CAD에서 코사인법칙에 의하여
$\overline{\text{DC}}^2=\overline{\text{AC}}^2+\overline{\text{AD}}^2-2\times\overline{\text{AC}}\times\overline{\text{AD}}\times\cos\theta$
$=6^2+10^2-2\times6\times10\times\dfrac{1}{3}$
$=96$

$\therefore \overline{\text{DC}}=\sqrt{96}=4\sqrt{6}$

삼각형 CAD의 외접원의 반지름의 길이를 r라 하면 사인법칙에 의하여

$\dfrac{\overline{\text{DC}}}{\sin\theta}=2r$, $\dfrac{4\sqrt{6}}{\dfrac{2\sqrt{2}}{3}}=2r$　　$\therefore r=3\sqrt{3}$

따라서 삼각형 CAD의 외접원의 넓이 S는
$S=\pi r^2=\pi\times(3\sqrt{3})^2=27\pi$

$\therefore \dfrac{S}{\pi}=27$

답 27

2 해결단계

❶단계	사인법칙을 이용하여 $\overline{\text{BC}}$, $\overline{\text{BD}}$의 길이를 각각 구한다.
❷단계	코사인법칙을 이용하여 $\overline{\text{CD}}$의 길이를 구한다.
❸단계	$\overline{\text{BD}}+\overline{\text{CD}}$의 값을 구한다.

삼각형 ABC의 외접원의 반지름의 길이가 $2\sqrt{7}$이므로 사인법칙에 의하여

$\dfrac{\overline{\text{BC}}}{\sin(\angle \text{BAC})}=4\sqrt{7}$

$\therefore \overline{\text{BC}}=\sin\dfrac{\pi}{3}\times4\sqrt{7}$
$=\dfrac{\sqrt{3}}{2}\times4\sqrt{7}=2\sqrt{21}$

또한, 삼각형 BDC의 외접원의 반지름의 길이도 $2\sqrt{7}$이므로 삼각형 BDC에서 사인법칙에 의하여

$\dfrac{\overline{\text{BD}}}{\sin(\angle \text{BCD})}=4\sqrt{7}$

$\therefore \overline{\text{BD}}=\sin(\angle \text{BCD})\times4\sqrt{7}$
$=\dfrac{2\sqrt{7}}{7}\times4\sqrt{7}=8$

한편, $\angle \text{BDC}=\pi-\angle \text{BAC}=\dfrac{2}{3}\pi$이므로　$\square$ABCD가 원에 내접하므로

$\overline{\text{CD}}=x\,(x>0)$라 하면 삼각형 BDC에서 코사인법칙에 의하여

$(2\sqrt{21})^2=x^2+8^2-2\times x\times8\times\cos\dfrac{2}{3}\pi$

$x^2+8x-20=0$
$(x+10)(x-2)=0$
$\therefore x=2\ (\because x>0)$

따라서 $\overline{\mathrm{CD}}=2$이므로

$\overline{\mathrm{BD}}+\overline{\mathrm{CD}}=8+2=10$

답 ②

3 해결단계

❶단계	코사인법칙을 이용하여 $\overline{\mathrm{AD}}$, $\overline{\mathrm{AE}}$의 길이를 각각 구한다.
❷단계	두 삼각형 ADE, ABE의 넓이를 각각 구한다.
❸단계	$\triangle\mathrm{BDE}=\triangle\mathrm{ADE}-\triangle\mathrm{ABE}$임을 이용하여 삼각형 BDE의 넓이를 구한다.

$\overline{\mathrm{AD}}=\overline{\mathrm{CE}}=a\ (a>0)$라 하면

삼각형 ADE에서 코사인법칙에 의하여

$(\sqrt{13})^2=a^2+(a+1)^2-2\times a\times(a+1)\times\cos\dfrac{\pi}{3}$

$a^2+a-12=0$, $(a+4)(a-3)=0$

$\therefore a=3\ (\because a>0)$

따라서 $\overline{\mathrm{AE}}=4$, $\overline{\mathrm{AD}}=3$이므로

$\triangle\mathrm{ADE}=\dfrac{1}{2}\times4\times3\times\sin\dfrac{\pi}{3}=3\sqrt{3}$,

$\triangle\mathrm{ABE}=\dfrac{1}{2}\times4\times1\times\sin\dfrac{\pi}{3}=\sqrt{3}$

$\therefore\ \triangle\mathrm{BDE}=\triangle\mathrm{ADE}-\triangle\mathrm{ABE}$

$\qquad=3\sqrt{3}-\sqrt{3}=2\sqrt{3}$

답 ④

4 해결단계

❶단계	$4\sin\theta=3\cos\theta$임을 이용하여 $\sin\theta$, $\cos\theta$의 값을 각각 구한다.
❷단계	$\overline{\mathrm{PA}}$의 길이를 구한다.
❸단계	$\triangle\mathrm{ADC}=\triangle\mathrm{PAD}+\triangle\mathrm{PDC}-\triangle\mathrm{PAC}$임을 이용하여 삼각형 ADC의 넓이를 구한다.

$4\sin\theta=3\cos\theta$이므로 $\cos\theta=\dfrac{4}{3}\sin\theta$

$\sin^2\theta+\cos^2\theta=1$에서

$\sin^2\theta+\dfrac{16}{9}\sin^2\theta=1$, $\sin^2\theta=\dfrac{9}{25}$

$\therefore\sin\theta=\dfrac{3}{5}$, $\cos\theta=\dfrac{4}{5}\left(\because 0<\theta<\dfrac{\pi}{2}\right)$

또한, $\overline{\mathrm{AB}}=10$, $\angle\mathrm{APB}=\dfrac{\pi}{2}$이므로

$\overline{\mathrm{PA}}=10\cos\theta=10\times\dfrac{4}{5}=8$

따라서 $\overline{\mathrm{PA}}=\overline{\mathrm{PC}}=\overline{\mathrm{PD}}=8$이고,

$\overline{\mathrm{OA}}=\overline{\mathrm{OP}}$이므로 $\angle\mathrm{OPA}=\angle\mathrm{OAP}=\theta$에서

$\angle\mathrm{CPD}=\angle\mathrm{APB}-\angle\mathrm{OPA}=\dfrac{\pi}{2}-\theta$

$\therefore\ \triangle\mathrm{ADC}=\triangle\mathrm{PAD}+\triangle\mathrm{PDC}-\triangle\mathrm{PAC}$

$\qquad=\dfrac{1}{2}\times8\times8\times\sin\theta$

$\qquad\quad+\dfrac{1}{2}\times8\times8\times\sin\left(\dfrac{\pi}{2}-\theta\right)-\dfrac{1}{2}\times8\times8$

$\qquad=32\sin\theta+32\cos\theta-32$

$\qquad=32\times\dfrac{3}{5}+32\times\dfrac{4}{5}-32$

$\qquad=\dfrac{64}{5}$

답 ③

Ⅲ 수열

08 등차수열과 등비수열

01 ③	02 ③	03 ⑤	04 12	05 ③
06 ④	07 1545	08 ④	09 ⑤	10 ②
11 ②	12 ③	13 10	14 50만 원	15 ③
16 273				

01 3과 4의 최소공배수는 12이므로 주어진 수열을 12의 배수가 나올 때마다 한 묶음씩으로 생각하면 다음과 같이 6개씩 항을 묶을 수 있다.

$(3,\ 4,\ 6,\ 8,\ 9,\ 12)$, $(15,\ 16,\ 18,\ 20,\ 21,\ 24)$,

$(27,\ 28,\ 30,\ 32,\ 33,\ 36),\ \cdots$

한 묶음의 항의 개수는 6이고 $101=6\times16+5$이므로 주어진 수열의 제101항은 17번째 묶음의 5번째 항이다.

이때 각 묶음의 마지막 항은 12의 배수이므로 17번째 묶음의 마지막 항은 $12\times17=204$

또한, 각 묶음에서 5번째 항은 마지막 항보다 3만큼 작은 수이다.

따라서 구하는 제101항은

$204-3=201$

답 ③

02 등차수열 x, a_1, a_2, a_3, y의 공차를 d_1이라 하면

$y=x+4d_1\qquad\therefore d_1=\dfrac{y-x}{4}$

등차수열 x, b_1, b_2, b_3, b_4, b_5, y의 공차를 d_2라 하면

$y=x+6d_2\qquad\therefore d_2=\dfrac{y-x}{6}$

$\therefore\dfrac{a_2-a_1}{b_5-b_4}=\dfrac{d_1}{d_2}=\dfrac{\dfrac{y-x}{4}}{\dfrac{y-x}{6}}=\dfrac{3}{2}\ (\because x\neq y)$

답 ③

> **BLACKLABEL 특강**   풀이 첨삭
>
> **문제에서 조건 '$x\neq y$'가 있는 이유**
>
> 만약 $x=y$이면 두 등차수열 x, a_1, a_2, a_3, y와 x, b_1, b_2, b_3, b_4, b_5, y의 공차는 모두 0일 수밖에 없다. 이때 b_5-b_4는 수열 x, b_1, b_2, b_3, b_4, b_5, y의 공차로, 그 값이 0이면 $\dfrac{a_2-a_1}{b_5-b_4}$의 값은 존재하지 않는다.
>
> 따라서 문제에서 구하는 식의 값이 존재하기 위해서는 조건 '$x\neq y$'가 반드시 필요하다.

03 등차수열 $\{a_n\}$의 첫째항을 a, 공차를 d라 하면 일반항은

$a_n=a+(n-1)d$

$a_2+a_{10}=68$에서 $(a+d)+(a+9d)=68$

$\therefore 2a+10d=68$ ······㉠

$a_6+a_{15}=122$에서 $(a+5d)+(a+14d)=122$

$\therefore 2a+19d=122$ ······㉡

㉡-㉠을 하면

$9d=54$ $\therefore d=6$

위의 값을 ㉠에 대입하면

$2a+60=68$, $2a=8$ $\therefore a=4$

$\therefore a_{40}=a+39d=4+39\times6$
$\qquad =238$

답 ⑤

04 등차수열 $\{a_n\}$의 공차가 5이므로 첫째항을 a라 하면

$a_{18}=28$에서 $a+17\times5=28$ $\therefore a=-57$

$\therefore a_n=-57+(n-1)\times5=5n-62$

그런데 $a_n>0$이 되는 경우는 $5n-62>0$에서 $5n>62$

$\therefore n>\dfrac{62}{5}=12.4$

즉, 수열 $\{a_n\}$은 제13항부터 양수이므로

$|a_1|>|a_2|>\cdots>|a_{12}|$, $|a_{13}|<|a_{14}|<\cdots$

이때 $a_{12}=5\times12-62=-2$, $a_{13}=5\times13-62=3$이므로

$|a_{12}|<|a_{13}|$

따라서 $|a_n|$의 값이 최소가 되도록 하는 자연수 n의 값은 12이다.

답 12

05 이차방정식 $x^2-nx+4(n-4)=0$에서

$(x-4)(x-n+4)=0$

$\therefore x=4$ 또는 $x=n-4$

한편, 세 수 1, α, β가 등차수열을 이루므로

$2\alpha=\beta+1$ ······㉠

(ⅰ) $\alpha=4$이고 $\beta=n-4$인 경우

$\alpha<\beta$이므로 $4<n-4$, 즉 $n>8$

㉠에서 $2\times4=(n-4)+1$, $n-3=8$

$\therefore n=11$

(ⅱ) $\alpha=n-4$이고 $\beta=4$인 경우

$\alpha<\beta$이므로 $n-4<4$, 즉 $n<8$

㉠에서 $2(n-4)=4+1$, $2n-8=5$

$\therefore n=\dfrac{13}{2}$

(ⅰ), (ⅱ)에서 n은 자연수이므로 $n=11$

답 ③

• 다른 풀이 •

이차방정식 $x^2-nx+4(n-4)=0$의 두 근이 α, β이므로 근과 계수의 관계에 의하여

$\alpha+\beta=n$, $\alpha\beta=4(n-4)$ ······㉡

세 수 1, α, β가 등차수열을 이루므로 공차를 d라 하면

$\alpha=1+d$, $\beta=1+2d$

$\therefore \alpha+\beta=3d+2$,

$\quad \alpha\beta=(1+d)(1+2d)=2d^2+3d+1$ ······㉢

이때 ㉡, ㉢에서

$n=3d+2$ ······㉣

$4(n-4)=2d^2+3d+1$ ······㉤

㉣을 ㉤에 대입하면

$4(3d-2)=2d^2+3d+1$

$12d-8=2d^2+3d+1$

$2d^2-9d+9=0$, $(2d-3)(d-3)=0$

$\therefore d=\dfrac{3}{2}$ 또는 $d=3$

㉣에서 $n=\dfrac{13}{2}$ 또는 $n=11$

이때 n은 자연수이므로 $n=11$

06 삼차방정식 $x^3-6x^2-4x+k=0$의 세 근이 등차수열을 이루므로 세 근은 $a-d$, a, $a+d$로 놓을 수 있다.

삼차방정식의 근과 계수의 관계에 의하여

$(a-d)+a+(a+d)=6$

$3a=6$ $\therefore a=2$

따라서 주어진 방정식의 한 근이 2이므로 방정식에 $x=2$를 대입하면

$8-24-8+k=0$ $\therefore k=24$

답 ④

> **BLACKLABEL 특강** 필수 개념
>
> **삼차방정식의 근과 계수의 관계**
>
> 삼차방정식 $ax^3+bx^2+cx+d=0$의 세 근을 α, β, γ라 하면
>
> $\alpha+\beta+\gamma=-\dfrac{b}{a}$, $\alpha\beta+\beta\gamma+\gamma\alpha=\dfrac{c}{a}$, $\alpha\beta\gamma=-\dfrac{d}{a}$

07 등차수열 $\{a_n\}$의 공차를 d $(d>0)$라 하면

$a_5=a_6-d$, $a_7=a_6+d$

즉, $a_5+a_6+a_7=45$에서

$(a_6-d)+a_6+(a_6+d)=45$

$3a_6=45$ $\therefore a_6=15$

또한, $a_5a_7=221$에서 $(15-d)(15+d)=221$

$225-d^2=221$, $d^2=4$ $\therefore d=2$ ($\because d>0$)

즉, $a_6=a_1+5\times2=15$에서 $a_1=5$

따라서 $a_2=5+2=7$, $a_{30}=5+29\times2=63$이므로

$a_1+2a_2+a_3+2a_4+a_5+2a_6+\cdots+a_{29}+2a_{30}$

$=(a_1+a_2+a_3+\cdots+a_{30})+(a_2+a_4+a_6+\cdots+a_{30})$

$=\dfrac{30(a_1+a_{30})}{2}+\dfrac{15(a_2+a_{30})}{2}$ ┐ 수열 $\{a_n\}$이 등차수열이므로 수열 $\{a_{2n}\}$도 등차수열이다.

$=\dfrac{30\times(5+63)}{2}+\dfrac{15\times(7+63)}{2}$

$=1020+525=1545$

답 1545

08 등차수열 $\{a_n\}$의 첫째항을 a, 공차를 d라 하면

$a_{30}=116$에서 $a+29d=116$ ······㉠

$a_{50}=56$에서 $a+49d=56$ ······㉡

㉠, ㉡을 연립하여 풀면

$a=203,\ d=-3$

따라서 첫째항부터 제n항까지의 합이 S_n이므로[※]

$$S_n=\frac{n\{2\times203+(n-1)\times(-3)\}}{2}$$

$$=-\frac{3}{2}n^2+\frac{409}{2}n$$

$$=-\frac{3}{2}\left(n-\frac{409}{6}\right)^2+\frac{409^2}{24}$$

이때 $\dfrac{409}{6}=68.1\times\times\times$이고, n은 자연수이므로

$n=68$일 때 S_n은 최대이다.　　　　　　　　　답 ④

• 다른 풀이 •

[※]에서 $a_n=203+(n-1)\times(-3)=-3n+206$이다.

그런데 등차수열 $\{a_n\}$의 첫째항부터 제n항까지의 합이

최대가 되려면 a_n의 값이 음수가 되기 바로 전의 항까지

더하면 된다.

이때 $-3n+206\geq0$에서 $n\leq68.6\times\times\times$

따라서 첫째항부터 제68항까지의 합이 최대이므로

조건을 만족시키는 n의 값은 68이다.

09 등비수열 $\{a_n\}$의 공비를 r라 하면

$$\frac{a_{11}}{a_1}+\frac{a_{12}}{a_2}+\frac{a_{13}}{a_3}+\frac{a_{14}}{a_4}+\frac{a_{15}}{a_5}$$

$$=\frac{a_1r^{10}}{a_1}+\frac{a_1r^{11}}{a_1r}+\frac{a_1r^{12}}{a_1r^2}+\frac{a_1r^{13}}{a_1r^3}+\frac{a_1r^{14}}{a_1r^4}$$

$$=r^{10}+r^{10}+r^{10}+r^{10}+r^{10}=5r^{10}=20$$

$\therefore\ r^{10}=4$

$\therefore\ \dfrac{a_{40}}{a_{20}}=\dfrac{a_1r^{39}}{a_1r^{19}}=r^{20}=(r^{10})^2=4^2=16$　　답 ⑤

10 등비수열 $\{a_n\}$의 첫째항을 a, 공비를 r라 하면

$a_n=ar^{n-1}$이므로

$$7a_n+a_{n+1}=7ar^{n-1}+ar^n$$

$$=(7a+ar)r^{n-1}$$

즉, 수열 $\{7a_n+a_{n+1}\}$의 첫째항은 $7a+ar$, 공비는 r이

므로

$7a+ar=18,\ r=2$

$r=2$를 $7a+ar=18$에 대입하면

$9a=18$　　$\therefore\ a=2$

따라서 $a_n=2\times2^{n-1}=2^n$이므로

$a_2=2^2=4$　　　　　　　　　　　　　　답 ②

11 $12,\ x-4,\ y-3$이 이 순서대로 등차수열을 이루므로

$2(x-4)=12+(y-3)$

$2x-8=y+9$　　$\therefore\ y=2x-17$　　……㉠

$10-3x,\ y+9,\ 4$가 이 순서대로 등비수열을 이루므로

$(y+9)^2=(10-3x)\times4$　　……㉡

㉠을 ㉡에 대입하면

$(2x-8)^2=4(10-3x)$

$4x^2-32x+64=40-12x$

$4x^2-20x+24=0,\ x^2-5x+6=0$

$(x-2)(x-3)=0$

$\therefore\ x=2$ 또는 $x=3$

위의 값을 각각 ㉠에 대입하여 풀면

$x=2$일 때 $y=-13$, $x=3$일 때 $y=-11$

따라서 xy의 최댓값은 $x=2$, $y=-13$일 때이므로

$xy=-26$　　　　　　　　　　　　　　답 ②

12 세 모서리의 길이 $a,\ b,\ c$가 이 순서대로 등비수열을 이루

므로 공비를 r라 하면

$b=ar,\ c=ar^2$

직육면체의 겉넓이는

$2(ab+bc+ca)=2(a\times ar+ar\times ar^2+ar^2\times a)$

$$=2ar(a+ar+ar^2)=160$$　　……㉠

직육면체의 모든 모서리의 길이의 총합은

$4(a+b+c)=4(a+ar+ar^2)=80$

즉, $a+ar+ar^2=20$이므로

이것을 ㉠에 대입하면

$2\times ar\times20=160$　　$\therefore\ ar=4$

따라서 주어진 직육면체의 부피는

$abc=a\times ar\times ar^2$

$$=(ar)^3=4^3=64$$　　　　　　　답 ③

13 등비수열 $\{a_n\}$의 첫째항을 a, 공비를 r라 하면

$a_1+a_2+a_3=21$에서 $a+ar+ar^2=21$

$\therefore\ a(1+r+r^2)=21$　　　　……㉠

$a_2+a_4+a_6=126$에서 $ar+ar^3+ar^5=126$

$ar(\underline{1+r^2+r^4})=126$　← 복이차식의 인수분해

$\therefore\ ar(1+r+r^2)(1-r+r^2)=126$　　……㉡

㉠을 ㉡에 대입하면

$21r(1-r+r^2)=126,\ r(1-r+r^2)=6$

$r^3-r^2+r-6=0$　　　　　　　……㉢

㉢에 $r=2$를 대입하면 등식이 성

립하므로 오른쪽과 같이 조립제법

을 이용하여 ㉢의 좌변을 인수분

해하면

	2	1	-1	1	-6
			2	2	6
		1	1	3	0

$(r-2)(r^2+r+3)=0$

이때 이차방정식 $r^2+r+3=0$의 판별식을 D라 하면

$D=1^2-4\times3=-11<0$, 즉 실근을 갖지 않으므로 방정

식 ㉢의 실근은 $r=2$뿐이다.

$r=2$를 ㉠에 대입하면

$a(1+2+4)=21,\ 7a=21$　　$\therefore\ a=3$

$\therefore\ a_n=3\times2^{n-1}$

$a_1+a_2+a_3+\cdots+a_k>3000$에서

$\dfrac{3(2^k-1)}{2-1}>3000,\ 3(2^k-1)>3000$

$2^k-1>1000,\ 2^k>1001$

이때 $2^9=512,\ 2^{10}=1024$이므로 주어진 부등식을 만족시

키는 자연수 k의 최솟값은 10이다.　　　　　답 10

14 매월 초에 a만 원씩 적립한다고 하면 a만 원에 대한 2025년 4월 말의 원리합계는 다음과 같다.

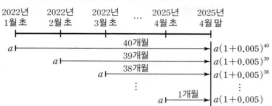

2025년 4월 말에 지급받는 총액이 2211만 원이므로

$a \times 1.005 + a \times 1.005^2 + a \times 1.005^3 + \cdots + a \times 1.005^{40}$

$= \dfrac{a \times 1.005 \times (1.005^{40} - 1)}{1.005 - 1}$

$= \dfrac{a \times 1.005 \times (1.22 - 1)}{0.005}$ ($\because 1.005^{40} = 1.22$)

$= a \times 201 \times 0.22$

$= 44.22 \times a = 2211$(만 원)

$\therefore a = 50$(만 원)

따라서 수현이가 매월 적립해야 하는 금액은 50만 원이다.

답 50만 원

15 $S_n = n^2 - 2n + 4$에서

(i) $n \geq 2$일 때,

$a_n = S_n - S_{n-1}$

$= (n^2 - 2n + 4) - \{(n-1)^2 - 2(n-1) + 4\}$

$= 2n - 3$

(ii) $n = 1$일 때,

$a_1 = S_1 = 1 - 2 + 4 = 3$

(i), (ii)에서

$a_1 = 3$, $a_n = 2n - 3$ (단, $n = 2, 3, 4, \cdots$)

ㄱ. $a_2 = 2 \times 2 - 3 = 1$ (참)

ㄴ. $a_3 = 2 \times 3 - 3 = 3$, $a_4 = 2 \times 4 - 3 = 5$이므로

$a_3 - a_1 = 3 - 3 = 0$, $a_4 - a_2 = 5 - 1 = 4$

$\therefore a_3 - a_1 \neq a_4 - a_2$ (거짓)

ㄷ. $a_n = 2n - 3 > 100$에서 $n > 51.5$이므로 조건을 만족시키는 자연수 n의 최솟값은 52이다. (참)

따라서 옳은 것은 ㄱ, ㄷ이다.

답 ③

16 $S_n = 2^n - 1$에서

(i) $n \geq 2$일 때,

$a_n = S_n - S_{n-1}$

$= (2^n - 1) - (2^{n-1} - 1)$

$= 2 \times 2^{n-1} - 2^{n-1} = 2^{n-1}$

(ii) $n = 1$일 때,

$a_1 = S_1 = 2^1 - 1 = 1$

(i), (ii)에서

$a_n = 2^{n-1}$ (단, $n = 1, 2, 3, \cdots$)

$\therefore a_1 + a_5 + a_9 = 1 + 2^4 + 2^8$

$= 1 + 16 + 256$

$= 273$

답 273

01 ①	**02** 34	**03** ⑤	**04** 197	**05** 24
06 ⑤	**07** 54	**08** ①	**09** 36	**10** ②
11 612	**12** ②	**13** 442	**14** 43	**15** ②
16 ③	**17** ①	**18** ①	**19** ③	**20** ⑤
21 15	**22** 25	**23** ④	**24** ⑤	**25** $150\sqrt{2}$
26 ②	**27** 101	**28** 45	**29** ①	**30** 8
31 ①	**32** 1023	**33** ④	**34** $762\sqrt{2}$	**35** 39
36 187				

01 2로 나누어떨어지지 않는 수는 홀수이므로 2로도 3으로도 나누어떨어지지 않는 자연수는 3의 배수가 아닌 홀수이다.

즉, 홀수를 순서대로 3개씩 한 줄에 나열할 때, 오른쪽과 같이 가운데 수는 지워지고 남은 수가 크기순으로 수열 $\{a_n\}$의 항을 이룬다.

1	~~3~~	5
7	~~9~~	11
13	~~15~~	17
19	~~21~~	23
25	~~27~~	29
	⋮	

또한, 수열 $\{a_n\}$의 각 항을 2개씩 한 줄에 나열하면 a_{50}의 값은 25번째 줄의 두 번째 수이다.

또한, 각 줄의 두 번째 수는 순서대로

1번째 줄 : $5 = 6 \times 1 - 1$

2번째 줄 : $11 = 6 \times 2 - 1$

3번째 줄 : $17 = 6 \times 3 - 1$

⋮

이와 같이 계속되므로 25번째 줄의 두 번째 수는

$a_{50} = 6 \times 25 - 1 = 149$

답 ①

• 다른 풀이 •

$\{a_n\}$: 1, 5, 7, 11, 13, 17, 19, 23, 25, $\cdots$이므로

$a_{n+2} = a_n + 6$이 성립한다.

$\therefore a_{50} = a_{48} + 6 = a_{46} + 6 \times 2 = a_{44} + 6 \times 3 = \cdots$

$= a_2 + 6 \times 24$

$= 5 + 144 = 149$

02 $(n+6)^2 = n^2 + 12n + 36 = 6(2n+6) + n^2$

이때 $6(2n+6)$은 6의 배수이므로 $(n+6)^2$을 6으로 나눈 나머지와 n^2을 6으로 나눈 나머지는 서로 같다.

즉, $a_{n+6} = a_n$이 성립한다.

자연수 $n = 1, 2, 3, \cdots, 6$에 대하여

$a_1 = 1$, $a_2 = 4$, $a_3 = 3$, $a_4 = 4$, $a_5 = 1$, $a_6 = 0$

$\therefore a_2 = a_8 = a_{14} = \cdots = 4$, $a_4 = a_{10} = a_{16} = \cdots = 4$

따라서 $a_n = 4$를 만족시키는 100 이하의 자연수 n은

2, 4, 8, 10, $\cdots$, 94, 98, 100의 34개이다.

답 34

03 자연수 n이 두 자연수 p, q의 곱으로 표현될 때, 즉 $n = p \times q$일 때, p와 q는 모두 n의 약수이다.

자연수 n의 양의 약수의 개수를 N이라 하면 다음과 같이 경우를 나누어 생각할 수 있다.

(i) N이 짝수, 즉 $N = 2k$ (k는 자연수)일 때,

자연수 n의 약수를 가장 작은 것부터 크기순으로
p_1, p_2, p_3, p_4, $\cdots$, p_{2k} (k는 자연수)라 하면
$n=p_1 \times p_{2k}=p_2 \times p_{2k-1}=\cdots$
$\qquad =p_{k-1} \times p_{k+2}=p_k \times p_{k+1}$
즉, n을 두 자연수의 곱으로 표현하는 방법의 수 a_n은
$a_n=k=\dfrac{N}{2}$

(ii) N이 홀수, 즉 $N=2k-1$ (k는 자연수)일 때,
자연수 n의 약수를 가장 작은 것부터 크기순으로
p_1, p_2, p_3, p_4, $\cdots$, p_{2k-1} (k는 자연수)이라 하면
$n=p_1 \times p_{2k-1}=p_2 \times p_{2k-2}=\cdots$
$\qquad =p_{k-1} \times p_{k+1}=p_k \times p_k$
즉, n을 두 자연수의 곱으로 표현하는 방법의 수 a_n은
$a_n=k=\dfrac{N+1}{2}$

ㄱ. $72=2^3 \times 3^2$의 약수의 개수는
$(3+1) \times (2+1)=12$로 짝수이므로 (i)에서
$a_{72}=\dfrac{12}{2}=6$
$81=3^4$의 약수의 개수는 $4+1=5$로 홀수이므로 (ii)에서
$a_{81}=\dfrac{5+1}{2}=3$
$\therefore a_{72}+a_{81}=6+3=9$ (참)

ㄴ. $a_n=3$을 만족시키는 자연수 n의 약수의 개수를 m이라 하자.
m이 짝수일 때, (i)에 의하여
$\dfrac{m}{2}=3$ $\quad \therefore m=6$
약수의 개수가 6인 자연수 n의 최솟값은
$2^2 \times 3=12$
m이 홀수일 때, (ii)에 의하여
$\dfrac{m+1}{2}=3$ $\quad \therefore m=5$
약수의 개수가 5인 자연수 n의 최솟값은
$2^4=16$
즉, $a_n=3$을 만족시키는 자연수 n의 최솟값은 12이다. (거짓)

ㄷ. 두 자연수 m, n이 소수이면 m과 n의 약수의 개수는 모두 2이므로 (i)에 의하여
$a_m=a_n=\dfrac{2}{2}=1$ $\quad \therefore a_m+a_n=2$
① $m=n$일 때,
$mn=m^2$의 약수의 개수는 3으로 홀수이므로 (ii)에 의하여 $a_{mn}=\dfrac{3+1}{2}=2$
② $m \neq n$일 때,
$m \times n$의 약수의 개수는 $(1+1) \times (1+1)=4$로 짝수이므로 (i)에 의하여 $a_{mn}=\dfrac{4}{2}=2$
①, ②에서 $a_{mn}=2$
즉, 두 자연수 m, n이 소수이면

$a_m+a_n=a_{mn}=2$ (참)
따라서 옳은 것은 ㄱ, ㄷ이다. 답 ⑤

04 등차수열 $\{a_n\}$의 첫째항을 a, 공차를 d라 하면 조건 ㈎에서 $a_2+a_4+a_6=123$이므로
$(a+d)+(a+3d)+(a+5d)=123$
$3(a+3d)=123$ $\quad \therefore a+3d=41$ $\qquad \cdots\cdots \bigcirc$
조건 ㈏에서 $a_n>116$을 만족시키는 n의 최솟값이 17이므로 $a_{16} \leq 116$, $a_{17}>116$이다.
$a_{16} \leq 116$에서 $a+15d \leq 116$
$(a+3d)+12d \leq 116$, $41+12d \leq 116$ $(\because \bigcirc)$
$12d \leq 75$ $\quad \therefore d \leq \dfrac{25}{4}=6.25$ $\qquad \cdots\cdots \bigcirc$
$a_{17}>116$에서 $a+16d>116$
$(a+3d)+13d>116$, $41+13d>116$ $(\because \bigcirc)$
$13d>75$ $\quad \therefore d>\dfrac{75}{13}=5.7 \times \times \times$ $\qquad \cdots\cdots \bigcirc$
$\bigcirc$, $\bigcirc$에서 $5.7 \times \times \times < d \leq 6.25$
d는 정수이므로
$d=6$
이것을 $\bigcirc$에 대입하면 $a=23$이므로
$a_{30}=a+29d$
$\qquad =23+29 \times 6$
$\qquad =23+174$
$\qquad =197$ 답 197

05 선분을 일정한 간격으로 그었으므로 수열 $\{x_n\}$은 등차수열을 이룬다.
이 수열의 공차를 d $(d>0)$라 하면 $x_1=-1$이므로
$x_n=-1+(n-1)d$
$x_7=-1+6d=1$이므로
$6d=2$ $\quad \therefore d=\dfrac{1}{3}$
$\therefore x_n=-1+\dfrac{1}{3}(n-1)$
$\qquad =\dfrac{1}{3}n-\dfrac{4}{3}$
이때 각 선분의 연장선과 x축의 교점의 x좌표가 x_n이므로 두 곡선 사이의 선분의 길이를 구하면
$l_n=x_n^2+ax_n+b-x_n^2$
$\quad =ax_n+b$
$\quad =a\left(\dfrac{1}{3}n-\dfrac{4}{3}\right)+b$
$l_1=2$이므로 $-a+b=2$ $\qquad \cdots\cdots \bigcirc$
$l_7=10$이므로 $a+b=10$ $\qquad \cdots\cdots \bigcirc$
$\bigcirc$, $\bigcirc$을 연립하여 풀면 $a=4$, $b=6$이므로
$ab=24$ 답 24

단계	채점 기준	배점
(가)	등차수열 $\{x_n\}$의 일반항을 n에 대한 식으로 나타낸 경우	30%
(나)	수열 $\{l_n\}$의 일반항을 n에 대한 식으로 나타낸 경우	40%
(다)	주어진 조건을 이용하여 a, b의 값을 각각 구한 후, ab의 값을 구한 경우	30%

> **BLACKLABEL 특강** 참고 ※
>
> **등차수열의 일반항**
>
> 등차수열 $\{a_n\}$의 일반항은 n에 대한 일차식으로 나타낼 수 있다.
> 등차수열 $\{x_n\}$의 첫째항과 공차를 각각 p, q라 하면
> $x_n = p + (n-1)q$ (단, p, q는 상수)
> 이때 ※ 에서 $l_n = ax_n + b$이므로
> $l_n = a\{p + (n-1)q\} + b = ap + b + (n-1)aq$
> 즉, 수열 $\{l_n\}$의 일반항을 n에 대한 일차식으로 나타낼 수 있으므로
> 수열 $\{l_n\}$도 등차수열이다.

06

ㄱ. $T_4 = a_1 - a_2 + a_3 - a_4$
$= -(a_2 - a_1) - (a_4 - a_3)$
$= -d - d = -2d$ (거짓)

ㄴ. $T_5 = a_1 - a_2 + a_3 - a_4 + a_5$
$= a_1 + (-a_2 + a_3) + (-a_4 + a_5)$
$= a_1 + d + d$
$= a_1 + 2d = a_3$ (참)

ㄷ. $T_n = a_1 - a_2 + a_3 - a_4 + \cdots + (-1)^{n-1}a_n$이므로
$T_{2n} = a_1 - a_2 + a_3 - a_4 + \cdots + (-1)^{2n-2}a_{2n-1}$
$\qquad\qquad\qquad\qquad\qquad\qquad + (-1)^{2n-1}a_{2n}$
$= a_1 - a_2 + a_3 - a_4 + \cdots + a_{2n-1} - a_{2n}$
$T_{2(n-1)} = a_1 - a_2 + a_3 - a_4 + \cdots + (-1)^{2(n-1)-1}a_{2(n-1)}$
$= a_1 - a_2 + a_3 - a_4 + \cdots - a_{2n-2}$
$\therefore T_{2n} - T_{2(n-1)} = a_{2n-1} - a_{2n} = -d$
즉, 수열 $\{T_{2n}\}$은 공차가 $-d$인 등차수열이다. (참)
따라서 옳은 것은 ㄴ, ㄷ이다. 답 ⑤

• 다른 풀이 •

n의 값에 따라 다음과 같이 나누어 생각할 수 있다.

(i) n이 짝수일 때,
$T_n = (a_1 - a_2) + (a_3 - a_4) + \cdots + (a_{n-1} - a_n)$
$= -d \times \dfrac{n}{2} = -\dfrac{dn}{2}$

(ii) n이 홀수일 때,
$T_n = (a_1 - a_2) + (a_3 - a_4) + \cdots + (a_{n-2} - a_{n-1}) + a_n$
$= -d \times \dfrac{n-1}{2} + a_1 + (n-1)d$
$= a_1 + \dfrac{n-1}{2} \times d$

ㄱ. (i)에 $n=4$를 대입하면 $T_4 = -2d$ (거짓)

ㄴ. (ii)에 $n=5$를 대입하면 $T_5 = a_1 + 2d = a_3$ (참)

ㄷ. $2n$은 짝수이므로 (i)에 의하여
$T_{2n} = -\dfrac{d \times 2n}{2} = -dn$
이때 수열 $\{T_{2n}\}$의 일반항 T_{2n}이 n에 대한 일차식이므로 수열 $\{T_{2n}\}$은 등차수열이다. (참)

따라서 옳은 것은 ㄴ, ㄷ이다.

> **BLACKLABEL 특강** 풀이 첨삭
>
> ㄷ에서
> $T_2 = a_1 - a_2 = -d$
> $T_4 = (a_1 - a_2) + (a_3 - a_4) = -2d$
> $T_6 = (a_1 - a_2) + (a_3 - a_4) + (a_5 - a_6) = -3d$
> 즉, 수열 $\{T_{2n}\}$은 공차가 $-d$인 등차수열이다.

07 조건 (나)에서 수열 $\{b_n\}$은 수열 $\{a_n\}$의 각 항에서 3의 배수를 제외시킨 것이므로 수열 $\{a_n\}$의 첫째항 a의 값에 따라 다음과 같이 나누어 생각할 수 있다.

(i) $a = 3k$ (k는 자연수) 꼴인 경우
수열 $\{a_n\}$의 공차가 2이므로 수열 $\{a_n\}$의 각 항 중에서 3의 배수는 a_1, a_4, a_7, $\cdots$이다.
$\therefore \{b_n\} : a_2, a_3, a_5, a_6, a_8, a_9, \cdots$
즉, $b_{40} = a_{60} = 172$이므로
$a + 59 \times 2 = 172$
$\therefore a = 54$

(ii) $a = 3k - 1$ (k는 자연수) 꼴인 경우
수열 $\{a_n\}$의 공차가 2이므로 수열 $\{a_n\}$의 각 항 중에서 3의 배수는 a_3, a_6, a_9, $\cdots$이다.
$\therefore \{b_n\} : a_1, a_2, a_4, a_5, a_7, a_8, \cdots$
즉, $b_{40} = a_{59} = 172$이므로
$a + 58 \times 2 = 172$
$\therefore a = 56$

(iii) $a = 3k - 2$ (k는 자연수) 꼴인 경우
수열 $\{a_n\}$의 공차가 2이므로 수열 $\{a_n\}$의 각 항 중에서 3의 배수는 a_2, a_5, a_8, $\cdots$이다.
$\therefore \{b_n\} : a_1, a_3, a_4, a_6, a_7, a_9, \cdots$
즉, $b_{40} = a_{60} = 172$이므로
$a + 59 \times 2 = 172$
$\therefore a = 54$
그런데 $a = 3k - 2$ 꼴이어야 하므로 조건을 만족시키는 a는 존재하지 않는다.

(i), (ii), (iii)에서 a의 최솟값은 54이다. 답 54

> **BLACKLABEL 특강** 풀이 첨삭
>
> 수열 $\{a_n\}$의 세 항마다 하나씩 3의 배수가 지워지고 남은 수들을 크기 순으로 나열한 것이 수열 $\{b_n\}$이므로 지워지는 값에 따라 다음과 같이 나누어 생각할 수 있다.
> $\{a_n\} : a_1, a_2, a_3 / a_4, a_5, a_6 / \cdots / a_{58}, a_{59}, a_{60} / \cdots$
> (i) $\times, b_1, b_2 / \times, b_3, b_4 / \cdots / \times, b_{39}, b_{40} / \cdots$
> (ii) $b_1, b_2, \times / b_3, b_4, \times / \cdots / b_{39}, b_{40}, \times / \cdots$
> (iii) $b_1, \times, b_2 / b_3, \times, b_4 / \cdots / b_{39}, \times, b_{40} / \cdots$
> 즉, (i), (iii)에서 $b_{40} = a_{60}$, (ii)에서 $b_{40} = a_{59}$이다.

08 $f(x) = x^2 - ax + 2a$라 하면 다항식 $f(x)$를 $x+1$, $x-1$, $x-2$로 나눈 나머지가 각각 p, q, r이므로 나머지 정리에 의하여

$p=f(-1)=(-1)^2-a\times(-1)+2a=3a+1,$
$q=f(1)=1^2-a\times1+2a=a+1,$
$r=f(2)=2^2-a\times2+2a=4$
이때 세 수 p, q, r, 즉 $3a+1$, $a+1$, 4가 이 순서대로 등
차수열을 이루므로
$2(a+1)=(3a+1)+4$, $2a+2=3a+5$
$\therefore a=-3$ 답 ①

09 $f(x)=\dfrac{1}{x}$이므로

$f(a)=\dfrac{1}{a}$, $f(2)=\dfrac{1}{2}$, $f(b)=\dfrac{1}{b}$

조건 ㈐에서 세 수 $\dfrac{1}{a}$, $\dfrac{1}{2}$, $\dfrac{1}{b}$은 이 순서대로 등차수열을

이루므로

$2\times\dfrac{1}{2}=\dfrac{1}{a}+\dfrac{1}{b}$ $\therefore \dfrac{1}{a}+\dfrac{1}{b}=1$ ……㉠

$\therefore a+25b=(a+25b)\left(\dfrac{1}{a}+\dfrac{1}{b}\right)(\because ㉠)$

$=26+\dfrac{25b}{a}+\dfrac{a}{b}$ ……㉡

조건 ㈎에서 $ab>0$이므로 $\dfrac{25b}{a}>0$, $\dfrac{a}{b}>0$이고 산술평균

과 기하평균의 관계에 의하여

$\dfrac{25b}{a}+\dfrac{a}{b}\geq2\sqrt{\dfrac{25b}{a}\times\dfrac{a}{b}}$

$=10\left(단, 등호는 a=6, b=\dfrac{6}{5}일 때 성립한다.\right)$

$\therefore a+25b\geq26+10(\because ㉡)$

$=36$

따라서 $a+25b$의 최솟값은 36이다.   답 36

10 $\overline{BC}=a$, $\overline{AC}=b$라 하면 $\triangle ABC$
에서 피타고라스 정리에 의하여
$a^2+b^2=(3\sqrt{2})^2$
$\therefore a^2+b^2=18$ ……㉠
$\triangle ABC\backsim\triangle CBD$이므로
$\overline{AB}:\overline{BC}=\overline{BC}:\overline{BD}$에서 $3\sqrt{2}:a=a:\overline{BD}$
$\therefore \overline{BD}=\dfrac{a^2}{3\sqrt{2}}$
$\overline{AB}:\overline{AC}=\overline{BC}:\overline{CD}$에서 $3\sqrt{2}:b=a:\overline{CD}$
$\therefore \overline{CD}=\dfrac{ab}{3\sqrt{2}}$
$\triangle ABC\backsim\triangle ACD$이므로
$\overline{AB}:\overline{AC}=\overline{AC}:\overline{AD}$에서 $3\sqrt{2}:b=b:\overline{AD}$
$\therefore \overline{AD}=\dfrac{b^2}{3\sqrt{2}}$
즉, 세 삼각형의 넓이는
$\triangle ACD=\dfrac{1}{2}\times\overline{CD}\times\overline{AD}$

$=\dfrac{1}{2}\times\dfrac{ab}{3\sqrt{2}}\times\dfrac{b^2}{3\sqrt{2}}=\dfrac{1}{36}ab^3$

$\triangle CBD=\dfrac{1}{2}\times\overline{BD}\times\overline{CD}$

$=\dfrac{1}{2}\times\dfrac{a^2}{3\sqrt{2}}\times\dfrac{ab}{3\sqrt{2}}=\dfrac{1}{36}a^3b$

$\triangle ABC=\dfrac{1}{2}\times\overline{BC}\times\overline{AC}$

$=\dfrac{1}{2}ab$

세 삼각형 ACD, CBD, ABC의 넓이가 이 순서대로 등
차수열을 이루므로

$2\times\dfrac{1}{36}a^3b=\dfrac{1}{36}ab^3+\dfrac{1}{2}ab$

그런데 $a>0$, $b>0$에서 $ab\neq0$이므로 양변에 $\dfrac{36}{ab}$을 곱하면

$2a^2=b^2+18$ $\therefore b^2=2a^2-18$ ……㉡

㉡을 ㉠에 대입하면
$3a^2-18=18$, $3a^2=36$
$a^2=12$ $\therefore a=2\sqrt{3}(\because a>0)$
위의 값을 ㉡에 대입하면
$b^2=2\times12-18=6$ $\therefore b=\sqrt{6}(\because b>0)$
$\therefore \triangle ABC=\dfrac{1}{2}ab=\dfrac{1}{2}\times2\sqrt{3}\times\sqrt{6}=3\sqrt{2}$ 답 ②

• 다른 풀이 •

$\triangle ABC=\triangle ACD+\triangle CBD$ ……㉢
세 삼각형 ACD, CBD, ABC의 넓이가 이 순서대로 등
차수열을 이루므로
$2\triangle CBD=\triangle ACD+\triangle ABC$ ……㉣
㉢을 ㉣에 대입하면
$2\triangle CBD=2\triangle ACD+\triangle CBD$
즉, $\triangle CBD=2\triangle ACD$이므로
$\triangle ACD:\triangle CBD=1:2$
이때 두 삼각형 ACD, CBD는 각각 변 AD와 변 BD를
밑변으로 하고 높이가 서로 같은 삼각형이므로 넓이의 비
는 밑변의 길이의 비와 같다.
즉, $\overline{AD}:\overline{BD}=1:2$이고 $\overline{AB}=3\sqrt{2}$이므로
$\overline{AD}=\sqrt{2}$, $\overline{BD}=2\sqrt{2}$
$\triangle ABC\backsim\triangle ACD$에서
$\overline{AB}:\overline{AC}=\overline{AC}:\overline{AD}$, $3\sqrt{2}:\overline{AC}=\overline{AC}:\sqrt{2}$
$\overline{AC}^2=6$ $\therefore \overline{AC}=\sqrt{6}(\because \overline{AC}>0)$
$\triangle ABC\backsim\triangle CBD$에서
$\overline{AB}:\overline{BC}=\overline{BC}:\overline{BD}$, $3\sqrt{2}:\overline{BC}=\overline{BC}:2\sqrt{2}$
$\overline{BC}^2=12$ $\therefore \overline{BC}=2\sqrt{3}(\because \overline{BC}>0)$
$\therefore \triangle ABC=\dfrac{1}{2}\times\overline{AC}\times\overline{BC}$

$=\dfrac{1}{2}\times\sqrt{6}\times2\sqrt{3}=3\sqrt{2}$

11 등차수열 $\{a_n\}$의 첫째항을 a, 공차를 d라 하면
$a_3=-4$에서 $a+2d=-4$ ……㉠
$a_9=44$에서 $a+8d=44$ ……㉡
㉠, ㉡을 연립하여 풀면 $a=-20$, $d=8$

$$\therefore a_n = -20 + (n-1) \times 8$$
$$= 8n - 28$$

이때 $a_n < 0$, 즉 $8n - 28 < 0$에서

$$n < 3.5$$

따라서 $n \leq 3$이면 $a_n < 0$이고, $n \geq 4$이면 $a_n > 0$이다.

$$\therefore |a_1| + |a_2| + |a_3| + \cdots + |a_{15}|$$
$$= -(a_1 + a_2 + a_3) + (a_4 + a_5 + \cdots + a_{15})$$
$$= (a_1 + a_2 + a_3 + \cdots + a_{15}) - 2(a_1 + a_2 + a_3)$$
$$= \frac{15\{2 \times (-20) + (15-1) \times 8\}}{2} - 2(-20 - 12 - 4)$$
$$= 540 + 72 = 612$$

답 612

12 수열 $\{a_n\}$은 첫째항이 30이고 공차가 $-d$인 등차수열이므로

$$a_n = 30 - (n-1)d$$
$$\therefore a_m + a_{m+1} + a_{m+2} + \cdots + a_{m+k}$$
$$= \frac{(k+1)\{30 - (m-1)d + 30 - (m+k-1)d\}}{2}$$
$$= \frac{(k+1)\{60 - (2m+k-2)d\}}{2} = 0$$

이때 $k+1 > 0$이므로

$$60 - (2m+k-2)d = 0$$
$$(2m+k-2)d = 60 \qquad \therefore 2m+k = 2 + \frac{60}{d}$$

그런데 m, k가 자연수이므로 위의 식을 만족시키는 d는 60의 약수이어야 한다.

따라서 $60 = 2^2 \times 3 \times 5$이므로 d의 개수는

$$(2+1) \times (1+1) \times (1+1) = 12$$

답 ②

• 다른 풀이 •

$a_m + a_{m+1} + a_{m+2} + \cdots + a_{m+k} = 0$, 즉 등차수열의 연속하는 $(k+1)$개의 항의 합이 0이므로 k의 값에 따라 수열 a_m, a_{m+1}, a_{m+2}, $\cdots$, a_{m+k}를 다음과 같이 나누어 생각할 수 있다.

(i) $k+1$이 홀수일 때,

$$\cdots, d, 0, -d, \cdots$$

이때 첫째항이 30이고 공차가 $-d$인 등차수열에서 항의 값이 0이 되려면 d는 30의 양의 약수가 되어야 하므로

$$d = 1, 2, 3, 5, 6, 10, 15, 30$$

(ii) $k+1$이 짝수일 때,

$$\cdots, \frac{d}{2}, -\frac{d}{2}, \cdots$$

이때 $a_n = 30 - (n-1)d$이므로

$$30 - (n-1)d = \frac{d}{2}$$에서 $(n-1)d = -\frac{d}{2} + 30$
$$n-1 = -\frac{1}{2} + \frac{30}{d} \qquad \therefore n = \frac{1}{2} + \frac{30}{d}$$

그런데 n은 자연수이므로

$$d = 4, 12, 20, 60$$

(i), (ii)에서 구하는 d의 개수는 12이다.

13 등차수열 $\{a_n\}$의 첫째항을 a, 공차를 d라 하면

$a_{11} + a_{21} = 82$에서 $(a+10d) + (a+20d) = 82$

$$2a + 30d = 82 \qquad \therefore a + 15d = 41 \qquad \cdots\cdots \text{㉠}$$

$a_{11} - a_{21} = 6$에서 $(a+10d) - (a+20d) = 6$

$$-10d = 6 \qquad \therefore d = -\frac{3}{5}$$

위의 값을 ㉠에 대입하면

$$a + 15 \times \left(-\frac{3}{5}\right) = 41$$
$$a - 9 = 41 \qquad \therefore a = 50$$
$$\therefore a_n = 50 + (n-1) \times \left(-\frac{3}{5}\right) \qquad \cdots\cdots \text{㉡}$$

이때 집합 A의 원소 a_n의 값은 자연수이므로

$$50 + (n-1) \times \left(-\frac{3}{5}\right) > 0, \quad n-1 < \frac{250}{3}$$
$$\therefore n < \frac{253}{3} = 84.3 \times \times \times$$

또한, a_n의 값이 자연수가 되려면 ㉡에서 $n-1$의 값은 0 또는 5의 배수이어야 한다. 즉, 조건을 만족시키는 n의 값은 1, 6, 11, $\cdots$, 81의 17개이다.

따라서 수열 a_1, a_6, a_{11}, $\cdots$, a_{81}은 첫째항이 50이고,
〈공차는 $5d = -3$이다.〉

제17항이 $a_{81} = 50 + (81-1) \times \left(-\frac{3}{5}\right) = 2$인 등차수열이므로 그 합은

$$\frac{17(50+2)}{2} = 442$$

답 442

14 $S_{17} = S_{18}$이므로

$$S_{18} - S_{17} = 0 \qquad \therefore a_{18} = 0$$

등차수열 $\{a_n\}$의 공차를 d라 하면 첫째항이 34이므로

$$a_{18} = 34 + (18-1) \times d = 0$$
$$17d = -34 \qquad \therefore d = -2$$
$$\therefore S_n = \frac{n\{2 \times 34 + (n-1) \times (-2)\}}{2}$$
$$= -n(n-35) \qquad \cdots\cdots \text{㉠}$$

$f(x) = -x(x-35)$라 하면 함수 $y = |f(x)|$의 그래프는 오른쪽 그림과 같으므로 자연수 n에 대하여 다음과 같이 경우를 나누어 생각할 수 있다.

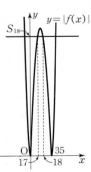

(i) $1 \leq n \leq 35$인 자연수 n에 대하여

$$f(18) \geq |f(n)|$$

즉, $1 \leq n \leq 35$인 자연수 n에 대하여 $|S_n| > S_{18}$을 만족시키는 자연수 n은 존재하지 않는다.

(ii) $n > 35$인 자연수 n에 대하여 $|S_n| > S_{18}$이 성립하려면 $-S_n > S_{18}$이어야 한다.

즉, ㉠에 의하여 $S_{18} = -18(18-35) = 306$이므로 $n(n-35) > 306$이 성립해야 한다.

이때 $n = 42$이면 $n(n-35) = 42 \times 7 = 294$이고
$n = 43$이면 $n(n-35) = 43 \times 8 = 344$이므로

$-S_n>S_{18}$을 만족시키는 자연수 n의 최솟값은 43이다.

(i), (ii)에서 $|S_n|>S_{18}$을 만족시키는 자연수 n의 최솟값은 43이다.

답 43

15 공차가 양수인 등차수열 a_1, a_2, a_3, $\cdots$, a_m에 대하여 조건 (나), (다)에서 홀수 번째 항들의 합이 짝수 번째 항들의 합보다 크므로 m은 홀수이다.

또한, 홀수 m에 대하여 자연수 1, 2, 3, $\cdots$, m 중에서 홀수는 $\dfrac{m+1}{2}$개, 짝수는 $\dfrac{m-1}{2}$개이다.

조건 (나)에서 $a_1+a_3+a_5+\cdots+a_m=90$이므로

$$\dfrac{\frac{m+1}{2}(a_1+a_m)}{2}=90$$

$\therefore (m+1)(a_1+a_m)=360$ ……㉠

조건 (다)에서 $a_2+a_4+a_6+\cdots+a_{m-1}=72$이므로

$$\dfrac{\frac{m-1}{2}(a_2+a_{m-1})}{2}=72$$

$\therefore (m-1)(a_2+a_{m-1})=288$

이때 등차수열 $\{a_n\}$의 공차를 d $(d>0)$라 하면

$a_2+a_{m-1}=a_1+d+a_{m-1}=a_1+a_m$이므로

$(m-1)(a_2+a_{m-1})=288$에서

$(m-1)(a_1+a_m)=288$ ……㉡

㉠$-$㉡을 하면

$2(a_1+a_m)=72$ $\therefore a_1+a_m=36$

이것을 ㉠에 대입하면

$36(m+1)=360$, $m+1=10$ $\therefore m=9$

$\therefore a_1+a_m+m=36+9=45$

답 ②

16 ㄱ. $S_{14}=S_{28}$에서

$a_1+a_2+\cdots+a_{14}$

$=(a_1+a_2+\cdots+a_{14})+(a_{15}+a_{16}+\cdots+a_{28})$

$\therefore a_{15}+a_{16}+a_{17}+\cdots+a_{28}=0$ (참)

ㄴ. 수열 $\{a_n\}$이 등차수열이므로

$a_{15}+a_{28}=a_{16}+a_{27}=\cdots=a_{19}+a_{24}=\cdots=a_{21}+a_{22}$

즉, ㄱ에서 $7(a_{19}+a_{24})=0$이므로

> 공차를 d라 하면 모두 $2a_1+41d$이다.

$a_{19}+a_{24}=0$ $\therefore a_{19}=-a_{24}$

$\therefore |a_{19}|=|a_{24}|$ (참)

ㄷ. 등차수열 $\{a_n\}$의 공차를 d라 하면 ㄴ에서

$a_{19}+a_{24}=0$이므로

$a_1+18d+a_1+23d=0$, $2a_1=-41d$

$\therefore a_1=-\dfrac{41}{2}d$

이때 $a_1>0$이므로 $d<0$이고,

$a_n=-\dfrac{41}{2}d+(n-1)d=d\left(n-\dfrac{43}{2}\right)$

S_n의 값이 최대가 되는 것은 $a_n>0$인 항만을 모두 더했을 때이므로

$d\left(n-\dfrac{43}{2}\right)\geq0$ $\therefore n\leq21.5$ $(\because d<0)$

즉, $n=21$일 때, S_n은 최댓값을 갖는다. (거짓)

따라서 옳은 것은 ㄱ, ㄴ이다.

답 ③

17 세 수 a, b, c가 이 순서대로 등비수열을 이루므로 공비를 r라 하면

$b=ar$, $c=br=ar^2$

$a+b+c=7$에서 $a+ar+ar^2=7$이므로

$a(1+r+r^2)=7$ ……㉠

$a^2+b^2+c^2=91$에서 $a^2+a^2r^2+a^2r^4=91$이므로

$a^2(1+r^2+r^4)=91$

한편, $(a+b+c)^2=a^2+b^2+c^2+2(ab+bc+ca)$이므로

$7^2=91+2(a^2r+a^2r^3+a^2r^2)$

$2a^2r(1+r+r^2)=-42$

$\therefore a^2r(1+r+r^2)=-21$ ……㉡

㉠, ㉡에서 $ar=-3$

$\therefore abc=a\times ar\times ar^2=(ar)^3$

$=(-3)^3=-27$

답 ①

• 다른 풀이 •

세 수 a, b, c가 이 순서대로 등비수열을 이루므로 공비를 r라 하면

$b=ar$, $c=ar^2$

$a+b+c=7$에서 $a+ar+ar^2=7$

$\therefore a(1+r+r^2)=7$ ……㉢

$a^2+b^2+c^2=91$에서 $a^2+a^2r^2+a^2r^4=91$

$a^2(1+r^2+r^4)=91$, $a^2(1+r+r^2)(1-r+r^2)=91$

> ← 복이차식의 인수분해

㉢을 위의 식에 대입하면

$7a(1-r+r^2)=91$

$\therefore a(1-r+r^2)=13$ ……㉣

㉢$-$㉣을 하면 $2ar=-6$ $\therefore ar=-3$

$\therefore abc=a\times ar\times ar^2=(ar)^3$

$=(-3)^3=-27$

18 등비수열 $\{a_n\}$의 첫째항을 a, 공비를 r라 하면

$a_1+a_3=12$에서 $a+ar^2=12$ ……㉠

$a_1+a_3+a_5+a_7=15$에서

$12+a_5+a_7=15$

즉, $a_5+a_7=3$에서

$ar^4+ar^6=3$ $\therefore r^4(a+ar^2)=3$ ……㉡

㉠을 ㉡에 대입하면

$12r^4=3$ $\therefore r^4=\dfrac{1}{4}$

이때 모든 항이 실수이므로 $r^2=\dfrac{1}{2}$ ……㉢

㉢을 ㉠에 대입하면

$a+\dfrac{1}{2}a=12$, $\dfrac{3}{2}a=12$ $\therefore a=8$

$\therefore a_1a_2a_3a_4=a\times ar\times ar^2\times ar^3=a^4r^6=a^4(r^2)^3$

$=8^4\times\left(\dfrac{1}{2}\right)^3=\dfrac{2^{12}}{2^3}=2^9$

답 ①

19 두 등비수열 $\{a_n\}$, $\{b_n\}$의 첫째항을 각각 a, b, 공비를 r라 하면

$a_n=ar^{n-1}$, $b_n=br^{n-1}$

$a_nb_n=\dfrac{(a_{n+1})^2+4(b_{n+1})^2}{5}$에서

$ar^{n-1}\times br^{n-1}=\dfrac{(ar^n)^2+4(br^n)^2}{5}$

$abr^{2n-2}=\dfrac{a^2r^{2n}+4b^2r^{2n}}{5}$ $(\because r>0)$

$(a^2+4b^2)r^2=5ab$

$\therefore r^2=\dfrac{5ab}{a^2+4b^2}=\dfrac{5}{\dfrac{a}{b}+\dfrac{4b}{a}}$ $\qquad$ ......㉠

이때 $\underline{a>0,\ b>0}$이므로 $\dfrac{a}{b}>0$, $\dfrac{4b}{a}>0$이고 산술평균과
$^{\llcorner}$ 모든 항이 양수이므로 $a>0, b>0, r>0$
기하평균의 관계에 의하여

$\dfrac{a}{b}+\dfrac{4b}{a}\geq 2\sqrt{\dfrac{a}{b}\times\dfrac{4b}{a}}=4$

$\qquad$ (단, 등호는 $a^2=4b^2$일 때 성립한다.)

$\therefore r^2=\dfrac{5}{\dfrac{a}{b}+\dfrac{4b}{a}}\leq\dfrac{5}{4}$ $(\because ㉠)$

따라서 공비 r의 최댓값은 $\dfrac{\sqrt{5}}{2}$이다. $\qquad$ 답 ③

20 조건 ㈏에서 $\dfrac{d}{a}=\dfrac{e}{d}$, 즉 $d^2=ae$이므로 a, d, e 또는 e, d, a는 이 순서대로 등비수열을 이룬다.

또한, 조건 ㈐에서 $a=kd$, $b=\dfrac{e}{k}$이므로

$k=\dfrac{a}{d}=\dfrac{e}{b}$ $\qquad\therefore ab=de$

따라서 a, d, e, b 또는 b, e, d, a는 이 순서대로 등비수열을 이룬다.

조건 ㈎에서 $a<c$이므로 a, d, e, b, c 또는
b, e, d, a, c는 이 순서대로 등비수열을 이루고, 이때의
c는 제5항이다.
조건 ㈏에서 (a, d, e) 또는 (e, d, a)의 순서대로 등비수열을 이루므로
(a, e, d, b), (b, d, e, a), (d, a, b, e), (d, b, a, e), (e, a, b, d),
(e, b, a, d)의 경우는 생각하지 않는다.

$\therefore n=5$ $\qquad$ 답 ⑤

21 등차수열 $\{a_n\}$의 첫째항을 a, 공차를 d $(d\neq 0)$라 하면

$a_2=a+d$, $a_4=a+3d$, $a_9=a+8d$ $\qquad$ ......㉠

이고, 이 순서대로 등비수열을 이루므로

$(a+3d)^2=(a+d)(a+8d)$

$a^2+6ad+9d^2=a^2+9ad+8d^2$

$d^2-3ad=0$, $d(d-3a)=0$

$\therefore d=3a$ $(\because d\neq 0)$

이것을 ㉠에 각각 대입하여 정리하면

$a_2=4a$, $a_4=10a$, $a_9=25a$

$\therefore r=\dfrac{a_4}{a_2}=\dfrac{10a}{4a}=\dfrac{5}{2}$

$\therefore 6r=6\times\dfrac{5}{2}=15$ $\qquad$ 답 15

22 [그림 2]에서 b는 3과 1의 최소공배수이므로 3이고, c는 1과 4의 최소공배수이므로 4이다.

이때 e와 12의 최대공약수가 $b=3$이므로
$e=3k$ (k는 자연수)라 하면 k와 4는 서로소이다.

또한, f와 12의 최대공약수가 $c=4$이므로
$f=4l$ (l은 자연수)이라 하면 l과 3은 서로소이다.

한편, e, 12, f가 이 순서대로 등비수열을 이루므로
$12^2=ef$에서

$144=3k\times 4l=12kl$ $\qquad\therefore kl=12$

이때 k, l은 각각 4, 3과 서로소인 자연수이므로

$k=3$, $l=4$

$\therefore e=3\times 3=9$, $f=4\times 4=16$

$\therefore e+f=9+16=25$ $\qquad$ 답 25

23 $x=n+a$ (n은 양의 정수, $0<a<1$)라 하면
$[x]=n$, $x-[x]=(n+a)-n=a$ $\quad$*

이때 세 수 $x-[x]$, $[x]$, x, 즉 a, n, $n+a$가 이 순서대로 등비수열을 이루므로

$n^2=a(n+a)$, $a^2+na-n^2=0$

$\left(\dfrac{a}{n}\right)^2+\dfrac{a}{n}-1=0$ $\qquad\therefore \dfrac{a}{n}=\dfrac{-1\pm\sqrt{5}}{2}$

그런데 $0<\dfrac{a}{n}<1$이므로 $\dfrac{a}{n}=\dfrac{-1+\sqrt{5}}{2}$이고,

$0<a<1$이므로 $n=1$이어야 한다.

$\therefore a=\dfrac{-1+\sqrt{5}}{2}$

$\therefore x-[x]=\dfrac{-1+\sqrt{5}}{2}$ $\qquad$ 답 ④

> **BLACKLABEL 특강** | **풀이 첨삭** $\qquad$ *
>
> 양의 실수 x의 정수 부분을 n, 소수 부분을 a라 하면
> $x=n+a$ (단, n은 0 또는 양의 정수 $0\leq a<1$)
> (i) $n=0$, $a=0$일 때,
> $\quad x=0$이므로 x는 양의 실수라는 조건에 모순이다.
> (ii) $n=0$, $a\neq 0$일 때,
> $\quad x=a$, $[x]=0$이므로 $x-[x]$, $[x]$, x는 a, 0, a이고, 이 순서대로 등비수열을 이루지 않는다.
> (iii) $n\neq 0$, $a=0$일 때,
> $\quad x=n$, $[x]=n$이므로 $x-[x]$, $[x]$, x는 0, n, n이고, 이 순서대로 등비수열을 이루지 않는다.
> (i), (ii), (iii)에서 $n\neq 0$, $a\neq 0$이므로
> $x=n+a$ (단, n은 양의 정수, $0<a<1$)

24 이차방정식 $px^2+2qx+r=0$의 판별식을 D라 하면

$\dfrac{D}{4}=q^2-pr$ $\qquad$ ......㉠

ㄱ. p^2, q^2, r^2이 이 순서대로 등차수열을 이루면
$\qquad q^2=\dfrac{p^2+r^2}{2}$

㉠에서

$$\frac{D}{4}=\frac{p^2+r^2}{2}-pr$$
$$=\frac{p^2-2pr+r^2}{2}$$
$$=\frac{(p-r)^2}{2}$$

이때 p, r는 서로 다른 양수이므로 $\dfrac{(p-r)^2}{2}>0$

즉, $\dfrac{D}{4}>0$이므로 주어진 이차방정식은 서로 다른 두 실근을 갖는다. (참)

ㄴ. $\dfrac{1}{p}$, $\dfrac{1}{q}$, $\dfrac{1}{r}$이 이 순서대로 등비수열을 이루면

$$\frac{1}{q^2}=\frac{1}{pr} \qquad \therefore q^2=pr$$

㉠에서

$$\frac{D}{4}=pr-pr=0$$

즉, $\dfrac{D}{4}=0$이므로 주어진 이차방정식은 중근을 갖는다. (참)

ㄷ. $\dfrac{1}{p}$, $\dfrac{1}{q}$, $\dfrac{1}{r}$이 이 순서대로 등차수열을 이루면

$$\frac{2}{q}=\frac{1}{p}+\frac{1}{r}=\frac{p+r}{pr}$$
$$q=\frac{2pr}{p+r} \qquad \therefore q^2=\frac{4p^2r^2}{(p+r)^2}$$

㉠에서

$$\frac{D}{4}=\frac{4p^2r^2}{(p+r)^2}-pr$$
$$=pr\times\frac{4pr-(p+r)^2}{(p+r)^2}$$
$$=pr\times\frac{-(p-r)^2}{(p+r)^2}$$
$$=-pr\times\left(\frac{p-r}{p+r}\right)^2$$

이때 p, r는 서로 다른 양수이므로

$$pr>0, \left(\frac{p-r}{p+r}\right)^2>0$$
$$\therefore -pr\times\left(\frac{p-r}{p+r}\right)^2<0$$

즉, $\dfrac{D}{4}<0$이므로 주어진 이차방정식은 허근을 갖는다. (참)

따라서 ㄱ, ㄴ, ㄷ 모두 옳다. 답 ⑤

25 등비수열 $\{a_n\}$의 공비를 r라 하면

$$a_1+a_2+a_3+\cdots+a_{10}=\frac{a_1(r^{10}-1)}{r-1}=50\sqrt{2} \qquad \cdots\cdots㉠$$

$a_{21}+a_{22}+a_{23}+\cdots+a_{30}$은 첫째항이 $a_{21}=a_1r^{20}$이고 공비가 r, 항의 개수가 10인 등비수열의 합이므로

$$a_{21}+a_{22}+a_{23}+\cdots+a_{30}=\frac{a_1r^{20}(r^{10}-1)}{r-1}$$
$$=450\sqrt{2} \qquad \cdots\cdots㉡$$

㉠을 ㉡에 대입하면

$$50\sqrt{2}r^{20}=450\sqrt{2}, r^{20}=9$$
$$\therefore r^{10}=3 \ (\because r^{10}>0)$$

$\underleftarrow{\text{$r$은 실수이므로}}$

따라서 $a_{11}+a_{12}+a_{13}+\cdots+a_{20}$은 첫째항이 $a_{11}=a_1r^{10}$이고 공비가 r, 항의 개수가 10인 등비수열의 합이므로

$$a_{11}+a_{12}+a_{13}+\cdots+a_{20}=\frac{a_1r^{10}(r^{10}-1)}{r-1}$$
$$=r^{10}\times\frac{a_1(r^{10}-1)}{r-1}$$
$$=3\times50\sqrt{2} \ (\because ㉠)$$
$$=150\sqrt{2} \qquad\qquad 답\ 150\sqrt{2}$$

• 다른 풀이 •

등비수열 $\{a_n\}$의 공비를 r, 첫째항부터 제n항까지의 합을 S_n이라 하면

$$a_1+a_2+a_3+\cdots+a_{10}=S_{10}$$
$$a_{21}+a_{22}+a_{23}+\cdots+a_{30}$$
$$=a_1r^{20}+a_2r^{20}+a_3r^{20}+\cdots+a_{10}r^{20}$$
$$=(a_1+a_2+a_3+\cdots+a_{10})r^{20}$$
$$=S_{10}r^{20}$$

이때 $S_{10}=50\sqrt{2}$, $S_{10}r^{20}=450\sqrt{2}$이므로

$$r^{20}=\frac{S_{10}r^{20}}{S_{10}}=\frac{450\sqrt{2}}{50\sqrt{2}}=9, (r^{10})^2=9$$
$$\therefore r^{10}=3 \ (\because r^{10}>0)$$
$$\therefore a_{11}+a_{12}+a_{13}+\cdots+a_{20}$$
$$=a_1r^{10}+a_2r^{10}+a_3r^{10}+\cdots+a_{10}r^{10}$$
$$=(a_1+a_2+a_3+\cdots+a_{10})r^{10}$$
$$=S_{10}r^{10}$$
$$=50\sqrt{2}\times3$$
$$=150\sqrt{2}$$

> **BLACKLABEL 특강** 참고
>
> 등비수열의 일정한 개수의 항의 합으로 이루어진 수열도 등비수열을 이루므로 주어진 문제에서
> $a_1+a_2+a_3+\cdots+a_{10}=S_1$, $a_{11}+a_{12}+a_{13}+\cdots+a_{20}=S_2$,
> $a_{21}+a_{22}+a_{23}+\cdots+a_{30}=S_3$이라 하면 세 수 S_1, S_2, S_3이 이 순서대로 등비수열을 이룬다.
> 공비를 R라 할 때, $\dfrac{S_3}{S_1}=9$에서 $R=3$ $(\because R>0)$
> $\therefore S_2=S_1\times R=50\sqrt{2}\times3=150\sqrt{2}$
> 또한, 등차수열의 일정한 개수의 항의 합으로 이루어진 수열도 등차수열을 이룬다.

26 등비수열 $\{a_n\}$의 공비를 r라 하면

첫째항부터 제5항까지의 합이 $\dfrac{31}{2}$이므로

$$\frac{a_1(r^5-1)}{r-1}=\frac{31}{2} \qquad \cdots\cdots㉠$$

또한, 첫째항부터 제5항까지의 곱은 32이므로

$$a_1\times a_1r\times a_1r^2\times a_1r^3\times a_1r^4=32$$
$$a_1^5r^{10}=32, (a_1r^2)^5=32$$
$$\therefore a_1r^2=2 \qquad \cdots\cdots㉡$$

$$\therefore \frac{1}{a_1}+\frac{1}{a_2}+\frac{1}{a_3}+\frac{1}{a_4}+\frac{1}{a_5}$$

$$=\frac{1}{a_1}+\frac{1}{a_1 r}+\frac{1}{a_1 r^2}+\frac{1}{a_1 r^3}+\frac{1}{a_1 r^4}$$

$$=\frac{1}{a_1}+\frac{1}{a_1}\times\frac{1}{r}+\frac{1}{a_1}\times\left(\frac{1}{r}\right)^2+\frac{1}{a_1}\times\left(\frac{1}{r}\right)^3+\frac{1}{a_1}\times\left(\frac{1}{r}\right)^4$$

$$=\frac{\frac{1}{a_1}\left\{1-\left(\frac{1}{r}\right)^5\right\}}{1-\frac{1}{r}}=\frac{\frac{1}{a_1}\times\frac{r^5-1}{r^5}}{\frac{r-1}{r}}$$

$$=\frac{r^5-1}{a_1 r^4(r-1)}=\frac{a_1(r^5-1)}{a_1{}^2 r^4(r-1)}$$

$$=\left(\frac{1}{a_1 r^2}\right)^2\times\frac{a_1(r^5-1)}{r-1}$$

$$=\left(\frac{1}{2}\right)^2\times\frac{31}{2}\ (\because \bigcirc,\ \bigcirc)$$

$$=\frac{31}{8} \qquad\qquad\qquad\qquad\qquad \text{답 } ②$$

• 다른 풀이 •

등비수열 $\{a_n\}$의 첫째항을 a, 공비를 r라 하자.

첫째항부터 제5항까지의 합이 $\frac{31}{2}$이므로

$$a_1+a_2+a_3+a_4+a_5=a+ar+ar^2+ar^3+ar^4$$

$$=a(1+r+r^2+r^3+r^4)$$

$$=\frac{31}{2} \qquad \cdots\cdots ㉢$$

첫째항부터 제5항까지의 곱이 32이므로

$$a_1 a_2 a_3 a_4 a_5=a\times ar\times ar^2\times ar^3\times ar^4$$

$$=a^5 r^{10}=(ar^2)^5=32$$

$$\therefore ar^2=2 \qquad \cdots\cdots ㉣$$

$$\therefore \frac{1}{a_1}+\frac{1}{a_2}+\frac{1}{a_3}+\frac{1}{a_4}+\frac{1}{a_5}$$

$$=\frac{1}{a}+\frac{1}{ar}+\frac{1}{ar^2}+\frac{1}{ar^3}+\frac{1}{ar^4}$$

$$=\frac{1}{ar^4}(1+r+r^2+r^3+r^4)$$

$$=\frac{1}{(ar^2)^2}\times a(1+r+r^2+r^3+r^4)$$

$$=\frac{1}{2^2}\times\frac{31}{2}\ (\because ㉢,\ ㉣)$$

$$=\frac{31}{8}$$

27 $f(x)=2+x+x^2+x^3+\cdots+x^{100}$에서

$$(f\circ f)(x)=2+(2+x+x^2+x^3+\cdots+x^{100})$$

$$+(2+x+x^2+x^3+\cdots+x^{100})^2$$

$$+(2+x+x^2+x^3+\cdots+x^{100})^3+\cdots$$

$$+(2+x+x^2+x^3+\cdots+x^{100})^{100}$$

즉, 함수 $(f\circ f)(x)$의 상수항은

$$2+2+2^2+2^3+\cdots+2^{100}=2+\frac{2(2^{100}-1)}{2-1}$$

$$=2+(2^{101}-2)$$

$$=2^{101}=2^k$$

따라서 구하는 k의 값은 101이다. 　　　　　답 101

• 다른 풀이 •

함수 $f(f(x))$의 상수항은 $x=0$일 때의 함숫값이므로

$$f(0)=2$$

$$\therefore f(f(0))=f(2)$$

$$=2+2+2^2+2^3+\cdots+2^{100}$$

$$=2+\frac{2(2^{100}-1)}{2-1}$$

$$=2+2^{101}-2$$

$$=2^{101}=2^k$$

따라서 k의 값은 101이다.

28 $5,\ a_1,\ a_2,\ a_3,\ \cdots,\ a_n,\ 15$가 등비수열을 이루므로 이 수열의 공비를 $r\ (r\neq 1)$라 하면

$$5\times r^{n+1}=15 \qquad \therefore r^{n+1}=3$$

$$\therefore a_1+a_2+a_3+\cdots+a_n=5r+5r^2+5r^3+\cdots+5r^n$$

$$=\frac{5r(r^n-1)}{r-1}$$

$$=\frac{5(r^{n+1}-r)}{r-1}$$

$$=\frac{5(3-r)}{r-1}\ (\because r^{n+1}=3),$$

$$\frac{1}{a_1}+\frac{1}{a_2}+\frac{1}{a_3}+\cdots+\frac{1}{a_n}$$

$$=\frac{1}{5r}+\frac{1}{5r^2}+\frac{1}{5r^3}+\cdots+\frac{1}{5r^n}$$

$$=\frac{\frac{1}{5r}\left\{1-\left(\frac{1}{r}\right)^n\right\}}{1-\frac{1}{r}}$$

$$=\frac{\frac{1}{5r}\times\frac{r^n-1}{r^n}}{\frac{r-1}{r}}$$

$$=\frac{r^n-1}{5r^n(r-1)}=\frac{r^{n+1}-r}{5r^{n+1}(r-1)}$$

$$=\frac{3-r}{15(r-1)}\ (\because r^{n+1}=3)$$

또한, $5,\ b_1,\ b_2,\ b_3,\ \cdots,\ b_n,\ 15$가 등차수열을 이루므로 이 수열의 공차를 $d\ (d\neq 0)$라 하면

$$5+(n+1)d=15 \qquad \therefore (n+1)d=10$$

$$\therefore b_1+b_2+b_3+\cdots+b_n$$

$$=(5+d)+(5+2d)+(5+3d)+\cdots+(5+nd)$$

$$=\frac{n\{(5+d)+(5+nd)\}}{2}$$

$$=\frac{n\{10+(n+1)d\}}{2}$$

$$=\frac{n(10+10)}{2}\ (\because (n+1)d=10)$$

$$=10n$$

따라서 주어진 등식

$$\frac{\left(\frac{1}{a_1}+\frac{1}{a_2}+\cdots+\frac{1}{a_n}\right)(b_1+b_2+\cdots+b_n)}{a_1+a_2+\cdots+a_n}=6에서$$

$$\frac{\dfrac{3-r}{15(r-1)}\times 10n}{\dfrac{5(3-r)}{r-1}}=6$$

$$\frac{2n}{15}=6 \qquad \therefore n=45 \hspace{3cm} \text{답 45}$$

29 정사각형 모양의 종이 ABCD의 한 변의 길이가 2이고,
네 점 A_1, B_1, C_1, D_1은 각 변의 중점이므로 종이
ABCD를 접어 만든 도형 $A_1B_1C_1D_1$은 한 변의 길이가
$\sqrt{2}$인 정사각형이다.
즉, S_1을 펼쳤을 때, 접힌 모든 선들의 길이의 합은
$4\times\sqrt{2}=4\sqrt{2}$
S_1을 접어 만든 도형 $A_2B_2C_2D_2$는 한 변의 길이가 1인 정
사각형이고 S_1에서 이미 접은 종이를 다시 접어서 종이가
2겹이므로 S_2를 펼친 그림에서 새로 생긴 접힌 모든 선들
의 길이의 합은
$2\times(4\times 1)=8$
S_2를 접어 만든 도형 $A_3B_3C_3D_3$은 한 변의 길이가 $\dfrac{1}{\sqrt{2}}$인
정사각형이고, S_1, S_2에서 이미 접은 종이를 다시 접어서
종이가 4겹이므로 S_3을 펼친 그림에서 새로 생긴 접힌 모
든 선들의 길이의 합은
$4\times\left(4\times\dfrac{1}{\sqrt{2}}\right)=8\sqrt{2}$
$\vdots$
이와 같이 계속되므로 S_n을 펼친 그림에서 새로 생긴 접
힌 모든 선들의 길이의 합은 첫째항이 $4\sqrt{2}$이고 공비가
$\sqrt{2}$인 등비수열이다.
따라서 S_n을 펼친 그림에서 접힌 모든 선들의 길이의 합
l_n은 첫째항이 $4\sqrt{2}$이고 공비가 $\sqrt{2}$인 등비수열의 첫째항
부터 제 n항까지의 합이므로

$$l_5=\frac{4\sqrt{2}\{(\sqrt{2})^5-1\}}{\sqrt{2}-1}$$

$$=\frac{4\sqrt{2}(4\sqrt{2}-1)}{\sqrt{2}-1}$$

$$=\frac{4\sqrt{2}(4\sqrt{2}-1)(\sqrt{2}+1)}{(\sqrt{2}-1)(\sqrt{2}+1)}$$

$$=4\sqrt{2}(7+3\sqrt{2})$$

$$=24+28\sqrt{2} \hspace{3cm} \text{답 ①}$$

30 n번째 반원의 지름의 길이를 a_n이라 하면
$a_1=2\times 1=2$
반원의 넓이가 2배씩 증가하므로 반원의 지름의 길이는
$\sqrt{2}$배씩 증가한다.
$\therefore a_n=2\times(\sqrt{2})^{n-1}$
완성된 반원의 지름의 길이의 합은 $\overline{AB}$의 길이인 100보
다 작거나 같아야 하므로
$$\frac{2\{(\sqrt{2})^n-1\}}{\sqrt{2}-1}\le 100$$

$(\sqrt{2})^n\le 50(\sqrt{2}-1)+1$
$\qquad =21.7 \ (\because \sqrt{2}=1.414)$
이때 $n=8$이면 $(\sqrt{2})^8=2^4=16$,
$n=9$이면 $(\sqrt{2})^9=2^4\times\sqrt{2}=16\times 1.414=22.624$
이므로 n의 최댓값은 8이다.
따라서 완성된 반원의 최대 개수는 8이다. \hspace{1cm} 답 8

31 매년 전년도보다 5 % 증액하여 적립하므로 2030년 12월
31일의 원리합계는 다음과 같다.

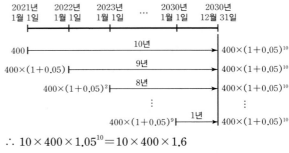

$\therefore 10\times 400\times 1.05^{10}=10\times 400\times 1.6$
$\qquad\qquad\qquad\qquad\qquad =6400(\text{만 원})$
따라서 구하는 원리합계는 6400만 원이다. \hspace{1cm} 답 ①

BLACKLABEL 특강 해결 실마리

첫해에 400만 원을 적립하였고, 이 금액은 10년 동안 연이율 5 %의
복리로 계산하면 (400×1.05^{10})만 원이다.
이후로는 매년 전년도보다 5 % 증액하여 적립하므로 두 번째 해에 저
금한 금액은 (400×1.05)만 원이고, 이 금액을 9년 동안 연이율 5 %
의 복리로 계산하면 $400\times 1.05\times 1.05^9=400\times 1.05^{10}(\text{만 원})$이다.
같은 방법으로 계산하면 매년 적립한 금액의 2030년 12월 31일까지
의 원리합계는 모두 (400×1.05^{10})만 원으로 동일하므로 총 원리합계
는 $(10\times 400\times 1.05^{10})$만 원이다.

---

32 해결단계

❶단계	원 C_k의 중심을 O_k라 하고, 점 O_k에서 점 O_{k+1}을 지나면서 직선 m에 수직인 선분에 내린 수선의 발을 H_k라 할 때, $\angle O_{k+1}O_kH_k$의 크기는 k의 값에 관계없이 항상 일정함을 확인한다.
❷단계	$\sin(\angle O_{k+1}O_kH_k)=p$ (p는 상수)라 하고, 수열 $\{r_n\}$이 등비수열을 이루는 것을 확인한 후, 그 공비를 p를 사용하여 나타낸다.
❸단계	❷단계에서 구한 것을 이용하여 수열 $\{S_n\}$이 등비수열을 이루는 것을 확인한 후, 등비수열 $\{S_n\}$의 일반항 S_n을 구하고, 주어진 식의 값을 구한다.

원 C_k의 반지름의 길이를 r_k, 중심을 O_k라 하면 $r_k<r_{k+1}$ ⌐$S_k<S_{k+1}$이므로⌐
이고, 점 O_k에서 점 O_{k+1}을 지나면서 직선 m에 수직인
선분에 내린 수선의 발을 H_k라 하면 다음 그림과 같다.

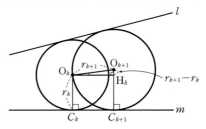

$\sin(\angle O_{k+1}O_kH_k)$의 값은 k의 값에 관계없이 항상 일정
하므로 그 값을 p (p는 상수)라 하면

$\dfrac{r_{k+1}-r_k}{r_{k+1}}=p$　　$\therefore r_{k+1}=\dfrac{1}{1-p}r_k\ (\because p\neq1)$

$\underset{r_{k+1}>r_k>0}{\underbrace{\qquad\qquad}}$

즉, 수열 $\{r_k\}$는 공비가 $\dfrac{1}{1-p}$인 등비수열이므로 수열

$\{S_k\}$는 공비가 $\left(\dfrac{1}{1-p}\right)^2$인 등비수열이다.

이때 $S_1=1$이므로 일반항 S_n은　$\underset{S_k=\pi r_k^2}{\underbrace{\qquad}}$

$S_n=\left\{\left(\dfrac{1}{1-p}\right)^2\right\}^{n-1}$

또한, $S_5=4$이므로 $S_5=\left\{\left(\dfrac{1}{1-p}\right)^2\right\}^4=4$에서

$\left\{\left(\dfrac{1}{1-p}\right)^2\right\}^2=2$　　$\therefore\left(\dfrac{1}{1-p}\right)^2=\sqrt{2}$

따라서 수열 $\{S_n\}$은 첫째항이 1이고 공비가 $\sqrt{2}$인 등비수열이므로 수열 $\{S_{2n-1}\}$은 첫째항이 1이고 공비가 $(\sqrt{2})^2=2$인 등비수열이 된다.

$\therefore S_1+S_3+S_5+\cdots+S_{19}=\dfrac{1\times(2^{10}-1)}{2-1}=1023$

답 1023

BLACKLABEL 특강　풀이 첨삭

다음 그림과 같이 자연수 k에 대하여 원 C_k의 중심 O_k는 모두 한 직선 위에 있고, •로 표시된 각의 크기는 모두 같다.

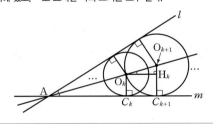

---

33 ㄱ. 주어진 식에 $n=1$을 대입하면

$S_1+T_1=a_1+b_1=\dfrac{9-3}{2}=3$

이때 $a_1=b_1$이면 $a_1=b_1=\dfrac{3}{2}$ (거짓)

ㄴ. (i) $n\geq2$일 때,

$a_n=S_n-S_{n-1}$, $b_n=T_n-T_{n-1}$이므로

$a_n+b_n=(S_n-S_{n-1})+(T_n-T_{n-1})$

$\quad=(S_n+T_n)-(S_{n-1}+T_{n-1})$

$\quad=\dfrac{9n^2-3n}{2}-\dfrac{9(n-1)^2-3(n-1)}{2}$

$\quad=\dfrac{9n^2-3n}{2}-\dfrac{9n^2-21n+12}{2}$

$\quad=9n-6$

(ii) $n=1$일 때, $a_1+b_1=3$

(i), (ii)에서 $a_n+b_n=9n-6\ (n=1,\ 2,\ 3,\ \cdots)$

이때 $a_n=n+3$이면

$b_n=(9n-6)-(n+3)=8n-9$ (참)

ㄷ. 수열 $\{a_n\}$의 공차가 d_1, 수열 $\{b_n\}$의 공차가 d_2이므로

$a_n+b_n=a_1+(n-1)d_1+b_1+(n-1)d_2$

$\quad=a_1+b_1+(d_1+d_2)(n-1)$

한편, ㄴ에서

$a_n+b_n=9n-6=3+9(n-1)$

$\therefore a_1+b_1=3$, $d_1+d_2=9$ (참)

따라서 옳은 것은 ㄴ, ㄷ이다.　　　　　　　답 ④

• 다른 풀이 •

등차수열 $\{a_n\}$의 첫째항이 a_1, 공차가 d_1이므로

$S_n=\dfrac{n\{2a_1+d_1(n-1)\}}{2}$

등차수열 $\{b_n\}$의 첫째항이 b_1, 공차가 d_2이므로

$T_n=\dfrac{n\{2b_1+d_2(n-1)\}}{2}$

$\therefore S_n+T_n$

$=\dfrac{n\{2a_1+d_1(n-1)\}}{2}+\dfrac{n\{2b_1+d_2(n-1)\}}{2}$

$=\dfrac{n\{2(a_1+b_1)+(d_1+d_2)(n-1)\}}{2}$

이때 $S_n+T_n=\dfrac{9n^2-3n}{2}=\dfrac{n(9n-3)}{2}$이므로

$d_1+d_2=9$, $2(a_1+b_1)-(d_1+d_2)=-3$

즉, $2(a_1+b_1)-9=-3$이므로 $2(a_1+b_1)=6$

$\therefore a_1+b_1=3$, $d_1+d_2=9$

ㄱ. $a_1=b_1$이면

$2a_1=3$　　$\therefore a_1=\dfrac{3}{2}$ (거짓)

ㄴ. $a_n=n+3$이면 $a_1=4$이므로 $b_1=-1$

$d_1=1$이므로 $d_2=8$

$\therefore b_n=-1+8(n-1)=8n-9$ (참)

ㄷ. $d_1+d_2=9$ (참)

따라서 옳은 것은 ㄴ, ㄷ이다.

---

34 $a_2+a_4+a_6+\cdots+a_{2n-2}+a_{2n}=3\times2^n-3$에서

$a_2+a_4+a_6+\cdots+a_{2n-2}=3\times2^{n-1}-3$이므로

$a_{2n}=3\times2^n-3\times2^{n-1}$

$\quad=3\times2^{n-1}$

등비수열 $\{a_n\}$의 첫째항을 a, 공비를 $r\ (r>0)$라 하면

$\dfrac{a_4}{a_2}=r^2$에서 $r^2=\dfrac{6}{3}=2$　　$\therefore r=\sqrt{2}\ (\because r>0)$

$a_2=3$에서 $ar=3$

$\therefore a=\dfrac{3}{r}=\dfrac{3}{\sqrt{2}}=\dfrac{3\sqrt{2}}{2}$

$\therefore a_n=\dfrac{3\sqrt{2}}{2}\times(\sqrt{2})^{n-1}$

따라서 $a_5+a_7+a_9+\cdots+a_{17}$은 첫째항이

$a_5=\dfrac{3\sqrt{2}}{2}\times(\sqrt{2})^4=6\sqrt{2}$이고, 공비가 $(\sqrt{2})^2=2$, 항의 개수가 7인 등비수열의 합이므로

$a_5+a_7+a_9+\cdots+a_{17}=\dfrac{6\sqrt{2}(2^7-1)}{2-1}$

$\qquad\qquad\qquad=762\sqrt{2}$　　　답 $762\sqrt{2}$

35 $(S_{n+1}-S_{n-1})^2=4a_na_{n+1}+4$ $(n=2, 3, 4, \cdots)$에서

$(a_{n+1}+a_n)^2=4a_na_{n+1}+4$

$(a_{n+1}-a_n)^2=4$

$\therefore a_{n+1}-a_n=2$ $(\because a_{n+1}>a_n)$

또한, $a_2-a_1=3-1=2$이므로

$a_{n+1}-a_n=2$ (단, $n=1, 2, 3, \cdots$)

즉, 수열 $\{a_n\}$은 첫째항이 1, 공차가 2인 등차수열이므로
일반항 a_n은

$a_n=1+(n-1)\times 2=2n-1$

$\therefore a_{20}=2\times 20-1=39$ 답 39

36 $S_n=n^2+1$에서

(i) $n\geq 2$일 때,

$a_n=S_n-S_{n-1}$

$=(n^2+1)-\{(n-1)^2+1\}$

$=2n-1$

(ii) $n=1$일 때,

$a_1=S_1=1^2+1=2$

$T_n=\dfrac{n(4n^2+21n-1)}{6}+6$에서

(iii) $n\geq 2$일 때,

$a_nb_n=T_n-T_{n-1}$

$=\left\{\dfrac{n(4n^2+21n-1)}{6}+6\right\}$

$-\left[\dfrac{(n-1)\{4(n-1)^2+21(n-1)-1\}}{6}+6\right]$

$=\dfrac{12n^2+30n-18}{6}$

$=2n^2+5n-3$

$=(2n-1)(n+3)$

(iv) $n=1$일 때,

$a_1b_1=T_1=\dfrac{4+21-1}{6}+6=4+6=10$

(i)~(iv)에서

$a_1=2, a_n=2n-1$ (단, $n=2, 3, 4, \cdots$)

$b_1=5, b_n=n+3$ (단, $n=2, 3, 4, \cdots$)

따라서 수열 $\{a_n+b_n\}$의 첫째항부터 제10항까지의 합은

$(2+3+5+7+\cdots+19)+(5+5+6+7+\cdots+13)$

$=2+\dfrac{9\times(3+19)}{2}+5+\dfrac{9\times(5+13)}{2}$

$=2+99+5+81=187$ 답 187

서울대 선배들의 강추문제   1등급 비법 노하우

이 문제는 수열 $\{a_nb_n\}$이나 $\{a_n+b_n\}$을 다루는 점에서 조금은 생소한 문제이다.

수열 $\{a_n\}$의 첫째항부터 제n항까지의 합이 S_n이면
$a_1=S_1, a_n=S_n-S_{n-1}$ $(n=2, 3, 4, \cdots)$이므로 일반항 $a_n=f(n)$을 구할 수 있다. 이때 $S_0=0$이면 수열 $\{a_n\}$은 첫째항부터 $a_n=f(n)$이지만 $S_0\neq 0$이면 수열 $\{a_n\}$은 제2항부터 $a_n=f(n)$이다.

STEP 3   1등급을 넘어서는 **종합 사고력 문제**   p. 80

01 11   **02** ①   **03** 1   **04** $2\sqrt{46}$ **05** $-\dfrac{57}{8}$

06 435

01 해결단계

❶단계	원의 중심을 O, $\angle A_{n-1}PA_n=\theta_n$이라 할 때, 원주각의 성질에 의하여 $\angle A_{n-1}OA_n=2\theta_n$임을 이해한다.
❷단계	등비수열의 합의 공식을 이용하여 $l_1+l_2+l_3+\cdots+l_{10}$의 값을 구한 후, $p+q$의 값을 구한다.

오른쪽 그림과 같이

$\angle A_{n-1}PA_n=\theta_n$

$(n=1, 2, 3, \cdots)$

이라 하고, 원의 중심을 O라

하면 한 호에 대한 중심각의

크기는 원주각의 크기의 2배

이므로

$\angle A_{n-1}OA_n=2\theta_n$이다.

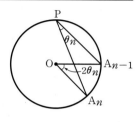

이때 원의 반지름의 길이가 2이므로 $\overset{\frown}{A_{n-1}A_n}$의 길이는

$l_n=2\times 2\theta_n=4\theta_n$

수열 $\{\theta_n\}$은 첫째항이 $\dfrac{\pi}{6}$, 공비가 $\dfrac{1}{3}$인 등비수열이므로

$l_1+l_2+l_3+\cdots+l_{10}=4(\theta_1+\theta_2+\theta_3+\cdots+\theta_{10})$

$=4\times\dfrac{\dfrac{\pi}{6}\left\{1-\left(\dfrac{1}{3}\right)^{10}\right\}}{1-\dfrac{1}{3}}$

$=\pi\left\{1-\left(\dfrac{1}{3}\right)^{10}\right\}$

$\therefore p=1, q=10$ $\therefore p+q=11$ 답 11

02 해결단계

❶단계	등비수열 $\{a_n\}$의 첫째항과 공비를 각각 a, r라 하고 $a_{n+1}-a_n$을 구하여 ㄱ의 참, 거짓을 판별한다.
❷단계	반례를 찾아 ㄴ, ㄷ의 참, 거짓을 판별한다.

ㄱ. 등비수열 $\{a_n\}$의 첫째항을 a, 공비를 r라 하면 일반항 a_n은 $a_n=ar^{n-1}$이므로

$a_{n+1}-a_n=ar^n-ar^{n-1}=ar\times r^{n-1}-ar^{n-1}$

$=a(r-1)r^{n-1}$

따라서 수열 $\{a_{n+1}-a_n\}$은 첫째항이 $a(r-1)$, 공비가 r인 등비수열이다. (참)

ㄴ. (반례) 수열 $\{a_n\}$이 1, 1, 2, 2, 3, 3, 4, 4, $\cdots$이면 수열 $\{a_{n+1}+a_n\}$은 2, 3, 4, 5, 6, 7, $\cdots$로 등차수열이지만 수열 $\{a_n\}$은 등차수열이 아니다. (거짓)

ㄷ. (반례) 수열 $\{a_n\}$이 1, 1, 2, 2, 4, 4, 8, 8, $\cdots$이면 수열 $\{a_na_{n+1}\}$은 1, 2, 4, 8, 16, 32, $\cdots$로 등비수열이지만 수열 $\left\{\dfrac{1}{a_n}\right\}$은 1, 1, $\dfrac{1}{2}$, $\dfrac{1}{2}$, $\dfrac{1}{4}$, $\dfrac{1}{4}$, $\dfrac{1}{8}$, $\dfrac{1}{8}$ $\cdots$로 등비수열이 아니다. (거짓)

그러므로 옳은 것은 ㄱ뿐이다. 답 ①

• 다른 풀이 •

ㄱ. 수열 $\{a_n\}$이 등비수열이므로 공비를 r라 하면

$$\frac{a_{n+1}}{a_n}=r$$

$$\therefore \frac{a_{n+2}-a_{n+1}}{a_{n+1}-a_n}=\frac{ra_{n+1}-a_{n+1}}{ra_n-a_n}$$

$$=\frac{(r-1)a_{n+1}}{(r-1)a_n}$$

$$=\frac{a_{n+1}}{a_n}$$

$$=r$$

즉, 수열 $\{a_{n+1}-a_n\}$은 공비가 r인 등비수열이다.

(참)

ㄴ. 수열 $\{a_{n+1}+a_n\}$이 등차수열이므로 공차를 d라 하면

$$(a_{n+2}+a_{n+1})-(a_{n+1}+a_n)=d$$

$$\therefore a_{n+2}-a_n=d$$

즉, 수열 $\{a_n\}$은 짝수항끼리 또는 홀수항끼리 공차가 d인 등차수열을 이룬다.

이때 수열 $\{a_n\}$이 등차수열인지는 알 수 없다.

(거짓)

ㄷ. 수열 $\{a_n a_{n+1}\}$이 등비수열이므로 공비를 r라 하면

$$\frac{a_{n+1}a_{n+2}}{a_n a_{n+1}}=\frac{a_{n+2}}{a_n}$$

$$=r$$

즉, 수열 $\{a_n\}$은 짝수항끼리 또는 홀수항끼리 공비가 r인 등비수열을 이루므로 수열 $\left\{\dfrac{1}{a_n}\right\}$은 짝수항끼리 또는 홀수항끼리 공비가 $\dfrac{1}{r}$인 등비수열을 이룬다.

이때 수열 $\left\{\dfrac{1}{a_n}\right\}$이 등비수열을 이루는지는 알 수 없다. (거짓)

그러므로 옳은 것은 ㄱ뿐이다.

서울대 선배들의 강추문제 | 1등급 비법 노하우

이러한 유형의 문제는 출제 빈도가 높으므로 기본적인 접근 방법을 익혀 두는 것이 좋다.
첫 번째 방법은 주어진 수열이 등차수열이나 등비수열이면 일반항을 구해 계산하는 것이다. 이때에는 첫째항에 주의한다.
두 번째 방법은 숫자를 대입해 반례를 찾는 것이다.
가능하면 위의 두 가지 방법을 모두 사용하여 실수를 줄이도록 하자.

---

03 해결단계

❶단계	두 수열 $\{a_{2n}\}$, $\{S_{2n}\}$의 일반항을 구한다.
❷단계	❶단계에서 구한 일반항과 수열의 합과 일반항 사이의 관계를 이용하여 수열 $\{a_{2n-1}\}$의 일반항을 구한다.
❸단계	$a_{15}=99$와 $a_2=1$을 이용하여 a_1의 값을 구한다.

수열 $\{a_{2n}\}$은 첫째항이 $a_2=1$, 공차가 4인 등차수열이므로

$$a_{2n}=1+4(n-1)=4n-3$$

수열 $\{S_{2n}\}$은 공비가 2인 등비수열이므로 첫째항을 S_2라 하면

$$S_{2n}=S_2\times 2^{n-1}$$

$$\therefore a_{2n}+a_{2n-1}=S_{2n}-S_{2n-2}$$

$$=S_2\times 2^{n-1}-S_2\times 2^{n-2}$$

$$=S_2\times 2^{n-2} \ (단, n=2, 3, 4, \cdots)$$

$a_{2n}=4n-3$이므로

$$a_{2n-1}=S_2\times 2^{n-2}-4n+3$$

위의 식에 $n=8$을 대입하면

$$a_{15}=S_2\times 2^6-4\times 8+3$$

즉, $64S_2-29=99$이므로 $64S_2=128$

$$\therefore S_2=2$$

$a_2=1$이므로 $S_2=a_1+a_2=a_1+1=2$

$$\therefore a_1=1 \qquad\qquad\qquad 답 1$$

• 다른 풀이 •

$a_2=1$인 수열 $\{a_n\}$에 대하여 수열 $\{a_{2n}\}$은 공차가 4인 등차수열이므로

$$a_2=1, a_4=5, a_6=9, \cdots$$

한편, 수열 $\{a_n\}$의 첫째항부터 제n항까지의 합이 S_n이므로

$$S_{14}=a_1+a_2+a_3+\cdots+a_{14}$$

$$=(a_1+a_3+a_5+\cdots+a_{13})+(a_2+a_4+a_6+\cdots+a_{14})$$

$$=(a_1+a_3+a_5+\cdots+a_{13})+\frac{7\times(2\times 1+4\times 6)}{2}$$

$$=(a_1+a_3+a_5+\cdots+a_{13})+91 \qquad \cdots\cdots\text{㉠}$$

$$S_{16}=a_1+a_2+a_3+\cdots+a_{16}$$

$$=(a_1+a_3+\cdots+a_{13}+a_{15})$$

$$\qquad\qquad +(a_2+a_4+\cdots+a_{14}+a_{16})$$

$$=(a_1+a_3+\cdots+a_{13}+99)+\frac{8\times(2\times 1+4\times 7)}{2}$$

$$(\because a_{15}=99)$$

$$=(a_1+a_3+\cdots+a_{13})+99+120$$

$$=(a_1+a_3+\cdots+a_{13})+219 \qquad \cdots\cdots\text{㉡}$$

이때 수열 $\{S_{2n}\}$은 공비가 2인 등비수열이므로

$2S_{14}=S_{16}$에서 $2\times\text{㉠}=\text{㉡}$이므로

$$2\{(a_1+a_3+a_5+\cdots+a_{13})+91\}$$

$$=(a_1+a_3+\cdots+a_{13})+219$$

$$\therefore a_1+a_3+\cdots+a_{13}=37$$

이것을 ㉠, ㉡에 각각 대입하면

$$S_{14}=128, S_{16}=256$$

따라서 $S_{2n}=2^n$이므로 $S_2=a_1+a_2$에서

$$2=a_1+1 \qquad \therefore a_1=1$$

---

04 해결단계

❶단계	삼각형 EBC의 넓이가 평행사변형 ABCD의 넓이의 $\dfrac{1}{5}$임을 이용하여 $\overline{DE}$, $\overline{EC}$의 길이를 구한다.
❷단계	$\overline{CE}$, $\overline{EB}$, $\overline{BD}$의 길이가 이 순서대로 등비수열을 이룸을 이용하여 $\overline{BD}$의 길이를 구한다.
❸단계	이등변삼각형의 성질을 이용하여 삼각형 DEB의 넓이를 구한 후, 평행사변형 ABCD의 넓이를 구한다.
❹단계	❸단계에서 구한 넓이를 이용하여 평행사변형 ABCD의 높이를 구한 후, 피타고라스 정리를 이용하여 선분 AD의 길이를 구한다.

$\triangle \text{EBC} = \dfrac{1}{5}\square \text{ABCD}$, $\triangle \text{DBC} = \dfrac{1}{2}\square \text{ABCD}$이므로

$\triangle \text{DEB} = \triangle \text{DBC} - \triangle \text{EBC}$

$\qquad = \dfrac{1}{2}\square \text{ABCD} - \dfrac{1}{5}\square \text{ABCD}$

$\qquad = \dfrac{3}{10}\square \text{ABCD}$ $\qquad \cdots\cdots\ \bigcirc$

$\triangle \text{DEB} : \triangle \text{EBC} = \dfrac{3}{10}\square \text{ABCD} : \dfrac{1}{5}\square \text{ABCD}$

$\qquad\qquad\qquad\qquad = 3 : 2$

에서 $\overline{\text{DE}} : \overline{\text{CE}} = 3 : 2$ ⎰△DEB, △EBC의 밑변을 각각 DE, CE라 하면 높이가 같으므로

즉, $\overline{\text{CD}} = \overline{\text{AB}} = 20$이므로 $\overline{\text{DE}} = 12$, $\overline{\text{CE}} = 8$

이때 $\triangle \text{EDA}'$, $\triangle \text{EBC}$에서

$\angle \text{A}'\text{ED} = \angle \text{CEB}$ $(\because$ 맞꼭지각$)$,

$\angle \text{DA}'\text{E} = \angle \text{BCE}$, ⎰평행사변형의 대각

$\overline{\text{A}'\text{D}} = \overline{\text{CB}}$이므로 ⎰평행사변형의 대변

$\triangle \text{EDA}' \equiv \triangle \text{EBC}$ $(\text{ASA}$ 합동$)$

$\therefore \overline{\text{EB}} = \overline{\text{DE}} = 12$

$\overline{\text{CE}}$, $\overline{\text{EB}}$, $\overline{\text{BD}}$가 이 순서대로 등비수열을 이루므로

$\overline{\text{EB}}^2 = \overline{\text{CE}} \times \overline{\text{BD}}$에서 $12^2 = 8 \times \overline{\text{BD}}$

$\therefore \overline{\text{BD}} = 18$

한편, 오른쪽 그림과 같이 점 E에서 선분 BD에 내린 수선의 발을 H라 하면 $\triangle \text{DEB}$가 이등변삼각형이므로 $\overline{\text{EH}}$는 $\overline{\text{DB}}$를 수직이등분한다.

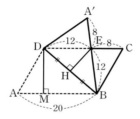

이때 $\triangle \text{DHE}$가 직각삼각형이고, $\overline{\text{DH}} = 9$이므로

$\overline{\text{EH}} = \sqrt{12^2 - 9^2} = \sqrt{63} = 3\sqrt{7}$

$\therefore \triangle \text{DEB} = \dfrac{1}{2} \times 18 \times 3\sqrt{7} = 27\sqrt{7}$,

$\square \text{ABCD} = 90\sqrt{7}$ $(\because \bigcirc)$

또한, 위의 그림과 같이 점 D에서 변 AB에 내린 수선의 발을 M이라 하면

$\square \text{ABCD} = 20 \times \overline{\text{DM}} = 90\sqrt{7}$

$\therefore \overline{\text{DM}} = \dfrac{9\sqrt{7}}{2}$

$\triangle \text{DMB}$가 직각삼각형이므로

$\overline{\text{MB}} = \sqrt{18^2 - \left(\dfrac{9\sqrt{7}}{2}\right)^2} = \sqrt{\dfrac{729}{4}} = \dfrac{27}{2}$

$\therefore \overline{\text{AM}} = \overline{\text{AB}} - \overline{\text{MB}} = 20 - \dfrac{27}{2} = \dfrac{13}{2}$

따라서 $\triangle \text{DAM}$이 직각삼각형이므로

$\overline{\text{AD}} = \sqrt{\left(\dfrac{13}{2}\right)^2 + \left(\dfrac{9\sqrt{7}}{2}\right)^2}$

$\qquad = \sqrt{\dfrac{736}{4}} = \sqrt{184} = 2\sqrt{46}$ $\qquad$ 답 $2\sqrt{46}$

• 다른 풀이 •

삼각형 EBC, 평행사변형 ABCD의 밑변을 각각 $\overline{\text{CE}}$, $\overline{\text{CD}}$라 하고, 높이를 h라 하면 삼각형 EBC의 넓이가 평행사변형 ABCD의 넓이의 $\dfrac{1}{5}$이므로

$\dfrac{1}{2} \times \overline{\text{CE}} \times h = \dfrac{1}{5} \times \overline{\text{CD}} \times h$

$\therefore \overline{\text{CE}} = \dfrac{2}{5} \times 20$ $(\because \overline{\text{CD}} = \overline{\text{AB}} = 20)$

$\qquad = 8$

한편, $\angle \text{A}'\text{ED} = \angle \text{CEB}$ $(\because$ 맞꼭지각$)$,

$\angle \text{DA}'\text{E} = \angle \text{BCE}$, $\overline{\text{A}'\text{D}} = \overline{\text{CB}}$이므로

$\triangle \text{EDA}' \equiv \triangle \text{EBC}$ $(\text{ASA}$ 합동$)$

즉, $\overline{\text{A}'\text{E}} = \overline{\text{CE}} = 8$이므로

$\overline{\text{EB}} = \overline{\text{A}'\text{B}} - \overline{\text{A}'\text{E}} = 20 - 8 = 12$

$\overline{\text{CE}}$, $\overline{\text{EB}}$, $\overline{\text{BD}}$, 즉 8, 12, $\overline{\text{BD}}$가 이 순서대로 등비수열을 이루므로

$12^2 = 8 \times \overline{\text{BD}}$ $\qquad \therefore \overline{\text{BD}} = 18$

$\angle \text{DAB} = \angle \text{ECB} = \theta$, $\overline{\text{AD}} = \overline{\text{CB}} = x$라 하면 $\triangle \text{DAB}$와 $\triangle \text{EBC}$에서 코사인법칙의 변형에 의하여

$\cos \theta = \dfrac{x^2 + 20^2 - 18^2}{2 \times x \times 20} = \dfrac{8^2 + x^2 - 12^2}{2 \times 8 \times x}$

$2(x^2 + 76) = 5(x^2 - 80)$

$2x^2 + 152 = 5x^2 - 400$, $3x^2 = 552$

$x^2 = 184$ $\qquad \therefore x = 2\sqrt{46}$

$\therefore \overline{\text{AD}} = 2\sqrt{46}$

BLACKLABEL 특강 　필수 개념

코사인법칙

(1) 코사인법칙

$a^2 = b^2 + c^2 - 2bc \cos A$

$b^2 = c^2 + a^2 - 2ca \cos B$

$c^2 = a^2 + b^2 - 2ab \cos C$

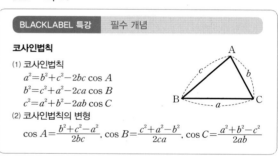

(2) 코사인법칙의 변형

$\cos A = \dfrac{b^2 + c^2 - a^2}{2bc}$, $\cos B = \dfrac{c^2 + a^2 - b^2}{2ca}$, $\cos C = \dfrac{a^2 + b^2 - c^2}{2ab}$

---

05 해결단계

❶단계	주어진 삼차방정식을 인수분해하여 세 근을 구한 후, 조건 ㈐를 만족시키는 a, b의 경우를 구한다.
❷단계	❶단계에서 나눈 경우에 따라 조건 ㈎, ㈏를 만족시키는 a, b의 값을 각각 구한다.
❸단계	❷단계에서 구한 모든 ab의 값의 합을 구한다.

$x^3 - (ab + a + b)x^2 + ab(a + b + 1)x - (ab)^2 = 0$

$\qquad\qquad\qquad\qquad\qquad\qquad\qquad \cdots\cdots\ \bigcirc$

$\bigcirc$의 좌변을 전개하여 a에 대한 내림차순으로 정리하면

$a^2(bx - b^2) + a(-bx^2 - x^2 + b^2x + bx) + x^3 - bx^2 = 0$

$a^2 b(x - b) - a(b + 1)(x - b)x + x^2(x - b) = 0$

$(x - b)\{a^2 b - a(b + 1)x + x^2\} = 0$

$(x - b)(x - a)(x - ab) = 0$

$\therefore x = a$ 또는 $x = b$ 또는 $x = ab$

즉, 삼차방정식 $\bigcirc$의 세 근은 a, b, ab이다.

그런데 조건 ㈐에 의하여 세 근 중에서 한 근은 양수, 두 근은 음수이어야 하므로 다음과 같이 경우를 나누어 생각할 수 있다.

(i) $a<0$, $b<0$인 경우

조건 (가)에서 a, ab, b가 이 순서대로 등비수열을 이룬다.
<small>또는 b, ab, a가 이 순서대로 등비수열을 이룬다.</small>

즉, ab가 등비중항이므로

$(ab)^2=ab$ $\therefore ab=1$ ($\because ab\neq0$)

또한, 조건 (나)에서

a, b, ab 또는 b, a, ab <small>또는 ab, b, a가 이 순서대로 등차수열을 이룬다. 또는 ab, a, b가 이 순서대로 등차수열을 이룬다.</small>

가 이 순서대로 등차수열을 이룬다.

즉, a 또는 b가 등차중항이므로

$2b=a+ab$ 또는 $2a=b+ab$

이때 $ab=1$에서 $b=\dfrac{1}{a}$이므로 위의 두 식에 각각 대입

하면 $\dfrac{2}{a}=a+1$ 또는 $2a=\dfrac{1}{a}+1$

위의 두 식의 양변에 각각 a를 곱하여 정리하면

$a^2+a-2=0$ 또는 $2a^2-a-1=0$

$(a+2)(a-1)=0$ 또는 $(2a+1)(a-1)=0$

$\therefore a=-2$ 또는 $a=-\dfrac{1}{2}$ ($\because a<0$)

$\therefore a=-2$, $b=-\dfrac{1}{2}$, $ab=1$

또는 $a=-\dfrac{1}{2}$, $b=-2$, $ab=1$

(ii) $a<0$, $b>0$인 경우

조건 (가)에서 a, b, ab가 이 순서대로 등비수열을 이룬다.

즉, b가 등비중항이므로 <small>또는 ab, b, a가 이 순서대로 등비수열을 이룬다.</small>

$b^2=a^2b$ $\therefore b=a^2$ ($\because b\neq0$)   ······ㄴ

또한, 조건 (나)에서

<small>또는 b, a, ab이 순서대로 등차수열을 이룬다.</small>

ab, a, b 또는 a, ab, b <small>또는 b, ab, a가 이 순서대로 등차수열을 이룬다.</small>

가 이 순서대로 등차수열을 이룬다.

즉, a 또는 ab가 등차중항이므로

$2a=b+ab$ 또는 $2ab=a+b$ ······ㄷ

ㄴ을 ㄷ에 각각 대입하여 풀면

$2a=b+ab$에서 $2a=a^2+a^3$

$a^3+a^2-2a=0$, $a(a+2)(a-1)=0$

$\therefore a=-2$ ($\because a<0$)

$\therefore a=-2$, $b=4$, $ab=-8$

또는 $2ab=a+b$에서 $2a^3=a+a^2$

$2a^3-a^2-a=0$, $a(2a+1)(a-1)=0$

$\therefore a=-\dfrac{1}{2}$ ($\because a<0$)

$\therefore a=-\dfrac{1}{2}$, $b=\dfrac{1}{4}$, $ab=-\dfrac{1}{8}$

(iii) $a>0$, $b<0$인 경우

(ii)와 같은 방법으로 계산하면

$ab=-8$ 또는 $ab=-\dfrac{1}{8}$

(i), (ii), (iii)에서 서로 다른 ab의 값은 1, -8, $-\dfrac{1}{8}$이므로 그 합은

$1+(-8)+\left(-\dfrac{1}{8}\right)=-\dfrac{57}{8}$ 답 $-\dfrac{57}{8}$

---

06 해결단계

❶단계	조건 (가)를 이용하여 등차수열 $\{a_n\}$의 일반항 a_n과 집합 A를 구한다.
❷단계	조건 (나)를 이용하여 세 집합 $A\cap B$, $A\cap B^C$, $A^C\cap B$의 원소의 개수를 각각 구한다.
❸단계	수열 $\{b_n\}$이 등차수열임을 이용하여 ❷단계에서 구한 것과 조건 (다)를 동시에 만족시키는 집합 $A\cap B$를 구한다.
❹단계	집합 B의 원소의 개수를 구한 후, 집합 B의 원소가 60 이하임을 이용하여 수열 $\{b_n\}$의 공차를 구한다.
❺단계	집합 B의 모든 원소의 합을 구한다.

등차수열 $\{a_n\}$의 공차를 d_1이라 하면 조건 (가)에서

$a_{10}=a_1+9d_1=1+9d_1=55$

$9d_1=54$ $\therefore d_1=6$

즉, 등차수열 $\{a_n\}$의 일반항 a_n은

$a_n=1+(n-1)\times6=6n-5$

$\therefore A=\{1,\ 7,\ 13,\ 19,\ 25,\ 31,\ 37,\ 43,\ 49,\ 55\}$

$\therefore n(A)=10$

조건 (나)에서 $n(A\cap B)=n(A\cap B^C)$이고,

$n(A)=n(A\cap B)+n(A\cap B^C)$이므로

$n(A\cap B)=n(A\cap B^C)=5$

한편, 집합 A의 원소를 크기순으로 나열했을 때, 이웃한 두 항이 $A\cap B$의 원소이면 수열 $\{b_n\}$이 등차수열이므로 집합 A의 모든 원소는 집합 B의 원소가 된다.

즉, 이 경우에 $n(A\cap B)=10$이므로 $n(A\cap B)=5$에 모순이다.

따라서 집합 A에서 이웃하지 않은 항으로 집합 $A\cap B$에 속하는 5개의 원소를 선택해야 하고, 그 경우는 다음과 같다.

(i) $A\cap B=\{1,\ 13,\ 25,\ 37,\ 49\}$일 때,

모든 원소의 합이 $\dfrac{5(1+49)}{2}=125$이므로 조건 (다)를 만족시킨다.

(ii) $A\cap B=\{7,\ 19,\ 31,\ 43,\ 55\}$일 때,

모든 원소의 합이 $\dfrac{5(7+55)}{2}=155$이므로 조건 (다)를 만족시키지 않는다.

(i), (ii)에서 $A\cap B=\{1,\ 13,\ 25,\ 37,\ 49\}$

한편, 조건 (나)에서 $n(A\cap B)=\dfrac{1}{2}\times n(A^C\cap B)=5$이므로

$n(A^C\cap B)=10$

$\therefore n(B)=n(A\cap B)+n(A^C\cap B)$

$\qquad=5+10=15$

집합 B의 원소를 크기순으로 나열한 것을 수열 $\{c_n\}$이라 하고, 이 수열의 공차를 d_2라 하면 1, 13, 25, 37, 49는 공차가 12인 등차수열이므로 d_2는 12의 양의 약수이다.

그런데 $d_2\geq6$이면 집합 B의 원소의 개수가 공차가 6인 집합 A의 원소의 개수보다 같거나 작아지므로

$n(A)=10<n(B)=15$

에 모순이다. 즉, $d_2<6$이어야 한다.

$\therefore d_2=1$ 또는 $d_2=2$ 또는 $d_2=3$ 또는 $d_2=4$

d_2의 각 값에 따라 집합 B의 가장 큰 원소 c_{15}는

$c_{15}>49$를 만족시켜야 한다.

$d_2=1$이면 $c_{15}=1+14\times1=15<49$

$d_2=2$이면 $c_{15}=1+14\times2=29<49$

$d_2=3$이면 $c_{15}=1+14\times3=43<49$

$d_2=4$이면 $c_{15}=1+14\times4=57>49$

$\therefore d_2=4$

따라서 집합 B의 모든 원소의 합은 첫째항이 1이고, 공차가 4인 등차수열의 첫째항부터 제15항까지의 합과 같으므로

$$\frac{15\times(1+57)}{2}=435$$

답 435

BLACKLABEL 특강 　참고

공차가 각각 x, y인 두 등차수열 $\{a_n\}$, $\{b_n\}$에 대하여
$A=\{a_1, a_2, a_3, \cdots\}$, $B=\{b_1, b_2, b_3, \cdots\}$이라 하자.
$n(A\cap B)\geq3$이면 집합 $A\cap B$의 원소들을 크기순으로 나열한 것은 등차수열을 이루고, 공차는 $|x|$, $|y|$의 최소공배수가 된다.
위의 문제에서 집합 $A\cap B$의 원소들을 크기순으로 나열한 것이 공차가 12인 등차수열을 이루므로 d_1, d_2의 최소공배수는 12가 된다. 이때 $d_1=6$, $d_2<6$이므로 $d_2=4$이다.

이것이 수능　　　　　　　　p. 81

| 1 ⑤ | 2 117 | 3 9 | 4 26 |

---

1 해결단계

❶단계	등차수열 $\{a_n\}$의 공차를 d, 등비수열 $\{b_n\}$의 공비를 r라 하고, d와 r의 관계식을 구한다.
❷단계	$94<a_{11}<109$를 만족시키는 공차 d, 공비 r를 각각 구한다.
❸단계	a_7+b_8의 값을 구한다.

등차수열 $\{a_n\}$의 공차를 d, 등비수열 $\{b_n\}$의 공비를 r라 하자.

$a_7=a_6+d$, $b_7=b_6\times r$이고, $a_6=b_6=9$이므로

조건 ㈎에서

$9+d=9r$　　$\cdots\cdots$ ㉠

즉, $r=1+\dfrac{d}{9}$이고 d, r는 자연수이므로 d는 9의 배수이다.

$a_{11}=a_6+5d=9+5d$이므로 조건 ㈏에서

$94<9+5d<109$　　$\therefore 17<d<20$

이때 d는 9의 배수이므로 $d=18$

이것을 ㉠에 대입하면

$9+18=9r$　　$\therefore r=3$

$\therefore a_7+b_8=(a_6+d)+(b_6\times r^2)$

$\qquad\qquad=(9+18)+(9\times3^2)=108$

답 ⑤

---

2 해결단계

❶단계	등차수열 $\{a_n\}$의 첫째항과 공차를 각각 a, d라 한 후, 일반항을 나타내고 조건 ㈏를 이용하여 식을 세운다.
❷단계	조건 ㈏를 만족시키는 자연수 k의 값을 구한다.
❸단계	$90\leq a_{16}\leq100$을 만족시키는 a, d의 값을 각각 구하고, a_{20}의 값을 구한다.

$a_1=a$라 하면 등차수열 $\{a_n\}$의 일반항 a_n은

$a_n=a+(n-1)d$

또한, 등차수열 $\{a_n\}$의 모든 항이 자연수이므로

a는 자연수이고 $d\geq1$이다.

조건 ㈏에서 $k\geq3$인 자연수 k에 대하여 세 항

a_2, a_k, a_{3k-1}이 이 순서대로 등비수열을 이루므로

${a_k}^2=a_2\times a_{3k-1}$

$\{a+(k-1)d\}^2=(a+d)\{a+(3k-2)d\}$

$a^2+2a(k-1)d+(k-1)^2d^2$

$\qquad\qquad =a^2+(3k-2)ad+ad+(3k-2)d^2$

$2a(k-1)+(k-1)^2d=(3k-2)a+a+(3k-2)d$

$\qquad\qquad\qquad\qquad(\because d\geq1)$

$\therefore d(k^2-5k+3)=a(k+1)$　　$\cdots\cdots$ ㉠

한편, 조건 ㈎에서 $0<a\leq d$, 즉 $a(k+1)\leq d(k+1)$이므로

㉠에서

$d(k^2-5k+3)\leq d(k+1)$

$k^2-5k+3\leq k+1$

$k^2-6k+2\leq0$

$3-\sqrt{7}\leq k\leq3+\sqrt{7}$

k는 $k\geq3$인 자연수이므로

$k=3$, 4, 5

이때 ㉠에서 $k^2-5k+3>0$이므로

$k=5$, $d=2a$

$a_{16}=a+15d=a+15\times2a=31a$

$90\leq a_{16}\leq100$에서 $90\leq31a\leq100$이므로

$a=3$　　$\therefore d=2\times3=6$

$\therefore a_{20}=a+19d=3+19\times6=117$

답 117

BLACKLABEL 특강 　풀이 첨삭　　　　※

※에서 $d(k^2-5k+3)=a(k+1)$에 $k=3$, 4, 5를 각각 대입해 보자.

(i) $k=3$일 때,
　$d(3^2-5\times3+3)=a(3+1)$이므로 $-3d=4a$
　즉, 조건 $0<a\leq d$를 만족시키지 않는다.

(ii) $k=4$일 때,
　$d(4^2-5\times4+3)=a(4+1)$이므로 $-d=5a$
　즉, 조건 $0<a\leq d$를 만족시키지 않는다.

(iii) $k=5$일 때,
　$d(5^2-5\times5+3)=a(5+1)$이므로 $3d=6a$　　$\therefore d=2a$
　즉, 조건 $0<a\leq d$를 만족시킨다.

---

3 해결단계

❶단계	등비수열의 합과 일반항 사이의 관계를 이용하여 식을 세운다.
❷단계	❶단계에서 세운 식에 $n=1$, 2를 각각 대입하여 등비수열 $\{a_n\}$의 첫째항과 공비를 각각 구한다.
❸단계	a_4의 값을 구한다.

모든 자연수 n에 대하여

$S_{n+3}-S_n=13\times3^{n-1}$이므로

$S_{n+3}-S_n=a_{n+1}+a_{n+2}+a_{n+3}$에서

$a_{n+1}+a_{n+2}+a_{n+3}=13\times3^{n-1}$　　$\cdots\cdots$ ㉠

㉠에 $n=1$을 대입하면

$a_2+a_3+a_4=13$

등비수열 $\{a_n\}$의 공비를 r라 하면

$a_1r+a_1r^2+a_1r^3=13$이므로

$a_1r(1+r+r^2)=13$ ······ㄴ

또한, ㉠에 $n=2$를 대입하면

$a_3+a_4+a_5=13\times3=39$

즉, $a_1r^2+a_1r^3+a_1r^4=39$이므로

$a_1r^2(1+r+r^2)=39$ ······ㄷ

ㄷ÷ㄴ을 하면

$$\frac{a_1r^2(1+r+r^2)}{a_1r(1+r+r^2)}=\frac{39}{13} \qquad \therefore r=3$$

$r=3$을 ㄴ에 대입하면

$$a_1\times3\times(1+3+9)=13 \qquad \therefore a_1=\frac{1}{3}$$

$$\therefore a_4=a_1r^3=\frac{1}{3}\times3^3=9 \qquad\qquad \text{답 } 9$$

4 해결단계

❶단계	수열의 합과 일반항 사이의 관계를 이용하여 부등식 $S_k>S_{k+1}$을 a_{k+1}에 대한 부등식으로 변형한다.
❷단계	등차수열 $\{a_n\}$에 대하여 ❶단계의 부등식을 만족시키는 공차의 조건을 파악한다.
❸단계	❷단계의 조건과 조건 (나)를 이용하여 조건 (가)를 만족시키는 k의 값을 구한다.
❹단계	수열 $\{a_n\}$의 첫째항과 공차를 구한 후, a_2의 값을 구한다.

등차수열 $\{a_n\}$의 첫째항을 a, 공차를 d라 하자.

$S_k>S_{k+1}$에서 $S_{k+1}-S_k<0$

이때 $S_{k+1}-S_k=a_{k+1}$이므로 $a_{k+1}<0$

즉, $S_k>S_{k+1}$을 만족시키는 가장 작은 자연수 k는

$a_{k+1}<0$을 만족시키는 가장 작은 자연수이므로

조건 (가)에서 $a_{k+1}<0$을 만족시키는 가장 작은 자연수 k에 대하여 $S_k=102$이다.

이때 수열 $\{a_n\}$이 등차수열이므로 $n\le k$인 모든 자연수 n에 대하여 $a_n\ge0$이고 $d<0$이어야 한다.

즉, 조건 (나)에서 $a_8=-\frac{5}{4}a_5$이므로

$\underline{a_5>0, a_8<0}$ ← $d<0$이므로

또한, $a_5a_6a_7<0$에서 $a_6a_7<0$이므로

$\underline{a_6>0, a_7<0}$ ← $d<0$이므로

따라서 $a_{k+1}<0$을 만족시키는 가장 작은 자연수 k는 6이므로 $S_6=102$

즉, $S_6=\dfrac{6(2a+5d)}{2}=102$이므로

$2a+5d=34$ ······㉠

$a_8=-\dfrac{5}{4}a_5$에서 $a+7d=-\dfrac{5}{4}(a+4d)$이므로

$3a+16d=0$ ······ㄴ

㉠, ㄴ을 연립하여 풀면

$a=32, d=-6$

$\therefore a_2=a+d=32+(-6)=26$ 답 26

---

09 수열의 합

STEP 1   출제율 100% **우수 기출 대표 문제**   p. 83

01 ②   **02** ⑤   **03** 24   **04** ①   **05** 2
06 1   **07** 2056   **08** ④

01
$$\sum_{k=1}^{10}(a_k-1)^2=\sum_{k=1}^{10}(a_k{}^2-2a_k+1)$$
$$=\sum_{k=1}^{10}a_k{}^2-2\sum_{k=1}^{10}a_k+\sum_{k=1}^{10}1$$
$$=\sum_{k=1}^{10}a_k{}^2-2\sum_{k=1}^{10}a_k+10=28$$
$$\therefore \sum_{k=1}^{10}a_k{}^2-2\sum_{k=1}^{10}a_k=18 \qquad ······㉠$$
$$\sum_{k=1}^{10}a_k(a_k-1)=\sum_{k=1}^{10}(a_k{}^2-a_k)$$
$$=\sum_{k=1}^{10}a_k{}^2-\sum_{k=1}^{10}a_k=16 \qquad ······ㄴ$$

㉠-ㄴ을 하면
$$\sum_{k=1}^{10}a_k{}^2-2\sum_{k=1}^{10}a_k-\left(\sum_{k=1}^{10}a_k{}^2-\sum_{k=1}^{10}a_k\right)=18-16$$
$$-\sum_{k=1}^{10}a_k=2$$
$$\therefore \sum_{k=1}^{10}a_k=-2$$

위의 식을 ㄴ에 대입하면
$$\sum_{k=1}^{10}a_k{}^2-(-2)=16$$
$$\therefore \sum_{k=1}^{10}a_k{}^2=14 \qquad\qquad \text{답 } ②$$

02
ㄱ. $\displaystyle\sum_{k=1}^{n}(2k-1)=2\sum_{k=1}^{n}k-\sum_{k=1}^{n}1$
$$=2\times\frac{n(n+1)}{2}-1\times n$$
$$=n^2+n-n=n^2 \text{ (참)}$$

ㄴ. $\left(\dfrac{n+1}{n}\right)^2+\left(\dfrac{n+2}{n}\right)^2+\left(\dfrac{n+3}{n}\right)^2+\cdots+\left(\dfrac{2n}{n}\right)^2$
$$=\sum_{k=1}^{n}\left(\frac{n+k}{n}\right)^2=\sum_{k=1}^{n}\left(1+\frac{k}{n}\right)^2$$
$$=\sum_{k=1}^{n}\left(1+\frac{2k}{n}+\frac{k^2}{n^2}\right)=\sum_{k=1}^{n}1+\frac{2}{n}\sum_{k=1}^{n}k+\frac{1}{n^2}\sum_{k=1}^{n}k^2$$
$$=n+\frac{2}{n}\times\frac{n(n+1)}{2}+\frac{1}{n^2}\times\frac{n(n+1)(2n+1)}{6}$$
$$=n+n+1+\frac{(n+1)(2n+1)}{6n}$$
$$=\frac{12n^2+6n+2n^2+3n+1}{6n}$$
$$=\frac{14n^2+9n+1}{6n} \text{ (참)}$$

ㄷ. $\displaystyle\sum_{k=1}^{n}\left(\sum_{l=1}^{k}l\right)=\sum_{k=1}^{n}\frac{k(k+1)}{2}=\frac{1}{2}\sum_{k=1}^{n}(k^2+k)$
$$=\frac{1}{2}\left\{\frac{n(n+1)(2n+1)}{6}+\frac{n(n+1)}{2}\right\}$$

$$=\frac{1}{2}\times\frac{n(n+1)(2n+4)}{6}$$

$$=\frac{n(n+1)(n+2)}{6}\ (참)$$

따라서 ㄱ, ㄴ, ㄷ 모두 옳다.　　　　　　　　　답 ⑤

---

03 수열 $\{a_{2n-1}\}$의 일반항을 구하면

(ⅰ) $n\geq2$일 때,

$$a_{2n-1}=\sum_{k=1}^{n}a_{2k-1}-\sum_{k=1}^{n-1}a_{2k-1}$$

$$=n^2+4n-\{(n-1)^2+4(n-1)\}$$

$$=n^2+4n-(n^2-2n+1+4n-4)$$

$$=2n+3$$

(ⅱ) $n=1$일 때,

$$a_1=1^2+4=5$$

(ⅰ), (ⅱ)에서

$a_{2n-1}=2n+3$ (단, $n=1,\ 2,\ 3,\ \cdots$)

위의 일반항에 $n=2$를 대입하면 $a_3=2\times2+3=7$

이때 수열 $\{a_n\}$은 등차수열이므로 공차를 d라 하면

$a_3-a_1=2d$에서 $7-5=2d$

$2d=2$　　∴ $d=1$

따라서 등차수열 $\{a_n\}$의 일반항 a_n은

$$a_n=5+(n-1)\times1=n+4$$

∴ $a_{20}=20+4=24$　　　　　　　　　답 24

• 다른 풀이 1 •

$\sum\limits_{k=1}^{n}a_{2k-1}=n^2+4n$에서

$n=1$일 때, $a_1=1^2+4=5$,

$n=2$일 때, $a_1+a_3=2^2+4\times2=12$

이므로 $a_3=12-5=7$

이때 수열 $\{a_n\}$은 등차수열이므로 공차를 d라 하면

$a_3-a_1=2d$, 즉 $7-5=2d$

$2d=2$　　∴ $d=1$

따라서 등차수열 $\{a_n\}$의 일반항 a_n은

$$a_n=5+(n-1)\times1=n+4$$

∴ $a_{20}=20+4=24$

• 다른 풀이 2 • ┌ 수열 $\{a_{2n-1}\}$의 첫째항부터 제n항까지의 합을 S_n이라 한 것이다.

$\sum\limits_{k=1}^{n}a_{2k-1}=S_n$이라 하면 $S_n=n^2+4n$이므로

$S_{11}=11^2+4\times11=165,\ S_9=9^2+4\times9=117$

에서

$a_1+a_3+a_5+\cdots+a_{21}=165$　　……㉠

$a_1+a_3+a_5+\cdots+a_{17}=117$　　……㉡

㉠－㉡을 하면

$a_{21}+a_{19}=48$

이때 a_{20}은 $a_{19},\ a_{21}$의 등차중항이므로

$2a_{20}=a_{19}+a_{21}$에서 $2a_{20}=48$

∴ $a_{20}=24$

이 문제에서 $\sum\limits_{k=1}^{n}a_{2k-1}=a_1+a_3+a_5+\cdots+a_{2n-1}$이므로 $\sum\limits_{k=1}^{n}a_{2k-1}$은 수열 $\{a_n\}$의 홀수 번째 항들의 합이다.

수열 $\{a_n\}$의 첫째항부터 제n까지의 합을 S_n이라 할 때,

$S_{2n-1}=a_1+a_2+a_3+\cdots+a_{2n-1}$이므로

$$\sum_{k=1}^{n}a_{2k-1}\neq S_{2n-1}$$

즉, $\sum$를 S_n으로 바꾸어 나타낼 때 $\sum\limits_{k=1}^{n}a_{2k-1}=S_{2n-1}$로 두고 문제를 풀어 답을 틀리는 경우가 있으니 주의하도록 하자.

---

04 주어진 식의 일반항을 a_k (k는 자연수)라 하면

$$a_k=\frac{1}{(3k-1)(3k+2)},\ a_{10}=\frac{1}{29\times32}$$

이때 구하는 수열의 합은

$$\sum_{k=1}^{10}a_k=\sum_{k=1}^{10}\frac{1}{(3k-1)(3k+2)}$$

$$=\sum_{k=1}^{10}\frac{1}{3}\left(\frac{1}{3k-1}-\frac{1}{3k+2}\right)$$

$$=\frac{1}{3}\sum_{k=1}^{10}\left(\frac{1}{3k-1}-\frac{1}{3k+2}\right)$$

$$=\frac{1}{3}\left\{\left(\frac{1}{2}-\frac{1}{5}\right)+\left(\frac{1}{5}-\frac{1}{8}\right)+\left(\frac{1}{8}-\frac{1}{11}\right)+\cdots\right.$$

$$\left.+\left(\frac{1}{29}-\frac{1}{32}\right)\right\}$$

$$=\frac{1}{3}\left(\frac{1}{2}-\frac{1}{32}\right)$$

$$=\frac{1}{3}\times\frac{15}{32}=\frac{5}{32}$$

따라서 $p=32,\ q=5$이므로

$p+q=37$　　　　　　　　　답 ①

수열의 합의 소거형태

부분분수에서 소거하여 수열의 합을 구할 때, 소거가 안 되는 수의 위치는 대칭을 이룬다.

예를 들어,

$$\sum_{k=1}^{n}\left(\frac{k+2}{k+1}-\frac{k+4}{k+3}\right)$$

$$=\left(\frac{3}{2}-\frac{5}{4}\right)+\left(\frac{4}{3}-\frac{6}{5}\right)+\left(\frac{5}{4}-\frac{7}{6}\right)+\cdots$$

$$+\left(\frac{n+1}{n}-\frac{n+3}{n+2}\right)+\left(\frac{n+2}{n+1}-\frac{n+4}{n+3}\right)$$

$$=\left(\frac{3}{2}-\frac{5}{4}\right)+\left(\frac{4}{3}-\frac{6}{5}\right)+\left(\frac{5}{4}-\frac{7}{6}\right)+\cdots$$

$$+\left(\frac{n+1}{n}-\frac{n+3}{n+2}\right)+\left(\frac{n+2}{n+1}-\frac{n+4}{n+3}\right)$$

$$=\frac{3}{2}+\frac{4}{3}-\frac{n+3}{n+2}-\frac{n+4}{n+3}$$

와 같이 앞에서 첫 번째, 세 번째 수가 소거되지 않으면 뒤에서 첫 번째, 세 번째 수도 소거되지 않는다.

---

05 첫째항이 4, 공차가 1인 등차수열 $\{a_n\}$의 일반항 a_n은

$$a_n=4+(n-1)\times1=n+3$$

$$\therefore\sum_{k=1}^{12}\frac{1}{\sqrt{a_{k+1}}+\sqrt{a_k}}$$

$$=\sum_{k=1}^{12}\frac{1}{\sqrt{k+4}+\sqrt{k+3}}$$

$$= \sum_{k=1}^{12} \frac{\sqrt{k+4}-\sqrt{k+3}}{(\sqrt{k+4}+\sqrt{k+3})(\sqrt{k+4}-\sqrt{k+3})}$$
$$= \sum_{k=1}^{12}(\sqrt{k+4}-\sqrt{k+3})$$
$$= (\sqrt{5}-\sqrt{4})+(\sqrt{6}-\sqrt{5})+\cdots+(\sqrt{16}-\sqrt{15})$$
$$= -\sqrt{4}+\sqrt{16}$$
$$= -2+4 = 2$$

답 2

• 다른 풀이 •

$$\sum_{k=1}^{12} \frac{1}{\sqrt{a_{k+1}}+\sqrt{a_k}}$$
$$= \sum_{k=1}^{12} \frac{\sqrt{a_{k+1}}-\sqrt{a_k}}{(\sqrt{a_{k+1}}+\sqrt{a_k})(\sqrt{a_{k+1}}-\sqrt{a_k})}$$
$$= \sum_{k=1}^{12} \frac{\sqrt{a_{k+1}}-\sqrt{a_k}}{a_{k+1}-a_k}$$

수열 $\{a_n\}$은 공차가 1인 등차수열이므로 $a_{k+1}-a_k=1$

$$= \sum_{k=1}^{12}(\sqrt{a_{k+1}}-\sqrt{a_k})$$
$$= (\sqrt{a_2}-\sqrt{a_1})+(\sqrt{a_3}-\sqrt{a_2})+(\sqrt{a_4}-\sqrt{a_3})+\cdots$$
$$+(\sqrt{a_{13}}-\sqrt{a_{12}})$$
$$= \sqrt{a_{13}}-\sqrt{a_1}$$
$$= \sqrt{16}-\sqrt{4} \ (\because a_n=4+(n-1)\times1=n+3)$$
$$= 4-2=2$$

06 자연수 n에 대하여 $f(n)=(9^n$의 일의 자리의 수)이므로
$f(1)=9, f(2)=1, f(3)=9, f(4)=1, \cdots$
즉, 수열 $\{f(n)\}$은
$9, 1, 9, 1, 9, 1, 9, 1, \cdots$
마찬가지로 $g(n)=(8^n$의 일의 자리의 수)이므로
$g(1)=8, g(2)=4, g(3)=2, g(4)=6, g(5)=8, \cdots$
즉, 수열 $\{g(n)\}$은
$8, 4, 2, 6, 8, 4, 2, 6, \cdots$
이때 $a_n=f(n)-g(n)$이므로 수열 $\{a_n\}$은
$1, -3, 7, -5, 1, -3, 7, -5, \cdots$
즉, 수열 $\{a_n\}$은 $1, -3, 7, -5$가 이 순서대로 계속 반복된다.
따라서 $777=4\times194+1$이므로

$$\sum_{k=1}^{777} a_k = \sum_{k=1}^{776} a_k + a_{777}$$
$$= 194\sum_{k=1}^{4} a_k + a_1$$
$$= 194(1-3+7-5)+a_1$$
$$= a_1 = 1$$

답 1

BLACKLABEL 특강 참고

자연수 a에 대하여 $a, a^2, a^3, \cdots$의 일의 자리의 수를 구할 때는 거듭 제곱의 값을 모두 구하지 않고 다음과 같이 일의 자리의 수만 계산하여 구해도 된다.
3의 일의 자리의 수 ⇨ 3
3^2의 일의 자리의 수 ⇨ $3\times3=9$에서 9
3^3의 일의 자리의 수 ⇨ $9\times3=27$에서 7
3^4의 일의 자리의 수 ⇨ $7\times3=21$에서 1
$\vdots$

07 [1단계]에서 색칠된 정사각형 하나의 넓이는
$\frac{1}{2}\times\frac{1}{2}=\frac{1}{4}$이고, 색칠된 정사각형의 개수는 2이므로
$a_1=2, b_1=\frac{1}{4}\times2=\frac{1}{2}$
[2단계]에서 색칠된 정사각형 하나의 넓이는
$\frac{1}{4}\times\frac{1}{4}=\frac{1}{16}$이고, 색칠된 정사각형의 개수는 4이므로
$a_2=4=2^2, b_2=\frac{1}{16}\times4=\frac{1}{4}=\frac{1}{2^2}$
[3단계]에서 색칠된 정사각형 하나의 넓이는
$\frac{1}{8}\times\frac{1}{8}=\frac{1}{64}$이고, 색칠된 정사각형의 개수는 8이므로
$a_3=8=2^3, b_3=\frac{1}{64}\times8=\frac{1}{8}=\frac{1}{2^3}$
$\vdots$
따라서 [n단계]에서 색칠된 정사각형 하나의 넓이는
$\frac{1}{2^n}\times\frac{1}{2^n}=\frac{1}{2^{2n}}$이고, 색칠된 정사각형의 개수는 2^n이므로
$a_n=2^n, b_n=\frac{1}{2^{2n}}\times2^n=\frac{1}{2^n}$

$$\therefore \sum_{k=1}^{10} a_k(b_k+1) = \sum_{k=1}^{10} 2^k\left(\frac{1}{2^k}+1\right)$$
$$= \sum_{k=1}^{10}(1+2^k)$$
$$= 10+\frac{2(2^{10}-1)}{2-1}$$
$$= 10+2046$$
$$= 2056$$

답 2056

08 주어진 수열을
$$\left(\frac{1}{1}\right), \left(\frac{3}{3}, \frac{2}{3}, \frac{1}{3}\right), \left(\frac{5}{5}, \frac{4}{5}, \frac{3}{5}, \frac{2}{5}, \frac{1}{5}\right), \cdots,$$
$$\left(\frac{25}{25}, \frac{24}{25}, \frac{23}{25}, \cdots, \frac{1}{25}\right),$$
$$\left(\frac{27}{27}, \frac{26}{27}, \frac{25}{27}, \cdots, \frac{4}{27}, \cdots, \frac{1}{27}\right), \cdots$$
과 같이 분모가 같은 것끼리 묶은 군수열로 생각하면
제n군의 분모는 $2n-1$이고, 항의 개수도 $2n-1$이므로
$\frac{4}{27}$는 제14군의 24번째 항이다.
한편, 제1군부터 제13군까지의 항의 개수는

$$\sum_{k=1}^{13}(2k-1) = 2\sum_{k=1}^{13} k - 13$$
$$= 2\times\frac{13\times14}{2}-13$$
$$= 182-13$$
$$= 169$$

따라서 $169+24=193$이므로 $\frac{4}{27}$는 193번째 항에서 처음으로 나타난다.

답 ④

01 ④	**02** ②	**03** 60	**04** 188	**05** 400
06 ③	**07** ⑤	**08** 10	**09** 3025	**10** ②
11 ①	**12** ②	**13** $\dfrac{1}{2020}$	**14** 240	**15** ⑤
16 127	**17** ②	**18** 99	**19** 120	**20** 440
21 ②	**22** 120	**23** ②	**24** 220	**25** ③
26 ④	**27** ①	**28** 46	**29** ①	**30** ⑤
31 231				

01 ㄱ. $\displaystyle\sum_{n=1}^{46} a_n = a_1 + a_2 + a_3 + a_4 + a_5 + a_6 + a_7 + \cdots + a_{46}$

$= a_1 + (a_2 + a_3 + a_4) + (a_5 + a_6 + a_7) + \cdots$
$\qquad\qquad\qquad\qquad\qquad + (a_{44} + a_{45} + a_{46})$

$= a_1 + \displaystyle\sum_{k=1}^{15} (a_{3k-1} + a_{3k} + a_{3k+1})$ (참)

ㄴ. $1 + 2 + 2^2 + \cdots + 2^n = \displaystyle\sum_{k=1}^{n+1} 2^{k-1} = \displaystyle\sum_{k=0}^{n} 2^k$ (거짓)

ㄷ. $\displaystyle\sum_{l=2}^{11} (l-1)^5 = 1^5 + 2^5 + 3^5 + \cdots + 10^5$

$\underset{\underset{\sum\limits_{k=1}^{n} a_k\text{에서 변수인 }k\text{는 }i,\,j,\,l \text{ 등}}{\uparrow}}{}$

$= \displaystyle\sum_{k=1}^{10} k^5$ (참) 다른 문자로 바꾸어도 무방하다.

따라서 옳은 것은 ㄱ, ㄷ이다. 답 ④

02 $\displaystyle\sum_{k=1}^{n} (a_k - a_{k+1}) = (a_1 - a_2) + (a_2 - a_3) + (a_3 - a_4) + \cdots$
$\qquad\qquad\qquad\qquad\qquad\qquad + (a_n - a_{n+1})$

$\qquad\qquad\qquad\qquad = a_1 - a_{n+1} = -n^2 + n$

이때 $a_1 = 1$이므로

$1 - a_{n+1} = -n^2 + n$

$a_{n+1} = n^2 - n + 1$

$\therefore a_{11} = 10^2 - 10 + 1 = 91$ 답 ②

03 $\displaystyle\sum_{k=1}^{n} a_{2k} = n^2 + cn$이므로

$a_{10} = \displaystyle\sum_{k=1}^{5} a_{2k} - \displaystyle\sum_{k=1}^{4} a_{2k}$

$\quad = (5^2 + 5c) - (4^2 + 4c) = 9 + c$

$a_{10} = 11$에서 $9 + c = 11$

$\therefore c = 2$

즉, $\displaystyle\sum_{k=1}^{n} a_{2k-1} = 2n^2 - 5n$, $\displaystyle\sum_{k=1}^{n} a_{2k} = n^2 + 2n$이고,

$\displaystyle\sum_{k=1}^{n} a_{2k-1} + \displaystyle\sum_{k=1}^{n} a_{2k} = \displaystyle\sum_{k=1}^{n} (a_{2k-1} + a_{2k})$

$\qquad\qquad\qquad\qquad = (a_1 + a_2) + (a_3 + a_4) + \cdots$
$\qquad\qquad\qquad\qquad\qquad\qquad + (a_{2n-1} + a_{2n})$

$\qquad\qquad\qquad\qquad = \displaystyle\sum_{k=1}^{2n} a_k$

이므로

$\displaystyle\sum_{k=1}^{2n} a_k = (2n^2 - 5n) + (n^2 + 2n) = 3n^2 - 3n$

위의 식의 양변에 $n = 5$를 대입하면

$\displaystyle\sum_{k=1}^{10} a_k = 3 \times 5^2 - 3 \times 5 = 60$ 답 60

• 다른 풀이 •

$\displaystyle\sum_{k=1}^{n} a_{2k-1} = cn^2 - 5n$에서

$a_1 = c - 5$,

$a_{2n-1} = \displaystyle\sum_{k=1}^{n} a_{2k-1} - \displaystyle\sum_{k=1}^{n-1} a_{2k-1}$

$\quad = cn^2 - 5n - \{c(n-1)^2 - 5(n-1)\}$

$\quad = cn^2 - 5n - (cn^2 - 2cn + c - 5n + 5)$

$\quad = 2cn - c - 5$ (단, $n = 2, 3, 4, \cdots$)

이므로

$a_{2n-1} = 2cn - c - 5$ (단, $n = 1, 2, 3, \cdots$)

또한, $\displaystyle\sum_{k=1}^{n} a_{2k} = n^2 + cn$에서

$a_2 = 1 + c$,

$a_{2n} = \displaystyle\sum_{k=1}^{n} a_{2k} - \displaystyle\sum_{k=1}^{n-1} a_{2k}$

$\quad = n^2 + cn - \{(n-1)^2 + c(n-1)\}$

$\quad = n^2 + cn - (n^2 - 2n + 1 + cn - c)$

$\quad = 2n + c - 1$ (단, $n = 2, 3, 4, \cdots$)

이므로

$a_{2n} = 2n + c - 1$ (단, $n = 1, 2, 3, \cdots$)

이때 $a_{10} = 11$이므로

$2 \times 5 + c - 1 = 11$, $9 + c = 11$ $\therefore c = 2$

$\therefore a_{2n-1} = 4n - 7$, $a_{2n} = 2n + 1$

$\therefore \displaystyle\sum_{k=1}^{10} a_k = \displaystyle\sum_{k=1}^{5} (a_{2k-1} + a_{2k}) = \displaystyle\sum_{k=1}^{5} (4k - 7 + 2k + 1)$

$\qquad\qquad = \displaystyle\sum_{k=1}^{5} (6k - 6) = 6 \times \dfrac{5 \times 6}{2} - 6 \times 5$

$\qquad\qquad = 90 - 30$

$\qquad\qquad = 60$

BLACKLABEL 특강 오답 피하기

$\displaystyle\sum_{k=1}^{2n} a_k = \displaystyle\sum_{k=1}^{n} a_{2k-1} + \displaystyle\sum_{k=1}^{n} a_{2k}$이므로

$\displaystyle\sum_{k=1}^{2n} a_k = (cn^2 - 5n) + (n^2 + cn)$

$\qquad\quad = (c+1)n^2 + (c-5)n$

위의 식의 양변에 $n = \dfrac{m}{2}$을 대입하면

$\displaystyle\sum_{k=1}^{m} a_k = (c+1)\left(\dfrac{m}{2}\right)^2 + (c-5)\dfrac{m}{2}$

$\qquad\quad = \dfrac{c+1}{4} m^2 + \dfrac{c-5}{2} m$

이러한 방법으로 $\displaystyle\sum_{k=1}^{2n} a_k$를 구하여 틀리는 경우가 있다. $\displaystyle\sum_{k=1}^{2n} a_k$는 첫째항부터 짝수 번째 항까지의 합을 나타낸 것이므로 이 문제처럼 $\displaystyle\sum_{k=1}^{n} a_{2k-1}$, $\displaystyle\sum_{k=1}^{n} a_{2k}$가 다르게 정의된 경우에 $\displaystyle\sum_{k=1}^{n} a_k$의 식을 이용하여 $\displaystyle\sum_{k=1}^{2n} a_k$의 식을 구하면 오류가 발생할 수 있음에 주의하자.

04 이차방정식의 근과 계수의 관계에 의하여

$a_n = \dfrac{2n^2 - n}{n} = 2n - 1$, $b_n = \dfrac{-(2-n)}{n}$

즉, $b_n-1=\dfrac{-2+n}{n}-1=-\dfrac{2}{n}+1-1=-\dfrac{2}{n}$이므로

$\dfrac{1}{b_n-1}=-\dfrac{n}{2}$

$\therefore \sum\limits_{k=1}^{16}\left(a_k+\dfrac{1}{b_k-1}\right)=\sum\limits_{k=1}^{16}\left\{(2k-1)-\dfrac{k}{2}\right\}$

$\qquad\qquad\qquad\quad =\sum\limits_{k=1}^{16}\left(\dfrac{3}{2}k-1\right)$

$\qquad\qquad\qquad\quad =\dfrac{3}{2}\times\dfrac{16\times17}{2}-1\times16$

$\qquad\qquad\qquad\quad =204-16=188$ 　　답 188

05 $\sum\limits_{k=1}^{10}\left(\sum\limits_{j=1}^{5}jk\right)-\sum\limits_{k=1}^{5}\left\{\sum\limits_{j=1}^{10}(j+k)\right\}$

$=\sum\limits_{k=1}^{10}\left(k\sum\limits_{j=1}^{5}j\right)-\sum\limits_{k=1}^{5}\left(\sum\limits_{j=1}^{10}j+\sum\limits_{j=1}^{10}k\right)$

$=\sum\limits_{k=1}^{10}\left(k\times\dfrac{5\times6}{2}\right)-\sum\limits_{k=1}^{5}\left(\dfrac{10\times11}{2}+10k\right)$

$=15\sum\limits_{k=1}^{10}k-\sum\limits_{k=1}^{5}55-10\sum\limits_{k=1}^{5}k$

$=15\times\dfrac{10\times11}{2}-55\times5-10\times\dfrac{5\times6}{2}$

$=825-275-150$

$=400$ 　　답 400

06 $n=1$일 때, $\dfrac{(n-1)^3}{n}=\dfrac{(1-1)^3}{1}=0$이므로

$\sum\limits_{t=1}^{10}\left\{t^3-\sum\limits_{k=1}^{t}\dfrac{(k+1)^3}{k}-\sum\limits_{n=2}^{t}\dfrac{(n-1)^3}{n}\right\}$

$=\sum\limits_{t=1}^{10}\left\{t^3-\sum\limits_{k=1}^{t}\dfrac{(k+1)^3}{k}-\sum\limits_{n=1}^{t}\dfrac{(n-1)^3}{n}\right\}$

$=\sum\limits_{t=1}^{10}\left[t^3-\sum\limits_{k=1}^{t}\left\{\dfrac{(k+1)^3}{k}+\dfrac{(k-1)^3}{k}\right\}\right]$

$=\sum\limits_{t=1}^{10}\left(t^3-\sum\limits_{k=1}^{t}\dfrac{2k^3+6k}{k}\right)$

$=\sum\limits_{t=1}^{10}\left\{t^3-\sum\limits_{k=1}^{t}(2k^2+6)\right\}$

$=\sum\limits_{t=1}^{10}\left\{t^3-2\times\dfrac{t(t+1)(2t+1)}{6}-6t\right\}$

$=\sum\limits_{t=1}^{10}\left(\dfrac{1}{3}t^3-t^2-\dfrac{19}{3}t\right)$

$=\dfrac{1}{3}\times\left(\dfrac{10\times11}{2}\right)^2-\dfrac{10\times11\times21}{6}-\dfrac{19}{3}\times\dfrac{10\times11}{2}$

$=\dfrac{3025}{3}-385-\dfrac{1045}{3}=275$ 　　답 ③

07 $\sum\limits_{k=1}^{30}\{(-1)^k k^2\}$

$=-1^2+2^2-3^2+4^2-\cdots-29^2+30^2$

$=-(1^2+3^2+5^2+\cdots+29^2)+(2^2+4^2+6^2+\cdots+30^2)$

$=-\sum\limits_{k=1}^{15}(2k-1)^2+\sum\limits_{k=1}^{15}(2k)^2$

$=\sum\limits_{k=1}^{15}\{-(2k-1)^2+(2k)^2\}$

$=\sum\limits_{k=1}^{15}(4k-1)$

$=4\times\dfrac{15\times16}{2}-1\times15$

$=480-15=465$ 　　답 ⑤

• 다른 풀이 •

$\sum\limits_{k=1}^{30}\{(-1)^k k^2\}$

$=-1^2+2^2-3^2+4^2-\cdots-29^2+30^2$

$=(-1^2+2^2)+(-3^2+4^2)+\cdots+(-29^2+30^2)$

$=(-1+2)(1+2)+(-3+4)(3+4)+\cdots$

$\qquad\qquad\qquad\qquad +(-29+30)(29+30)$

$=1+2+3+4+\cdots+29+30$

$=\sum\limits_{k=1}^{30}k$

$=\dfrac{30\times31}{2}=465$

08 $1\times(2n-1)+2\times(2n-3)+3\times(2n-5)+\cdots+n\times1$

$=\sum\limits_{k=1}^{n}[k\times\{2n-(2k-1)\}]$

$=\sum\limits_{k=1}^{n}\{-2k^2+(2n+1)k\}$

$=-2\sum\limits_{k=1}^{n}k^2+(2n+1)\sum\limits_{k=1}^{n}k$

$=-2\times\dfrac{n(n+1)(2n+1)}{6}+(2n+1)\times\dfrac{n(n+1)}{2}$

$=n(n+1)(2n+1)\left(-\dfrac{2}{6}+\dfrac{1}{2}\right)$

$=\dfrac{1}{6}n(n+1)(2n+1)$

즉, $\dfrac{1}{6}n(n+1)(2n+1)=385$이고 385를 소인수분해하

면 $385=5\times7\times11$이므로

$n(n+1)(2n+1)=2\times3\times5\times7\times11$

$\qquad\qquad\qquad =10\times11\times(2\times10+1)$

$\therefore n=10$ 　　답 10

09 $\sum\limits_{k=1}^{10}k^2+\sum\limits_{k=2}^{10}k^2+\sum\limits_{k=3}^{10}k^2+\cdots+\sum\limits_{k=10}^{10}k^2$

$=(1^2+2^2+3^2+\cdots+9^2+10^2)$

$\quad +(2^2+3^2+\cdots+9^2+10^2)$

$\quad\quad +(3^2+\cdots+9^2+10^2)$

$\qquad\qquad\quad \vdots$

$\qquad\qquad\quad +(9^2+10^2)$

$\qquad\qquad\qquad +10^2$

$=1^2\times1+2^2\times2+3^2\times3+\cdots+10^2\times10$

$=1^3+2^3+3^3+\cdots+10^3$

$=\sum\limits_{k=1}^{10}k^3$

$=\left(\dfrac{10\times11}{2}\right)^2=3025$ 　　답 3025

단계	채점 기준	배점
(가)	$\sum\limits_{k=1}^{10} k^2 + \sum\limits_{k=2}^{10} k^2 + \sum\limits_{k=3}^{10} k^2 + \cdots + \sum\limits_{k=10}^{10} k^2$을 구체적인 수로 나열하여 $1^3 + 2^3 + 3^3 + \cdots + 10^3$으로 변형한 경우	80%
(나)	자연수의 거듭제곱의 합을 이용하여 주어진 식의 값을 구한 경우	20%

10 $\left| \left(n+\dfrac{1}{2}\right)^2 - m \right| < \dfrac{1}{2}$에서

$-\dfrac{1}{2} < \left(n+\dfrac{1}{2}\right)^2 - m < \dfrac{1}{2}$

$-\dfrac{1}{2} < n^2 + n + \dfrac{1}{4} - m < \dfrac{1}{2}$

$\therefore -\dfrac{3}{4} < n^2 + n - m < \dfrac{1}{4}$

이때 m, n은 자연수이므로 $n^2 + n - m$은 정수이다.

즉, $n^2 + n - m = 0$이므로 $m = n^2 + n$

$\therefore a_n = n^2 + n$

$\therefore \sum\limits_{k=1}^{5} a_k = \sum\limits_{k=1}^{5} (k^2 + k)$

$= \dfrac{5 \times 6 \times 11}{6} + \dfrac{5 \times 6}{2}$

$= 55 + 15 = 70$ 답 ②

BLACKLABEL 특강   **참고**

수직선을 이용하여 주어진 부등식을 만족시키는 자연수 m의 값을 구해보자.

$\left| \left(n+\dfrac{1}{2}\right)^2 - m \right| < \dfrac{1}{2}$에서 $-\dfrac{1}{2} < m - \left(n+\dfrac{1}{2}\right)^2 < \dfrac{1}{2}$

$\left(n+\dfrac{1}{2}\right)^2 - \dfrac{1}{2} < m < \left(n+\dfrac{1}{2}\right)^2 + \dfrac{1}{2}$

$\therefore n^2 + n - \dfrac{1}{4} < m < n^2 + n + \dfrac{3}{4}$

이때 자연수 n에 대하여 $n^2 + n$도 자연수이므로 위의 부등식을 만족시키는 m의 값의 범위를 수직선 위에 나타내면 다음과 같다.

그런데 m은 자연수이므로 $a_n = n^2 + n$

---

11 $\sum\limits_{k=1}^{n} a_k = S_n$이라 하면 $S_n = n^3$이므로

(i) $n \geq 2$일 때,

$a_n = S_n - S_{n-1} = n^3 - (n-1)^3$

$= n^3 - (n^3 - 3n^2 + 3n - 1) = 3n^2 - 3n + 1$

(ii) $n = 1$일 때,

$a_1 = S_1 = 1^3 = 1$

(i), (ii)에서 $a_n = 3n^2 - 3n + 1$ $(n = 1, 2, 3, \cdots)$이므로

$a_{2n} = 3 \times (2n)^2 - 3 \times 2n + 1$

$= 12n^2 - 6n + 1$ (단, $n = 1, 2, 3, \cdots$)

$\therefore \sum\limits_{k=1}^{100} a_{2k} = \sum\limits_{k=1}^{99} a_{2k} + a_{200}$

$= \sum\limits_{k=1}^{99} (12k^2 - 6k + 1) + a_{200}$

$= 12\sum\limits_{k=1}^{99} k^2 - 6\sum\limits_{k=1}^{99} k + \sum\limits_{k=1}^{99} 1 + a_{200}$

위의 식에서

$12\sum\limits_{k=1}^{99} k^2 = 12 \times \dfrac{99 \times 100 \times 199}{6}$, $_{2 \times 99 \times 100 \times 199}$

$6\sum\limits_{k=1}^{99} k = 6 \times \dfrac{99 \times 100}{2}$, $\sum\limits_{k=1}^{99} 1 = 1 \times 99$ $_{3 \times 99 \times 100}$

이므로 각각 99로 나누어떨어진다.

즉, $12\sum\limits_{k=1}^{99} k^2 - 6\sum\limits_{k=1}^{99} k + \sum\limits_{k=1}^{99} 1$은 99로 나누어떨어지므로

$\sum\limits_{k=1}^{100} a_{2k}$를 99로 나눈 나머지는 a_{200}을 99로 나눈 나머지와 같다. 이때

$a_{200} = 12 \times 100^2 - 6 \times 100 + 1$

$= 12(99+1)^2 - 6(99+1) + 1$

$= 12(99^2 + 2 \times 99 \times 1 + 1^2) - 6 \times 99 - 6 + 1$

$= 99(12 \times 99 + 12 \times 2 - 6) + 7$

이므로 a_{200}을 99로 나눈 나머지는 7이다.

따라서 $\sum\limits_{k=1}^{100} a_{2k}$를 99로 나눈 나머지는 7이다.   답 ①

• 다른 풀이 •

$\sum\limits_{k=1}^{n} a_k = n^3$에서

$a_n = \sum\limits_{k=1}^{n} a_k - \sum\limits_{k=1}^{n-1} a_k$

$= n^3 - (n-1)^3$

$= 3n^2 - 3n + 1$ (단, $n = 2, 3, 4, \cdots$)

또한, $a_1 = 1^3 = 1$이므로

$a_{2n} = 3 \times (2n)^2 - 3 \times 2n + 1$

$= 12n^2 - 6n + 1$

이때 $99 = a$로 놓으면

$\sum\limits_{k=1}^{100} a_{2k} = \sum\limits_{k=1}^{a+1} (12k^2 - 6k + 1)$

$= 12 \times \dfrac{(a+1)(a+2)(2a+3)}{6}$

$\qquad\qquad - 6 \times \dfrac{(a+1)(a+2)}{2} + (a+1)$

$= 2(a+1)(a+2)(2a+3)$

$\qquad\qquad - 3(a+1)(a+2) + a + 1$

$\qquad\qquad\qquad\qquad \cdots\cdots \text{㉠}$

$\sum\limits_{k=1}^{100} a_{2k}$의 값을 99로 나눈 나머지는 다항식 ㉠을 a로 나눈 나머지와 같으므로 나머지정리에 의하여 ㉠에 $a = 0$을 대입하면 나머지는

$2 \times 1 \times 2 \times 3 - 3 \times 1 \times 2 + 1 = 7$

12 $a_n a_{n+1} - 7 = \sum\limits_{k=1}^{n} a_k^2$이므로

$a_n^2 = \sum\limits_{k=1}^{n} a_k^2 - \sum\limits_{k=1}^{n-1} a_k^2$

$= (a_n a_{n+1} - 7) - (a_{n-1} a_n - 7)$

$= a_n a_{n+1} - a_{n-1} a_n$

$= a_n(a_{n+1} - a_{n-1})$ (단, $n = 2, 3, 4, \cdots$)

위의 식의 양변을 a_n $(a_n \neq 0)$으로 나누면

$a_n = a_{n+1} - a_{n-1}$

$\therefore a_{n+1} = a_n + a_{n-1}$ (단, $n = 2, 3, 4, \cdots$)

위의 식을 이용하여 a_{11}을 a_8과 a_7로 나타내면

$a_{11} = a_{10} + a_9$

$= (a_9 + a_8) + (a_8 + a_7)$

$= a_9 + 2a_8 + a_7$

$= (a_8 + a_7) + 2a_8 + a_7$

$= 3a_8 + 2a_7$

따라서 바르게 나타낸 것은 ②이다.　　　　답 ②

BLACKLABEL 특강　참고

$a_n a_{n+1} - 7 = \sum\limits_{k=1}^{n} a_k{}^2$의 양변에 $n=1$을 대입하면

$a_1 a_2 - 7 = a_1{}^2$

이때 $a_1 = 1$이므로 $a_2 - 7 = 1$　　$\therefore a_2 = 8$

a_1과 a_2를 이용하여 a_7, a_8, a_{11}의 값을 구하면

$a_7 = 69$, $a_8 = 112$, $a_{11} = 474$

$a_{11} = pa_8 + qa_7$, 즉 $474 = 112p + 69q$를 만족시키는 두 자연수 p, q를 구하면 $p=3$, $q=2$뿐이다.

---

13 $a_{2020}n^{2020} + a_{2019}n^{2019} + a_{2018}n^{2018} + \cdots + a_0 = \sum\limits_{k=0}^{2020} a_k n^k$

이므로

$\sum\limits_{k=1}^{n} k^{2019} = \sum\limits_{k=0}^{2020} a_k n^k$　　　……㉠

이때 $\sum\limits_{k=1}^{n} k^{2019} = S_n$이라 하면 $n \geq 2$일 때,

$n^{2019} = S_n - S_{n-1}$

$= \sum\limits_{k=0}^{2020} a_k n^k - \sum\limits_{k=0}^{2020} a_k (n-1)^k$ ($\because$ ㉠)

$= \sum\limits_{k=0}^{2020} a_k \{n^k - (n-1)^k\}$

$= a_0 \{n^0 - (n-1)^0\}$

$\quad + a_1 \{n^1 - (n-1)^1\}$

$\quad + a_2 \{n^2 - (n-1)^2\}$

$\quad \vdots$

$\quad + a_{2020} \{n^{2020} - (n-1)^{2020}\}$

$= a_1 + a_2(2n-1) + a_3(3n^2 - 3n + 1) + \cdots$

$\quad + a_{2020}(2020 n^{2019} - \cdots - 1)$ (단, $n=2, 3, 4, \cdots$)

위의 등식은 2 이상의 자연수 n에 대한 항등식이므로

양변의 n^{2019}의 계수는 서로 같다.

즉, $1 = 2020 a_{2020}$이므로

$a_{2020} = \dfrac{1}{2020}$　　　　　답 $\dfrac{1}{2020}$

---

14 해결단계

❶ 단계	S_n을 이용하여 a_n과 a_{n+1}, a_{n+2} 사이의 관계식을 구한다.
❷ 단계	❶단계에서 구한 관계식을 이용하여 주어진 이차방정식의 근을 구한 후, b_n을 a_n에 관한 식으로 나타낸다.
❸ 단계	$\sum\limits_{k=1}^{8} \dfrac{1}{b_k - 1} = 86$을 만족시키는 p의 값을 구한다.
❹ 단계	$(p+4) \times b_1 \times b_3 \times b_5 \times b_7 \times b_9 \times b_{11}$의 값을 구한다.

(i) $n \geq 2$일 때,

$a_n = S_n - S_{n-1}$

$= (4n^2 + pn) - \{4(n-1)^2 + p(n-1)\}$

$= 8n + p - 4$

(ii) $n=1$일 때, $a_1 = S_1 = 4 + p$

(i), (ii)에서

$a_n = 8n + p - 4$ (단, $n = 1, 2, 3, \cdots$)　　　……㉠

즉, 수열 $\{a_n\}$은 공차가 8인 등차수열이므로 임의의 자연수 k에 대하여 $a_k + a_{k+2} = 2a_{k+1}$이 성립한다.

이차방정식 $a_k x^2 - 2a_{k+1} x + a_{k+2} = 0$에서

$a_k x^2 - (a_k + a_{k+2})x + a_{k+2} = 0$

$(x-1)(a_k x - a_{k+2}) = 0$　　$\therefore x = 1$ 또는 $x = \dfrac{a_{k+2}}{a_k}$

수열 $\{a_n\}$은 모든 항이 양수이고 공차가 8인 등차수열이므로 $a_{k+2} > a_k$에서 $\dfrac{a_{k+2}}{a_k} > 1$

즉, 이차방정식 $a_k x^2 - 2a_{k+1}x + a_{k+2} = 0$의 두 실근 중 큰 수는 $\dfrac{a_{k+2}}{a_k}$이므로 $b_k = \dfrac{a_{k+2}}{a_k}$　　　……㉡

$\dfrac{1}{b_k - 1} = \dfrac{1}{\dfrac{a_{k+2}}{a_k} - 1} = \dfrac{a_k}{a_{k+2} - a_k} = \dfrac{a_k}{16}$이므로

$\sum\limits_{k=1}^{8} \dfrac{1}{b_k - 1} = \sum\limits_{k=1}^{8} \dfrac{a_k}{16} = \dfrac{1}{16} S_8$

$= \dfrac{1}{16}(4 \times 8^2 + 8p)$

$= 16 + \dfrac{p}{2} = 86$

$\dfrac{p}{2} = 70$　　$\therefore p = 140$

㉠에서 $a_n = 8n + (140 - 4) = 8n + 136$이므로

$(p+4) \times b_1 \times b_3 \times b_5 \times b_7 \times b_9 \times b_{11}$

$= 144 \times \dfrac{a_3}{a_1} \times \dfrac{a_5}{a_3} \times \dfrac{a_7}{a_5} \times \cdots \times \dfrac{a_{13}}{a_{11}}$ ($\because$ ㉡)

$= 144 \times \dfrac{a_{13}}{a_1} = 144 \times \dfrac{240}{144} = 240$　　　답 240

BLACKLABEL 특강　참고

등차수열과 등비수열의 합의 일반항

수열 $\{a_n\}$의 첫째항부터 제n항까지의 합 S_n이 $S_n = An^2 + Bn + C$ (A, B, C는 상수) 꼴, 즉 n에 대한 이차식이면 수열 $\{a_n\}$은 등차수열이다. 이때 $C=0$이면 수열 $\{a_n\}$은 첫째항부터 등차수열을 이루고, $C \neq 0$이면 수열 $\{a_n\}$은 제2항부터 등차수열을 이루며 공차는 n^2의 계수의 두 배인 $2A$이다.

또한, 수열 $\{b_n\}$의 첫째항부터 제n항까지의 합 T_n이 $T_n = Ar^n + B$ ($r \neq 0$, $r \neq 1$, A, B는 상수) 꼴이면 수열 $\{b_n\}$은 등비수열이다. 이때 $A + B = 0$이면 수열 $\{b_n\}$은 첫째항부터 등비수열을 이루고, $A + B \neq 0$이면 수열 $\{b_n\}$은 제2항부터 등비수열을 이루며 공비는 지수 n의 밑인 r이다.

---

15 $S_n = n^2 + 6n$이므로

(i) $n \geq 2$일 때,

$a_n = S_n - S_{n-1}$

$= (n^2 + 6n) - \{(n-1)^2 + 6(n-1)\}$

$= 2n + 5$

(ii) $n=1$일 때,

$$a_1=S_1=1+6=7$$

(i), (ii)에서

$a_n=2n+5$ (단, $n=1, 2, 3, \cdots$)

$$\therefore \sum_{k=1}^{n}\frac{1}{a_k a_{k+1}}$$

$$=\sum_{k=1}^{n}\frac{1}{(2k+5)(2k+7)}$$

$$=\frac{1}{2}\sum_{k=1}^{n}\left(\frac{1}{2k+5}-\frac{1}{2k+7}\right)$$

$$=\frac{1}{2}\left\{\left(\frac{1}{7}-\frac{1}{9}\right)+\left(\frac{1}{9}-\frac{1}{11}\right)+\left(\frac{1}{11}-\frac{1}{13}\right)+\cdots\right.$$

$$\left.+\left(\frac{1}{2n+5}-\frac{1}{2n+7}\right)\right\}$$

$$=\frac{1}{2}\left(\frac{1}{7}-\frac{1}{2n+7}\right)=\frac{n}{7(2n+7)}$$

$\sum_{k=1}^{n}\frac{1}{a_k a_{k+1}}<\frac{7}{100}$에서 $\frac{n}{7(2n+7)}<\frac{7}{100}$

$100n<98n+343$, $2n<343$

$\therefore n<171.5$

따라서 구하는 자연수 n의 최댓값은 171이다.　　　　답 ⑤

16 직선 $y=nx+a_n$과 곡선 $y=x^2-x+\frac{1}{4}$이 접하므로 이차방

정식 $nx+a_n=x^2-x+\frac{1}{4}$, 즉 $x^2-(1+n)x+\frac{1}{4}-a_n=0$

의 판별식을 D라 할 때,

$$D=(1+n)^2-4\left(\frac{1}{4}-a_n\right)=0$$

$n^2+2n+1-1+4a_n=0$, $4a_n=-n^2-2n$

$$\therefore a_n=\frac{-n^2-2n}{4}$$

$$\therefore \sum_{k=1}^{7}\frac{1}{|a_k|}$$

$$=\sum_{k=1}^{7}\frac{4}{k^2+2k} \quad (\because a_k<0)$$

$$=4\sum_{k=1}^{7}\frac{1}{k(k+2)}$$

$$=4\times\frac{1}{2}\sum_{k=1}^{7}\left(\frac{1}{k}-\frac{1}{k+2}\right)$$

$$=2\left\{\left(\frac{1}{1}-\frac{1}{3}\right)+\left(\frac{1}{2}-\frac{1}{4}\right)+\left(\frac{1}{3}-\frac{1}{5}\right)+\cdots\right.$$

$$\left.+\left(\frac{1}{6}-\frac{1}{8}\right)+\left(\frac{1}{7}-\frac{1}{9}\right)\right\}$$

$$=2\left(1+\frac{1}{2}-\frac{1}{8}-\frac{1}{9}\right)=\frac{91}{36}$$

따라서 $p=36$, $q=91$이므로

$p+q=127$　　　　답 127

17

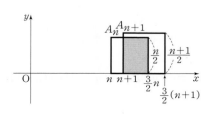

위의 그림에서 어두운 부분의 세로의 길이는 정사각형

A_n의 세로의 길이인 $\frac{n}{2}$이고, 가로의 길이는

$\frac{3}{2}n-(n+1)=\frac{n-2}{2}$이므로 어두운 부분의 넓이는

$$a_n=\frac{n-2}{2}\times\frac{n}{2}=\frac{n(n-2)}{4} \quad (단, n=3, 4, 5, \cdots)$$

$$\therefore \sum_{n=3}^{10}\frac{1}{a_n}=\sum_{n=3}^{10}\frac{4}{n(n-2)}=4\sum_{n=3}^{10}\frac{1}{n(n-2)}$$

$$=4\times\frac{1}{2}\sum_{n=3}^{10}\left(\frac{1}{n-2}-\frac{1}{n}\right)$$

$$=2\left\{\left(1-\frac{1}{3}\right)+\left(\frac{1}{2}-\frac{1}{4}\right)+\left(\frac{1}{3}-\frac{1}{5}\right)+\cdots\right.$$

$$\left.+\left(\frac{1}{7}-\frac{1}{9}\right)+\left(\frac{1}{8}-\frac{1}{10}\right)\right\}$$

$$=2\left(1+\frac{1}{2}-\frac{1}{9}-\frac{1}{10}\right)$$

$$=2\times\frac{58}{45}$$

$$=\frac{116}{45}$$　　　　답 ②

18 $a_n\neq0$인 등차수열 $\{a_n\}$의 일반항 a_n은 n에 대한 일차식

으로 표현할 수 있으므로 $a_n=\alpha n+\beta$ (α, β는 상수)라

하면

$$a_{n+1}=\alpha(n+1)+\beta$$

$$\therefore a_{n+1}-a_n=\alpha$$

즉, 등차수열 $\{a_n\}$의 공차는 α이다.

한편, $a_n a_{n+1}=(\alpha n+\beta)\{\alpha(n+1)+\beta\}$이므로

$$\frac{1}{a_n a_{n+1}}=\frac{1}{(\alpha n+\beta)\{\alpha(n+1)+\beta\}}$$

$$=\frac{1}{\alpha}\left(\frac{1}{\alpha n+\beta}-\frac{1}{\alpha(n+1)+\beta}\right)$$

$$=\frac{1}{\alpha}\left(\frac{1}{a_n}-\frac{1}{a_{n+1}}\right)$$

즉,

$$\sum_{k=1}^{99}\frac{1}{a_k a_{k+1}}$$

$$=\frac{1}{\alpha}\sum_{k=1}^{99}\left(\frac{1}{a_k}-\frac{1}{a_{k+1}}\right)$$

$$=\frac{1}{\alpha}\left\{\left(\frac{1}{a_1}-\frac{1}{a_2}\right)+\left(\frac{1}{a_2}-\frac{1}{a_3}\right)+\left(\frac{1}{a_3}-\frac{1}{a_4}\right)+\cdots\right.$$

$$\left.+\left(\frac{1}{a_{99}}-\frac{1}{a_{100}}\right)\right\}$$

$$=\frac{1}{\alpha}\left(\frac{1}{a_1}-\frac{1}{a_{100}}\right)$$

이므로

$$\sum_{k=1}^{99}\frac{a_1 a_{100}}{a_k a_{k+1}}=a_1 a_{100}\sum_{k=1}^{99}\frac{1}{a_k a_{k+1}}$$

$$=\frac{a_1 a_{100}}{\alpha}\left(\frac{1}{a_1}-\frac{1}{a_{100}}\right)$$

$$=\frac{a_1 a_{100}}{\alpha}\times\frac{a_{100}-a_1}{a_1 a_{100}}$$

$$=\frac{a_{100}-a_1}{\alpha}$$

$$=\frac{100\alpha+\beta-(\alpha+\beta)}{\alpha}\ (\because a_n=\alpha n+\beta)$$

$$=\frac{99\alpha}{\alpha}=99 \qquad\qquad\text{답 } 99$$

19 각 항이 $2\sqrt{1}+\sqrt{2}$, $3\sqrt{2}+2\sqrt{3}$, $4\sqrt{3}+3\sqrt{4}$, $\cdots$인 수열 $\{a_n\}$의 일반항 a_n은

$$a_n=(n+1)\sqrt{n}+n\sqrt{n+1}$$

$$\therefore\ \frac{1}{a_n}=\frac{1}{(n+1)\sqrt{n}+n\sqrt{n+1}}$$

$$=\frac{(n+1)\sqrt{n}-n\sqrt{n+1}}{\{(n+1)\sqrt{n}+n\sqrt{n+1}\}\{(n+1)\sqrt{n}-n\sqrt{n+1}\}}$$

$$=\frac{(n+1)\sqrt{n}-n\sqrt{n+1}}{(n+1)^2n-n^2(n+1)}$$

$$=\frac{(n+1)\sqrt{n}-n\sqrt{n+1}}{n(n+1)}$$

$$=\frac{\sqrt{n}}{n}-\frac{\sqrt{n+1}}{n+1}$$

$$=\frac{1}{\sqrt{n}}-\frac{1}{\sqrt{n+1}}$$

소거할 때 계산하기 쉬운 형태로 변경

이때

$$\frac{1}{a_1}+\frac{1}{a_2}+\frac{1}{a_3}+\cdots+\frac{1}{a_n}$$

$$=\sum_{k=1}^{n}\frac{1}{a_k}=\sum_{k=1}^{n}\left(\frac{1}{\sqrt{k}}-\frac{1}{\sqrt{k+1}}\right)$$

$$=\left(\frac{1}{\sqrt{1}}-\frac{1}{\sqrt{2}}\right)+\left(\frac{1}{\sqrt{2}}-\frac{1}{\sqrt{3}}\right)+\left(\frac{1}{\sqrt{3}}-\frac{1}{\sqrt{4}}\right)+\cdots$$
$$+\left(\frac{1}{\sqrt{n}}-\frac{1}{\sqrt{n+1}}\right)$$

$$=1-\frac{1}{\sqrt{n+1}}=\frac{10}{11}$$

이므로

$$\frac{1}{\sqrt{n+1}}=\frac{1}{11},\ \sqrt{n+1}=11$$

위의 식의 양변을 제곱하면

$$n+1=121 \qquad \therefore\ n=120 \qquad\qquad\text{답 } 120$$

20 $a_n=\sqrt{2n}-\sqrt{2n-1}$이므로

$$\frac{1}{a_n}=\frac{1}{\sqrt{2n}-\sqrt{2n-1}}$$

$$=\frac{\sqrt{2n}+\sqrt{2n-1}}{(\sqrt{2n}-\sqrt{2n-1})(\sqrt{2n}+\sqrt{2n-1})}$$

$$=\sqrt{2n}+\sqrt{2n-1}$$

$$\therefore\ \sum_{k=1}^{10}\left(a_k+\frac{1}{a_k}\right)^2$$

$$=\sum_{k=1}^{10}\{(\sqrt{2k}-\sqrt{2k-1})+(\sqrt{2k}+\sqrt{2k-1})\}^2$$

$$=\sum_{k=1}^{10}(2\sqrt{2k})^2=\sum_{k=1}^{10}8k$$

$$=8\sum_{k=1}^{10}k=8\times\frac{10\times11}{2}$$

$$=440 \qquad\qquad\text{답 } 440$$

21 $a_1{}^2+a_2{}^2+a_3{}^2+\cdots+a_n{}^2=n^2$에서 $\sum\limits_{k=1}^{n}a_k{}^2=S_n$이라 하면

$S_n=n^2$이므로

(i) $n\geq2$일 때,

$$a_n{}^2=S_n-S_{n-1}=n^2-(n-1)^2=2n-1$$

$$\therefore\ a_n=\sqrt{2n-1}\ (\because a_n>0)$$

(ii) $n=1$일 때,

$$a_1{}^2=S_1=1 \qquad \therefore\ a_1=1\ (\because a_1>0)$$

(i), (ii)에서

$$a_n=\sqrt{2n-1}\ (\text{단, } n=1,\ 2,\ 3,\ \cdots)$$

$$\therefore\ \sum_{k=1}^{40}\frac{1}{a_k+a_{k+1}}$$

$$=\sum_{k=1}^{40}\frac{1}{\sqrt{2k-1}+\sqrt{2k+1}}$$

$$=\sum_{k=1}^{40}\frac{\sqrt{2k+1}-\sqrt{2k-1}}{(\sqrt{2k+1}+\sqrt{2k-1})(\sqrt{2k+1}-\sqrt{2k-1})}$$

$$=\frac{1}{2}\sum_{k=1}^{40}(\sqrt{2k+1}-\sqrt{2k-1})$$

$$=\frac{1}{2}\{(\sqrt{3}-\sqrt{1})+(\sqrt{5}-\sqrt{3})+\cdots+(\sqrt{81}-\sqrt{79})\}$$

$$=\frac{1}{2}(\sqrt{81}-\sqrt{1})$$

$$=\frac{1}{2}(9-1)=4 \qquad\qquad\text{답 ②}$$

22 $\dfrac{n(n+1)}{2}$의 n 대신에 $1,\ 2,\ 3,\ \cdots$을 차례대로 대입하면

$$1,\ 3,\ 6,\ 10,\ 15,\ 21,\ 28,\ 36,\ \cdots$$

이때 $\dfrac{n(n+1)}{2}$을 n으로 나눌 때의 나머지가 $f(n)$이므로

$$f(1)=0,\ f(2)=1,\ f(3)=0,\ f(4)=2,$$
$$f(5)=0,\ f(6)=3,\ f(7)=0,\ f(8)=4,\ \cdots$$

$$\therefore\ f(n)=\begin{cases}0 & (n\text{은 홀수})\\[4pt]\dfrac{n}{2} & (n\text{은 짝수})\end{cases}$$

$$\therefore\ \sum_{k=1}^{30}f(k)=f(2)+f(4)+f(6)+\cdots+f(30)$$

$$(\because f(1)=f(3)=f(5)=\cdots=f(29)=0)$$

$$=\frac{2}{2}+\frac{4}{2}+\frac{6}{2}+\cdots+\frac{30}{2}$$

$$=1+2+3+\cdots+15$$

$$=\sum_{k=1}^{15}k=\frac{15\times16}{2}$$

$$=120 \qquad\qquad\text{답 } 120$$

• 다른 풀이 •

자연수 n에 대하여 $\dfrac{n(n+1)}{2}$을 n으로 나눌 때의 나머지가 $f(n)$이므로

(i) n이 홀수일 때,

$n=2p-1\ (p\text{는 자연수})$이라 하면

$$\frac{n(n+1)}{2}=\frac{(2p-1)\times2p}{2}=p(2p-1)$$

이므로 $p(2p-1)$을 $2p-1$로 나눈 나머지는 0이다.

$\therefore f(n)=f(2p-1)=0$

(ii) n이 짝수일 때,

$n=2p$ (p는 자연수)라 하면

$$\frac{n(n+1)}{2}=\frac{2p(2p+1)}{2}=p(2p+1)$$

이므로 $2p^2+p$를 $2p$로 나눈 나머지는 p이다.

$\therefore f(n)=f(2p)=p$

(i), (ii)에서

$$\sum_{k=1}^{30} f(k)=\sum_{k=1}^{15} f(2k-1)+\sum_{k=1}^{15} f(2k)$$

$$=\sum_{k=1}^{15} 0+\sum_{k=1}^{15} k$$

$$=\frac{15\times16}{2}=120$$

23 방정식 $x^3-1=0$, 즉 $(x-1)(x^2+x+1)=0$의 한 허근
이 ω이므로 ω는 이차방정식 $x^2+x+1=0$의 근이다.

$$\therefore \omega=-\frac{1}{2}\pm\frac{\sqrt{3}}{2}i$$

이때 $\omega^3=1$, $\omega^2=-\omega-1$이고, ω^n의 실수부분이 $f(n)$이
므로

$\omega=-\frac{1}{2}\pm\frac{\sqrt{3}}{2}i$에서 $f(1)=-\frac{1}{2}$,

$\omega^2=-\omega-1$에서 $f(2)=\frac{1}{2}-1=-\frac{1}{2}$,

$\omega^3=1$에서 $f(3)=1$,

$\omega^4=\omega^3\times\omega=\omega$에서 $f(4)=f(1)=-\frac{1}{2}$,

$\omega^5=\omega^3\times\omega^2=\omega^2$에서 $f(5)=f(2)=-\frac{1}{2}$,

$\vdots$

즉, $f(n)$은 $-\frac{1}{2}$, $-\frac{1}{2}$, 1이 이 순서대로 계속 반복된다.

따라서 $100=3\times33+1$이므로

$$\sum_{k=1}^{100} f(k)=\sum_{k=1}^{99} f(k)+f(100)$$

$$=33\sum_{k=1}^{3} f(k)+f(1)$$

$$=33\left(-\frac{1}{2}-\frac{1}{2}+1\right)-\frac{1}{2}$$

$$=-\frac{1}{2}$$

답 ②

24 $xy+96=8x+12y+5^n$에서

$x(y-8)-12(y-8)=5^n$

$(x-12)(y-8)=5^n$ ......㉠

이때 x, y가 정수이므로 $x-12$, $y-8$도 정수이다.

즉, $x-12$, $y-8$은 5^n의 양의 약수 또는 음의 약수이므
로 ㉠에서 $x-12$가 될 수 있는 값은

5^0, 5^1, 5^2, $\cdots$, 5^n 또는 -5^0, -5^1, -5^2, $\cdots$, -5^n

또한, 각 $x-12$의 값에 따라 $y-8$의 값도 하나씩 정해지
므로 정수 x, y의 순서쌍의 개수 a_n은

$a_n=(n+1)\times2=2(n+1)$

$\therefore a_{2k-1}=2(2k-1+1)=4k$

따라서 구하는 값은

$$\sum_{k=1}^{5} ka_{2k-1}=\sum_{k=1}^{5} 4k^2=4\sum_{k=1}^{5} k^2=4\times\frac{5\times6\times11}{6}=220$$

답 220

25 N을 n으로 나누었을 때, 몫과 나머지를 각각 Q, R라 하면

$N=n\times Q+R$ (단, $0\le R<n$)

이때 몫과 나머지의 합이 n이어야 하므로

$Q+R=n$ $\therefore R=n-Q$

$\therefore N=n\times Q+(n-Q)$ (단, $0<Q\le n$)

a_n은 n으로 나누었을 때, 몫과 나머지의 합이 n인 자연수
들의 합이므로

$a_n=\{n\times1+(n-1)\}+\{n\times2+(n-2)\}$

$\qquad+\{n\times3+(n-3)\}+\cdots+\{n\times(n-1)+1\}$

$\qquad+(n\times n)$

$$=\sum_{k=1}^{n}\{n\times k+(n-k)\}$$

$$=\sum_{k=1}^{n}\{(n-1)k+n\}$$

$$=(n-1)\times\frac{n(n+1)}{2}+n^2$$

$$=\frac{n^3+2n^2-n}{2}$$

$$\therefore \frac{1}{11}\sum_{k=1}^{10} a_k=\frac{1}{11}\sum_{k=1}^{10}\frac{k^3+2k^2-k}{2}$$

$$=\frac{1}{22}\left\{\left(\frac{10\times11}{2}\right)^2\right.$$

$$\left.+2\times\frac{10\times11\times21}{6}-\frac{10\times11}{2}\right\}$$

$$=\frac{1}{22}(3025+770-55)$$

$$=170$$

답 ③

26 함수 $y=\frac{1}{k}x^2$의 그래프가 점 $P_n(n, 3n)$을 지날 때

$3n=\frac{1}{k}\times n^2$에서 $k=\frac{1}{3}n$이고, 점 $Q_n(2n, 3n)$을 지날

때 $3n=\frac{1}{k}\times4n^2$에서 $k=\frac{4}{3}n$이므로

선분 P_nQ_n과 곡선 $y=\frac{1}{k}x^2$이 만나기 위한 k의 값의 범위는

$\frac{1}{3}n\le k\le\frac{4}{3}n$ ......㉠

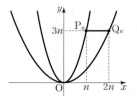

n은 자연수이므로 자연수 m에 대하여 다음과 같이 나누어 생각해 보자.

(i) $n=3m-2$일 때,

㉠에서 $\dfrac{1}{3}(3m-2)\leq k\leq\dfrac{4}{3}(3m-2)$

$\therefore m-\dfrac{2}{3}\leq k\leq 4m-2-\dfrac{2}{3}$

이때 m, $4m-2$는 자연수이므로 조건을 만족시키는 자연수 k의 개수는 $\underline{m, m+1, m+2, \cdots, 4m-3}$

$4m-2-m=3m-2$

(ii) $n=3m-1$일 때,

㉠에서 $\dfrac{1}{3}(3m-1)\leq k\leq\dfrac{4}{3}(3m-1)$

$\therefore m-\dfrac{1}{3}\leq k\leq 4m-1-\dfrac{1}{3}$

이때 m, $4m-1$은 자연수이므로 조건을 만족시키는 자연수 k의 개수는 $\underline{m, m+1, m+2, \cdots, 4m-2}$

$4m-1-m=3m-1$

(iii) $n=3m$일 때,

㉠에서 $\dfrac{1}{3}\times 3m\leq k\leq\dfrac{4}{3}\times 3m$

$\therefore m\leq k\leq 4m$

이때 m, $4m$은 자연수이므로 조건을 만족시키는 자연수 k의 개수는 $\underline{m, m+1, m+2, \cdots, 4m}$

$4m+1-m=3m+1$

(i), (ii), (iii)에서

$\displaystyle\sum_{n=1}^{17} a_n=\sum_{n=1}^{6} a_{3n-2}+\sum_{n=1}^{6} a_{3n-1}+\sum_{n=1}^{5} a_{3n}$

$\displaystyle=\sum_{n=1}^{6}(3n-2)+\sum_{n=1}^{6}(3n-1)+\sum_{n=1}^{5}(3n+1)$

$=3\times\dfrac{6\times 7}{2}-6\times 2+3\times\dfrac{6\times 7}{2}-6+3\times\dfrac{5\times 6}{2}+5$

$=63-12+63-6+45+5$

$=158$ **답 ④**

27 $15(k-1)+1\leq n\leq 15k$ (k는 자연수)를 만족시키는 자연수 n 중에서 15와 서로소인 자연수는

$15(k-1)+1$, $15(k-1)+2$, $15(k-1)+4$,

$15(k-1)+7$, $15(k-1)+8$, $15(k-1)+11$,

$15(k-1)+13$, $15(k-1)+14$의 8개이다.

$8\times 2=16$이므로 a_{16}은 $16\leq n\leq 30$을 만족시키는 15와 서로소인 자연수 n 중에서 가장 큰 수이다.

즉, $\displaystyle\sum_{n=1}^{16} a_n$은 1부터 30까지 자연수 중 15와 서로소인 자연수들의 합이고, 1부터 30까지 자연수 중에는 10개의 3의 배수, 6개의 5의 배수, 2개의 15의 배수가 있으므로

$\displaystyle\sum_{n=1}^{16} a_n=\sum_{n=1}^{30} n-\sum_{n=1}^{10} 3n-\sum_{n=1}^{6} 5n+\sum_{n=1}^{2} 15n$

$=\dfrac{30\times 31}{2}-3\times\dfrac{10\times 11}{2}-5\times\dfrac{6\times 7}{2}+15\times\dfrac{2\times 3}{2}$

$=465-165-105+45=240$ **답 ①**

•다른 풀이•

15와 서로소인 자연수를 작은 수부터 차례대로 나열하여 수열 $\{a_n\}$을 구하면

$a_1=1$, $a_2=2$, $a_3=4$, $a_4=7$, $a_5=8$, $a_6=11$, $a_7=13$,

$a_8=14$, $\cdots$

$\displaystyle\therefore\sum_{n=1}^{8} a_n=1+2+4+7+8+11+13+14=60$

이때 14 이하의 자연수 k가 15와 서로소이면 $15+k$도 15와 서로소이므로

$a_9=a_1+15$, $a_{10}=a_2+15$, $\cdots$, $a_{16}=a_8+15$, $\cdots$

$\displaystyle\therefore\sum_{n=1}^{16} a_n=\sum_{n=1}^{8} a_n+\sum_{n=9}^{16} a_n$

$\displaystyle=2\sum_{n=1}^{8} a_n+15\times 8$

$=2\times 60+120$

$=240$

28 집합 $A_n=\{x\,|\,(x-n)(x-2n+1)\leq 0\}$이므로

$(x-n)(x-2n+1)\leq 0$에서 $n\leq x\leq 2n-1$

$\therefore A_n=\{x\,|\,n\leq x\leq 2n-1\}$

$25\in A_n$인 n의 값의 범위를 구하면

$n\leq 25\leq 2n-1$

$n\leq 25$이고, $25\leq 2n-1$에서 $n\geq 13$이므로

$13\leq n\leq 25$

$\therefore a_n=\begin{cases} -1 & (1\leq n\leq 12 \text{ 또는 } n\geq 26) \\ 1 & (13\leq n\leq 25) \end{cases}$

한편,

$\displaystyle\sum_{k=1}^{12} a_k=(-1)\times 12=-12$,

$\displaystyle\sum_{k=1}^{25} a_k=\sum_{k=1}^{12} a_k+\sum_{k=13}^{25} a_k=(-1)\times 12+1\times 13=1$

이므로 $\displaystyle\sum_{k=1}^{m} a_k=-20$이려면 $m\geq 26$이어야 한다.

$\displaystyle\sum_{k=1}^{m} a_k=\sum_{k=1}^{12} a_k+\sum_{k=13}^{25} a_k+\sum_{k=26}^{m} a_k$

$=(-1)\times 12+1\times 13+(-1)\times(m-25)$

$=-m+26=-20$

$\therefore m=46$ **답 46**

29 주어진 수열을

$(1, 0)$, $(2, 0, 0)$, $(3, 0, 0, 0)$, $(4, 0, 0, 0, 0)$, $\cdots$

과 같이 군수열로 생각하면 제n군의 0의 개수는 n이므로 제1군부터 제n군까지 0의 개수는 $\displaystyle\sum_{k=1}^{n} k=\dfrac{n(n+1)}{2}$이다.

$n=13$일 때, 즉 제13군까지는 0이 $\dfrac{13\times 14}{2}=91$(개)이므로 100번째로 나타나는 0은 제14군의 10번째 항이다.

제1군부터 제13군까지의 항의 개수는

$\displaystyle\sum_{k=1}^{13}(k+1)=\sum_{k=1}^{13} k+\sum_{k=1}^{13} 1=\dfrac{13\times 14}{2}+13=104$(개)

이므로 100번째로 나타나는 0은 $104+10=114$에서 제114항이다. **답 ①**

• 다른 풀이1 •

주어진 수열을

$(1), (0, 2), (0, 0, 3), (0, 0, 0, 4), \cdots$

와 같이 군수열로 생각하면 제n군의 0의 개수는 $n-1$이
므로 제1군부터 제n군까지의 0의 개수는

$$\sum_{k=1}^{n}(k-1)=\sum_{k=1}^{n}k-\sum_{k=1}^{n}1=\frac{n(n+1)}{2}-n=\frac{n(n-1)}{2}$$

이때 $n=14$일 때, 즉 제14군까지는 0이 $\frac{13\times14}{2}=91$(개)

이므로 100번째로 나타나는 0은 제15군의 9번째 항이다.
제1군부터 제14군까지의 항의 개수는

$$\sum_{k=1}^{14}k=\frac{14\times15}{2}=105(개)$$이므로

100번째로 나타나는 0은 $105+9=114$에서 제114항이다.

• 다른 풀이2 •

주어진 수열을

$(1, 0), (2, 0, 0), (3, 0, 0, 0), (4, 0, 0, 0, 0), \cdots$

과 같이 군수열로 생각하면 제n군에서 0이 아닌 수는
제n군의 첫 번째 수인 n뿐이다.

100번째로 나타나는 0이 제14군에 있고, 이 앞에 0이 아
닌 수는 각 군의 첫 번째 항인 $1, 2, 3, \cdots, 14$이므로 100
번째로 나타나는 0은 $100+14=114$에서 제114항이다.

30 n행에 놓인 수의 합을 A_n이라 하면

$$\begin{aligned}A_n&=(n+1)+2(n+1)+3(n+1)+\cdots+n(n+1)\\&=(n+1)(1+2+3+\cdots+n)\\&=(n+1)\sum_{k=1}^{n}k\\&=(n+1)\times\frac{n(n+1)}{2}\\&=\frac{1}{2}(n^3+2n^2+n)\end{aligned}$$

상자 안의 수는 모두 10행이므로 그 총합은

$$\begin{aligned}\sum_{k=1}^{10}A_k&=\sum_{k=1}^{10}\frac{1}{2}(k^3+2k^2+k)\\&=\frac{1}{2}\left\{\left(\frac{10\times11}{2}\right)^2+2\times\frac{10\times11\times21}{6}+\frac{10\times11}{2}\right\}\\&=\frac{1}{2}(3025+770+55)=1925\end{aligned}$$ 답 ⑤

• 다른 풀이 •

n행에 놓인 수는 첫째항이 $n+1$, 공차가 $n+1$인 등차수
열의 첫째항부터 제n항까지의 수이다.
n행에 놓인 수의 합을 A_n이라 하면

$$\begin{aligned}A_n&=\frac{n\{2(n+1)+(n-1)(n+1)\}}{2}\\&=\frac{n(n^2+2n+1)}{2}\\&=\frac{1}{2}(n^3+2n^2+n)\end{aligned}$$

따라서 1행부터 10행에 놓인 수의 총합은

$$\begin{aligned}\sum_{k=1}^{10}A_k&=\sum_{k=1}^{10}\frac{1}{2}(k^3+2k^2+k)\\&=\frac{1}{2}\left\{\left(\frac{10\times11}{2}\right)^2+2\times\frac{10\times11\times21}{6}+\frac{10\times11}{2}\right\}\\&=\frac{1}{2}(3025+770+55)=1925\end{aligned}$$

31 주어진 수열을

$$(1), \left(1, \frac{1}{2}\right), \left(1, \frac{2}{3}, \frac{1}{3}\right), \left(1, \frac{3}{4}, \frac{2}{4}, \frac{1}{4}\right), \cdots$$

과 같이 군수열로 생각하면 제n군의 최솟값은 $\frac{1}{n}$이므로

처음으로 $\frac{1}{20}$보다 작아지는 항은 $\frac{1}{21}$이고, $\frac{1}{21}$은 제21군

의 마지막 항이다. ⎣ $\frac{1}{20}<\frac{2}{21}$ 이므로

따라서 제1군부터 제21군까지의 항의 개수는

$$\sum_{k=1}^{21}k=\frac{21\times22}{2}=231$$이므로 $\frac{1}{21}$은 231번째 항이다.

$\therefore m=231$ 답 231

STEP 3 1등급을 넘어서는 **종합 사고력 문제** p. 88

01 $\frac{1}{101}$	02 5166	03 ④	04 $\frac{81}{55}$	05 100
06 7	07 2144	08 184		

01 해결단계

❶단계	$\left\{x-\dfrac{1}{k(k+1)}\right\}^2$을 전개하여 $f(x)$를 x에 대한 이차식으로 나타낸 후, 부분분수 분해를 이용하여 x의 계수를 구한다.
❷단계	❶단계에서 구한 식을 완전제곱 꼴로 변형하여 $f(x)$의 값이 최소가 되는 x의 값을 구한다.

$$\begin{aligned}f(x)&=\sum_{k=1}^{100}\left\{x-\frac{1}{k(k+1)}\right\}^2\\&=\sum_{k=1}^{100}\left\{x^2-\frac{2}{k(k+1)}x+\frac{1}{k^2(k+1)^2}\right\}\\&=100x^2-2x\sum_{k=1}^{100}\frac{1}{k(k+1)}+\sum_{k=1}^{100}\frac{1}{k^2(k+1)^2}\end{aligned}$$

이때

$$\begin{aligned}\sum_{k=1}^{100}\frac{1}{k(k+1)}&=\sum_{k=1}^{100}\left(\frac{1}{k}-\frac{1}{k+1}\right)\\&=\left(1-\frac{1}{2}\right)+\left(\frac{1}{2}-\frac{1}{3}\right)+\cdots+\left(\frac{1}{100}-\frac{1}{101}\right)\\&=1-\frac{1}{101}=\frac{100}{101}\end{aligned}$$

이므로

$$\begin{aligned}f(x)&=100x^2-\frac{200}{101}x+\sum_{k=1}^{100}\frac{1}{k^2(k+1)^2}\\&=100\left(x-\frac{1}{101}\right)^2-\frac{100}{101^2}+\sum_{k=1}^{100}\frac{1}{k^2(k+1)^2}\end{aligned}$$

즉, x^2의 계수가 양수이므로 이차함수 $f(x)$는 ⎦ 상수

$x=\dfrac{1}{101}$일 때 최솟값을 갖는다. 답 $\dfrac{1}{101}$

이 문제는 $\sum\limits_{k=1}^{100}$을 보고 직접 일일이 계산하는 것이 아니라, 소거를 통해 간단하게 정리할 수 있는 규칙성을 찾는 것이 중요하다. 전개를 하면 $f(x)=100x^2-2x\sum\limits_{k=1}^{100}\dfrac{1}{k(k+1)}+\sum\limits_{k=1}^{100}\dfrac{1}{k^2(k+1)^2}$인데 이차함수가 최솟값을 가질 때의 x의 값은 x^2항과 x항만 관련이 있으므로 상수항은 복잡한 경우 무시하도록 한다. 또한, $\sum\limits_{k=1}^{100}\dfrac{1}{k(k+1)}$을 부분분수 분해를 이용하여 간단하게 정리하면 $f(x)=100x^2-\dfrac{200}{101}x+C$ (C는 상수항)이므로 주어진 이차함수가 최솟값을 가질 때의 x의 값은 식을 완전제곱 꼴로 변형하면 쉽게 구할 수 있다.

02 해결단계

❶단계	주어진 식의 n 대신에 $n+3$을 대입한다.
❷단계	$b_n=a_n+a_{n+1}+a_{n+2}$로 치환한 후, ❶단계에서 구한 식과 주어진 식을 이용하여 수열 $\{b_n\}$의 일반항을 구한다.
❸단계	$\sum\limits_{k=0}^{20}(a_{4k+1}+a_{4k+2}+a_{4k+3})$의 값을 구한다.

$a_n+a_{n+1}+a_{n+2}+a_{n+3}=8n+4$ ······㉠

㉠의 n 대신에 $n+3$을 대입하면

$a_{n+3}+a_{n+4}+a_{n+5}+a_{n+6}=8(n+3)+4$

$\qquad\qquad\qquad\qquad\quad=8n+28$ ······㉡

㉡-㉠을 하면

$a_{n+4}+a_{n+5}+a_{n+6}-(a_n+a_{n+1}+a_{n+2})=24$

$a_n+a_{n+1}+a_{n+2}=b_n$으로 놓으면

$b_{n+4}-b_n=24$

자연수 n에 대하여 수열 $\{b_{4n+m}\}$ $(m=0,\ 1,\ 2,\ 3)$은 공차가 24인 등차수열이다.

이때 $a_n+a_{n+1}+a_{n+2}=b_n$에 $n=1$을 대입하면

$b_1=a_1+a_2+a_3=1+2+3=6$

$\therefore b_5=b_1+24=6+24=30$

따라서 수열 $\{b_{4n+1}\}$은 첫째항이 $b_5=30$이고 공차가 24인 등차수열이므로

$b_{4n+1}=30+24(n-1)=24n+6$

$\therefore \sum\limits_{k=0}^{20}(a_{4k+1}+a_{4k+2}+a_{4k+3})=\sum\limits_{k=0}^{20}b_{4k+1}$

$\qquad\qquad\qquad\qquad\qquad=\sum\limits_{k=0}^{20}(24k+6)$

$\qquad\qquad\qquad\qquad\qquad=6+\sum\limits_{k=1}^{20}(24k+6)$

$\qquad\qquad\qquad\qquad\qquad=6+24\times\dfrac{20\times21}{2}+20\times6$

$\qquad\qquad\qquad\qquad\qquad=6+5040+120=5166$

답 5166

• 다른 풀이 1 •

$T_n=a_n+a_{n+1}+a_{n+2}+a_{n+3}$ (단, $n=1,\ 2,\ 3,\ \cdots$)

이라 하면 수열 $\{T_n\}$은 공차가 8인 등차수열이고

$T_{n+1}-T_n=(a_{n+1}+a_{n+2}+a_{n+3}+a_{n+4})$

$\qquad\qquad\quad -(a_n+a_{n+1}+a_{n+2}+a_{n+3})$

$\qquad\quad=a_{n+4}-a_n$

이므로

$a_{n+4}-a_n=8$ (단, $n=1,\ 2,\ 3,\ \cdots$)

이때 $n=4k$ (k는 자연수)라 하면 $a_{4k+4}-a_{4k}=8$, 즉

$a_{4(k+1)}-a_{4k}=8$이므로 수열 $\{a_{4k}\}$도 공차가 8인 등차수열이다.

주어진 식에 $n=1$을 대입하면

$a_1+a_2+a_3+a_4=12$

$a_1=1,\ a_2=2,\ a_3=3$이므로

$1+2+3+a_4=12$ $\quad\therefore a_4=6$

$\therefore a_{4k}=6+8(k-1)=8k-2$

$\therefore \sum\limits_{k=0}^{20}(a_{4k+1}+a_{4k+2}+a_{4k+3})$

$=a_1+a_2+a_3+\sum\limits_{k=1}^{20}(a_{4k+1}+a_{4k+2}+a_{4k+3})$

$=6+\sum\limits_{k=1}^{20}(a_{4k+1}+a_{4k+2}+a_{4k+3}+a_{4k})-\sum\limits_{k=1}^{20}a_{4k}$

$=6+\sum\limits_{k=1}^{20}T_{4k}-\sum\limits_{k=1}^{20}a_{4k}$

$=6+\sum\limits_{k=1}^{20}(32k+4)-\sum\limits_{k=1}^{20}(8k-2)$

$\qquad\qquad\quad \underset{=8\times4k+4}{\underline{\hphantom{xxxxx}}}$

$=6+\sum\limits_{k=1}^{20}(24k+6)$

$=6+24\times\dfrac{20\times21}{2}+20\times6$

$=6+5040+120=5166$

• 다른 풀이 2 •

$a_n+a_{n+1}+a_{n+2}+a_{n+3}=8n+4$ ······㉢

㉢의 n 대신에 $n+1$을 대입하면

$a_{n+1}+a_{n+2}+a_{n+3}+a_{n+4}=8n+12$ ······㉣

㉣-㉢을 하면

$a_{n+4}-a_n=8$

또한, $a_1=1,\ a_2=2,\ a_3=3$이므로

$\sum\limits_{k=0}^{20}(a_{4k+1}+a_{4k+2}+a_{4k+3})$

$=(a_1+a_2+a_3)+(a_5+a_6+a_7)+(a_9+a_{10}+a_{11})$

$\qquad\qquad\qquad\qquad +\cdots+(a_{81}+a_{82}+a_{83})$

$=(a_1+a_5+a_9+\cdots+a_{81})+(a_2+a_6+a_{10}+\cdots+a_{82})$

$\qquad\qquad\qquad\qquad +(a_3+a_7+a_{11}+\cdots+a_{83})$

$=\dfrac{21\times(2\times1+8\times20)}{2}+\dfrac{21\times(2\times2+8\times20)}{2}$

$\qquad\qquad\qquad\qquad +\dfrac{21\times(3\times2+8\times20)}{2}$

$=1701+1722+1743$

$=5166$

03 해결단계

❶단계	주어진 일반항 a_n을 이용하여 $\sum\limits_{k=1}^{m}a_k$를 m을 이용하여 나타낸다.
❷단계	$\sum\limits_{k=1}^{m}a_k$의 값이 자연수가 되도록 하는 조건을 구한다.
❸단계	주어진 조건을 만족시키는 m의 값을 구하고, 그 합을 구한다.

$$\sum_{k=1}^{m} a_k = \sum_{k=1}^{m} \log_2 \sqrt{\frac{2(k+1)}{k+2}}$$

$$= \frac{1}{2} \sum_{k=1}^{m} \log_2 \frac{2(k+1)}{k+2}$$

$$= \frac{1}{2} \left\{ \log_2 \frac{2\times2}{3} + \log_2 \frac{2\times3}{4} + \log_2 \frac{2\times4}{5} + \cdots \right.$$

$$\left. + \log_2 \frac{2\times(m+1)}{m+2} \right\}$$

$$= \frac{1}{2} \log_2 \left\{ \frac{2\times2}{3} \times \frac{2\times3}{4} \times \frac{2\times4}{5} \times \cdots \right.$$

$$\left. \times \frac{2\times(m+1)}{m+2} \right\}$$

$$= \frac{1}{2} \log_2 \frac{2^{m+1}}{m+2}$$

이므로 $\sum_{k=1}^{m} a_k = N$ (N은 100 이하의 자연수)이라 하면

$\frac{1}{2} \log_2 \frac{2^{m+1}}{m+2} = N$에서 $\frac{2^{m+1}}{m+2} = 2^{2N}$

$\therefore m+2 = 2^{m+1-2N}$ ㅡ m은 자연수이므로 $m+2 \geq 3$

즉, $m+2$는 2의 거듭제곱이어야 한다.

(i) $m+2=2^2$, 즉 $m=2$일 때,

　　$2^{3-2N}=2^2$이므로 $3-2N=2$　　$\therefore N=\frac{1}{2}$

　　이때 N은 100 이하의 자연수이므로 $m \neq 2$

(ii) $m+2=2^3$, 즉 $m=6$일 때,

　　$2^{7-2N}=2^3$이므로 $7-2N=3$　　$\therefore N=2$

(iii) $m+2=2^4$, 즉 $m=14$일 때,

　　$2^{15-2N}=2^4$이므로 $15-2N=4$　　$\therefore N=\frac{11}{2}$

　　이때 N은 100 이하의 자연수이므로 $m \neq 14$

(iv) $m+2=2^5$, 즉 $m=30$일 때,

　　$2^{31-2N}=2^5$이므로 $31-2N=5$　　$\therefore N=13$

(v) $m+2=2^6$, 즉 $m=62$일 때,

　　$2^{63-2N}=2^6$이므로 $63-2N=6$　　$\therefore N=\frac{57}{2}$

　　이때 N은 100 이하의 자연수이므로 $m \neq 62$

(vi) $m+2=2^7$, 즉 $m=126$일 때,

　　$2^{127-2N}=2^7$이므로 $127-2N=7$　　$\therefore N=60$

(vii) $m+2 \geq 2^8$일 때, $N>100$

(i)~(vii)에서 $m=6, 30, 126$이므로

모든 m의 값의 합은

$6+30+126=162$　　　　　　　　　　　　　답 ④

04 해결단계

❶단계	두 그래프로 둘러싸인 영역의 내부 또는 경계에 포함되는 점의 x좌표를 a (a는 자연수)라 하고, 각 a의 값에 따라 y좌표가 자연수인 점의 개수를 구한다.
❷단계	조건을 만족시키는 일반항 a_n을 n에 대한 식으로 나타낸다.
❸단계	$\sum_{k=2}^{10} \frac{1}{a_k}$의 값을 구한다.

좌표평면 위에 두 함수 $y=x^2$, $y=nx-1$의 그래프를 그리면 다음과 같다.

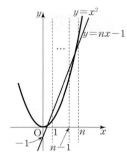

두 그래프로 둘러싸인 영역의 내부 또는 경계에 포함되는 점 가운데 x좌표와 y좌표가 모두 자연수인 점의 x좌표를 a ($a<n$)라 하면 구하는 점의 y좌표는 a^2보다 크거나 같고, $na-1$보다 작거나 같은 자연수이다. 즉,

$a=1$일 때 y좌표로 가능한 값은

$1^2=1, 2, 3, \cdots, n-1$의 $(n-1)$개,

$a=2$일 때 y좌표로 가능한 값은

$2^2=4, 5, 6, \cdots, 2n-1$의 $(2n-4)$개,

$\vdots$

$a=k$일 때 y좌표로 가능한 값은

$k^2, k^2+1, k^2+2, \cdots, nk-1$의 $(nk-k^2)$개이므로

$$a_n = \sum_{k=1}^{n-1} (nk-k^2)$$

$$= n\sum_{k=1}^{n-1} k - \sum_{k=1}^{n-1} k^2$$

$$= n \times \frac{n(n-1)}{2} - \frac{n(n-1)(2n-1)}{6}$$

$$= \frac{n(n-1)(n+1)}{6}$$

$$\therefore \sum_{k=2}^{10} \frac{1}{a_k}$$

$$= \sum_{k=2}^{10} \frac{6}{k(k-1)(k+1)}$$

$$= 6 \times \frac{1}{2} \sum_{k=2}^{10} \left\{ \frac{1}{k(k-1)} - \frac{1}{k(k+1)} \right\}$$

$$= 3\left\{ \left(\frac{1}{1\times2} - \frac{1}{2\times3} \right) + \left(\frac{1}{2\times3} - \frac{1}{3\times4} \right) \right.$$

$$\left. + \left(\frac{1}{3\times4} - \frac{1}{4\times5} \right) + \cdots + \left(\frac{1}{9\times10} - \frac{1}{10\times11} \right) \right\}$$

$$= 3\left(\frac{1}{2} - \frac{1}{110} \right)$$

$$= 3 \times \frac{54}{110}$$

$$= \frac{81}{55}$$ 　　　　　　　　　　답 $\frac{81}{55}$

BLACKLABEL 특강　풀이 첨삭　　　　　　*

$a=n-1$일 때,

$(n-1)^2 = n^2-2n+1$, $n(n-1)-1 = n^2-n-1$이고

$n^2-2n+1 - (n^2-n-1) = -n+2 \leq 0$ ($\because n$은 2 이상의 자연수)

이므로

$(n-1)^2 \leq n(n-1)-1$

$a=n$일 때,

$n^2 > n^2-1$

이므로 두 그래프로 둘러싸인 영역의 내부 또는 경계에 포함되는 점 가운데 x좌표와 y좌표가 모두 자연수인 점의 x좌표인 a의 값은 1, 2, 3, $\cdots$, $n-1$이다.

05 해결단계

❶단계	$S_n=a_1{}^3+a_2{}^3+a_3{}^3+\cdots+a_n{}^3$, $T_n=a_1+a_2+a_3+\cdots+a_n$ 으로 치환한 후, 수열의 합과 일반항 사이의 관계식을 이용하여 $a_n{}^3$을 a_n과 T_n에 대한 식으로 나타낸다.
❷단계	❶단계에서 구한 식과 이 식의 n 대신에 $n-1$을 대입한 식을 이용하여 수열 $\{a_n\}$의 일반항을 구한 후, a_{100}의 값을 구한다.

$$a_1{}^3+a_2{}^3+a_3{}^3+\cdots+a_n{}^3=(a_1+a_2+a_3+\cdots+a_n)^2$$
$$\cdots\cdots \text{㉠}$$

에서

$S_n=a_1{}^3+a_2{}^3+a_3{}^3+\cdots+a_n{}^3$, $T_n=a_1+a_2+a_3+\cdots+a_n$

이라 하면 $S_n=T_n{}^2$이고

$n\geq2$일 때,

$$\begin{aligned}a_n{}^3&=S_n-S_{n-1}\\&=T_n{}^2-T_{n-1}{}^2\\&=(T_n-T_{n-1})(T_n+T_{n-1})\\&=a_n(T_n+T_{n-1})\end{aligned}$$

이때 수열 $\{a_n\}$이 양의 실수로 이루어져 있으므로 위의 식의 양변을 a_n으로 나누면

$a_n{}^2=T_n+T_{n-1}$, $a_n{}^2=T_n+T_n-a_n$

$\therefore a_n{}^2=2T_n-a_n \quad\cdots\cdots \text{㉡}$

위의 식의 n 대신에 $n-1$을 대입하면

$a_{n-1}{}^2=2T_{n-1}-a_{n-1} \quad\cdots\cdots \text{㉢}$

㉡$-$㉢을 하면

$$\begin{aligned}a_n{}^2-a_{n-1}{}^2&=2(T_n-T_{n-1})-a_n+a_{n-1}\\&=2a_n-a_n+a_{n-1}\end{aligned}$$

$(a_n-a_{n-1})(a_n+a_{n-1})=a_n+a_{n-1}$

$\therefore a_n-a_{n-1}=1 \ (\because a_n+a_{n-1}>0)$

한편, ㉠의 양변에 $n=1$을 대입하면

$a_1{}^3=a_1{}^2 \quad \therefore a_1=1 \ (\because a_1>0)$

즉, 수열 $\{a_n\}$은 첫째항이 $a_1=1$이고, 공차가 1인 등차수열이다.

따라서 $a_n=n$이므로

$a_{100}=100$ 답 100

BLACKLABEL 특강 참고

이 문제는 자연수의 거듭제곱의 합의 공식 사이의 관계를 이용한 문제이다.

$\sum\limits_{k=1}^{n}k=\dfrac{n(n+1)}{2}$, $\sum\limits_{k=1}^{n}k^3=\left\{\dfrac{n(n+1)}{2}\right\}^2$이므로

$\sum\limits_{k=1}^{n}k^3=\left(\sum\limits_{k=1}^{n}k\right)^2$

이때 $k=a_k$라 하면 $\sum\limits_{k=1}^{n}a_k{}^3=\left(\sum\limits_{k=1}^{n}a_k\right)^2$, 즉

$a_1{}^3+a_2{}^3+a_3{}^3+\cdots+a_n{}^3=(a_1+a_2+a_3+\cdots+a_n)^2$

이 성립하므로 $a_n=n$이다.

---

06 해결단계

❶단계	$0<\dfrac{1}{3}-\sum\limits_{k=1}^{n}\dfrac{a_k}{5^k}<\dfrac{1}{5^n}$을 $\dfrac{1}{3}-\dfrac{1}{5^n}<\sum\limits_{k=1}^{n}\dfrac{a_k}{5^k}<\dfrac{1}{3}$로 변형한다.
❷단계	부등식의 각 변에 5를 계속 곱하여 자연수 a_1, a_2, a_3, $\cdots$의 값을 차례대로 구한 후 수열 $\{a_n\}$의 규칙성을 찾는다.
❸단계	$a_{2020}+a_{2021}+a_{2022}$의 값을 구한다.

$0<\dfrac{1}{3}-\sum\limits_{k=1}^{n}\dfrac{a_k}{5^k}<\dfrac{1}{5^n}$에서

$\dfrac{1}{3}-\dfrac{1}{5^n}<\sum\limits_{k=1}^{n}\dfrac{a_k}{5^k}<\dfrac{1}{3}$

$\dfrac{1}{3}-\dfrac{1}{5^n}<\dfrac{a_1}{5}+\dfrac{a_2}{5^2}+\dfrac{a_3}{5^3}+\cdots+\dfrac{a_n}{5^n}<\dfrac{1}{3}$

위의 식의 각 변에 5를 곱하면

$\dfrac{5}{3}-\dfrac{1}{5^{n-1}}<a_1+\dfrac{a_2}{5}+\dfrac{a_3}{5^2}+\cdots+\dfrac{a_n}{5^{n-1}}<\dfrac{5}{3} \quad\cdots\cdots\text{㉠}$

㉠에 $n=1$을 대입하면 $\dfrac{2}{3}<a_1<\dfrac{5}{3}$이므로

$a_1=1 \ (\because a_1$은 자연수)

㉠의 각 변에서 1을 빼면

$\dfrac{2}{3}-\dfrac{1}{5^{n-1}}<\dfrac{a_2}{5}+\dfrac{a_3}{5^2}+\dfrac{a_4}{5^3}+\cdots+\dfrac{a_n}{5^{n-1}}<\dfrac{2}{3}$

위의 식의 각 변에 5를 곱하면

$\dfrac{10}{3}-\dfrac{1}{5^{n-2}}<a_2+\dfrac{a_3}{5}+\dfrac{a_4}{5^2}+\cdots+\dfrac{a_n}{5^{n-2}}<\dfrac{10}{3} \quad\cdots\cdots\text{㉡}$

㉡에 $n=2$를 대입하면 $\dfrac{7}{3}<a_2<\dfrac{10}{3}$이므로

$a_2=3 \ (\because a_2$는 자연수)

㉡의 각 변에서 3을 빼면

$\dfrac{1}{3}-\dfrac{1}{5^{n-2}}<\dfrac{a_3}{5}+\dfrac{a_4}{5^2}+\dfrac{a_5}{5^3}+\cdots+\dfrac{a_n}{5^{n-2}}<\dfrac{1}{3}$

위의 식의 각 변에 5를 곱하면

$\dfrac{5}{3}-\dfrac{1}{5^{n-3}}<a_3+\dfrac{a_4}{5}+\dfrac{a_5}{5^2}+\cdots+\dfrac{a_n}{5^{n-3}}<\dfrac{5}{3}$

위의 식에 $n=3$을 대입하면 $\dfrac{2}{3}<a_3<\dfrac{5}{3}$이므로

$a_3=1 \ (\because a_3$은 자연수)

같은 방법으로 계속하면

$a_4=3$, $a_5=1$, $a_6=3$, $\cdots$

$\therefore a_n=\begin{cases}1 & (n\text{이 홀수})\\3 & (n\text{이 짝수})\end{cases}$

$\therefore a_{2020}+a_{2021}+a_{2022}=3+1+3=7$ 답 7

---

07 해결단계

❶단계	다항식 $n^4+3n^3-129n^2+14n+35$를 $n+13$으로 나눈 몫과 나머지를 각각 구한다.
❷단계	n의 값의 범위에 따른 일반항 a_n을 구한다.
❸단계	$\sum\limits_{n=1}^{15}a_n$의 값을 구한다.

다항식 $n^4+3n^3-129n^2+14n+35$를 $n+13$으로 나누었을 때의 몫과 나머지를 조립제법을 이용하여 구하면

```
-13 | 1    3  -129   14   35
     |     -13  130  -13  -13
     ----------------------------
       1  -10    1    1 | 22
```

에서

$n^4+3n^3-129n^2+14n+35$
$=(n+13)(n^3-10n^2+n+1)+22$

이므로

$$\frac{n^4+3n^3-129n^2+14n+35}{n+13}$$

$$=\frac{(n+13)(n^3-10n^2+n+1)+22}{n+13}$$

$$=(n^3-10n^2+n+1)+\frac{22}{n+13}$$

$$\therefore a_n=\left[\frac{n^4+3n^3-129n^2+14n+35}{n+13}\right]$$

$$=n^3-10n^2+n+1+\left[\frac{22}{n+13}\right]$$

이때 n의 값에 따라 $\left[\dfrac{22}{n+13}\right]$의 값이 달라지므로

$1\leq n\leq 15$에서 a_n은 다음과 같이 구간을 나누어 구한다.

(i) $1\leq n\leq 9$일 때,

$14\leq n+13\leq 22$에서 $1\leq\dfrac{22}{n+13}\leq\dfrac{11}{7}$

즉, $\left[\dfrac{22}{n+13}\right]=1$이므로

$a_n=n^3-10n^2+n+2$

(ii) $10\leq n\leq 15$일 때,

$23\leq n+13\leq 28$에서 $\dfrac{11}{14}\leq\dfrac{22}{n+13}\leq\dfrac{22}{23}$

즉, $\left[\dfrac{22}{n+13}\right]=0$이므로

$a_n=n^3-10n^2+n+1$

(i), (ii)에서

$$a_n=\begin{cases} n^3-10n^2+n+2 & (1\leq n\leq 9) \\ n^3-10n^2+n+1 & (10\leq n\leq 15) \end{cases}$$

$$\therefore \sum_{n=1}^{15} a_n$$

$$=\sum_{n=1}^{9}(n^3-10n^2+n+2)+\sum_{n=10}^{15}(n^3-10n^2+n+1)$$

$$=\sum_{n=1}^{9}(n^3-10n^2+n+1)+9$$

$$\qquad\qquad\qquad +\sum_{n=10}^{15}(n^3-10n^2+n+1)$$

$$=\sum_{n=1}^{15}(n^3-10n^2+n+1)+9$$

$$=\left(\frac{15\times16}{2}\right)^2-10\times\frac{15\times16\times31}{6}+\frac{15\times16}{2}+15+9$$

$$=14400-12400+120+15+9$$

$$=2144 \qquad\qquad\qquad\qquad\qquad\qquad\text{답 } 2144$$

08 해결단계

❶ 단계	조건 ⑺를 이용하여 집합 A에 속하지 않는 원소를 $a_i\,(1\leq i\leq 15)$를 이용하여 나타낸다.
❷ 단계	두 집합 A, A^c의 모든 원소의 제곱의 합이 집합 U의 모든 원소의 제곱의 합과 같음을 식으로 나타낸다.
❸ 단계	조건 ⑷와 자연수의 거듭제곱의 합을 이용하여 $\dfrac{1}{31}\displaystyle\sum_{i=1}^{15}a_i{}^2$의 값을 구한다.

조건 ⑺에서 집합 A의 임의의 두 원소의 합이 31이 아니므로 집합 A에 속하지 않는 원소는 $31-a_i\,(1\leq i\leq 15)$로 나타낼 수 있다.

따라서 $\displaystyle\sum_{i=1}^{15}a_i{}^2$과 $\displaystyle\sum_{i=1}^{15}(31-a_i)^2$의 합은 집합 U의 모든 원소의 제곱의 합과 같다. 즉,

$$\sum_{i=1}^{15}a_i{}^2+\sum_{i=1}^{15}(31-a_i)^2=\sum_{i=1}^{30}i^2$$

$$\sum_{i=1}^{15}a_i{}^2+\sum_{i=1}^{15}(31^2-62a_i+a_i{}^2)=\frac{30\times31\times61}{6}$$

이때 조건 ⑷에서 $\displaystyle\sum_{i=1}^{15}a_i=264$이므로

$$2\sum_{i=1}^{15}a_i{}^2+15\times31^2-62\times264=5\times31\times61$$

$$\sum_{i=1}^{15}a_i{}^2=\frac{1}{2}(5\times31\times61-15\times31^2+62\times264)$$

$$=\frac{31}{2}(5\times61-15\times31+2\times264)$$

$$=\frac{31}{2}(305-465+528)$$

$$=31\times184$$

$$\therefore \frac{1}{31}\sum_{i=1}^{15}a_i{}^2=\frac{1}{31}\times31\times184=184 \qquad\text{답 } 184$$

> **BLACKLABEL 특강** | 참고
>
> 두 원소의 합이 31이 되는 쌍은 $(1,30)$, $(2,29)$, $\cdots$, $(15,16)$이므로 집합 A는 각 순서쌍에서 원소를 하나씩 택하여 얻을 수 있다. 주어진 조건을 만족시키는 집합 A는 여러 개가 있는데, 위의 방법을 이용하여 집합 A 중에서 하나를 구해보면 다음과 같다.
>
> $\{5, 7, 9, 10, 11, 12, 14, 16, 18, 23, 25, 27, 28, 29, 30\}$

이것이 수능 p. 89

1 ③	**2** ①	**3** ③	**4** 395

1 해결단계

❶ 단계	n의 값의 범위에 따른 $f(n)$의 값을 각각 구한다.
❷ 단계	$\displaystyle\sum_{n=2}^{10}f(n)$의 값을 구한다.

$(n-5)$의 n제곱근은 방정식 $x^n=n-5$를 만족시키는 x의 값이므로 이 중 실수인 것의 개수를 $f(n)$이라 하면 다음과 같이 나누어 구할 수 있다.

(i) $2\leq n\leq 4$일 때,

$n-5<0$이므로 n이 짝수이면 실수인 것은 없고, n이 홀수이면 실수인 것은 $\sqrt[n]{n-5}$이다.

$\therefore f(2)=0$, $f(3)=1$, $f(4)=0$

(ii) $n=5$일 때,

$n-5=0$이므로 실수인 것은 0이다.

$\therefore f(5)=1$

(iii) $6\leq n\leq 10$일 때,

$n-5>0$이므로 n이 짝수이면 실수인 것은 $\sqrt[n]{n-5}$, $-\sqrt[n]{n-5}$이고, n이 홀수이면 실수인 것은 $\sqrt[n]{n-5}$이다.

$$\therefore f(6)=2,\ f(7)=1,\ f(8)=2,\ f(9)=1,$$
$$f(10)=2$$

(i), (ii), (iii)에서

$$\sum_{n=2}^{10} f(n)=0+1+0+1+2+1+2+1+2=10 \qquad \text{답 ③}$$

2 해결단계

❶단계	36의 양의 약수를 나열하여 $a_1,\ a_2,\ a_3,\ \cdots,\ a_9$의 값을 구한다.
❷단계	❶단계에서 구한 각 a_k에 따른 $f(a_k)$의 값이 홀수인지 짝수인지 판단한다.
❸단계	$\sum\limits_{k=1}^{9}\{(-1)^{f(a_k)}\times\log a_k\}$의 값을 구한다.

36의 양의 약수는 1, 2, 3, 4, 6, 9, 12, 18, 36이다.
이때 $f(1),\ f(4),\ f(9),\ f(36)$은 홀수,
$f(2),\ f(3),\ f(6),\ f(12),\ f(18)$은 짝수이므로

$$\sum_{k=1}^{9}\{(-1)^{f(a_k)}\times\log a_k\}$$
$$=-\log 1+\log 2+\log 3-\log 4+\log 6-\log 9$$
$$\qquad\qquad\qquad\qquad +\log 12+\log 18-\log 36$$
$$=\log\frac{2\times3\times6\times12\times18}{1\times4\times9\times36}$$
$$=\log 6$$
$$=\log 2+\log 3 \qquad\qquad\qquad \text{답 ①}$$

> **BLACKLABEL 특강**　참고
>
> **제곱수의 약수의 개수**
> (1) 소수의 제곱수의 약수의 개수는 3이다.
> (2) 자연수의 제곱수의 약수의 개수는 홀수이다.

3 해결단계

❶단계	점 H에서 변 BC, 점 E에서 변 CD에 수선의 발을 각각 내린다.
❷단계	$\overline{EG}=\overline{HF}$임을 확인한다.
❸단계	S_n을 n에 대한 식으로 나타낸 후, $\sum\limits_{n=1}^{10} S_n$의 값을 구한다.

다음 그림과 같이 점 H에서 변 BC에 내린 수선의 발을 I라 하고 점 E에서 변 CD에 내린 수선의 발을 J라 하자.

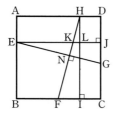

두 선분 HF, HI와 선분 EJ가 만나는 점을 각각 K, L이라 하고, 선분 EG와 선분 HF가 만나는 점을 N이라 하자.
△HKL과 △EKN에서
$\angle HKL=\angle EKN$이고 $\angle KLH=\angle KNE=90°$이므로
△HKL∽△EKN (AA 닮음)
$$\therefore \angle KHL=\angle KEN$$

또한, $\overline{HI}=\overline{EJ}$이고 △HKL∽△HFI (AA 닮음)이므로
△HFI≡△EGJ (ASA 합동)
따라서 $\overline{EG}=\overline{HF}=\sqrt{4n^2+1}$이므로

$$S_n=\frac{1}{2}\times\sqrt{4n^2+1}\times\sqrt{4n^2+1}$$
$$=\frac{4n^2+1}{2}$$
$$=2n^2+\frac{1}{2}$$
$$\therefore \sum_{n=1}^{10} S_n=\sum_{n=1}^{10}\left(2n^2+\frac{1}{2}\right)$$
$$=2\times\frac{10\times11\times21}{6}+\frac{1}{2}\times10$$
$$=770+5$$
$$=775 \qquad\qquad\qquad \text{답 ③}$$

4 해결단계

❶단계	곡선 $y=-x^2\ (x\geq0)$을 원점에 대하여 90°만큼 회전시킨 그래프가 곡선 $y=\sqrt{x}$와 같음을 확인하여 △A_nOB_n이 직각이등변삼각형임을 보인다.
❷단계	S_n을 n에 대한 식으로 나타낸다.
❸단계	$\sum\limits_{n=1}^{10}\dfrac{2S_n}{n^2}$의 값을 구한다.

$\overline{OA_n}=\overline{OB_n}$이므로 두 점 $A_n,\ B_n$은 중심이 O인 원 위의 점이다.
이 원의 반지름의 길이는
$$\overline{OA_n}=\sqrt{n^4+n^2}=n\sqrt{n^2+1}$$
이때 다음 그림과 같이 곡선 $y=-x^2\ (x\geq0)$을 원점 O에 대하여 90°만큼 회전시킨 그래프는 곡선 $y=\sqrt{x}$와 같으므로
$$\angle A_nOB_n=90°$$

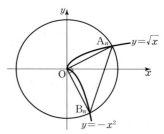

즉, △A_nOB_n은 직각이등변삼각형이므로
$$S_n=\frac{1}{2}\times\overline{OA_n}\times\overline{OB_n}$$
$$=\frac{1}{2}\times\overline{OA_n}^2$$
$$=\frac{1}{2}n^2(n^2+1)$$
$$\therefore \sum_{n=1}^{10}\frac{2S_n}{n^2}=\sum_{n=1}^{10}\frac{2\times\frac{1}{2}n^2(n^2+1)}{n^2}$$
$$=\sum_{n=1}^{10}(n^2+1)$$
$$=\frac{10\times11\times21}{6}+10$$
$$=385+10$$
$$=395 \qquad\qquad\qquad \text{답 395}$$

⑩ 수학적 귀납법

01 $2a_{n+1}=a_n+a_{n+2}$이므로 수열 $\{a_n\}$은 등차수열이다.

ㄱ. 등차수열 $\{a_n\}$의 공차를 d라 하면 $a_1=28$, $a_3=22$이므로

$$28+2d=22$$
$$2d=-6 \quad \therefore d=-3$$

즉, 등차수열 $\{a_n\}$의 일반항 a_n은

$$a_n=28+(n-1)\times(-3)$$
$$=-3n+31$$
$$\therefore a_6=-3\times6+31=13 \ (\text{참})$$

ㄴ. $\displaystyle\sum_{k=1}^{n}a_k-\sum_{k=2}^{n}a_{k-1}$

$$=(a_1+a_2+\cdots+a_{n-1}+a_n)-(a_1+a_2+\cdots+a_{n-1})$$
$$=a_n=-3n+31 \ (\text{참})$$

ㄷ. $a_n=-3n+31<0$에서

$$n>\frac{31}{3}=10.3\times\times\times$$

즉, 수열 $\{a_n\}$에서 처음으로 음수가 되는 항은 제11항이다. (거짓)

따라서 옳은 것은 ㄱ, ㄴ이다. 답 ③

02 $\dfrac{a_{n+2}}{a_{n+1}}=\dfrac{a_{n+1}}{a_n} \ (n=1, 2, 3, \cdots)$에서 $a_{n+1}{}^2=a_na_{n+2}$

즉, 수열 $\{a_n\}$은 등비수열이므로 이 수열의 첫째항을 a, 공비를 r라 하면

$$S_4=\frac{a(r^4-1)}{r-1}=90 \quad \cdots\cdots\text{㉠}$$
$$S_8=\frac{a(r^8-1)}{r-1}=1530 \quad \cdots\cdots\text{㉡}$$

㉡÷㉠을 하면

$$\frac{\dfrac{a(r^8-1)}{r-1}}{\dfrac{a(r^4-1)}{r-1}}=\frac{1530}{90},\ \frac{r^8-1}{r^4-1}=17$$

$$\frac{(r^4+1)(r^4-1)}{r^4-1}=17,\ r^4+1=17$$

$$r^4=16 \quad \therefore r=-2 \ \text{또는} \ r=2$$

이때 수열 $\{a_n\}$의 모든 항이 양수이므로 $r>0$

$$\therefore r=2$$

이것을 ㉠에 대입하면

$$\frac{a(2^4-1)}{2-1}=90,\ 15a=90 \quad \therefore a=6$$

$$\therefore S_{10}=\frac{6(2^{10}-1)}{2-1}=6\times1023=6138 \qquad \text{답 ③}$$

03 $a_{n+1}=\dfrac{a_n}{a_n+1}$의 양변의 역수를 취하면

$$\frac{1}{a_{n+1}}=1+\frac{1}{a_n} \quad \therefore \frac{1}{a_{n+1}}-\frac{1}{a_n}=1$$

즉, 수열 $\left\{\dfrac{1}{a_n}\right\}$은 첫째항이 $\dfrac{1}{a_1}=1$, 공차가 1인 등차수열

이므로 일반항 $\dfrac{1}{a_n}$은

$$\frac{1}{a_n}=1+(n-1)\times1=n \quad \therefore a_n=\frac{1}{n}$$

$$A=\sum_{k=1}^{9}a_ka_{k+1}$$
$$=\sum_{k=1}^{9}\frac{1}{k(k+1)}$$
$$=\sum_{k=1}^{9}\left(\frac{1}{k}-\frac{1}{k+1}\right)$$
$$=\left(1-\frac{1}{2}\right)+\left(\frac{1}{2}-\frac{1}{3}\right)+\left(\frac{1}{3}-\frac{1}{4}\right)+\cdots+\left(\frac{1}{9}-\frac{1}{10}\right)$$
$$=1-\frac{1}{10}=\frac{9}{10}$$

$$B=\sum_{k=1}^{9}\frac{1}{a_ka_{k+1}}$$
$$=\sum_{k=1}^{9}k(k+1)$$
$$=\sum_{k=1}^{9}(k^2+k)$$
$$=\frac{9\times10\times19}{6}+\frac{9\times10}{2}$$
$$=330$$

$$\therefore AB=\frac{9}{10}\times330=297 \qquad \text{답 297}$$

04 $b_{n+1}=b_n+4$에서 수열 $\{b_n\}$은 첫째항이 $b_1=3$, 공차가 4인 등차수열이므로 일반항 b_n은

$$b_n=3+(n-1)\times4$$
$$=4n-1 \quad \cdots\cdots\text{㉠}$$

$a_n+b_n-a_{n+1}=0$에 ㉠을 대입하면

$$a_n+4n-1-a_{n+1}=0$$
$$\therefore a_{n+1}=a_n+4n-1$$

위의 식의 n 대신에 1, 2, 3, $\cdots$, 10을 차례대로 대입하여 변끼리 더하면

$$a_2=a_1+3$$
$$a_3=a_2+7$$
$$a_4=a_3+11$$
$$\vdots$$
$$+)\ a_{11}=a_{10}+39$$

$$\overline{a_{11}=a_1+3+7+11+\cdots+39}$$
$$=a_1+\sum_{k=1}^{10}(4k-1)$$
$$=2+4\times\frac{10\times11}{2}-10 \ (\because a_1=2)$$
$$=212 \qquad \text{답 ④}$$

05 $a_{n+1}=(2n-1)a_n$의 n 대신에 1, 2, 3, $\cdots$, $n-1$을 차례

대로 대입하여 변끼리 곱하면

$$a_2 = 1 \times a_1$$
$$a_3 = 3 \times a_2$$
$$a_4 = 5 \times a_3$$
$$\vdots$$
$$\times)\ a_n = (2n-3) \times a_{n-1}$$

$$a_n = 1 \times 3 \times 5 \times 7 \times \cdots \times (2n-3) \times a_1 \ (단,\ n \geq 2)$$
$$= 1 \times 3 \times 5 \times 7 \times \cdots \times (2n-3) \ (\because a_1 = 1)$$

한편, $a_5 = 1 \times 3 \times 5 \times 7 = 105$이므로 5 이상의 자연수 k에 대하여 a_k는 모두 105로 나누어떨어진다.

따라서 $a_1 + a_2 + a_3 + \cdots + a_{2020}$을 105로 나누었을 때의 나머지는 $a_1 + a_2 + a_3 + a_4$를 105로 나누었을 때의 나머지와 같다.

이때 $a_1 + a_2 + a_3 + a_4 = 1 + 1 + 3 + 15 = 20$이므로 구하는 나머지는 20이다.

답 ④

06 $2a_{n+1} = a_n + 3$에서 $a_{n+1} = \dfrac{1}{2}a_n + \dfrac{3}{2}$ $\ \ \cdots\cdots$ ㉠

$\overbrace{}^{\substack{a_{n+1}=pa_n+q\text{에서} \\ p \neq 1,\ pq \neq 0}}$

$a_{n+1} - \alpha = p(a_n - \alpha)$라 하면 $a_{n+1} = pa_n - p\alpha + \alpha$

위의 식이 ㉠과 같으므로

$$p = \frac{1}{2},\ -p\alpha + \alpha = \frac{3}{2}$$
$$-\frac{1}{2}\alpha + \alpha = \frac{3}{2},\ \frac{1}{2}\alpha = \frac{3}{2} \quad \therefore \alpha = 3$$
$$\therefore a_{n+1} - 3 = \frac{1}{2}(a_n - 3)$$

즉, 수열 $\{a_n - 3\}$은 첫째항이 $a_1 - 3 = 4 - 3 = 1$이고 공비가 $\dfrac{1}{2}$인 등비수열이므로

$$a_n - 3 = \left(\frac{1}{2}\right)^{n-1} \quad \therefore a_n = 3 + \left(\frac{1}{2}\right)^{n-1}$$

$a_n > \dfrac{193}{64}$에서 $3 + \left(\dfrac{1}{2}\right)^{n-1} > \dfrac{193}{64}$

$$\left(\frac{1}{2}\right)^{n-1} > \frac{1}{64} = \frac{1}{2^6},\ n-1 < 6$$
$$\therefore n < 7$$

따라서 주어진 부등식을 만족시키는 자연수 n의 최댓값은 6이다.

답 ③

BLACKLABEL 특강 | 풀이 첨삭

$a_{n+1} = pa_n + q\ (p \neq 1,\ pq \neq 0)$ 꼴의 귀납적 정의에서 점화식을 변형하는 방법은 다음과 같다.

(i) $a_{n+1} - \alpha = p(a_n - \alpha)$로 놓고 식을 정리하면
$$a_{n+1} = pa_n - p\alpha + \alpha$$
(ii) $a_{n+1} = pa_n - p\alpha + \alpha$와 $a_{n+1} = pa_n + q$가 같은 식을 나타내어야 하므로 $-p\alpha + \alpha = q$, 즉 $\alpha = \dfrac{q}{1-p}$로부터 α의 값을 구한다.

07 (i) $n = 1$일 때,

(좌변) $= 1 \times 2 = 2$, (우변) $= \dfrac{1 \times 2 \times 3}{3} = 2$에서

(좌변) $=$ (우변) $= \boxed{2}$이므로 성립한다.

(ii) $n = k$일 때 성립한다고 가정하면

$$1 \times 2 + 2 \times 3 + \cdots + k(k+1) = \frac{k(k+1)(k+2)}{3}$$
$$\cdots\cdots ㉠$$

㉠의 양변에 $\boxed{(k+1)(k+2)}$를 더하면

$$1 \times 2 + 2 \times 3 + 3 \times 4 + \cdots + k(k+1)$$
$$+ \boxed{(k+1)(k+2)}$$
$$= \frac{k(k+1)(k+2)}{3} + \boxed{(k+1)(k+2)}$$
$$= \frac{k(k+1)(k+2) + 3(k+1)(k+2)}{3}$$
$$= \boxed{\frac{(k+1)(k+2)(k+3)}{3}}$$

따라서 $n = k+1$일 때도 성립한다.

(i), (ii)에서 모든 자연수 n에 대하여 주어진 등식이 성립한다.

$\therefore$ (가) : 2, (나) : $(k+1)(k+2)$,

(다) : $\dfrac{(k+1)(k+2)(k+3)}{3}$

답 풀이 참조

STEP 2 | 1등급을 위한 **최고의 변별력 문제** pp. 92~94

01 8	**02** 105	**03** ⑤	**04** $-\dfrac{1}{2}$	**05** 31
06 ④	**07** 624	**08** ④	**09** ②	**10** ②
11 ②	**12** 158	**13** 0	**14** ⑤	**15** 54
16 ③	**17** 풀이 참조	**18** 풀이 참조	**19** ④	**20** 풀이 참조

01 $a_{n+1}^2 + 4a_n^2 + (a_1 - 2)^2 = 4a_{n+1}a_n$에서

$$(a_1 - 2)^2 + a_{n+1}^2 - 4a_{n+1}a_n + 4a_n^2 = 0$$
$$\therefore (a_1 - 2)^2 + (a_{n+1} - 2a_n)^2 = 0$$

이때 a_n, a_{n+1}은 실수이므로

$$a_1 - 2 = 0,\ a_{n+1} - 2a_n = 0$$
$$\therefore a_1 = 2,\ a_{n+1} = 2a_n$$

즉, 수열 $\{a_n\}$은 첫째항이 2, 공비가 2인 등비수열이므로 일반항 a_n은

$$a_n = 2 \times 2^{n-1} = 2^n$$

이때 $\displaystyle\sum_{k=1}^{m} a_k = 510$이므로

$$\sum_{k=1}^{m} 2^k = \frac{2(2^m - 1)}{2 - 1} = 2^{m+1} - 2 = 510$$

즉, $2^{m+1} = 512 = 2^9$이므로

$$m + 1 = 9 \quad \therefore m = 8$$

답 8

02 $a_{n+1}a_n - 2a_{n+2}a_n + a_{n+1}a_{n+2} = 0$의 양변을 $a_n a_{n+1} a_{n+2}$로 나누면

$$\frac{1}{a_{n+2}} - \frac{2}{a_{n+1}} + \frac{1}{a_n} = 0 \quad \therefore \frac{2}{a_{n+1}} = \frac{1}{a_n} + \frac{1}{a_{n+2}}$$

즉, 수열 $\left\{\dfrac{1}{a_n}\right\}$은 첫째항이 $\dfrac{1}{a_1}=\dfrac{1}{2}$, 공차가

$\dfrac{1}{a_2}-\dfrac{1}{a_1}=1-\dfrac{1}{2}=\dfrac{1}{2}$인 등차수열이므로 일반항 $\dfrac{1}{a_n}$은

$\dfrac{1}{a_n}=\dfrac{1}{2}+(n-1)\times\dfrac{1}{2}=\dfrac{n}{2}$

$\therefore \displaystyle\sum_{k=1}^{20}\dfrac{1}{a_k}=\sum_{k=1}^{20}\dfrac{k}{2}=\dfrac{1}{2}\times\dfrac{20\times21}{2}=105$ 　　　　답 105

03 ㄱ. $a_1=3,\ a_{n+1}=\dfrac{4a_n-2}{a_n+1}\ (n=1,\ 2,\ 3,\ \cdots)$이므로

$a_2=\dfrac{4a_1-2}{a_1+1}=\dfrac{12-2}{3+1}=\dfrac{10}{4}=\dfrac{5}{2}$

$a_3=\dfrac{4a_2-2}{a_2+1}=\dfrac{10-2}{\frac{5}{2}+1}=\dfrac{8}{\frac{7}{2}}=\dfrac{16}{7}$ (참)

ㄴ. $a_{n+1}=\dfrac{4a_n-2}{a_n+1}\ (n=1,\ 2,\ 3,\ \cdots)$에서

$a_{n+1}-1=\dfrac{4a_n-2-(a_n+1)}{a_n+1}$

$=\dfrac{3(a_n-1)}{a_n+1}$ 　　　$\cdots\cdots$ ㉠

$a_{n+1}-2=\dfrac{4a_n-2-2(a_n+1)}{a_n+1}$

$=\dfrac{2(a_n-2)}{a_n+1}$ 　　　$\cdots\cdots$ ㉡

㉡÷㉠을 하면 $\dfrac{a_{n+1}-2}{a_{n+1}-1}=\dfrac{2}{3}\times\dfrac{a_n-2}{a_n-1}$

즉, 수열 $\left\{\dfrac{a_n-2}{a_n-1}\right\}$는 첫째항이 $\dfrac{a_1-2}{a_1-1}=\dfrac{3-2}{3-1}=\dfrac{1}{2}$,

공비가 $\dfrac{2}{3}$인 등비수열이다. (참)

ㄷ. ㄴ에서 $\dfrac{a_n-2}{a_n-1}=\dfrac{1}{2}\times\left(\dfrac{2}{3}\right)^{n-1}$이므로

$\displaystyle\sum_{k=1}^{10}\dfrac{a_k-2}{a_k-1}=\sum_{k=1}^{10}\left\{\dfrac{1}{2}\times\left(\dfrac{2}{3}\right)^{k-1}\right\}$

$=\dfrac{\dfrac{1}{2}\left\{1-\left(\dfrac{2}{3}\right)^{10}\right\}}{1-\dfrac{2}{3}}=\dfrac{3}{2}\left\{1-\left(\dfrac{2}{3}\right)^{10}\right\}$ (참)

따라서 ㄱ, ㄴ, ㄷ 모두 옳다. 　　　　답 ⑤

04 수열 $\{a_n\}$이 등차수열이므로 $2a_{n+1}=a_n+a_{n+2}$

이를 주어진 방정식에 대입하면

$a_{n+2}x^2+(a_n+a_{n+2})x+a_n=0$

$(a_{n+2}x+a_n)(x+1)=0$

$\therefore x=-\dfrac{a_n}{a_{n+2}}$ 또는 $x=-1$

$\therefore b_n=-\dfrac{a_n}{a_{n+2}}\ (\because b_n\neq-1)$

이때 등차수열 $\{a_n\}$의 공차를 $d\ (d\neq0)$라 하면

$\dfrac{b_n}{b_n+1}=\dfrac{-\dfrac{a_n}{a_{n+2}}}{-\dfrac{a_n}{a_{n+2}}+1}=\dfrac{-\dfrac{a_n}{a_{n+2}}}{\dfrac{-a_n+a_{n+2}}{a_{n+2}}}$

$=\dfrac{-a_n}{a_{n+2}-a_n}$

$=\dfrac{-a_1-(n-1)d}{2d}$

$=-\dfrac{a_1}{2d}+(n-1)\times\left(-\dfrac{1}{2}\right)$

따라서 등차수열 $\left\{\dfrac{b_n}{b_n+1}\right\}$의 공차는 $-\dfrac{1}{2}$이다. 　답 $-\dfrac{1}{2}$

BLACKLABEL 특강　　필수 개념

일반항에서 공차와 공비 찾기

(1) 일반항 a_n이 n에 대한 일차식인 $a_n=An+B$ (A, B는 상수) 꼴일 때, 수열 $\{a_n\}$은 등차수열이고 공차는 n의 계수인 A이다.
(2) 일반항 b_n이 $b_n=A\times B^n$ (A, B는 상수) 꼴일 때, 수열 $\{b_n\}$은 등비수열이고 공비는 지수 n의 밑인 B이다.

05 $a_{n+1}=a_n+(-1)^n\times\dfrac{2n+1}{n(n+1)}$

$=a_n+(-1)^n\left(\dfrac{2n+1}{n}-\dfrac{2n+1}{n+1}\right)$

$=a_n+(-1)^n\left(2+\dfrac{1}{n}-2+\dfrac{1}{n+1}\right)$

$=a_n+(-1)^n\left(\dfrac{1}{n}+\dfrac{1}{n+1}\right)$

위의 식의 n 대신에 $1,\ 2,\ 3,\ \cdots,\ 14$를 차례대로 대입하여 변끼리 더하면

$a_2=a_1-\left(1+\dfrac{1}{2}\right)$

$a_3=a_2+\left(\dfrac{1}{2}+\dfrac{1}{3}\right)$

$a_4=a_3-\left(\dfrac{1}{3}+\dfrac{1}{4}\right)$

$\vdots$

$+\underline{\ )\ a_{15}=a_{14}+\left(\dfrac{1}{14}+\dfrac{1}{15}\right)}$

$a_{15}=a_1-1-\dfrac{1}{2}+\dfrac{1}{2}+\dfrac{1}{3}-\dfrac{1}{3}-\dfrac{1}{4}+\cdots+\dfrac{1}{14}+\dfrac{1}{15}$

$=a_1-1+\dfrac{1}{15}=a_1-\dfrac{14}{15}$

$=2-\dfrac{14}{15}\ (\because a_1=2)$

$=\dfrac{16}{15}$

따라서 $p=15,\ q=16$이므로 $p+q=31$ 　　　　답 31

06 $pa_{n+1}=qa_n+r$ (단, $n=1,\ 2,\ 3,\ \cdots$) 　　$\cdots\cdots$ ㉠

ㄱ. $r=0$이므로 ㉠에서

$pa_{n+1}=qa_n$ 　　$\therefore a_{n+1}=\dfrac{q}{p}a_n$

즉, 수열 $\{a_n\}$은 공비가 $\dfrac{q}{p}$인 등비수열이다. (거짓)

ㄴ. $p=q$이므로 ㉠에서

$$a_{n+1}=a_n+\frac{r}{p}$$

즉, 수열 $\{a_n\}$은 공차가 $\frac{r}{p}$인 등차수열이고, 일반항 a_n은

$$a_n=1+(n-1)\times\frac{r}{p}\ (\because a_1=1)$$

$$=\frac{r}{p}n-\frac{r}{p}+1$$

$$\therefore \sum_{k=1}^{n}a_k=\frac{n\left(1+\frac{r}{p}n-\frac{r}{p}+1\right)}{2}$$

$$=\frac{n(rn+2p-r)}{2p}\ (참)$$

ㄷ. $p=q+r$이면 $r=p-q$이므로 ㉠에서

$$pa_{n+1}=qa_n+p-q$$
$$p(a_{n+1}-1)=q(a_n-1)$$

$$\therefore a_{n+1}-1=\frac{q}{p}(a_n-1)$$

즉, 수열 $\{a_n-1\}$은 공비가 $\frac{q}{p}$인 등비수열이므로

$$a_n-1=(a_1-1)\left(\frac{q}{p}\right)^{n-1}$$

이때 $a_1=1$이므로

$$a_n-1=0 \quad \therefore a_n=1\ (참)$$

따라서 옳은 것은 ㄴ, ㄷ이다.   답 ④

07 $n^2a_{n+1}=(n+1)^2a_n+2n+1$의 양변을 $n^2(n+1)^2$으로 나누면

$$\frac{a_{n+1}}{(n+1)^2}=\frac{a_n}{n^2}+\frac{2n+1}{n^2(n+1)^2}$$

$\frac{a_n}{n^2}=b_n$으로 놓으면

$$b_{n+1}=b_n+\frac{2n+1}{n^2(n+1)^2}$$

위의 식의 n 대신에 $1, 2, 3, \cdots, n-1$을 차례대로 대입하여 변끼리 더하면

$$b_2=b_1+\frac{3}{1^2\times2^2}$$

$$b_3=b_2+\frac{5}{2^2\times3^2}$$

$$b_4=b_3+\frac{7}{3^2\times4^2}$$

$$\vdots$$

$$+)\ b_n=b_{n-1}+\frac{2n-1}{(n-1)^2n^2}$$

$$\frac{2k+1}{k^2(k^2+2k+1)}$$
$$=\frac{2k+1}{2k+1}\times\left(\frac{1}{k^2}-\frac{1}{k^2+2k+1}\right)$$
$$=\frac{1}{k^2}-\frac{1}{(k+1)^2}$$

$$b_n=b_1+\sum_{k=1}^{n-1}\frac{2k+1}{k^2(k+1)^2}$$

$$=0+\sum_{k=1}^{n-1}\left\{\frac{1}{k^2}-\frac{1}{(k+1)^2}\right\}\ \left(\because b_1=\frac{a_1}{1^2}=\frac{0}{1}=0\right)$$

$$=\left(1-\frac{1}{2^2}\right)+\left(\frac{1}{2^2}-\frac{1}{3^2}\right)+\cdots+\left\{\frac{1}{(n-1)^2}-\frac{1}{n^2}\right\}$$

$$=1-\frac{1}{n^2}$$

$$\therefore a_n=n^2b_n=n^2\left(1-\frac{1}{n^2}\right)=n^2-1$$

$$\therefore a_{25}=25^2-1=624 \qquad\qquad 답\ 624$$

08 $S_n=1-(n+1)a_n$에서 $S_1=1-2a_1$
$S_1=a_1$이므로

$$a_1=1-2a_1,\ 3a_1=1 \quad \therefore a_1=\frac{1}{3}$$

$n\geq2$일 때,

$$a_n=S_n-S_{n-1}$$
$$=\{1-(n+1)a_n\}-\{1-na_{n-1}\}$$
$$=na_{n-1}-(n+1)a_n$$

$$(n+2)a_n=na_{n-1} \quad \therefore a_n=\frac{n}{n+2}a_{n-1}\ (단,\ n\geq2)$$

위의 식의 n 대신에 $2, 3, 4, \cdots, n$을 차례대로 대입하여 변끼리 곱하면

$$a_2=\frac{2}{4}a_1$$

$$a_3=\frac{3}{5}a_2$$

$$a_4=\frac{4}{6}a_3$$

$$\vdots$$

$$\times)\ a_n=\frac{n}{n+2}a_{n-1}$$

$$a_n=a_1\times\frac{2}{4}\times\frac{3}{5}\times\frac{4}{6}\times\cdots\times\frac{n-1}{n+1}\times\frac{n}{n+2}$$

$$=\frac{1}{3}\times\frac{2}{4}\times\frac{3}{5}\times\frac{4}{6}\times\cdots\times\frac{n-1}{n+1}\times\frac{n}{n+2}$$

$$\left(\because a_1=\frac{1}{3}\right)$$

$$=\frac{2}{(n+1)(n+2)}\ (단,\ n\geq2) \qquad \cdots\cdots ㉠$$

이때 $a_1=\frac{1}{3}$은 ㉠에 $n=1$을 대입한 것과 같으므로 모든 자연수 n에 대하여

$$a_n=\frac{2}{(n+1)(n+2)}$$

$$\therefore \sum_{k=1}^{10}\frac{1}{a_k}=\sum_{k=1}^{10}\frac{(k+1)(k+2)}{2}$$

$$=\frac{1}{2}\sum_{k=1}^{10}(k^2+3k+2)$$

$$=\frac{1}{2}\left(\frac{10\times11\times21}{6}+3\times\frac{10\times11}{2}+20\right)$$

$$=285 \qquad\qquad 답\ ④$$

서울대 선배들의 강추문제   **1등급 비법 노하우**

이 문제는 수열의 합 S_n을 이용하여 귀납적으로 정의함으로써 일반항을 구하는 과정을 한 단계 더 복잡하게 만들어 놓았다.

기본적으로 귀납적 정의의 형태는 매우 다양하기 때문에 그것을 다 외울 필요는 없고, 기본적인 몇 가지만 정확하게 알고 있으면 된다.

이 문제에서도 먼저 $S_n-S_{n-1}=a_n$임을 이용하여 a_n과 a_{n-1} 사이의 관계식을 구한 후 일반항 a_n을 구하면 된다. 기본적인 귀납적 정의의 형태가 안 보일 경우에는 직접 숫자를 대입해 가며 규칙을 찾아가는 것도 하나의 방법이다.

09 $na_n=(n-1)S_n$ (단, $n=2, 3, 4, \cdots$) ······㉠

㉠에 $n=2$를 대입하면 $2a_2=(2-1)S_2=a_1+a_2$

$\therefore a_2=a_1=1 \ (\because a_1=1)$

㉠에서 $S_n=\dfrac{n}{n-1}a_n$이므로 $n\geq3$일 때,

$a_n=S_n-S_{n-1}=\dfrac{n}{n-1}a_n-\dfrac{n-1}{n-2}a_{n-1}$

$\dfrac{1}{n-1}a_n=\dfrac{n-1}{n-2}a_{n-1}$

$\therefore a_n=\dfrac{(n-1)^2}{n-2}a_{n-1}$ (단, $n\geq3$)

위의 식의 n 대신에 3, 4, 5, $\cdots$, n을 차례대로 대입하여 변끼리 곱하면

$a_3=\dfrac{2^2}{1}a_2$

$a_4=\dfrac{3^2}{2}a_3$

$a_5=\dfrac{4^2}{3}a_4$

$\vdots$

$\times)\ a_n=\dfrac{(n-1)^2}{n-2}a_{n-1}$

$a_n=\dfrac{2^2}{1}\times\dfrac{3^2}{2}\times\dfrac{4^2}{3}\times\cdots\times\dfrac{(n-1)^2}{n-2}\times a_2$

$\quad=1\times\dfrac{2^2}{1}\times\dfrac{3^2}{2}\times\dfrac{4^2}{3}\times\cdots\times\dfrac{(n-2)^2}{n-3}\times\dfrac{(n-1)^2}{n-2}$

$\hfill (\because a_2=1)$

$\quad=1\times2\times3\times4\times\cdots\times(n-2)\times(n-1)^2$

$\quad=(n-1)\times(n-1)!$

$\therefore a_{20}=19\times19!$ 답 ②

10 $\displaystyle\sum_{k=1}^{n}a_k-na_n=n\log n-\log f(n)$ ······㉠

위의 식의 n 대신에 $n-1$을 대입하면

$\displaystyle\sum_{k=1}^{n-1}a_k-(n-1)a_{n-1}$

$=(n-1)\log(n-1)-\log f(n-1)$ (단, $n\geq2$)

$\hfill$······㉡

㉠$-$㉡을 하면

$a_n-na_n+(n-1)a_{n-1}=n\log n-(n-1)\log(n-1)$

$\hfill -\log f(n)+\log f(n-1)$

$(1-n)a_n-(1-n)a_{n-1}$

$=n\log n-(n-1)\log(n-1)-\log\dfrac{f(n)}{f(n-1)}$

$=n\log n-(n-1)\log(n-1)-\log\dfrac{n!}{(n-1)!}$

$=n\log n-(n-1)\log(n-1)-\log n$

$=(1-n)\log(n-1)-(1-n)\log n$

위의 식의 양변을 $1-n$으로 나누면

$a_n-a_{n-1}=\log(n-1)-\log n$ (단, $n\geq2$)

위의 식의 n 대신에 2, 3, 4, $\cdots$, 20을 차례대로 대입하여 변끼리 더하면

$a_2-a_1=\log 1-\log 2$

$a_3-a_2=\log 2-\log 3$

$a_4-a_3=\log 3-\log 4$

$\vdots$

$+)\ a_{20}-a_{19}=\log 19-\log 20$

$a_{20}-a_1=(\log 1-\log 2)+(\log 2-\log 3)+\cdots$

$\hfill +(\log 19-\log 20)$

$\qquad\quad=\log 1-\log 20$

$\qquad\quad=-\log 20$

$\therefore a_{20}=a_1-\log 20$

$\qquad\ =2-\log 20\ (\because a_1=2)$

$\qquad\ =\log 5$ 답 ②

11 해결단계

❶단계	수열의 합과 일반항 사이의 관계를 이용하여 a_{n+1}과 a_n 사이의 관계식을 구한다.
❷단계	na_n을 b_n으로 놓고 b_{n+1}과 b_n 사이의 관계식을 구한다.
❸단계	❷단계에서 구한 관계식을 이용하여 수열 $\{a_n\}$의 일반항 a_n을 구한다.
❹단계	a_{10}의 값을 구한다.

$S_n=\dfrac{1}{n}(S_1+S_2+\cdots+S_{n-1})+3-a_n$의 양변에 n을 곱하면

$nS_n=(S_1+S_2+\cdots+S_{n-1})+3n-na_n$ ······㉠

㉠의 n 대신에 $n+1$을 대입하면

$(n+1)S_{n+1}$

$=(S_1+S_2+\cdots+S_n)+3(n+1)-(n+1)a_{n+1}$

$\hfill$······㉡

㉡$-$㉠을 하면

$(n+1)S_{n+1}-nS_n=S_n+3-(n+1)a_{n+1}+na_n$

$(n+1)S_{n+1}-(n+1)S_n=3-(n+1)a_{n+1}+na_n$

$\therefore (n+1)(S_{n+1}-S_n)=3-(n+1)a_{n+1}+na_n$

$S_{n+1}-S_n=a_{n+1}$이므로

$(n+1)a_{n+1}=3-(n+1)a_{n+1}+na_n$

$2(n+1)a_{n+1}=na_n+3$ (단, $n=2, 3, 4, \cdots$)

이때 $na_n=b_n$으로 놓으면

$2b_{n+1}=b_n+3$

$b_{n+1}=\dfrac{1}{2}b_n+\dfrac{3}{2}$

$\therefore b_{n+1}-3=\dfrac{1}{2}(b_n-3)$ (단, $n=2, 3, 4, \cdots$) ······㉢

한편, ㉠에 $n=2$를 대입하면

$2S_2=S_1+6-2a_2$

$2(4+a_2)=10-2a_2\ (\because a_1=4)$ $\therefore a_2=\dfrac{1}{2}$

$b_2=2a_2=1$이므로 $b_2-3=-2$

즉, ㉢에서 수열 $\{b_n-3\}$ $(n=2, 3, 4, \cdots)$은 제2항이 -2, 공비가 $\dfrac{1}{2}$인 등비수열이므로

$b_n-3=-2\times\left(\dfrac{1}{2}\right)^{n-2}$

$$\therefore b_n = 3 - \frac{1}{2^{n-3}} \ (\text{단, } n=2, 3, 4, \cdots)$$

따라서 $a_n = \dfrac{b_n}{n} = \dfrac{3}{n} - \dfrac{1}{n \times 2^{n-3}} \ (\text{단, } n=2, 3, 4, \cdots)$이므로

$$a_{10} = \frac{3}{10} - \frac{1}{5 \times 2^8}$$

답 ②

12 $a_n a_{n+1} = 2a_n - 1$의 양변을 a_n으로 나누면

$$a_{n+1} = 2 - \frac{1}{a_n}$$

이때 $a_1 = 5$이므로

$$a_1 = 5 = 1 + \frac{4}{1}$$

$$a_2 = 2 - \frac{1}{a_1} = 2 - \frac{1}{5} = \frac{9}{5} = 1 + \frac{4}{5}$$

$$a_3 = 2 - \frac{1}{a_2} = 2 - \frac{5}{9} = \frac{13}{9} = 1 + \frac{4}{9}$$

$$a_4 = 2 - \frac{1}{a_3} = 2 - \frac{9}{13} = \frac{17}{13} = 1 + \frac{4}{13}$$

$$\vdots$$

$$\therefore a_n = 1 + \frac{4}{1 + (n-1) \times 4} = 1 + \frac{4}{4n-3}$$

$$= \frac{4n+1}{4n-3}$$

따라서 $a_{20} = \dfrac{4 \times 20 + 1}{4 \times 20 - 3} = \dfrac{81}{77}$이므로

$$p = 77, \ q = 81$$

$$\therefore p + q = 158$$

답 158

• 다른 풀이 •

$a_n a_{n+1} = 2a_n - 1$의 양변을 a_n으로 나누면

$$a_{n+1} = \frac{2a_n - 1}{a_n}$$

이때 $a_1 = 5$이므로

$$a_1 = \frac{5}{1}$$

$$a_2 = \frac{2a_1 - 1}{a_1} = \frac{2 \times 5 - 1}{5} = \frac{9}{5}$$

$$a_3 = \frac{2a_2 - 1}{a_2} = \frac{2 \times \frac{9}{5} - 1}{\frac{9}{5}} = \frac{13}{9}$$

$$a_4 = \frac{2a_3 - 1}{a_3} = \frac{2 \times \frac{13}{9} - 1}{\frac{13}{9}} = \frac{17}{13}$$

$$\vdots$$

즉, 수열 $\{a_n\}$의 분모, 분자는 각각 첫째항이 1, 5이고 공차는 모두 4인 등차수열이므로

$$a_n = \frac{5 + (n-1) \times 4}{1 + (n-1) \times 4} = \frac{4n+1}{4n-3}$$

따라서 $a_{20} = \dfrac{4 \times 20 + 1}{4 \times 20 - 3} = \dfrac{81}{77}$이므로

$$p = 77, \ q = 81 \qquad \therefore p + q = 158$$

13 $a_{n+1} - a_n = (-1)^n(a_n - a_{n-1}) \ (\text{단, } n=2, 3, 4, \cdots)$

$$\cdots\cdots \ \text{㉠}$$

(ⅰ) n이 홀수일 때,

㉠에서 $a_{n+1} - a_n = -(a_n - a_{n-1})$

$$a_{n+1} - a_n = -a_n + a_{n-1}$$

$$\therefore a_{n+1} = a_{n-1}$$

즉, 짝수항끼리는 모두 같고, $a_2 = 0$이므로

$$a_{2k} = 0 \ (\text{단, } k\text{는 자연수})$$

(ⅱ) n이 짝수일 때,

㉠에서 $a_{n+1} - a_n = a_n - a_{n-1}$

이때 (ⅰ)에서 $a_{2k} = 0$이므로

$$a_{n+1} = -a_{n-1} \ (\because n\text{은 짝수})$$

$a_1 = 1$이므로 $a_{2k-1} = (-1)^{k+1} \ (\text{단, } k\text{는 자연수})$

(ⅰ), (ⅱ)에서

$$a_n = \begin{cases} 0 & (n=2k) \\ (-1)^{k+1} & (n=2k-1) \end{cases} \ (\text{단, } k\text{는 자연수})$$

$$\therefore \sum_{k=1}^{200} a_k = \sum_{k=1}^{100} a_{2k} + \sum_{k=1}^{100} a_{2k-1}$$

$$= \sum_{k=1}^{100} 0 + \sum_{k=1}^{100} (-1)^{k+1}$$

$$= 0$$

답 0

14 $a_{n+1} + a_n = b_{n+1} - b_n$의 n 대신에 1, 2, 3, $\cdots$, 9를 차례대로 대입하여 변끼리 더하면

$$a_2 + a_1 = b_2 - b_1$$
$$a_3 + a_2 = b_3 - b_2$$
$$a_4 + a_3 = b_4 - b_3$$
$$\vdots$$
$$+ \ ) \ a_{10} + a_9 = b_{10} - b_9$$

$$a_1 + 2(a_2 + a_3 + \cdots + a_9) + a_{10} = b_{10} - b_1$$

즉, $2(a_1 + a_2 + a_3 + \cdots + a_{10}) - a_1 - a_{10} = b_{10} - b_1$에서

$$2(a_1 + a_2 + a_3 + \cdots + a_{10}) = a_{10} + b_{10} + a_1 - b_1 = 30$$

$$(\because a_1 = b_1, \ a_{10} + b_{10} = 30)$$

$$\therefore a_1 + a_2 + a_3 + \cdots + a_{10} = 15$$

답 ⑤

15 $\overline{P_{n-1}P_n} = a_n \ (n=1, 2, 3, \cdots)$이라 하면 규칙 ㈎, ㈐에서

$$a_1 = 3, \ a_2 = 2, \ a_n a_{n+2} = a_{n+1} + 1$$

이때 $a_{n+2} = \dfrac{a_{n+1} + 1}{a_n}$의 n 대신에 1, 2, 3, $\cdots$을 차례대로 대입하면

$$a_3 = \frac{2+1}{3} = 1, \ a_4 = \frac{1+1}{2} = 1, \ a_5 = \frac{1+1}{1} = 2,$$

$$a_6 = \frac{2+1}{1} = 3, \ a_7 = \frac{3+1}{2} = 2, \ a_8 = \frac{2+1}{3} = 1,$$

$$a_9 = \frac{1+1}{2} = 1, \ a_{10} = \frac{1+1}{1} = 2, \ \cdots$$

즉, 수열 $\{a_n\}$은

$$\begin{cases} a_1 = 3, \ a_2 = 2, \ a_3 = 1, \ a_4 = 1, \ a_5 = 2 \\ a_{n+5} = a_n \ (n=1, 2, 3, \cdots) \end{cases}$$

따라서 $x_{30}=a_1+a_3+\cdots+a_{29}$, $y_{30}=a_2+a_4+\cdots+a_{30}$이
므로
$$x_{30}+y_{30}=a_1+a_2+a_3+a_4+\cdots+a_{29}+a_{30}$$
$$=6(a_1+a_2+a_3+a_4+a_5)$$
$$=6(3+2+1+1+2)=54 \qquad \text{답 } 54$$

16 해결단계

❶단계	$\sum\limits_{n=1}^{19} a_n$을 a_n+a_{n+1}의 합의 꼴로 변형하여 합을 구한 후, ㄱ의 참, 거짓을 판별한다.
❷단계	$b_n=a_{2n}-a_{2n-1}$로 놓은 후, 수열 $\{b_n\}$의 일반항 b_n을 구하여 ㄴ, ㄷ의 참, 거짓을 판별한다.

$$a_n+a_{n+1}=n^2 \ (n=1,\ 2,\ 3,\ \cdots) \qquad \cdots\cdots \text{㉠}$$

ㄱ. $\sum\limits_{n=1}^{19} a_n = a_1+a_2+a_3+\cdots+a_{19}$
$$=a_1+(a_2+a_3)+(a_4+a_5)+\cdots+(a_{18}+a_{19})$$
$$=1+2^2+4^2+\cdots+18^2$$
$$=1+\sum_{k=1}^{9}(2k)^2=1+4\sum_{k=1}^{9}k^2$$
$$=1+4\times\frac{9\times10\times19}{6}=1141 \ (\text{참})$$

ㄴ. ㉠에서 $a_{n+1}=n^2-a_n$이고 $a_1=1$이므로
$$a_2=1^2-a_1=1-1=0$$
$$a_3=2^2-a_2=4-0=4$$
$$a_4=3^2-a_3=9-4=5$$
$$a_5=4^2-a_4=16-5=11$$
$$a_6=5^2-a_5=25-11=14$$
$$a_7=6^2-a_6=36-14=22$$
$$a_8=7^2-a_7=49-22=27$$
$$\vdots$$
이때 $b_n=a_{2n}-a_{2n-1}$이라 하면
$$b_1=-1,\ b_2=1,\ b_3=3,\ b_4=5,\ \cdots$$
즉, 수열 $\{b_n\}$은 첫째항이 -1이고 공차가 2인 등차
수열이므로
$$b_n=-1+(n-1)\times2=2n-3$$
$$\therefore a_{20}-a_{19}=b_{10}=2\times10-3=17 \ (\text{거짓})$$

ㄷ. ㄴ에서 $b_n=a_{2n}-a_{2n-1}$이고, $b_n=2n-3$이므로
$$\sum_{n=1}^{15}(a_{2n}-a_{2n-1})=\sum_{n=1}^{15}(2n-3)$$
$$=2\times\frac{15\times16}{2}-15\times3$$
$$=195 \ (\text{참})$$

따라서 옳은 것은 ㄱ, ㄷ이다. 　　　　　　답 ③

• 다른 풀이 1 •

$a_n+a_{n+1}=n^2$에서 $a_{n+1}=-a_n+n^2$이므로
$$a_2=-a_1+1^2=-1+1^2$$
$$a_3=-a_2+2^2=1-1^2+2^2$$
$$a_4=-a_3+3^2=-1+1^2-2^2+3^2$$
$$a_5=-a_4+4^2=1-1^2+2^2-3^2+4^2$$
$$\vdots$$

즉, 자연수 n에 대하여
$$a_{2n-1}=1-1^2+2^2-3^2+\cdots+(2n-2)^2$$
$$=1+(-1^2+2^2)+(-3^2+4^2)+\cdots$$
$$\qquad\qquad +\{-(2n-3)^2+(2n-2)^2\}$$
$$=1+(1+2)+(3+4)+\cdots$$
$$\qquad\qquad +\{(2n-3)+(2n-2)\}$$
$$=1+\sum_{k=1}^{2n-2}k$$
$$=1+\frac{(2n-2)(2n-1)}{2}$$
$$=1+(n-1)(2n-1)$$
$$=2n^2-3n+2$$
이때 $a_n+a_{n+1}=n^2$이므로
$a_{2n-1}+a_{2n}=\underbrace{(2n-1)^2}_{=4n^2-4n+1}$에서
$$a_{2n}=-a_{2n-1}+(2n-1)^2$$
$$=-2n^2+3n-2+4n^2-4n+1$$
$$=2n^2-n-1$$

ㄱ. $\sum\limits_{n=1}^{19} a_n=\sum\limits_{k=1}^{9}(a_{2k-1}+a_{2k})+a_{19}$
$$=\sum_{k=1}^{9}(4k^2-4k+1)+(2\times10^2-3\times10+2)$$
$$=4\times\frac{9\times10\times19}{6}-4\times\frac{9\times10}{2}+9+172$$
$$=1140-180+9+172$$
$$=1141 \ (\text{참})$$

ㄴ. $a_{2n}-a_{2n-1}=(2n^2-n-1)-(2n^2-3n+2)$
$$=2n^2-n-1-2n^2+3n-2$$
$$=2n-3$$
$$\therefore a_{20}-a_{19}=2\times10-3=17 \ (\text{거짓})$$

ㄷ. $\sum\limits_{n=1}^{15}(a_{2n}-a_{2n-1})=\sum\limits_{n=1}^{15}(2n-3)$
$$=2\times\frac{15\times16}{2}-45$$
$$=195 \ (\text{참})$$

• 다른 풀이 2 •

ㄴ. $a_n+a_{n+1}=n^2$에서 $a_{n+1}=n^2-a_n$이므로
$$a_2=1^2-a_1=1-1=0$$
$$a_3=2^2-a_2=2^2-0=2^2$$
$$a_4=3^2-a_3=3^2-2^2$$
$$a_5=4^2-a_4=4^2-3^2+2^2$$
$$\vdots$$
$$a_{19}=18^2-a_{18}=18^2-17^2+16^2-\cdots+2^2$$
$$a_{20}=19^2-a_{19}=19^2-18^2+17^2-\cdots+3^2-2^2$$
$$\therefore a_{20}-a_{19}$$
$$=(19^2-18^2)-(18^2-17^2)+(17^2-16^2)-\cdots$$
$$\qquad\qquad +(3^2-2^2)-2^2$$
$$=(19+18)-(18+17)+(17+16)-\cdots$$
$$\qquad\qquad +(3+2)-4$$
$$=19+2-4=17 \ (\text{거짓})$$

17 (i) $n=1$일 때,

(좌변)$=\dfrac{1}{2}$, (우변)$=\dfrac{1}{\sqrt{4}}=\dfrac{1}{2}$이므로 주어진 부등식이 성립한다.

(ii) $n=k$일 때 주어진 부등식이 성립한다고 가정하면

$$\dfrac{1}{2}\times\dfrac{3}{4}\times\dfrac{5}{6}\times\cdots\times\dfrac{2k-1}{2k}\le\dfrac{1}{\boxed{\sqrt{3k+1}}}$$

위의 부등식의 양변에 $\dfrac{2k+1}{2k+2}$을 곱하면

$$\dfrac{1}{2}\times\dfrac{3}{4}\times\dfrac{5}{6}\times\cdots\times\dfrac{2k-1}{2k}\times\dfrac{2k+1}{2k+2}$$
$$\le\dfrac{\boxed{2k+1}}{(2k+2)\boxed{\sqrt{3k+1}}}$$

이때

$(2k+2)^2(3k+1)$
$=\{(2k+1)+1\}^2(3k+1)$
$=\{(2k+1)^2+2(2k+1)+1\}(3k+1)$
$=(2k+1)^2(3k+1)+2(2k+1)(3k+1)+(3k+1)$
$=(2k+1)^2(3k+1)+12k^2+13k+3$
$=(2k+1)^2(3k+1)+3(4k^2+4k+1)+k$
$=(2k+1)^2(3k+1)+3(2k+1)^2+k$
$=(2k+1)^2(3k+4)+k$

이므로

$$\left\{\dfrac{\boxed{2k+1}}{(2k+2)\boxed{\sqrt{3k+1}}}\right\}^2=\dfrac{(2k+1)^2}{(2k+2)^2(3k+1)}$$
$$=\dfrac{(\boxed{2k+1})^2}{(2k+1)^2(3k+4)+k}$$
$$=\dfrac{1}{3k+4+\dfrac{k}{(2k+1)^2}}$$
$$<\dfrac{1}{\boxed{3k+4}}\ (\because\ k\ge1)$$

$$\therefore\ \dfrac{\boxed{2k+1}}{(2k+2)\boxed{\sqrt{3k+1}}}<\dfrac{1}{\sqrt{\boxed{3k+4}}}$$

따라서 $n=k+1$일 때도 주어진 부등식은 성립한다.

(i), (ii)에서 모든 자연수 n에 대하여 주어진 부등식이 성립한다.

$\therefore$ (가): $\sqrt{3k+1}$, (나): $2k+1$, (다): $3k+4$　　답 풀이 참조

18 (i) $n=4$일 때,

$1\times2\times3\times4=24>16=2^4$이므로 주어진 부등식이 성립한다.

(ii) $n=k\ (k\ge4)$일 때 주어진 부등식이 성립한다고 가정하면

$1\times2\times3\times4\times\cdots\times k>2^k$

위의 부등식의 양변에 $k+1$을 곱하면

$1\times2\times3\times4\times\cdots\times k\times(k+1)>2^k\times(k+1)$　　……㉠

이때 $k\ge4$이므로

$2^k(k+1)\ge2^k\times5>2^{k+1}$

즉, ㉠에서

$1\times2\times3\times4\times\cdots\times k\times(k+1)>2^{k+1}$

따라서 $n=k+1$일 때도 주어진 부등식은 성립한다.

(i), (ii)에서 4 이상인 모든 자연수 n에 대하여 주어진 부등식이 성립한다.　　답 풀이 참조

단계	채점 기준	배점
(가)	$n=4$일 때, 주어진 부등식이 성립함을 보인 경우	30%
(나)	$n=k\ (k\ge4)$일 때 주어진 부등식이 성립함을 가정한 후, $n=k+1$일 때도 성립함을 보인 경우	70%

19 (i) $n=1$일 때,

(좌변)$=a_1=(2^2-1)\times1+0=3$
(우변)$=2^2-2\times2^{-1}=3$

이므로 (*)이 성립한다.

(ii) $n=m$일 때, (*)이 성립한다고 가정하면

$$\sum_{k=1}^{m}a_k=2^{m(m+1)}-(m+1)\times2^{-m}$$

이다. $n=m+1$일 때,

$$\sum_{k=1}^{m+1}a_k=\sum_{k=1}^{m}a_k+a_{m+1}$$
$$=2^{m(m+1)}-(m+1)\times2^{-m}$$
$$+(2^{2m+2}-1)\times\boxed{2^{m(m+1)}}+m\times2^{-m-1}$$
$$=\boxed{2^{m(m+1)}}\times\boxed{2^{2m+2}}-\dfrac{m+2}{2}\times2^{-m}$$
$$=2^{(m+1)(m+2)}-(m+2)\times2^{-(m+1)}$$

이다. 따라서 $n=m+1$일 때도 (*)이 성립한다.

(i), (ii)에서 모든 자연수 n에 대하여 (*)이 성립한다.

따라서 $f(m)=2^{m(m+1)}$, $g(m)=2^{2m+2}$이므로

$$\dfrac{g(7)}{f(3)}=\dfrac{2^{2\times7+2}}{2^{3\times(3+1)}}=\dfrac{2^{16}}{2^{12}}=2^4=16$$　　답 ④

20 (i) $n=2$일 때,

$a_n=\sum_{k=1}^{n}\dfrac{1}{k}$에서 $a_1=\dfrac{1}{1}=1$, $a_2=\dfrac{1}{1}+\dfrac{1}{2}=\dfrac{3}{2}$

즉, $n+a_1+a_2+\cdots+a_{n-1}=na_n$에서

(좌변)$=2+1=3$, (우변)$=2\times\dfrac{3}{2}=3$

이므로 등식이 성립한다.

(ii) $n=k\ (k\ge2)$일 때 주어진 등식이 성립한다고 가정하면

$k+a_1+a_2+\cdots+a_{k-1}=ka_k$　　……㉠

$a_{n+1}=\sum_{k=1}^{n+1}\dfrac{1}{k}=\sum_{k=1}^{n}\dfrac{1}{k}+\dfrac{1}{n+1}=a_n+\dfrac{1}{n+1}$에서

$a_n=a_{n+1}-\dfrac{1}{n+1}$　　……㉡

㉠의 좌변에 $1+a_k$를 더하면

$k+a_1+a_2+\cdots+a_{k-1}+1+a_k$

$=ka_k+1+a_k\ (\because \bigcirc)$

$=(k+1)a_k+1$

$=(k+1)\left(a_{k+1}-\dfrac{1}{k+1}\right)+1\ (\because \bigcirc)$

$=(k+1)a_{k+1}$

$\therefore\ (k+1)+a_1+a_2+\cdots+a_k=(k+1)a_{k+1}$

따라서 $n=k+1$일 때도 주어진 등식이 성립한다.

(i), (ii)에서 $n\ge2$인 모든 자연수 n에 대하여 등식

$n+a_1+a_2+\cdots+a_{n-1}=na_n$이 성립한다.　　답 풀이 참조

단계	채점 기준	배점
(가)	$n=2$일 때, 주어진 등식이 성립함을 보인 경우	30%
(나)	$n=k\,(k\ge2)$일 때 주어진 등식이 성립함을 가정한 후, $n=k+1$일 때도 성립함을 보인 경우	70%

STEP 3　1등급을 넘어서는 종합 사고력 문제　p. 95

01 36	02 ②	03 ⑤	04 10	05 129
06 $\dfrac{17}{9}$	07 10			

01 해결단계

❶단계	마지막 바둑돌이 검은 바둑돌인 경우와 흰 바둑돌인 경우를 나누어 a_n, a_{n+1}, a_{n+2} 사이의 관계식을 구하고, p, q의 값을 각각 구한다.
❷단계	a_1, a_2의 값을 구한다.
❸단계	❶단계에서 구한 값과 ❷단계에서 구한 값을 이용하여 $p+q+a_7$의 값을 구한다.

임의의 바둑돌 $(n+2)$개를 나열하는 방법의 수는 a_{n+2}이다.

(i) $(n+2)$번째 바둑돌이 검은 바둑돌인 경우

　$(n+1)$번째 바둑돌은 검은 바둑돌이어도 가능하고, 흰 바둑돌이어도 가능하다.

　즉, 이 방법의 수는 a_{n+1}이다.

(ii) $(n+2)$번째 바둑돌이 흰 바둑돌인 경우

　$(n+1)$번째 바둑돌은 반드시 검은 바둑돌이어야 하므로 (i)에서 이 방법의 수는 a_n이다.

(i), (ii)에서

$a_{n+2}=a_n+a_{n+1}\ (n=1, 2, 3, \cdots)$　　……㉠

이므로 $p=1$, $q=1$이다.

한편, 임의의 바둑돌 한 개를 나열하는 방법의 수는 ○, ●의 2개이므로 $a_1=2$

임의의 바둑돌 두 개를 나열하는 방법의 수는 ●●, ○●, ●○의 3개이므로 $a_2=3$

㉠에서 $a_3=2+3=5$, $a_4=3+5=8$, $a_5=5+8=13$, $a_6=8+13=21$이므로

$a_7=13+21=34$

$\therefore\ p+q+a_7=1+1+34=36$　　　답 36

02 해결단계

❶단계	자연수 k가 1일 때, 조건을 만족시키는지 확인한다.
❷단계	자연수 k가 2, 3, 4, …일 때 조건을 만족시키는지 확인하고, 그 규칙을 찾는다.
❸단계	조건을 만족시키는 모든 자연수 k의 값을 구하고, 그 합을 구한다.

$a_1=0$이므로

$a_2=a_1+\dfrac{1}{k+1}=\dfrac{1}{k+1}$

즉, $a_2>0$이므로

$a_3=a_2-\dfrac{1}{k}=\dfrac{1}{k+1}-\dfrac{1}{k}$

$\dfrac{1}{k+1}<\dfrac{1}{k}$, 즉 $a_3<0$이므로

$a_4=a_3+\dfrac{1}{k+1}=\dfrac{2}{k+1}-\dfrac{1}{k}=\dfrac{k-1}{k(k+1)}$

이때 $k=1$이면 $a_4=0$이므로 수열 $\{a_n\}$을 첫째항부터 차례대로 나열하면 $0, \dfrac{1}{2}, -\dfrac{1}{6}, 0, \dfrac{1}{2}, -\dfrac{1}{6}, \cdots$이다.

$22=3\times7+1$에서 $a_{22}=0$이므로

$k=1$은 조건을 만족시킨다.

한편, $k>1$이면 $a_4>0$이므로

$a_5=a_4-\dfrac{1}{k}=\dfrac{2}{k+1}-\dfrac{2}{k}$

$\dfrac{2}{k+1}<\dfrac{2}{k}$, 즉 $a_5<0$이므로

$a_6=a_5+\dfrac{1}{k+1}=\dfrac{3}{k+1}-\dfrac{2}{k}=\dfrac{k-2}{k(k+1)}$

이때 $k=2$이면 $a_6=0$이므로 수열 $\{a_n\}$을 첫째항부터 차례대로 나열하면 $0, \dfrac{1}{3}, -\dfrac{1}{12}, \dfrac{1}{6}, -\dfrac{1}{6}, 0, \dfrac{1}{3}, -\dfrac{1}{12}, \cdots$이다.

$22=5\times4+2$에서 $a_{22}=\dfrac{1}{3}$이므로

$k=2$는 조건을 만족시키지 않는다.

같은 방법으로 계속하면

$k=3$일 때, $a_8=0$이므로

$22=7\times3+1$에서 $a_{22}=0$이다.

즉, $k=3$은 조건을 만족시킨다.

$4\le k\le9$일 때, $a_{22}\ne0$이므로 조건을 만족시키지 않는다.

$k=10$일 때, $a_{22}=0$이므로 조건을 만족시킨다.

$k\ge11$일 때, $a_{22}\ne0$이므로 조건을 만족시키지 않는다.

따라서 조건을 만족시키는 모든 자연수 k의 값은 1, 3, 10이므로 그 합은

$1+3+10=14$　　　답 ②

$k>m-1$에서 $a_{2m+2}=\dfrac{k-m}{k(k+1)}$ (m은 자연수)이므로 $k=m$이면 $a_{2m+2}=0$이고, 수열 $\{a_n\}$의 항 a_1, a_2, a_3, $\cdots$, a_{2m+1} 중에서 그 값이 0인 항은 a_1뿐이다. 또한, $a_1=a_{2m+2}=a_{4m+3}=\cdots=0$ (m은 자연수)이므로 $a_{22}=0$이려면 $22=(2m+1)\times l+1$ (l은 자연수)이어야 한다. 즉, $2m+1$은 21의 약수이어야 하므로 조건을 만족시키는 자연수 m은 1, 3, 10이다.

따라서 조건을 만족시키는 자연수 k의 값 역시 1, 3, 10이다.

03 해결단계

❶단계	주어진 등식의 좌변을 인수분해하여 a_n과 b_n 사이의 관계식을 구한다.
❷단계	주어진 조건과 ❶단계의 결과를 이용하여 a_{n+1}과 a_n 사이의 관계식을 구한다.
❸단계	a_n을 구하여 ㄱ, ㄴ, ㄷ의 참, 거짓을 판별한다.

$3n^2a_n+(4a_n-b_n)n+a_n-b_n=0$에서

$(3n^2+4n+1)a_n-(n+1)b_n=0$

$(3n+1)(n+1)a_n-(n+1)b_n=0$

$(n+1)\{(3n+1)a_n-b_n\}=0$

즉, $(3n+1)a_n-b_n=0$ $(\because n+1>0)$이므로

$b_n=(3n+1)a_n$

이때 $b_n=(3n-2)a_{n+1}$이므로

$(3n+1)a_n=(3n-2)a_{n+1}$ $\quad\therefore a_{n+1}=\dfrac{3n+1}{3n-2}a_n$

위의 식의 n 대신에 1, 2, 3, $\cdots$, $n-1$을 차례대로 대입하여 변끼리 곱하면

$$a_2=\dfrac{4}{1}a_1$$

$$a_3=\dfrac{7}{4}a_2$$

$$a_4=\dfrac{10}{7}a_3$$

$$\vdots$$

$$\times\Big)\ a_n=\dfrac{3n-2}{3n-5}a_{n-1}$$

$$a_n=\dfrac{4}{1}\times\dfrac{7}{4}\times\dfrac{10}{7}\times\cdots\times\dfrac{3n-2}{3n-5}\times a_1$$

$$=\dfrac{4}{1}\times\dfrac{7}{4}\times\dfrac{10}{7}\times\cdots\times\dfrac{3n-2}{3n-5}\times 2\ (\because a_1=2)$$

$$=2(3n-2)=6n-4$$

ㄱ. $a_5=6\times5-4=26$ (거짓)

ㄴ. $a_n=6n-4=2+6(n-1)$

즉, 수열 $\{a_n\}$은 첫째항이 2, 공차가 6인 등차수열이므로

$2a_{n+1}=a_n+a_{n+2}$ (참)

ㄷ. $\displaystyle\sum_{k=1}^{10}a_k=\sum_{k=1}^{10}(6k-4)$

$$=6\times\dfrac{10\times11}{2}-10\times4=290\ (참)$$

따라서 옳은 것은 ㄴ, ㄷ이다.   답 ⑤

04 해결단계

❶단계	주어진 식의 n 대신에 1, 2, 3, $\cdots$을 차례대로 대입하여 수열 $\{a_n\}$의 각 항의 값을 구한다.
❷단계	수열 $\{a_n\}$의 일반항 a_n을 구한다.
❸단계	$\displaystyle\sum_{k=1}^{100}a_k$의 값을 구한다.

$\displaystyle\sum_{k=1}^{n}a_k=\dfrac{1}{2}\Big(a_n+\dfrac{1}{a_n}\Big)$ $\cdots\cdots$ ㉠

㉠에 $n=1$을 대입하면 $a_1=\dfrac{1}{2}\Big(a_1+\dfrac{1}{a_1}\Big)$

$\dfrac{1}{2}a_1=\dfrac{1}{2a_1}$, $a_1^2=1$ $\therefore a_1=1$ $(\because a_1>0)$

㉠에 $n=2$를 대입하면 $a_1+a_2=\dfrac{1}{2}\Big(a_2+\dfrac{1}{a_2}\Big)$

$1+\dfrac{1}{2}a_2-\dfrac{1}{2a_2}=0$, $a_2^2+2a_2-1=0$

$\therefore a_2=\sqrt{2}-1$ $(\because a_2>0)$

㉠에 $n=3$을 대입하면

$a_1+a_2+a_3=\dfrac{1}{2}\Big(a_3+\dfrac{1}{a_3}\Big)$

$1+\sqrt{2}-1+\dfrac{1}{2}a_3-\dfrac{1}{2a_3}=0$, $a_3^2+2\sqrt{2}a_3-1=0$

$\therefore a_3=\sqrt{3}-\sqrt{2}$ $(\because a_3>0)$

$$\vdots$$

$\therefore a_n=\sqrt{n}-\sqrt{n-1}$ (단, $n=1$, 2, 3, $\cdots$)

$\therefore \displaystyle\sum_{k=1}^{100}a_k=\sum_{k=1}^{100}(\sqrt{k}-\sqrt{k-1})$

$$=1+(\sqrt{2}-1)+(\sqrt{3}-\sqrt{2})+\cdots$$
$$+(\sqrt{100}-\sqrt{99})$$
$$=\sqrt{100}=10$$

     답 10

• 다른 풀이 1 •

$\displaystyle\sum_{k=1}^{n}a_k=S_n$이라 하면 $\displaystyle\sum_{k=1}^{n}a_k=\dfrac{1}{2}\Big(a_n+\dfrac{1}{a_n}\Big)$에서

$S_n=\dfrac{1}{2}\Big(a_n+\dfrac{1}{a_n}\Big)$

$\therefore 2S_n=a_n+\dfrac{1}{a_n}$ $\cdots\cdots$ ㉡

㉡에 $n=1$을 대입하면

$2S_1=a_1+\dfrac{1}{a_1}$, $2a_1=a_1+\dfrac{1}{a_1}$

$a_1=\dfrac{1}{a_1}$, $a_1^2=1$ $\therefore a_1=1$ $(\because a_1>0)$

또한, ㉡의 n 대신에 $n-1$을 대입하면

$2S_{n-1}=a_{n-1}+\dfrac{1}{a_{n-1}}$ (단, $n\geq2$) $\cdots\cdots$ ㉢

㉡$-$㉢을 하면

$2a_n=a_n+\dfrac{1}{a_n}-a_{n-1}-\dfrac{1}{a_{n-1}}$

$a_n-\dfrac{1}{a_n}=-a_{n-1}-\dfrac{1}{a_{n-1}}$ $\cdots\cdots$ ㉣

위의 식의 양변을 제곱하면

$a_n^2-2+\dfrac{1}{a_n^2}=a_{n-1}^2+2+\dfrac{1}{a_{n-1}^2}$

이때 $a_n^2+\dfrac{1}{a_n^2}=X_n$으로 놓으면

$X_n - 2 = X_{n-1} + 2$　　$\therefore X_n = X_{n-1} + 4$ (단, $n \geq 2$)

즉, 수열 $\{X_n\}$은 공차가 4이고 첫째항이

$X_1 = a_1{}^2 + \dfrac{1}{a_1{}^2} = 2$인 등차수열이므로

$X_n = 2 + 4(n-1) = 4n - 2$

$a_n{}^2 + \dfrac{1}{a_n{}^2} = X_n$이므로 $a_n{}^2 + \dfrac{1}{a_n{}^2} = 4n - 2$

$a_n{}^2 + 2 + \dfrac{1}{a_n{}^2} = 4n$, $\left(a_n + \dfrac{1}{a_n}\right)^2 = 4n$

$\therefore a_n + \dfrac{1}{a_n} = 2\sqrt{n}$ $(\because a_n > 0)$

위의 식의 양변에 각각 a_n을 곱하여 정리하면

$a_n{}^2 - 2\sqrt{n}\,a_n + 1 = 0$

$\therefore a_n = \sqrt{n} - \sqrt{n-1}$ 또는 $a_n = \sqrt{n} + \sqrt{n-1}$

그런데 ㉣에서

$a_n + a_{n-1} = \dfrac{1}{a_n} - \dfrac{1}{a_{n-1}} = \dfrac{a_{n-1} - a_n}{a_n a_{n-1}}$

이고, $a_n > 0$, $a_{n-1} > 0$이므로

$a_{n-1} > a_n$

$\therefore a_n = \sqrt{n} - \sqrt{n-1}$

• 다른 풀이 2 •

$\displaystyle\sum_{k=1}^{n} a_k = S_n$이라 하면 $a_n = S_n - S_{n-1}$이므로

$\displaystyle\sum_{k=1}^{n} a_k = \dfrac{1}{2}\left(a_n + \dfrac{1}{a_n}\right)$에서 $S_n = \dfrac{1}{2}\left(S_n - S_{n-1} + \dfrac{1}{S_n - S_{n-1}}\right)$

$2S_n = S_n - S_{n-1} + \dfrac{1}{S_n - S_{n-1}}$

위의 식의 양변에 $S_n - S_{n-1}$을 곱하면

$2S_n(S_n - S_{n-1}) = (S_n - S_{n-1})^2 + 1$

$2S_n{}^2 - 2S_n S_{n-1} = S_n{}^2 - 2S_n S_{n-1} + S_{n-1}{}^2 + 1$

$S_n{}^2 = S_{n-1}{}^2 + 1$

이때 $S_n{}^2 = b_n$으로 놓으면 $b_n = b_{n-1} + 1$

즉, 수열 $\{b_n\}$은 첫째항이 $b_1 = S_1{}^2 = a_1{}^2 = 1$이고 공차가 1인 등차수열이므로

$b_n = 1 + (n-1) = n$

따라서 $S_n{}^2 = n$이므로 $S_n = \sqrt{n}$ $(\because a_n > 0)$

$\therefore \displaystyle\sum_{k=1}^{100} a_k = S_{100} = \sqrt{100} = 10$

05 해결단계

❶단계	주어진 식의 n 대신에 1, 2, 3, $\cdots$, 2020을 차례대로 대입하여 변끼리 더한다.
❷단계	$a_1 = a_{2021} + 22$임을 이용하여 $\displaystyle\sum_{n=1}^{2020} a_n$의 값을 구한다.

$a_{n+1} = (-1)^n \times n - 7a_n$의 n 대신에 1, 2, 3, $\cdots$, 2020을 차례대로 대입하여 변끼리 더하면

$a_2 = -1 - 7a_1$

$a_3 = 2 - 7a_2$

$a_4 = -3 - 7a_3$

$\vdots$

$+\ )\ a_{2021} = 2020 - 7a_{2020}$

―――――――――――――――

$a_2 + a_3 + a_4 + \cdots + a_{2021}$

$= \{(-1 + 2) + (-3 + 4) + \cdots + (-2019 + 2020)\}$
$\qquad\qquad\qquad - 7(a_1 + a_2 + a_3 + \cdots + a_{2020})$

$= 1010 - 7\displaystyle\sum_{n=1}^{2020} a_n$

$\displaystyle\sum_{n=1}^{2020} a_n - a_1 + a_{2021} = 1010 - 7\sum_{n=1}^{2020} a_n$

이때 $a_1 = a_{2021} + 22$이므로

$\displaystyle\sum_{n=1}^{2020} a_n - 22 = 1010 - 7\sum_{n=1}^{2020} a_n$

$8\displaystyle\sum_{n=1}^{2020} a_n = 1010 + 22 = 1032$

$\therefore \displaystyle\sum_{n=1}^{2020} a_n = 129$　　　　　답 129

06 해결단계

❶단계	주어진 관계식을 이용하여 $a_3 = 3$, $a_6 = 37$을 만족시키는 a_4의 값을 구한다.
❷단계	주어진 항들 사이의 관계식을 항의 번호의 역방향으로 재정의한다.
❸단계	조건을 만족시키는 모든 a_1의 값의 합을 구한다.

$a_4 = k$라 하고 다음과 같이 경우를 나누어 생각해 보자.

(i) $a_3 \leq a_4$일 때,

　$a_3 = 3$이므로 $3 \leq k$

　또한, $a_5 = 3a_3 + a_4 = 9 + k$

　이때 $k < 9 + k$, 즉 $a_4 < a_5$이므로

　$a_6 = 3a_4 + a_5 = 3k + (9 + k) = 4k + 9$

　즉, $4k + 9 = 37$이므로 $k = 7$

　$3 \leq 7$, 즉 $a_3 \leq a_4$이므로 $a_4 = 7$

(ii) $a_3 > a_4$일 때,

　$a_3 = 3$이므로 $3 > k$

　또한, $a_5 = a_3 + a_4 = 3 + k$

　이때 $k < 3 + k$, 즉 $a_4 < a_5$이므로

　$a_6 = 3a_4 + a_5 = 3k + (3 + k) = 4k + 3$

　즉, $4k + 3 = 37$이므로 $k = \dfrac{17}{2}$

　$\dfrac{17}{2} > 3$, 즉 $a_4 > a_3$이므로 $a_4 \neq \dfrac{17}{2}$

(i), (ii)에서 $a_4 = 7$이다.

한편, 주어진 식에서

$a_n \leq a_{n+1}$이면 $a_{n+2} = 3a_n + a_{n+1}$이므로

$a_n = \dfrac{a_{n+2} - a_{n+1}}{3}$

$a_n > a_{n+1}$이면 $a_{n+2} = a_n + a_{n+1}$이므로

$a_n = a_{n+2} - a_{n+1}$

$\therefore a_n = \begin{cases} \dfrac{a_{n+2} - a_{n+1}}{3} & (a_n \leq a_{n+1}) \\[2mm] a_{n+2} - a_{n+1} & (a_n > a_{n+1}) \end{cases}$

이때 $a_3=3$, $a_4=7$에서 항을 역으로 계산하면

(iii) $a_2 \leq a_3$일 때,

$$a_2 = \frac{a_4 - a_3}{3} = \frac{7-3}{3} = \frac{4}{3}$$

$\frac{4}{3} < 3$, 즉 $a_2 < a_3$이므로 $a_2 = \frac{4}{3}$

① $a_1 \leq a_2$일 때,

$$a_1 = \frac{a_3 - a_2}{3} = \frac{3 - \frac{4}{3}}{3} = \frac{5}{9}$$

$\frac{5}{9} < \frac{4}{3}$, 즉 $a_1 < a_2$이므로 $a_1 = \frac{5}{9}$

② $a_1 > a_2$일 때,

$$a_1 = a_3 - a_2 = 3 - \frac{4}{3} = \frac{5}{3}$$

$\frac{5}{3} > \frac{4}{3}$, 즉 $a_1 > a_2$이므로 $a_1 = \frac{5}{3}$

(iv) $a_2 > a_3$일 때,

$$a_2 = a_4 - a_3 = 7 - 3 = 4$$

$4 > 3$, 즉 $a_2 > a_3$이므로 $a_2 = 4$

① $a_1 \leq a_2$일 때,

$$a_1 = \frac{a_3 - a_2}{3} = \frac{3-4}{3} = -\frac{1}{3}$$

$-\frac{1}{3} < 4$, 즉 $a_1 < a_2$이므로 $a_1 = -\frac{1}{3}$

② $a_1 > a_2$일 때,

$$a_1 = a_3 - a_2 = 3 - 4 = -1$$

$-1 < 4$, 즉 $a_1 < a_2$이므로 $a_1 \neq -1$

(iii), (iv)에서 a_1의 값이 될 수 있는 것은 $\frac{5}{9}$, $\frac{5}{3}$, $-\frac{1}{3}$이므로 모든 a_1의 값의 합은

$$\frac{5}{9} + \frac{5}{3} - \frac{1}{3} = \frac{17}{9}$$

답 $\frac{17}{9}$

BLACKLABEL 특강 | 풀이 첨삭

수열 $\{a_n\}$을 표로 나타내면 다음과 같다.

a_1	a_2	a_3	a_4	a_5	a_6
$\frac{5}{9}$	$\frac{4}{3}$				
$\frac{5}{3}$		3	7	16	37
$-\frac{1}{3}$	4				

07 해결단계

❶단계	주어진 점화식의 양변을 각각 3^{n+1}으로 나눈 후, $\frac{a_n}{3^n}=b_n$으로 치환하여 수열 $\{b_n\}$의 일반항 b_n을 구한다.
❷단계	❶단계에서 구한 것을 이용하여 수열 $\{a_n\}$의 일반항 a_n을 구한 후, a_{20}의 값을 구한다.
❸단계	상용로그를 이용하여 a_{20}이 몇 자리의 자연수인지 구한다.

$a_{n+1} = 2a_n + 3^n$의 양변을 3^{n+1}으로 나누면

$$\frac{a_{n+1}}{3^{n+1}} = \frac{2}{3} \times \frac{a_n}{3^n} + \frac{1}{3}$$

이때 $\frac{a_n}{3^n} = b_n$으로 놓으면 $b_1 = \frac{a_1}{3} = \frac{7}{3}$이고,

$$b_{n+1} = \frac{2}{3}b_n + \frac{1}{3}$$

$$\therefore b_{n+1} - 1 = \frac{2}{3}(b_n - 1)$$

즉, 수열 $\{b_n - 1\}$은 첫째항이 $b_1 - 1 = \frac{7}{3} - 1 = \frac{4}{3}$이고,

공비가 $\frac{2}{3}$인 등비수열이므로

$$b_n - 1 = \frac{4}{3} \times \left(\frac{2}{3}\right)^{n-1} \quad \therefore b_n = \frac{4}{3}\left(\frac{2}{3}\right)^{n-1} + 1$$

이때 $b_n = \frac{a_n}{3^n}$이므로

$$a_n = 3^n \times b_n = 3^n \times \left\{\frac{4}{3}\left(\frac{2}{3}\right)^{n-1} + 1\right\}$$
$$= 2^{n+1} + 3^n$$

$$\therefore a_{20} = 2^{21} + 3^{20}$$

한편,

$\log 2^{21} = 21 \log 2 = 21 \times 0.3 = 6.3$,

$\log 3^{20} = 20 \log 3 = 20 \times 0.47 = 9.4$

이므로 2^{21}, 3^{20}의 자릿수는 각각 7, 10이다.

그런데 $\log 3^{20} = 9.4$이고, $\log 2 = 0.3$, $\log 3 = 0.47$이므로

$\log 2 < 0.4 < \log 3$

$9 + \log 2 < 9.4 < 9 + \log 3$

$\log (2 \times 10^9) < \log 3^{20} < \log (3 \times 10^9)$

$\therefore 2 \times 10^9 < 3^{20} < 3 \times 10^9$

즉, 3^{20}은 최고 자리의 숫자가 2로 시작되는 10자리의 자연수이므로 3^{20}에 7자리의 자연수인 2^{21}을 더하여도 자릿수가 늘어나지 않는다.

따라서 a_{20}의 자릿수는 3^{20}의 자릿수와 같으므로 a_{20}은 10자리의 자연수이다.

$$\therefore m = 10$$

답 10

이것이 수능 p. 96

1 510 **2** ④ **3** ①

1 해결단계

❶단계	주어진 이차방정식이 중근을 갖도록 판별식을 이용한 식을 세운다.
❷단계	수열 $\{a_n\}$이 등비수열임을 확인한다.
❸단계	수열 $\{a_n\}$의 첫째항과 공비를 구하고, $\sum_{k=1}^{8} a_k$의 값을 구한다.

이차방정식 $a_n x^2 - a_{n+1} x + a_n = 0$이 모든 자연수 n에 대하여 중근을 가지므로 판별식을 D라 하면

$$D = a_{n+1}^2 - 4a_n^2 = 0$$
$$(a_{n+1} + 2a_n)(a_{n+1} - 2a_n) = 0$$

이때 수열 $\{a_n\}$의 모든 항이 양수이므로

$$a_{n+1} = 2a_n$$

따라서 수열 $\{a_n\}$은 첫째항이 2, 공비가 2인 등비수열이
므로

$$\sum_{k=1}^{8} a_k = \frac{2(2^8-1)}{2-1} = 510$$

답 510

2 해결단계

❶단계	a_1, a_2, a_3, $\cdots$의 값을 구하여 $a_{n+4}=a_n$임을 확인한다.
❷단계	a_9와 a_{12}의 값을 각각 구한다.
❸단계	❷단계에서 구한 값을 이용하여 a_9+a_{12}의 값을 구한다.

$a_1=10$이므로

$a_2 = 5 - \dfrac{10}{10} = 4$

$a_3 = 5 - \dfrac{10}{4} = \dfrac{5}{2}$

$a_4 = -2 \times \dfrac{5}{2} + 3 = -2$

$a_5 = 5 - \dfrac{10}{-2} = 5 + 5 = 10 = a_1$

$\vdots$

즉, 자연수 n에 대하여 $a_{n+4}=a_n$이다.

따라서 $a_9 = a_5 = a_1 = 10$, $a_{12} = a_8 = a_4 = -2$이므로

$a_9 + a_{12} = 8$

답 ④

3 해결단계

❶단계	합과 일반항 사이의 관계를 이용하여 주어진 식을 정리한다.
❷단계	❶단계의 결과를 이용하여 a_{n-1}과 a_n 사이의 관계식을 구한다.
❸단계	$f(n)$과 $g(n)$, p의 값을 구하여 $\dfrac{f(p)}{g(p)}$의 값을 구한다.

$n \ge 2$인 모든 자연수 n에 대하여

$a_n = S_n - S_{n-1}$

$\quad = \sum_{k=1}^{n} \dfrac{3S_k}{k+2} - \sum_{k=1}^{n-1} \dfrac{3S_k}{k+2} = \dfrac{3S_n}{n+2}$

이므로 $3S_n = (n+2) \times a_n$ $(n \ge 2)$이다.

$S_1 = a_1$에서 $3S_1 = 3a_1$이므로

$3S_n = (n+2) \times a_n$ $(n \ge 1)$이다.

$3a_n = 3(S_n - S_{n-1})$

$\quad = (n+2) \times a_n - (\boxed{n+1}) \times a_{n-2}$ (단, $n \ge 2$)

즉, $(n-1)a_n = (n+1) \times a_{n-1}$에서 $a_1 = 2 \ne 0$이므로

모든 자연수 n에 대하여 $a_n \ne 0$

$\therefore \dfrac{a_n}{a_{n-1}} = \boxed{\dfrac{n+1}{n-1}}$ (단, $n \ge 2$)
*

따라서

$a_{10} = a_1 \times \dfrac{a_2}{a_1} \times \dfrac{a_3}{a_2} \times \dfrac{a_4}{a_3} \times \cdots \times \dfrac{a_9}{a_8} \times \dfrac{a_{10}}{a_9}$

$\quad = 2 \times \dfrac{3}{1} \times \dfrac{4}{2} \times \dfrac{5}{3} \times \cdots \times \dfrac{10}{8} \times \dfrac{11}{9}$

$\quad = \boxed{110}$

즉, $f(n) = n+1$, $g(n) = \dfrac{n+1}{n-1}$, $p = 110$이므로

$$\dfrac{f(p)}{g(p)} = \dfrac{111}{\dfrac{111}{109}} = 109$$

답 ①

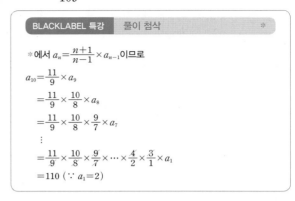

BLACKLABEL 특강 풀이 첨삭

*에서 $a_n = \dfrac{n+1}{n-1} \times a_{n-1}$이므로

$a_{10} = \dfrac{11}{9} \times a_9$

$\quad = \dfrac{11}{9} \times \dfrac{10}{8} \times a_8$

$\quad = \dfrac{11}{9} \times \dfrac{10}{8} \times \dfrac{9}{7} \times a_7$

$\quad \vdots$

$\quad = \dfrac{11}{9} \times \dfrac{10}{8} \times \dfrac{9}{7} \times \cdots \times \dfrac{4}{2} \times \dfrac{3}{1} \times a_1$

$\quad = 110$ $(\because a_1 = 2)$

입시정보가
다양하다

풍부한 진학사 대입정보

베테랑 입시전문가들의 입시 정밀 분석

쉽고 재미있는 다양한 입시 컨텐츠

21년동안 쌓아온 실전 합격 노하우

JINHAK.COM

impossible

+

 땀 한 방울

=

i'm possible

불가능을 가능으로 바꾸는 것은
한 방울의 땀입니다.

틀을 깨는 생각 *Jinhak*

1등급을 위한 **명품** 수학

블랙라벨 수학 I

Tomorrow
better than today

www.jinhak.com

수능·내신을 위한
상위권 명품 영단어장

블랙 라벨

| 커넥티드 VOCA | 1등급 VOCA

내신 중심 시대
단 하나의 내신 어법서

블랙 라벨

| 영어 내신 어법